教育部高等学校材料类专业教学指导委员会规划教材
首批国家级一流本科课程配套教材

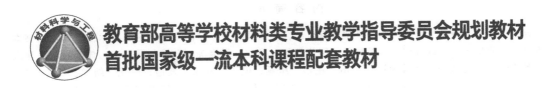

高分子加工

戴李宗　主编

袁丛辉　许一婷　曾碧榕　副主编

**POLYMER
PROCESSING**

U0231337

化学工业出版社

·北京·

内 容 简 介

高分子加工是高分子学科理论与生产实践有机结合的重要纽带，是高分子理论和技术基础知识从书本走向研究和工业生产的关键阶梯。本教材紧密围绕塑料、橡胶、纤维等高分子制品加工、成型过程，深入浅出、系统化地搭建高分子材料配混、挤出、注塑、压延、模压、吹塑、发泡、硫化、纺丝、反应成型、复合成型、微纳制造等工艺、理论、技术和设备方面的知识体系，同时引入 MOOC 教学、虚拟仿真等信息化技术，为读者提供全方位、立体化的知识传递媒介。"高分子加工"作为高等院校本科专业基础课，具备显著的产业应用、工程技术特征，对于培养高竞争力、复合型新工科人才具有重要作用。

本教材适用于本、专科院校材料、模具、加工、成型等专业的师生，以及社会相关行业从业人员。读者在熟练掌握高分子材料的诸多加工方法的同时，深入学习聚合物材料性质与加工技术相关的基础理论、原理，为从事高分子材料研究、生产和应用打下必要的理论和技术基础。

图书在版编目（CIP）数据

高分子加工/戴李宗主编．—北京：化学工业出版社，2021.8（2024.2重印）

教育部高等学校材料类专业教学指导委员会规划教材

ISBN 978-7-122-39203-9

Ⅰ.①高…　Ⅱ.①戴…　Ⅲ.①高分子材料-加工-高等学校-教材　Ⅳ.①TB324

中国版本图书馆 CIP 数据核字（2021）第 096597 号

责任编辑：陶艳玲　　　　　　　　　文字编辑：李　玥
责任校对：宋　夏　　　　　　　　　装帧设计：史利平

出版发行：化学工业出版社（北京市东城区青年湖南街 13 号　邮政编码 100011）
印　　装：北京捷迅佳彩印刷有限公司
787mm×1092mm　1/16　印张 26¼　字数 700 千字　2024 年 2 月北京第 1 版第 3 次印刷

购书咨询：010-64518888　　　　　　售后服务：010-64518899
网　　址：http://www.cip.com.cn

凡购买本书，如有缺损质量问题，本社销售中心负责调换。

定　价：69.00 元　　　　　　　　　　　　　　　　版权所有　违者必究

现代高分子科学体系的创立，为高分子加工的飞速发展奠定了基石，人类进入了大规模研究、开发和利用各类高分子材料的时代。高分子加工成型是利用不同的设备对高分子体系进行操作赋予其所需要的结构性能和/或外形（包括形状和尺寸）的工程技术，可通过控制组分、配比及加工工艺条件，对制品的微观结构和形态进行控制（"定构"），是将高分子材料转化为有实用价值的制品不可或缺的过程。高分子加工不仅涉及高分子理论，更具有显著的产业应用、工程技术特征。自 20 世纪 50 年代初成都工学院（现四川大学）成立中国高校最早的高分子化合物专业（1954 年更名为塑料工学专业）以来，我国高分子加工的基础理论和实践应用得到蓬勃发展。当前，我国超过 60％的理工和综合型高等院校设置了高分子材料与工程或相近专业。在学习了高分子化学和物理理论知识的基础上，开设《高分子加工》课程，对于学生理解掌握高分子材料制品制造的基本理论和基本技能十分重要。当前全球经济和产业链结构剧变，我国高等教育"双一流"和"新工科"建设进入关键时期。在此背景下，戴李宗教授等依托长期的高分子材料基础和应用研究平台建设、校企合作，以及二十余年的一线教学积累，编写了《高分子加工》教材、高度契合我国对创新型、实践型、复合型新工科人才的培养要求。

本书内容丰富、详略有度、知识体系完整、可读性强。在阅读书稿的过程中，能感受到编者厚重的基础理论功底。高分子的流变特性、各类加工方法的工程学原理、加工过程中高分子物理化学性能演变机制等均得以详细阐述，可为读者深入学习高分子加工技术和工艺打下必备理论基础。全书紧扣高分子加工"重应用"的核心思想，绪论部分对于高分子产业和加工技术发展概况的介绍凸显了高分子在全球产业链和经济发展中的重要地位；塑料、橡胶、纤维等加工原理的讨论适时穿插实际生产中的代表性配方设计、技术路线和工艺过程，具有鲜明的"产教融合"特色；系统论述挤出、注塑、压延、吹塑、模压、发泡、浇铸、硫化、干/湿纺丝等加工技术的同时，详略得当地对加工设备的结构、工作原理和加工特点进行分析，充分体现了高分子加工的工程应用特征。本书还立足传统加工方法，辐射到增材制造、反应成型、辅助成型、微纳加工等前沿新技术，为读者描绘了高分子加工的未来发展蓝图。该书不仅适合相关专业的本科生学习，也可为研究生和行业从业人员提供前沿性和实践性指导。另外，该书依托首批国家级一流本科课程（线上一流课程）——"高分子加工工艺"，突破传统知识传授形式的束缚，适当地融入了慕课（MOOC）、虚拟仿真实验等互联网信息技术教学手段，为读者多角度、全方位地呈现高分子加工知识体系。

戴李宗教授在承担繁重的科研和教学工作之余，还能沉下心来梳理近几十年来高分子加工领域的发展历程和教学心得，并编写成书，实属难能可贵。期待这本书能让更多的读者受益。

2021 年 5 月

当今世界正处于百年未有之大变局，全球经济增长格局变化趋势不确定性增强，产业链结构剧烈变化，国内经济增长进入"新常态"。我国制造业面临双重挤压，经济结构转型势在必行，科技创新对社会和经济战略的支撑作用愈加显著，"我们比历史上任何时期都更需要建设世界科技强国"。《国家教育事业发展"十三五"规划》、2018 年"全国教育大会""双一流"建设以及"新工科"建设为我国主动应对新一轮科技革命和产业变革，支撑服务创新驱动，规划了教育战略蓝图。大力培养具备更强实践能力、创新能力、国际竞争力的高素质、复合型人才，是我国强化科技创新体系能力、掌控创新主动权的关键"支点"。"高分子加工"这门课程上游紧扣高分子化学和高分子物理的基础理论，下游对接高分子材料的实际生产和应用，在协同培养高分子材料专业学生理论创新、实验技能、生产实践、综合能力等方面具有独特优势，可为新时代"拔尖创新人才培养"模式的创新提供借鉴。

1920 年德国化学家 Hermann Staudinger 发表《论聚合》，标志着高分子化学的诞生，高分子学科的大厦从此拔地而起，在 100 年的发展历程中，科学家们不断为高分子大厦添砖加瓦，将人类带入"塑料时代"。高分子学科的蓬勃发展，离不开那些做出里程碑式贡献的科学家。Hermann Staudinger 因创立"高分子"学说获 1953 年诺贝尔化学奖；1935 年美国杜邦公司的 Wallace Hume Carothers 合成了聚酰胺纤维（尼龙 66）；Karl Waldemar Ziegler 和 Giulio Natta 因"在高分子合成和工艺领域中的重大发现"共同获 1963 年诺贝尔化学奖；Paul John Flory 将数学方法用于高分子领域的研究，创立了高分子溶液理论，获 1974 年诺贝尔化学奖；P. G. de Geenes 把研究简单系统中有序现象的方法推广到液晶和聚合物等复杂体系，获 1991 年诺贝尔物理学奖。Alan Graham MacDiarm、Alan Jay Heeger 和白川英树在导电聚合物领域的开创性工作，颠覆了传统的高分子材料不导电的理念，由此获 2000 年诺贝尔化学奖。随着高分子化学、高分子物理和高分子加工三大高分子学科的重要理论和技术支撑逐渐趋于完善，人类大规模研究、开发各类高分子材料如传统的塑料、橡胶和合成纤维进入全面加速期，并进一步设计各类型功能高分子材料，极大地推动了社会进步。高分子加工的重要性就在于它在理论和应用之间架设了一座桥梁，是高分子从原料走向制品的关键步骤。

新历史时期的高分子材料专业人才培养，也必将涵盖新的内容。厦门大学"高分子加工"课程立足学校所处经济特区和"双一流"高校高分子材料学科办学特色，充分结合福建省乃至全国高分子行业现状及其对技术和人才的需求，进行了 20 余年的课程建设。课程教学团队围绕"需求引领、产教融合"，依托福建省防火阻燃材料重点实验室、福建省固体表面涂层材料技术开发基地、福建省阻燃与防火材料技术重大研发平台、福建省高分子新材料服务型制造公共服务平台等 10 个省部级平台、12 个校企研发中心、13 个企业实习基地的优势基础研究和应用开发教学资源，探索出了一条厚基础、重产业应用的高分子材料专业教学新路子。在此背景下，课程团队编写《高分子加工》教材，坚持以"立德树人"为核心，积极对接新一轮产业变革，助力新工科人才培养。本书绪论部分涵盖高分子材料基本概念、高分子原料和加工成型方法发展概况、加工流变学基础理论等；塑料加工成型部分主要包括通用塑料、工程塑料及功能塑料的概念和分类，加工助剂，配混工艺，塑料加工成型工艺、理论和技术，重点阐述了加工方法、工艺过程等对塑料组成、结构、相态、制品外观以及性能的影响规律；橡胶加工成型部分的主要内容有橡胶原料、助剂，生胶前处理，橡胶加工成型工艺、理论和技术，阐明了橡胶品种、分子结构、助剂等与其加工特性、硫化工艺和制品性能之间的关系；纤维加工成型方面的内容包括高分子纤维概述，纤维加工成型的方法、原理和设备，介绍了纤维成型的流变学原理、纤维结构和性能的调控机制。另外，本书还引入了增材制造的内容，主要涵盖了增材制造的特点、技术工艺原理、应用前景以及关键技术发展方向等；最后，对接高分子加工的前沿进展，引入反应挤出成型、固相挤出成型、薄膜挤出成型、气体辅助成型、液体辅助成型、高分子基复合材料成型、高分子微纳米成型等新兴的加工方法。本书还结合了现代信息技术，将MOOC（慕课）教学资源有机嵌入到各章节的内容中，为读者提供可视化、互动性和互联网式学习体验。MOOC课程在2020年入选首批国家一流本科课程（线上一流课程），读者可扫描如下二维码进入中国大学MOOC平台，进行在线选课学习，MOOC学习内容提要详见各章节。

编者

2021 年 1 月

目录

第五篇 增材制造 / 295

第十六章 增材制造技术概述 / 296

第十七章 增材制造技术工艺原理 / 306

第十八章 增材制造技术的未来发展趋势 / 324

第六篇 高分子加工成型新技术 / 333

第十九章 传统高分子加工技术新发展 / 334

第二十章 高分子基复合材料成型 / 356

第二十一章 高分子微纳米成型技术 / 379

第一篇

绪 论

材料、能源、信息是当今科学技术、全球经济和产业的三大支柱，而材料可谓是科技发展的重要基石，人类社会的进步离不开材料，标志性新材料的诞生在人类发展史上往往具有里程碑式的作用❶。人类自诞生之日起就在使用高分子材料，但高分子作为一门独立的学科才刚走过100年的发展历程。合成高分子材料在这一个世纪的时间中，彻底改变了人类的生产和生活方式，在国防、军工、高技术、民用等领域占据了不可替代的应用地位。高分子材料产业成为当今世界发展最迅速的产业之一，是全球经济的重要支撑，也代表着一个国家的综合竞争力。

我国的塑料制品业发展速度快，增长速度远高于世界塑料产业的平均增长速度，塑料产量从2006年的2801.9万吨增长到2019年的8184.17万吨，已成为世界塑料生产和消费的第一大国。2018年我国聚乙烯塑料（PE）产能为1615.8万吨，占全球总产能的15%左右。我国五大通用合成树脂2018年产量为8587.2万吨，位居世界第二位；其中，聚苯乙烯和聚氯乙烯产量位居世界第一位。我国对工程塑料消费量日益增加，但仍靠进口为主，外资树脂合成装置的生产能力占国内工程塑料树脂合成总体能力的60%，在国内共混改性市场上占有率高达50%以上，而且占据着高端市场。2018年世界天然胶产量为1396万吨。我国是最大的天然橡胶消费国，占全球天然橡胶消费量的40%左右。2019年我国的合成橡胶产量为733.8万吨，稳居世界第一。我国也是全球最大的轮胎生产国和出口国。

高分子加工是将高分子材料转化成可使用的制品的关键途径，是衔接高分子材料设计制备和应用的重要纽带，也是学生立足高分子理论走向实际生产所必须通过的桥梁。本书绪论部分，将紧密对接高分子化学和高分子物理的基础理论知识，阐述高分子材料的重要性、高分子原料及其制品的基本概念，塑料、橡胶、纤维、增材制造等加工成型技术发展概况，以及聚合物流变学特性，为后面深入讨论高分子加工成型理论和技术奠定基础。

---

❶ 陈诗皓.高分子材料的应用及发展趋势［J］.科技资讯，2018，27：96-97.

第一章

基本概念

第一节　高分子材料的重要性

高分子材料种类多、稳定性高、比强度大、密度小、功能设计性强、耐腐蚀性好、易于加工，在工业、农业、电子、信息、交通、航空航天、高技术、生物医学等领域占据着重要应用地位，已成为支撑现代工业和科技的重要基石。例如，高分子材料在某些机型的飞机上应用已超过其重量的 50%，在汽车上的应用超过总重量的 18%；没有天然及合成橡胶，就没有汽车轮胎，也就没有现代汽车工业；信息工业和微电子工业的飞速发展均是以电子高分子材料的革新为依托，没有高分辨光刻胶和塑封树脂，就不可能有基于超大规模集成电路的计算机技术；以高分子为主体的光缆和光信息存储材料也是当今信息高速公路建设中不可替代的材料。

高分子材料在人们的生产和生活中无处不在，通用塑料、工程塑料、橡胶、合成纤维、涂料、黏合剂、高分子基复合材料、功能高分子材料的制备、加工、生产和应用已形成完整产业链，成为全球经济的重要组成部分。从某种意义上说，高分子产业技术的发展水平代表着一个国家的国际竞争力。高分子材料的专业教育和基础应用研究也获得了广泛的重视。我国超过 60% 的理工和综合型高等院校设置了高分子材料与工程或相近专业；在我国从事高分子科研的化学化工人员已占总数的 40% 以上。高分子材料不仅性能优势突出，而且原料来源丰富，制备、加工方法多。改变高分子组成、分子量、分子量分布、结构、相态等，可衍生出种类繁多、适合各种用途的高分子材料。回顾高分子百年的发展历程，高分子材料的研究、生产和应用，无论在深度还是广度上均获得了飞速的发展。站在新百年的起点，高分子材料依然生机蓬勃。

第二节　高分子材料基本分类

高分子材料是一类古老而年轻的材料。古老，指的是使用历史，人类从远古时期开始就已经学会使用天然高分子材料，主要包括自然界的树脂、天然橡胶、皮毛、蚕丝、棉花、纤维素、木材等；年轻，指的是从科学和工程学层面研究高分子材料，半合成和合成高分子材料才出现一个半世纪左右，高分子学科的建立也才百年的历史。

常见的合成高分子材料主要包括塑料、橡胶、化学纤维、高分子基复合材料、功能高分子材料等。塑料一般指以合成或天然高分子化合物（树脂）为基本成分，可在一定条件下塑化成型，而产品最终形状能保持不变的材料。它的组成除了聚合物外，还根据需要引入某些助剂。在塑料加工过程中，树脂被分成两种类型——热塑性树脂与热固性树脂（表 1-1）。热塑性树脂可以反复成型；热固性树脂一旦成型，就不能再熔融溶解。

表 1-1　热塑性塑料与热固性塑料

项目类型	热塑性塑料	热固性塑料
加工特性	受热软化、熔融、塑造成型,冷却后固化定型	未成型前受热软化、熔融、塑造成型,在热或固化剂作用下,一次硬化定型
重复加工性	再次受热,仍可软化熔融,可反复多次加工	受热不熔融,达到一定温度分解破坏,不能反复加工
溶剂溶解性	可溶	不溶
化学结构	线型高分子	线型分子交联为体型高分子
举例	聚乙烯（PE）、聚丙烯（PP）、聚氯乙烯（PVC）、聚酰胺（PA）、聚碳酸酯（PC）、聚甲基丙烯酸甲酯 PMMA、聚甲醛 POM、聚对苯二甲酸乙二醇酯 PET 等	酚醛树脂（PF）、脲甲醛树脂（UF）、环氧树脂（EP）、不饱和聚酯（UP）等

按用途和性能，塑料可分为通用塑料和工程塑料（表 1-2）。工程塑料是指拉伸强度大于 50 MPa、冲击强度大于 6 kJ/m^2、耐热性能良好、刚性高、蠕变小、自润滑、电绝缘、耐腐蚀、可替代金属用作结构构件的塑料。然而，这种分类并不十分严谨，随着通用塑料工程化技术的进步，改性或合金化的通用塑料，可在某些应用领域替代工程塑料。

表 1-2　通用塑料与工程塑料

类型	种类
通用塑料	聚乙烯(PE)、聚丙烯(PP)、聚氯乙烯(PVC)、聚苯乙烯(PS)、聚甲基丙烯酸甲酯(PMMA)、聚氨酯(PU)等
工程塑料	聚酰胺(PA)、聚对苯二甲酸乙二醇酯(PET)、聚甲醛(POM)、聚碳酸酯(PC)、聚苯醚(PPO)、丙烯腈-丁二烯-苯乙烯塑料(ABS)、聚四氟乙烯(PTFE)等

橡胶是一类具有可逆形变的高弹性聚合物，室温下在小的外力作用下能产生较大形变，除去外力后能恢复原状。橡胶属于无定形聚合物，它的玻璃化转变温度（T_g）低，分子量大。橡胶通常是由适当配合剂、在一定温度和压力下硫化（适度交联）而制得的弹性体材料。按用途和性能，可将其分为通用橡胶和特种橡胶（表 1-3）。通用橡胶是指性能与天然橡胶相近、物理性能与加工性能较好、可广泛用作车辆轮胎和其他橡胶制品的橡胶。特种橡胶指具有特殊性能，可满足耐热、耐寒、耐油、耐溶剂、耐化学腐蚀、耐辐射等特殊使用要求的橡胶。

表 1-3　通用橡胶与特种橡胶

类型	种类
通用橡胶	丁苯橡胶(SBR)、乙丙橡胶(EPR)、三元乙丙橡胶(EPDM)、氯丁橡胶(CR)、顺丁橡胶(BR)、异戊橡胶(IR)、丁基橡胶(IIR)、天然橡胶(NR)
特种橡胶	丁腈橡胶(NBR)、硅橡胶、聚氨酯橡胶(UR)、氟橡胶等

化学纤维是人造纤维和合成纤维的总称，用以替代天然纤维制造各种织物。人造纤维是由天然纤维素和蛋白质等改性而成，如黏胶纤维、铜氨纤维、醋酯纤维、蛋白质纤维等；合

成纤维由合成高分子化合物经纺丝而成，常见的有聚对苯二甲酸乙二醇酯纤维（涤纶）、聚丙烯腈纤维（腈纶）、聚乙烯醇纤维（维纶）、聚丙烯纤维（丙纶）、聚氯乙烯纤维（氯纶）、聚氨酯弹性体纤维（氨纶）、芳香族聚酰胺纤维（芳纶）等。

高分子合金是由塑料和橡胶、塑料与塑料经物理共混或经接枝、嵌段共聚或互相贯穿的聚合物网络等化学改性制成的宏观上均相、微观上分相的一类材料的总称。随着人们对材料使用性能、应用领域以及加工性能等要求的提高，高分子合金的使用越来越广泛。

高分子基复合材料通常是由高分子和其他组成、结构、性质不同的物质（如无机非金属材料、金属材料）复合而成的多相固体材料，材料中存在明显的界面。高分子基复合材料可集成高分子及其他材料的优点，如高强度、质轻、耐温、耐腐蚀、绝热、绝缘等，满足使用过程中对材料的高要求。

功能高分子材料是一类既具有传统高分子的力学性能、又拥有某些特殊功能的新型高分子材料。这些特殊功能主要包括：化学功能（如离子交换树脂、螯合树脂、自修复聚合物、光敏性聚合物、氧化还原树脂、高分子催化剂等），物理功能（如导电高分子、光导高分子、光伏高分子、高分子显示材料、高分子光致变色材料等），复合功能（如高分子吸附材料、高分子絮凝材料、双亲性高分子、高分子分离膜等），生物、医用功能（如高分子支架材料、可降解高分子、生物活性高分子、药物载体高分子等）。

第三节　高分子加工基本概念

高分子材料加工（亦称高分子材料成型或高分子材料加工成型）是"对聚合物材料或体系进行操作以扩大其用途的工程"，是将聚合物（通常还加入各种添加剂、助剂或改性材料等）转变成所需形状和性质且具备实用价值的材料或制品的工程技术。例如，塑料加工成型，是将塑料材料转变为塑料制品的各种工艺和工程的总称，将塑料材料转变为塑料制品，在实质上是增加了其使用价值。高分子材料的加工性主要表现为如下三个方面。

① 可挤压性　可挤压性是指聚合物通过挤压作用形变时获得形状和保持形状的能力。高分子材料在加工过程中常受到挤压作用，例如物料在挤出机和注射机料筒中、压延机辊筒间以及在模具中都受到挤压作用。通常条件下处于固体状态的物料难以通过挤压而成型，只有当高分子材料处于黏流态时才能通过挤压获得宏观有用的变形。在挤压过程中，熔体主要受到剪切作用，因此可挤压性主要取决于高分子熔体的剪切黏度，有时也涉及拉伸黏度。

② 可塑性　可塑性是指材料在温度和压力作用下形变并在模具中模塑成型的能力。具有可塑性的材料可通过注射、模压和挤出等加工方法制成各种形状的模塑制品。可塑性还与其化学反应性能有关，模塑工艺参数不仅影响高分子材料的可塑性，而且对制品的力学性能、外观、收缩以及制品中的结晶与取向等都有重要影响。另外，模具的结构、尺寸、控温等也都影响高分子制品的性能。

③ 可延展性　可延展性表示无定形或半结晶固体聚合物在一个方向或两个方向上受到应力时变形的能力。高分子材料的可延展性取决于材料产生塑性形变的能力。这种性质为生产长径比（有时是长度对厚度的比）很大的制品提供了可能。利用高分子材料的可延展性，可通过压延或拉伸工艺生产薄膜、片材和纤维。可延展性也使高分子材料能通过产生高倍的拉伸变形，诱导高分子链取向。

第四节　高分子加工基本原料

　　高分子制品是一定配比的高分子化合物（主要成分）和添加剂（次要成分）在成型设备中，受一定加工成型条件（适当的温度和压力等）的作用，熔融塑化，然后通过模塑制成一定形状，冷却后常温下能保持既定形状的材料制品。

　　高分子加工基本原料主要包括高分子树脂与添加剂。材料的组成及各成分之间的配比从根本上决定了制品的性能，而作为主要成分的高分子树脂则对制品性能起主导作用。高分子树脂可按如图 1-1 所示进行分类。如按来源，可分为改性天然高分子和合成高分子，合成高分子又可按聚合方法分为加聚物、缩聚物、逐步加成物；按化学结构和是否具有多次重复加工性，可以分为热塑性高分子和热固性高分子。

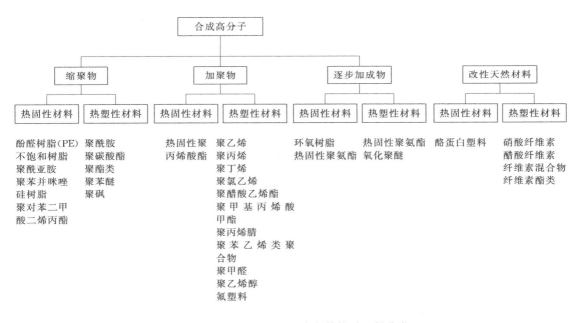

图 1-1　按生产方式、反应与结构对塑料分类

　　添加剂，也称作助剂，是为了改善高分子材料加工性能和制品的使用性能而添加的辅助材料。通常将添加剂划分为工艺性添加剂和功能性添加剂两大类。

　　工艺性添加剂的核心功能是提升高分子材料的加工性能。例如，硬质 PVC 在加工的时候不引入稳定剂和润滑剂，则会发生严重的热分解反应，使得加工无法正常进行。功能性添加剂可赋予高分子材料制品一定的性能，也可使制品原有性能得到一定程度的提升。例如，聚丙烯的耐光性和耐候性极差，如果不使用光稳定剂和抗氧剂，在户外暴露数月就会发生老化变脆，难以继续使用。同样，未经硫化的橡胶，没有优良的力学性能、热性能和化学性能等，只有使用硫化剂使之产生一定程度的硫化（交联），才能成为具有实用价值的橡胶制品，而为了改善硫化过程及其性能，则又必须使用硫化促进剂、活化剂和防焦剂等。

习 题

1. 与其他材料相比，高分子材料具有哪些特征？
2. 什么是工程塑料？如何区分通用塑料和工程塑料、热塑性塑料和热固性塑料。
3. 请简述高分子成型加工的定义。
4. 高分子成型加工过程中可能发生哪些物理和化学变化？

参考文献

［1］程晓敏，史初例. 高分子材料导论［M］. 合肥：安徽大学出版社，2006.
［2］周达飞，唐颂超. 高分子材料成型加工［M］. 北京：中国轻工业出版社，2000.
［3］Ciofu C，Mindru D T. Injection and micro injection of polymeric plastics materials：A review［J］. International Journal of Advanced Manufacturing Technology，2013，3604：49-68.
［4］王加龙. 高分子材料基本加工工艺［M］. 北京：化学工业出版社，2009.

第二章

高分子材料及其加工发展概况

第一节 塑料及其加工成型发展概况

　　高分子材料工业的产生先于高分子学科的建立，已有一百多年的历史。第一个时期为萌芽期，这段时期塑料工业的特点是品种少，工艺不成熟。1872年，Bayer合成了酚醛树脂（PF）；1907年，Baekeland分别在酸性催化剂和碱性催化剂下合成了线型PF和体型PF；1909年，酚醛树脂用作电气绝缘材料（俗称电木粉）；1932年，PF塑料电话机问世。第二个时期为发展期，这个时期的特点是塑料品种数量增加快，成型加工设备得到很大改进，工艺逐渐成熟。1930年，巴斯夫（BASF）开始在德国商业化生产聚苯乙烯（PS）；1927—1931年间，美国和德国先后合成了聚甲基丙烯酸甲酯（PM-MA，俗称有机玻璃）；1938年合成了聚四氟乙烯（PTFE）；聚氯乙烯（PVC）于第二次世界大战中成功合成；1938年，英国人合成了聚乙烯（PE）粉末；1939年，英国建立了世界上第一个高压聚乙烯（即低密度聚乙烯，LDPE）工厂；1953年，Ziegler用三乙基铝/四氯化钛在常压下实现乙烯聚合，合成了高密度聚乙烯（HDPE）；1954年，Natta改进了催化剂，合成了等规聚丙烯（i-PP）。第三个时期为变革期，在这段时期，虽然品种增加得不多，但产量和质量大幅提高，成型设备趋于成熟，工艺控制精确。高分子材料的工程化和功能化方面得到长足的进展，人们致力于研究高分子材料的接枝、共聚、补强、共混及合金化，以提高力学性能，或提升高分子的透光、抗冲、耐寒、耐热、阻燃耐候等性能。

　　1870年，Smith和Locke在金属注射成型机的基础上申请了塑料注射成型机专利，Hyatt brothers公司在1872年制造了第一台注射成型机并申请了专利，这是实现塑料加工产业化的关键步骤，从此，塑料加工业得到了飞速发展。第一批工业塑料在1927—1950年之间产业化。在过去的70年里，超过80%的人类生活所用材料是被塑料所占据。表2-1列出了塑料加工的发展历程。

表 2-1   塑料加工的发展历程及塑料加工业的发展趋势

时间	发现者或发明者	突出贡献内容
1735—1744	Charles Marie de La Condamine	在此期间参加到秘鲁测量地球子午线的科考；在亚马孙河下游的热带森林中发现桉树，并发现流出的汁液
1844	Charles Goodyear	研究一种处理印度胶的方法时，把橡胶与硫黄混合滴在热盘上
1860	Charles G. William	在合成橡胶分离异戊二烯方面迈出了第一步
1880,1884	G. Bouchardat，W. Tilden	第一次实现合成橡胶的工业生产，并在第二次世界大战期间真正地开始取代天然橡胶
1865	P. Schutzenberger，G. V. Nandin	试图开发使用醋酸纤维素
1873	—	第一次发现丙烯酸酯
1898	H. Schnell	Bayer 公司让聚碳酸酯工业化，在市场上出售第一个产品 Makrolon
1901	Otto Rohm	开始对聚甲基甲烷进行研究
1903	C. F. Cron，L. J. Weber	乙酸丁酸纤维素专利
1907	Leo Baekeland	发现胶木
1908	Jacques Brandenberger	发明制造玻璃纸、透明新包装
1908	Hermann Staudinger	第一个提出聚合物合成的研究理论
1921	Arthur Eichengrun，Hermann Bucholz	设计了一台注射醋酸纤维素的机器
1925	—	Kodac 和 Rhone Poulenc 公司对纤维素的生产进行了研究
1930	Waldon Semon	利用废物制得新材料；这一过程改变了聚氯乙烯在塑料中发现的弹性和耐用性
1933	R. O. Gibson	制造一种新塑料（乙烯制聚乙烯）
1933	Wulff Germania	制备聚苯乙烯
1933	—	Rohm & Haas 公司首次推出聚甲基丙烯酸甲酯
1934	Wallace H. Carothers	合成纤维出现
1934	Firma DuPont	介绍了聚氟乙烯材料
1935	Firma Farbenindustrie	苯乙烯-丙烯腈材料
1935	Eric Fawcett Reginald Gibson	获得了低密度聚乙烯
1938	Roy J. Plunkett	成功地合成名叫"特氟龙"的聚四氟乙烯
1939	—	低密度聚乙烯的工业制造
1939	Firma DuPont	开始销售尼龙
1940	U. S. Ruben	生产了第一个丙烯腈-丁二烯-苯乙烯
1940	Henri Victor Regnault	聚氯乙烯开始工业化生产
1941	Wallace Hume Carothers，John Rex Whinfeld，James Tennant Dickson	开始研究线型聚酯
1947	Firma ICI	开始工业化生产低密度聚乙烯
1953—1954	Karl Ziegler	出现高密度聚乙烯
1954	Giulio Natta	获得了新的合成聚丙烯
1958	Firma DuPont	制造出了第一个聚缩醛
1960	Firma DuPont	生产线型聚乙烯
1961	Firma Penn Salt Chemicals	首次工业化生产聚乙烯醇氟化物
1965	—	聚砜制造
1970	Robert Jarvik，Willem Johan Kolff	用塑料、铝和合成纤维制作了第一个人造心脏
1970	Joseph L. Wirt	发现了一种叫作聚醚酰亚胺的物质
1970	—	液晶聚合物已经出现
1981	Gerard Eleens	实现了运动器材制造中使用的合成材料家族(Peba)
1991	Firma Solvey	得到一种由聚酯和聚丙烯制成的混合物
1994	Compania Cincinnati Milacron	首次在美国销售电脑控制的注射机

塑料制品已广泛应用于电子工程、航空航天和汽车工业、电气工业、食品工业、家居用品等各领域。21 世纪初，随着各大洲市场的稳定，塑料工业发展得更为显著。受不断更新的塑料新材料推动，全球范围内的塑料生产和消费快速增长。但受全球金融危机的影响，这种不断增长的趋势在 2008 年被打破，由年初的 2.45 亿吨降到年末的 1.76 亿吨。经过 2009 年全球经济局势的分

析，塑料制品工业在危机之后逐步回升，据不完全统计，2020年世界塑料产量已达到4.0亿吨。

目前塑料加工行业最具活力的发展地在中国，超过了欧洲和北美的产量。根据国家统计局数据统计，我国除了塑料制品产量保持着稳定的增长外，近年来中国塑料制品出口数量也逐步增加，在2019年出口塑料制品总量已超过1284万吨。

我国塑料制品产地主要分布在广东、浙江、江苏、四川、湖北等地，其中广东省的日用塑料制品产量这几年在各省中名列榜首。在五大合成树脂中聚乙烯树脂产量占主要部分，2018年我国聚乙烯产能为1615.8万吨，占全球总产能的15%左右，到2019年已经达到1793.61万吨，其中低密度聚乙烯（LDPE）产量约288.29万吨，同比增加5.3%；高密度聚乙烯树脂（HDPE）产量约768.64万吨，同比增加13.6%；线型低密度聚乙烯树脂（LLDPE）产量约736.08万吨，同比增加16.3%。

随着工业技术的发展和人民生活水平的提高，塑料加工的发展也越来越快，塑料制品对人们的生活越来越重要，需求量逐渐增大，这也促进了材料成型技术的不断发展与创新。现如今的生产方式正向"绿色"转变，低能耗、高效环保型的加工成型技术是塑料加工行业的发展趋势。

第二节　橡胶及其加工成型发展概况

橡胶工业既古老又富有朝气。早在1735年，人们就从橡胶树上割取胶乳制造胶鞋、容器等橡胶制品。1823年，英国建立了世界上第一个橡胶工厂，用溶解法生产防水胶布。1826年，Hancock发明了橡胶塑炼机。橡胶经过塑炼后弹性下降，可塑度提高。这一发明奠定了现代橡胶加工方法的基础。1839年，Goodyear发现了橡胶与硫黄一起加热可以消除橡胶制品"冷则变硬、热则发黏"的缺陷，而且可以大幅提高橡胶的弹性和强度。橡胶硫化的发现，开辟了橡胶制品广泛的应用前景，推动了橡胶工业的发展。直至今日，橡胶工业中基本上依然采用硫黄硫化的方法。1900年以来，对天然橡胶结构的研究取得突破性进展，合成橡胶登上了历史舞台。在第一次世界大战期间，德国人用二甲基丁二烯合成了甲基橡胶。1916年，用炭黑作橡胶补强剂，这不仅降低了橡胶制品的成本，而且大大改善了橡胶制品的强度和耐磨性。

橡胶有两种完全不同的来源，一种是天然的，另一种是合成的。生产天然橡胶需要培育一种原产于亚马逊丛林的橡胶树——巴西橡胶树，通过在它的树干上砍出一个长切口，把从那个切口流出的白色橡胶（液体或乳胶）收集起来，然后加工成工业用的天然橡胶。合成橡胶是从石油或天然气中获得单体进而转化成乳胶，再经过处理转化为橡胶。在科技飞速发展的今天，超过75%的橡胶制品是由原油制成的，在汽车、火车、飞机和制造业其他产品中，均能看到通过橡胶制成的零部件。

至今，天然橡胶种植和管理技术日渐成熟，生产集中度大大增强。2010年全球天然橡胶产量为1043万吨，消费量为1080.6万吨，供需短缺37.6万吨。2018年世界天然橡胶产量为1396万吨，比上一年的1335万吨增长4.6%。与此同时，世界天然橡胶需求量同比增长5.2%，达1402万吨。2019年1~7月全球天然橡胶产量超过703.9万吨，比2018年同期的759.1万吨下降7.3%。世界天然橡胶主产区天然橡胶产量占全球总产量的90%，其中泰国、印度尼西亚、马来西亚三国产量全球占比近70%。从天然橡胶下游产业链来看，天然橡胶中日用消费品占比不到20%，最大消费量源于轮胎制造的工业需求（69%）。中国是最大的天然橡胶消费国，占全球天然橡胶消费量的 40％左右。中国还是全球最大的轮胎生产国和轮胎重要出口国。至 2008 年起中国合成橡胶产量（230.4 万吨）首次超过美国排名世界第一，之后几年稳居第一，2019 年我国合成橡胶产量达到 733.8 万吨。

一、天然橡胶

天然橡胶主要是顺式聚 1,4-异戊二烯与少量的蛋白质、脂类、无机盐等多种组分混合而成。顺式聚 1,4-异戊二烯是一种长链聚合物，平均分子量约为 50 万。天然橡胶的聚合物链在室温下是长链、缠结、卷曲的，处于持续缠结状态。液体乳胶从橡胶树上收集，被稀释到 15％的橡胶含量后用甲酸进行凝结。凝固后的材料通过挤压机进行压缩，以除去水分，形成片状材料。轧制的橡胶薄板和其他类型的原橡胶通常在重卷之间进行研磨。在重卷过程中，利用机械剪切作用打断了一些较长的聚合物链，并降低了它们的平均分子量。

天然橡胶具有良好的柔韧性、优异的绝缘性、高强度和抗疲劳性能，对大多数无机酸、盐和碱具有高耐受性，但抗有机溶剂能力较弱，且在高温下易失去强度。天然橡胶是一种重要的农产品或商品，在许多发展中国家的社会经济结构中起着重要的作用，用于制造各种各样的产品，典型的应用有轮胎、工程部件、密封件、鞋跟、联轴器和发动机支架。天然橡胶是很好的防水材料，同时是抵御病原体的最佳屏障，因此乳胶被用于外科手术与医学用手套、导管、气球、医用管以及一些黏合剂中。

二、合成橡胶

合成橡胶是一种人工制造的材料，其性能类似于天然橡胶。大多数合成橡胶是由不饱和单体聚合或缩聚得到。合成橡胶种类繁多，化学和力学性能各异，应用领域广阔。合成橡胶最早出现在 20 世纪 30 年代，第二次世界大战是合成橡胶大规模出现的推动力量。1980 年合成橡胶约占世界橡胶材料供应总量的 70％，到 2019 年，合成橡胶已占全球橡胶总量的 90％左右。合成橡胶应用广泛，主要包括：轮胎、汽车、飞机、自行车部件、驱动皮带、软管、医疗设备、地板覆盖物、模型零件等。

当前市场上有各种各样的合成橡胶可供选择，除了天然橡胶的基本特性，合成橡胶还具备一些独特性能，例如：耐磨性、耐水性、电绝缘性、耐热性、耐老化、低温弯曲性、耐油脂和汽油等。表 2-2 列出了市场上常见的橡胶种类。

表 2-2　常见商业橡胶种类及缩写

橡胶种类	英文缩写	橡胶种类	英文缩写
天然橡胶	NR	氯磺化聚乙烯	CSM
苯乙烯-丁二烯共聚物	SBR	聚二甲硅氧烷	MQ
苯乙烯-异戊二烯-丁二烯三元共聚物	SIBR	偏二氟乙烯聚合物	FKM
聚异戊二烯	IR	四氟乙烯-丙烯共聚物	TFEP
丙烯腈-丁二烯共聚物	NBR	四氟乙烯-全氟甲基乙烯基醚	FFKM
聚氯丁烯	CR	氟硅橡胶	FQ
乙烯-丙烯共聚物	EPM	环氧氯丙烷橡胶	CO
乙烯-丙烯-非共轭二烯烃三元共聚物	EPDM	环氧氯丙烷-环氧乙烷	ECO
聚异丁烯	IIR	聚氯乙烯	CPE
聚丙烯酸乙酯	ACM	乙烯-醋酸乙烯酯共聚物	EVA

三、橡胶的加工成型发展概况

在橡胶制品中，目前加工成型技术主要有模压法、传递法、缠贴法和注射法等成型技术。橡胶的加工过程主要是解决塑性和弹性矛盾的过程，通过各种加工手段，使得弹性的橡胶变成具有塑料特性的塑炼胶，再加入各种助剂制成半成品，然后通过硫化使具有塑料特性的半成品变成弹性高、力学性能好的橡胶制品。橡胶制品的主要原料是生胶、各种助剂以及作为骨架材料的纤维和金属材料，橡胶制品的基本生产工艺过程包括塑炼、混炼、压延、压出、成型、硫化这 6 个基本工序。

橡胶模压工艺是将混炼胶坯置于模型中，通过平板硫化机在规定的时间、压力、温度条件下实现的压制工艺。其产品称作橡胶模压制品，简称模制品。橡胶模压工艺的缺点是生产周期长、效率低、制品尺寸精度差。

在上述橡胶加工方法中，注射成型技术更受大家关注，橡胶注射成型是将胶料通过注射机进行加热，然后在压力作用下从机筒注入密闭的模型中，经加压硫化而成为制品的生产方法。它具有的显著优点是：①简化工艺，减少操作人员数量；②降低能耗；③提高生产效率 4～7 倍；④提高制品的均匀性、稳定性、尺寸精确性和合格率；⑤减少飞边，节省胶料；⑥操作方便，劳动强度低，机械化和自动化程度高。因此，近年来注射成型技术越来越受到重点关注，并在橡胶制品生产中得到了迅猛发展。

第三节　纤维及其加工成型发展概况

纤维是一种长径比非常高的材料，成纤高分子的分子量是一项重要指标，它决定了纤维的拉伸强度，并影响纤维的物理性能。高分子纤维主要包括化学纤维、天然纤维、商品纤维和特种纤维。其中化学纤维与天然纤维又被称为纺织纤维；特种纤维通常具有超高强度、导电性、发光性、热稳定性、耐化学性、阻燃性等独特性能。图 2-1 列出了纺织纤维的分类及其品种。

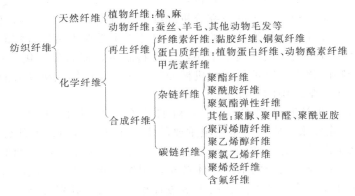

图 2-1　纺织纤维的种类

一、天然纤维与化学纤维

在纺织纤维中，一类是天然纤维，如棉、麻、羊毛、蚕丝等；另一类是化学纤维，如涤纶、腈纶、维纶、丙纶、氯纶、氨纶等。化学纤维是指用天然或合成的聚合物为原料，经过化学方法和机械加工制成的纤维。化学纤维的问世使纺织工业的发展突飞猛进，经过100多年的历程，化学纤维无论是产量、品种，还是性能与使用领域都已超过了天然纤维，而且化学纤维生产的新技术、新设备、新工艺、新材料、新品种、新性能不断涌现，呈现出蓬勃发展的趋势。

天然纤维的应用与人类社会的发展同步，而合成纤维的应用与塑料材料相近，是一个年轻的工业类别。1927年，聚酯和聚酰胺合成并纺丝成功；1934年，氯化聚氯乙烯纤维投入市场；1935年，聚酰胺-66纤维（尼龙-66）投产；1939年，聚酰胺-6纤维（PA-6）投产；1950年，聚对苯二甲酸乙二醇酯纤维（涤纶）和聚丙烯腈纤维（人造羊毛）投产。现在合成纤维的产量大大超过了天然纤维的产量。

化学纤维可以根据原料来源、形态结构、制造方法、单根纤维内的组成和纤维性能差别等进行分类。但是最常见的分类方式还是按化学纤维的原料来源分类，可分为再生纤维和合成纤维。

再生纤维也称人造纤维，是利用天然聚合物或失去纺织加工价值的纤维原料经过一系列化学处理和机械加工而制得的纤维。其纤维的化学组成与原聚合物基本相同，包括再生纤维素纤维（如黏胶纤维、铜氨纤维等）、再生有机纤维（如大豆蛋白纤维、花生蛋白纤维、甲壳素纤维、海藻胶纤维等）和再生无机纤维（如玻璃纤维、金属纤维等）。

合成纤维是以石油、煤、石灰石、天然气、食盐、空气、水以及某些农副产品等天然的低分子化合物为原料，经化学合成和加工制得的纤维。常见的合成纤维有七大类品种：聚酯纤维（涤纶）、聚酰胺纤维（锦纶）、聚丙烯腈纤维（腈纶）、聚乙烯醇缩甲醛纤维（维纶）、聚丙烯纤维（丙纶）、聚氯乙烯纤维（氯纶）和聚氨酯弹性纤维（氨纶）等。

二、纤维的加工成型发展概况

几千年来，丝绸、棉花和羊毛一直被用作纺织品，但一些缺点限制了它们的应用，例如棉花容易起皱、丝绸的精细处理以及羊毛的收缩特性。1903年，第一个人造纤维Rayon被开发出来，开启了从化学和物理角度研究分析纤维的新时期。到1950年，已经生产了50多种不同类型的人造聚合纤维。纤维技术的这一历史性进步是在天然聚合物改性的基础上取得的。化学纤维的制造可概括为以下四个工序：①原料制备，即高分子化合物的合成（聚合）或天然高分子化合物的化学、物理处理和机械加工；②纺丝熔体或纺丝溶液的制备；③化学纤维的纺丝成型；④化学纤维的后加工。

熔体纺丝的过程可以追溯到Carothers和Hill在1932年的开创性工作。自1940年尼龙-66纤维的商业化以来，它一直是一项重要的生产工艺。目前，大部分的合成纤维是通过熔融纺丝方法来生产的。纤维纺丝一般常用的是熔体纺丝和溶液纺丝两类，通常在熔融状态下不发生显著分解的成纤聚合物采用熔体纺丝，例如聚酯纤维、聚酰胺纤维等。熔体纺丝过程简单，纺丝速度高。溶液纺丝法适用于熔融时易分解的成纤聚合物，将成纤聚合物溶解在溶剂中制得黏稠的纺丝液，然后进行纺丝。现在还出现了新型纺丝方法，如干喷湿纺法、乳液或悬浮液纺丝法、膜裂纺丝法。这些新方法的出现大大提高了纺丝的效率与化纤的物理性能。

熔体纺丝是将成纤聚合物熔体经纺丝喷丝头流出熔体细流，在周围空气（或水）中冷却凝固成型的方法。一般按从喷丝孔挤出的纺丝液细流的凝固方式，溶液纺丝分为湿法纺丝和干法纺丝两种。湿法纺丝是将聚合物在溶剂（无机、有机）中配成纺丝溶液后经纺丝泵计量再经喷丝孔挤出细流，在凝固浴中凝固成型的方法。干法纺丝是将纺丝溶液经喷丝孔流出细流，溶剂被加热介质（空气或氮气）挥发带走的同时，使得聚合物凝固成丝的方法。腈纶、维纶、氯纶、氨纶、醋酯纤维等可以采用干法纺丝。干法纺丝要求采用易挥发的溶剂溶解聚合物。溶液纺丝纺速较低，尤其是湿法纺丝，为提高纺丝能力，需采用孔数很多的喷丝头。干法纺丝的纺速高于湿法纺丝，但远低于熔融纺丝。

第四节　增材制造发展概况

增材制造（也称 3D 打印）自 20 世纪 80 年代后逐渐被广泛关注，是一种快速成型技术。按照各种技术主要适用的原材料初始形态，增材制造技术可分为液态材料类、固态材料类和粉末材料类（表 2-3）。每个类别都包括几个不同的过程，但是其中的所有过程都共享选择性建模图层的原理。在材料方面，多种聚合物、陶瓷、金属和复合材料可用于增材制造。

表 2-3　增材制造技术分类

类别	技术
液态材料	光固化立体印刷技术（SLA）、多点喷射打印（MJP）、固态紫外激光打印（MOUP）
固态材料	熔融沉积成型（FDM）、分层实体制造（LOM）、选区层积分层（SDL）、超声固化
粉末材料	选择性激光烧结（SLS）、彩色喷墨打印（CJP）、电子束熔化（EBM）、激光工程净近成型（LENS）

增材制造的最初应用是在快速成型然后加工的领域，但随着其技术的不断更新和升级，越来越多地直接用于生产与开发。例如，在航空航天领域，由于需要生产高度复杂的飞机部件，迫切需要增材制造技术；在医疗领域，增材制造生产的正畸、修复、矫形、植入和替代器官高度个性化的应用已经达到一定的成熟程度和使用水平；增材制造技术也可用于射频（RF）领域开发新一代的微波和毫米波设备，比如用于千兆无线局域网的毫米波无线通信系统、可穿戴传感器、汽车防撞、高分辨率成像系统、卫星通信和 RF MEMS 设备等。

在很多方面，增材制造技术仍处于起步阶段，在整个制造业中只占很小的一部分，但它正在迅速发展。从第一个立体印刷系统出现在市场上至今还不到三十年，增材制造不仅在科学、学术和工业领域变得相对普遍，而且还从一种快速生成可视化模型的方法演变成一种新的制造方式。在过去二十年里，与之相关的产品与服务的收入表明，增材制造已经发展成为一个价值数十亿美元的产业。增材制造有可能从根本上改变许多产品的制造与分销方式。纵观历史，关键创新的制造技术对我们的社会和文化产生了深远的影响，增材制造可能成为一种真正的颠覆性技术。

1892 年到 1988 年属于增材制造技术初期阶段。J. E. Blanther 申请的美国专利开启了分层制造方法的开端。1986 年 Michael Feygin 成功地研制分层实体制造（laminated object manufacturing，LOM）。然而，LOM 并不适合创建具有复杂几何图形的对象，而且它不能创建空心对象。

1980 年至 1990 年属于快速原型技术的阶段。日本名古屋研究所研究人员 Hideo Ko-dama 首次通过使用紫外线 UV 固化光敏聚合物发明了立体光刻的现代分层方法。1986 年 Charles Hull 申请了第一个快速原型技术的专利——立体印刷机（stereo lithography appara-tus，SLA），在 1988 年美国 3D Systems 公司推出世界上第一台商用快速成型机立体光刻 SLA-1 机，成为现代增材制造的标志性事件。

1988 年，美国 Stratasys 公司首次提出熔融沉积成型（fused deposition modeling，FDM）。1989 年，美国得克萨斯大学奥斯汀分校提出选择性激光烧结（selective laser sinte-ring，SLS）工艺。SLS 通过计算机将 3D 数模处理成薄层切片数据，切片图形数据传输给激光控制系统。激光按照切片图形数字信号进行图形扫描并烧结，形成产品的一层层形貌。值得一提的是，SLS 技术成型件强度接近相应的注射成型件的强度。

1990 年至今为直接增材制造阶段，主要实现了金属材料的成型，分为同步材料送进成型（LSF）和粉末床选区熔化成型（SLM）。2013 年，美国麻省理工学院成功地研发出四维打印技术（four dimensional printing，4DP），俗称 4D 打印，是一项无须打印机就能让材料快速成型的革命性新技术。在原来的 3D 打印基础上增加第四维度：时间。可预先构建模型与时间，按照产品的设计自动变形成相应的形状，其关键材料是记忆合金。四维打印具备更大的发展前景。

第五节　高分子加工成型发展方向

高分子材料的加工应用经历了一个曲折的发展过程。在人类原始社会时期，绝大多数使用天然高分子材料（如植物的纤维、动物的皮毛）作为维持生存的最低生活资料。在这种情况下，高分子材料的利用率较高。随后，随着生产力和科学技术的进步，大量的金属材料被利用，在这段时期，高分子材料的利用率比较小。进入 20 世纪以来，尤其是第一次、第二次世界大战期间，合成高分子材料的问世和发展，使得高分子材料的应用比例又在不断地上升，到目前为止，金属材料、无机非金属材料和高分子材料呈三足鼎立之势。

在现代科学技术突飞猛进的阶段中，传统高分子加工技术也有新的发展。在本书第六篇高分子加工成型新技术中将详细地介绍聚合物反应挤出成型技术、固相挤出成型技术、薄膜挤出成型新技术、气体辅助注射成型、液体辅助注射成型技术的原理及特点，未来的加工技术发展中着重地将多种传统工艺联合起来，实现高分子制品的功能化、多样化，甚至其物化性能也会得到相应提升。

高分子材料工程的主要研究线索是：研究在外场力（剪切力、振动力、温度、压力等）作用下，高分子的链运动、相态及结构的变化规律和控制条件，从而发展聚合物成型的新方法和新技术，以及研究高分子化合物工业规模合成中的尺度效应及工艺特点，发展工业合成的新技术、新设备、新流程。

我国过去的高分子成型研究较多地集中在某些具体产品的制造研究及工艺条件研究方面，学科基础方面的研究工作相对很弱。具体研究工作中宏观问题考虑多，而对聚合物结构、分子运动等微观问题考虑得较少。在研究方法上往往对高分子成型过程采用模糊处理，缺乏对不同体系受外场影响产生具体变化的微观分析。在学科发展上，高分子加工与高分子物理的关联研究越发紧密，比如利用高分子聚合物的软物质特征（即高分子易于对外界的弱刺激产生明显响应的特点），研究成型过程中高分子的熔体流动和结构变化的特点，探讨高分子成型的新理论，发展不同聚合物体系成型的新技术。随着高分子材料的工程化和功能化方面取得长足进展，研究者还致力于研究高分子材料的接枝、共聚、补强、共混及合金化，以提高力学性能，或赋予高分子制品透光、抗冲、耐寒、耐热、阻燃、耐候等性能。

习 题

1. 请从聚合物链的组成、分子结构层面区分橡胶和塑料。
2. 增材制造有哪些典型成型技术？
3. 请区分天然纤维、合成纤维、人造纤维。

在线辅导资料，MOOC 在线学习

　　①塑料及其工业的发展概述；②橡胶及其工业发展概述；③增材制造（3D打印）发展概况。涵盖课程短视频、在线讨论、习题以及课后练习。

参考文献

[1] 王加龙. 高分子材料基本加工工艺 [M]. 北京：化学工业出版社，2009.

[2] Beaumont J P，Nagel R L，Sherman R. Successful injection molding：Process，design，and simulation [M]. Munich：Hanser Publishers，2002.

[3] Ciofu C，Mindru D T. Injection and micro injection of polymeric plastics materials：A review [J]. International Journal of Advanced Manufacturing Technology，2013，3604：49-68.

[4] Senthilvelan S，Gnanamoorthy R. Fiber reinforcement in injection molded Nylon 6/6 spur gears [J]. Applied Composite Materials，2006，13（4）：237-248.

[5] Barlow C，Jayasuriya S，Tan C S. The world rubber industry [M]. Routledge，2014.

[6] Nor H M，Ebdon J R. Telechelic liquid natural rubber：A review [J]. Progress in Polymer Science，1998，23（2）：143-177.

[7] Vijayaram T R. A technical review on rubber [J]. International of Journal Design Manufacture Technology，2009，3：25-37.

[8] Paul E. Materials and processes in manufacturing [M]. London：Macmillan，1969.

[9] Bhat G，Kandagor V. Synthetic polymer fibers and their processing requirements [J]. Advances in Filament Yarn Spinning of Textiles and Polymers，2014：3-30.

[10] 祖立武. 化学纤维成型工艺学 [M]. 哈尔滨：哈尔滨工业大学出版社，2014.

[11] 周达飞，唐颂超. 高分子材料成型加工 [M]. 北京：中国轻工业出版社，2005.

[12] Spruiell J E，White J L. Structure development during polymer processing：Studies of the melt spinning of polyethylene and polypropylene fibers [J]. Polymer Engineering & Science，1975，15（9）：660-667.

[13] Kruth J P，Leu M C，Nakagawa T. Progress in additive manufacturing and rapid prototyping [J]. CIRP Annals-Manufacturing Technology，1998，47（2）：525-540.

[14] Standard A. Standard terminology for additive manufacturing technologies [S]. ASTM International F2792-12a，2012.

[15] Guo N，Leu M C. Additive manufacturing：Technology，applications and research needs［J］. Frontiers of Mechanical Engineering，2013，8（3）：215-243.

[16] Lyons B. Additive manufacturing in aerospace：Examples and research outlook［J］. The Bridge，2014，44（3）：13-19.

[17] Sandström C. Adopting 3D printing for manufacturing-evidence from the hearing aid industry［J］. Technology Forecast Social Change，2015，102：160-168.

[18] Sanz-Izquierdo B，Parker E A. 3D printing technique for fabrication of frequency selective structures for built environment［J］. Electronics Letters，2013，49（18）：1117-1118.

[19] Merkle T，Götzen R，Choi J Y. Polymer multichip module process using 3-D printing technologies for D-band applications［J］. IEEE Transactions on Microwave Theory and Techniques，2015，63（2）：481-493.

[20] Calignano F，Manfredi D，Ambrosio E P. Overview on additive manufacturing technologies［J］. Proceedings of the IEEE，2017，105（4）：593-612.

[21] 卢秉恒，李涤尘. 增材制造（3D打印）技术发展［J］. 机械制造与自动化，2013，42（4）：1-4.

[22] 王红军. 增材制造的研究现状与发展趋势［J］. 北京信息科技大学学报（自然科学版），2014，29（3）：20-24.

[23] 何天白，胡汉杰. 海外高分子科学的新进展［M］. 北京：化学工业出版社，1997.

第三章

高分子流变特性

第一节　聚合物熔体特性

　　流变学研究的是材料流动及变形规律。高分子流变学则聚焦在高分子液体（主要包括高分子熔体和溶液）在流动状态下的非线性黏弹行为，以及这种行为与高分子结构及其他物理和化学性质的关系。其中要明确的是，遵从牛顿运动定律的液体称牛顿流体，遵从胡克定律的固体称胡克弹性体；牛顿流体与胡克弹性体是两类性质被简化的抽象物体，实际材料往往表现出更为复杂的力学性质。如沥青、黏土、橡胶、石油、蛋清、血浆、泥石流、地壳，尤其是高分子材料和制品，它们既能流动，又能变形；既有黏性，又有弹性；变形中会发生黏性损耗，流动时又有弹性记忆效应，黏、弹性结合，流、变并存。对于这类材料仅用牛顿流动定律或胡克弹性定律已无法全面描述其复杂力学响应规律，从而发展流变学对其进行研究。由此可见，流变学是人类对自然界深化研究和认识的产物。

一、聚合物熔体的黏性流动

　　聚合物熔体的黏性流动是通过链段的位移实现的，高分子的流动不符合牛顿流体的流动规律，即流体的剪切应力与剪切速率之间呈现非线性关系，这种流体称为非牛顿流体。流动速度不大于液体的流动称为层流，它可以看作液体在剪切应力作用下以薄层形式发生流动，层与层之间有速度梯度，但流体各点速度方向相同，相互之间没有扰动。相应地，液体内部反抗这种流动的内摩擦力叫作剪切黏度，聚合物熔体的流动就属于层流流动。当流动速度很大或者遇到障碍物时，会形成旋涡，流动由层流变为湍流，流体各点速度方向不同。

　　按照牛顿流动定律，当剪切应力 τ 于一定温度下加于相距为 $\mathrm{d}y$ 的液体平行层面，并以相对速度 $\mathrm{d}v$ 移动时，则剪切应力与剪切速率 $\mathrm{d}v/\mathrm{d}y$ 之间呈线性关系：

$$\tau = \eta(\mathrm{d}v/\mathrm{d}y) = \eta\gamma \tag{3-1}$$

　　比例常数 η 为黏度，等于单位速度梯度时单位面积上所受到的切应力，反映了液体分子间由于相互作用而产生的流动阻力，单位 Pa·s。

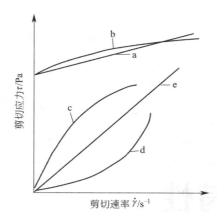

图 3-1　各种类型流体的流动曲线
a—理想宾汉流体；b—假塑性宾汉流体；
c—剪切变稀的假塑性流体；
d—胀塑性流体；e—典型牛顿流体

流动行为符合牛顿流动定律的流体称为牛顿流体。典型牛顿流体的切应力和切应变曲线是一条直线，如图3-1中 e 曲线所示。

聚合物熔体的流动行为按照对时间的依赖性分类，分为非时间依赖性流体（包括假塑性流体、胀塑性流体和宾汉流体）和时间依赖性流体（包括触变性流体和震凝性流体）。非时间依赖性流体根据幂律公式：

$$\tau = K\gamma^n = (K\gamma^{n-1})\gamma = \eta_a\gamma \qquad (3-2)$$

其中表观黏度 η_a 不是材料不可逆形变难易程度的真正量度，熔体流动中含有不可逆的黏性形变和可逆的弹性形变，表观黏度是总形变在一起反映的黏度，因此它比真正的黏度小。

其中 $n = \dfrac{\mathrm{dln}\tau}{\mathrm{dln}\gamma}$，$n$ 为非牛顿指数；当 $n=1$，为牛顿流体；$n<1$，为假塑性流体；$n>1$，为胀塑性流体。n 与 1 相差越大，流体非牛顿性越强。

如图 3-1 所示，宾汉流体流动前存在一个剪切屈服应力。只有当外加剪切应力高于此值时，这种流体才会开始流动。聚合物在其良溶剂中的浓溶液和聚氯乙烯凝胶性糊塑料的流变行为，都属于宾汉流体。宾汉流体之所以存在这种流变行为是因为这种流体在静止时内部具有凝胶性结构。宾汉流体在流动时或像牛顿流动，称为理想的宾汉流动；或者像假塑性的非牛顿流动，其流动行为采用如下公式描述。

$$\tau - \tau_y = \eta_a\gamma \qquad (3-3)$$

假塑性流体是非牛顿型流体中最常见的一种。橡胶和绝大多数聚合物及其塑料的熔体和浓溶液都属于此类型。如图 3-1 所示，此种流体的流动曲线是非线性的。剪切速率的增加比剪切应力增加得快，并且不存在屈服应力。如图 3-2 所示，其特征是黏度随着剪切速率或者剪切应力的增大而降低，常称为剪切变稀的流体。聚合物的细长分子链，在流动方向的取向使黏度下降。

胀塑性流体也不存在屈服应力。如图 3-1 中 d 所示流动曲线，剪切速率增加比剪切应力增大要慢一些。其特征是黏度随剪切速率或剪切应力的增大而升高，故称为剪切增稠的流体。含有较高体积分数固相粒子的悬浮体、较高浓度的聚合物的分散体、聚合物熔体与固体颗

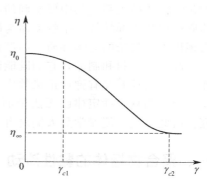

图 3-2　假塑性高分子液体的流动曲线

粒填料体系等属于此种流体。在较高剪切速率下的聚氯乙烯溶胶糊和碳酸钙填充的塑料熔体具有膨胀性。在静止状态，固体粒子密集地分布在液相中，较好地排列并填充在颗粒间的间隙中。在高剪切速率的流动时，颗粒沿着各自液层滑动，不进入层间的空隙，出现膨胀性的黏度增加。

1. 聚合物本征因素对熔体剪切黏度的影响

在加工过程中，高分子的分子链尺寸、结构等对黏度具有重要影响。

（1）分子量

聚合物熔体的流动是分子重心沿流动方向的位移。分子量越大，分子链越长且包含的链

段数目越多，流动位移越困难。因此，黏度随着分子量的升高而增加。研究表明，聚合物有一临界分子量 M_c，是大量出现缠结时的分子量。分子量越大，黏度越高，熔融温度越高，加工越困难。并且随着剪切速率的增大，黏度对分子量的依赖性变小。分子链的柔顺性大，熔融温度低，黏度低。

$$\eta_0(M) = aM_w^{\alpha}, \quad M_w < M_c \quad (\alpha = 1 \sim 1.6)$$
$$\eta_0(M) = aM_w^{\beta}, \quad M_w \geqslant M_c \quad (\beta = 2.5 \sim 5.0)$$

(3-4)

在式（3-4）的两个表达式中，α 为经验常数。M_c 是临界分子量。对于不同类型的聚合物，α 大致为 $1 \sim 1.6$；β 为 $2.5 \sim 5.0$。当重均分子量 M_w 小于 M_c 时，聚合物熔体的零剪切黏度 η_0 与重均分子量近似成正比。当 M_w 大于 M_c 时，η_0 随着 M_w 的增大，具有指数关系。说明高分子链之间形成大量的缠结区，大幅度地增加黏度。由于此时缠结区的缠结点数目主要源于最大分子量组分贡献，即与重均分子量大小有关。表 3-1 为不同聚合物的临界分子量 M_c 的实验值，可知临界分子量明显依赖于各种高分子链的结构。

表 3-1　几种聚合物的临界分子量 M_c

聚合物	M_c	聚合物	M_c	聚合物	M_c
聚乙烯	3800	聚丙烯	7000	聚乙酸乙烯酯	23000
聚酰胺 6	5000	聚碳酸酯	13000	聚甲基丙烯酸甲酯	28000
聚丁二烯	5600	聚异丁烯	17000	聚苯乙烯	30000

（2）分子量分布

如图 3-3 所示分子量分布宽的聚合物熔体，对剪切速率的敏感性大于分布窄的。在较低的剪切速率范围内，就呈现较为明显的剪切变稀的非牛顿特性。在相同的平均分子量条件下，分布宽的聚合物熔体中，一些较大的长分子链所形成的缠结点，在剪切速率增大时缠结的破坏作用明显，黏度下降较分布窄的明显。另外，分布宽的聚合物熔体中低分子量组分含量较多，在剪切流动中取向的低分子量组分起到润滑增塑作用。在剪切速率提高时，黏度下降更为明显。因此，一般分布宽的聚合物熔体，更便于模塑加工。但是过宽的分子量，低分子量组分含量过多，会给制品的力学性能带来不良影响。

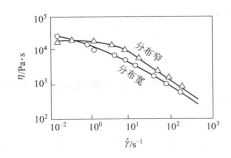

图 3-3　分子量分布宽度对
聚合物流动曲线的影响

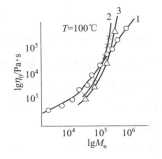

图 3-4　顺丁橡胶的零剪切黏度与分子支化的关系
1—直链；2—三支链；3—四支链

（3）支化

在分子量相同时，分子链是否支化及支链长度对黏度的影响都很大。图 3-4 为顺丁橡胶的零剪切黏度 η_0 与分子链支化之间的关系。对于短的支链，其黏度比直链高分子的黏度低。支链的存在使分子链之间距离增大，缠结点减少，且支链越多越短，黏度就越低。对于长支链，其黏度比直链高分子的黏度高。在长支链的聚合物在超过临界分子量 M_c 的 2～4 倍后，主链和长支链都能形成相应的缠结点，使整体的黏度增大。

由于短支链的聚合物分子对降低物料黏度的效果明显，故在橡胶加工时掺入一些支化的或一些已降解的低交联度的再生胶来改善物料的加工性能。低密度聚乙烯由于支化型分子链，在较高的剪切速率下，分子链间支化链破坏缠结作用，其黏度小于高密度聚乙烯。

2. 温度对聚合物熔体黏性流动的影响

控制加工温度是调节聚合物熔体流动性的重要手段。随着温度升高，聚合物分子的相互作用力减弱，黏度下降。但是各种聚合物熔体对于温度的敏感性有所不同。而且同一种聚合物在不同的温度范围内，温度对黏性的影响也不同。

在温度范围为 $T > T_g + 100℃$ 时，聚合物熔体黏度对于温度存在依赖性，可用阿伦尼乌斯（Arrhenius）方程来表示。

$$\eta = A\exp(E/RT) \tag{3-5}$$

式中　A——与材料性能、剪切速率与剪切应力相关的黏度常数，Pa·s；

　　　E——在恒定剪切速率、恒定剪切应力下黏流活化能，J/mol；

　　　R——气体常数，$R = 8.32\text{J}/(\text{mol}\cdot\text{K})$；

　　　T——热力学温度，K。

其中，E 为黏流活化能，是分子向孔穴跃迁时克服周围分子的作用所需要的能量。反映了黏度对温度的敏感程度。由该方程可知，黏流活化能高，则黏度对温度越敏感，温度升高时，黏度下降就越明显。

一些聚合物熔体在一定剪切速率下的黏流活化能见表 3-2。此表数据为特定品种在某一温度下的恒定剪切速率的 E_γ 值。比较 E_γ 值大小可知，对于活化能较小的聚合物如 PE 和 POM 等，用升高温度来提高成型时的流动性，其效果有限。而增高温度来提高 PMMA 和 PC 等活化能较高物料的流动性是可行的。

表 3-2　几种聚合物的黏流活化能

聚合物	γ/s^{-1}	$E_\gamma/(\text{kJ/mol})$	聚合物	γ/s^{-1}	$E_\gamma/(\text{kJ/mol})$
POM(190℃)	$10^1 \sim 10^2$	26.4～28.5	PMMA（190℃）	$10^1 \sim 10^2$	159～167
PE(150℃)	$10^2 \sim 10^3$	28.9～34.3	PC（250℃）	$10^1 \sim 10^2$	167～188
PP(250℃)	$10^1 \sim 10^2$	41.8～60.1	NBR	10	22.6
PS(190℃)	$10^1 \sim 10^2$	92.1～96.3	NR	10	11

3. 剪切速率对聚合物熔体黏性流动的影响

大多数聚合物熔体属于假塑性流体，在黏性剪切流动中黏度是受各种因素影响的变量。在讨论剪切速率这一变量的影响时，假定其他变量不变。

（1）假塑性流体，剪切变稀

聚合物熔体的一个显著特征是具有非牛顿行为，其黏度随着剪切速率的增加而下降。在高剪切速率下熔体黏度比低剪切速率下的黏度小几个数量级。不同聚合物熔体在流动过程中随着剪切速率增加，黏度下降的程度是不同的。

如图 3-5 所示 Ⅰ 区 $\tau = \eta_0\dot{\gamma}$，此时符合线性关系，为第一牛顿区域。高分子链的任何流动都不会包含黏弹性过程，有充分的松弛。在 Ⅲ 区指高剪切速率下 $\tau = \eta_\infty\dot{\gamma}$，符合简单的线性关系，为第二牛顿区域。在两者之间的 Ⅱ 区（非牛顿区域），η 随着剪切速率增大而降低，反映了高分子链和链段随着剪切应力的增加，出现的微观取向促进了分子链向剪切方向流动。当剪切速率极大增加的时候，高分子链的构象根本来不及变化，只能以外力推进方向整体运动。

（2）分子结构不同，剪切速率对黏度的影响与分子结构有关

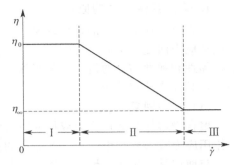

图 3-5　剪切速率与黏度之间的关系

分子链刚性大的聚合物，其链段运动比较困难，分子链的缠结点较少，在流动过程中取向、解缠作用很小，剪切速率提高时，黏度变化较小，例如PC、PSF。

聚合物的极性大，或存在氢键、离子键等，分子之间的作用力大、黏度大，此时，必须给予足够的能量，才能克服分子间作用力，温度对黏度的影响更为显著，而剪切速率则影响较小，如PA、POM、PVC等。带有长支链的聚合物的黏度比线型聚合物更易受剪切速率的影响，LDPE比HDPE黏度对剪切速率的敏感性要大。

4. 压力对聚合物熔体的黏性流动的影响

聚合物熔体是可压缩的流体。聚合物熔体在压力 1.0～10MPa 下成型，其体积压缩量小于 1%。注射加工时，施加压力可达到 100 MPa，此时会有明显的体积压缩。体积压缩必然引起自由体积减小，分子间距离减小，将导致流体的黏度增加，流动性降低。

5. 添加剂对聚合物熔体黏性流动的影响

加工过程中的添加剂，如增塑剂、润滑剂、填料等，能显著影响熔体流动性。

（1）增塑剂

例如，在软质聚氯乙烯制品中就含有增塑剂。加入邻苯二甲酸酯类增塑剂会降低成型过程中熔体的黏度。增塑剂的类型和用量不同，黏度的变化就有差异。聚氯乙烯黏度随增塑剂用量的增加而下降，但加入增塑剂后，制品的力学性能及热性能会随之改变。

（2）润滑剂

聚合物中加入润滑剂可改善流动性。如在聚氯乙烯中加入内润滑剂脂肪酸类，不仅使熔体的黏度降低，还可控制加工过程中所产生的摩擦热，使聚氯乙烯不易降解。在聚氯乙烯中加入少量外润滑剂聚乙烯蜡，可使聚氯乙烯与加工设备的金属表面之间形成弱边界层。使熔体容易与设备面剥离，不致因黏附在设备表面上的时间过长而分解。

（3）填料

塑料和橡胶中的填料不但填充了空间、降低了成本，而且改善了聚合物的某些物理和力学性能。填料的加入，一般会使聚合物的流动性降低。填料对熔体流动性影响与填料粒径大小有关。粒子小的填料，会使其分散所需能量较多，加工时流动性较差，但制品的表面较光滑、机械强度高。粒子大的填料，其分散性和流动性都较好，但制品表面粗糙，力学强度下降。此外，填充的聚合物熔体的流动性还受到很多因素的影响，如填料的类型及用量、表面处理剂的类型、填料与聚合物基体之间的洁面作用等。

二、聚合物熔体的弹性

聚合物熔体不仅具有较高的黏性，而且还具有弹性。弹性也与聚合物的成型加工密切相关。聚合物熔体弹性的定量预测还处于探索阶段。本部分内容主要介绍熔体弹性行为的基础知识。

1. 熔体弹性产生的原理

聚合物熔体流动中的弹性现象，曾被视为黏弹性流体的异常行为。当前研究熔体弹性，一般从应力回复和法向应力效应入手。固态或橡胶态的黏弹性材料，在较长时间的变形过程中，黏性和弹性结合的研究已相当深入。但在加工成型的时间周期内，对黏弹性熔体的弹性往往与黏性作分别处理。

（1）应力回复

聚合物熔体受剪切应力或拉伸应力作用，不但有消耗能量的流动，同时也储存能量。一旦作用应力或边界约束小时，此储存的弹性会产生可回复的形变。

与剪切黏度相比，聚合物熔体的剪切模量对温度、压力和分子量并不敏感。但都显著地依赖于聚合物的分子量的分布。聚合物熔体在分子量高、分子量分布宽时，弹性行为表现最为显著。因为分子量高时熔体黏度高。而且分子量分布宽时，剪切弹性模量低，因此熔体所具有的松弛时间长。弹性变形的松弛过程越漫长，弹性表现就越充分。

（2）法向应力效应

它是指聚合物熔体的流动，在受剪切力作用时会产生法向应力差，从而产生一些弹性现象。

2. 入口效应

被挤压的聚合物熔体通过一个狭窄的口模，即使口模通道很短，也会有明显的压力降，这种现象称为入口效应。

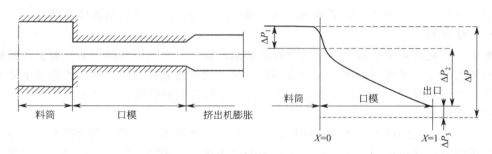

图 3-6　口模挤塑过程的压力分布

如图 3-6 所示，若料筒中某点与口模出口之间总的压力降为 ΔP，则可将其分成三个组成部分：

$$\Delta P = \Delta P_1 + \Delta P_2 + \Delta P_3 \qquad (3\text{-}6)$$

式中，口模入口处产生压力降 ΔP_1 的主要原因归结为三点：①物料从料筒进入口模时，于熔体黏滞流动的流线在入口处收敛所引起的能量损失，从而产生压力降。②在入口处由聚合物熔体产生弹性变形，因弹性能储存的能量消耗，造成压力降。③熔体流经入口处，由于剪切速率的剧烈增加引起流体流动骤变，为达到稳定的流速分布而造成压力降。

口模内的压力降 ΔP_2 取决于稳态层流的黏性能量损失。口模出口压力降 ΔP_3 是聚合物熔体在出口处所具有的压力。就牛顿流体而言，ΔP_3 为零；而对于非牛顿流体 $\Delta P_3 > 0$。

3. 挤出物胀大现象

将聚合物熔体从口模挤出时，在大多数情况下，挤出物横截面积会大于口模的横截面积，这种现象被称为挤出物胀大。挤出物胀大是流体弹性的典型表现。定义挤出物直径 d_j 与毛细管直径 D 之比为胀大比 B，如图 3-7 所示。就圆形口模而言，胀大比可表示为：

$$B = \frac{d_j}{D} \qquad (3-7)$$

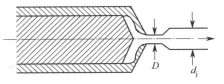

图 3-7 挤出胀大现象的说明

牛顿型流体不具有这种效应或只有很弱的口型变化效应，而高分子熔体的口型膨胀效应相当显著。其产生的原因也被归结为高分子熔体具有弹性记忆能力所致。熔体在进入口模时，受到强烈的拉伸和剪切变形，其中拉伸形变属于弹性形变。这些形变在口模中只有部分松弛，剩余部分在挤出口模后发生弹性回复，出现挤出胀大现象。实验证明，当挤出温度升高时，或者在挤出速度下降时，或者在体系中加入填料而导致高分子熔体弹性形变减小时，挤出胀大现象明显减轻。

挤出胀大是由于熔体流动期间存在的可回复的弹性变形，大体有如下三种定性的解释：①聚合物熔体流动期间处于高剪切场内，大分子在流动方向取向；而在口模出口处发生解取向，引起离模膨胀，即为取向效应所引起的。②当聚合物熔体由大截面的流道进入小直径口模时，产生了弹性变形，在熔体被解除边界约束离开口模时，弹性变形获得恢复，引起挤出胀大，即为弹性变形效应或称为记忆效应。③由于黏弹性流体的剪切变形，在垂直剪切方向上存在正应力作用，引发离模膨胀，即称为正应力效应。

就挤出物胀大和挤出成型参变量之间的关系，从实验角度可以归纳为以下几个因素。

（1）口模长径比

当剪切速率和温度相同时，口模长径比 L/D 增大，胀大比 B 下降。在口模长径比超过某一数值时胀大比 B 为常数，如图 3-8 所示。

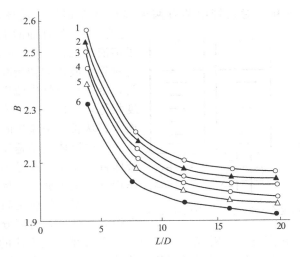

图 3-8 高密度聚乙烯挤出物胀大比与毛细管长径比的关系

1—700s^{-1}；2—600 s^{-1}；3—500 s^{-1}；4—400 s^{-1}；5—300 s^{-1}；6—200 s^{-1}

（2）剪切速率

在口模的长径比一定时，胀大比 B 随着剪切速率的增加而增大，并在发生熔体破裂的临界剪切速率 γ_c 之前有一个最大值 B_{max}，而后的 B 值则下降。如图 3-9 所示。

（3）其他因素

分子量及其分布的影响较为复杂，支链的分子量大于 M_c 时，挤出物胀大随长支链的增加而增加，一般填料的加入可减小挤出物胀大，但当填料是聚集体时，分散会使挤出物胀大下降。

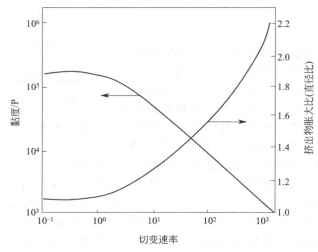

图 3-9 在毛细管或类似导管中，挤出物胀大比和黏度随剪切速率变化的一般规律（温度：180℃，$1P=10^{-1}Pa \cdot s$）

三、黏弹性

1. 剪切变稀

图 3-10 中一对短管和一对长管中装有两种静止黏度相等的液体，一种为牛顿型液体（记为 N），如甘油的水溶液；另一种为高分子溶液（记为 P），如聚丙烯酰胺的水溶液。每对管中液体的初始高度相同。打开底部阀门，令其从短管中流出时，由于两种液体黏度相等，可以看到两管液体几乎同时流尽，而令其从长管中流出时，发现装有高分子液体的管中液体流动速度逐渐变快，P 管中的液体首先流尽，这是因为高分子液体在重力作用下发生了剪切变稀效应的缘故。

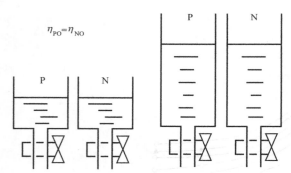

图 3-10 重力作用引起的聚合物溶液剪切变稀的现象

剪切变稀效应是高分子液体最典型的非牛顿流动性质，对高分子材料加工制造具有极为重要的实际意义。在高分子材料成型加工时，随着成型工艺方法的变化及剪切应力或剪切速率（转速或线速度）的不同，材料黏度往往会发生 1～3 个数量级的大幅度变化，是加工工艺中需要特别关注的问题。千万不要将材料的静止黏度与加工中的流动黏度混为一谈。流动时黏度降低使高分子材料相对容易充模成型，节省能耗，减少机器磨损，同时黏度的变化还与熔体内分子取向和弹性的发展有关，这些都将最终影响制品的外观和内在质量。

2. Weissenberg 效应

与牛顿型流体不同，盛在容器中的高分子液体（图 3-11），当插入其中的圆棒旋转时，没有因惯性

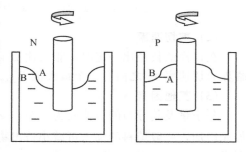

图 3-11 聚合物液体的爬杆效应

作用而甩向容器壁附近，反而环绕在旋转棒附近，出现沿棒向上爬的"爬杆"现象。这种现象称为 Weissenberg 效应，也称包轴现象。出现这一现象的原因被归结为高分子液体是一种具有弹性的液体。可以想象在旋转流动时，具有弹性的大分子链会沿着圆周方向取向和出现拉伸变形，从而产生一种朝向轴心的压力，迫使液体沿棒爬升。分析得知，在所有流线弯曲的剪切流场中，高分子流体元除受到剪切应力外（表现为黏性），还存在法向应力差效应（表现为弹性）。测量容器中 A 和 B 两点的压力，可以测得，对牛顿型流体有 $P_A > P_B$，对高分子液体有 $P_A < P_B$。

利用包轴现象可以设计一种圆盘挤出机（图 3-12），熔融的物料从加料口加入，在旋转流动中沿轴爬升，而后从轴心处的排料口排出。这种机器结构简单，制造方便、性能稳定，用作橡胶加工的螺杆挤出机的喂料装置，可以提高混合效果和改善挤出稳定性。

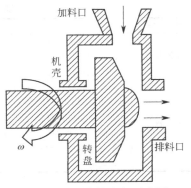

图 3-12　圆盘挤出机示意图

3. 挤出物胀大（Barus 效应）

当高聚物熔体从小孔、毛细管或狭缝中挤出时，挤出物在挤出模口后膨胀使其横截面大于模口横截面的现象称为挤出物胀大。其工艺和模具的设计，会影响到尺寸的精确度，如图 3-13 所示（在聚合物熔体的弹性章节已详述）。

4. 不稳定流动和熔体破裂

不稳定流动和熔体破裂影响到聚合物的加工质量和生产效率。实验表明，高分子熔体从口模挤出时，当挤出速度（或应力）过高，超过某一临界剪切速率 $\dot{\gamma}_c$（或临界剪切应力 σ_c），就容易出现弹性湍流，导致流动不稳定，使挤出物表面粗糙。随着挤出速度的增大，可能分别出现波浪形、鲨鱼皮形、竹节形、螺旋形畸变，最后导致完全无规则的挤出物断裂，称为熔体破裂现象（图 3-14）。

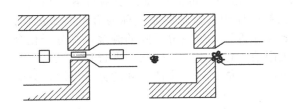

图 3-13　挤出物胀大效应简易示意图

图 3-14　不稳定流动产生的挤出物外观示意图

虽然关于发生熔体破裂的机理目前尚无统一认识，但各种假定都认为，这也是高分子熔体弹性行为的典型表现。熔体破裂现象影响着高分子材料加工的质量和产率的提高（受临界剪切速率 $\dot{\gamma}_c$ 的影响）。

第二节　高分子溶液特性

一、高分子溶液的基本概念

聚合物以分子状态分散在溶剂中所形成的均相混合物称为高分子溶液，它是人们在生产实践和科学研究中经常碰到的对象。高分子溶液的性质随着浓度的不同有很大的变化，就以溶液的黏性和稳定性来说，浓度在1％以下的稀溶液，黏度小并且很稳定，在没有化学变化的条件下其性质不随时间变化；当浓度在15％以上，属于浓溶液范畴，其黏度很大，稳定性也较差，在工业上可用作纺丝。当溶液浓度变大时高分子链相互接近甚至互相贯穿而使链与链之间产生物理交联点，使体系产生冻胶或凝胶，呈半固体状态而不能流动。如果在聚合物中混入增塑剂，则是一种更浓的溶液，呈现固体状态，而且有一定的机械强度。此外能相容的聚合物共混体系也可看作是一种高分子溶液。表3-3将高分子溶液与溶胶进行了简要的对比。

表3-3　高分子溶液和溶胶性质的比较

性质比较	高分子溶液	溶胶
相同性质	①粒子大小在1～100nm范围 ②扩散速度慢 ③不能透过半透膜	
不同性质	①分散相粒子是单个的高分子，与分散介质之间没有界面，是均相、稳定体系 ②丁达尔效应微弱 ③高分子的柔顺性对溶液性质有重要影响 ④对电解质不敏感，加入大量电解质才沉淀 ⑤黏度大	①分散相粒子是许多分子、原子或离子的聚集体，与分散介质之间有界面，是非均相、不稳定体系 ②丁达尔效应明显 ③相界面对溶胶性质有重要影响 ④对电解质敏感，少量电解质即聚沉 ⑤黏度小

二、高分子溶液的制备

1. 聚合物溶解过程的特点

高分子溶液的制备，首先遇到的问题就是聚合物的溶解，高分子的溶解与低分子化合物的溶解不同，其过程缓慢，一般存在两个阶段：第一阶段，可溶性高分子刚与溶剂相接触时，溶剂分子开始扩散进入高分子固体颗粒，颗粒的体积慢慢地膨胀，称为有限溶胀过程；第二阶段，溶胀的颗粒表面的溶剂化高分子开始互相拆开，解脱分子间的缠绕，高分子化合物完全分散在溶剂中，形成均匀的溶液，称为无限溶胀过程。对于交联的聚合物，在与溶剂接触时也会发生溶胀，但因为有交联的化学键束缚，不能再进一步使交联的分子拆散，只能停留在溶胀阶段，不会溶解。

其次，溶解度与聚合物的分子量有关，分子量大的溶解度小，分子量小的溶解度大。对于交联聚合物来说，交联度大的溶胀度小，交联度小的溶胀度大。

对于非晶态的聚合物来说，其分子堆砌比较松散，分子间的相互作用较弱，因此溶剂分子比较容易渗入聚合物内部使其溶胀和溶解。而晶态聚合物由于分子排列规整，堆砌紧密，分子间相互作用力很强，以致溶剂分子渗入聚合物内部非常困难，因此晶态聚合物的溶解比非晶态聚合物要困难得多。

整个溶解过程若用热力学知识来解释，也就是在恒温恒压下，溶质分子和溶剂分子互相混合的过程，这种过程能够自发进行的必要条件是Gibbs自由能的变化 $\Delta F_M < 0$。即

$$\Delta F_M = \Delta H_M - T\Delta S_M < 0 \tag{3-8}$$

式中，T 为溶解时的温度；ΔS_M 是混合熵，即聚合物和溶剂在混合时熵的变化。因为在溶解过程中，分子的排列趋于混乱，熵的变化是增加的，即 $\Delta S_M > 0$，因此 ΔF_M 的正负取决于混合热 ΔH_M 的正负及大小。

2. 溶剂的选择

在假定两种液体在混合的时候是无体积变化（$\Delta V_M = 0$），则混合热为

$$\Delta H_M = V\phi_1\phi_2\big[(\Delta E_1/V_1)^{1/2}-(\Delta E_2/V_2)^{1/2}\big]^2 \tag{3-9}$$

这就是经典的 Hildebrand 溶度公式。式中，ϕ 是体积分数；V 是溶液的总体积；$\Delta E/V$ 是在零压力下单位体积的液体变成气体的气化能，也可称为内压或者内聚能密度；下标 1 和 2 分别表示溶剂和溶质。从式中可以看出，混合热 ΔH_M 是由于两种液体的内聚能密度不等引起的。

如果我们将内聚能密度的平方根用符号 δ 来表示，

$$\delta=\left(\frac{\Delta E}{V}\right)^{1/2} \tag{3-10}$$

则 Hildebrand 公式可写成

$$\Delta H_M/V\phi_1\phi_2=(\delta_1-\delta_2)^2 \tag{3-11}$$

等式的左边表示单位体积溶液的混合热，它的大小取决于两种液体的 δ 值，δ 的量纲是 $(\mathrm{cal/cm^3})^{1/2}$。$\delta_1$ 和 δ_2 越接近，ΔH_M 就越小，则表示两种液体越能相互溶解，因此 δ 称为溶度参数。

对于非晶态的非极性聚合物，根据式(3-11)，选择溶度参数相近的溶剂即可。对于非晶态的极性聚合物，则要求溶剂的溶度参数和极性都要与相应的聚合物接近才能使其溶解。总之，既要符合相似相溶的规律，又要符合极性相近的原则。

结晶型非极性聚合物的溶剂选择最为困难。它的溶解包括两个过程：第一个过程是结晶部分的熔融；第二个过程是高分子与溶剂的混合，两者都是吸热过程。ΔH_M 比较大，即使溶度参数与聚合物相近的液体，也很难满足 $\Delta H_M<T\Delta S_M$ 的条件，因此只能提高温度，使 $T\Delta S$ 值增大，才能溶解。结晶型极性聚合物，如果能与溶剂生成氢键，即使温度很低也能溶解。这是因为氢键的生成是放热反应 $\Delta H_M<0$，因此满足 $\Delta F_M=\Delta H_M-T\Delta S_M<0$ 的关系，从而使溶解过程得以进行。如尼龙在室温下能溶于甲酸、冰醋酸、浓硫酸和酚类；涤纶树脂能溶于苯酚、间甲酚与邻氯苯酚等，聚甲醛能溶于六氟丙酮水合物，都是因为溶质与溶剂间生成氢键所致。

在选择聚合物的溶剂时，除了使用单一溶剂外还可以使用混合溶剂，有时混合溶剂对聚合物的溶解能力甚至比单独使用任一溶剂时还要好。例如聚苯乙烯的 $\delta=9.1$，我们可以选用一定组成的丙酮（$\delta=10.0$）和环己烷（$\delta=8.2$）的混合试剂，使其溶度参数接近聚苯乙烯的溶度参数，从而使它有良好的溶解性能。

三、高分子溶液的特性

高分子溶液特性包括很多内容，例如溶解过程中体系的焓、熵、体积的变化，高分子溶液的渗透压，高分子在溶液中的分子形态与尺寸，高分子与溶剂的相互作用，高分子溶液的相分离等，称为热力学性质；高分子溶液的黏度、高分子在溶液中的扩散和沉降等，称为流体力学性质；还有高分子溶液的光散射、折射率、透明性、偶极矩、介电常数等光学和电学性质。本部分内容将简单讨论高分子溶液的热力学特性。

高分子稀溶液是分子分散体系，溶液性质不随时间的延续而变化，是热力学稳定体系。高分子的溶解过程具有可逆性，一般来说，温度降低时，高分子在溶剂中的溶解度减小而使溶液分成两相，温度上升后又能相互溶解成一相。鉴于溶液的稳定性和溶解过程的可逆性，可用热力学函数来描述高分子的许多溶液性质。

为了叙述问题方便起见，在讨论溶液性质时，也像讨论气体性质时引入理想气体的概念一样，引入理想溶液的概念。所谓理想溶液，是指溶液中溶质分子间、溶剂分子间和溶质溶剂分子间的相互作用能都相等，溶解过程没有体积的变化（$\Delta V_M^i=0$），也没有焓的变化（$\Delta H_M^i=0$）。这里的下标 M 是指混合过程，上标 i 是指理想溶液，理想溶液的蒸气压服从拉乌尔定律：

$$P_1 = P_1^0 X_1 \tag{3-12}$$

式中，P_1 和 P_1^0 分别表示溶液中溶剂的蒸气压和纯溶剂在相同温度下的蒸气压。理想溶液的混合熵为

$$\Delta S_M^i = -k(N_1 \ln X_1 + N_2 \ln X_2) \tag{3-13}$$

式中，N 为分子数目；X 为摩尔分数；下标 1 是指溶剂，2 是指溶质；k 是玻耳兹曼常数。理想溶液的混合自由能为：

$$\Delta F_M^i = \Delta H_M^i - T\Delta S_M^i = kT(N_1 \ln X_1 + N_2 \ln X_2) \tag{3-14}$$

理想溶液和理想气体一样，实际上是不存在的。除了光学异构体的混合物、同位素化合物的混合物、立体异构体的混合物以及紧邻同系物的混合物等可以（或近似地）算作理想溶液外，一般溶液大多不具有理想溶液的性质。但是作为研究实际溶液的参比标准，理想溶液有其重要的意义。

高分子溶液的热力学性质与理想溶液的偏差有两个方面：一是溶剂分子之间、高分子重复单元之间以及溶剂与重复单元之间的相互作用能都不相等，所以混合热 $\Delta H_M \neq 0$；二是因为高分子是由许多重复单元组成的长链分子，或多或少具有一定的柔顺性，即每个分子本身可以采取许多种构象，因此高分子溶液中分子的排列方式比同样分子数目的小分子溶液的排列方式来得多，这就意味着混合熵 $\Delta S_M > \Delta S_M^i$。

Flory-Huggins 借助于似晶格模型，运用统计热力学方法推导出高分子溶液的混合熵、混合热等热力学性质的表达。

如果用物质的量 n 代替分子数 N，可得

$$\Delta S_M = -R(n_1 \ln \phi_1 + n_2 \ln \phi_2) \tag{3-15}$$

式中，ϕ_1 和 ϕ_2 分别表示溶剂和高分子在溶液中的体积分数；ΔS_M 仅表示由于高分子链段在溶液中排列的方式与在本体中排列的方式不同所引起的熵变，称其为混合构象熵，在此并没有考虑在溶解过程中由于高分子与溶剂分子相互作用变化所引起的熵变。

在似晶格模型理论的推导过程中有不合理的地方：一方面，没有考虑到由于高分子的链段之间、溶剂分子之间以及链段与溶剂之间的相互作用不同会破坏混合过程的随机性，从而引起溶液熵值的减小，所以式（3-15）的结果偏高；但是另一方面，高分子在解取向态中，分子之间相互牵连，有许多构象不能实现，而在溶液中原来不能实现的构象就有可能表现出来，因此过高地估计了 $S_{聚合物}$，使式（3-15）结果偏低。此外，高分子链段均匀分布的假定只是在浓溶液中才比较合理。而在稀溶液中，链段分布是不均匀的，因此式（3-15）只适用于浓溶液。

为了简化起见，从似晶格模型出发推导高分子溶液的混合热 ΔH_M 时只考虑最邻近一对分子之间的相互作用。推导可得：

$$\Delta H_M = kT\chi_1 N_1 \phi_1 = RT\chi_1 n_1 \phi_2 \tag{3-16}$$

χ_1 称为 Huggins 参数，它反映高分子与溶剂混合时相互作用能的变化。$\chi_1 kT$ 的物理意义表示当一个溶剂分子放到聚合物中时所引起的能量变化。

高分子溶液的混合自由能为：

$$\Delta F_M = \Delta H_M - T\Delta S_M \tag{3-17}$$

将 ΔH_M 和 ΔS_M 的表达式代入可得

$$\Delta F_M = RT(n_1 \ln \phi_1 + n_2 \ln \phi_2 + \chi_1 n_1 \phi_2) \tag{3-18}$$

Flory 将似晶格模型的结果应用于稀溶液，对于很稀的理想溶液，溶液中溶剂的化学位变化为：

$$\Delta \mu_1 = RT\left[\ln\phi_1 + \left(1 - \frac{1}{X}\right)\phi_2 + \chi_1\phi_2^2\right] = RT\left[-\frac{1}{x}\phi_2 + \left(\chi_1 - \frac{1}{2}\right)\phi_2^2\right] \tag{3-19}$$

式中，公式右边的第一项相当于理想溶液中溶剂的化学位变化；第二项相当于非理想部分。非理想部分用符号 $\Delta \mu_1^E$ 表示，称为过量化学位。

$$\Delta \mu_1^E = RT\left(\chi_1 - \frac{1}{2}\right)\phi_2^2 \tag{3-20}$$

从上面的结果可知，高分子溶液即使浓度很稀也不能看作是理想溶液，必须是 $\chi_1 = \frac{1}{2}$ 的溶液才能使 $\Delta \mu_1^E = 0$，从而使高分子溶液符合理想溶液的条件。当 $\chi_1 < \frac{1}{2}$ 时，$\Delta \mu_1^E < 0$，使溶解过程的自发趋势更强。此时的溶剂称为该聚合物的良溶剂。

但必须指出：真正的理想溶液在任何温度下都呈现理想行为，而在 θ 温度时的高分子稀溶液只是 $\Delta \mu_1^E = 0$ 而已。ΔH_1 和 ΔS_1 都不是理想值，只是两者的效应刚好相互抵消，$K_1 = \phi_1 \neq 0$。所以 θ 温度相当于实际气体的 Boyle 温度。在高分子科学中的 θ 溶液是一种假设的理想溶液。

通常，可以通过选择溶剂和温度以满足 $\Delta \mu_1^E = 0$ 的条件，我们把这种条件称为 θ 条件，或 θ 状态。θ 状态下所用的溶剂称为 θ 溶剂，θ 状态下所处的温度称为 θ 温度，它们两者是密切相关相互依存的。对于某种聚合物，当溶剂选定以后，可以改变温度以满足 θ 条件，也可选定某一温度，然后改变溶剂，或利用混合溶剂，调节溶剂的成分以达到 θ 条件。

第三节　加工过程中的高分子流变特性

在前面讨论的高分子材料成型加工过程和流变学行为，无论是剪切流动还是拉伸流动，均视其为稳定的连续流动。也正是在这些基本假定的基础上，得到高分子液体在特定流场中的流动规律，了解并掌握了高分子液体基本的非线性黏弹性质。然而在实际的高分子加工成型过程中，物料的流动状态受到了诸多内部和外部因素影响，流场中常常出现不稳定流动的情形。研究这类熔体流动的不稳定性是从"否定"意义上讨论高分子材料的流变性具有重要的理论意义和实际意义。这个问题的工程学意义是：在当工艺过程条件不合适时，会造成制品外观、规格尺寸及材质均一性严重受损，直接影响产品的质量和产率，严重时甚至使生产无法进行。

高分子熔体的流动不稳定性主要表现为：在挤出成型过程中发生熔体破裂现象，拉伸成型过程（纤维纺丝和薄膜拉伸成型）中发生拉伸共振现象。本节将讨论这两种现象。

一、挤出成型过程中的熔体破裂行为

1. 两类熔体破裂行为

在挤出成型过程或毛细管流变仪测量中，当熔体的挤出剪切速率超过某一个临界剪切速率时，挤出物表面开始出现畸变。最初是表面粗糙，而后随剪切速率（或剪切应力）的增大，分别出现波浪形、黑色皮形、竹节形、螺旋形畸变，直至无规破裂。这一现象称为熔体的挤出破裂行为。

挤出破裂行为可归纳为两类：一类称为低密度聚乙烯（LDPE）型，破裂的特征是先呈现粗糙表面，当挤出剪切速率越过临界剪切速率时，发生熔体破裂，呈现无规破裂状。属于此类的材料多为带支链或大侧基的聚合物，如聚苯乙烯、丁苯橡胶、支化的聚二甲基硅氧烷等。另一类称为高密度聚乙烯（HDPE）型。熔体破裂的特征是先呈现粗糙表面，而后随着剪切速率的提高逐步出现有规则的畸变，如竹节状、螺旋形畸变等，剪切速率很高时，出现无规破裂。属于此类的材料多为线型分子聚合物，如丁二烯、乙烯-丙烯共聚物、线型的聚二甲基硅氧烷、聚四氟乙烯等。当然，有些材料的熔体破裂行为不具有这种典型性。

2. 熔体破裂现象的机理分析

造成熔体破裂现象的机理十分复杂，它与熔体的非线性黏弹性、与分子链在剪切流场中的取向和解取向（构象变化及分子链松弛的滞后性）、缠结和解缠结及外部工艺条件等诸因素有关。从形变能的观点看，高分子液体的弹性是有限的，其弹性储能本领也是有限的。当外力作用速率很大，外界赋予液体的形变能远远超出液体可承受的极限时，多余的能量将以其他形式表现出来，其中产生新表面、消耗表面能是一种形式，即发生熔体破裂。

3. 影响熔体挤出破裂行为的因素

(1) 口模形状、尺寸的影响

口模的入口角对 LDPE 型熔体的挤出破裂行为影响很大。实验发现，当入口区为平口型（入口角 $a = \dfrac{\pi}{2}$）时，挤出破裂现象严重。而适当改小口模的入口角度或改用喇叭型口模，挤出物外观明显改善并且开始发生熔体破裂的临界剪切速率 $\dot{\gamma}_c$（或临界剪切应力 σ_c）增高。造成这一现象主要有两个原因：一是由于喇叭口型中物料所受的拉伸形变较小，吸收的弹性形变能小；二是由于喇叭口型将死角切去，涡流区减小或消失，流线发展比较平滑。为了高速光滑地挤出聚乙烯，有时还采用二阶喇叭口形，它可使临界剪切速率进一步提高。

口模的定型长度 L 对熔体破裂行为也有明显影响。对于 LDPE 型熔体，已知造成熔体破裂现象的根源在于入口区的流线扰动，这种扰动会因聚合物熔体的松弛行为而减轻，因而定型长度越长，弹性能松弛越多，熔体破裂程度就越小。对于 HDPE 型流体，熔体破裂现象的原因在于模壁处的应力集中效应，因而定型长度越长，挤出物外观反而不好。

(2) 挤出工艺条件和物料性质的影响

高分子材料的非线性黏弹性源于其宽广的松弛时间，因此在高剪切速率或高剪切应力下，材料发生的弹性形变可能因来不及松弛而影响流动的稳定性，继而造成熔体破裂现象。换言之，若工艺过程的特征时间小于材料本身的特征松弛时间时，熔体破裂现象容易发生；反之，若工艺过程的特征时间加长，或使材料的特征松弛时间变短，都可能使熔体破裂现象减轻。

图 3-15 给出低密度聚乙烯在不同挤出速度（不同剪切速率）下通过同一个口模时，测得的压力波动沿口模轴向的分布图。已知低密度聚乙烯通过口模时，其弹性形变主要发生在入口区。从图中可见，挤出速度小，材料发生的弹性形变小，且形变得以松弛的时间较长，因此熔体的压力波动幅度较小。

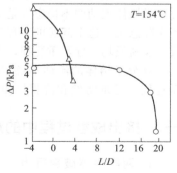

图 3-15 LDPE 熔体流经不同长径比毛细管时压力波动的轴向分布

适当升高挤出过程中的熔体温度是另一个典型的例子。熔体温度升高，黏度下降，会使松弛时间缩短，从而使挤出物外观得以改善。因此在实际加工成型过程中，升高料温

（特别是口模区温度）是解决熔体破裂的快速补救办法。

从材料角度看，平均分子量 M_w 大的物料，最大松弛时间较长，容易发生熔体破裂。而在平均分子量相等的条件下，分子量分布较宽（M_w/M_n 较大）的物料的挤出行为较好。发生熔体破裂的临界剪切速率较高，这可能与宽分布试样中低分子量组分的增塑作用有关。另外，无论添加填充补强剂还是软化增塑剂，都有减轻熔体破裂速率的作用。

二、纺丝成型过程中的拉伸共振现象

1. 拉伸共振现象及其机理

拉伸共振现象指在熔体纺丝或平膜挤出成型过程中（典型的拉伸流场）中，当拉伸比超过某一临界拉伸比 $(V_L/V_O)_{crit}$ 时，熔体丝条直径（或平膜宽度）发生准周期性变化的现象。

图 3-16 是聚丙烯熔体纺丝时，在喷丝板 5cm 处观察测量的脉动丝条直径随时间的变化。丝条直径随时间作不规则的波动变化，拉伸比越大，波动周期越短，波动程度越剧烈。当拉伸比超过最大极限拉伸比 $(V_L/V_O)_{crit}$ 时，熔体丝条断裂，在平膜挤出过程中，超过一定拉伸比，膜带宽度也会出现类似的脉动现象。

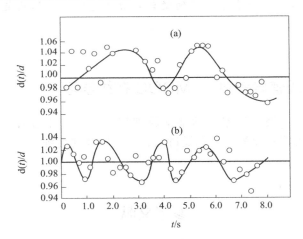

图 3-16　聚丙烯熔体纺丝观测到的脉动丝条直径随时间的变化
(a) $V_L/V_O=23.2$；(b) $V_L/V_O=83.5$

拉伸共振现象相对于熔体挤出破裂现象是完全不同的两种现象。虽然两者都发生在挤出口模的出口区，但熔体挤出破裂现象取决于熔体在口模前（入口区）和口模内（模壁附近）的流动和变形状况，它是熔体流动的不稳定性在出口区的表现。而拉伸共振现象则是多取决于熔体挤出口模后的拉伸流动，是自由拉伸的丝条或平膜在超过临界拉伸比后发生的尺寸脉动现象。拉伸共振与熔体挤出破裂现象也有联系。熔体从喷丝口模挤出，若挤出速率超过临界剪切速度，熔体挤出物发生畸变，若加以适当拉伸，熔体畸变现象减轻，提高拉伸比还能得到优良的丝条，这一点对纤维纺丝工艺很重要，说明增加拉伸速率可以减轻纤维中因熔体破裂形成的缺陷。

2. 影响拉伸共振现象的因素

① 挤出口模的形状和尺寸　挤出口模的长径比越大，临界拉伸比越高，熔体的温度就越高；储器直径与口模直径之比越大，临界拉伸比越低。

② 纺丝或挤膜工艺条件　等温纺丝的临界拉伸比高于非等温纺丝。

③ 聚合物本身的弹性行为　熔体在挤出口模的表观剪切速率变大，临界拉伸比则会降低。

习 题

1. 用幂律流体方程来表示牛顿流体、假塑性流体和胀塑性流体之间的区别，并画出这三种液体的剪切应力-剪切速率、剪切黏度-剪切速率的曲线。

2. 为了降低聚合物在加工中的黏度，可对刚性和柔性链的聚合物各应采取哪些措施？

3. 何为非牛顿指数？它是如何测定的？刚性和柔性链的聚合物 n 值大小如何？与加工有何关系？

4. 聚合物熔体的弹性表现在哪些方面？它们对聚合物制品的性能各有什么影响？

5. 何为挤出胀大现象？举例说明减少胀大比的措施。

6. 为什么黏流态聚合物的表观黏度小于其真实黏度？

7. 何为黏流活化能？刚性和柔性链的聚合物黏流态的黏流活化能大小如何？对加工有何影响？

在线辅导资料， MOOC 在线学习

①聚合物流变学基本原理简介；②加工过程中聚合物流体特性。涵盖课程短视频、在线讨论、习题以及课后练习。

参考文献

[1] 徐佩弦. 聚合物流变学及其应用 [M]. 北京：化学工业出版社，2003.

[2] 吴其晔，巫静安. 高分子材料流变学 [M]. 北京：高等教育出版社，2002.

[3] 何曼君，陈维孝，董西侠. 高分子物理 [M]. 上海：复旦大学出版社，1990.

[4] 刘凤岐，汤心颐. 高分子物理 [M]. 北京：高等教育出版社，1995.

[5] 顾国芳. 聚合物流变学基础 [M]. 上海：同济大学出版社，2000.

第二篇
塑料加工成型

高分子加工是对聚合物材料或体系进行操作以扩大其用途的工程，它是将聚合物（通常还加入各种添加剂、助剂或改性材料等）转变成实用材料或制品的一种工程技术。高分子材料成型加工包括两方面的功用：一是赋予制品以外形（包括形状和尺寸）；二是通过控制组分、配比以及加工工艺条件，对制品内部的结构和形态进行控制，以保证制品获得最优的性能。因此，高分子材料成型加工技术的发展也包括对应的两种：一是满足制品外形的需要，如为满足超大或超小制品的要求而开发的大型挤出机和微型注射机，为满足制品精细加工的需要而开发的精密挤出机、精密注射机等；二是通过改变物料在加工过程中熔融状态、流变轨迹以及晶体结构和多相聚合物的相形态，实现在不同尺度上对高分子制品结构和性能的调控，如多层挤出、微孔发泡等技术。

第四章
塑料加工基本概念

第一节　通用及工程塑料介绍

一、通用塑料

　　将塑料按用途和性能分类可分为通用塑料和工程塑料。通用塑料是指产量大、价格低、用途广、影响面宽的塑料，多用于制作日用品。通用塑料主要包括热塑性通用塑料（如聚乙烯、聚丙烯、聚苯乙烯、聚氯乙烯、聚甲基丙烯酸甲酯等）和热固性通用塑料（如环氧树脂、聚氨酯、氨基树脂、酚醛树脂、不饱和聚酯等）。下面将重点介绍一些具有代表性的通用塑料和工程塑料。

1. 聚乙烯

　　由于合成方法不同，聚乙烯各品种型号的分子结构、分子量及其分布均有差别，通常包括低密度聚乙烯、高密度聚乙烯、线型低密度聚乙烯。聚乙烯制品成型工艺易于控制，生产效率较高，主要成型方法是挤出、注射、吹塑、中空成膜法等。聚乙烯的耐热氧化性能较好，但耐光氧化性能较差，通常在紫外线照射下易与空气中的氧反应而使性能变差。为了提高聚乙烯制品的光氧化性能，需要在配方中加入稳定剂。在注射成型中，低密度聚乙烯成型温度不应超过 240 ℃，模具温度 50 ℃左右，注射压力 30～80 MPa。而在中、高密度聚乙烯加工中，以上几项参数均可略高，这是由于它们的熔化温度均较低密度聚乙烯高。对于同一种原料，制品不同，工艺条件也应有所区别，详见表 4-1。

表 4-1　低密度聚乙烯成型工艺参数

项目	厚壁制品	吹塑膜	挤压片材	电线包覆层	纺单丝	涂层
物料温度/℃	150	160	170	215	250	300
螺杆直径/mm	114.3	88.9	152.4	88.9	63.5	152.4
螺杆长径比	16	20	20	20	24	28
压缩比	3	4	4	4	4	4

项目	厚壁制品	吹塑膜	挤压片材	电线包覆层	纺单丝	涂层
计量段长度/mm	228.6	355.6	609.6	355.6	381.0	2133.6
螺杆转速/(次/min)	60	75	75	100	100	75
计量段深度/mm	3.175	3.175	4.445	2.286	1.905	2.794

2. 聚丙烯

聚丙烯分子链的空间结构有三种：无规、等规和间规。无规聚丙烯外表呈现乳白色凉粉状胶体，熔点很低。而等规和间规聚丙烯具有良好的结晶性、较高的熔点和良好的物理性能。

聚丙烯树脂熔点较高，在熔化时相变需吸收大量的热量，因此加料量一次不宜过多。一般熔体流入模腔，总是表面先冷却，所以内部的晶粒比表面的粗大，这在厚壁或大尺寸制品中表现尤为明显。为了使制品内外质地均匀，生产中要注意控制其冷却速度。聚丙烯制品另一个应注意的问题是成型收缩率大，约 1.2%～2.0%，因此在模具设计时必须考虑它的收缩量，且成型时模具温度不宜过高。聚丙烯制品的成型方法与聚乙烯相同。其成型方法应与树脂原料的熔体指数相适应。表 4-2 列出了聚丙烯树脂熔体指数与成型方法及适宜制作的产品。

表 4-2　聚丙烯树脂熔体指数与成型方法及适宜制作的产品

成型方法	制品	熔体指数(230℃)/(g/10min)
挤出	管、棒、板条、异型管	0.2～0.4
吹塑	瓶、桶、缸	0.4～1.5
注射	盆、盒、仪器零件、玩具零件	1～9
T 形挤出	板、膜、带、撕裂膜	7～12
纺丝	纤维、编织丝	10～12

3. 聚苯乙烯

聚苯乙烯是以苯乙烯为原料，采用本体法或悬浮法聚合而得。聚苯乙烯是工业大规模生产树脂中最容易加工成型的品种之一。聚苯乙烯粒料可以不添加助剂直接熔化成型制品，熔体温度一般控制在 200℃，与热分解温度相差甚远，熔体黏度低，产品热收缩率小（约 0.4%），尺寸稳定性好，其制品的主要成型方法是挤出和注射。

聚苯乙烯塑料制品外表美观、敲击时能发出金属般清脆的叮当声，可进行钻、锯等机械加工，表面易于着色及印刷装饰，被广泛用来制作仪器仪表外壳、玩具、灯具、光学仪器零件和磁带盒等。聚苯乙烯泡沫塑料的热导率不随温度而变化，可用作制冷设备的绝热材料。聚苯乙烯泡沫塑料作为隔音、绝热和减震材料已广泛应用于建筑、船舶、火车、冷冻、化工设备、仪器包装等行业。聚苯乙烯为脆性材料，且耐热性、耐候性较差，为了获得更好的应用性能，可以通过共聚、接枝、共混等办法对其改性。各种改性聚苯乙烯的材料性能列于表 4-3。

表 4-3　改性聚苯乙烯的材料性能比较

性能	聚苯乙烯	丙烯腈-丁二烯-苯乙烯共聚物	苯乙烯-丙烯腈共聚物	甲基丙烯酸甲酯-丁二烯-苯乙烯共聚物	丁二烯-苯乙烯共聚物	高抗冲聚苯乙烯
密度/(g/cm³)	1.05	1.08	1.08	1.10	0.98	1.01
抗拉强度/MPa	80	62	84	70	84	70
弯曲强度/MPa	90	77	110	—	70	80
缺口冲击强度/(kJ/m²)	1	≥12	—	5～7	4.5	7
热变形温度/℃	80	105	100	90	78	70
吸水率/%	0.03	0.3	0.2	0.4	0.05	0.1

4. 聚氯乙烯

聚氯乙烯树脂是世界上最早由人工合成的高分子材料之一，其在 1872 年于实验室中合成出来，但未经过配方改性的单一聚氯乙烯树脂难以形成实用的材料，所以很长时间内认为它没有工业生产价值。经过多年的研究，将聚氯乙烯树脂与多种助剂组合成多组分的混合体，其性能大为改善，这才真正使它成为有实用价值的塑料材料。聚氯乙烯与其他塑料的不同之处是它可以通过调整配方生产出两种性能和用途截然不同的制品，如软质聚氯乙烯制品和硬质聚氯乙烯制品。它们可以制成各种管材、板材、薄膜、纤维、涂料、人造革、电线电缆等制品，在工农业生产和日常生活中有非常广泛的应用。

影响聚氯乙烯制品性能的因素有很多，主要有聚氯乙烯树脂的平均分子量、颗粒的大小和疏松程度、纯度、鱼眼数等，还与助剂的品种与用量以及加工成型的条件有关。如表 4-4 所示，聚合度超过 1500 以后，聚氯乙烯分子链太长，熔体流动性极差，此时若不加增塑剂就难以成型，所以聚合度高的聚氯乙烯只适于生产软制品。聚合度小于 400 时，熔体黏度小，填料和颜料易于在其中分散均匀，适合做涂料或色母料的分散剂和载体。

表 4-4 PVC 聚合度与性能的关系

聚合度 n	性能	用途
1800 以上	机械强度高,耐热性能好	耐压软管,耐热电线电缆
1300~1800	机械强度较好	耐压软管,薄膜与电器绝缘制品
600~1300	流动性好	硬制品
400~600	熔融黏度低,透明性好,塑化时间短	透明制品、管材
400 以下	分子量小,熔化温度低	涂料、黏结剂

聚氯乙烯树脂中的鱼眼，又称晶点，是指一般塑化条件下不能塑化的、透明的树脂颗粒。鱼眼的存在使塑料制品质量下降，当薄膜上有鱼眼，会使膜形成孔洞；电缆上有鱼眼会使电缆表面起疙瘩，造成绝缘性能下降；唱片上有鱼眼会使纹路不通。所以鱼眼数是加工高质量制品所要注意控制的原料质量指标之一。

5. 氨基树脂

氨基树脂是以一种具有氨基官能团的有机物（脲、三聚氰胺或苯胺）与醛类化合物为原料，经缩聚反应制得的一类树脂，主要包括尿素甲醛树脂、三聚氰胺甲醛树脂和苯胺甲醛树脂。氨基树脂可以制成模塑料粉、黏合剂、涂料和纤维织物处理剂等。氨基树脂制品无臭无味无毒，对霉菌抵抗力强，电绝缘和耐电弧性好，不易燃、自熄，但耐水、耐化学药品和耐气候老化性均较差。

6. 酚醛树脂

以酚类化合物与醛类化合物缩聚而得到的树脂统称为酚醛树脂。其中以苯酚和甲醛为原料聚合的酚醛树脂最为重要，通过控制它们的摩尔比和 pH 值，可以合成两类不同性质的酚醛树脂。当苯酚/甲醛=1/0.9（摩尔比）、pH<7 时，得到分子量较大的线型酚醛树脂，经粉碎成粉料，并在其中掺入木粉、云母粉、石英粉或矿石粉，加入热变稳定剂——六亚甲基四胺（乌洛托品）或多聚甲醛，混合均匀即成为酚醛模塑料，只需在模具中加热加压即可转变为热固性塑料制品。当苯酚/甲醛=1/1.5（摩尔比）、pH>7 时，初步反应为可熔可溶的低分子量酚醛树脂，此阶段的树脂为 A 阶段树脂。A 阶段树脂加热或改变其 pH 值至小于 7 则自动进入分子量升高阶段，并开始凝胶，这一阶段称为 B 阶段树脂。此时分子链多数是线型的没有形成交叉网络结构，在高温下可以熔化流动。如果继续加热，树脂就转变为不熔不溶的三维分子骨架结构，这时称为 C 阶段树脂。

二、工程塑料

工程塑料是指力学性能高、可以代替金属用作工程材料的塑料。自从 1938 年第一双尼龙丝袜出现，人们对于尼龙优越的物理性能（如强度、刚性、耐蠕变、耐疲劳和耐磨等）产生了极大的兴趣，并把它应用到机械工程方面，包括制造齿轮、凸轮和轴承等传动、摩擦零件等，一度被誉为跨时代的工程塑料。其后丙烯腈-丁二烯-苯乙烯共聚物、聚碳酸酯、聚甲醛、聚砜、聚酯、聚酰亚胺、聚苯硫醚和聚苯醚等相继出现，人们把这些塑料统称为工程塑料。但随着塑料应用范围的不断扩大，工程塑料和通用塑料之间的界线越来越难以划分，例如将聚氯乙烯作为耐腐蚀材料，大量地应用于化工机械。

1. 聚酰胺

聚酰胺是一类主分子链上含有重复酰胺基的高分子，尼龙（Nylon）是它的商品名。聚酰胺首先是由美国杜邦公司研制成功，原料是二元胺和二元酸，也可以是内酰胺。尼龙的命名方法是依据二元胺和二元酸中含碳的个数来命名的。例如，由己二胺和癸二酸缩合成的称为尼龙610，前面的数字表示二胺的碳原子数，后面数字表示二酸的碳原子数。又如由己内酰胺开环聚合的称为尼龙6，由氨基壬酸自缩合的称为尼龙9。

聚酰胺树脂是白色或淡黄色结晶颗粒，熔点180～230 ℃，其中碳原子数多者熔点低；热分解温度均大于300 ℃；耐油、耐化学溶剂，对酸有一定的抗蚀力；不易燃，能自熄；易吸水，吸水后溶胀；无毒性；易染色，也易被污染。聚酰胺耐磨、强度高、韧性好、自润滑，可在－40～100 ℃下长期使用。

2. 聚碳酸酯

聚碳酸酯是指分子结构中含有碳酸酯键的一类聚合物。目前用作塑料的聚碳酸酯是双酚A型，分子结构式如图4-1所示。

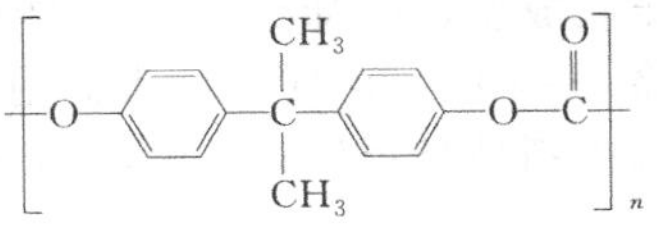

聚碳酸酯制品的透明度可达90%，刚硬且韧性好，抗冲击强度高，使用温度可达120 ℃以上，但制品耐应力开裂性差。聚碳酸酯的机械强度与分子量有关，当平均分子量低于1000时，不能成膜，几乎没有强度；平均分子量在11000～18000时，可达中等强度；分子量在25000以上时才可达最高

图 4-1　聚碳酸酯分子结构式

强度。高温下水分明显影响PC的分子量，如从空气中吸湿0.2%，在190 ℃时分子量很快从50000降至20000，在240 ℃下，分子量降低更多。这种水分的降解作用，不仅大幅度降低制品强度，而且会使制品发生变形甚至开裂。采用挤出加工时，挤出机应具有等距不等深、长径比15～20、压缩比2.0～3.0的螺杆，加料段和计量段各占1/3，挤出物用90 ℃热油冷却。采用吹塑工艺时，模具温度为110 ℃左右，吹塑气压0.4～0.8 MPa。

3. 聚甲醛

聚甲醛英文名polyoxymethylene，存在均聚和共聚两种。共聚甲醛的基本原料是三聚甲醛和二氧五环。由于二氧五环的开环共聚，共聚甲醛分子链中含有碳碳键隔断了缩醛链，其耐碱和耐热水的性能比均聚甲醛大大提高。聚甲醛是一种没有侧链、结晶度高的线型聚合物，易燃烧，熔点为160～175 ℃，分解温度为235 ℃。聚甲醛塑料具有较高的机械强度、硬度与刚性，抗冲击和抗蠕变性均优异，耐疲劳性在所有热塑性塑料中最佳。聚甲醛树脂可以直接采用挤出或注射工艺制成制品。共聚甲醛的分子结构式如图4-2所示。

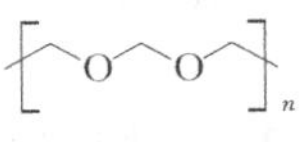

4. ABS 塑料

ABS是丙烯腈、丁二烯和苯乙烯的三元共聚物。ABS塑料绝缘性好，耐磨性很好，摩擦系数较低，但没有自润滑作用。ABS具有高的耐低温性能，在－40 ℃下仍具有较好的韧性。

图 4-2　共聚甲醛分子结构式

性。ABS的分子结构和微区结构复杂，它不易结晶而呈无定形状态，具有低的熔体黏度和成型收缩率，因而加工性能良好。ABS塑料制品成型工艺与聚苯乙烯相同，可以采用注射、挤出、模压、压延、吹塑等方法成型，广泛应用于制作齿轮、泵壳、泵叶、轴承、仪器仪表盘、电视机和冰箱的壳体、纺织器材、安全帽等。

5. 聚砜塑料

聚砜塑料是一种软化温度接近300℃的硬而韧的无定形结构的工程塑料，热变形温度达170℃，比聚碳酸酯、聚甲醛都高。聚砜塑料熔体黏度高，加工性能差，但温度敏感性高，大约每升高25℃，黏度下降50%，可挤出和注射成型。聚砜塑料在送入料斗前必须在120℃干燥5h，使含湿量降到0.05%以下，且加料斗应有防潮措施。聚砜塑料挤出温度应在340℃左右，注射成型的熔体温度应高于355℃。双酚A型聚砜的分子结构式如图4-3所示。

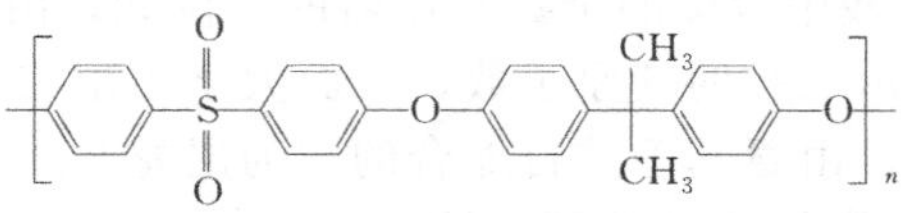

图4-3　双酚A型聚砜塑料分子结构式

6. 聚苯硫醚

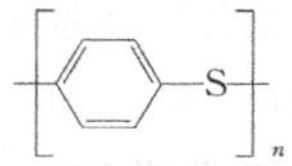

聚苯硫醚是线型结构的热塑性聚合物，它的熔体黏度高，制品可以采用挤出与注射成型，但要使熔体温度达340℃，而在350℃空气气氛下会产生交联作用而固化，因此要严格控制温度。聚

图4-4　聚苯硫醚分子结构式

苯硫醚通常的成型方法有冷压法和喷涂法。冷压法是将聚苯硫醚加热到350℃，然后在模具中压制成型，冷却到150℃脱模。喷涂法是将聚苯硫醚粉喷涂在加热到370℃的工件上，反复喷涂3~4次，可使工件表面附着一层有光泽的涂层。为避免喷涂时粉尘飞扬，可将聚苯硫醚粉调成酒精悬浮体，在喷涂后加热挥发酒精。聚苯硫醚的分子结构式如图4-4所示。

第二节　功能塑料介绍

功能塑料通常是指具有某些特殊功能的塑料，如导电塑料、磁性塑料、抗菌塑料、高吸水性树脂、离子交换树脂、氟塑料、防雾塑料等，以下将对一些具有代表性的功能塑料进行介绍。

一、导电塑料

通常高分子材料的体积电阻率都非常高（约$10^{10} \sim 10^{20} \Omega \cdot cm$），作为电气绝缘材料使用无疑是十分优良的。但是随着科学技术的进步，人们对于具有导电功能的高分子材料的需求越来越迫切。通常体积电阻率在$10^{6} \sim 10^{10} \Omega \cdot cm$之间的称为高分子抗静电材料，体积电阻率在$10^{1} \sim 10^{6} \Omega \cdot cm$之间的称为高分子半导体材料，体积电阻率小于$10^{1} \Omega \cdot cm$的称为高分子导电材料。

按制作方法分类，导电塑料可分为结构型导电塑料和复合型导电塑料。结构型导电塑料又称本征型导电塑料，是指本身具有导电性或经化学改性后具有导电性的塑料。结构型高分子导电材料主要包括π共轭系高分子，如聚乙炔、线型聚苯、聚氮化硫等；金属螯合物，如聚酮酞菁；电荷移动型高分子络合物，离子型聚合物，如聚阳离子、聚阴离子、聚两性离子等。复合型导电塑料是由导电性物质与高分子材料复合而成，制备成本低，可以满足各种成型要求，是一类已被广泛应用的功能性高分子材料。复合型导电塑料根据导电填料的不同可分为：抗静电系、晶须系、金属系（金属粉末、纤维、片等）、碳系（炭黑、石墨等）。按用途可将导电塑料分为抗静电材料、导电材料和电磁波屏蔽材料。

二、磁性塑料

磁性塑料是 20 世纪 70 年代发展起来的一种新型高分子功能材料，按组成可分为结构型和复合型两种。结构型磁性塑料是指聚合物本身具有磁性，这种磁性塑料还处于研究中；复合型磁性塑料是指以塑料或橡胶为黏合剂与磁性粉末混合粘接加工而制成的磁体，这种磁性塑料已经在我们的生活中大量应用。磁性塑料在音像器材、家用电器、计算机、机械、汽车工业、医疗卫生等领域有着难以替代的应用地位。

三、抗菌塑料

抗菌塑料是一类具备抑菌和杀菌性能的新型材料，通常由在塑料中添加一种或几种特定的抗菌剂而制得。正因为材料本身被赋予了抗菌性，用抗菌塑料制成的各种制品具有卫生自洁功能，与普通塑料制品相比，抗菌塑料制品可免去许多清洁等繁杂的劳动。抗菌塑料中用的抗菌剂可归纳为有机类、无机类、天然类和高分子四大类。

四、高吸水性树脂

高吸水性树脂是一类具有优异吸水性能和保水能力的功能高分子材料。它不同于普通的吸水性材料，如海绵、吸水纸、脱脂棉等的吸水量最大也只能达到自身重量的 20 倍左右，且在受挤压后吸附的水易被挤出。高吸水性树脂是一类高分子电解质或带有强亲水基团的聚合物，且聚合物的骨架又是一个适度交联的网状结构。吸水后的高分子树脂在受压时，水不会从高分子中释放出来，且其吸水速度相当快，吸水量可在几分钟甚至几秒内达自身重量的几百倍。另外，高分子吸水树脂还具有缓释作用、吸附作用、吸湿放湿作用及能够成膜、稳定性好的特点。高吸水性树脂应用范围不断扩展，已应用于卫生材料、农林园艺、脱水剂、化学蓄冷剂、蓄热剂、食品保鲜剂等。

高吸水性树脂从其原料角度出发主要分为两类，即天然高分子改性高吸水性树脂和全合成高吸水性树脂。天然高分子改性高吸水性树脂是指对淀粉、纤维素、甲壳质等天然高分子进行结构改造得到的高吸水性材料。全合成高吸水性树脂主要是指对聚丙烯酸、聚丙烯酰胺等人工合成水溶性聚合物进行交联，使其具有高吸水树脂的性质。全合成高吸水性树脂的特点是结构清晰、质量稳定、可以进行大工业化生产，特别是吸水后机械强度较高，热稳定性好。

五、离子交换树脂

离子交换树脂是一类带有可离子化基团的三维网状高分子材料。按交换基团性质可以将离子交换树脂分为阳离子交换树脂和阴离子交换树脂。按树脂物理结构类型可分为凝胶型和大孔型。阳离子交换树脂大多含有磺酸基（—SO_3H）、羧基（—$COOH$）或苯酚基等酸性基团，其中的氢离子能与溶液中的金属离子或其他阳离子进行交换。例如，苯乙烯和二乙烯苯的聚合物经磺化处理得到强酸性阳离子交换树脂，其结构式可以简单表示为 R—SO_3H，其中 R 代表树脂母体，其交换原理为：

$$2R—SO_3H+Ca^{2+}\longrightarrow(R—SO_3)_2Ca+2H^+$$

阴离子交换树脂含有季铵基 $[—N(CH_3)_3OH]$、氨基或亚氨基等碱性基团。它们在水中能生成 OH^-，可与各种阴离子起交换作用，其交换原理为：

$$R—N(CH_3)_3OH+Cl^-\longrightarrow R—N(CH_3)_3Cl+OH^-$$

凝胶型离子交换树脂外观透明，具有均相高分子凝胶结构，在水中会溶胀成凝胶状，并呈现大分子链的间隙孔，可供无机小分子自由地通过。这类离子交换树脂在干燥条件下或油类环境中分子链紧缩，无机小分子无法通过。

大孔型离子交换树脂外观不透明，表面粗糙，为非均相凝胶结构。即使在干燥状态下，内部也存在不同尺寸的毛细孔，因此可在非水体系中起离子交换和吸附作用。因为大孔型离子交换树脂比表面积很大，所以吸附功能也十分显著。

六、氟塑料

氟塑料是指脂肪烃分子链上的氢原子部分或全部被氟原子所取代的一类聚合物的总称。氟塑料是由含氟单体均聚或共聚而成，主要品种有聚四氟乙烯、聚全氟乙丙烯、聚三氟氯乙烯、聚偏氟氯乙烯和聚偏氟乙烯等。聚四氟乙烯综合性能突出，被誉为"塑料王"，其外观呈白色蜡状，表面光滑，不亲水，摩擦系数小。聚四氟乙烯由于分子链中的氢全被氟所取代，能量处于最低状态，所以它的化学性能最稳定，不易燃烧，在强酸、强碱中不被腐蚀，加热也不溶于任何溶剂。聚四氟乙烯的热稳定性优异，耐气候老化性能突出，耐电压性强、绝缘电阻高、介电常数小、介电损耗低。

第三节　塑料加工基本过程及分类

塑料加工是将树脂（加入各种添加剂、助剂）转变成实用材料或制品的一种工程技术。依据加工方法的特点和塑料在加工过程中的变化特征，对塑料加工的分类方式也不同。根据塑料在加工过程中是否有物理或化学变化，可以将这些加工技术分为三类。第一类的加工过程中主要发生物理变化，如热塑性塑料的注射、挤出、压延成型等。加工过程中塑料必须加热到软化温度或流动温度以上，通过塑性形变或流动而成型，并借助冷却固化而得到制品。第二类的加工过程只发生化学变化，如铸塑成型中单体或低聚物在引发剂或热的作用下发生聚合反应或交联固化。第三类是加工过程中同时有物理和化学变化的，如热固性塑料的模压成型、注射成型和传递模塑成型等。总体来说，这些加工技术均大致包括如下过程：混合、熔融和均化作用、输送和挤压、拉伸或吹塑、冷却和固化。

根据基本的工程和科学原理，可以将塑料的加工分为基础阶段、成型阶段和后加工阶段。塑料加工的基础阶段为成型阶段准备了原料。基础阶段可以在成型阶段之前，或与成型阶段同时进行。

一、基础阶段

由于塑料的加工原料一般为粒状或粉料，因此在塑料加工之前应进行一系列的准备工作。这些准备工作很大程度上决定了塑料制品的形状、尺寸、复杂程度和价格。通常把准备阶段称为塑料加工的基础阶段，它主要包括：粒状固体输送、熔融、增压和泵送、混合、脱挥发分和汽提。

粒状固体的输送主要是颗粒的填装、集聚、料斗中的应力分布、重力流动、架拱、压实和机械引起的流动。物料输送之后必须将物料进行软化、熔融，之后才能将物料流经口模或进入模具。这一过程需要泵送熔融的聚合物，通常会产生压力，被称作增压和泵送。此阶段完全是受聚合物的流变特性支配的，对塑料制品的结构和性能有深远影响。增压和熔融可同时进行，它们通常相互影响，而且对聚合物流体也有混合作用。当加入的物料是由混合物组成而不是单纯的聚合物时，为了使流体的温度和组成均匀，必须对流体进行混合。对不相容聚合物分散体系在宽范围内的混合操作，即打碎结块和填料等操作也都属于混合这一阶段。脱挥发分和汽提主要是除去低分子量化合物，如溶剂、催化剂残余物、未反应单体、水分和加工副产物。

二、成型阶段

虽然塑料的品种繁多且各有其适合的成型方式，但是其成型阶段可归纳为以下五类。

1. 压延和涂覆

这是一种稳定的连续过程，是在橡胶和塑料工业中广泛应用的古老方法之一，包括传统的压延以及各种连续涂覆操作，例如刮涂和辊涂。

2. 口模成型

该操作包含使聚合物流体通过口模的过程，如纤维纺丝、薄膜和板（片）的成型，管和异型材成型，以及电线和电缆绝缘包皮的涂覆。

3. 模涂

模涂蘸涂、粉料搪塑、粉料涂覆和旋转模塑等加工方法均属于模涂。所有这些方法都涉及在模具内表面或外表面敷上一层相对比较厚的涂层。

4. 模塑和铸塑

包括用热塑性或热固性聚合物为模具供料的所有方法。这些方法包括了常见的注射成型、传递模塑和模压，以及单体或低分子量聚合物普通浇铸和原位聚合。

5. 二次成型

预成型聚合物的进一步成型称为二次成型。纤维的拉伸、塑料的热成型、吹塑和冷成型等可以归为二次成型操作。

三、后加工阶段

1. 机械加工

机械加工是指对已采用成型方法加工出的制品或胚料，利用切削方法进行进一步加工，或者进行冲压加工，车、铣、锯、钻、磨光和抛光都可用于塑料的机械加工。在机械加工中，还有一种用得比较多的方法是冲压加工，所用的胚料是塑料板。根据塑料性能的不同，可以加热，也可不加热进行加工，有些塑料杯子就是用这种方法加工出来的。

在选用刀具和夹具时必须注意不要将工件夹碎或防止刀具把它拉坏，所选用的刀具应足以切动塑料。另外，塑料的绝热性高，热不易散失，局部温度容易升高。因此，在塑料切削时必须采用较锋利的刀具，采用较小的切削角度，较高的切削速度和较小的切削量，以防在加工时发生过热现象。除此之外，还常用冷却剂如二氧化碳、压缩空气等进行冷却。因为塑料光滑，除锯割及车螺纹外，一般不用油、水等润滑和冷却。有些溶剂如煤油，对聚苯乙烯有影响，易使其产生裂纹，也不能用作冷却剂。

2. 焊接

塑料焊接是指用加热方法使两个塑料制件的接触面同时熔融，从而使它们结合成一个整体的连接方法，此法仅适用于热塑性塑料连接。焊接时可使用焊条或不用焊条，使用焊条时，需将被焊端端面制成一定形状（如 U 形、X 形等）的接缝，让焊条熔融体滴满缝内，使两个被焊件连成一体；不用焊条时，则将焊接面加热熔化，再向被焊面施加垂直压力直至紧密熔合为一体。塑料焊接的主要方法有气焊、熔焊、埋丝焊接、摩擦焊接和高频焊接等。

3. 粘接

在塑料修补中，某些塑料制品（特别是装饰品）的制造中以及在某些施工中（如塑料贴面、塑料地板、塑料壁纸黏在基质上），都涉及塑料的粘接问题。通常可作为粘接料的高分子包括：天然橡胶、再生橡胶、氯丁橡胶、丁腈橡胶、聚氨酯、丁苯胶、聚醋酸乙烯酯、聚乙烯醇、聚丙烯酸、硝化纤维、聚酰胺、酚醛胶、间苯二酚树脂、环氧树脂、脲醛树脂、聚氰基丙烯酸酯、酚醛-聚乙缩丁醛、酚醛-尼龙、聚酯、天然或合成水基乳胶、树脂水乳液等。

4. 塑料的表面涂装

有些塑料，如聚乙烯、聚丙烯、聚四氟乙烯等，不易受其他物质粘接或涂装，为此，在涂装前需要进行表面处理。处理的方法有火焰处理、化学处理、晕光放电和等离子放电等。塑料的表面涂装方法主要有以下三种。

(1) 电镀

塑料虽然是电的非良导体，但其表面经适当处理和敏化后，可以进行电镀。许多塑料，如酚醛、脲醛、ABS、聚碳酸酯等都可以进行电镀。电镀的主要目的是使塑料表面美观、耐用、抗腐蚀。电镀后，塑料的力学性能如抗拉强度、热变形温度、抗弯强度等都会相应提高。

(2) 真空镀膜

真空镀膜就是在真空中将塑料镀上一层光亮的金属薄膜。所用的金属可为金、银、铝或铜。塑料在未镀前常涂上漆，以减少表面缺陷，也可以增加金属与塑料的粘接力。模塑塑料制品或塑料薄膜都可进行真空镀膜。

(3) 塑料的涂漆

虽然很多色塑料在合理设计模具的情况下也可以制造出来，但在塑料表面涂上各种颜色的漆也是一种可行的办法。所用的漆除需要满足具有足够的粘接力、耐磨损、抗化学作用、良好的覆盖能力外，还应注意漆对塑料应无副作用，溶剂不向塑料内部迁移，漆膜加热干燥时不应超过塑料的软化点等。

5. 彩饰

彩饰是对塑料制品表面添加彩色花纹或图案，使制品更加美观和便于区别。由于每一类塑料在形状和材料上各有不同，所以塑料彩饰的方法很多，这里挑选常见的三种介绍。

(1) 热压印

热压印是利用彩箔和刻有花纹或字样的热模，在一定温度和压力下，在塑料制品表面制造彩色浮凸花纹或字体的方法。热压印具体的操作是用装在固定压机上的热模隔着彩箔对制品需要彩饰的地方施加压力即可。

(2) 绢印

绢印的基本工具是丝网和橡皮辊。绢印时，丝网被绷在木框或金属架上，然后在丝网上涂上一层含有感光材料的水溶性胶体（如含感光材料的明胶或聚乙烯醇），涂印和烘干都在暗房内进行。然后在已干燥的网上盖上一张事先已画好所需花纹的透明样板纸，用玻璃夹板夹紧后用晒相的方法进行感光和冲洗，即得带花纹的丝板。绢印用的油墨可用树脂、色料、挥发性溶剂和稀释剂配制而成。

（3）花辊印花

呈连续状的花纹是用腐蚀法刻在一条钢辊上，辊的表面镀铬，此辊称为花辊。印花时将塑料油墨（色料）倒入花辊下面的槽中，由于花辊的转动而使色料均匀地涂覆于花辊的花纹中，多余的色料由刮刀刮下，薄膜则通过花辊和压辊之间而印上花纹，再经过烘干、卷曲而完成印花。

习 题

一、选择题

1. 以下塑料中，透光率优于普通硅基玻璃的是（　　　）。

A. 聚甲基丙烯酸甲酯　　　　B. 酚醛塑料　　　　C. 聚碳酸酯　　　　D. 聚丙烯

2. 刚性好、变形小的电气绝缘器件应使用（　　　）。

A. 聚丙烯　　　　　　　　B. 聚碳酸酯　　　　C. 酚醛塑料　　　　D. ABS

二、填空题

1. 根据塑料的用途，可将塑料分为_____、_____和_____三大类。

2. ABS 是由_____、_____和_____共聚而成的。

三、简答题

1. 请给出塑料的定义。
2. 与其他材料相比，塑料的性能有什么特点？
3. 分别列举常用的热塑性塑料和热固性塑料，并写出它们的英文缩写。
4. 俗称"塑料王"的是哪种塑料？它有哪些特点？
5. 增强塑料的纤维主要有哪几种？其增强机理是什么？
6. 从聚合机理出发分析 LDPE 和 HDPE 在结构和性质上的区别。
7. 聚氯乙烯塑料在加工成型时应注意什么？
8. 塑料的后加工处理有哪些？
9. 通用塑料、工程塑料和功能塑料的区别是什么？
10. 简述塑料加工的分类。

参考文献

[1] 李洪耀. 日用塑料 [M]. 北京：新时代出版社，1990.

[2] 欧阳国恩. 实用塑料材料学 [M]. 长沙：国防科技大学出版社，1991.

[3] 叶蕊. 实用塑料加工技术 [M]. 北京：金盾出版社，2000.

[4] 吴崇周. 塑料加工原理及应用 [M]. 北京：化学工业出版社，2008.

[5] 王慧敏. 高分子材料加工工艺学 [M]. 北京：中国石化出版社，2012.

[6] 唐颂超. 高分子材料成型加工 [M]. 北京：中国轻工业出版社，2013.

[7] 杨桂生. 工程塑料 [M]. 北京：中国铁道出版社，2017.

第五章
塑料加工助剂和母料

第一节 塑料加工助剂及其分类

一、塑料加工助剂基本概念

塑料制品的基础物质是树脂和助剂。助剂是一个应用很广泛的概念，又常被称为添加剂或配合剂。塑料加工助剂是指由聚合物加工成制品这一过程中所需要的各种辅助化学品。

助剂在塑料制品中起着十分重要的作用，有时甚至是决定塑料材料使用价值的关键。助剂不仅能赋予塑料制品外观形态、色泽，而且能改善加工性能，提高使用性能，延长使用寿命，降低制品成本。开发新的塑料制品，在某种意义上讲，重要的一环是选择树脂和助剂，即所谓的配方。助剂的加入有助于改善塑料的某一项性能，但也存在有损于另一种性能的情况。因此，在众多的塑料助剂中如何恰当地选用，一方面取决于理论指导和经验积累，另一方面取决于对助剂品种、性能、成本等的深入研究。

二、塑料加工助剂的功能与分类

1. 稳定剂

塑料稳定剂主要包括抗氧剂、光稳定剂、热稳定剂和防霉剂等。一些聚合物结构上都存在弱化学键，这些弱化学键在聚合物的加工过程中在受到热、氧等多方面作用下成为反应的活性点，使聚合物发生氧化、断链及自由基连锁反应等，导致聚合物的使用性能下降，所以多数聚合物只有在添加一定量的稳定剂才能顺利地进行加工并拥有良好使用性能。

2. 加工助剂

塑料的加工助剂主要包括润滑剂、脱模剂和加工改性剂等，其作用是降低塑料内部分子以及塑料与加工机械间的摩擦力，增大塑料熔体的流动性，从而改善塑料的加工性能。PVC等聚合物由于分子上带有极性较大的基团，且排列规整，分子间作用力较大，加工温度高于分解温度，如果不添加热稳定剂就无法进行加工。

3. 功能性助剂

功能性助剂可以赋予塑料各种各样的功能，如改善塑料力学性能的交联剂、填充剂、增强剂、偶联剂、抗冲改性剂、成核剂等，对塑料进行柔软化和轻量化的增塑剂和发泡剂，对塑料表面和外观改性的防雾滴剂、防粘连剂、着色剂（表面性能改良剂）等，让塑料具有抗静电功能的抗静电剂和导电剂，可以降低塑料可燃性的阻燃剂和抑烟剂，让塑料进行降解的光降解剂和生物降解剂等。

三、各类塑料助剂介绍

1. 填充剂

填充剂又称为填料，它是塑料制品不可缺少的原料。随着塑料工业的发展，越来越多的新塑料品种不断出现，研发新的填充剂，提高填充材料的质量成为塑料工业中越来越不可忽视的问题。

塑料本身的缺点，如耐温性弱、低强度、低模量、脆性、热膨胀系数高、易吸水、易蠕变、易气候老化等，可通过加入填料，在一定程度上得到改善。另外，填料不仅能使塑料制品的成本大大降低，而且往往能显著改善塑料制品的力学性能。作为塑料的填料，必须具备如下几个特点：①分散性良好，容易与聚合物混合；②加入以后不会加速聚合物大分子的热分解；③不易从塑料中迁移出来或被溶剂抽提。

可以作为塑料填料的材料众多，可分为有机物和无机物两大类（表 5-1）。

表 5-1   塑料填料分类

有机填充剂		无机填充剂	
蛋白质	大豆粉、明胶、羊毛	金属氧化物	矾土、氧化铝、氧化钛、氧化镁、氧化锌、氧化锑
合成纤维	涤纶、尼龙、芳纶、氯纶、丙烯腈纤维	硅酸盐	黏土、长石粉、硅石粉、滑石粉、石棉、沉降碳酸钙、高岭土
		氧化硅	石英粉、硅藻土、白炭黑
		碳酸盐	轻质碳酸钙、活性碳酸钙、碳酸钡、碳酸镁
		硫酸盐	硫酸钡、硫酸钙
纤维素	木粉、棉花、纸、亚麻、野生纤维	氢氧化物	氢氧化钙、氢氧化镁
		碳	炭黑、木炭粉、石墨
		金属	铜、铝、铁、银等粉末和细丝
		其他	玻璃纤维、碳纤维、硼纤维、碳化硅纤维、钛酸钾纤维、红泥

2. 偶联剂

填料加入塑料后，会引起界面摩擦增大，流动性降低。要实现多加填料，且保证塑料制品良好的性能，就必须对填料的表面进行处理，即加入偶联剂。可以说偶联剂是因填料表面处理的要求而发展起来的一类助剂。偶联剂的主要功能是改善填料与树脂分子链之间的连接性能，使它们紧密联系起来，使其具有良好的力学性能。经过偶联剂处理的粉粒，使聚集的颗粒直径明显变小，可以提高它在聚合物中的分散性。所以偶联剂是一种能增进填充剂、增强剂与基体聚合物之间黏合性能的助剂。

偶联剂的作用机理：偶联剂是一类两性结构的物质，分子中的一部分基团可与无机物表面（填充剂或增强剂）的化学基团反应，形成牢固的化学键；另一部分基团有亲有机物（基体聚合物）的性质，可与聚合物链反应或发生物理缠绕，从而把两种性质不同的材料牢固地结合起来。

偶联剂大致分为三类：硅烷偶联剂、钛酸酯偶联剂、铝酸酯偶联剂。

硅烷偶联剂一端有 R 基，是与树脂有可能发生化学反应的基团，另一端甲氧基、乙氧基等易水解成—$Si(OH)_3$ 与填料或玻璃表面的—OH 亲和并发生缩水反应，形成紧密连接点。硅烷上的—OH 也可能与含羟基的树脂反应。硅烷偶联剂可用于许多无机填料，其中在含硅酸成分多的玻璃纤维、石英粉及白炭黑中效果最好，在陶土和氧化铝中次之，对不含游离水的碳酸钙效果欠佳。硅烷偶联剂的主要品种及其应用范围见表 5-2。

表 5-2　硅烷偶联剂的主要品种及其应用范围

化学名	适用塑料	
	热固性塑料	热塑性塑料
乙烯基三乙氧基硅烷	UP	PE、PP
乙烯基三氯硅烷	UP	
乙烯基三(β-甲氧基乙氧基)硅烷	UP、PE	
γ-甲基丙烯酰氧基丙基三甲氧基硅烷	UP、PE	PS、PE、PP、ABS、POM、PMMA、SAN
β-(3,4 环氧环己基)乙基三甲氧基硅烷	UP、EP、PF、MF	PVC、PC、PS、ABS、PA、PP、PE、SAN
γ-缩水甘油醚丙基三甲氧基硅烷	UP、EP、PF、MF	PVC、PC、PA、PS、PE
γ-氨基丙基三乙氧基硅烷	PF、EP、MF	PVC、PC、PA、PE、PP、PMMA
N-(β-氨基乙基)-γ-氨基丙基三甲氧基硅烷	EP、PF、MF	PP
N,N-双(β-羟乙基)-γ-氨基丙基三甲氧基硅烷	EP	PVC、PC、PE、PA、PSF
γ-氯代丙基三甲氧基硅烷		PS
γ-巯基丙基三甲氧基硅烷		PS、聚硫

钛酸酯偶联剂应先与填料混合均匀，然后才能与塑料配方中的其他组分混合，否则会与增塑剂产生酯交换反应，影响偶联效果。硬脂酸对钛酸酯偶联效果有不良影响，因此要求在填料与聚合物已完成偶联以后再加入硬脂酸。钛酸酯偶联剂适合于不含游离水，只含键合水的干燥填料体系。其机理是与填料上—OH 反应脱下烷醇，形成—O—Ti 连接形式。常用钛酸酯偶联剂的应用范围见表 5-3。

表 5-3　常用钛酸酯偶联剂的应用范围

商品名	化学名称	适用的填料/树脂
KR-TTS	三异硬脂酰氧基钛酸酯异丙酯	碳酸钙/聚烯烃
		石墨、二氧化钛/聚丙烯
		玻璃纤维/聚丙烯
		碳酸钙/环氧树脂
		滑石/聚氨酯
KR-7	二甲基丙烯酰氧基异硬脂酰氧基钛酸异丙酯	大多数填料/聚烯烃
KR-9S	三(十二烷基苯磺酰氧基)钛酸异丙酯	炭黑/聚烯烃
		滑石/聚酯
KR-12	三(二辛基磷酰氧基)钛酸异丙酯	碳酸钙/PS、ABS
KR-38S	三(二辛基焦磷酰氧基)钛酸异丙酯	大多数填料/PA、PS、ABS、PVC
		二氧化钛/环氧树脂
KR-44	三(N-乙胺基氨基乙基)钛酸异丙酯	碳酸钙/聚酰胺
KR-46B	二(十二烷基亚磷酰氧基)四草氧基钛酸酯	二氧化硅/EP、PUR
KR-134S	二(枯基酚盐)钛酸羟乙酯	碳酸钙/酚醛树脂
KR-138S	二(二辛基焦磷酰氧基)羟乙酯	大多数填料/PA、PS、ABS、PVC
		二氧化钛/环氧树脂
		氧化铁/酚醛树脂
		大多数填料/丙烯酸类、聚酯

铝酸酯偶联剂是一种新型偶联剂，最早由福建师范大学高分子研究所研制，并由福州大学高分子实验厂独家生产。该产品广泛应用于塑料、橡胶、涂料、层压制品、阻燃剂等生产领域，能大幅度增加填料用量，改善制品加工性能，提高产品质量，显著降低生产成本。铝酸酯偶联剂的品种及其适用对象如表 5-4 所示。

表 5-4　铝酸酯偶联剂的品种及其适用对象

品种	适用范围
DL-411-A	各种极性填料、颜料、材料的表面活化处理
DL-411-AF	中极性树脂 PVC、PS、ABS、PU 及天然橡胶、涂料等
DL-411-D	各种极性填料、颜料和材料表面活化处理
DL-411-DF	低极性树脂 PP、PE 和低极性合成橡胶、涂料、防水材料

3. 增塑剂

添加到聚合物中能够增加塑性、改善加工性、赋予制品柔韧性的物质称为增塑剂。聚合物的大分子链，由于相互吸引，使得它们聚集在一起。这种吸引力，对非极性聚合物来说，主要表现为色散力，对极性聚合物来说，除色散力外，还有偶极引力。这些作用力的存在，使聚合物分子链运动变得困难，难以加工。要使聚合物易于加工以及增加柔软性，就要设法使聚合物分子链间的作用力减弱。用化学法在聚合物分子链上引入其他取代基，或在分子链上引入短的链段，从而降低大分子链间的作用力的方法称为内增塑。而通过外加增塑剂来提高聚合物的可塑性的方法称为外增塑。极性增塑剂使树脂分子中偶极-偶极相互作用抵消从而减弱分子间作用力；非极性增塑剂可以通过简单的稀释作用，增大树脂分子间的距离而形成一定的空间，使塑料的柔软性、韧性和抗冲击强度增加。

增塑剂可分为主增塑剂和副增塑剂两类。主增塑剂的特点是与树脂的相容性好，不与基础物质发生化学反应，塑化效率高、耐迁移，具有低挥发性和低的油（水）抽提性。副增塑剂与树脂的相容性略差，通常副增塑剂不单独使用，必须与主增塑剂并用。主增塑剂的最低含量应占增塑剂总量的三分之二以上。同时应注意增塑剂用量低于树脂的 10% 时，易出现反增塑效应。

被塑料工业用作增塑剂的主要是碳原子数为 4~11 的脂肪醇与邻苯二酸合成的酯类，其中最重要的是邻苯二甲酸二辛酯，它被称为标准增塑剂。此外还有环氧类、磷酸酯类、癸二酸酯类及氯化石蜡、氯化乙烯等。

增塑剂是聚氯乙烯塑料的主要助剂，它对塑料制品性能的影响比较大，各种增塑剂对 PVC 性能的影响规律见表 5-5。

表 5-5　各种增塑剂对 PVC 性能的影响

性能名称	影响规律
塑化情况	邻苯二甲酸二辛酯、邻苯二甲酸二丁酯、癸二酸二丁酯易塑化，癸二酸二辛酯难塑化
抗拉强度	磷酸三甲苯酯>磷酸三苯酯>邻苯二甲酸二丁酯>邻苯二甲酸二辛酯>癸二酸二辛酯
断裂伸长率	邻苯二甲酸二辛酯>磷酸三苯酯>邻苯二甲酸二丁酯>癸二酸二辛酯
吸水性	癸二酸二辛酯>邻苯二甲酸二辛酯>磷酸三苯酯>邻苯二甲酸二丁酯>磷酸三甲苯酯
挥发性	邻苯二甲酸二辛酯>邻苯二甲酸二丁酯>磷酸三苯酯>癸二酸二辛酯
耐寒性	癸二酸二辛酯>邻苯二甲酸二辛酯>邻苯二甲酸二丁酯>磷酸三苯酯>磷酸三甲苯酯
体积电阻	邻苯二甲酸二丁酯>邻苯二甲酸二正戊酯>磷酸三甲苯酯>癸二酸二辛酯>邻苯二甲酸二辛酯

4. 稳定剂

聚合物在外界环境（热、氧、光等）作用下，使用性能发生不可逆劣变，这一现象被称为老化。聚合物稳定化的目的是阻缓老化速度，延长其使用寿命。对聚合物添加稳定剂以达到一定程度的抗老化性的方法是行之有效的。由于各种树脂的化学结构和物理结构的不同，对于同样的环境条件，其劣化速率是不同的。因此，各种树脂添加的稳定剂品种和用量也不同。根据聚合物的老化机理，稳定剂主要有热稳定剂、抗氧剂、光稳定剂等。这些稳定剂对各自聚合物的作用机理不同，但是它们作为有实用价值的、可以选为塑料制品的稳定剂，一般应具有如下共性：能与树脂的分解产物（如自由基或双键）相互作用，防止其促进树脂其他分子链继续分解；能吸收外界进入的光能（尤其是紫外线能）或氧，防止这些光能或氧使树脂分子断链；与树脂有良好的相容性，在塑料加工和制品使用过程中不逸出表面流失；各种稳定剂必须自身有良好的稳定性，在加工熔体中不起化学反应，不腐蚀加工机械或成型模具，有效期长。

(1) 热稳定剂

热稳定剂是以改善树脂热稳定性为目的而添加的助剂。热稳定剂对聚氯乙烯及氯乙烯共聚物尤其重要。聚氯乙烯突出的缺点是热稳定性差，当温度超过熔点时容易从分子链上脱下HCl，分子链上会形成不稳定的自由基，使分子链产生双键、支化点等缺陷，脱下的 HCl又加速其他分子链上的氯和氢的脱出，成为热分解的催化剂。如不能排除脱下的游离 HCl，则聚氯乙烯会迅速变色且性能恶化。不同聚氯乙烯制品的各种助剂配比如表 5-6 所示。

表 5-6　聚氯乙烯经典制品的配方

	产品	农用膜	硬管	电线护料	机械零件	鞋底
	PVC 树脂	3 型 100	4 型 100	2 型 100	2 型 100	3 型 100
增塑剂	邻苯二甲酸二丁酯	30.0	5.0	40.0	4.0	32.0
	环氧大豆油	4.0	—	—	2.0	—
	氯化石蜡	10.0	—	—	2.0	6.0
	磷酸三甲苯酯	4.0	—	—	—	5.0
	邻苯二甲酸二辛酯	5.0	—	—	—	1.0
稳定剂	二丁基二月桂酸锡	1.0	—	—	—	—
	三碱式硫酸铅	—	3.0	3.0	3.0	3.0
	二碱式硫酸铅	—	0.5	2.5	2.0	2.0
	硬脂酸镉	0.7	0.5	—	—	—
	硬脂酸钡	1.0	0.3	—	1.5	—
	硬脂酸钙	—	—	—	—	1.0
填料	碳酸钙	—	15.0～35.0	—	0～10	5.0～20.0
	硫酸钡	—	—	10.0	—	—
颜料	钛白粉	—	0.2	—	8.0	0.5
	其他颜料	—	—	0.05	0.1	0.5
润滑剂	硬脂酸	0.3	0.5	0.2	—	0.5
	石蜡	—	0.1	—	0.5	—

注："3 型 100" 表示 PVC 的型号是 3 型，添加量是 100 份。2 型、3 型、4 型 PVC 树脂熔体黏度不同，依次增大。

热稳定剂的作用机理包括如下几点：①捕捉游离的 HCl 小分子，消除其催化作用；②限制双键共轭体系的形成，减少变色；③与聚氯乙烯分子链上不稳定的氯原子发生交换反应，改变了主链的分子结构；④捕捉自由基，防止聚氯乙烯主链的断裂、交联等反应。聚氯乙烯的热稳定剂有五类：碱式铅类、金属皂类、有机锡化合物、不饱和有机酸的盐和酯类、复合稳定剂。碱式铅类稳定剂一般要求与其他热稳定剂并用，因其有毒，限制了制品的用途；金属皂类主要是 $C_8 \sim C_{18}$ 脂肪酸的钡、钙、镉、镁、锌盐。钡、钙、镁等主族金属元素的皂类初期稳定作用小，长期稳定作用好，而镉、锌等副族元素的皂类初期稳定作用大，长期稳定作用差，因此常将它们配合使用；有机锡用作热稳定剂的主要是二甲基锡、二正丁基锡和二正辛基锡的脂肪酸盐、马来酸盐、硫醇盐、硫醇基羧酸酯盐，较之金属皂类和铅盐类，有机锡热稳定剂具有使制品透明的特点，容易与树脂混合均匀，但有臭味、有毒；有机不饱和酸的盐和酯类热稳定剂是辅助稳定剂，如双马来酸丁酯、β-氨基丁烯酸酯、苯基吲哚等；复合热稳定剂是两种或两种以上的热稳定剂掺和使用，复合热稳定剂的效果不是热稳定剂的线性加和，而是具有正协同效应。

（2）抗氧剂

大多数聚合物可以与氧发生反应而导致降解、交联和性能改变。在热加工和光照下，聚合物的氧化速度更快。聚合物氧化是一种自由基连锁反应，具有自催化性。抗氧剂的作用是捕捉活性自由基，使连锁反应中断，延缓聚合物的氧化过程和降低氧化速度。

聚合物的氧化过程如图5-1所示。聚合物R—H在热和光的作用下，诱发产生高活性自由基，氧气存在下，迅速氧化成高活性的ROO·自由基。ROO·和碳链R—H反应又生成新的碳链自由基，于是构成了一个循环，结果是新自由基的不断生成，即构成链增长阶段。链增长阶段产生的高活性自由基（ROO·）和过氧化物（ROOH）经过一系列链转移反应，产生大量的高活性自由基（R·和RO·等），特别是在加工温度下，ROOH只有几十秒的寿命，之后就会热分解生成RO·和·OH，使聚合物中自由基的浓度迅速增加，加速了氧化降解过程。这类反应如果不阻止，可以很快使聚合物氧化并失去使用价值。阻止氧化的方法是在聚合物中加入能终止氧化反应的物质，即抗氧剂。抗氧剂的作用就是终止R·、RO·和ROO·等活性自由基。

按照抗氧化效果，将抗氧剂分为主抗氧剂和辅助抗氧剂。苯胺类抗氧剂抗氧化效果较好，但是污染性较大，主要用于橡胶制品。酚类抗氧剂抗氧化效果稍差，但是污染性较小，综合效果较好，多用于塑料制品中。通常将硫醇或硫代酯、亚磷酸酯归为辅助抗氧剂，与主抗氧剂并用，以产生协同效果，延长抗氧剂的效能。

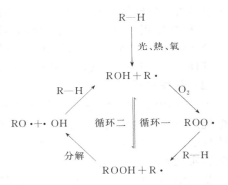

图 5-1　聚合物的氧化过程

（3）光稳定剂

高分子材料在阳光、灯光及高能射线的照射下，会发生老化，表现为发黄、变脆、龟裂、表面失去光泽、力学性能和导电性能也大大降低，其至失去使用价值。这个复杂的破坏过程主要是阳光中的紫外线和大气中的氧对聚合物大分子联合作用的结果。光稳定剂作用机理可分为四类：①紫外线吸收剂（如二苯甲酮类）；②先驱型紫外线吸收剂（它本身不吸收紫外线，而在受到光照后分子重排能吸收紫外线，如水杨酸酯类）；③消光效应剂（如聚甲基脲类）；④光屏蔽剂（颜料，如炭黑）。

作为光稳定剂需要满足以下要求：①能有效吸收波长为290～410nm的紫外线，且吸收带较宽；②本身具有良好的稳定性，经紫外线长期曝晒吸收能力不致下降太多；③热稳定性良好，在加工成型时和使用过程中不因受热而失效，不变色；④与聚合物相容性好，在加工和使用过程中不分离、不迁移、不易被水和溶剂抽提、不易挥发；⑤无毒或低毒；⑥化学稳定，不与材料中其他成分发生反应而损坏材料的性能；⑦价格便宜，制造方便，来源丰富。

5. 阻燃剂

聚合物的燃烧涉及一系列复杂的物理与化学反应，是一个较复杂的氧化还原过程。因此，为了有效地解决聚合物易燃的问题，了解聚合物的燃烧特性是特别重要的。聚合物燃烧一般可以总结为四个阶段：热引发、热降解、燃烧以及火焰传播。当聚合物受到外部的热量作用后，热量累积到一定程度时，聚合物链的弱键开始断裂产生自由基，进行一个自由基链式反应，最后生成可燃性气体并与氧气混合。当混合气体的温度达到燃烧温度时，混合气体会被点燃，燃烧产生的热量会进一步降解聚合物，产生更多有毒、可燃性的挥发性气体，从而为体系提供充足的热量及燃料，由此形成燃烧循环，燃烧机理如图5-2所示。

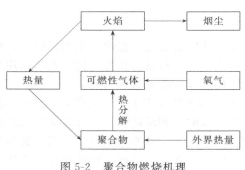

图 5-2　聚合物燃烧机理

阻燃剂通常能够以化学或物理的方式阻止在凝聚相或气相中的燃烧过程，从而达到阻燃的目的。根据干扰燃烧过程中的阶段的不同（热传递过程、降解过程、点燃或火焰传播过程）。可分为以下几种阻燃机理。

（1）物理作用

① 物理降温　阻燃剂引发的吸热过程使树脂基体的温度低于维持燃烧所需的温度。可以通过以下方式实现：采用一种热分解时能够吸收大量热的化合物，同时放出非可燃性气体，比如金属氢氧化物（氢氧化铝或氢氧化镁）。另外，一部分热塑性聚合物热解时能够产生熔滴，熔滴滴落的过程也能够带走部分反应热，从而发挥阻燃的作用。

② 形成保护层　阻燃剂燃烧时能够产生使内部可燃树脂层被一层固态或者气态的保护层所包裹，以隔绝外层的热或者气体对树脂基体的影响。没有了热源后树脂内部开始冷却，只放出少量的可燃性气体；同时内部燃烧所需的氧气被阻止进入。以上两个因素使火焰自熄。

③ 稀释作用　通过引入惰性物质或者降解时能够释放惰性气体的添加剂来起到稀释作用。产生的不燃性气体有二氧化碳、氨气、氯化氢和水蒸气等，这些不燃性气体能够稀释可燃性气体和空气中的氧气，使其达不到燃烧所需的浓度，从而阻止树脂的燃烧。

（2）化学作用

① 气相中的化学作用　燃烧过程中的化学反应主要为自由基反应。一些阻燃剂能够捕获燃烧过程中产生的自由基，从而终止热氧化过程，之后体系开始降温，燃烧所需的可燃性气体减少，最终燃烧行为被完全抑制。所以，通过添加高温下可释放出自由基捕获剂的物质也能够实现阻燃。

② 凝聚相中的化学作用　阻燃剂在高温下，通过脱水作用在聚合物中形成双键，然后通过环化和交联，在聚合物表面形成一层炭层。通过在聚合物表面生成的炭层来隔绝热量和氧气，从而可以限制气-固两相之间的传热和传质过程，最终达到阻燃的效果（凝聚相阻燃机理）。

凡是能降低聚合物起燃的容易程度和火焰传播速率的助剂都称为阻燃剂。根据阻燃元素分类，阻燃剂可分为卤系、磷系、氮系、硅系、硼系、金属氢氧化物类阻燃剂等。

卤系阻燃剂具有低添加量、高阻燃效率、低价格等优势。含卤素的化合物主要阻燃机理为气相阻燃，它能够中断燃烧的放热过程以实现灭火的目的。然而，当燃烧发生时，卤系阻燃剂会产生烟及腐蚀性的有毒气体，例如卤化氢、二苯并呋喃、二苯并对二噁英等，在火灾发生时，这些有毒气体会对人们的健康和环境造成极大的伤害。欧盟于2003年颁布了RoHS指令和WEEE指令，以限制和禁止电气和电子设备中的某些有毒、有害物质和元素的使用，我国于2006年也颁布了《中国电子信息产品污染控制管理条例》。这些指令的颁布，导致卤系阻燃剂的用量大幅度下降。目前，全球许多行业的用户对无卤阻燃剂表现出极大的热情，因此开发低烟、低毒且环保的无卤阻燃剂是人们一直追求的目标。

含氮元素的阻燃剂既能够在凝聚相中也能够在气相中起到阻燃的作用。在气相中，这类阻燃剂燃烧时释放出氮气等惰性气体能够稀释可燃气体和氧气的浓度；有些还能够在树脂燃烧区域的表面形成保护层，阻止燃烧所需的氧气的供给。当与含磷的化合物等阻燃剂共同使用时，含氮化合物通过提供起保护作用的惰性气体，有助于形成更加稳定、交联度更高的炭层。常用的含氮阻燃剂主要有三聚氰胺类和聚异氰酸酯类。

含磷化合物是使用最为广泛的阻燃剂之一，这类阻燃剂能够同时在气相和凝聚相中发挥阻燃作用，通常具有更好的阻燃效果。含磷化合物气相阻燃机理：主要的反应是含磷化合物在高温下先产生 PO· 和 P· 自由基，然后通过这两种自由基消除氢和氧自由基，实现自由基猝灭，降低燃烧区域自由基的浓度，从而达到抑制火扩散的目的。含磷化合物的凝聚相阻燃机理：含磷的化合物主要包含 P—O—C 或者 P—C 等结合能较低的化学结构，这些化学键在高温下较容易断裂，使含磷阻燃剂降解生成具有催化成炭功能的磷酸和聚磷酸，使聚合物在较低温度时就能够生成一层起保护作用的炭层。因此，含磷阻燃剂不仅能够实现气相阻燃，同时也能够在凝聚相中起到阻燃的作用。

含硅阻燃剂被认为是一种环境友好型的阻燃剂，这是因为这类阻燃剂燃烧时产生的对环境有害的物质比现有的一些阻燃材料都少。低聚多面体倍半硅氧烷（POSS）是一类重要的含硅的有机无机杂化分子，其分子结构如图 5-3 所示。根据 POSS 上 R 基团的不同，可以分为反应型和非反应型，因此，POSS 能够通过接枝或共聚的方式以化学键连到树脂基骨架当中。通过简单地物理共混或共聚，能够很容易地将 POSS 引入到较多的树脂体系中实现材料力学性能的增强和可燃性的降低。POSS 化合物被广泛用于改性一些热塑性和热固性的聚合物，如环氧树脂、聚酰胺、聚甲基丙烯酸树脂、硅树脂和酚醛树脂等。

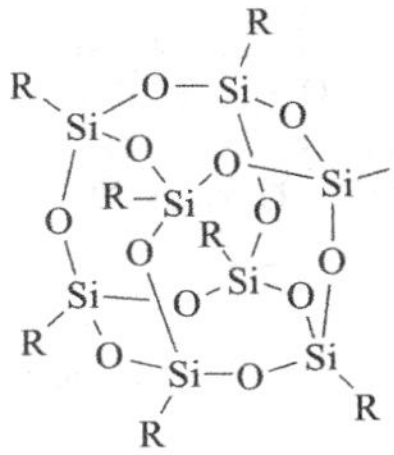

图 5-3　低聚多面体
倍半硅氧烷的
分子结构

此外，单纯地使用一种阻燃元素存在着诸如阻燃效率低、相容性不好等缺点。而同时使用两种或者两种以上的阻燃剂不仅可以增加阻燃效率，同时还可以减少阻燃剂的使用量。目前研究合成含有多功能基团或多种阻燃元素的协同阻燃体系呈现日益增长的趋势。在 POSS 的笼型结构上进行多种元素/基元的组合是一种常见的多种阻燃元素的协同阻燃方式。如用 9,10-二氢-9-氧杂-10-磷杂菲-10-氧化物（DOPO）对 POSS 进行化学改性，在 POSS 分子上引入数量不等的 DOPO 基团，通过调节不同的 P/Si 比例来调整阻燃剂对制品的透明度、力学性能和阻燃性能的综合影响；选用 DOPO、均三嗪、苯硼酸、POSS 和有机钛酸酯或功能化二氧化钛分别作为磷源、氮源、硼源、硅源和钛源，将磷、氮、硼、硅、钛等阻燃元素的化学结构单元引入聚合物骨架或侧链中建立高效协同阻燃体系，其中金属元素可以起到很好的催化作用，聚合物热降解过程中这些金属元素可能会被活化来催化氧化脱氢反应，从而促进炭层形成；又如基于邻苯二酚与三价铁离子的配位作用，将三价铁离子引入含有 DOPO、POSS 结构基元和邻苯二酚官能团的配体中，形成了同时含有硅源、磷源和铁源的新型无卤阻燃剂；除了常规的 POSS 基多元素化合物以外，金属-POSS 是一种新型的 POSS 基阻燃剂。金属-POSS 一般采用完全缩合 POSS 裂解反应得到，首先将 POSS 的笼型结构"打开"，再将合适的含金属元素物质（如钛酸异丙酯等）进行"镶嵌-关闭"，如图 5-4 所示。

6. 润滑剂和脱模剂

凡能改善聚合物加工成型时的流动性或脱模性的物质，称为润滑剂和脱模剂。润滑剂可分为外润滑剂和内润滑剂两种，外润滑剂的作用主要是改善聚合物熔体与加工设备的热金属表面摩擦。它与聚合物相容性较差，容易从熔体内往外排移，所以能在塑料熔体与金属的交界面形成润滑的薄层。内润滑剂与聚合物有良好的相容性，它在聚合物内部降低聚合物分子间内聚力的作用，从而改善塑料熔体的内摩擦生热和熔体的流动性。常用的外润滑剂是硬脂酸及其盐类，内润滑剂是低分子量的聚合物。脱模剂主要是硅油类，如二甲基硅油、苯基硅油和二乙基硅油。另外还有混合溶液型、薄膜型、油膏型脱模剂。

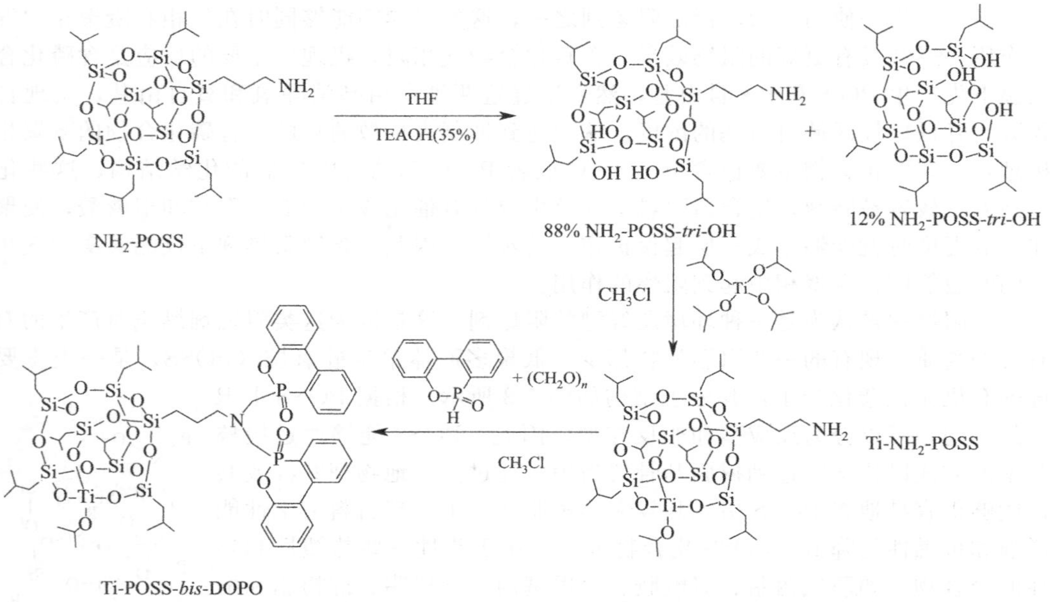

图 5-4　DOPO 修饰的钛金属杂化 POSS 基阻燃剂的合成路线

7. 塑料着色剂

塑料制品的着色是美化产品所不可缺少的一环。一般色料与塑料的混合体是一种多相分散体系,只能做到亚微观尺寸的分散,能达到分子水平分散的不多。因此,在加工过程中,要防止着色不均匀(有时局部浓淡不一可以产生另一种艺术效果,这就要故意追求着色不均匀)。为了尽可能做到分散均匀,有时可先将着色剂与树脂相容性好的溶剂和增塑剂研磨成糊状,也可将每批颜色先配成母料,按量取用。

在选用着色剂时,要注意下列性质:①热稳定性,在加工熔融温度下不致分解、改变颜色或褪色,着色剂的分解温度应比塑料的加工温度高;②光稳定性,在光作用下不致褪色或变色太快;③在树脂中容易分散,不迁移或被水抽提;④色彩鲜艳,着色力大;⑤无毒性,不污染产品;⑥不影响产品的物理和力学性能。

塑料的着色剂可分为染料、有机颜料、无机颜料。三类着色剂性能列于表 5-7,在塑料工业中最普遍使用的是无机颜料。

表 5-7　三类着色剂性能

性能	无机颜料	有机颜料	染料
相对密度	3.5~5.0	1.3~2.0	1.3~1.9
在聚合物中的溶解性	不溶	难溶	溶
透明度	不透明	半透明	透明
着色力	小	中	大
色调或色泽亮度	差	中	好
光稳定性	好	中	差
迁移性	小	中	大
化学稳定性	强	中	低
耐热性(分解温度℃)	>500	200~260	175~200
耐水性	好	中	差
分散性	中	小	大

无机颜料兼有填充料和稳定剂的作用，但 Cu^{2+}、Co^{2+}、Fe^{3+}、Ti^{4+}、Mn^{2+} 等金属离子对 PE 和 PP 等塑料的热老化有不良影响。炭黑既是颜料，又有光稳定作用。镉黄对 PE 和 PP 也有屏蔽紫外线的作用。染料铜酞菁对塑料稳定性影响较复杂，对聚烯烃有加速老化的现象，并使制品出现收缩、变形等。下面将几种主要的无机颜料列于表 5-8 中。

表 5-8　主要无机颜料及其化学式

颜色	名称	化学式
白色	铅白	$2PbCO_3 \cdot Pb(OH)_2$
	氧化锌	ZnO
	锌钡白	$ZnS + BaSO_4$
	二氧化钛	TiO_2
黑色	炭黑	C
	石墨	C
	黑烟灰	C
蓝色	铁蓝	$Fe_4[Fe(CN)_6]_3$
	钴铝蓝	$Co_3O_4 + Al_2O_3$
红色	铅红	Pb_3O_4
	氧化铁	Fe_2O_3
黄色	锌黄	$4ZnO \cdot K_2O \cdot 4CrO_3 \cdot 3H_2O$
	铅黄	PbO
绿色	氧化铬	Cr_2O_3

8. 发泡剂

为了使塑料成为带有许多微泡内部结构的轻质材料，需要在加工成型过程中加入一种能因受热变成气态或分解出气体的物质，这种物质称为发泡剂。原则上讲，凡不与聚合物发生化学反应并能在特定条件下产生无害气体的物质，都可作发泡剂。有时为了帮助发泡剂分散，或提高其发气量，或用以降低发泡剂的分解温度，还要加入一种助发泡剂。此外，除了使用发泡剂制备发泡材料外，还可以使用机械发泡法。机械发泡法是采用强烈地机械搅拌使空气卷入树脂乳液、悬浮液或溶液中成为均匀的泡沫体，然后再经过物理或化学变化使之胶凝、固化为泡沫塑料。为缩短成型时间，可通入空气和加入乳化剂或表面活性剂增加泡沫量。常用该法生产的有聚甲醛、聚乙烯醇缩甲醛、聚醋酸乙烯、聚氯乙烯溶胶等泡沫塑料。在受热过程中发生化学分解而放出气体的称为化学发泡剂（表 5-9），因受热挥发产生气体的称为物理发泡剂（表 5-10）。化学发泡剂又分为有机发泡剂和无机发泡剂。

表 5-9　化学发泡剂

发泡剂名称		分解温度/℃	发气量/(mL/g)
有机发泡剂	偶氮二甲酰胺	$180 \sim 200$	$230 \sim 250$
	偶氮二甲酸异丙酯	240(铅锌可降低分解温度)	$220 \sim 250$
	对甲苯磺酰肼	105	120
	偶氮异丁腈	110	150
	N,N-二亚硝基五亚甲基四胺	190	$260 \sim 270$
无机发泡剂	碳酸氢铵	80	700
	碳酸氢钠	100	260
	氯化铵	340	—

物理发泡剂除用于聚苯乙烯外，多被应用于热固性塑料的发泡。因为热固性塑料多数在常温下是黏性液体，只要发泡剂与它相容性较好，就可以混匀，在热固化过程中，发泡剂受热挥发，形成泡沫。而热塑性塑料常温下为粉末状，不易与发泡剂混匀，在加工中还没有达到塑料熔化温度以前，多数发泡剂已开始挥发，因此得不到理想的泡沫制品。

表 5-10　物理发泡剂

名称	沸点/℃	名称	沸点/℃
CCl_3F	23.8	石油醚	40~70
异戊烷	30	丙酮	56
正戊烷	36.5	己烷	69
乙醚	38	苯	81
水	100	庚烷	98

热塑性塑料发泡常用化学发泡剂。保证发泡剂在树脂中良好的分散性是制得理想泡沫塑料的关键，一般采用干混或制成发泡母料的方法。在干混时先对树脂粉末滴加 0.05%~0.1% 的矿物油作为树脂的浸润剂，以便使发泡剂均匀地黏附于树脂表面，达到混合均匀的目的。

良好的发泡剂应具备以下性能：①发泡温度范围比较窄，并能在短时间内放出气体；②放出的气体应是 CO_2、N_2 等无毒的惰性气体；③发泡剂在塑料中易分散均匀，分解温度适中；④分解放热时发热量不大；⑤分解反应不可逆，放气易控制。

在选择发泡剂时，一定要注意发泡剂分解温度与塑料在该温度下的黏度是否适合发泡。发泡剂的用量应根据发泡倍数和发泡剂的放气量，结合试验确定。

9. 其他助剂

塑料助剂种类繁多、功能各异，除上述最常用的几类外，还有一些可赋予塑料制品某种功能的添加剂，这里仅做简单介绍。

(1) 抗静电剂

大多数高分子材料都具有绝缘性，易积蓄静电而产生危害。凡能引导和消除聚集的有害电荷，使其不对生产和生活造成不便或危害的化学品称为抗静电剂。抗静电剂一般都是表面活性剂，在结构上极性基团（即亲水基）和非极性基团（即亲油基）兼而有之。抗静电剂按极性基团可分为阴离子型、阳离子型、非离子型和两性离子型四大类；按使用方法可分为外部涂层用和内部添加用两大类；按性能可分为暂时性和永久性两大类。

(2) 防霉剂

由于微生物的侵蚀，塑料会发生降解，引起表面变色、产生斑点，甚至发生细微的穿孔，导致力学性能、电性能变差等问题。在这些微生物中，霉菌对塑料的侵害最为严重，故必须添加防霉剂。凡能保护塑料免受微生物不利影响的物质称为防霉剂。防霉剂的主要品种包括有机氯化合物、有机锡化合物、有机铜化合物等。有机氯化合物主要是氯代酚及其衍生物，有机锡化合物主要是三烷基锡的衍生物。

(3) 抗菌剂

抗菌剂是对一些细菌、霉菌、真菌、酵母菌等微生物高度敏感的化学成分，在塑料中的添加量很少，但能在保持塑料常规性能和加工性能不变的前提下，起到杀菌的功效，在塑料制品中的发展起着十分重要的作用。塑料抗菌剂按化学成分可以分为有机抗菌剂、无机抗菌剂、天然抗菌剂以及高分子抗菌剂。

(4) 相容剂

相容剂是伴随塑料合金的发展而出现的一种新兴助剂，其目的在于提高不同聚合物间的相容性而改善塑料合金的性能。相容剂可分为反应型相容剂和非反应型相容剂两大类。反应型相容剂加入共混组分中进行共混时伴随着化学反应，与共混组分能生成化学键或形成氢键结构。此类相容剂具有用量少、效果好、成本低的优点，但也存在着因副反应引起物性下降的危险和混炼成型条件要求高的缺点。非反应型相容剂在共混时仅仅使共混组分均匀分散，形态结构微细化，在共混组分间起一般乳化剂的作用，此类相容剂的优点是无副反应、容易共混，但也存在着添加量多、成本高的缺点。

第二节 塑料母料的基本概念

一、塑料母料的概念和发展过程

塑料母料是当今世界塑料助剂应用的最主要形式之一。所谓母料是把塑料助剂超常量地载附于树脂中而制成的浓缩体。制造塑料制品时，不必再加入该种助剂，而只需加入相应的母料即可。塑料助剂母料化具有工艺简单、使用方便、易于实现自动化生产、提高劳动生产率、避免环境污染等优点。

塑料母料是 20 世纪 50 年代初开发成功，60 年代在欧美一些国家的塑料厂中普及应用，70 年代开发出了多功能母料，到 80 年代，电脑、电子技术及自动化控制在母料生产中被广泛采用，使母料生产从配色、配料到混炼造粒、包装入库全部自动化。特别是美、日两国开发的高浓度色母料，使母料生产上升到一个新阶段。

二、塑料母料的种类

塑料母料的种类有很多，目前没有统一的划分方法，只能根据母料的用途来划分，如用于染色的色母料，代替填充剂的填充母料，制作阻燃制品的阻燃母料等。下面对常用的母料进行具体介绍。

1. 填充母料

填充母料主要用于填充改性，即将各种填充剂（填料）直接加入树脂中，然后混合、塑炼、挤出造粒。由于聚乙烯、聚丙烯、聚苯乙烯、ABS 树脂等原料多数是颗粒状，而填料多数是粉状，两者混合后，体积差别大、密度也相差悬殊，另外设备生产时产生的震动等，都会造成产品中的各组分分布不均匀、质量下降。因此采用填充母料，可得到各组分均一的制品，而且成型、加工的工艺稳定，生产效率得以保证。

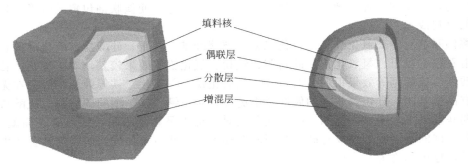

图 5-5　填充母料的结构模型

一般来说，填充母料的结构模型由里向外由填料核、偶联层、分散层和增混层四部分组成（图 5-5）。但有些填充母料并没有这样复杂，只是简单地处理一下即成，效果较差，而且对成型加工设备磨损量较大，缩短机器寿命。

（1）填料核

填料核一般要求粒度细些好，最好是 400 目以上，添加量为 30％～85％。下面具体介绍一下填料核的种类。

① 普通填料　有碳酸钙、滑石粉、高岭土、二氧化硅、硅藻土、硅石灰、煤灰粉、玻璃微珠等。

② 功能性填料　云母是层状复杂的铝硅酸盐的总称。云母可提高塑料制品的耐热性能，降低制品的收缩率、翘曲率。云母粉的耐化学药品性能、耐气体渗透性能均很好，可用于阻隔母料。

二氧化钛是一种白色颜料，后来作为塑料色母料使用。金红石型二氧化钛作为塑料色母料效果较好，不仅仅是作为白色颜料，而且它能使光的反射率增大，保护高分子的材料内层免遭紫外线的破坏，起到了光屏蔽剂的作用。

赤泥可作为廉价的热稳定剂和光屏蔽剂，可提高塑料耐光、耐热老化性能，延长塑料制品寿命，赤泥聚氯乙烯复合材料的热稳定性能比普通聚氯乙烯制品好。

氢氧化铝在热分解时产生的水能吸收大量热量，可用于塑料阻燃母料，还能显著提高塑料制品的耐电弧性、耐漏电性及电绝缘性能等。

氢氧化镁也可作为一种阻燃性填料，适于填充混炼成型温度较高的聚丙烯、聚酰胺、聚酯、聚甲醛、聚碳酸酯等塑料。

硫酸钡可改良塑料制品的硬度，并提高耐酸性能，对 X 射线具有不透过性，能增加制品密度。

炭黑能改善制品的导电性能，又由于炭黑还具有光屏蔽作用，所以还可以提高制品的耐光老化性能。

金属粉末作填料可获得导热、导电性能良好的塑料制品。在塑料制品中加入铅粉可屏蔽中子及 γ 射线。

③ 其他填料　除了上述的填料外，还有一些具有特殊用途的填料。如：可提高材料的自润滑性及耐磨性的硫化钨、硫化铅、二硫化钼等；可用于耐候母料的氧化锌；可使塑料具有磁性的氧化铁、高铁酸钡、铁酸锶等。

（2）偶联层

偶联层一般采用硅烷、钛酸酯、磷酸酯、硼酸酯、铝酸酯等偶联剂进行包覆处理，一般用量为填料量的 0.5％～3％，有时为了提高协同作用，可适当加些交联剂如双马来酰亚胺。为处理均匀，常再加些稀释剂，如乙醇、甲苯、二甲苯等，使偶联剂包覆的效果更好，同时还能降低材料成本。

硅烷偶联剂对于二氧化硅、三氧化二铝、玻璃纤维、陶土、硅酸盐、碳化硅等有显著效果，对滑石粉、黏土、氢氧化铝、硅石灰、铁粉、氧化铝等效果较差，对碳酸钙、石墨、炭黑、硫酸钡、硫酸钙等效果很弱，对石棉、二氧化钛、三氧化二铁等效果一般。在无机质表面如具有硅醇基团，硅烷偶联剂的偶联效果更大。对于钙、镁、钡的碳酸盐、硫酸盐、亚硫酸盐等偶联效果不太明显。例如，硅烷偶联剂对石棉仅是物理吸附，加热后表面就会变硬。若用二氧化硅的水溶胶处理没有硅醇基团的石棉表面，然后再加硅烷偶联剂就会产生较好的偶联效果，也可称之为双涂层法。

钛酸酯偶联剂、铝酸酯偶联剂均能处理填料的表面，只是处理的效果各有一定的针对性。钛酸酯偶联剂处理效果比较好的填料有：碳酸钙、硫酸钡、硫酸钙、亚硫酸钙、氢氧化铝、氢氧化镁、硅酸钙、硅酸铝、钛白粉、石棉、氧化铝、三氧化二铁、氧化铅、铁酸盐等；处理效果稍次的填料有：云母、二氧化硅、氧化镁、氧化钙等；处理效果较差的填料有：滑石粉、炭黑、木粉；几乎没有效果的有石墨、磁粉、陶土、一般颜料、合成纤维等。

根据实际经验，一般硅烷偶联剂用量为填料量的 0.1%～1.5%，钛酸酯偶联剂用量为填料量的 0.5%～3%，也可根据比表面积来计算，如公式(5-1)。

$$偶联剂用量(g) = \frac{填料用量(g) \times 填料比表面积(m^2/g)}{偶联剂最小包覆面积(m^2/g)} \qquad (5\text{-}1)$$

有时塑料助剂手册所采用的偶联剂比表面积数值，即为最小包覆面积。

一般来说，偶联剂还要用溶剂来稀释，硅烷偶联剂常用纯水、乙醇来稀释；钛酸酯偶联剂常用苯、甲苯、二甲苯等溶剂稀释。溶剂的用量一般为偶联剂用量的 2～5 倍。

(3) 分散层

一般选用硬脂酸、硬脂酸盐、低分子量聚乙烯、低分子量聚苯乙烯、低分子量乙烯-醋酸乙烯共聚物及其他低分子量聚合物、石蜡烃类等，其用量一般在 5% 以内。

一个优良的分散剂应满足以下要求：分散性能好，防止填料粒子聚集，与树脂、填料有适当的相容性，热稳定性良好，成型加工时的流动性好，不引起颜色漂移，不影响制品的性能，无毒、廉价。

(4) 增混层

增混层也称载体树脂，由具有一定双键的共聚物或相容剂组成，目的是与要填充的树脂能更好地结合，一般多用无规聚丙烯，其软化点低，包覆填料效果好。但由于聚丙烯厂采用高效催化剂，丙烯聚合时产生的副产物无规聚丙烯数量骤减，致使改用其他树脂。目前又开发其他树脂如 LDPE、HDPE、LLDPE、PS、CPE、EVA 等。有时可选用树脂的共混物作载体树脂，如 LDPE 和 LLDPE 共混协同效果很好。若母料用于 PVC 树脂，则可选择 α-甲基苯乙烯的低聚物作为母料载体，则填充效果较好。除此之外，还可用无水马来酸酐接枝聚乙烯、聚丙烯等处理填料，效果也很好。增混层的用量为 15%～30%。

2. 色母料

塑料色母料是一种高度浓缩、高效能的颜色配制品，即颜料以超常浓度均匀分散在载体树脂中，并形成一定粒径的颗粒。它主要由核心层（填料）、偶联层（偶联剂或表面活性剂）、分散层（润滑剂或分散剂）、增混层（载体树脂）等组成。在选择色料时，必须注意色料与塑料原料、助剂之间的搭配关系，其选择要点如下所述：

① 色料应具有耐溶剂性强、迁移性小、耐热性好且不与树脂及各种助剂反应等特点。也就是说，色料不能参与各种化学反应，如炭黑能控制聚酯塑料的固化反应，所以不能在聚酯中加入炭黑色料。又如在软质聚氯乙烯色母料中，由于添加了部分增塑剂，所以色料应少溶或不溶于增塑剂中，这样就能避免发生色料喷霜和渗出现象。

另外，由于塑料制品成型加工温度较高，所以色料应在成型加热温度条件下不分解变色。一般无机颜料耐热性较好，有机颜料及染料耐热性较差。

② 色料的分散性、着色能力应很好。若色料分散不均匀，会影响制品的外观，着色能力差，色料用量增加，材料成本提高。应注意同种色料在不同树脂中分散性和着色力并不相同。色料的分散性与颗粒大小也有关系，色料粒径越小，则分散性越好，着色能力越强。

③ 不同的制品对色料的性能要求不同。如对于用在食品、儿童玩具等方面的塑料制品，要求色料应无毒，像铬黄类颜料属于有毒颜料，不能用于上述制品；用于电器方面的塑料制品，应选电绝缘性能好的色料；用于室外的塑料，应选耐气候老化性能好的色料；对于浓着色制品时，由于色料用量较大，要考虑对制品力学强度降低的可能性；有时色料以成核剂状态存在，此时对结晶性塑料，有可能使结晶度增加，致使注射制品的成型收缩率加大。

3. 阻燃母料

阻燃母料是阻燃剂借助于分散剂和机械作用并以一定浓度（一般为 40%～70%）均匀

分布到载体树脂中的阻燃剂制备物。塑料制品在燃烧时会产生烟雾或有害气体，为此采用氧指数作为评估塑料制品的燃烧性能。氧指数越高，即维持平衡燃烧时所需要的氧气越多，材料则越难燃，添加阻燃母料份数可以减少。反之，氧指数越小，则添加阻燃母料份数越多。常用塑料的氧指数如表 5-11 所示。

表 5-11 常用塑料的氧指数   单位：%

塑料品种	氧指数	塑料品种	氧指数
聚甲醛	14.9	软质聚氯乙烯	26
聚甲基丙烯酸甲酯	17.3	尼龙 6	26
发泡聚乙烯	17.1	聚苯醚	30
聚乙烯	17.4	聚酰亚胺	36
聚丙烯	17.5	聚苯硫醚	40
聚苯乙烯	17.8	聚偏氯乙烯	44
ABS	18.2	氯化聚氯乙烯	45
聚酯	20.0	聚砜	50
聚氟乙烯	22.6	硬质聚氯乙烯	50
聚碳酸酯	23	聚四氟乙烯	95
氯化聚醚	23	酚醛树脂	30
尼龙 66	24	三聚氰胺	35

塑料的燃烧性与其结构关系极为密切，结构不同，氧指数不同。一般认为：氧指数在 21% 以下为可燃性塑料；22%～27% 为自熄性塑料；27% 以上为阻燃性塑料。

阻燃母料有许多种类，如填充型阻燃母料、ABS 阻燃母料、抗静电型阻燃母料等。阻燃剂是阻燃母料中最重要的助剂，在前一节已具体介绍。阻燃母料中阻燃剂的选择应注意以下几点：①阻燃剂之间应搭配使用，发挥协同作用，其用量少，成本低；②阻燃剂应性能优良，尽量不产生或少产生二次污染，尽可能为无毒品；③与母料中的其他助剂不发生化学反应，与树脂相容性好，不严重影响产品的力学性能，分散性能好；④热稳定性好，即阻燃剂的分解温度应高于成型加工温度，但低于树脂的分解温度。

4. 抗静电母料

由于大多数的抗静电剂熔点低于树脂，直接添加到树脂中给加工带来困难，因此最好以母料的形式添加。抗静电母料通常是以要使用的树脂为载体，加入一定量的抗静电剂、分散剂和防滑剂等混合后再挤出造粒。

表 5-12 为一种抗静电母料的配方。该母料的抗静电效果良好，分散性能好，常用于抗静电电缆材料、屏蔽电缆材料或其他电子产品。但该母料中由于添加大量的乙炔炭黑，会降低制品的力学强度。一般在聚乙烯塑料制品中加入上述母料 10 份，则制品的体积电阻率可降至 10^{10} Ω·cm 以下。

表 5-12 一种抗静电母料的配方

成分	用量/份
低密度聚乙烯	100
导电乙炔炭黑	40
异丙基三(十二烷基苯磺酰基)钛酸酯偶联剂	0.4
聚乙烯蜡	3
硬脂酸	0.8

除以上四种母料外，还有其他各种类型的母料，如抗菌母料、防雾滴母料、耐候母料、发泡母料等等，这里不逐一介绍。

第三节　塑料母料加工方法

塑料母料常用的加工工艺路线有如下三种。

1. 双辊开炼法

高速捏合机（或混合机组）→开放式双辊塑炼机（也称塑炼机、开炼机、双辊机）→平板切粒机。双辊开炼法设备投资小、填充量大，缺点是劳动强度较大、质量不太理想。

2. 密炼法

它是在双辊开炼法的基础上再增加一台密炼机，这样混炼效果更加均匀，而且可以"吃进"回收料或大块料，混合质量得到提高，缺点是设备投资较大。

3. 挤出法

高速捏合机→单螺杆挤出机或双螺杆挤出机→造粒机组。

该法生产母料质量均匀，性能可大幅度提高，生产效率高。若是用单螺杆挤出机生产，混炼效果稍差些，一般要经过两次以上造粒才能达到理想的效果，但设备投资小是其优点。采用双螺杆挤出机混炼效果好，而且产量也大，塑化均匀，缺点是设备投资大。

下面以常用的色母料、填充母料和阻燃母料为例，介绍母料的生产工艺流程。

一、填充母料生产工艺流程

填充母料生产之前需要对填料进行干燥处理和表面处理。

1. 填料的干燥

由于填充母料中的填料大多为无机填料，其吸水性很强，极易吸收空气中的水分，因此在使用前应干燥处理。

工业化生产时，填料可在高速捏合机中进行干燥，温度 110 ℃左右，时间 15 min 即可。像高岭土这类吸潮严重的填料，时间可延长至 20min，其他碳酸钙、滑石粉、硅灰石粉等烘干时间可短至 10 min。赤泥填料烘干后应立即使用，否则马上就会重新吸潮。表 5-13 为几种常用填料的干燥工艺条件。

填料的吸水量一般控制在 0.5% 以下，个别要求严格的，可控制在 0.1% 以下。

表 5-13　几种常用填料的干燥工艺条件

填料	温度/℃	时间/min
碳酸钙	110	10～15
滑石粉	110	10～12
高岭土	110	15～20
硅酸钙	110	10～15

2. 填料的表面处理

偶联剂处理是最常用的方法，大部分采用干法处理，即填料在高速搅拌时，同时添加或喷撒偶联剂，升温至一定温度，然后再高速搅拌 3～5 min 即可。有时在上述处理时还进行表面聚合反应。例如用丙烯酸酯类、苯乙烯、丙烯腈、丙烯酰胺等与碳酸钙一起研磨，这样填料表面发生聚合反应，效果很好。采用不同的偶联剂处理填料的方法有所区别，表 5-14 给出了不同偶联剂对 $CaCO_3$ 表面处理的方法。

表 5-14　不同偶联剂对 $CaCO_3$ 表面处理方法

偶联剂种类	处理方法	配合使用润滑剂
钛酸酯偶联剂	由于钛酸酯偶联剂呈液体，先用稀释剂稀释，然后在 70～80 ℃的高速混合机中与 $CaCO_3$ 混合 15 min，最后再加入硬脂酸钙	硬脂酸钙
铝酸酯偶联剂	$CaCO_3$ 加入 95～110 ℃的高速混合机中，铝酸酯偶联剂分三次加入，每次间隔 3 min，最后加入硬脂酸，再搅拌 4～5 min，切记硬脂酸勿比偶联剂先加或同时加入	硬脂酸
复合偶联剂	$CaCO_3$ 加入 95～100 ℃的高速混合机中，一次加入复合偶联剂，混合 15 min，最后加入硬脂酸钙	硬脂酸钙

表面处理在溶液中进行时，称为湿法处理。例如用甲基丙烯酸丁酯、醋酸乙烯酯、丙烯酸等单体在碳酸钙的水分散体中进行聚合反应，其处理效果也很好。还有用气相法处理填料表面，如用十氯二甲基硅烷的蒸气处理玻璃粉等硅羟基的填料；用乙烯的低温等离子体处理云母粉；用苯乙烯或甲基丙烯酸甲酯在真空下处理碳酸钙或二氧化硅 30 min。还可以直接用反应挤出处理法，即用高性能的混合混炼造粒设备，如双螺杆挤出机、组合式、双转子连续混炼造粒机组等，直接在挤出造粒过程中，完成表面处理过程。

3. 生产工艺流程

目前最常用的工艺路线为挤出法，其工艺流程为：填料干燥、表面处理→高速捏合→单螺杆或双螺杆挤出→造粒。用该法生产的填充母料质量好、效率高，可进行连续化工业生产。其中使用双螺杆挤出机生产效率较高，单螺杆挤出机效果较差，甚至还要二次挤出造粒。

第二种方法即为密炼法，其工艺流程为：填料干燥→偶联处理→混合→密炼→混炼粒片→造粒。该法投资较大（密炼机价格较贵），而且是间歇式生产，但混炼效果好，而且还能添加大块状回收料或废料。

第三种为两辊开炼法，其工艺流程为：填料处理→高速混合→开放式炼塑机→拉片切粒。该法设备投资小，劳动强度大，填料粉尘易飞扬，属于间歇式生产，造粒质量一般，目前采用该法的厂家较少。

二、色母料生产工艺流程

色母料生产方法主要有湿法和干法两种。湿法是将物料经水相研磨、转相、水洗、干燥后，再经挤出造粒而制得。该法由于采用砂磨，可使着色剂颗粒达到 1 μm 以下，分散效果好，所制色母料可用于熔融纺丝或超薄薄膜着色，但该工艺流程较长、能耗高、投资大且操作较不安全；而干法通常是将着色剂、分散剂、载体树脂等物料直接在分散设备中进行润湿和打碎，然后在混炼设备中均匀分散后造粒而制得。该法工艺流程简单、投资少、操作容易且安全，所得色母料完全能满足一般塑料制品着色，而且该装置还可以用来生产其他母料（如填充母料、阻燃母料等）及进行塑料的共混改性，故适应性强。

采用干法工艺生产色母料的工艺流程如图 5-6 所示，其主要的生产过程包括干燥、混合、混炼及造粒四大部分。混合可采用捏合机、密炼机或高速混合机进行，主要目的是将着色剂润湿、细化、稳定。为达此目的，宜先高温润湿，再低温打碎。流程中串联使用两台混合设备，第一台混合设备（热混机）先高温润湿，第二台混合设备（冷混机）低温打碎。在挤出造粒时需要注意：挤出机必须有排气装置且容易清洗，以便于除去低分子挥发物和减少因清洗而造成的原料和时间浪费；要注意挤出机的各段温度；注意干燥能力，确保挤出料条充分干燥；产品颗粒要与将要混合加工的树脂颗粒大小相当，且以略小为佳。

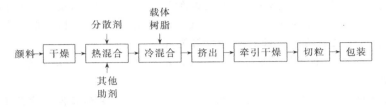

图 5-6　干法工艺生产色母料工艺流程

采用湿法工艺生产色母料的工艺流程如图 5-7 所示。色母料经水相研磨、转相、水洗、干燥、造粒而成，这样成品质量能得到保证。另外颜料在研磨处理的同时，还应进行一系列检测，如测定砂磨浆液的细度、测定砂磨浆液的扩散性能、测定砂磨浆液的固体含量以及测定色浆细度等项目。

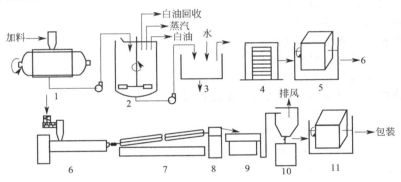

图 5-7　湿法工艺生产色母料工艺流程

1—球磨机；2—转相槽；3—水洗槽；4—烘箱；5—掺混机；6—双螺杆挤出机；
7—料条运输冷却器；8—气刀和切粒机；9—振动筛；10—真空上料器；11—掺和机

三、阻燃母料生产工艺流程

聚烯烃阻燃母料典型加工流程见图 5-8。首先将主、助阻燃剂先放入预先预热到 80～90℃左右的高速混炼机中烘干，然后加入稳定体系、其他助剂及载体树脂，充分混匀后，在双辊混炼机上进行混炼，混炼均匀后下片、粉碎，最后经挤出造粒、干燥、检验合格后进行包装入库。该生产工艺涉及的主要设备有：高速混合机、双辊混炼机、塑料破碎机、单螺杆挤出机、切粒机等。

图 5-8　聚烯烃阻燃母料的生产工艺流程

习 题

一、选择题

1. 可以改进塑料的流动性，减少或避免对设备的黏附，提高制品的表面光洁度的助剂是（　　）。

A. 防老剂　　　　　B. 增塑剂　　　　　C. 润滑剂　　　　　D. 偶联剂

2. 主要为了体现聚合物光化性能的添加剂是（　　）。

A. 补强剂　　　　　B. 热稳定剂　　　　　C. 增容剂　　　　　D. 阻燃剂

二、填空题

1. PVC聚合度越高，与增塑剂相容性越_____。测定相容性的方法有：_____、_____。

2. 光稳定剂按作用机理分类可分为：_____、_____、_____、_____。

三、简答题

1. 什么是塑料加工助剂？

2. 什么是增塑剂？增塑剂须具备哪些条件？

3. 塑料稳定化助剂包括哪些？

4. 发泡剂须具备哪些特性？

5. 常用的塑料填充剂有哪些？

6. 塑料助剂选用的原则有哪些？

7. 阻燃剂的阻燃机理有哪些？

8. 说明物理发泡剂和化学发泡剂的发泡机理。

9. 说明抗静电剂的抗静电机理。

10. 什么是塑料母料？塑料母料的优点有哪些？

11. 塑料母料结构模型中包括哪些部分？

12. 填充母料选择填料的基本原则。

13. 钛酸酯偶联剂的优点及缺点。

14. 色母料着色剂选择的基本原则。

15. 简述色母料生产方法和工艺。

在线辅导资料，　MOOC在线学习

①塑料加工中的聚合物和助剂；②增塑剂、稳定化助剂；③填充剂、发泡剂及其他助剂；④塑料母料。涵盖课程短视频、在线讨论、习题以及课后练习。

参考文献

[1] 欧阳国恩. 实用塑料材料学［M］. 长沙：国防科技大学出版社，1991.

[2] 段予忠，张明连. 塑料母料生产及应用技术［M］. 北京：中国轻工业出版社，1999.

[3] 王忠法，王传山，边柿力. 塑料着色入门［M］. 杭州：浙江科学技术出版社，2004.

[4] 方海林. 高分子材料加工助剂［M］. 北京：化学工业出版社，2007.

[5] 吴立峰，陈信华，云大陆. 塑料着色配方设计［M］. 北京：化学工业出版社，2009.

第六章

塑料配混工艺

工业上用来加工成型的塑料原料包含粉料、粒料和分散体等。不管最终配制成何种形状的塑料，大多靠混合以形成均匀的复合物。因此，本章将对塑料的配混原理及工艺进行阐述。

不管其原料状态如何，其区别主要表现在混合、塑化和细分程度的不同。根据塑料成型方法及制品的特点等需要，塑料配制可采用如下工艺过程。

1. 混合

指固体状粉料的混合，混合过程通常在常温或较低温度下进行。

2. 捏合

指固体状粉料（或纤维状料）和液体物料的浸渍与混合，必要时需适当加热。

3. 塑炼

指塑性物料与液体状物料或固体状物料的混合，通常要在树脂软化或熔化温度下进行。

混合和捏合是在低于聚合物的流动温度和较缓和的剪切速率下进行的，混合后的物料各组分本质基本上没有变化。塑炼是在高于流动温度和较强剪切速率下进行的，塑炼后的物料中各组分在化学性质或物理性质上有所改变。

第一节　配混的基本原理

混合的目的就是使原来两种或两种以上各自均匀分散的物料将一种物料按照可接受的概率分布到另一种物料中去，以便得到组成均匀的混合物。在聚合物混合过程中，混合机理包括扩散、剪切、对流、挤压、拉伸、聚集等作用，这些作用并非在每一混合过程中同等程度地出现，而因混合最终目的、物料的状态、温度、压力、速度等的不同而不同。

一、扩散

混合中组分非均匀性的减少和组分的细化是通过各组分的物理运动来完成的。按照Brodkey混合理论，混合涉及三种扩散的基本运动形式，即分子扩散、涡流扩散和体积扩散。

1. 分子扩散

分子扩散是由浓度梯度驱使自发发生的一种过程，各组分的分子由浓度较大的区域迁移到浓度较小的区域，从而达到各组分的均化。分子扩散在气体和低黏度液体中占支配地位。在气体与气体的混合过程中，分子扩散能较快地、自发地进行。在液体与液体或液体与固体的混合过程中，分子的扩散作用也较显著，但在固体与固体之间，分子扩散极慢。因此聚合物熔体与熔体的混合分子扩散贡献小。但若参与混合的组分之一是低分子物（如抗氧剂、发泡剂、颜料等），则分子扩散可能也是一个重要的因素。

2. 涡流扩散

在化工过程中，流体的混合一般是靠系统内产生涡流来实现的。但在聚合物的加工过程中，由于物料的运动速度达不到涡流，而且黏度又很高，故很少发生涡流分散。要实现涡流，熔体的流速要很高，势必要对聚合物施加极高的剪切速率，但这是有害的，会造成聚合物的降解，因而是不允许的。

3. 体积扩散

体积扩散是指流体质点、液滴或固体粒子由系统的一个空间位置向另一个空间位置运动，或者是两种或多种组分在相互占有的空间内发生运动，以达到各组分的均布。在聚合物加工中，这种混合占主要地位。体积扩散通过体积对流混合和层流对流混合两种机理发生，体积对流混合通过塞流对物料进行体积重新排列，而不需要物料连续变形，这种重复的重新排列可以是无规的，如在固体掺混机中的混合，也可以是有序的，如在静态混合器中的混合。而层流对流混合是通过层流而使物料变形，它是发生在熔体之间的混合，在固体粒子之间的混合不会发生层流混合。

二、剪切

剪切包括介于基体面之间的物料由于基体平行运动而使物料内部产生永久变形的黏性剪切和刀具切割物料的分割剪切，以及由以上两种剪切合成的如石磨磨碎东西时的磨碎剪切。剪切的作用是把高黏度分散相的粒子或凝聚体分散于其他分散介质中。塑料在挤出机内的混合主要是靠剪切作用来达到的。剪切的混合效果与剪切力的大小和力的作用距离有关。剪切力越大和剪切时作用力的距离越小，混合效果越好，受剪切作用的物料被拉长变形越大，越有利于与其他物料的混合。

三、其他原理

1. 对流

对流是两种或多种物料在相互占有的空间内发生流动，以达到组分均一的目的。对流需借助外力的作用，通常用机械搅拌进行。不论何种聚集体的物料，要使其均一，对流作用总是不可少的。

2. 挤压（压缩）

当物料被压缩时，物料内部会发生流动，产生由于压缩引起的流动剪切。这种压缩作用在密炼机的转子突棱侧壁和室壁之间，及在两辊开炼机的两个辊隙之间均有发生。在挤出机中，由加料段到均化段，物料经受了压缩作用而逐渐熔化，物料在压缩段也受到剪切作用。

3. 拉伸

拉伸可以使物料产生变形，减少物料层厚度，增加界面面积，有利于混合。

4. 聚集

破碎的分散相在热运动和微粒间相互吸引的作用下，重新聚集在一起。对于分散的粒度和均布来说，这是混合的逆过程。

第二节　配混的设备

混合的设备是完成混合操作工序必不可少的工具，混合物的混合质量指标、经济指标（产量及能耗等）及其他各项指标在很大程度上取决于混合设备的性能。由于混合物的种类及性质各不相同，混合的质量指标也不同，所以出现了各式各样的具有不同性能特征的混合设备。各种常用的配混设备如图 6-1 所示。

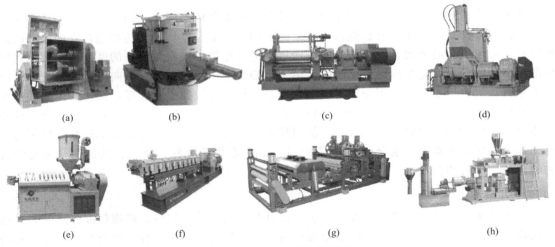

图 6-1　各种类型的配混设备
(a) 捏合机；(b) 高速混合机；(c) 开炼机；(d) 密炼机；(e) 单螺杆挤出机；
(f) 双螺杆混合挤出机；(g) 行星螺杆挤出机；(h) FCM (Farrel continuous mirer) 连续混炼机

一、间歇混合设备

间歇式混合设备的种类很多，就其基本结构和运转特点可分为静式混合设备、滚筒类混合设备和转子类混合设备。

静式混合设备主要有重力混合器和气动混合器，这类混合器的混合室是静止的，靠重力和气动力促使物料流动混合，是温和的低强度混合器，适用于大批量固态物料的分布混合。

滚筒类混合设备利用混合室的旋转达到混合目的，如鼓式混合机、双锥混合机和 V 形混合机等，主要用于粉状、粒状固态物料的初混，如混色、配料和干混，也适用于向固态物料中加入少量液态添加剂的混合。

转子类混合设备是利用混合室内的转动部件——转子的转动进行混合的，如螺带混合机、锥筒螺杆混合机、犁状混合机、双行星混合机、Z 形捏合机、高速混合机。

以上这些间歇式混合设备是高分子材料的初混设备，是物料在非熔融状态下进行简单混合所使用的设备。

间歇混合设备的另外两种最主要的设备是开炼机与密炼机，从结构角度来看，属于转子类混合器，其用途广泛，混合强度很高，主要用在橡胶的塑炼与混炼、塑料的塑（混）炼、高浓度母料的制备等。

在高分子材料的加工过程中，间歇混合设备用得最多的是捏合机、高速混合机、开炼机和密炼机。

1. 捏合机

捏合机是一种常用的物料初混装置，适用于固态物料（非润性）和固液物料（润性）的混合。它的主要结构部分是一个有可加热和冷却夹套的鞍形底部的混合室和一对 Z 形搅拌器。混合时，物料借助于相向转动的一对搅拌器沿着混合室的侧壁上翻而后在混合室的中间下落，再次为搅拌器所作用。这样，周而复始，物料受到重复折叠和撕捏作用，从而达到均匀地混合。捏合机的混合，一般需要较长的时间，约半小时至数小时不等。

2. 高速混合机

高速混合机是使用极为广泛的塑料混合设备，适用于固态混合和固液混合，更适于配制粉料。高速混合机主要由附有加热或冷却夹套的圆筒形混合室和一个装在混合室内底部的高速转动叶轮组成。高速混合机工作时，高速旋转的叶轮借助表面与物料的摩擦力和侧面对物料的推力使物料沿叶轮切向运动。同时，由于离心力的作用，物料被抛向混合室内壁，并沿壁面上升，又由于重力的作用而回落到叶轮中心，接着又被抛起。这样，快速运动着的粒子间相互碰撞、摩擦，使得团块破碎，物料温度相应升高，同时迅速地进行着交叉混合，这些作用促进了组分的均匀分布和对液态添加剂地吸收。高速混合机的混合效率较高，所用时间远比捏合机短，通常一次混合时间只需 8～10min，常用于配料、混色、共混物与填充混合物的预混、母料的预混等。

3. 开炼机

开炼机又称双辊炼塑机或炼胶机。它是通过两个相向转动的辊筒将物料混合或使物料达到规定状态。开炼机主要用于橡胶的塑炼和混炼、塑料的塑化和混合、填充与共混改性物的混炼、为压延机连续供料、母料的制备。它的主要工作部分是两个辊筒，两个辊筒并列在一个平面上，分别以不同的转速做向心转动，两辊筒之间的距离可以调节。辊筒为中空结构，其内部可通入介质加热或冷却。

开炼机工作时，两个速度不同的辊筒相向旋转，在辊筒上的物料由于与辊筒表面的摩擦和黏附作用以及物料之间的黏结力而被拉入辊隙之间，物料受到强烈地挤压和剪切，这种剪切使物料产生大的形变，从而增加了各组分之间的界面，产生了分布混合。当该剪切所产生的应力大于物料的许用应力时，物料就会分散开，起到分散混合的作用，所以提高剪切作用就能提高混合塑炼效果。影响开炼机熔融塑化和混合质量的因素有辊筒温度、辊距、辊筒转速、物料在辊隙上方的堆放量以及物料沿辊筒轴线方向的分布等。

4. 密炼机

密炼机即密闭式塑炼机或炼胶机，是在开炼机基础上发展起来的一种高强度间歇混合设备。由于密炼机的混炼室是密闭的，混合过程中物料不会外泄，也较易加入液态添加剂。混炼室的密闭有效地改善了工作环境，降低了劳动强度，易实现自动控制。密炼机的主要工作部件是一对表面有螺旋形突棱的转子和一个密炼室。两个转子以不同的速度相向旋转，转子在密炼室里，密炼室由室壁、上顶栓、下顶栓组成，室壁外和转子内部有加热或冷却系统。两个转子的侧面以及顶尖与密炼室内部之间的间距都很小，因此转子能够对物料施加强大的剪切力。

密炼机工作时，物料由加料口加入，上顶栓将物料压入混炼室，工作过程中，上顶栓始终压住物料。混合完毕，下顶栓开启，物料由排料口排出。密炼机中的各种物料在转子作用下进行强烈的混合，其中大的团块被破碎，逐渐细化，起到分散混合作用。转子是密炼机的核心部件，转子的形状、转速、速比，物料温度、填充率、混合时间，顶栓压力，加料次序等是影响密炼机混合质量的主要因素。

二、连续混合设备

连续混合设备主要有单螺杆混合挤出机、双螺杆挤出机、行星螺杆挤出机以及由密炼机发展而成的各种连续混炼机（如 FCM 混炼机等）。

1. 单螺杆挤出机

单螺杆挤出机是聚合物加工中应用最广泛的设备之一，主要被用来挤出造粒，成型板、管、丝、膜、中空制品、异型材等，也有用来完成某些混合任务。在单螺杆挤出机中，物料自加料斗加入由口模挤出，经历了固体输送、压缩熔融、熔体混合输送等区段。其中在熔体输送区，物料在前进方向的横截面上形成了环状层流混合。因此在单螺杆挤出机中，混合主要是在物料熔融后进行。

虽然单螺杆挤出机具有一定的混合能力，但由于单螺杆挤出机剪切力相对较小，分散强度相对较弱，分布能力也有限，因而不能用来有效地完成要求较高的混合任务。为了改进混合性能，在螺杆和机筒结构上进行改进，如加大螺杆的长径比，在螺杆上加有混合元件和剪切元件，形成各种屏障型螺杆、分离型螺杆、销钉型螺杆及各种专门结构的混炼螺杆。有些在机筒上采用了增强混合性能的结构，如机筒销钉结构等；也有在螺杆和机头之间设置静态混合器，以增强分布混合。采用这些措施，单螺杆挤出机已广泛应用于共混改性、填充改性及反应加工等方面。

2. 双螺杆挤出机

双螺杆挤出机是极为有效的混合设备，可用作粉状塑料的熔融混合、填充改性、纤维增强改性、共混改性以及反应性挤出等。双螺杆挤出机的主要作用是将聚合物及各种添加剂熔融、混合、塑化，定量、定压、定温地由口模挤出。

双螺杆挤出机的种类很多，主要有啮合异向旋转双螺杆挤出机，广泛应用于挤出成型和配料造粒等；啮合同向旋转双螺杆挤出机，主要应用于聚合物的物理改性-共混、填充和纤维增强等；非啮合（相切）型双螺杆挤出机，用于反应挤出、着色、玻璃纤维增强等。

3. 行星螺杆挤出机

这是一种应用越来越广泛的混炼机械，特别适用于加工聚氯乙烯，如作为压延机的供料装置，其具有混炼和塑化双重作用。

该挤出机有两根结构不同、作用各异、串联在一起的螺杆。第一根为常规螺杆，起供料作用；第二根为行星螺杆，起混炼、塑化作用；末端呈齿轮状，螺杆套筒上有特殊螺旋齿。在螺杆和套筒的齿间嵌入 12 只带有螺旋齿的特殊几何形状行星式齿柱，当螺杆转动时，这些齿柱既能自转，又能围绕螺杆转动。当物料通过啮合的齿侧间隙时，形成 0.2～0.4 mm 的薄层，其表面不断更新，非常有利于熔融塑化与混合。

4. FCM 连续混炼机

FCM（Farrel continuous mixer）连续混炼机既保持了密炼机的优异混合特性，又使其转变为连续工作。其万能性较好，可在很宽的范围内完成混合任务，可用于各种类型的塑料和橡胶的混合。

FCM 连续混炼机的外形很像双螺杆挤出机，但喂料、混炼和卸料的方式与挤出机不同。FCM 连续混炼机在内部有两根并排的转子，转子的工作部分由加料段、混炼段和排料段组成，两根转子作相向运动，但速度不同。加料段很像异向旋转相切型双螺杆挤出机，在分开的机筒孔中回转，混炼段有两段螺纹，在混炼段，混合料受到捏合、辊压，发生混合。

另外还有双阶挤出机、传递式混炼挤出机、Buss-Kneader 连续混炼机以及隔板式连续混炼机等，这里就不做详细讨论。

第三节　配混工艺

塑料原料的主要形态是粉状或粒状物料，两者的区别不在于它们的组成，而在于混合、塑化和细分的程度不同，一般是由物料的性质和成型加工方法对物料的要求来决定用粉状塑料原料还是用粒状塑料原料。粉状的热塑性树脂用作简单组分塑料时可以直接用于成型，某些热塑性的缩聚树脂在缩聚反应结束时通过切片（粒）而成的简单组分粒状塑料，也可以直接成型，这些简单组分塑料原料的配制过程都比较简单。但是大多数复杂组分粉状和粒状热塑性塑料（如 PVC 塑料）或热固性塑料原料的配制是一个较复杂的过程，一般包括原料的准备、混合、塑化、粉碎或粒化等工序，其中物料的混合和塑化是最主要的工艺过程。工艺流程见图 6-2。

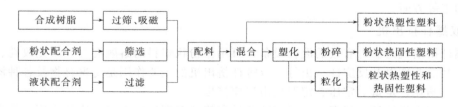

图 6-2　粉状和粒状塑料配制工艺流程

一、原料的准备

原料准备主要是对原材料进行预处理、配料计量和输送等。合成树脂和各种配合剂在储存和运输过程中，有可能混入一些杂质或吸湿，为了提高产品质量，在混合前要对原材料进行吸磁、过筛、过滤和干燥等处理，以除去杂质和水分。对于一些小剂量和难分散的配合剂，为了让其在塑料中均匀分散，可制成浆料或母料，再混入混合物中。在粉、粒料的配置中，若加入相当数量的液态助剂，则所配的物料常称为润性物料，若不加入或加入极少的液态助剂，则称为非润性物料。配料计量是根据配方中各原料组成比率精确称量。固体树脂和配合剂的输送可用气动源送至料仓，液状配合剂的输送可用齿轮泵管道输送至高位储槽，为混合过程连续化创造必要条件。

二、混合

物料的初混合，是一种简单混合，是在树脂的流动温度以下和较低的剪切作用下进行的。在这一混合过程中，只是增加各组分微粒空间和无规则排列程度，而不减小粒子的尺寸，是非分散混合，一般是一个间歇操作过程。

非润性物料混合的步骤是：按树脂、稳定剂、色料、填料、润滑剂等顺序加入混合设备中，混合一定时间后，将物料升温至规定温度使润滑剂熔化，当达到要求时即停止混合，出料即得非润性物料。

润性物料混合的步骤是：先将树脂加入混合器升温至 100 ℃ 以内搅拌一段时间，去除树脂中的水分以利于树脂较快的吸收增塑剂，然后把经过加热的增塑剂喷射到正在搅拌翻动的树脂中，加入由稳定剂、着色剂等与部分增塑剂所调配而成的浆（母）料，最后加入填料及其他配合剂，继续混合到质量符合要求为止。

物料初混合的终点一般凭经验来控制，初混物应疏松不结块，表面无油脂，手捏有弹性。取样分析时混合物任何部分的各组分比例都应该是一样的。

三、塑化

塑化是物料在初混合基础上的再混合过程，是在高于树脂流动温度和较强剪切作用下进行的。塑化的目的是使物料在温度和剪切力的作用下熔融，获得剪切混合的作用，去除其中的水分和挥发物，使各组分的分散更趋均匀，得到具有一定可塑性的均匀物料，是分散混合过程，亦称塑料的塑炼。塑化常用的设备主要是开炼机、密炼机和挤出机。开炼机塑化塑料与空气接触较多，一方面因冷却而使黏度上升，会提高剪切效果，另一方面与空气接触多了易引起氧化降解。密炼机塑化的物料为团状物，为便于粉碎和切粒，需通过开炼机压成片状物。挤出机塑化是连续操作过程，物料一般为条状或片状，可直接切粒得到粒状塑料。

塑化的终点可以通过测定试样的均匀和分散程度或试样的撕裂强度来决定，但实际生产上是凭经验来决定的。如开炼机塑化，可用小刀切开增塑片，观察其截面，以不出现毛粒、色泽均匀为宜；密炼机塑化效果则往往通过密炼机转子运转时电流负荷的变化来判断。

四、粉碎和粒化

为了便于储存、运输和成型加工时的喂料操作，必须将塑化后的物料进行粉碎或造粒，制成粉状或粒状塑料。一般挤出、注射成型要求的多是粒状塑料，热固性塑料的模压成型多数是要求粉状塑料。粉碎和造粒都是将塑化后的物料尺寸减小，减小固体物料尺寸的基本途径通常是压缩、冲击、摩擦和切割等。一般用转鼓式混合机、螺带式混合机、捏合机、高速混合机等简单混合设备。配混的塑料大多仍为粉状物料，经双辊筒开炼机塑炼后得到的是片状物料；经单螺杆、双螺杆等各种挤出机混炼的物料，使之通过条形口模后就可得到连续条状物料。

1. 粉碎

粉状塑料一般是将塑化后的片状物料用切碎机先进行切碎，然后再用粉碎机粉碎而得到。通用的切碎机主要由一个带有一系列叶刀的水平转子和一个带有固定刀的柱形外壳所组成。而粉碎机是靠转动而带有波纹或沟纹的表面将夹在其中的碎片磨切为粉状物。某些热固性粉状塑料，如酚醛压塑粉则选用具有冲击作用和摩擦作用的粉碎机和研磨机来完成粉碎。

2. 粒化

塑料多数是韧性或弹性物料，要获得粒状塑料，常用具有切割作用的造粒设备。造粒的方法根据塑化工艺的不同有以下三种。

(1) 开炼机轧片造粒

开炼机塑化或密炼机塑化的物料经开炼机轧成片状物，经过风冷或水冷后进入平板切粒机，先被上、下圆辊切刀纵切成矩形断面的窄条，再被回转刀模切成方块状的粒料。

(2) 条状物料冷切造粒

挤出机塑化的物料在有许多圆孔的口模中挤出料条，在水槽中冷却后引出经气流加速干燥并切成粒料，用这种方法可制得 $1\sim5$ mm 的圆柱形粒料。

(3) 条状物料热切造粒

此法是用装在挤出机机头前的旋转切刀切断由多孔口模挤出的塑化料条。切粒需在冷却介质中进行，以防粒料相互黏结。冷却较多是用高速气流或喷水，也有将切粒组件浸没在循环流动的水中，即水下热切法，可制得球状粒料。

习　题

一、填空题

1. 塑料塑化的常用设备有_____、_____。

2. 将塑料原料的各组分相互分散以获得成分均匀的物料的过程称为_____，一般是靠_____、_____和_____完成的。

二、简答题

1. 塑料配方设计的类型有哪些？

2. 请区分润性物料和非润性物料。

3. 塑料配混工艺主要包括哪些过程？

4. 混合 PVC 润性物料时加料顺序应如何？混合时应注意什么问题？

5. 什么叫塑料的混合和塑化？两者有什么区别？

6. 物料混合有哪三种基本运动形式？

7. 混合分别有哪两种类型？两者有何区别？

8. 塑料造粒有哪些方法？这些方法各自的特点是什么？

在线辅导资料，MOOC 在线学习

塑料配混工艺概述。涵盖课程短视频、在线讨论、习题以及课后练习。

参考文献

[1] （美）David B. Todd. 塑料混合工艺及设备 [M]. 北京：化学工业出版社，2002.
[2] 耿孝正. 塑料混合及连续混合设备 [M]. 北京：中国轻工业出版社，2008.
[3] 唐颂超. 高分子材料成型加工 [M]. 北京：中国轻工业出版社，2013.
[4] 左继成，谷亚新. 高分子材料成型加工基本原理及工艺 [M]. 北京：北京理工大学出版社，2017.

第七章
塑料加工成型方法

　　随着塑料制品产量的不断增长以及质量的持续优化，塑料制品深深融入了人们的生产和生活，广泛应用于农业、工业、生活用品、国防、航空、交通运输、医疗以及高技术等领域。塑料加工成型是赋予塑料使用价值的关键步骤，是塑料从原料走向制品的重要途径；高分子专业学生立足高分子化学、高分子物理、聚合物流变学的理论，借助塑料加工成型方法的原理、工艺过程、技术和设备等方面的深入学习，才能最终踏入塑料制品产业和实际应用。塑料最常用的成型方法包括：挤出、注塑、压延、吹塑、模压、发泡、浇铸等，衍生出挤出成型、注射成型、压延成型、模压成型、吹塑成型、发泡成型、浇铸成型、增强塑料的成型、涂覆制品的成型、热成型以及其他特殊加工工艺，本章将系统阐述一些传统塑料加工成型方法。

第一节　挤出成型

一、挤出成型简介

1. 概况

　　挤出成型在塑料加工中又叫挤压成型、挤塑、压出，是借助螺杆和柱塞的挤压作用，边受热塑化，边被强行向前推送，连续通过机头而制成各种截面制品或半成品的一种加工方法。挤出成型是一种高效、连续、低成本、适应面宽的成型加工方法，是高分子材料加工中最早的成型方法之一。经过 100 多年的发展，挤出成型是聚合物加工领域中生产品种最多、变化最多、生产率高、适应性强、用途广泛、产量所占比重最大的成型加工方法。

　　最早将挤出法用于聚合物加工始于 1845 年，Richard Brooman 申请了关于挤出法成型以古塔波胶为包覆层的电线的专利。最早批量化生产和销售螺杆式挤出机的是德国机械制造商 Paul Troester。到 1939 年，他们把塑料挤出机发展到了一个新阶段，可以称为现代单螺杆挤出机阶段。PVC、PE 和 PS 分别在 1939 年、1940 年和 1941 年开始采用挤出法来加工，这就促使挤出机的水平大幅提高。直至20世纪50年代，挤出机的螺杆长径比已达到了20左右，螺杆无级调速和挤出自动控温已经得到了广泛地应用，膜、板、管、丝和中空吹塑等制品都开始发展。各种混炼挤出机、喂料挤出机、排气挤出机以及双螺杆挤出机层出不穷。

挤出成型适用于几乎所有的热塑性塑料，近年来，随着挤出成型设备和技术的发展，部分热固性塑料的成型加工同样适用于挤出成型，目前用于挤出成型的塑料制品约占总量的三分之一以上，居诸成型方法之冠。与聚合物的其他成型方法相比，挤出成型有以下优点。①生产连续化：可以根据需求，生产任意长度的管材、板材、棒材、异型材、薄膜、电缆及单丝等制品；②生产效率高：以螺杆式挤出机为例，只需要持续投入物料，挤出机便可源源不断地生产制品，操作简单、工艺易控、自动化生产且质量稳定；③应用范围广：挤出成型在橡胶、塑料、纤维的加工中都得到了广泛采用，尤其是塑料制品，几乎是绝大多数热塑性塑料和部分热固性塑料加工的首选；④一机多用：只要根据物料性能特点和产品的形状及尺寸，按需求更换不同的螺杆和机头，就可以实现多种类产品的生产；⑤成本较低：挤出成型的基础设备简单，投资成本少，制造容易，费用较低，安装调试较为方便。

目前，许多产品的挤出成型已发展成为包括生产工艺和生产线设备在内的专业化成套技术。由于湿法挤出和间歇式挤出适用面较窄，因此本节讨论干法连续式挤出成型工艺。

2. 挤出成型工艺过程

按照塑料塑化方式的不同，可以将挤出成型工艺分为干法和湿法两种。干法挤出过程中对物料进行加热，使塑化和挤出同时进行，而后在挤出设备时简单冷却即可得到制品。湿法挤出则需要提前用有机溶剂将物料充分软化，塑化和挤出过程是独立分开的，在挤出后需要通过除去溶剂才可使物料彻底定型。二者相比，虽然湿法挤出有塑化均匀性好以及避免物料过热分解的优点，但由于在塑化过程前后需要耗费大量有机溶剂，因而增加了不必要的成本及风险，因此湿法挤出已慢慢淡出大众的视野。

挤出成型得到制品的全过程可分为两个阶段：

第一阶段：使固态塑料在一定温度和一定压力条件下熔融、塑化，并使其通过特定形状的口模而成为截面与口模形状相仿的连续体；

第二阶段：采用适当的处理方法使熔融、塑化的物料失去塑性，变为与口模断面形状相仿的制品。

挤出成型的关键设备是挤出机，在挤出机中，物料从进入料斗到最后得到制品，一般需要经过加料、塑化、成型、定型四个过程，过程之间互相联系和影响，通常塑化的均匀与快慢，是影响产品质量和产量的关键。物料沿螺杆前移的过程经历了温度、压力、黏度甚至化学结构等变化，这种变化在螺杆各段是不一样的，因此物料的流动情况就变得十分复杂。根据物料在料筒内的状态，通常将螺杆分为三个工作区，即加料段、压缩段和均化段，如图7-1所示。

（1）加料段

加料段主要是将投入料斗中的物料送到下一个工作区，因此该段起到了固体输送过程的作用。聚合物颗粒或切片经料斗进入机筒，松散的固体充满螺槽，由于摩擦力的作用，聚合物随螺杆的旋转而前移，其堆积密度较小，故这段螺杆的螺槽较深。经过严谨的设计，恒定的螺槽深度能够保证供给均化段以足够的物料。加料段的长度通常约占螺杆总长度的20%～40%。由于在加料段中物料受热前移，因此螺槽容积可维持不变，一般采用等距等深螺槽。

（2）压缩段

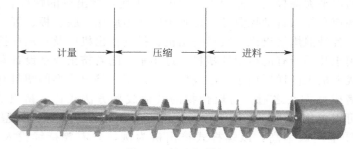

图 7-1　挤出机螺杆

压缩段又称熔融段或塑化段，其主要作用在于将加料段输送来的松散料压实，并在外热和摩擦热的共同作用下使物料软化、熔融，并把物料中夹杂着的气体向加料段排出。由于需要将物料逐步压实，因此螺槽逐渐变小。压实具有双重作用，一方面使卷吸空气泡返回进料区进而排出，同时在外加热的作用下使物料从固态逐渐熔融，固液两相共存，物料密度减小。在物料前进的方向上，流道狭窄，导致压力急剧上升。该段螺槽容积逐渐变小，一般采用等距、不等深螺槽。

(3) 均化段

均化段主要是把压缩段送来的熔融物料进一步均匀塑化，使其定量、定压地从机头排出。该段的作用相当于一个计量泵，故亦称计量段。均化段的螺槽深度再次成为常数，但数值小于进料段。在这一区域内物料全部熔化成为高黏流体，熔体在输送中进一步混合均匀。而后熔体到达螺杆头部，由于头部的特殊结构，螺旋运动改为直线运动，从而定量地进入机头，所以这一段也可称为压出段。与进料段的螺槽结合起来，一般可把进料段最初一个螺槽容积与均化段最后一个螺槽容积之比定义为压缩比，其值可用于表征螺杆对物料的压缩程度和所做的功。

3. 挤出成型设备

19 世纪中期出现了单螺杆挤出机，直到 1936 年才研制出具有现代挤出机特征的电加热单螺杆挤出机，如图 7-2 所示。

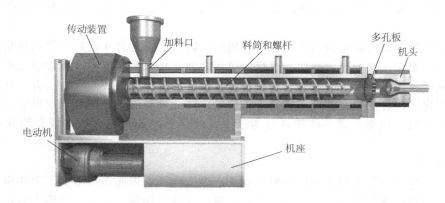

图 7-2　单螺杆挤出机

按照加压方式的不同，可以将挤出成型工艺分为连续式和间歇式两种，而挤出机又有螺杆式（盘式或鼓式挤出机）和柱塞式（往复式螺杆挤出机）的区别。螺杆式挤出机加工时，装入料斗的物料随着转动的螺杆进入料筒中，借助料筒的外加热以及料筒与物料间的摩擦热，使得物料熔化并呈流动状态。同时，物料经由螺杆的搅拌和推动，在均匀分散的同时不断前进。最终通过口模形成连续体，经冷却固化，得到制品。利用柱塞式挤出机进行加工时，则必须将提前塑化好的物料放入料筒中并借助于柱塞的压力将其经口模挤出。料筒内的物料挤出后，应退出柱塞以便于下一次操作。显然，柱塞式挤出机的缺点是操作过程中的不连续性，得到的型材不仅长度受到限制，而且还需要提前塑化物料，因此应用较少。由于柱塞可以产生很强的压力，故可用于 PTFE 之类的难熔塑料的成型加工。

挤出机（组）是挤出成型工艺的核心设备，通常来说，它主要包含了三大组成部分：主机、辅机和控制系统。

（1）主机

主机中包含了挤压系统、加热冷却系统及传动系统。挤压系统由螺杆和料筒组成，物料经由料筒进入到螺杆并被塑化成均匀的熔体，并在这一过程所产生的压力下，被螺杆连续、定压、定温、定量地挤出机头；加热冷却系统主要负责对料筒或螺杆进行加热和冷却，以保证成型过程中的温度始终保持在工艺所要求的范围内；传动系统始终给螺杆提供所需的扭矩和转速。

（2）辅机

辅机中包括有挤出制品的定型模、物料的预处理设备、冷却装置、牵引系统、切断机构、形状/尺寸控制装置等。

（3）控制系统

控制系统主要包含控制生产条件的设备，如温度控制器、电动机启动装置、电流表、螺杆转速表及测定机头压力的装置等。

4. 挤出机的规格和主要技术参数

挤出机对于塑料的挤出成型工艺有着至关重要的作用，为了便于管控和调整这类设备，对挤出机的型号和参数进行了标准化。挤出机的型号标准遵循国内的橡胶塑料机械标准，其中国标 GB/T 12783—2000 对挤出机标牌上的型号标准说明如图 7-3 所示。

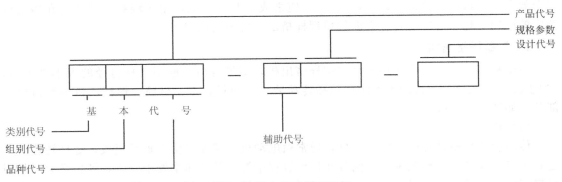

图 7-3　挤出机的标牌示例

从左向右共有六格：第一格是塑料，机械代号为 S；第二格是挤出机，代号为 J；第三格是指挤出机不同的结构形式代号。如，塑料挤出机为 SJ、塑料排气式挤出机为 SJP、双螺杆挤出机为 SJS、多螺杆挤出机为 SJD 等。第四格表示辅机，代号为 F，如果是挤出机组，则代号为 E。第五格参数是指螺杆直径和螺杆的长径比，第六格是指产品的设计顺序，按字母 A、B、C…顺序排列，第一次设计不标注设计号。例如 SJ-45×25，此型号表示塑料挤出机，螺杆直径为 45mm，螺杆的长径比为 25∶1。

除此之外，挤出机的主要参数包括：螺杆直径，以 D 表示，即螺杆的外径（mm）；螺杆长度，通常用长径比（L/D）表示，即螺杆工作部分长度与螺杆外径之比；螺杆的转速范围，即螺杆转速从最低到最高的可调范围（r/min）；功率消耗，包括传动功率和加热功率（kW）；生产能力，以 Q 表示，即每小时的挤出量（kg/h）；以及设备的外形尺寸、中心高度和重量等。PVC 软制品挤出成型用挤出机的基本参数如表 7-1 所示。

表 7-1　PVC 软制品挤出成型用挤出机标准及主要技术特征（JB 1291—73）

型号	螺杆直径 /mm	螺杆长径比 /(L/D)	螺杆转速 /(r/min)	生产能力 /(kg/h)	电机功率 /kW
SJ-30	30	15、20、25	20～120	2～6	1～3
SJ～45	45	15、20、25	17～102	7～18	1.65～5
SJ-65	65	15、20、25	15～90	16～50	5～15
SJ-90	90	15、20、25	12～72	40～100	7.3～22
SJ-120	120	15、20、25	8～18	70～160	18.3～55
SJ-150	150	15、20、25	7～42	120～280	25～75
SJ-200	200	15、20、25	5～30	200～480	33.3～100

二、螺杆挤出机

螺杆挤出机是塑料连续式挤出成型工艺的核心设备。螺杆挤出机中可分为单螺杆挤出机和多螺杆挤出机，其中单螺杆挤出机是在实际生产中应用最多的设备，单螺杆挤出机除普通挤出机外，还有排气式挤出机和混炼式挤出机。排气式挤出机适于加工吸湿性大或含挥发物成分较多的物料，可以在加工过程中排出水分和挥发物，得到质量较好的制品；混炼式挤出机具有较强的分散、混合效果，可以简化物料在挤出成型前的工序，一次完成混炼和连续挤出制品。在多螺杆挤出机中以双螺杆挤出机发展最快，双螺杆挤出机进料稳定，挤出量大，混合效果好，可以直接加工硬 PVC 粉料，使之成为制品，也可用于混料，因此其在挤出成型中的应用也越来越广泛，且有取代单螺杆挤出机各用途的趋势。

1. 单螺杆挤出机

在塑料挤出机中，最通用的是单螺杆挤出机，型号规格一般用螺杆直径的大小来表示，如 SJ-30。单螺杆挤出机的基本结构包括传动装置、加料装置、机筒、螺杆、机头和口模等部分，如图 7-4 所示。

（1）传动装置

传动装置是驱动螺杆转动的部分，通常由电动机、减速机构和轴承组成。螺杆转速的稳定对于挤出成型过程至关重要，倘若在挤出过程中螺杆转动速率发生变化，则势必会引起塑料料流的压力波动，所以在稳定的挤出过程中，螺杆转速必须保持恒定，不随螺杆负荷的变化而变化，以保证挤出量的稳定，从而保证制品质量的均匀性。为了满足不同生产工艺要求，螺杆应能变速驱动。传动部分一般采用交流整流电动机、直流电动机等装置，以达无级变速。其中螺杆转速一般为 10～100r/min。

（2）加料装置

物料的形式有粒状、粉状、带状等。加料设备通常使用锥形料斗，料斗底部有截流装置，以便调整和切断料流，料斗侧面有视孔和标定计量的装置。有些料斗具有可防止原料从空气中吸收水汽的真空（减压）装置或加热装置，有些料斗有搅拌器或螺旋输送强制加料

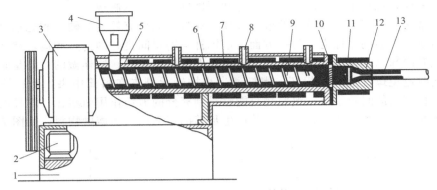

图 7-4 单螺杆挤出机结构

1—机座；2—电动机；3—传动装置；4—料斗；5—料斗冷却区；6—机筒；7—机筒加热器；
8—热电偶控温点；9—螺杆；10—过滤网及多孔板；11—机头加热器；12—机头；13—挤出物

器，或配有自动上料的辅助装置，如图 7-5 所示。

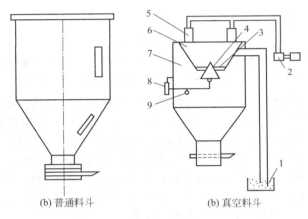

(b) 普通料斗   (b) 真空料斗

图 7-5 料斗

1—物料；2—真空泵；3—小料斗底；4—密封锥体；5—吸尘器；6—小料斗；7—大料斗；8—重锤；9—微动开关

（3）机筒

机筒又称料筒，是挤出机主要部件之一，是一个受热受压的金属圆筒，其中物料的塑化和压缩都是在料筒中进行的。挤出时机筒内的压力可达 30～50MPa，温度一般为 150～300℃。所以机筒一般用较高强度且耐温耐压、耐磨耐腐蚀的合金钢或内衬合金钢的复合钢管制成。

一般机筒的长度为其内径的 15～30 倍，长度以使物料得到充分加热和塑化（混合）均匀为原则。通常机筒内壁光滑，有些则有各种沟槽，以增大与塑料的摩擦力。在机筒外部设有分区加热和冷却装置。加热装置是为了使物料到达熔点从而实现塑化的目的，加热方法一般有电阻加热、电感应加热、铸铝加热器等。冷却装置则是为了防止物料过热，或者在停止时使机筒快速冷却，防止物料长时间处于高温状态进而分解。冷却方法一般采用水冷和风冷。

（4）螺杆

螺杆是挤出机最主要的部件，它直接关系到挤出机的应用范围和生产效率。通过螺杆的转动，塑料在机筒中产生移动、增压，由摩擦取得部分热量，在移动过程中得到混合和塑化。与机筒一样，螺杆也是用高强度、耐热和耐磨蚀的合金钢制成。

螺杆通常是一根笔直且有螺纹的金属圆棒。螺杆表面应有较高的硬度和光洁度，一方面减小塑料与螺杆表面的摩擦力，另一方面保证螺杆与物料间良好的传热和运转状态。螺杆中间通常设置有冷却水，在运行过程中使螺杆的温度略低于料筒，这样做的目的是防止物料黏结螺杆的同时避免螺杆过热而损坏。螺杆通过止推轴承悬支在料筒中央，与料筒中间线吻合。螺杆与料筒间的间隙很小，致使物料能够受到充分的剪切作用而塑化。螺杆的主要作用包括输送物料、压实和熔化物料、计量并产生足够的压力以挤出熔融物料，如图 7-6 所示。

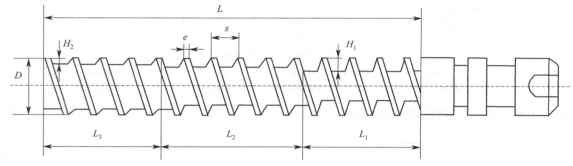

图 7-6　普通螺杆

L—螺杆长度；L_1—进料段螺杆长度；L_2—压缩段螺杆长度；L_3—计量段螺杆长度；
D—螺杆直径；H_1—进料段螺槽深度；H_2—计量段螺槽深度；s—螺距；e—螺棱宽度

由于不同类型的聚合物有不同的塑化特征，因此螺杆结构特别是螺槽深度沿螺杆变化方式也不同，大致有四种类型，如图 7-7 所示。(a) 三段式螺杆：进料段螺槽恒定，压缩段的结构与位置依据聚合物熔化特征设计；(b) 具有排气口的三段式螺杆：相比三段式螺杆，额外增加了排气段，其中排气段物料的压力降低，与真空管连接，气体由熔体中排除；(c) PVC 型螺杆：此类螺杆头部设计为锥形，针对无定形聚合物经历玻璃转化阶段逐渐软化，防止物料滞留过久而分解；(d) 尼龙型螺杆：尼龙型螺杆主要是针对存在急剧转变熔化点的结晶性聚合物，因而其计量段设计为一段平行的杆体。

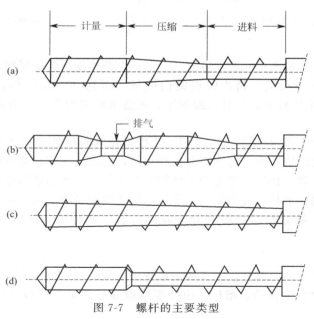

图 7-7　螺杆的主要类型

螺槽浅时，能对塑料产生较高的剪切速率，有利于料筒壁和物料间的传热，物料混合和塑化的效果提高，但生产效率则降低；螺槽深时，则情况刚好相反。因此，热敏性塑料（如PVC）宜用深螺槽螺杆，而熔体黏度低和热稳定性较高的塑料（如PA）宜用浅螺槽螺杆。

（5）机头

机头通常包含机头和口模，习惯上统称机头，但也有机头和口模各自分开的情况。机头的作用是将处于旋转运动的物料流体转变为平行直线流动，并将熔体均匀平衡地导入口模。口模为具有一定截面形状的通道，塑料熔体在口模中流动时取得所需形状，经口模外的定型装置和冷却系统后定型。机头与口模的组成部件包括多孔板、过滤网、分流器（有时与模芯结合成一个部件）、模芯、口模和机颈等部件。

图7-8是管材挤出机的机头结构，分为三个区域：分流区、压缩区和成型区。分流区主要是使从螺杆推出的物料流体经过栅板，从旋转流动转变成平行直线流动。并且栅板还可以把未塑化完全的物料或杂质挡在外面，防止其进入机头引起堵塞。通过栅板后的熔体经分流锥初步形成中空的管状流，而后进入压缩区。压缩区主要是通过截面的变化使熔体受到剪切作用，从而进一步塑化。压缩区的入口截面积一般大于其出口截面积，二者之比称为压缩区的压缩比。压缩比小即其剪切力小，熔体塑化不均匀，容易出现熔接缝；而压缩比大时则残留应力变大，易产生涡流，引起表面粗糙。成型区即口模，其作用是稳定流体的流动，使其形成所需要的形状和尺寸。但由于熔体在受压情况下流经口模，出口后必定膨胀，因此口模的尺寸和形状与成品有所不同。

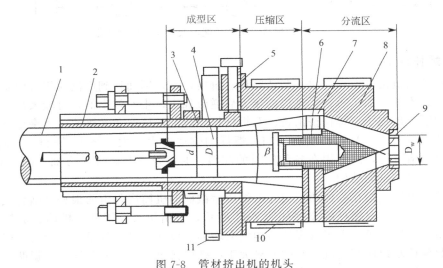

图 7-8　管材挤出机的机头

1—管道；2—定径管；3—口模；4—芯棒；5—调节螺钉；6—分流器；
7—分流器支架；8—机头体；9—栅板及过滤网；10，11—电热圈

多孔板和过滤网可将物料流体由旋转运动变为直线运动，阻止未塑化的物料以及杂质通过（机头），同时增加了料流的背压，使制品更加密实，提高质量。分流器、模芯及口模随制品的类型而异。机头中还设置有校正装置，称为调节螺钉，能够调整模芯与口模的同心度、尺寸和外形。并且按照物料挤出方向与螺杆轴线有无夹角，可以将机头分为直角式机头和侧向机头。直角式机头的料流方向与螺杆轴线一致，主要用于挤出管、片和其他型材；侧向机头的料流方向与螺杆轴线呈一定的角度，多用于薄膜、线缆包覆物或吹塑制品等。

当单螺杆挤出机执行挤出工艺时，挤出过程的工艺参数，如温度、压力等会沿着螺杆轴向而发生变化，如图7-9所示。进料段的主要作用是将料斗中的物料向前输送，因此压力变

化不大，温度仅在进料段的后半段开始上升，为后面物料的熔融做准备；压缩段为使松散的物料压实且熔融，温度和压力开始逐步上升；计量段物料完全熔融成为流体，温度和压力达到峰值，最终从机头挤出。

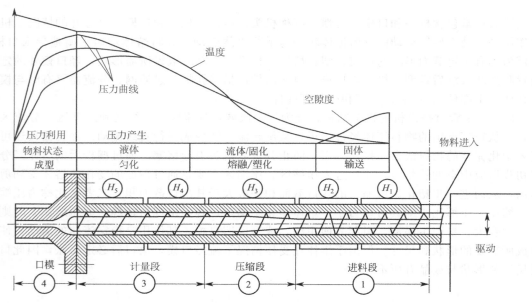

图 7-9　单螺杆挤出机的功能段及操作参数的变化

2. 双螺杆挤出机

单螺杆挤出机由于设计简单、制造容易、价格便宜，因而得到广泛应用。但是由于其混炼效率较差，不适于加工粉料，且提高压力后逆流加大，生产效率低，有较大的局限性，为解决上述问题，出现了双螺杆挤出机。双螺杆挤出机的发展亦非常迅速，其突出特点是：由摩擦产生的热量较少，且物料受剪均匀；螺杆的输送能力较大，挤出量较稳，停留时间较短；料筒可自清洗等，广泛用在各种塑料的配料、共混及增强改性等方面。图 7-10 给出了典型的双螺杆挤出机的结构。

双螺杆挤出机是指在一根两相交孔道组成∞截面的机筒内，由两根相互啮合或相切的螺杆组成的挤出装置。双螺杆的类型如图 7-11 所示，它由机头、螺杆、机筒、加热器、加料装置和传动装置等组成。由于双螺杆结构大大增加了设计变量的数目，如旋转方向、啮合程度等，因此各种双螺杆挤出机之间的差异大于单螺杆挤出机之间的差异。根据两螺杆的相对位置，可将双螺杆挤出机分为啮合型与非啮合型；根据螺杆的旋转方向，又可将双螺杆挤出机分为同向旋转和异向旋转两大类。

其中非啮合挤出机的工作原理类似于单螺杆挤出机，故实际应用较少。同向旋转的啮合挤出机多用于配混料以及作为排气装置及化学反应器等，反向旋转的多用于挤出热敏性材料（如 PVC）制品。

双螺杆挤出机与单螺杆挤出机之间的根本差别在于挤出机中物料的输送形式不同。单螺杆挤出机中物料的输送是靠拖曳，固体输送段为摩擦拖曳，熔体输送段为黏性拖曳；双螺杆挤出机中物料的输送是靠螺纹的推力，即所谓的正向位移输送或强制输送，基本不存在倒流或滞流。输送形式的不同使双螺杆挤出机具有以下特点：

① 良好的进料特征。单螺杆挤出机输送行为在很大程度上取决于固体物料的摩擦性能和熔融物料的黏性，因此难以给单螺杆挤出机加入摩擦性能不良及具有很高或很低黏度的物

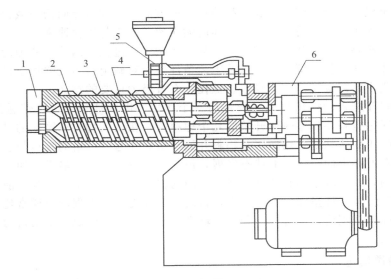

图 7-10　双螺杆挤出机结构

1—机头；2—机筒；3—加热器；4—螺杆；5—加料装置；6—传动装置

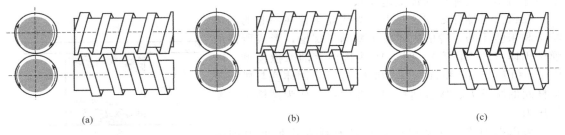

(a)　　　　　　　　　　　　(b)　　　　　　　　　　　　(c)

图 7-11　双螺杆的类型

（a）非啮合型；（b）部分啮合型；（c）全啮合型

料，如粉状料、带状料、糊状料或玻璃纤维等。而双螺杆挤出机则从根本上解决了此类问题。

②　充分的物料混合。双螺杆挤出机由于两根螺杆互相啮合，物料在挤出时的运动更为复杂，不断受到纵向、横向的剪切混合，其速度分布更难以描述，但复杂流场带来的直接好处是物料混合充分、温度分布均匀及排气能力良好等。

③　自洁作用。由于两根螺杆的螺棱和螺槽在啮合处存在速度差或速度方向相反，因而能够相互剥离或刮去黏附在螺杆上的积料，使物料在机筒内的滞留时间短且混合均匀。

因此双螺杆挤出机特别适用于物料的混炼或者热敏性材料的挤出加工。双螺杆挤出机的主要参数有：螺杆直径 D、螺杆长径比 L/D、螺杆的转向、螺杆最大转速 n、双螺杆的中心距、螺杆与料筒间隙 δ、螺槽深度 H 等。

三、挤出成型原理

固体进料的挤出过程，物料不仅要经历固体→弹性体→黏性流体的变化，还要处于变动的温度和压力之下。在螺槽与机筒间，物料既产生拖曳流动，又有压力流动，因此挤出过程中物料的状态变化和流动行为十分复杂。

为了让挤出机达到稳定的产量和产品质量，一方面，沿螺槽方向任一截面上的质量流率必须保持恒定且等于产量；另一方面，熔体的输送速率应当与熔化速率相当。如果不能实现以上条件，就势必导致产量和温度的波动，从而影响生产过程。因此，从理论上阐述挤出机固体输送、熔体输送条件、螺杆设计以及工艺条件等，对确定挤出机的功率以及产率，使挤出机在运行过程中始终保持稳定、高效、低耗，有着极为重要的意义。

　　物料通过料斗进入到挤出机先后要经历三个区域，即固体输送区、熔融区和熔体输送区。固体输送区是自料斗到熔融刚开始的几个螺距内，在该区物料在输送的过程中逐渐被压实，但通常还处于固体状态；熔融区是物料开始熔融后算起，已熔的物料与还未熔化的物料以两相状态共存并逐渐向全熔融的状态发展，最终全部熔融；熔体输送区通常限定在螺杆的最后几个螺距内，此区域中物料全部熔融，并向前输送。以上三个区域与之前提及的螺杆三段（进料段、压缩段、计量段）有所区别，目前广为接受的挤出理论也通常建立在这三个区域，分别是固体输送理论、熔融理论和熔体输送理论。下面以单螺杆挤出机为例，对三个区域分别进行介绍。

1. 固体输送理论

　　挤出过程中，物料靠自重从料斗进入螺槽，当粒料与螺纹斜棱接触后，斜棱面对物料产生一与斜棱面相垂直的推力，将物料往前推移。推移过程中，由于物料与螺杆、物料与机筒之间的摩擦以及料粒相互之间的碰撞和摩擦，同时还由于挤出机的背压等影响，物料不可能呈现像自由质点那样的螺旋运动状态。

　　在机筒与螺杆之间这些由于受热而粘连在一起的固体粒子和未塑化的、冷的固体粒子塞满了螺槽，形成所谓的弹性固体（即固体塞）。图 7-12 为固体塞的摩擦模型，图中 F_b 和 F_s、A_b 和 A_s、f_b 和 f_s 分别为固体塞与机筒及螺杆间的摩擦力、接触面积和摩擦因数，P 为螺槽中体系的压力。

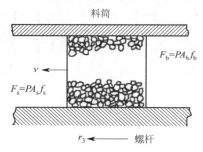

图 7-12　固体塞摩擦模型

　　可以把固体塞在螺槽中的移动看成在矩形通道的运动，如图 7-13(a) 所示。当螺杆转动时，螺杆斜棱对固体塞产生推力 P，使固体塞沿垂直于斜棱的方向运动，其速度为 v_x，推力在轴向的分力使固体塞沿轴向以速度 v_a 移动。螺杆旋转时，表面速度为 v_s，如果将螺杆看成是静止不动的，而将机筒看成是以速度 v_b 对螺杆作相对的切向运动，其结果也是一样的。v_z 是（$v_b - v_x$）的速度差，它使固体塞沿螺槽和轴方向移动，见图 7-13(b)。

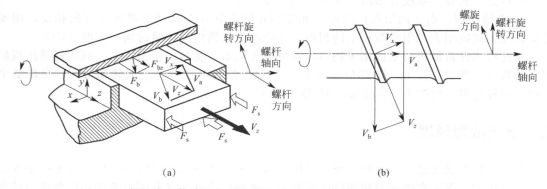

(a)　　　　　　　　　　　　　　　(b)

图 7-13　螺槽中固体输送的理想模型（a）和固体塞移动速度的矢量图（b）

由图 7-13 中可看出，螺杆对固体塞的摩擦力为 F_s，料筒对固体塞的摩擦力为 F_b，F_b 在螺槽 z 轴方向的分力为 F_{bz}，而 $F_{bz}=A_b f_b P\cos\phi$，在稳定流动情况下，阻力 F_s 与推力 F_{bz} 相等，所以 $A_s f_s=A_b f_b \cos\varphi$。显然：

当 $F_s=F_{bz}=0$ 时，即物料与机筒或螺杆之间的摩擦力为零时，物料在机筒中不能发生任何移动；当 $F_s>F_{bz}$ 时，物料被夹带于螺杆中随螺杆转动也不能产生移动；当 $F_s<F_{bz}$ 时，物料在机筒与螺杆间产生相对运动，并被迫沿螺槽向前移动。

可见固体塞运动受它与螺杆及机筒表面之间摩擦力的控制。只要能正确地控制物料与螺杆及物料与机筒之间的摩擦因数，即可提高固体输送段的送料能力。

加工过程中希望螺槽中的 F_s 能够小于 F_{bz}，这样才能够提高固体输送速率。为了获得最大的固体输送速率，可从挤出机结构和挤出工艺两方面采取措施。从挤出机结构角度出发，增加螺槽深度是有利的，但会受到螺杆扭矩的限制。其次，降低物料与螺杆的摩擦因数也是有利的，这就需要提高螺杆表面的光洁度（降低 F_s）。再者，增大物料与机筒间的摩擦因数，也可以提高固体输送率。提高机筒摩擦因数的有效办法是在机筒内开纵向沟槽（增大 F_b）。此外，决定螺杆螺旋角时应采用最佳值，但必须注意螺杆制造上的方便，通常螺旋角为 $17°41'$。

从挤出工艺分析，关键是控制加料段外机筒和螺杆的温度，因为摩擦因数是随温度而变化的。一些物料对钢的摩擦系数与温度的关系见图 7-14。绝大部分物料对钢的摩擦因数随温度的下降而减小。为此，螺杆通水冷却可降低 f_s，对物料的输送是有利的。

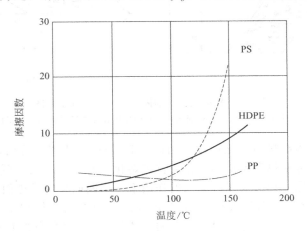

图 7-14　塑料对钢的摩擦系数与温度的关系

以上讨论并未考虑物料因摩擦发热而引起摩擦因数的改变以及螺杆对物料产生的拖曳流动等因素。实际上，当物料前移阻力很大时，摩擦产生的热量很大，当热量来不及通过机筒或螺杆移除时，摩擦因数的增大，会使加料段输送能力比计算的偏高。迄今，关于挤出机固体输送的理论尚未完全成熟。有人提出了黏滞剪切机理，从另外的角度解释了螺杆的固体输送。但也不能完全符合实际，还需进一步研究。

2. 熔融过程

物料在挤出机中的塑化过程是很复杂的，以往的理论研究多着重均化段熔体的流动，其次是螺杆上固体物料在加料段的输送。对熔化区研究得比较少的原因是：该区域内既存在固体料，又存在熔融料，流动与输送中物料有时还有相变化，过程十分复杂，给分析带来极大困难。通常物料在挤出机中的熔化主要是在压缩段完成的，所以，研究物料在该段由固体转变为熔体的过程和机理，就能更好地确定螺杆的结构，这对保证产品的质量和提高挤出机的生产效率有很密切的关系。

当固体物料由加料段进入压缩段时，逐渐受到越来越大的挤压，在机筒温度和摩擦热的作用下，固体物料在塑炼中逐渐开始熔化，最后在进入均化段时，基本上完成熔化过程，即由固相逐渐转变为液相，出现黏度的变化。

图 7-15（a）中给出了固体床在展开的螺槽内的分布和变化情况，图 7-15（b）则表示了固体床在压缩段随熔融的进行而逐渐消失的过程。可以看出，在挤压过程中，在螺杆加料段附近一段内充满着固体粒子，接近均化段的一段内则充满着已熔化的塑料；而在螺杆中间大部分区段内固体粒子和熔融物共存，塑料的熔化过程就是在此区段内进行的，故这一区段又称为熔融段。

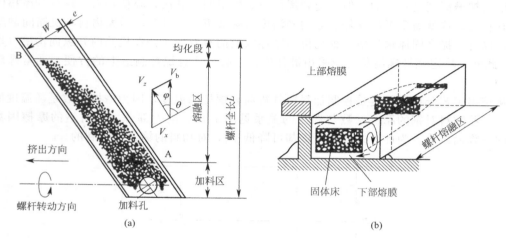

图 7-15　螺槽全长范围固体床熔融过程示意图
（a）固体床在螺槽的分布变化；（b）固体床在螺杆熔融区的体积变化

在一个螺槽中固体物料的熔化过程可用图 7-16 表示。从图可看出，与机筒表面接触的固体粒子由于机筒的传导热和摩擦热的作用首先熔化，并形成一层薄膜 1，称为熔膜。这些不断熔融的物料，在螺杆与机筒相对运动的作用下，不断向螺纹推进面汇集，从而形成旋涡状的流动区 2，称为熔池（简称液相），而在熔池的前边充满着热软化、半熔融后粘连在一起的固体粒子 4 和尚未完全熔化、温度较低的固体粒子 5，这部分的物料统称为固体床（简称固相）。熔融区内固相与液相的界面称为迁移面 3，大多数熔化均发生在此分界面上，它实际上是由固相转变为液相的过渡区域。随着物料往机头方向的输送，熔融过程逐渐进行，如图 7-15（a）所示。自熔融区始点（相变点）A 开始，固相的宽度将逐渐减小，液相宽度则逐渐增加，直到熔化区中点（相变点）B，固相宽度减小到零。螺槽在整个宽度内均将被熔融物充满。从熔化开始到固体床的宽度降到零为止的总长，称为熔化长度。一般讲，熔化速率越高，则熔化长度越短；反之越长。固体床在螺槽中的厚度（即为螺槽深）沿挤出方向逐渐减小。

从上述的熔化实验研究可知：①塑料的整个熔化过程是在螺杆熔融段进行的；②塑料的整个熔化过程直接反映了固相宽度沿螺槽方向变化的规律，这种变化规律，取决于螺杆的参数、操作条件和塑料的特性等。

3. 熔体输送

到目前为止，研究得最多最有成效的是计量段，对该段的流动状态、结构、生产效率等

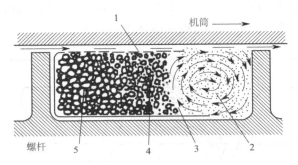

图 7-16　固体物料在螺槽中的熔融过程

1—熔膜；2—熔池；3—迁移面；4—熔结的固体粒子；5—未熔结的固体粒子

都有较详细的分析和研究。以 Q_1 代表进料段的送料速率，Q_2 代表压缩段的熔化速率，Q_3 代表计量段的挤出速率。如果 $Q_1 < Q_2 < Q_3$，这时挤出机就处于供料不足的操作状态，以致生产不正常，产品质量不符合要求；若 $Q_1 \geqslant Q_2 \geqslant Q_3$，这样计量段又称为控制区域，操作平稳，质量也能得到保障。但三者之间不能相差太大，否则计量段压力太大，出现超负荷，操作也会不正常。因此，在正常状态下计量段的挤出速率就可代表挤出机的生产效率，该段的功率消耗也作为整个挤出机功率消耗的计算基础。

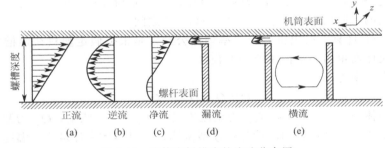

图 7-17　熔体在螺槽内的流速分布图

（1）熔体流动的形式

熔体在计量段的流动包括四种形式：正流、逆流、漏流和横流，如图 7-17 所示。

① 正流。正流是沿着螺槽向机头方向的流动，它是螺杆旋转时螺纹螺棱的推力在螺槽 z 轴方向的作用结果，其流动也称拖曳流动。塑料的挤出就是这种流动产生的，其体积流率用 Q_D 表示。正流在螺槽深度方向的速度分布见图 7-17(a)。

② 逆流。逆流的方向与正流相反，它是由机头、口模、过滤网等对塑料反压所引起的反压流动，所以又称为压力流动。逆流的体积流率用 Q_P 表示，速度分布见图 7-17(b)。将正流和逆流合成就得净流，其合成速度见图 7-17(c)。

③ 漏流。漏流也是由于口模、机头、过滤网等对塑料的反压引起的，不过它是从螺杆与机筒的间隙 δ，沿着螺杆轴向向料斗方向流动。其体积流率以 Q_L 表示，由于通常 δ 很小，所以漏流比正流和逆流小得多，其流动情况如图 7-17(d) 所示。

④ 横流。横流是沿 x 轴方向即与螺纹斜棱相垂直方向的流动。塑料沿 x 方向流动到达螺纹侧壁时受阻，而转向 y 方向流动，以后又被料筒阻挡，料流折向与 x 相反的方向，接着又被螺纹另一侧壁挡住，被迫改变方向，这样便形成环流。这种流动对塑料的混合、热交换和塑化影响很大，但对总的生产效率影响不大，一般都不予以考虑；其体积流率用 Q_T 表示，流动情况见图 7-17(e)。

物料在均化段的流动是以上四种流动的组合，它在螺槽中既不会有真正的倒退，也不会有封闭型的环流，而是以螺旋形式的轨迹向前移动的，见图7-18。

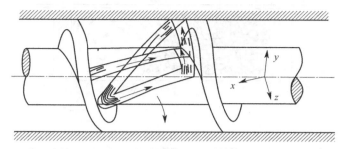

图7-18 塑料熔体在螺槽中混合流动的示意图

（2）挤出机生产能力的计算

由于塑料在挤出机中的运动情况相当复杂，而影响挤出机生产能力的因素又很多，所以要精确地计算挤出机生产能力还是困难的，目前计算挤出机生产能力主要有以下几种方法。

① 按经验公式计算。该法是经过挤出机生产能力的多次实测，并分析总结而得出的。

经验公式为

$$Q = nD^3\beta$$

式中，Q 为挤出量，cm^3/s；D 为螺杆直径，cm；n 为螺杆转速，r/s；β 为系数，随物料、螺杆线速度的不同而异，一般在 0.003～0.007 之间。

② 按理论公式计算。挤出机生产效率理论公式，是根据假定塑料在螺槽中呈等温状态下均匀的牛顿流体而得出的最简单流动方程式。

挤出机生产效率为

$$Q = Q_D - Q_P - Q_L$$

式中，Q 为体积流量，cm/s；Q_D 为正流流量；Q_P 为逆流流量；Q_L 为漏流流量。

为了计算简便，假设物料的流动为牛顿型流体，物料熔体在计量段的温度恒定，且螺槽宽度与深度之比大于10，同时引入漏流的情况下进行推导，可得单螺杆挤出机计量段的生产效率计算的流动方程：

$$Q = \frac{\pi^2 D^2 nh \sin\varphi\cos\varphi}{2} - \frac{\pi Dh^3 \sin\varphi^2 P}{12\eta_1 L} - \frac{\pi^2 D^2 E^2 \delta^3 \tan\varphi P}{12\eta_2 Le}$$

式中，D 为螺杆直径，cm；n 为螺杆转速，r/s；h 为计量段螺槽深，cm；φ 为螺旋角，（°）；e 为螺棱宽，m；L 为螺杆计量段长度，cm；δ 为螺杆与机筒间隙，cm；E 为螺杆偏心距校正系数，通常取1或2；P 为螺杆计量段末端压力，MPa；η_1 为螺槽中熔融物料黏度，Pa·s；η_2 为间隙中熔融物料黏度，Pa·s。

以上公式讨论都是建立在单螺杆挤出机之上。对于双螺杆挤出机，由于其结构的复杂性，其理论不像单螺杆挤出机理论发展得那么完善，螺杆的设计及挤出性能的预测都十分困难。因而出现了组合式的双螺杆挤出机，即螺杆和机筒元件均为可卸的，利用搭积木的方式，将多种几何形状的螺杆和机筒组合在一起，从而优化设计以适应各种特殊需求。

四、机头和口模设计的原理与特征

口模和口模体（机头）实际上是一回事。因此，习惯上把安装在料筒末端的整个组合装置称为口模，但也有称作机头的。口模一般由口模分配腔、引流道和口模成型段（模唇）这三个功能各异的几何区组成，如图 7-19(a) 所示是典型的挤片口模结构。口模分配腔是把流入口模的聚合物熔体流分配在整个横截面上，并承接由熔体输送设备出口送来的料流；引流道是使聚合物熔体呈流线型地流入最终的口模出口；口模成型段是赋予挤出物以适当的横截面形状，并消除在前两区所产生的不均匀流动。

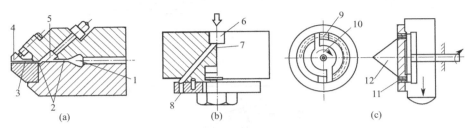

图 7-19　挤片口模的结构（a）、单丝口模的结构（b）及同心刀轴式造粒口模的结构（c）
1—分配腔；2—引流道；3—模唇；4—模唇调节器；5—扼流棒；6—熔体入口；
7—分流管；8—喷丝孔；9—切力；10—刀架；11—分流梭；12—圆孔

影响口模设计的主要因素有：口模内部流道的设计、结构材料、温度控制均匀性。之所以要设计口模形状，是为了在给定尺寸均匀性限度内，保证最高的可能产率下得到所需的制品形状。目前，口模设计是根据加工经验和理论分析相结合进行的。实际上，聚合物熔体是黏弹性流体，离模膨胀对口模形状设计和制品形状都有重要的作用，但目前对此问题的研究还不够，特别是异形口模的设计仍需借助实践经验。下面主要介绍挤出成型中针对不同制品所采用的几种典型口模。

（1）圆孔口模

在挤出塑料圆棒、单丝和造粒时所用的口模，均具有圆形出口的模截面，这就是圆孔口模。这种口模中的流动是典型的一维流动，虽然沿半径方向流速有很大变化，但在同心圆上的轴向流速则是相同的。另外，如果圆孔平直部越短，则熔体的离模膨胀越大。口模平直部分长度（L）与直径（D）之比一般低于 10。

挤出棒材口模的结构比较简单，进口处的收缩角为 30°～60° 左右，平直部分为 (4～6)D，出口处可做成喇叭形，以适应不同直径的需要，其扩张角在 40° 以下。

单丝口模，喷丝孔应布置在等速线上以使丝条在拉伸时受力均匀，长径比一般为 6～10，而孔径的大小则取决于单丝的直径和拉伸比，孔数一般为 20～60[图 7-19(b)]。另外，喷丝孔的精度应高，以免喷丝粗细不均，因为孔径误差 10%，则大致可使体积流率误差到 47%。

造粒口模的长径比也低于 10，圆孔的排布多排在同心圆上使料流速度基本相同，以获得均匀的粒料。图 7-19(c) 为造粒口模的一种。

（2）扁平口模

用挤出法生产平膜（厚度小于 0.25mm）和片材（厚度大于 0.25mm）的口模，其出口都具有狭缝的横截面，这就是扁平口模。从挤出机送来的熔体一般为圆柱体，要把它转变成扁平的矩形截面而且具有相等流速的流体，就需要在口模内构成具有分配流体作用的空腔（分配腔）。根据分配腔的几何形状不同，扁平口模可分成直支管式口模（T 形口模）、鱼尾形口模（扇形口模）和衣架式口模三种（图 7-20）。

直支管式口模是用一根带缝的直圆管与矩形流道组成，见图 7-20(a)。聚合物熔体从中间部分进入，经过圆管分配腔而从狭缝流出片状流体。如果熔体从中心到支管末端的压力降比较大，通过狭缝（模唇）挤出的片材则会出现中间较厚、两边较薄的情况。如果增大支管半径，这种厚薄不均的现象将会减小。通过口模内的流动分析，可以得到合理的支管半径。

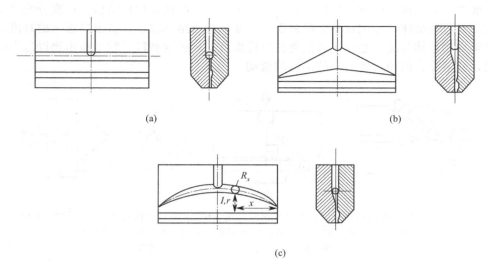

图 7-20　扁平口模

(a) 直支管式口模；(b) 鱼尾形口模；(c) 衣架式口模

另外，在流道内设置扼流棒和对模唇间隙加以调节[参见图 7-19(a)]，即可得到厚度均匀的产品。但是，熔体在这种口模内的停留时间在中部和两侧相差很大，因而它不宜挤出 PVC，而常用于聚烯烃和聚酯的挤出。

鱼尾形口模如图 7-20(b) 所示。聚合物熔体从中部进入并沿扇形扩展开来，再经模唇的调节作用而挤出。与直支管式口模相比，这种口模没有死角，流道内的容积小而减小了熔体的停留时间，因此，这种口模对于熔体黏度高而热稳定性差的聚合物（如 PVC）有较好的效果，但扇形的扩张角不能太大、片材宽度受到一定的限制。为使速率更均匀，在模唇前加上弧形阻力块和扼流棒，熔体再经模唇挤出。

为了改进聚合物熔体在上述口模内的流动分布均匀性，将直支管式口模与鱼尾形口模的优点结合在一起而构成了衣架式口模。这种口模的分配腔是由两根直径递减的圆管（即支管）与两块三角形平板间的狭缝构成像衣架的流道，如图 7-20(c) 所示。从挤出机送来的柱塞状流体，通过两根支管的分流和三角形的"中高效应"而分布成片状熔体流，再经过扼流棒和模唇的调节作用，挤出物的流速更加均匀。最后经冷却即得片材。熔体在这种口模内的停留时间分布较一致，特别适于硬质 PVC 的挤出。

（3）环形口模

用于挤出管子、管状薄膜、吹塑用型坯和涂布电线的口模，在其出口都具有环形截面，这类口模称为环形口模。这种环形流道是由模套和芯模组成的。根据口模套与芯模间的连接形式不同，可分为支架式口模、直角式口模、螺旋芯模式口模和储料缸式口模等，如图 7-21 所示。

支架式口模是将芯模用支架柱支撑在模体上构成环形空间的。从挤出机送来的聚合物熔体经分流梭再绕过支架后汇合成管状物从环形流道挤出。这样，汇合处的熔接痕就会影响到制品质量，如力学强度、光学性能和壁厚不均等。改进方法是将支架设计成筛孔管式，用来挤聚烯烃管。也有将分配腔设计成莲花瓣状或补偿心脏式，用来吹制管膜。

（4）异形口模

这里所谓异形制品（或称型材）是指从任一口模（异形口模）挤出而得到具有不规则截面的半成品。它包括中空和开放的两大类。在考虑口模流道的几何形状时，首先考虑从口模

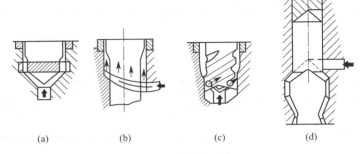

图 7-21　环形口模

（a）支架式；（b）直角式；（c）螺旋芯模式；（d）储料缸式

挤出的熔体流速在整个横截面应是相同的，其次挤出熔体的轮廓应与制品形状基本一致，经过定型达到制品的形状。当然，这是一个总的原则。为达到此目的，要从制品设计和口模设计两方面考虑。

设计异形制品时，制品的截面形状应尽量简单，壁厚应尽量均匀而且相等，中空型材内部应尽量避免设置增强筋和凸起部分，拐角部分的圆角应大一些；从口模设计方面设计异形制品时，口模与制品形状关系应根据速度分布和离模膨胀的原则结合实践经验来确定。例如，要制取正方形的挤出物，口模的横截面应做成四角形。口模成型段的长度是随流道截面大小而变化的。壁厚的部分要增长成型段，壁薄的成型段要短，尽可能使压力分布均匀，以使挤出物具有相同流速。

在口模设计上，还有两个极端的设计，一是板式口模，另一个是流线型口模（图7-22）。板式口模的流道几何形状从入口到出口发生急骤变化。这种口模简单，容易制造，也容易改进，但有大量死角，对热稳定性差的聚合物则会发生降解。主要用于热稳定性好的聚合物。流线型口模的流道几何形状从入口到出口是逐渐改变的。显然，这种口模较复杂，较难制造和改进，适用于热稳定性差的聚合物。

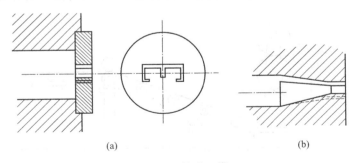

图 7-22　异形口模

（a）板式口模；（b）流线型口模

五、典型挤出制品成型工艺

挤出成型可生产多种多样的制品，其工艺流程随制品的不同而改变，但在工艺上最有代表性的制品是管材、板材、吹塑薄膜及包覆电缆等。

（1）管材挤出

挤出法成型的塑料管材有硬管和软管之分，两种管的挤出工艺流程大致相同，硬管的挤出工艺流程如图 7-23 所示。用来挤管的塑料品种很多，主要有 PVC、PE、PP、PS、PA、ABS 等。

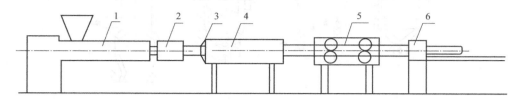

图 7-23　硬管挤出工艺流程

1—挤出机；2—管机头；3—定径套；4—冷却水；5—牵引装置；6—切断装置

管材挤出的基本工艺是：物料在螺杆料筒挤出装置中塑化均匀后，经料筒前端的机头环隙口模挤出，离开口模的塑性管状物进入定型装置（又称定径套）冷却，使表层首先凝固。再进入冷却水槽进一步冷却定型。已充分冷却定型的管状物由牵引装置匀速拉出，最后由切割装置按规定长度切割。

软管的挤出工艺流程与硬管稍有不同，一般不用定型装置，通过往挤出的管状物中通入压缩空气来维持截面形状，管状物经自然冷却或喷淋水冷却后，用输送带或靠管的自重实现牵引，最后由收卷盘卷绕至一定量时切断。

棒材和各种中空异型材的挤出成型工艺与管材挤出无本质上差别，只是所用机头口模的模孔截面形状有所不同。因此，棒材和中空异型材可采用与管材挤出大致相同的工艺流程的挤出机组成型。

（2）板材挤出

典型的板材挤出工艺流程如图 7-24 所示。物料经挤出机塑化均匀后，由狭缝机头挤出成为板坯，板坯立即进入三辊压光机降温定型，从压光机出来的板状物先在导辊上进一步冷却定型后用切刀切去废边，由二辊牵引机送入切断装置截切成所需长度的板材。

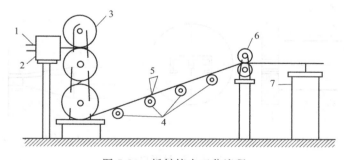

图 7-24　板材挤出工艺流程

1—挤出机；2—狭缝机头；3—三辊压光机；4—导辊；5—切边机；6—二辊牵引机；7—切割装置

板材挤出所用狭缝机头均具有宽而薄的出料口，熔体由料筒进入机头，流道由圆形变成狭缝形。要保证挤出的板材厚度均匀和表面平整，就必须采取措施使熔体沿口模宽度方向以相同的流速离开出料口。

板材挤出常用的狭缝机头有 T 形机头、鱼尾式机头和衣架式机头。T 形机头常用于成型聚烯烃、聚酯等热稳定性塑料；鱼尾式机头只宜挤幅面不太宽的板材；衣架式机头则是目前应用最广泛的机头。前面已有针对此类机头的介绍，这里不再赘述。

（3）薄膜挤出吹塑

薄膜挤出吹塑工艺根据从挤出机机头引出筒坯方向的不同，可分为上吹、下吹和平吹三种方法，目前工业上常用的是上吹法。

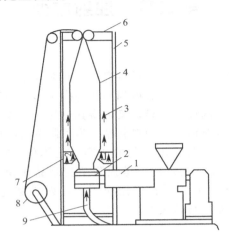

图 7-25　上吹法薄膜挤出吹塑装置

1—挤出机；2—机头；3—膜管；4—人字板；5—牵引架；6—牵引辊机；7—风环；8—卷辊机；9—进气管

上吹法薄膜挤出吹塑工艺流程如图 7-25 所示。用这种装置成型筒膜的基本过程是：成型物料经挤出机塑化均匀后，自机头的环形隙缝挤出筒坯，筒坯被从机头下面的进气管引入的压缩空气横向吹胀，同时被机头上方的牵引辊纵向拉伸，并由机头上面的冷却风环吹出的空气冷却；充分冷却定型后的筒膜被人字板压叠成双折，再经牵引辊压紧封闭并以均匀的速度引入卷取辊；当进到卷取辊的双折筒膜达到规定长度时即被切断成为膜卷。

（4）线缆包覆挤出

这种成型工艺是将一层热塑性塑料（如 PVC、PE 等）通过挤出包覆在芯线上作为绝缘层。当芯线为单股或多股金属线时，挤出产品即为电线；当芯线为一束互相绝缘的导线时，挤出产品则为电缆。

线缆包覆挤出工艺流程如图 7-26 所示。金属导线由送料装置经矫正机和预热器进入直角式口模的导线器，从挤出机送来的熔体绕导线形成管状物，并在口模的成型段紧密地贴合，这种已被包覆的导线离开口模进入水槽冷却，再通过绝缘检验机、经牵引到卷线机上卷绕成圈。

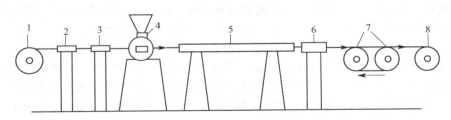

图 7-26　线缆包覆挤出工艺流程

1—送料装置；2—矫正机；3—预热器；4—挤出机与直角机头；5—水槽；6—检验机；7—牵引机；8—卷取机

线缆包覆挤出常用的机头有挤压式包覆机头和套管式包覆机头两种，前者主要用于电线绝缘层包覆，后者用于电缆护套的包覆。线缆包覆层的厚度由芯线的牵引速度和挤出机的挤出速率的比决定。

第二节　注射成型

注射成型又称注塑或注射模塑，一般是将聚合物原料强制置于模腔中，在充满模腔后随即冷却、固化的一种成型方法，最终能够得到形状与模腔形状一样的模制品。其中根据所用塑料原料的不同以及成型加工的设备差异，又可将其分为注射成型和模压成型。注射成型被广泛用于快速批量成型具有复杂形状的塑料制品。为了制造出高质量的制品，注射成型过程需要最佳的工艺条件和高的复现性。聚合物的比容（比体积，密度的倒数，以 v 表示）是由压力（p）和温度（T）等变量决定的，是预测塑料制品体积、形状和尺寸的重要指标。聚合物的压力-比容-温度（pvT）关系被广泛应用于注射成型过程的数值模拟和过程控制中，以获取最佳工艺条件，提高制品成型精度。

一、注射成型简介

1. 概况

注射成型是古老的铸造方法的一个分支，由金属铸造演化而来，是目前塑料加工中最普遍采用的方法之一，它所生产的制品约占塑料制品总量的 $20\%\sim30\%$，在工程塑料中有 80% 都采用此类成型方法。注射成型的成型周期短，花色品种多，形状可由简到繁，尺寸可由小到大，制品尺寸准确，可制造带金属嵌件的塑料制品，产品易更新换代。注射成型可以生产自动化、高速化，具有极高的经济效益。

注射成型适用于大多数热塑性塑料（氟塑料除外）。同样其也适用于某些热固性塑料（如 PF），甚至扩大到橡胶、纤维增强聚合物复合材料、陶瓷和粉末金属（后两种情况下添加聚合物黏合剂），因而注射成型是一种应用很广的成型方法。近年来，在通用注射的基础上又发展了多种注射方法，主要包括了热固性塑料注射、结构发泡注射、反应注射成型、双层及双色注射成型、旋转注射成型等。

2. 注射成型工艺过程

通用注射成型是将物料或粉料置入注射机的料筒内，经过加热、压缩、剪切、混合和输送作用，使物料进行熔融和均化，即所谓的塑化过程。随后，借助柱塞或螺杆将熔化好的塑料熔体通过料筒前端的喷嘴和模具的浇注系统射入预先闭合好的模腔中，再经过冷却固化就可以得到具有一定形状和精度的塑料制品。螺杆式注射机整体结构如图 7-27 所示。

注射成型包括两个不同的过程：过程一是在注射装置中发生的，物料熔体的产生、混合、增压和流动；过程二是在模腔中发生的，将料流注射到模腔后有关制品的成型过程。注射成型是一个循环过程，每完成一个循环过程称为一个操作周期。每完成一个操作周期，注射装置和合模装置分别完成一个工作循环。过程如图 7-28 所示（以螺杆注射为例）。

根据上述循环过程，要完成注射成型需经三个阶段：塑化、注射和定型。

① 塑化阶段：注射成型是一个间歇过程，因此在操作过程中应当保持定量加料，以保证操作稳定、塑料塑化均匀，最后得到良好的制品。塑化过程是指塑料在料筒内经过充分加热达到熔融状态并具备良好的可塑性，能在规定时间内提供足够数量的熔融塑料。塑化过程与塑料的特性、工艺条件的控制以及注射机塑化装置的结构密切相关。

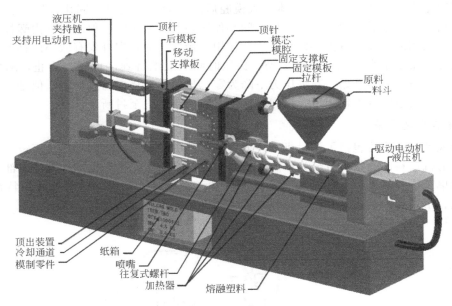

图 7-27 螺杆式注射机整体结构

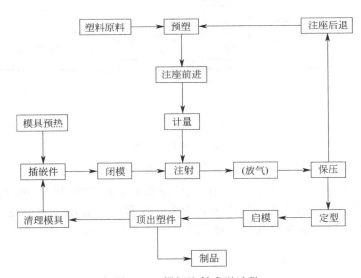

图 7-28 螺杆注射成型过程

　　塑化阶段在注射料筒与螺杆间进行，塑化好的熔体储存在料筒的端部。注射螺杆的动作、结构与挤出螺杆有些不同。挤出螺杆只有旋转动作，而注射螺杆既有旋转动作，又有往复动作。塑化时，螺杆在旋转的同时还有后退动作，以便将塑化好的熔体储存在料筒端部供注射用。注射时，螺杆代替柱塞向前推进，此时螺杆无旋转作用。从结构上讲，注射螺杆的 L/D 偏小、压缩比偏小，且螺杆头部装有止逆装置。

　　② 注射阶段：注射阶段是指从螺杆预塑后的位置向前运动开始，将计量室中塑化好的熔体在注射油缸推力的作用下，螺杆前移，将储存在料筒端部的熔体向前推压，经过主流道、分流道和浇口，射入已闭合的模具型腔内。注射充模阶段的流动特点是压力随时间呈现出非线性函数的变化。

③ 定型阶段：定型阶段包括熔体进入模腔后的流动、相变以及固化，然后启模得到制品。在注射阶段结束后一般会预留保压时间和保压切换倒流时间，保压时间内螺杆会持续推进熔体，压实制品。此阶段内熔体在高压的作用下慢速流动，螺杆仅有微小的补缩位移，物料随模具冷却密度增大而制品逐渐成型。保压时间一般维持到浇口凝封为止，随后保压结束，螺杆新一轮的预塑开始，喷嘴压力下降为零。虽然此时浇口已经封闭，但是模内熔体尚未完全凝固，在模腔压力作用下，模内熔体反方向回流，直至封断。

3. 注射成型设备

注射成型设备主要包括了注射机和注射模具，其中注射模具随制品形状而定，没有特定标准。注射机按料筒的数目可分为单阶式、双阶式及多阶式；按合模部件与注射部件的工位数可分为单工位和多工位；按结构分为柱塞式和移动螺杆式两类，也有按外形特征分为立式、卧式、角式和转盘式等多种，几种常见注射机如图 7-29 所示。

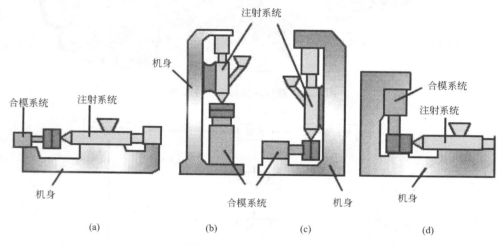

图 7-29　几种常见注射机
（a）卧式；（b）立式；（c）角式；（d）角式

通用注射机是指目前使用量最大、应用最广泛的加工热塑性塑料的单阶式、单工位注射机，以移动螺杆式注射机为代表，且以卧式为多。通常一台通用注射机主要包括：注射装置、合模装置、液压传动系统和电器控制系统，如图 7-30 所示。

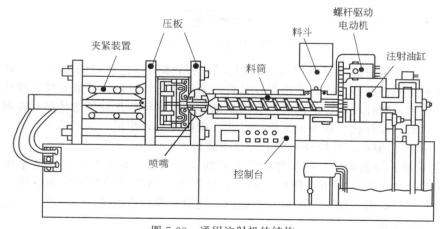

图 7-30　通用注射机的结构

二、注射机的基本组成及其功能

如上所述，一台通用注射机主要由注射机构、合模装置以及模具三部分组成。其中注射机的规格以一次所能注射出的 PS 最大重量为标准。下面以螺杆注射机为例，对其基本部件依次介绍。

1. 注射机构

（1）注射系统

注射系统的主要作用是"吃进"塑料，使之均匀地塑化和熔融，并以足够的压力和速度将一定量的熔体注射到模具的型腔之中。注射装置主要由料斗、塑化装置（螺杆、料筒、喷嘴及其加热部件所组成）、计量装置、传动装置、注射装置、注射座等组成。

① 料斗：注射机上一般设置有料斗，料斗常为倒圆锥形或锥形。料斗内通常设有计量器，以便于定量加料，有的还备有加热或干燥装置。

② 塑化装置：由螺杆和加热料筒组成，注射机的料筒与挤出机相似，其大小取决于注射机的最大注塑量。螺杆式注射机因为有螺杆在料筒内对塑料进行搅拌和推挤，传热效率高，混合塑化效果好，料筒容量一般为最大注射量的 2～3 倍。

螺杆是移动螺杆注射机的重要部件，与挤出机的螺杆一样，是一根表面有螺纹的金属杆件，但是其结构形式及作用有所区别。注射机的螺杆主要作用是物料输送、压实、塑化及推进，提供注射压力，与挤出机螺杆相比，其长径比 L/D 和压缩比 ε 较小。且为了提高塑化量，其进料段较长；同时计量段长度较短，螺槽较深，以提高其生产效率。在螺杆头部装有防止熔体倒流的止逆环和各种剪切或混炼元件。注射螺杆的另一个特点是既可旋转又能前后移动，从而能完成对塑料的塑化、混合和注射作用。由于液压传动平移、保压好和可调节压力等优点，因此注射机多采用液压传动。

③ 计量装置：是由支架和行程挡块组成的装置，起塑化和计量作用。

④ 螺杆传动装置：主要由减速装置、轴承支架、主轴套和螺杆驱动电机组成。预塑化时，动力通过主轴套和轴承以及轴承支架上的减速装置带动螺杆旋转。

⑤ 注射装置：主要由注射油缸和活塞及喷嘴组成。在注射时，油缸产生注射推力，通过主轴推动螺杆向头部熔体施加高压，使熔体通过喷嘴充入模腔而成型。喷嘴起到连接料筒和模具的作用，所以它的内径一般都是自进口逐渐向出口收敛，顶部呈半球形，使喷嘴和模具紧密接触。由于喷嘴的内径不大，所以物料熔体在经过喷嘴时会因为剪切速率的增加而进一步塑化。注射热塑性塑料用的喷嘴类型各异，但是最常用的一般有三种：通用式、延伸式和弹簧针阀式。

⑥ 注射座：是一个可以在机身上移动的基座，塑化装置、注射装置以及计量装置和料斗都固定在注射座上。注射座在油缸作用下，可以整体前进或后退，使喷嘴与模具接触或离开。

（2）合模装置

合模装置是控制模具的启闭，在注射时保证成型模具可靠地合紧，以及脱出制品的机构。合模装置主要由前后固定模板、移动模板、连接前后固定模板用的拉杆、合模油缸，移模油缸、连杆机构、调模装置以及制品顶出装置等组成，如图 7-31 所示。

动模板装在前、后模板之间，后模板上固定合模油缸；动模板在合模油缸的作用下以 4 根拉杆为导向柱作启闭模运动。模具的动模装在动模板上，而定模则装在前固定模板上。当模具闭合后，在合模油缸压力作用下，锁紧模具，防止当注入高压熔体时模具胀开。

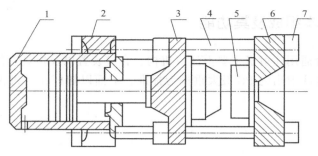

图 7-31 合模装置

1—合模油缸；2—后固定模板；3—移动模板；4—拉杆；5—模具；6—前固定模板；7—拉杆螺母

在动模板的后侧装有液压及机械顶出装置。动模板在开启模具时，可通过模具中的顶出机构，从模腔中顶出制品。此外，在动模板或定模板上还装有调模机构，以便在一定的范围内调节模具厚度；在液压-机械式合模机构中（合模机构有机械式和液压-机械式两种）还要通过调整机构来调试合模力大小以控制超载。

合模框架的前后侧设安全罩、安全门及液压、机械安全保护装置，以便控制动模板启闭模的限位和在运动中压力与速度的切换。顶出装置的顶出或退回均有限位开关。应不定期调整模具厚度的限位、安全门打开或闭合的安全联锁装置。为确保安全，一般都用液压装置和电气限位开关同安全门联锁，当只有安全门闭上时才能产生闭模动作。

（3）液压系统和电器控制系统

液压系统及电器控制系统主要是保证注射机按工艺过程预定的要求（温度、压力、速度和时间）和动作程序准确有效地工作而设置的。

注射机的液压系统主要由各种液压元件和回路及其他附属设备所组成。电器控制系统则主要由各种电器和仪表等组成。液压系统和电器控制系统有机地组织在一起，对注射机提供动力和实现控制。

2. 注射模具

注射模具是注射成型的工装设备，它是成型过程中赋予塑料形状所有部件的组合体。能否有效地利用注射成型方法关键在于模具，并且塑料制品的生产与更新都以模具的制造与更新为前提。因此，模具设计制造的优劣直接影响着制件的质量和生产效率。

（1）注射模具的组成

注射模分为动模和定模两大部分，定模安装在注射机的固定板上，动模安装在注射机的移动模板上。注射前动模和定模闭合构成型腔和浇注系统。开模时，动模与定模分开，由脱模机构推出制品。在开模时，模具上用于取出塑件和浇注系统凝料的可分离的接触表面称为分型面。

① 成型零部件：成型零部件是直接成型制件的部分，它通常由型芯（又称凸模）、型腔（又称凹模）等部件构成，用于填充塑料。如图 7-32 所示模具中件 13 为凸模，件 14 为凹模。

② 浇注系统：将塑料由注射机喷嘴引向型腔的流道称为浇注系统，由主流道、分流道、浇口、冷料井组成。主流道是模具中连接注射机喷嘴至分流道或型腔的一段通道；分流道是多槽模中连接主流道和各个型腔的通道；浇口是主流道（或分流道）与型腔的通道；冷料井是设在主流道末端的一个空穴，用以捕集喷嘴末端部两次注射之间所产生的冷料。

③ 导向系统：为确保动模与定模合模时准确对中而设的导向零件，通常由导向柱、导向孔或导向套组成。有的模具采用斜面定位机构，以及在顶出装置上设导向零件。

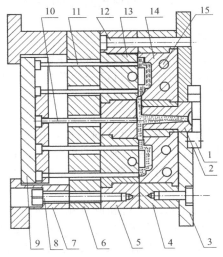

图 7-32 单分型面注射模

1—定位环；2—主流道衬套；3—定模底板；4—定模板；5—动模板；6—动模垫板；7—模脚；8—顶出板；
9—顶出底板；10—拉料杆；11—顶杆；12—导柱；13—凸模；14—凹模；15—冷却水模

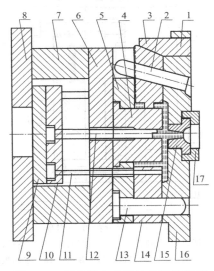

图 7-33 带有侧向分型抽芯的注射模

1—锁紧楔；2—斜导柱；3—滑块；4、8—型芯；5—固芯板；6、14—动模；7—支架；
9—顶出底板；10—顶出板；11—顶杆；12—拉斜杆；13—导柱；15—主流道衬套；16—定模板；17—定位环

④ 脱模系统：在开模过程中，将制件从模具中顶出的装置，其结构形式很多。最常见的有顶杆式、项管式、推板式等。在图 7-32 中以件 8、9、10、11 组成推杆脱模系统。

⑤ 分型抽芯机构：当制件上带有侧孔或侧凹时，在被顶出之前，需先将侧向型芯从制件中抽出，这个动作过程是由分型抽芯机构实现的。图 7-33 为最常用的斜导柱侧向分型抽芯机构。

⑥ 模具温度调节系统：模具设有冷却或加热装置。冷却装置一般在模具内开设冷却水通道，加热装置是在模具或周围安装加热元件。

⑦ 排气机构：为了排除注射过程和成型过程中所含有的空气及产生的其他气体，常在

分型面上设置排气槽，或利用型芯或推杆与模板间的间隙排气。

（2）注射模具的分类

注射模具结构形式多种多样，因此产生的分类方法很多。例如，按照塑料品种不同可分为热塑性塑料注射模和热固性塑料注射模；按照所用注射机类型不同可分为卧式注射模、立式注射模和角式注射模；按照模具的成型数目可分为单型腔注射模和多型腔注射模；按照在注射机上的安装方式可分为固定式注射模具和移动式注射模具。最常用的分类方法是以注射模的总体结构特征进行分类，具体可分为以下六种。

① 单分型面注射模：它是注射模中最简单的一种，也叫二板式注射模。型腔的一部分在动模上，另一部分在定模上。图7-32为一典型的单分型面注射模。主流道设在定模一侧，分流道设在分型面上，开模后制件连同流道凝料一起留在动模一侧，动模上设有顶出装置，以顶出制件和流道凝料。

② 双分型面注射模：特指浇注系统凝料和制件由不同的分型面取出，也叫三板式注射模。与单分型面模具相比，其增加了一个可移动的中间板（又名浇口板）。它采用点浇口进料的单型腔或多型腔模具，如图7-34所示。A—A为第一分型面，分型后凝料由此脱落；B—B为第二分型面，分型后制品由此脱落。

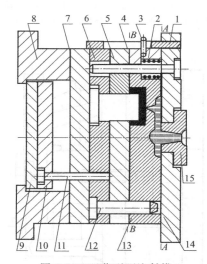

图 7-34　双分型面注射模

1—定距拉板；2—弹簧；3—限位钉；4，12—导柱；5—脱模板；6—型芯固定板；7—动模垫板；8—模脚；9—顶出底板；10—顶出板；11—顶杆；13—中间板；14—定模；15—主流道衬套

③ 带有活动镶件的注射模：由于制件的特殊要求，模具上需设有活动的镶件（如图7-35所示）或者是活动的螺纹型芯、型环等。开模时，这些部件不能简单沿开模方向与制件分离，必须在制件脱模时连同制件一起移出模外，然后通过手工或简单工具使它与制件分离。

④ 带有侧向分型抽芯的注射模：当制件带有侧孔或倒凹时，在自动操作的模具上需设有侧向分型抽芯机构。开模时，利用开膜力带动侧向型芯作横向移动，使其与制件脱离。图7-33为斜导柱带动抽芯的侧向分型抽芯的注射模。

⑤ 自动卸螺纹注射模：对带有内、外螺纹的制件要求自动脱模时，在模具上设有可转动的螺纹型芯或型环，利用开模行程或设置专门的电机、液压电机等带动传动装置使螺纹型芯或型环从制件上脱出。如图7-36所示。该模具用于角式注射机，主螺纹型芯由注射机开合模的丝杆带动旋转使其与制件相脱离。

⑥ 热流道注射模：热流道注射模包括热流道或绝热流道模，通过对流道进行加热或绝

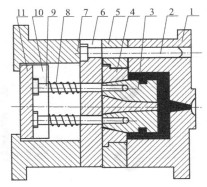

图 7-35 带活动镶件的注射模

1—定模板；2—导柱；3—活动镶件；4—型芯；5—动模板；6—动模垫板；

7—模脚；8—弹簧；9—顶杆；10—顶出板；11—顶出底板

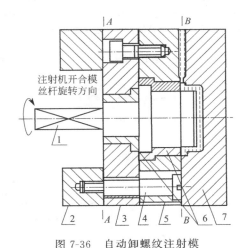

图 7-36 自动卸螺纹注射模

1—螺纹型芯；2—模脚；3—动模垫板；4—定距螺钉；5—动模板；6—衬套；7—定模板

热的办法来保持从注射模喷嘴到型腔浇口之间的塑料呈熔融状态。在每次注射后，只需取出制件而没有浇注系统凝料，从而大大提高了劳动生产效率，同时也保证了压力的传递，易实现自动化操作。但是缺点是模具成本高，浇注系统和温控系统要求高，对制品形状和塑料有一定的限制。图 7-37 为热流道注射模的结构。

3. 注射机的工作过程

各种注射机完成注射成型的动作程序可能不完全一致，但所要完成的基本工序是相同的，其中包含有合模、注射、保压、螺杆预塑、开模、制品顶出等步骤。现以螺杆式注射机为例予以说明，如图 7-38 所示。

（1）合模、注射

注射机的成型周期一般从模具开始闭合时起。原始状态时动模板在开启位置，模具的动模和定模是分开的；注射座在后退位置，料筒的喷嘴和定模呈非接触状态。模具首先以低压快速进行闭合，当动模与定模快要接近时，合模机构的动力系统自动切换成低压（即试合模压力）、低速，在确认模内无异物存在且嵌件没有松动时，再切换成高压而将模具锁紧。在确认模具达到所要求的锁紧程度后，注射座前移，使喷嘴和模具流道口贴合，继而就可向注

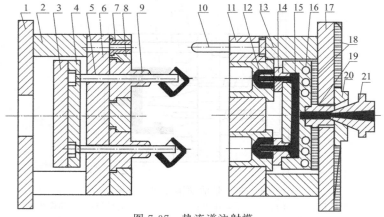

图 7-37　热流道注射模

1—动模底板；2—模脚；3—顶出底板；4—顶出板；5—顶杆；6—动模垫板；7—导套；8—动模板；
9—凸模；10—导柱；11—顶模板；12—凹模；13—支架；14—喷嘴；15—热流道板；
16—加热器通孔；17—定模底板；18—绝热层；19—主流道衬套；20—定位环；21—注射机喷嘴

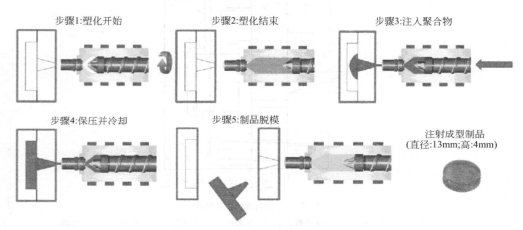

图 7-38　注射成型过程的步骤解析

射油缸充入压力油，螺杆在高压驱动下快速将熔料注入模具型腔中。

（2）保压

此时螺杆头部作用于熔料上的压力即为注射压力（一次压力），当熔料充满模腔后，螺杆仍对熔料保持一定的压力，以防止模腔中熔料的倒流，并向模腔内补充因低温模具的冷却作用而使熔料收缩需要的物料，从而保证制品的致密性、尺寸精度和力学性能。此时螺杆作用于熔料上的压力称为保压压力（二次压力），在保压时螺杆因补缩而有少量的前移。

（3）螺杆预塑

当保压进行到模腔内的熔料失去从浇口回流的可能性时（浇口凝封）即可卸压，制品在模腔内继续冷却定型。与此同时，螺杆在传动装置的驱动下开始后退转动，塑料从料斗落入到料筒中随着螺杆的转动沿着螺杆向前输送。输送过程中物料被逐渐压实，在机筒外加热和螺杆摩擦热的作用下，物料逐渐熔融塑化最后呈黏流态，并建立起一定的压力。

由于螺杆头熔料压力的作用，螺杆在转动的同时又发生后退。当螺杆回退到计量值时，螺杆即停止转动，准备下一次注射。制品冷却与螺杆塑化在时间上通常是重叠的，这是为了缩短成型周期。在一般情况下，要求螺杆塑化计量时间要少于制品冷却时间。

（4）制品顶出

螺杆塑化计量结束后，为使喷嘴不至于长时间和冷的模具接触而形成冷料，有些塑料品种需要将喷嘴撤离模具，即注射装置后退（根据物料可选择）。模腔内的制品经冷却定型后，合模机构即开模，在顶出装置作用下顶出制品。

上述过程按时间先后，可绘制成注射机工作过程，如图 7-39 所示。

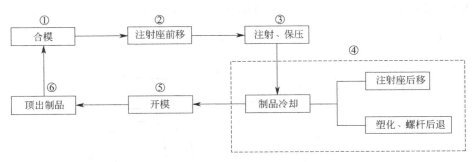

图 7-39　注射成型工作循环周期

三、注射成型工艺原理

1. 注射成型周期

注射成型是周期性过程，主要由合模、锁模、注射座前移、注射、保压、预塑、制品冷却、开模、顶出制品等程序组成。在一个注射成型周期内，注射座、合模装置、螺杆的动作时间顺序及熔体所经历的过程如图 7-40 所示。

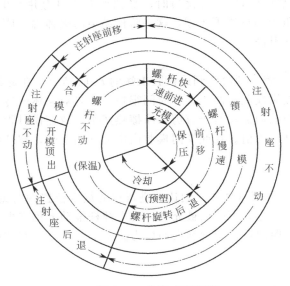

图 7-40　注射成型周期

在一个成型周期中，总时间可分为成型时间和辅助操作时间。成型时间是指熔体充模、保压和在模腔内冷却定型所需要的时间，由于制品成型都是在闭合的模腔中进行，因此成型时间实际上包括在模具锁紧的时间范围内；辅助操作时间是指除成型时间外的其余时间，通常包括合模、注射座前移、开模、顶出的动作时间及安放嵌件、涂脱模剂、取出制品的时间等。

流动充模是指注射机将塑化好的熔体注射到模腔的过程。熔体注射过程中会遇到机筒、喷嘴、模具浇注系统、模腔表面对熔体的外摩擦，以及熔体内部所产生的内摩擦。为了克服这些流动阻力，注射机需要对熔体施加很大的注射压力。如果想要掌握熔体的流动充模规律，就必须要了解熔体在注射过程中所受到的压力以及温度的变化。图 7-41 为成型时间内，塑料熔体所经受的温度和压力变化，一般可将其分为六个阶段。

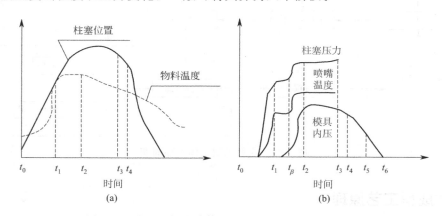

图 7-41　成型时间内熔体经受的温度和压力变化情况
（a）螺杆（柱塞）位置与物料温度的关系；（b）螺杆（柱塞）压力、喷嘴温度与模具内压的关系

（1）螺杆（柱塞）空载阶段

从 t_0 时刻螺杆开始快速向前移动，熔体通过喷嘴和浇口，但熔体尚未进入模腔，螺杆处于空载状态。当熔体高速通过喷嘴和浇口时，受到很大的阻力并产生大量的剪切摩擦热，而模腔（浇口末端）的压力却近似等于零，这一阶段结束时熔体温度明显升高，而作用在螺杆上和喷嘴处的压力迅速升高。

（2）充模阶段

从 t_1 开始熔体进入模腔，到熔体到达模腔末端的 t_β 时结束。在此期间螺杆（柱塞）继续快速前进，直至熔体充满模腔。由于充模时间很短，模具对熔体的冷却作用不显著，加之充模速度较高，熔体在模腔内流动时仍有剪切摩擦热产生，故充模过程中熔体温度仍有一定升高，到充模结束时达到最大值。在此期间模腔内压力开始上升，螺杆和喷嘴处的压力升到最大值。

（3）压实阶段

这一阶段从 t_β 开始至螺杆（柱塞）到达前进行程的最大位置的时刻 t_2 结束，该过程经历的时间很短，在此期间，尽管模腔已被充满，但在螺杆推动下仍有少量熔体进入模腔以压实模腔中的熔体，此时模腔内熔体密度增大而压力急剧上升，压实期结束时模腔内的压力达到成型周期内最高值。

（4）保压阶段

这一阶段从 t_2 开始至螺杆（柱塞）开始退回的时刻 t_3 结束。保压，指注射压力对模腔内的熔体继续进行压实的过程。同时，在保压过程中，螺杆在压力控制下向前蠕动并向模腔内补料，以弥补由于模具冷却和料温下降引起的熔体体积收缩。

（5）倒流阶段

这一阶段从 t_3 开始至浇口内熔体凝固的时刻 t_4 结束。保压期结束后螺杆在 t_3 时刻开始后退，作用在其上的压力消失，喷嘴处和浇道内的压力迅速下降。这时模腔内的压力会高于浇道内的压力。若浇口内的熔体仍能流动，就会有少量熔体从模腔倒流入绕道并导致腔内压力迅速降低。随着模腔内压力降低、倒流速度减慢，浇口处温度迅速下降，到 t_4 浇口内熔体凝固，倒流随之停止。

（6）续冷阶段

这一阶段从 t_4 开始到开模时结束，是注射成型工艺过程的最后阶段。在此期间，模腔内物料在没有外界压力作用下继续冷却，随着冷却过程的进行，模腔内物料的温度和压力继续降低。

上述六个阶段是用大浇口模具成型厚壁制品时观测到的，实际生产中由于制品的形状和结构、模具浇注系统的结构和尺寸及成型工艺条件的不同，并非每个制品的成型过程都要全部经历上述六个阶段。例如，成型薄壁制品或用点浇口模具时，在物料充满模腔后，模腔或浇口内熔体会很快凝固，不必保压，也不会出现倒流。

2. 物料熔融塑化（预塑）过程

所谓熔融塑化是将固体物料在料筒内加热熔融并混合的过程，该过程是注射成型的一个准备阶段，塑化对成型过程和制品的质量都有不可忽视的影响。在塑化过程中，重要的是应该保证熔体达到要求的成型温度，且熔体温度分布尽可能均匀，其中的热降解产物含量应尽可能少。

塑化过程中螺杆的旋转运动把熔体从计量段的螺槽中向前挤出，使之汇集到螺杆头部的计量室中，并在室中形成了熔体压力（即预塑背压）。在背压作用下，螺杆旋转的同时向后作直线运动，后退动作一直持续到计量行程结束为止。当螺杆后退停止时，螺杆旋转运动也随之停止，塑化过程结束，进入下一循环周期，物料在料筒内处于"保温"状态。

3. 塑料熔体在模具内的成型

塑料熔体在模具内的成型是指塑料熔体在借助螺杆（柱塞）的旋转运动从喷嘴处注射进模腔后，螺杆（柱塞）在机筒中开始后撤，浇口处发生冻结，直至制品脱模的过程，可分为下面几个阶段。

（1）充模过程

充模过程是从熔体进入模腔到充满模腔阶段，此间高温熔体在模腔内的流动情况很大程度上决定着制品的表面质量和物理性能，是注射过程最为复杂而又重要的阶段。

① 熔体在模腔内的充填模式：熔体在模腔中的充填模式主要与浇口位置和模腔形状及结构有关。图7-42为熔体经过四种不同位置的浇口进入不同形状模腔的典型充填模式，最基本的充填模式为前三种。

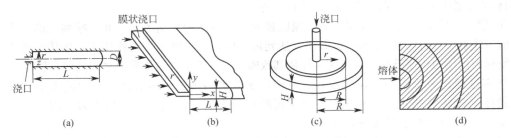

图 7-42　熔体模腔中的流动形式

（a）圆管模腔中的流动；（b）矩形狭缝模腔中的流动；（c）薄壁圆盘模腔中的流动；（d）矩形模腔中的流动

圆管模腔和矩形模腔内的流动特点是熔体沿轴向流动，前锋面面积保持不变；圆盘模腔内流动的特点是熔体沿径向方向以同样的速度向四周辐射扩展，熔体前锋面为一柱面，面积不断增大。一般说来，熔体在复杂模腔内的流动都可以分解为上述三种基本流动模式。

②熔体在模腔中的流动状态：一般为稳态层流（即熔体流动时受到的惯性力与黏滞剪切应力相比很小），从浇口向模腔终端逐渐扩展。

但当熔体以较高速度从狭窄的浇口进入较宽、较厚的模腔时，熔体不与上、下模壁接触而发生喷射，如图7-43（a）所示，熔体首先射向对壁，蛇样的喷射流叠合很多次，从撞击表面开始并连续转向浇口充模，即逆向充模。充模过程中熔体的这种流动状态会在叠合处形成微观的"熔接线"，严重影响塑料件表面质量和光学及力学性能。喷射流的发生主要与浇口尺寸和熔体挤出胀大程度有关。

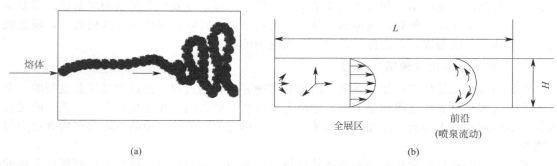

图7-43 射流（a）和熔体充模过程的"喷泉"效应（b）

③充模过程的"喷泉"效应：熔体在模腔内流动时，前锋面由于和冷空气接触而形成高黏度的前缘膜，膜后的熔体由于冷却较差，故黏度较低，因此以比前缘更高的速度向前流动，到达前缘的熔体受到前缘膜的阻碍，使熔体交替发生两个过程：一是熔体不能向前运动而转向模壁方向，附着在模壁上被冷却固化形成了表层；二是熔体冲破原有的前缘膜，形成新的前缘膜，如图7-43（b）所示。

这两个过程的交替进行，形成了熔体流动前锋的喷泉效应。喷泉效应的存在对注塑过程的压力降、充填时间等影响很小，但对熔体的温度分布、聚合物分子取向及残余应力等有重要的影响。

（2）增密和保压过程

增密及保压过程指从熔体充满模腔至螺杆（柱塞）在机筒中开始后撤为止，增密是指在熔体充满模腔后，喷嘴处物料的压力持续对模腔内作用，使得其中的熔体密度上升的过程；保压是指注射压力对模腔内的熔体继续进行压实的过程，并且注射机对模腔内逐渐开始冷却的熔体因成型收缩而出现的空隙进行补料工作。

①增密（压实）过程：充模结束时模腔被充满，熔体的快速流动停止，喷嘴处的压力达到最大值（注射压力）；但模腔内的压力还未达到最大值，在喷嘴压力的作用下，熔体继续进入模腔，使模腔内压力迅速升高，以压实熔体使其致密，并改善不同熔体界面之间的熔合程度。

压实过程是一个压力传递的过程。影响压实效果的主要因素有注射压力的大小和充模结束时熔体的流动性。并且注射压力决定了模腔在压实期所能达到的最高压力；而熔体的流动性决定了压力向模腔末端传递的难易程度。

②保压过程：保压阶段仍有少量熔体被挤入模腔，以弥补由于熔体温度降低和相变引起的体积收缩。保压过程流动与压实过程的流动都是在高压下的熔体致密流动，其特点是熔体流速很小。

影响保压过程的主要因素还是压力。保压压力决定模腔内物料压缩程度，如果保压压力较高，不仅使制品的密度增大、成型收缩率减小，而且还能促进物料各部分之间的更好熔合，因而对提高制品的力学性能有利。但保压压力过高又会使物料产生较大的弹性形变，致使制品内应力和分子取向增大，导致制品力学性能降低。

保压时间是影响保压过程的另一重要工艺参数，保压压力一定时，保压时间越长就可能向模腔中补进更多的熔体，其效果与提高保压压力相似。但保压时间过长，也与保压压力过高类似，不仅无助于制品质量的提高，反而可能降低制品性能。需要指出的是，保压时间实际上应该是向模腔内补料的时间，取决于浇口凝固时间。

（3）熔体的倒流与模腔封口

保压结束（保压压力解除）时如果浇口还没有凝封，由于流道内的压力随之急剧下降而远低于模腔内的压力，致使熔体从模腔倒流入流道。随着熔体的流出，模腔内的压力迅速下降，熔体倒流的速度也逐渐减小，直至浇口处的熔体凝固，这时模腔与流道之间的通道被阻断，倒流也随之停止。其中浇口凝固时刻模腔内的压力和温度称为封口压力和封口温度。浇口凝固后，不再有物料进入或流出模腔，模腔中物料量不再发生变化。

封口压力和封口温度对制品质量有很大影响：当封口温度一定时，封口压力越高，则制品的密度越大，成型收缩率越小，制品尺寸精度越好，但内应力大，且会造成脱模困难；当封口压力一定时，封口温度越高，则制品的密度越小，成型收缩率越大，尺寸精度也越差，制品容易出现凹陷和缩痕，但内应力小。

影响封口压力和封口温度的主要工艺参数有保压时间、保压压力、熔体温度、模具温度等。一般说来，当其他参数一定时，延长保压时间可增大封口压力，降低封口温度。

（4）浇口凝固后的冷却

浇口凝固后，模腔内物料的冷却过程由于没有物料的运动，因此是一个典型的热传导过程。内部较高温度的熔体将热量传导给温度较低的外层及表面的凝固层，凝固层再将热量传递给模腔壁，最后由模具向外散发，直到制品具有足够的刚度从模腔中脱出。

由于塑料的热导率远小于金属模具，因此冷却时间主要取决于塑料的热物理性能和制品的壁厚。对于薄壁制品，一般将其中心层温度降低到玻璃化转变温度或热变形温度以下所需的时间称为冷却时间。

由一维瞬态热传导方程可推导出薄壁制品的最小理论冷却时间：

$$t_{冷}=\frac{H^2}{\pi\alpha^2}\ln\left(\frac{4}{\pi}\times\frac{T_0-T_W}{T_E-T_W}\right)$$

式中，H 为制品的壁厚；α 为塑料的热扩散率；T_0 为模腔内物料的温度；T_W 为模壁温度；T_E 为脱模温度。

冷却时间一般占注塑周期的一半以上，是决定注塑效率的主要因素之一。知道了 $t_{冷}$ 就可以改进模具冷却系统，使实际的冷却时间尽可能接近于 $t_{冷}$，以提高生产效率。

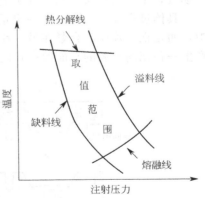

图 7-44　注射成型的工艺参数取值图

4. 注射工艺参数及对成型的影响

在制品及模具确定之后，注塑工艺参数的选择就成为决定制品质量的关键因素。注塑工艺参数主要包括：温度（物料、喷嘴、模具温度）、压力（注射压力、保压压力）、时间（注射时间、保压时间）。熔融塑化的影响因素包括预塑背压、螺杆转速、注射量和剩余料量等。下面以熔体温度为纵坐标，注射压力为横坐标，绘制了一幅关于注射成型的工艺参数取值图，如图 7-44 所示。

图 7-44 的成型区域由四条曲线围成，低于底部曲线时，物料是固态，或者不能流动；

高于顶部曲线时塑料发生热分解；缺料线的左侧，物料不能充满模腔；溢料线的右侧，熔体溢至模具零件之间的缝隙，形成毛刺。工艺参数只有在这四条曲线所包围的区域内，物料才能较好地成型。

四、模压成型

1. 概况

模压成型又称压制成型，包括压缩模塑和层合（即层压）两种，是一种较古老的成型方法，在热固性塑料加工中仍然应用范围最广且居主要地位。其中压缩模塑是将粉状、粒状或纤维状物料放入成型温度下的模具型腔中，然后闭模加压，使其成型并固化的方法，可用于热固性塑料和热塑性塑料，但主要用于热固性塑料。层合成型则主要用于生产板材，可用于热固性塑料（一般加入纤维状填料），亦可用于热塑性塑料。

与注射成型相比，模压成型的优点有：模具比注射成型简单、制造费用低、精度要求低；压机占地面积小、收益显著；成型压力低、原料损耗少；填充料相对地保持不受损害或受损害少，纤维状填料的定向性小，受塑料种类和填料种类影响少，是制备高强度制件的有效方法。但是模压的过程较慢，并且成型件存在着几何形状上的限制，而且该法生产效率低，制品精度低，劳动强度大，大多为手工操作等。故模压成型随着其他成型方法的发展和普及而逐步减少，但就其优缺点的综合分析来看，模压成型仍属一种不可缺少的成型方法。

2. 模压成型工艺过程

模压成型是将预热、预压的模塑材料定量地加入已预热的阴模内，然后合模，置于压机上加压加热。其中塑料在型腔内受热受压，熔融塑化向型腔各部位充填，多余物料从分型面溢出成为飞边。在加热和加压的条件下经一定时间的化学反应，塑料充分固化，成为具有三维体型高分子结构的塑料制品。对于热固性塑料来说，此时卸压即可完成工艺过程；而对于热塑性塑料来说，必须将模具冷却到塑料固化温度才能定型为制品，为此需要交替加热和冷却模具，生产周期长，故在现实生产中较少使用。

具体过程如下：先迫使一定量的聚合物进入模腔，但不是把聚合物注射到闭合的模具中，而是把一片模具合紧在另一片模具上。由液压机产生的压力使聚合物与模具密切接触并产生一种充满模腔的平面散布式流动，如图 7-45 所示。

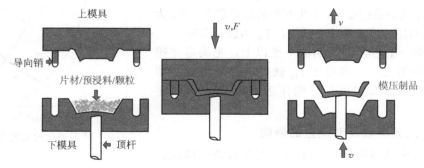

图 7-45　模压成型工艺过程

这种方法广泛地用于热固性聚合物，虽然在原理上它也可以用于热塑性聚合物。热量由热模具壁面传给聚合物，引起聚合和交联化学过程。加入的物料是预先称量好的模塑粉料混合物，先做成片、粒状，或采用螺杆挤出机预塑过的物料。

层合（层压）成型制备热塑性塑料板材，一般将配制好的塑料经二辊辊压或压延成片，按一定的规格、一定的层迭方法，根据制品所需厚度组成"迭合本"，放在压机上（单层或多层）加压、加温使之黏合，然后冷却固化，卸压取出制品。层合成型制备热固性塑料板材，将玻璃布或纸张等在树脂中浸渍，随后干燥，按一定规格、一定的层迭方法，根据制品所需厚度进行叠料，制得"迭合本"，置于多层压机上热压，固化冷却卸压取出制品。模压制品均需进行加工和热处理，以提高制品的力学性能及外观质量。

3. 模压成型设备

模压成型设备主要包括了压机和模具两大类。

① 压机是模压成型的主要设备，目前使用的多为液压机，且多数是油压机。压机构造的基本区别：国产液压机小吨位（如45吨、63吨、100吨等）为上动式；大吨位（如1000吨、1500吨、2000吨、3000吨等）为下动式。一般小吨位压机用于压缩模塑，大吨位压机用于板材的层合成型。

图7-46为典型上动式液压机的结构。它由机身（包括上横梁、下横梁、立柱等）、工作油缸、活动横梁、顶出机构、液压传动和电器控制系统等组成。工作油缸安装在上横梁上，活动横梁与工作油缸活塞连接成整体，以立柱（框式液压机以导轨）为导向，上下运动，并传递到工作油缸内产生的力，通过模具向塑料施以成型所需要的压力。之所以称为上动式，是因为压机的工作油缸设置在压机的上方，柱塞由上往下压，而下压板是固定的。模具的阳模和阴模可以分别固定在上下压板上，靠上压板的升降来完成模具的启闭和对塑料的压力。

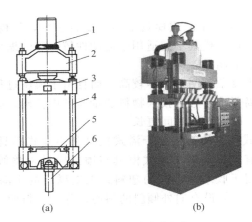

(a)　　　　　　　　(b)

图 7-46　上动式液压机

(a) 结构示意图；(b) 实物图

1—工作油缸；2—上横梁；3—活动横梁；4—立柱；5—下横梁；6—顶出缸

图7-47为层压机结构，亦称为下动式液压机。此类压机的工作油缸设置在压机的下方，柱塞由下往上压。它主要由固定横梁、导柱、压板、活动横梁、主工作油缸、辅助工作油缸等组成，是一种供模压塑料板材的多层液压机。其中压板尺寸决定了压机能模压制品的面积大小，而工作行程决定了模具的高度，也决定了能够模压制品的厚度。

② 在模压成型中所使用的模具按照其结构特点来分，主要有溢式、不溢式和半溢式模具三种。

a. 溢式模具。溢式模具一般由阴模和阳模两部分组成，模压过程中由导柱控制准确闭合阴阳模，制品的脱模则依靠顶出杆完成。这类模具结构简单，操作容易，成本较低，适用于压制扁平盘状或蝶状制品。但是由于其阴模深度较浅，不宜压制收缩率大的塑料。

溢式模具在模压过程中，多余的物料会直接溢出，形成毛边。由于溢料的关系，压制过程中速度不能太慢，否则容易造成毛边过厚；但是压制速度过快会溅出较多的物料。可见，

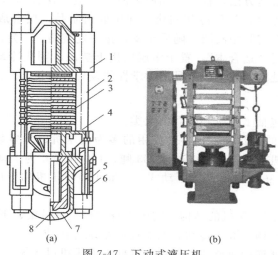

图 7-47　下动式液压机

（a）结构示意图；（b）实物图

1—固定横梁；2—导柱；3—压板；4—活动横梁；5—辅助工作缸；6—辅助油缸柱塞；7—主工作缸；8—主油缸活塞

溢式模具多用于小型制品的模压，对于大型制品来说，容易造成制品的厚度、密度不一致，进而影响产品整体质量。

b. 不溢式模具。顾名思义，不溢式模具是不计溢料多少，使模压压力全部施加在物料上，从而得到高密度制品。此类模具不但适用于流动性较差和收缩率较大的塑料，而且也可用于压制压力传递长度较长的制品。

不溢式模具的结构较为复杂，制造成本较高。而且由于模压过程中不计溢料的特性，对阴阳模的闭合精准度有较高要求，且对投入物料的量要求更精确，必须用重量法加料。不溢式模具在模压时不易排气，因此固化时间更长。

c. 半溢式模具。半溢式模具的结构介于溢式模具和不溢式模具之间，又可根据其支撑面的有无分为两种形式。有支撑面的半溢式模具与溢式模具相类似，但是额外设置有装料室。由于有装料室，可适用于收缩率较大的塑料；无支撑面的半溢式模具与不溢式模具类似，所不同的是阴模在进口处开设有向外倾斜的斜面，称为溢料槽，压制过程中的多余料可从溢料槽处排出。

4. 塑料的模压成型

在模压成型过程中，塑料从粉末或粒料经过熔融塑化，同时经过交联固化反应最终形成致密的制品。物料在经历一系列变化的同时，模具内的压力、温度、塑料的体积等也随之变化。例如，当对模具施加压力后，物料受压缩而体积逐渐减小。当压力达到最大时，体积（厚度）压缩到一定程度，但是由于物料吸热后膨胀，在模腔压力不变的情况下体积胀大。并且，在后续缩合、交联反应开始后，因为反应放热，物料温度甚至高于模具温度。在实际模压过程中，模具中物料变化过程复杂，体积、温度和压力都随着时间发生变化并且互相影响。以下将分别讨论温度、压力和时间等因素对模压成型过程的影响。

（1）模压温度

模压温度是指模压时所规定的模具温度，是使热固性塑料流动、充模，并最后固化成型的主要原因。温度决定了成型过程中聚合物交联反应的速度，从而影响塑料制品的最终性能。物料温度上升的过程，意味着物料从固体逐渐熔化，黏度由大到小，交联反应开始，聚合物熔体黏度又经历由小到大的变化，并随着温度的升高交联反应速度增大，因而其流动性-

温度曲线具有峰值。因此，在闭模后迅速增大成型压力，使塑料在温度还不很高而流动性又较大时流满模腔各部分是非常重要的。由于流动性影响着塑料的流量，所以模压成型时熔体的流量-温度曲线也具有峰值，如图 7-48 所示。

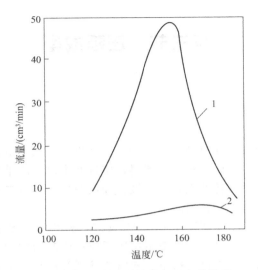

图 7-48　热固性塑料流量与温度的关系

1—模压压力为 29.46 kPa（300 kgf/cm²）；2—模压压力为 9.82 kPa（100 kgf/cm²）

温度升高能加速热固性塑料在模腔中的固化速度，固化时间缩短。但过高的温度会因固化速度太快而使塑料流动性迅速降低，并引起充模不满，特别是模压形状复杂、壁薄、深度大的制品，这种弊病最为明显；同时高温下外层固化要比内层快得多，以致内层挥发物难以排除，这不仅会降低制品的力学性能，而且在模具开启时，会使制品发生开裂、变形等。因此，在模压厚度较大的制品时，要适当降低温度，延长模压时间。对经过预热的塑料进行模压时，由于内外层温度较均匀，流动性较好，故模压温度可高些。

（2）模压压力

模压压力的作用包括：①加速塑料在塑模中的流动；②增加塑料的密实度；③克服树脂在缩聚反应中放出的低分子物及塑料中其他挥发物所产生的压力，避免出现肿胀、脱层等缺陷；④使模具紧密闭合，从而使制品具有固定的尺寸、形状和最小毛边；⑤防止制品在冷却时发生变形。

模压压力的大小不仅取决于塑料的种类，而且与模温、制品的形状以及物料是否预热等因素有关。对一种物料来说，流动性愈小、固化速度愈快以及物料的压缩率愈大时，所需模压压力应愈大；模温高、制品形状复杂、深度大、壁厚和面积大时，所需成型压力也愈大。实际上模压压力主要受物料在模腔内的流动情况制约。在一定程度内增大模压压力，是对塑料的成型性能和制品性能有利的。但是当模压压力大于一定程度，不仅会降低模具使用寿命，还会增大制品内应力。

（3）模压时间

模压时间指塑料在模具中从开始升温、加压到固化完全的这段时间。模压时间与塑料的类型（树脂种类、挥发物含量等）、制品形状、厚度、模具结构、模压工艺条件（压力、温度）以及操作步骤（是否排气、预压、预热）等有关。通常，模压时间随制品厚度增加而增加。模压时间太短，树脂固化不完全（欠熟），制品力学性能差，外观无光泽，制品脱模后易出现翘曲、变形等现象；但过长的模压时间会使塑料交联过度，增加制品收缩率，使树脂与填料间产生内应力，制品表面发暗和起泡，制品性能降低，严重时会使制品破裂，浪费能源和降低生产效率。

第三节 压延成型

一、压延成型简介

压延成型是热塑性塑料主要成型方法之一，与挤出成型、注射成型合称为热塑性塑料的三大成型方法。压延成型是将熔融塑化的塑料，挤进两个以上的平行辊筒间，每对辊筒成为旋转的成型模具。塑料通过旋转的辊筒，或被拉伸或被挤压，或二者兼备，连续增密形成一定厚度和光洁度的膜状、片状塑料制品。

塑料压延成型一般适用于生产厚度为 0.05～0.5mm 的薄膜和厚度为 0.3～1.0mm 的片材。当制品厚度不在此范围的时候，一般不用压延成型而改为吹塑或挤出等成型方法。压延成型时亦可附以一定的基材，制得人造革、塑料墙壁纸等产品。例如：压延可以产生含填充剂的薄片，可在其表面刻制花纹。将压延薄片复合到的织物或纸上，可以制造人造革或涂层纸。这些都是挤出法难以适应的。此外，对极高黏度的聚合物，挤出法不经济。压延薄膜的质量还优于吹塑，因而压延是一种重要的连续化成型加工方法。

压延成型加工能力大、生产速度快、产品质量好、连续化生产、自动化程度高，但设备庞大、生产流程较长、一次投资较高、维修复杂、制品宽度受辊筒长度限制，因此在连续片材的生产方面不如挤出法发展的速度快。适于压延的热塑性塑料一般有 PVC、PE、ABS 以及改性 PS、CA、VC/EVA 等，目前压延成型使用最多的是 PVC，约占 PVC 制品总量的 1/5。塑料压延是在橡胶压延工艺上发展起来的，但由于橡胶和塑料流变性的差异，现已发展出专用的塑料压延体系。

二、压延成型设备

由压延加工设备组成的整条压延生产线与其他塑料制品的生产设备相比，其设备数量较多，规模较为庞大。而在整条流水线当中，压延机是将热塑性塑料压延成型的主要设备。压延机常以辊筒数目和排列方式而分类。辊筒数目有三辊、四辊和五辊几种，排列方式有直线形、倒 L 形、Z 形和斜 Z 形等数种。几种常见的压延机辊筒排列方式见图 7-49。由图可看出，塑料在四辊压延机上压延的次数比三辊机多一次，五辊又比四辊多一次。因此在压延同一塑料时，若用四辊压延机可以使薄膜更薄、更均匀，表面也较光滑。按载热体流道的形式不同，压延机可分为空心式和钻孔式两种。由于钻孔式比空心式优越得多，因此精密压延机多采用钻孔式辊筒。

在压延的同时，还可增大辊筒的转速提高生产效率，例如三辊压延机辊筒的转速（线速度）一般只有 30 m/min，现在四辊压延机的转速则能达到三辊压延机的 2～4 倍。因此，目前塑料工业中的三辊压延机正逐步被四辊压延机所代替。而四辊压延机又以倒 L 形和斜 Z 形使用最广。辊筒以斜 Z 形排列的压延机，物料与辊筒的接触时间短，可防止物料过热分解；各辊筒间互相独立，受力时互不干扰，传动平稳，操作稳定，四个辊筒之间的距离调节

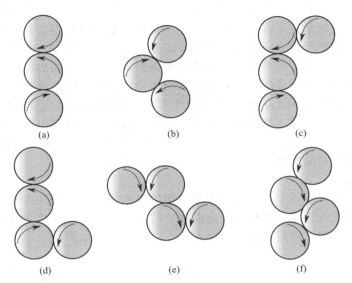

图 7-49 压延机类型与辊筒排列方式

(a) I 形；(b) Δ 形；(c) 倒 L 形；(d) L 形；(e) Z 形；(f) S 形（斜 Z 形）

容易，检修、控制、观察等也都很方便。其中五辊压延机主要用在硬质片材的生产上。我国现有的四辊压延机的规格品种见表 7-2，其主机传动形式为四只辊筒由各自的电动机传动。

表 7-2　四辊压延机的规格品种

辊筒排列形式	辊筒直径×工作长度/mm
斜 Z 形	$\phi 650 \times 1800$
斜 Z 形	$\phi 700 \times 1800$
斜 Z 形	$\phi 815 \times 2200$
斜 Z 形	$\phi 910 \times 2440$
倒 L 形	$\phi 560 \times 1680$

压延机主要是由机体、辊筒、辊筒轴承、辊距调整装置、润滑系统、传动系统和一系列辅助装置等组成。

（1）机体

机体主要起支承作用，包括机架和机座，用于固定机架以及支撑辊筒、轴承、调节装置和其他附件。

（2）辊筒

压延辊筒起压延成型作用，是压延机中最主要的部件。辊筒为一中空圆柱体（一般略成腰鼓形），内部可通蒸汽、过热水或油来加热或冷却。辊筒多用冷铸铁制成，一般要求表面光洁度高、硬度大。不同的辊筒排列形式将直接影响到压延机制品质量、生产操作及设备的维修；排列辊筒的主要原则是尽量避免各辊筒在受力时彼此发生干扰。

辊筒的主要功能是与物料直接接触并施压和加热，制品的质量在很大程度上受到辊筒的控制。由于压延机的辊筒是压延制品的成型面，而且压延制品一般均为薄制品，因此对压延辊筒有一定的要求：①辊筒必须具有足够的刚度和强度，以确保对物料挤压时不超过许用值；②辊筒表面应有足够的硬度以及耐磨性和耐腐蚀性；③辊筒的工作表面应有较高的加工精度，以确保尺寸的精确和表面粗糙度；④制备辊筒的材料应当有良好的导热性。

（3）辊距调整装置

制品的厚度主要由辊距来调节。同一压延机的几个辊筒，直径和长度都是相同的。每个辊筒都通过一对滚柱轴承支承在支架上，四辊压延机顺着塑料行程向前数的第三辊（三辊压延机则为第二辊）的轴承位置是固定不变的。其余辊筒的轴承都可通过辊距调节装置调节，在机架上特设的导轨中作前后移动，以便调整辊间距，对所压制品的厚度进行控制。

物料在辊筒的间隙受压延时，对辊筒有横向压力，这种企图将辊筒分开的作用力称为分离力，将使两端支撑在轴承上的辊筒产生弹性弯曲，这样就可能会造成压延制品的厚度不均，其横向断面出现中间厚、两端薄的现象。因此在实际生产过程中常采用中高度法、轴交叉法和预应力法三种方法来补偿辊筒弹性变形对薄膜横向厚度分布均匀性的影响。一般来说，会根据实际生产制品的情况将三种方法交叉结合使用。

（4）润滑系统

压延机在运行过程中各个部位按照需求对润滑程度的不同，润滑系统主要起到了按需分配的作用。润滑油先由加热器加热到一定温度，然后由输油泵输送到各个需要润滑的部位。润滑油由油管回到油槽，即可实现循环使用。

（5）传动系统

压延机各个辊筒的转动依靠传动装置来实现，其由一台经过齿轮传动的电动机传动。

（6）一系列辅助装置

此外，还设置有一系列辅助设施以供压延过程中使用，其中包括：主机加热及温度控制装置、冷却装置、引离卷取装置、输送带、刻花装置、金属检验器、β 射线测厚仪等以及轴交叉装置、预应力装置等。

三、压延成型原理

在压延成型过程中，借助于辊筒间产生的强大剪切力，让物料多次受到挤压、剪切以增大可塑性，进一步延展成为具有一定宽度和厚度的薄型制品。

在压延过程中，受热熔化的物料由于辊间的摩擦和本身的剪切摩擦会产生大量的热，进而导致局部过热使得塑料发生降解，因而应注意辊筒温度、辊速比等，以便能很好地控制压延过程。图 7-50（a）所示为物料在辊筒间的挤压情况。物料在喂入两个相向旋转的辊筒入口端前沿时，物料受到辊筒间的摩擦作用而被两辊筒钳住，由于辊缝是逐渐减小的，因此当物料向前行进时，其厚度越来越小，而辊筒对物料的压力越来越大。直至物料离开辊筒，其压力为零。压延中，物料同时受到两辊作用的区域称为钳住区（A～D）；辊筒开始对物料加压的点称为钳住点；加压终止点为终钳住点；两辊中心（两辊筒圆心连线中点）称为中心钳住点；钳住区内压力最大的点称为最大压力钳住点。

压力在辊间的分布如图 7-50（b）所示。在 y 轴方向，辊筒对物料的压力是不变的，但物料从喂入出料的方向即 x 方向上，在不同位置上压力是变化的。在 A 压力为零；从 A 点以后物料受到的压力逐渐增加，到 B 点达到最大值；两辊筒间的中心钳住点 C 并不是最大压力点，其压力仅为 B 点最大压力的一半；到达 D 点处压力再次降到零。

物料在辊间流动时主要是受到辊筒的压力作用而产生流动，辊筒对物料的压力是随辊缝的位置而递变的，因此物料沿 y 轴和 x 轴方向的速度也是不相同的。实践与理论分析证明，物料在 B 点和 D 点的速度都等于辊筒表面的速度，其速度分布均为直线，在 B 点和 D 点之间压力梯度为负值，速度分布曲线是凸形，见图 7-50（c）。

物料在钳住区还受到辊筒表面的剪切作用，物料所受到的剪应力 τ 与物料在辊筒上的移动速度 v 与熔体的黏度 η 成正比，而与二辊中心线上的辊间距 h_0 成反比，亦即当辊筒转速愈大、辊间距愈小以及物料的黏度愈大时，τ 就愈大；同时物料在剪切作用下，分子间摩擦

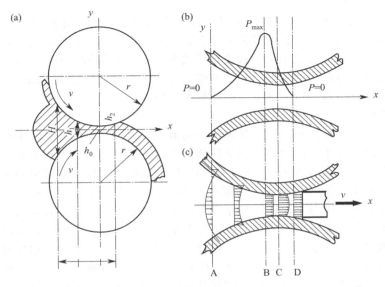

图 7-50　辊筒间塑料熔体受到挤压时的情况（a）以及压力（b）和速度（c）的分布
A—始钳住点；B—最大压力钳住点；C—中心钳住点；D—终钳住点

能引起料温升高。由于辊筒间物料受到的剪切作用不同，故各点热量产生的速率也不相同。辊筒表面上 γ 和 τ 都最大，故热量产生速率最大；而中性层（$h_0/2$ 处）上 τ 和 γ 都为零，放热量产生速率最小，且为零。从钳住区沿 x 方向来看，在 B 点以前压力和 γ 都是增加的，所以辊筒进料端能产生较大的摩擦热，物料在前进过程中吸热升温；过 B 点以后，压力和 γ 逐渐减小，摩擦热减小，物料甚至可能放热。

辊筒对塑料的挤压和剪切作用改变了物料的宏观结构和分子形态，在温度配合下使塑料塑化和延展。辊压的结果使料层变薄，而延展后使料层的宽度和长度均增加。

四、影响压延制品的因素

在压延成型过程中，制品常会因为一些因素出现各种质量问题，其中涵盖了外观、力学性能等。影响压延制品质量的因素有很多，大体分为以下几大部分。

（1）影响制品厚度的因素

压延薄膜经常会出现横向厚度不均的问题，产生此类现象的主要原因在于辊筒在压制过程中的分离力和辊筒在轴向上存在的温差。

① 分离力：压延过程中，在辊筒对物料挤压和剪切的同时，辊筒也受到来自物料的反作用力，这种使两辊分开的力称分离力。但辊筒间的距离不会因分离力而改变，而会迫使辊筒沿轴向长度上发生弯曲弹性形变，产生挠曲。这使两辊的间距在中心处最大，两端逐渐减小，形成腰鼓形。当辊筒间隙发生上述变化时，成型的薄膜和薄片也会变得中间厚两边薄，从而降低了制品的尺寸精度。

分离力与辊筒的半径、长度和速度成正比，而和辊间距成反比。压延辊筒的转速越高、薄膜越薄、料幅越宽，则辊筒的分离力就越大，弹性变形就越大，制品厚度就越不均匀。在实际生产中，希望能用最快的压延速度生产出最薄和最宽的薄膜，这样就会导致分离力很大。为了克服这一不良效应，可将辊筒设计和加工成略带腰鼓形，或调整两辊筒的轴，使其交叉一定角度（轴交叉）或对其加预应力，就能在一定程度上减轻分离力的有害作用，提高压延制品厚度的均匀性。

② 辊筒表温：由于辊筒两端较中间部分更易失去热量，所以导致了辊筒两端的温度一般低于中间温度。辊筒表面存在的温差必然会造成整个辊筒热膨胀的不均匀，就会影响薄膜横向上两侧的厚度。生产过程中为了解决辊筒表面上温度分布不均匀的问题，一般在工艺上采用红外线灯或其他专门的加热器对辊筒两端温度偏低的部位进行局部加热补偿，或者在辊筒近中区域采用风管冷却，以保证辊筒整体的温度统一。

（2）压延效应

在压延过程中，热塑性塑料由于受到很大的剪切应力作用，因此大分子会顺着薄膜前进方向发生定向作用，使生成的薄膜在力学性能上出现各向异性，这种现象称为压延效应。

压延效应会导致压延薄膜纵向（压延方向）拉伸强度大于横向的拉伸强度，横向断裂伸长率大于纵向。在实际使用过程中，当制品温度有较大变化时，各向尺寸会发生不同的变化，纵向出现收缩甚至破裂，而横向与厚度方向出现膨胀。对于要求各向同性的压延制品来说，压延效应应当尽可能地消除或控制到适宜范围内；对于需要类似定向效应的压延制品来说，在生产过程中应当注意压延的方向，在特定位置下促进压延效应，尽量发挥其作用。

压延效应的大小，受压延温度、转速、供料厚度和物料性能等的影响。塑料的物料温度适当提高，可以加强大分子的热运动，破坏其定向排列，从而减轻压延效应；辊筒的转速和速比增加时会提高压延效应，反之压延时间增加，压延效应也会降低；辊隙存料增多时，压延效应增强；当制品的厚度较小时，其受到的剪切作用增加，会加大其压延效应。所以压延制品越薄，其压延效应就越明显，从而质量越得不到保证；物料中采用针状或片状配合剂，容易带来较大的压延效应，物料的表观黏度越大，压延效应也越大。为了消除此类因素带来的影响，应当尽量不使用各向异性的配合剂并适当提高物料的塑性，在压延后缓慢冷却，有利于取向分子链松弛，从而降低压延效应。此外，压延效应也和引离辊、冷却辊、卷取辊等之间的速比有关。

（3）影响制品表面质量的因素

影响制品表面质量的因素一般有原材料、压延工艺条件和冷却定型等。

① 原材料：分子量高的和分子量分布窄的树脂有利于提高制品的力学性能、热稳定性和表面质量，但是这样反过来要求压延温度高，对生产薄的制品非常不利。因此在原材料树脂的选择上不仅要考虑到制品的表面质量，同样也要兼顾加工性能。此外，在加工树脂时所选择的增塑剂和稳定剂也要格外慎重。增塑剂会影响树脂的黏度，进而影响制品的耐热性和光学性能；稳定剂常会和树脂体系相容性出现问题，在压延时被挤出而黏附在辊筒表面，造成粘辊现象。

② 压延工艺条件：压延的工艺条件主要包括有辊筒辊温的高低、辊速及其速比的大小、辊距的大小、辊筒旋转的情况以及辊隙存料的多少。

③ 冷却定型：冷却不足时会导致制品发黏、起皱、收缩率大，在卷曲后易展不平；当冷却过度时，冷却辊表面会因为温度过低而凝结水珠。此外，冷却辊速度也是影响制品表面质量的关键因素。

五、压延成型工艺过程

整个压延过程可分为两个阶段，即供料阶段（包括塑料各组分的捏合、塑化、供料等）和压延阶段（包括压延、牵引、刻花、冷却定型、输送以及切割、卷取等工序）。根据需要取舍工序，片材只需经过切割，就可获得成品。由此可见，压延过程实际上是各种加工步骤组合而成的一套连续生产线。

压延成型（以生产 PVC 产品为例）的工艺流程虽略有差异，但都包括配料、塑化、供料、压延等单元操作。目前整个压延成型工艺流程所采用的不同途径见图 7-51。

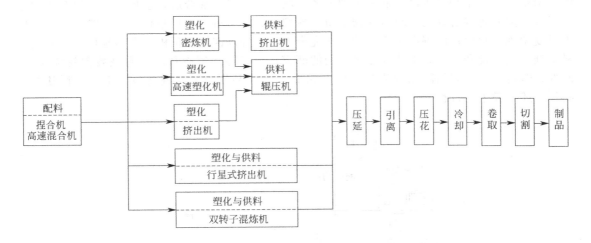

图 7-51　压延成型工艺流程

压延成型每一阶段又包括若干程序，介绍如下。

① 配料：根据制品的设计要求而把热塑性树脂及各种助剂经预处理后配合到一起。配料的关键在于树脂以及各类助剂需要准确计量，便于后续捏合时物料的均匀分散。为了达到这一目的，在捏合前应当预先进行过筛、研磨、混配等工序。

② 捏合：将计量好的各类物料在捏合机上充分混合，以使各组分分散均匀，并在混合器夹套中通入蒸汽或热油以供加热。

③ 塑化：捏合后的干混料将通过塑炼被进一步加热熔化和剪切混合，塑化可以去除物料中所含有的挥发物并进一步使物料分散，通过塑炼后的物料更有利于制备成性能一致的制品。常用于塑化的设备有开炼机、密炼机和挤出机。

④ 供料：供料是将塑化好的物料供给压延机的过程，可以说是对物料的二次塑化过程。供料一般采用辊压机和挤出机，辊压机供给的物料呈带状，而挤出机供给的物料呈条状和带状两种。

⑤ 压延：将受热塑化好的物料经过压延机的辊隙，发生一定程度的塑性形变成为具有一定厚度和宽度的薄膜或片材。

⑥ 引离：利用安装在压延机出料前方的引离辊，将制品从压延机上均匀地剥离下来。

⑦ 轧花：轧花一般是为了制品的特定用途或美观，在冷却前利用带有花纹的钢辊或橡胶辊在表面轧制花纹。

⑧ 冷却：从压延机上剥离下来的制品往往需要经过冷却才能够定型并过渡到下一工序中。如果不经历冷却步骤，会导致制品的内应力过高、表面发黏、花纹消失、表面不平整等问题。冷却定型一般通过冷却辊实现。

⑨ 输送：将冷却定型后的压延制品放松且平坦地通过输送带供给下一道工序的过程称为输送。其作用主要是消除压延制品中残留的各种内应力。

⑩ 卷曲和切割：该道工序主要起到了收取压延制品的功能。

压延制品通常可分为软质薄膜和硬质片材两种。由于配方和品种不同，生产工艺、条件有所不同，但基本原理相同。下面以压延成型中常见的两条生产线为例，介绍压延成型的工艺流程。

（1）软质 PVC 薄膜生产

整个过程如图 7-52 所示，首先将树脂按一定配方加入高速捏合机（或管道式捏合机）中，增塑剂、稳定剂等先经旋涡式大混合器（图上未画出）混合后，也加入高速捏合机中充分混合。随后将混合好的物料送入密炼机（或螺杆式挤出机）中预塑化，然后输送至辊筒机内反复塑炼、塑化；由辊筒机出来的塑化完全的料再进入四辊压延机。在压延机的辊筒间塑料受到几次压延和碾平，形成了厚薄均匀的薄膜，再经冷却辊冷却后由卷绕装置卷绕成卷。此外，若将辊筒之间的间隙调节在 0.25 mm 以上，产品便成薄片或薄板，生产流程基本上同于上述薄膜生产过程。

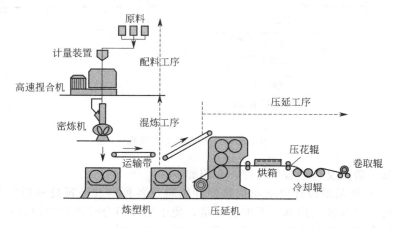

图 7-52　压延法制备 PVC 人造革的生产工艺流程

（2）人造革的生产

人造革是以布（或纸）为基材，在其上覆以 PVC 糊的一种复合材料。将 PVC 糊涂于布（或纸）上的方法称刮涂法，它不属于压延技术。通过辊压方式将熔态 PVC 复合于布（或纸）上的方法，则称为压延法。以压延法生产人造革时，布（或纸）应先经预热，同时 PVC 可先经挤压塑化或辊压塑化再喂于压延机的进料辊上，通过辊筒的挤压和加热作用，使 PVC 与布（或纸）紧密结合，再经轧花、冷却、切边和卷取而得制品。通常压延法生产人造革又可分为贴胶法和擦胶法两种。

① 贴胶法是用转速比相同（上辊：中辊：下辊＝1：1：1）的三辊压延机，使预热的布和 PVC 熔体相贴合，PVC 仅粘贴于布表面，如图 7-53 所示。

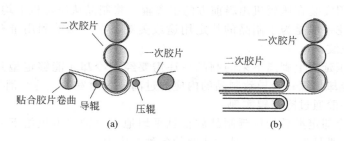

图 7-53　贴胶法工艺流程

② 擦胶法主要使用三辊速比不相同［上辊：中辊：下辊＝1：（1.3～1.5）：1］的压延机。其中要求中辊转速比上下辊稍大，这样在 PVC 与布接触的过程中，其速度比布的移动速度大，能使塑料部分擦入布缝中，因此塑料与布间的黏合较牢。如图 7-54 所示。

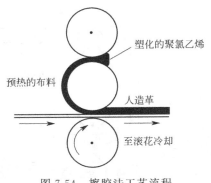

图 7-54 擦胶法工艺流程

右侧标注：塑化的聚氯乙烯、人造革
左侧标注：预热的布料
底部标注：至滚花冷却

第四节 吹塑成型

一、吹塑成型简介

吹塑成型是目前塑料工业生产的主要方法之一。其主要包括两类：吹塑薄膜和吹塑中空容器。用于吹塑薄膜的塑料有 PVC、PE、PP、PS、PA 等多种热塑性塑料；用于吹塑中空容器的塑料有 PE、PVC、PP、PC、热塑性聚酯、CA 和 POM 等。其中 HDPE 的消耗量占首位，被广泛应用在食品、化工和处理液体的包装上；PVC 因为有着较好的透明性和气密性，在化妆品和洗涤剂的包装上有着普遍应用。并且近年来因为无毒 PVC 和助剂的开发以及拉伸吹塑技术的发展，PVC 在食品包装方面的用量迅速增加，并逐渐扩展到啤酒和碳酸饮料的包装上。线型聚酯材料由于其制品光泽性好、透明度高、力学强度好且有着焚烧时不污染环境等优点，近几年内是进入中空吹塑领域的新材料，尤其是在耐压塑料食品容器方面的应用更加广泛。PP 因其树脂的改性和加工技术的进步，使用量也逐年增加。

吹塑成型有着设备和模具简单、操作方便、成本较低，并且制品规格范围较宽等优点，是其他成型方法所不能代替的。但同时吹塑成型所得到的制品各处厚薄均匀度较差。吹塑薄膜实际上是挤出机配以吹膜辅机进行生产。吹塑成型时，由挤出机塑化好的物料经环状口模挤出，再在膜管中鼓入定量的压缩空气，使之横向吹胀，经过冷却的膜管被导入牵引辊形成双折薄膜，以恒定的速度进入卷取装置而得制品。

吹塑薄膜工艺按原料性能和成膜方向分为上吹法、平吹法和下吹法，一般的薄膜上吹法设备如图 7-55 所示。

二、中空容器吹塑的工艺过程

中空容器吹塑是指借助压缩空气的压力将闭合模具内处于熔融状态的塑料型坯吹胀成中空制品的成型方法。中空制品的生产工艺随方法不同而异，可分为挤出吹塑和注射吹塑两种工艺。此外，若将所制得的热状态下的型坯立即送入吹塑模内吹胀成型，称为热坯吹塑；若不用热的型坯，将挤出所得的管坯和注塑所得的型坯重新加热到类橡胶态再放入吹塑模内吹

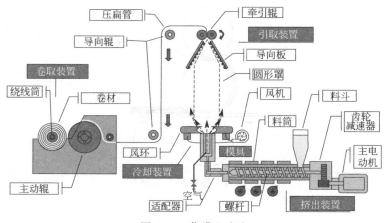

图 7-55　薄膜上吹法

胀成型，称为冷坯吹塑。目前工业上更多应用的是热坯吹塑。

1. 挤出吹塑成型

挤出吹塑是由挤出机挤出管状型坯，而后趁热将型坯夹入吹塑的瓣合模内，并通入压缩空气进行吹胀以使其达到模腔形状，在保持一定时间、压力的情况下经冷却定型后，打开模具即得制品，其工艺过程如图 7-56 所示。

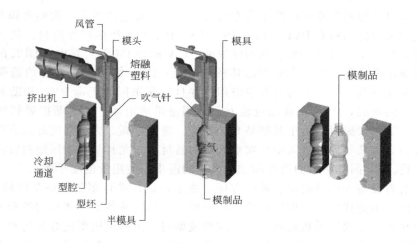

图 7-56　挤出吹塑工艺过程

挤出吹塑成型过程包括：①通过挤出机将塑料熔融挤出，并同时成型为管坯；②将管坯送入吹塑模具中，闭合模具夹住管坯，插入吹塑头；③通入压缩空气，使型坯膨胀并附着在型腔壁上成型；④成型后保压、冷却、定型并放出制品内的压缩空气；⑤开模取出制品，切除尾料。

挤出吹塑主要用于成型包装容器、储存罐及大桶（容积 1mL～1000L），也可成型工业制件。挤出吹塑中，型坯的吹胀是在聚合物的黏流态下进行的，故可取得较大的吹胀比，吹塑制品与吹塑模具的设计灵活性较大。

挤出吹塑成型方法的优点主要是挤出机与挤出吹塑模具的结构简单。而缺点是容易造成制品壁厚不一致。挤出吹塑在吹塑中应用最为广泛，所生产的中空制品约占吹塑成型制品的

90%。挤出吹塑又可分为连续挤出吹塑和间歇挤出吹塑两类。

2. 注射吹塑成型

注射吹塑则是当注射成型的坯料仍处于半熔化状态时将模具打开，附着坯料的芯模被转移到吹塑模具里。在吹塑模具里，通过芯模吹入空气，坯料在吹塑模具里被吹胀到型腔内壁上。和挤出吹塑成型相比，注射吹塑成型是一个不连续循环的加工过程，如图 7-57 所示。

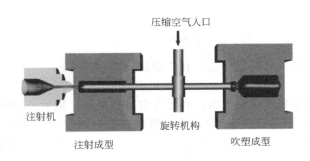

图 7-57　注射吹塑工艺过程

注射吹塑这种方法可生产用于日用品、化妆品、医药、食品等的包装容器，但其容积不超过 2L。常用的塑料有 PE、PS 和 PVC 等。与挤出吹塑相比，注射吹塑的制品壁厚均匀，不需要后加工。其优点主要在于瓶颈尺寸稳定、所得中空制品无接缝、废料少、更换模具容易等；而缺点则是模具费用较高，型坯温度不宜控制，不能生产有柄制品，只适合生产大批量小型的精密容器。而且，在生产形状复杂、尺寸较大的制品时容易出现应力开裂现象，因此生产容器的尺寸和形状会受到一定的限制。

注射吹塑工艺过程可分为两个阶段。第一阶段：由注射机将熔体注入带吹气芯管的管坯模具中成型适宜尺寸、形状和质量的管状有底型坯；启模后，管坯带着芯管转到吹塑模具中，所用芯管为一段封闭的管状物，压缩空气可从开口端通入并从管壁上所开的多个小孔逸出。第二阶段：趁热闭合吹塑模具，压缩空气通入芯管吹胀管坯成型制品，并在空气压力下进行冷却定型，然后启模取出吹塑制品。当管坯转到吹塑模具中时，下一个管坯成型开始。

同普通注射成型比较，注射吹塑在注射型坯时最重要的是控制模温，使聚合物的温度在高弹态温度范围内，既能脱模，又能在吹塑工位吹胀。因此，注射模要用油加热/冷却。

综合而言，中空制品的两种吹塑工艺特点如下。

挤出吹塑：适用于多种塑料，生产效率高，能生产大型容器，型坯温度较均匀，制品破裂较少，在当前中空容器生产中占绝对优势。

注射吹塑：制品壁厚较均匀，易生产批量大的小型精致制品。

吹塑设备除挤出机和注射机外，主要有吹塑薄膜的机头、口模、吹模辅机以及中空制品所用的吹塑模具（一般是两瓣合成的瓣合模）。

3. 拉伸吹塑

拉伸吹塑是用挤出、注射等方法制成型坯，然后将型坯加热至拉伸温度，经内部（如芯棒）或外部（如夹具）的机械力作用而进行纵向拉伸，同时或稍后经压缩空气吹胀而进行横向拉伸并紧贴模壁。因此拉伸吹塑实质上是双向拉伸吹塑，又称双轴取向吹塑，其工艺过程如图 7-58 所示。制品具有透明性好以及拉伸强度、冲击强度、表面硬度、刚性和气密性等性质均有所提高的特点。该法发展迅速，特别适用于 PET、PP 等材料。

根据型坯制造的方法，将拉伸吹塑分为：注射拉伸吹塑和挤出拉伸吹塑。根据型坯的受

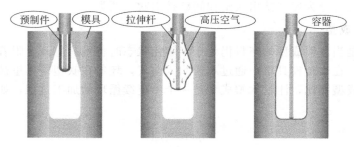

图 7-58　拉伸吹塑工艺过程

热经历可进一步分为：一步法（热型坯法）和二步法（冷型坯法）。

（1）注射拉伸吹塑

注射拉伸吹塑主要用于聚酯瓶的成型，利用注射有底型坯，随后经加热至拉伸温度，而后转入吹塑模内借助拉伸棒进行轴向拉伸，最后再经吹胀即可成型，如图 7-59 是注射拉伸吹塑的成型过程。注射拉伸吹塑一般可采用一步法和二步法，其中一步法主要用于加工 PET 和 RPVC（硬质聚氯乙烯），二步法主要用于加工 PET。

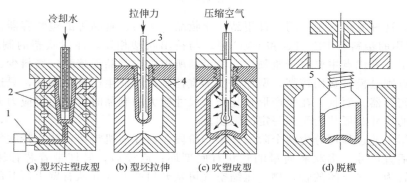

图 7-59　注射拉伸吹塑工艺过程
1—注射机；2—冷却水孔；3—加热模型；4—加热槽；5—制品

① 在一步法注射拉伸吹塑中，型坯是热的，将预制型坯、拉伸和吹塑三个工序在一台设备中完成。所用设备由注射装置、注射模、调温装置、吹塑模和锁模装置等组成。在成型型坯时，注射机将熔融塑料注入预制型坯模内，模具处于垂直位置。冷却后模具型芯向上，模腔部分向下移动，然后由转台将型坯旋转到加热调温工位，达到所需温度后再转至拉伸吹塑工位进行拉伸、吹胀和冷却定型。最后转至顶出工位将瓶子顶出。

用一步法制瓶具有投资低、制品外观好等优点，缺点是效率低、预制型坯设计不易优化、操作控制要求高、产品质量不易控制等。

② 二步法注拉吹是将预制型坯和拉伸吹塑分开进行。第一步：用注射法制得型坯。第二步：将预制型坯在烘箱中预热，用夹具将其夹住并以一定的速度转动。当预制型坯内外层温度达到平衡时，离开烘箱并将其放到托架上，运送到拉伸工位进行成型。

二步法的注射条件与一步法类似，所不同的是二步法所用的预制型坯需冷却至玻璃化温度 T_g 以下，使其处于非晶态。二步法生产聚酯瓶成本低，质量（隔离性和强度）好，可集中生产预制型坯，分散加工瓶子。缺点是投资大，耗能高。

注射拉伸吹塑时，通常将不包括瓶口部分的制品长度与相应型坯长度之比定义为拉伸比，而将制品主体直径与型坯相应部位直径之比规定为吹胀比。增大拉伸比和吹胀比有利于提高制品强度，但在实际生产中为了保证制品的壁厚满足使用要求，因此拉伸比和吹胀比都不宜过大。实验表明，当拉伸比和吹胀比取值范围在2～3时，可以得到综合性能较好的制品。

（2）挤出拉伸吹塑

挤出拉伸吹塑是先通过挤出法将树脂制成管状型坯，再把底部熔合形成有底型坯，然后将型坯处理至所用塑料的理想拉伸温度，拉伸后经压缩空气吹胀制得中空制品。与注射拉伸吹塑类似，挤出拉伸吹塑同样可分为一步法和二步法，其中一步法主要用于PVC，二步法主要用于PP和PVC。

① 一步法挤拉吹：将挤出的型坯置于预吹塑模中进行预吹胀和封端（瓶底），再将预制型坯调温到适于拉伸取向的温度，然后将其置于成型模中进行纵向拉伸、吹胀和冷却定型。拉伸吹塑设备是由挤出机、型坯口模、预吹塑模、成型模、回火箱和锁模装置等构成的，制得瓶子的强度高、光泽好、成本低，但投资较高。

② 二步法挤拉吹：将挤出的型坯冷却结晶，然后将型坯在低于熔点的温度加热，以保持其结晶结构，并进行拉伸和吹塑，图7-60是二步法挤出拉伸吹塑设备的运行过程。用二步法制得的瓶子改进了低温脆性，提高了强度、透明度和阻隔性等，可用于食品包装。

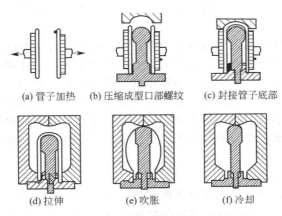

(a) 管子加热   (b) 压缩成型口部螺纹   (c) 封接管子底部

(d) 拉伸   (e) 吹胀   (f) 冷却

图7-60　二步法挤出拉伸吹塑成型过程

4. 多层吹塑

多层吹塑是用注塑法或挤出法制取多层型坯并制造中空制品的吹塑方法，所得制品具有阻隔氧、二氧化碳和湿气的特点，而且具有耐化学药品性，可用作饮料瓶、燃料罐和化学药品的容器，但成本较高。多层吹塑一般采用共挤法制得型坯再经吹塑制得制品。如前所述的挤出吹塑一样，共挤出吹塑的多层型坯成型也有连续与间歇两种方式，但多采用连续方式。多层吹塑所得中空制品不是单层而是多层。目前采用的结构有PA/PPO、PVA/PPO、PE/PVC/PE、PS/PAN/PP等。工艺分为共挤吹塑和多层注坯吹塑。

共挤吹塑是采用几台挤出机将各自塑化的树脂同时挤入多层机头，形成同心多层，并通过芯棒成为多层型坯，然后进行吹塑；多层注坯吹塑是在阳模上注射第一层后，改变模腔再在第一层上形成第二层，重复操作即可形成多层型坯，而后进行吹塑。

多层共挤出吹塑设备与单层挤出吹塑设备的主要差别在于挤出系统与共挤出型坯机头。不同聚合物由各自的挤出机熔融混炼成均匀的熔体后泵入共挤出机头内复合。温度、流变性能不同的熔体要在机头内良好地复合在一起，因此，共挤出机头是共挤出吹塑的关键。

多层型坯的吹胀、冷却过程与单层型坯类似。共挤出采用的吹塑模具与单层挤出吹塑模具类似，只是夹坯口刃要特殊设计，如果采用类似单层吹塑模具的夹坯口刃设计，制品上接合缝的黏合强度会变低，造成脱层现象。为此，要采用增强型的夹坯口设计，使制品内层两边的接触面积达到最大，从一边到另一边密封外层，并夹住中间几层，以提高夹坯区各层的黏合性与接合缝强度，这对化学试剂包装等多层容器尤其重要。

三、中空容器吹塑工艺过程的影响因素

注射吹塑和挤出吹塑的差别主要在于型坯成型方法的不同，但是二者的型坯吹胀和制品的冷却定型过程是类似的，因此影响吹塑工艺过程和制品质量的因素也大致相同，主要有型坯温度、吹气压力、充气速度、吹胀比、模温和冷却时间等。对拉伸吹塑的影响因素还有拉伸倍数，对多层吹塑的影响因素主要是各层塑料间的熔合情况和黏结质量。

（1）型坯温度

挤出吹塑中的型坯成型主要受离模膨胀和垂伸两种条件影响。膨胀会使型坯的直径和壁厚变大，并相应减小其长度；而垂伸则正好相反。两种条件的相互影响直接决定了模具闭合前型坯的尺寸与形状，并对后续制品成型后的性能有着很大影响。如果型坯的直径与壁厚过大，吹塑时会产生过多飞边，成型后会出现褶皱；如果型坯的直径与壁厚过小，吹塑时可能会出现缺料现象。并且在成型后会因为壁厚过小而导致制品的机械强度不足，极端情况下甚至造成型坯断裂。

聚合物熔体的离模膨胀来源于高分子弹性行为，离模膨胀与型坯离开口模的时间、聚合物的流变性质、分子量及分布、挤出条件有关；型坯的垂伸是聚合物的弹性形变和黏性流动的表现形式，垂伸与聚合物的分子量、熔体温度、型坯形状等有关。由于其中的影响因素较多，因此暂无法利用一个统一的公式去描述这种行为。当吹塑制品的原材料和工艺条件确定之后，熔体的温度是影响工艺过程的主要因素。对于那些对温度特别敏感的材料，就必须要根据最终制品的实际情况来小心地控制工艺过程中的温度变化。一般型坯的温度应当控制在材料的 $T_g \sim T_f (T_m)$ 之间。

（2）吹气压力和充气速度

在吹塑工艺过程中，型坯进入模具并被夹持后注入压缩空气。压缩空气主要起到了三种作用：吹胀型坯使之贴紧型腔；对已吹胀的型坯持续施加压力；促进制品冷却。吹气压力一般取决于塑料特性、型坯温度、模具温度、型坯壁厚、吹胀比及制品的形状、大小等。对于熔体黏度低、冷却速率小的塑料，可以采用较低的吹气压力。型坯温度或模具温度较低时，就必须采用较高的吹气压力。一般来说，薄壁大容积的制品应当采用较高的吹气压力；厚壁小容积的制品应当采用较低的吹气压力。

在型坯的膨胀阶段，一般采用低吹气速度注入大流量的空气，主要是为了保证型坯均匀、快速地膨胀，缩短型坯在与模腔接触前的冷却时间。另外还可以避免型坯内出现文杜里效应，即形成局部真空环境使得型坯瘪塌的情况。在型坯吹胀后，气压要根据实际情况适当增大，以使得型坯能够紧贴模腔，得到有效的冷却进而成型。气压的大小主要靠芯管上气管的孔径大小来控制。

（3）吹胀比

制品的尺寸与型坯的尺寸之比，被定义为吹胀比。当型坯的尺寸和重量一定时，制品的尺寸越大，则吹胀比越大。虽然当吹胀比变大时，可以节约材料的成本，但是制品壁厚却因此变薄，从而影响其最终的强度和刚度；当吹胀比变小时，不仅材料的成本会因此增加，而且壁厚过厚会使冷却时间延长。吹胀比的大小通常通过材料的性质以及制品的尺寸和形状来决定。

（4）模温和冷却时间

模温通常不能过低，因为过低的模温会使制品过早冷却定型，在后续步骤中加工困难，导致花纹轮廓不清晰；模温过高时会增加冷却时间，导致生产周期变长。一般来说，模温是根据材料的种类和性质来确定，尤其是材料的 T_g。

吹塑制品的冷却时间占成型周期的 60% 以上，因此，提高吹塑制品的冷却效率，对生产效率的提高很有必要。不仅如此，冷却也是影响制品质量的关键因素。当冷却时间不足或冷却程度不够时，会导致制品各部位的收缩率出现差别，引起制品翘曲。为了提高生产效率，缩短生产周期，除了对模具实现降温外，还可以从型腔内部进行内部冷却。例如，向制品内部注入各类冷却介质（液氮、二氧化碳等）以帮助材料加速冷却。

第五节　发泡成型

一、发泡成型简介

泡沫塑料是指以各类高分子树脂为主体基料，经加入适量的发泡剂、催化剂、表面活性剂、阻燃剂等助剂，在一定条件下形成内部具有无数微孔性气体的气固非均相塑料制品。依原料和发泡方法不同，可制成性能各异的泡沫塑料。它们具有轻质、绝热、保温、隔热、隔声、比强度高、热导率低、吸湿性小、缓冲防震等优良物理性质，用途日益广泛，在工业、农业、民用及国防等各个领域，其使用量越来越多。发泡成型已成为塑料加工中的一个重要领域。

泡沫塑料根据不同定义条件可作以下分类：

① 依结构可分为开孔型和闭孔型两种。

② 依软硬程度分为硬质（23℃和相对湿度 50% 时，弹性模量大于 686.7MPa）、软质（弹性模量小于 68.67 MPa）和半硬质（弹性模量 68.67～686.7 MPa）。

③ 依其密度可分为低发泡（密度在 400 kg/m³ 以上）、中发泡（密度在 100～400 kg/m³）和高发泡（密度在 100 kg/m³ 以下）。工业上一般以发泡倍率 5、或以密度 400 kg/m³ 为限来划分低发泡和高发泡。

几乎所有树脂都可以制作泡沫塑料，但通常用于制造泡沫塑料的树脂有 PS、PU、PVC、PE、UF、PF、EP、SI、PVFM、CA 和 PMMA 等。近年来泡沫塑料的品种不断扩大，如 PP、CPE、PC、PTFE 等新品种不断投产。但最常用的是 PS、PU、PVC、PE 和 UF 五种树脂。

20 世纪 60 年代发展起来的结构泡沫塑料，以芯层发泡、皮层不发泡为特征，因其外硬内韧、比强度高、节省耗料等特点，在建筑和家具工业领域被广泛应用。聚烯烃的化学或辐射交联发泡技术的成功，使得泡沫塑料的产量大幅度上升。经共混、填充、增强等改性手段制得的泡沫塑料，具有更优良的综合性能，能够满足各种特殊用途的需求。

二、泡沫塑料成型原理

泡沫塑料的成型和定型过程一般包括三个部分，即气泡核的形成、气泡的增长和气泡的稳定，见图 7-61。三个部分的成型原理各不相同，下面将依次介绍。

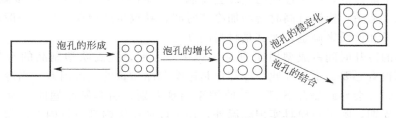

图 7-61 泡沫塑料的成型和定型过程

（1）气泡核的形成

气泡核即指原始微泡，是气体分子最初聚集出来的气泡，发泡成型源自塑料熔体或溶液中形成大量的微小气泡核，然后气泡核逐渐成长直至膨胀为泡沫体。

（2）气泡的增长

初始产生的气泡核一般体积较小，在后续过程中，由于溶解在溶液中的气体会逐渐迁移到气孔中，直到物料中的气体量减小至饱和状态以下。如果发泡剂仍然产生气体，致使物料中气体始终保持在过饱和状态下的话，就会不断有气体向气孔输送，保持气孔内气体量的持续增加。气体量的持续增加会加大气孔的压强，压强增大就会导致向外膨胀，直至孔壁变形。

（3）气泡的稳定

在发泡过程中，由于气泡的持续产生和膨胀，会导致发泡体系的体积和表面积不断增加，气泡壁变薄，从而出现整个发泡体系不稳定的情况。为了能让发泡体系成型，产生的气孔完好地保留下来，就需要对发泡体进行冷却固化，一般采用以下几种方法：

① 提高熔体黏弹性。在发泡过程中提高熔体的黏弹性可以使得气泡有足够的强度，不易破裂，在实际气泡成型过程中，一般通过在物料中加入交联剂，使熔体在发泡前产生交联，以提高熔体的黏弹性。

② 控制膨胀速度。控制气泡的膨胀速度可以有效缓解气泡在成型过程中发生的剧烈破裂和溶液的沸腾，膨胀时间的控制也与气泡应力松弛所需的时间有关。

③ 加入表面活性剂。在泡沫配方中加入表面活性剂有利于形成微小气泡，减小气体的扩散作用，从而使气泡稳定。

三、泡沫塑料成型方法

泡沫塑料品种繁多，不同种类的泡沫塑料其发泡方法也不尽相同，泡沫塑料按其发泡方法可分为三种：机械发泡法、物理发泡法和化学发泡法。

（1）机械发泡法

机械发泡法又称为混入气体法，是利用强烈的机械搅拌将空气卷入到树脂的乳液、悬浮液或溶液中，使其成为均匀的泡沫物，而后经物理或化学变化使之成为稳定的泡沫塑料。为了便于其搅拌，聚合物应当有足够的流动性，所以常常使用溶液、乳液或悬浮液。为了便于混入空气，常常在搅拌过程中直接鼓入空气，同时加入表面活性剂以降低表面张力使气泡能够稳定下来。随后通过让聚合物冷却或交联，使泡沫固定下来，最终形成制品。此法由于是用机械方法，并且以空气为发泡剂，所以没有毒性。工业上常应用于 UF、聚乙烯醇缩甲醛、聚乙酸乙烯酯等泡沫材料。

（2）物理发泡法

物理发泡法是借助于树脂中物理状态的改变，利用物理原理而发泡，其发泡过程中没有化学反应发生。按发泡剂物态分为气、液、固三类。

① 惰性气体发泡。将惰性气体在加压下使其溶于聚合物熔体或糊状塑料中,随后塑化、成型并减压放出溶解气体而发泡。其优点在于发泡后在聚合物溶液中不会留下残渣,也不会对泡沫材料产生不利影响;缺点在于需要较高压力和结构复杂的高压设备。一般软质 PVC 泡沫塑料和 PE 泡沫制品大多采用此法。选择惰性气体作为发泡剂时,需要注意其在聚合物中的渗透速度。几种常见的惰性气体对塑料膜壁的渗透率见表 7-3。

表 7-3　常见惰性气体对塑料膜壁的渗透率　　　　单位:g/(m² · 24h)

名称	LDPE	HDPE	SPVC	PVDC	HPVC	PP
透湿度	16～22	5～10	25～90	1～2	25～40	8～12
CO_2 渗透率	70～80	20～30	10～40	1	1～2	25～35
O_2 渗透率	13～16	4～6	4～16	0.03	0.5	3～5
N_2 渗透率	3～4	1～1.5	0.2～8	<0.01	—	—

② 低沸点液体发泡。将低沸点液体压入聚合物中或在一定温度、压力下,溶于聚合物体系中,然后对聚合物实行加热,加热的过程中液体蒸发汽化而发泡。低沸点液体是目前使用最广的物理发泡剂,一般分为脂肪族烃类和含氯脂肪类两种液体。脂肪族烃类包括丙烷、丁烷、戊烷、己烷等,优点在于价格低、发泡率高;缺点是此类液体大多易燃,常用于 PS 发泡。含氯脂肪类包括一氯甲烷、二氯甲烷、二氯四氟乙烷、三氯氟甲烷等,此类液体大多具有阻燃性,化学性质为惰性,无毒且拥有良好的介电性能,工业上常用于 PE、PS 的发泡成型,同样也适用于 EP、UF 的发泡成型,常用的低沸点液体发泡剂及其物理性质如表 7-4 所示。

表 7-4　常用低沸点液体发泡剂及其物理性质

名称	沸点/℃	分子量	密度(25℃)/(kg/m³)
丙烷	−42.5	44	0.531
丁烷	−0.5	48	0.599
戊烷	30～38	72.15	0.166
己烷	60～70	86.17	0.658
一氯甲烷	−23.76	50.49	0.952
二氯甲烷	40	84.94	1.325
二氯四氟乙烷	3.6	170.90	1.440
三氯氟甲烷	23.8	137.38	1.476

③ 固态空心球发泡法。固态物理发泡法一般是在熔融的塑料中加入中空微球后经固化而成为泡沫塑料,称为组合式泡沫塑料。其方法与一般的物理发泡剂的发泡过程完全不同,因为其特殊的性质所以不适用于所有塑料。根据空心球的材质可分为无机和有机两大类,无机空心球主要有玻璃、氧化铝、氧化镁、二氧化硅、陶瓷等。其中以玻璃空心球的发泡应用最为广泛,它的优点是流动性好、热传导率低、燃点高、无毒、化学惰性好。有机固态球包括纤维素衍生物、PF、UF 等,有机中空球相对于无机球来说具有更低的相对密度,抗冲击性能也更好。

(3) 化学发泡法

化学发泡法是利用混合原料中的某些组分通过化学作用在发泡过程中释放气体而实现的。此法一般分为两种。

① 将发泡剂加入聚合物中经加热加压分解产生气体实现发泡,此类是化学发泡法中最常用的方法。发泡剂主要包含偶氮二甲酰胺、偶氮二异丁腈、1,3-苯二磺酸肼等,其基本特性如表 7-5 所示。选取该类发泡剂的主要要求有:热分解温度范围窄且稳定、气体释放速率

可控、具有优良分散性、分解时产热量低、无毒难燃等。此类主要适用于 PVC 塑料、PE、
PA 等。

表 7-5　常用化学发泡剂及其特性

名称	分解温度/℃	分解气体	发气量/(mL/g)	适用塑料
偶氮二甲酰胺	160～200	氮气/氨气	220	PVC、ABS
偶氮二异丁腈	110～125	氮气	135	PVC
1,3-苯二磺酸肼	150～160	氮气	300	橡胶
4,4′-氧化双苯磺酸肼	140～160	氮气/水蒸气	120	PVC、PP、PE
三肼基三嗪	235～275	氮气/二氧化碳	247	PP、PC、ABS

　　② 通过原料调配，使各组分间发生化学反应产生气体而发泡。以此类发泡法产生的气
体必须要相对于原料惰性，并且为了保证发泡过程的稳定，应当适当在原料中加入催化剂和
泡沫稳定剂。此法常用于 PU 泡沫塑料的生产。

　　在三类发泡方法中，制备泡沫塑料的共同特点是待发泡的塑料（或复合物）处于液态或
黏度在一定范围的塑性状态，而后采用不同的方法形成泡孔，并使其固化定型，最终得到泡
沫塑料，所使用的设备随发泡方法而异。

第六节　浇铸成型

一、浇铸成型简介

　　浇铸成型又称铸塑，名称借用金属浇铸工艺而来。此类成型方法是将已准备好的浇铸原
料注入具有一定形状、规格的模具中，随后使其固化定型，得到与模具型腔类似的制品。在
浇铸成型中，原料状态除旋转成型采用粉料外，其余皆采用单体、预聚体或单体溶液等液状
料。由于成型制品过程中施压较小，所以对模具和机械设备的抗冲击强度要求并不高。此
外，它对产品尺寸的限制不高，并且获得的制品内应力小、质量良好，近年来在产量方面有
较大的增长。但是因为制备出来的样品尺寸精度和精密度较差，所以浇铸成型通常应用在小
批量、创新性的产品研发过程中。

　　铸塑过程均可用下列方框图简单表示：

```
浇注液配制 → 过滤和除泡 → 浇铸 → 聚合 → 后处理和后加工
```

　　PMMA、PS、碱催化聚己内酰胺、有机硅树脂、PF、EP、UP、PU 等都常用静态铸塑
方法生产各种型材和制品，如有机玻璃就是最典型的静态铸塑产品。在实际工业生产中，所
采用的铸塑方法一般有静态浇铸、离心浇铸、流延铸塑、搪塑、嵌铸以及滚塑和旋转成
型等。

　　在此基础上还发展了其他铸塑方法：用透明塑料进行嵌铸，保存生物或医学标本和生产
工艺美术品、电气设备等；用离心铸塑可生产管状空心制品以及齿轮、轴承等；流延注塑法
用于生产薄膜；搪塑法可生产玩具或其他中空软质塑料制品；滚塑用于生产大型容器等。

二、浇铸成型分类

1. 静态浇铸成型

静态浇铸是将浇铸原料（通常是单体、预聚体或单体的溶液等）注入涂有脱模剂的模具中使其固化（完成聚合或缩聚反应），得到与模具型腔相似的制品。该法工艺简单，使用较为广泛。用静态浇铸生产的塑料品种较多，但主要有 MC 尼龙、PMMA、EP 和 PU 等。静态浇铸根据模具的不同可分为多种方式：敞开式、水平式、侧立式和真空浇铸等，如图 7-62 所示。

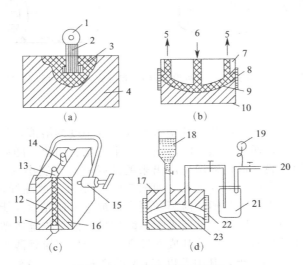

图 7-62　四类静态浇铸模具

(a) 敞开式浇铸；(b) 水平式浇铸；(c) 侧立式浇铸；(d) 真空浇铸

1—拔出制品圆环；2—嵌件；3，12—制品；4，10—阴模；5，13—排气口；6，14—浇口；7—基体；
8—密封板；9—EP；11—模具；15—U 形夹；16—模具或基体；17—阴模或基体；18—浇铸用 EP 容器；
19—真空表；20—连接真空装置；21—过滤罐；22—密封板；23—阳模

静态浇铸所使用的原材料一般需要满足以下几点要求：①熔体或溶液流动性较好，能够自主填满型腔；②成型的温度应当比产品的熔点低；③原料在固化过程中不会生成低沸点液体或气体，不易产生气泡；④浇筑过程中原料化学变化在反应体系中能够均匀分布且同时进行，体积收缩较小。

2. 离心浇铸成型

离心浇铸是将液状塑料浇入旋转的模具中，在离心力作用下使其充满回转体的模具，并在旋转的同时通过加热等手段使其固化定型，随后经过冷却步骤或不冷却即可得到制品，是生产中空容器的一种方法。利用离心浇铸成型制备增强塑料制品时还可以同时加入增强型的填料。

离心浇铸所采用的塑料通常都是熔融黏度较低、熔体热稳定性较好的热塑性塑料，如 PA、PE 等。离心浇铸生产的制品大多为管状或空心筒状，如大型的管材、轴套等，同样也可以用于齿轮、滑轮、转子、垫圈的生产。

离心浇铸的模具一般为钢制，根据制品的形状和尺寸其成型方式有立式和卧式离心浇铸两种，如图 7-63 所示。当制品的直径较大而轴线方向尺寸较小时，宜采用立式设备；当制品的轴线方向尺寸很大时，宜采用卧式设备。单方向旋转的离心浇铸设备一般用于生产真空制品，当需要生产实心制品时，则除单方向旋转外还应在压紧机上旋转。

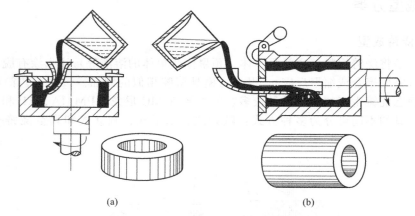

图 7-63　立式离心浇铸设备（a）和卧式离心浇铸设备（b）

3. 流延浇铸成型

流延浇铸成型是指将热固性或热塑性塑料配成一定黏度的溶液，然后以一定的速度流布在连续回转的不锈钢带上，通过加热去除溶剂并产生塑化、固化，随后从载体上剥离下来得到流延薄膜，又称铸塑薄膜。流延铸塑生产出来的薄膜具有厚度小（一般为 $5\sim10\mu m$）、厚度均匀、光学性能优异、内应力小等优点，如图 7-64 所示是三醋酯纤维素薄膜的生产流程。

流延铸塑产品相比较于挤出吹塑的薄膜，更多地被应用在光学性能要求高的场合，如电影胶卷、安全玻璃的中间层薄膜等。虽然光学性能优异，但是流延铸塑的生产周期较长，生产速度较慢，并且流延设备昂贵，导致其成本较高。用于生产流延薄膜的塑料有三醋酯纤维素（CTA）、PVA、VC/VAC 等，其中尤以 CTA 的产量最大。另外，某些工程塑料如 PC 等也可用该法来生产。

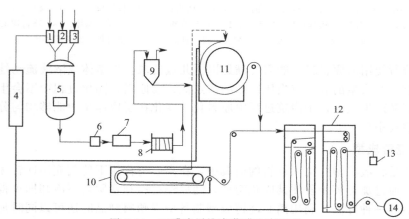

图 7-64　三醋酯纤维素薄膜生产流程

1—溶剂储槽；2—增塑剂储槽；3—三醋酯纤维素储槽；4—溶剂回收系统；
5—混合器；6—泵；7—加热器；8—过滤器；9—脱泡器；10—带式机烘房；
11—转鼓机烘房；12—干燥室；13—平衡用重体；14—卷取辊

4. 嵌铸成型

嵌铸又称封入成型，它是将各种非塑料件包封在塑料中的一种成型方法。即在浇铸的模型内放入预先经过处理的样品（或零件），然后将准备好的浇铸原料倾入模中，在一定的条件下硬化（或固化）后，样品（或零件）便包嵌在塑料中。

嵌铸使用最多的是用透明塑料 PMMA、UP、UF 等包封各种生物标本、医用标本、纪念品和商品样本等。工业上常用 EP 类塑料将某些电气元件与零件实行封装而与外界环境隔绝，起到绝缘、防腐等作用。

5. 搪塑成型与蘸浸成型

两者都使用糊塑料，所不同的是前者使用阴模，后者使用阳模，分述如下。

（1）搪塑成型

搪塑成型又称为涂凝成型，是模塑中空制品的一种方法。首先将糊塑料倒入预先加热至一定温度的模具中，直至达到规定的容量。由于模具已经提前加热，接近模壁处的塑料受热凝结成胶。当达到预定厚度时，再将没有胶化的塑料倒出，将附在模具上的塑料烘熔塑化，经冷却定型，即可从模具中取出空心制品。目前使用此法制备较多的是 PVC 糊生产的中空软制品，包括玩具、仪表盘等，糊塑料的搪塑成型过程如图 7-65 所示。

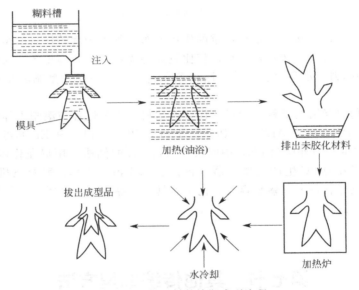

图 7-65　糊塑料的搪塑成型流程

搪塑成型主要使用 PVC 糊，其是一种 PVC 树脂的细微固体与增塑剂、稳定剂等助剂所组成的均匀混合物，在不同配方下组成略有不同。增塑剂的添加可以使 PVC 树脂制备成各类软、硬质制品；稳定剂主要起到了稳定 PVC 树脂的作用，防止其过热分解；添加其他助剂可以使成品的质量、性质、工艺等得到不同程度的改善。

搪塑制品的厚度取决于塑料糊的黏度、灌注时模具的加热温度和塑料糊在模具中停留的时间。生产较厚的制品时，可以采用重复灌注的方法。

（2）蘸浸成型

蘸浸成型也是利用糊塑料生产空心制品的一种方法。与搪塑成型大体相似，但成型时是将阳模浸入装有糊塑料的容器中，然后将模具慢慢提出，即可使模具表面蘸上一层糊料，再通过热处理、冷却，即可从阳模上剥下中空软制品。此法多用于制备泵用隔膜、软性管子、工业用手套、玩具等日常用品。

6. 滚塑成型

滚塑成型工艺又称旋转铸塑、回转成型等，该方法是将定量的液状塑料加入模具中，通过对模具的加热及纵横向的滚动旋转，使液状塑料凭借重力作用均匀地布满模具型腔表面并通过热作用实现熔融塑化，待冷却固化后脱模即得制品。滚塑工艺与其他塑料成型常用的挤出、注塑及压延成型等不同，其在整个成型过程中，塑料除了受到重力的作用外，几乎不受任何外力的作用，图 7-66 是典型的滚塑旋转成型流程。

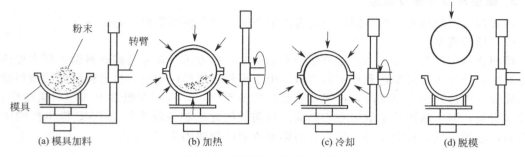

图 7-66　滚塑旋转成型工艺流程

与离心浇铸不同，滚塑是靠塑料自重的作用流布并黏附于旋转模具的型腔壁内，因而转速较慢，一般每分钟只有几转到几十转，相比较离心浇铸而言要慢得多。滚塑成型最初主要用于生产 PVC 糊塑料，如玩具、皮球、瓶罐等小制品，近来在大型制品生产上也有较多的应用。

旋转成型是利用烧结型干料（粉料）代替液状料，工艺过程与滚塑大体相似。所用原料有 PE、改性 PS、PA、PC、ABS 等，POM、PVC、PU、PTFE 和 EP 亦可使用，但使用最多的是 PE 类。如生产内外层为 PE，中间层为发泡 PE 的储槽；用尼龙作内层，PE 作外层的储槽；用特种牌号的 PC 生产大型容器（直径达 2.5 m）和车、船及飞机壳体或结构体。滚塑和旋转成型也可制备家庭盛水容器、化工器具、食品容器、球类和人体模型等，尤其适合制备大型中空容器。

第七节　其他传统成型方法

一、层压成型

1. 层压成型简介

层压成型是指用成沓的浸有或涂有树脂的片状底材以及塑料片在加热、加压下制成坚实而又近于均匀的板状、管状、棒状或其他简单形状的制品。浸有（涂有）树脂的底片也被称为附胶材料。在层压成型中，常用的底材有纸张、棉布、木材薄片、玻璃布、石棉毡以及合成纤维的织物以及碳、硼纤维、陶瓷纤维等；常用树脂有 PF、氨基树脂、EP、UP 等热固性树脂。为了改善性能及降低成本，成型过程中还可加入碳酸钙、滑石粉或是氯化铝等填料。

层压成型工艺的基本工艺过程包括浸渍、压制和后处理三个阶段，工艺过程如图 7-67 所示。其中浸渍上胶工艺是层压制品制造的关键工艺，包括树脂溶液的配置、浸渍和干燥等；压制过程包括叠料、进料、热压、出料等过程，热压中又分为预热、保温、升温、恒温、冷却等五个阶段。此法的不足主要是生产类型以及生产规格受到限制，其类型大多集中在板状材料。

增强塑料是指用含有纤维性增强物的塑料所制得的制品，其中尤以玻璃纤维及其织物用得最多，通常采用层压成型法制得。增强塑料具有远高于普通塑料的强度，其密度较低，绝热性、耐化学腐蚀性强，电性能优良，广泛用于工业、国防等各个领域。

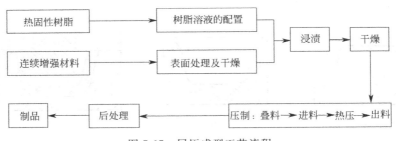

图 7-67　层压成型工艺流程

2. 增强塑料的组成

增强塑料通常是以树脂为母体及黏合剂，以纤维性物质作为填充物或增强物所制备得到的新型复合材料。根据制品的要求和工艺的不同，对其结构中所包含的树脂以及增强物都有不同的要求。

（1）树脂

为了保证层压塑料制品具有良好的性能，通常会对树脂提出一些要求。树脂主要有以下几点重要作用：①把不连续的基材黏结起来，使得复合材料成为具有一定物理性能的整体；②使纤维填料不至于发生屈曲变形；③保护纤维填料不受外界介质的侵蚀和腐蚀，在特定条件下发挥纤维的优良性能。

在树脂的选择上，对其性能有如下要求：①树脂对增强填料应有良好的附着能力和隔湿能力；②树脂本身应当有较好的力学性能；③树脂固化时的收缩率小，否则会在复合材料的成型中引起微裂纹的产生；④树脂应当有优异的加工性能。

（2）增强物

在增强塑料中，增强物应当能够在复合材料中起到增强作用，因此它与树脂之间必须产生一定的胶接。最常用的增强物是玻璃纤维及其织物。在填充到复合材料前，通常还需要额外的表面处理除去其表面上的浆料，表面处理的方法又分为：洗涤法、热处理法和化学处理法三种。除了玻璃纤维及其织物外，常用的填充材料还包括纸张、木材、碳纤维、硼纤维、石棉等。

3. 层压成型的成型方法

层压成型一般可分为高压法和低压法（以 6.87 MPa 为界限）。高压法包括层压法和模压法等（模压成型），低压法包括袋压法、真空法、喷射法、接触法等，其中接触法中的缠绕成型尤为特殊，是近年来发展最快、使用最多的成型中空容器的一种方法。

（1）高压成型

高压成型可分为层压成型、管材和棒材的成型、模压成型等。其中层压成型是将多层附胶底材叠合并送入到多层热压机中，在一定的温度和压力下，经过一定的时间压制成塑料制品。此类方法的优点在于比较成熟，得到的制品质量较好，性能比较稳定；缺点则是间歇式生产，且产品尺寸受热板规格所限制。

（2）低压成型

低压成型主要包括接触法和袋压法，其中接触法中常用的有手糊成型和缠绕成型。

① 手糊成型：手糊成型又称为涂覆法、裱糊法或接触成型法。工艺过程是在涂好脱模剂的模具上，将预先处理好的附胶片材，用已配好的树脂胶液连铺带涂，并一层层地贴上，每贴一层，均应将其中空气排尽，铺到所需厚度，即可进行硬化处理。硬化完毕，脱模修整，即可得到制品。手糊成型可采用阳模、阴模和对模成型，主要制品为仪表盒、机器罩等，手糊成型的模具如图 7-68 所示。

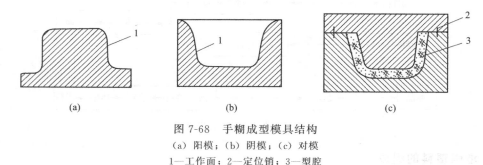

图 7-68　手糊成型模具结构
（a）阳模；（b）阴模；（c）对模
1—工作面；2—定位销；3—型腔

② 缠绕成型：缠绕成型为接触法的一种，是制造增强塑料中空容器的主要方法。该法是用浸有树脂的纤维或织物，在相当于制品形状的芯模上作规律的缠绕，然后对其加热硬化，脱模即得制品。该方法适用于制作圆柱形、圆锥形和球形等回转体，可制作高压容器或大型容器等。适用的树脂以 PF、EP、UP 为最多。

缠绕成型所得制品的强度与纤维的缠绕规律有关，可采用纵向缠绕、环向缠绕和螺旋缠绕（由芯模作匀速转动，缠绕头按一定速度沿芯模轴向作往返运动而实现）。三种规律各有特点，一般制备内压容器时，都采用几种方法相结合的方式，其中纵向缠绕和环向缠绕如图 7-69 所示。

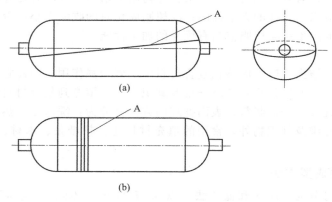

图 7-69　纵向缠绕（a）和环向缠绕（b）
A—缠绕轨迹

③ 袋压法：袋压法与接触法类似，不同的是在硬化过程中需要对已铺叠物施加压力。施加的压力是靠橡皮袋抽真空或加压来实现的。由于施有压力，使树脂能够充分浸渍，从而取得实心且强度高的制品。

袋压法依橡皮袋传递压力方式的不同可分为四种，即真空法（压力在 0.05～0.08MPa）、气压法（压力在 0.39～0.49MPa）、热压器法（压力约为 2.45MPa）和柔性柱塞法（压力在 0.34～0.69MPa），四种方法如图 7-70 所示。

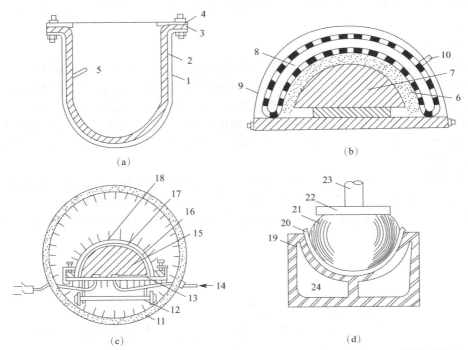

图 7-70 （a）真空袋压成型；（b）气压橡皮袋成型；（c）热压器法；（d）柔性柱塞法

1，19—阴模；2，6，11—铺叠物；3，8，17—橡皮袋；4—盖板夹具；5，18—抽气口；7，15—阳模；
9—扣罩；10，13—进气口；12—小车；14—压缩空气进口；16—热压器；20—制品；
21—柔性柱塞；22—压机压板；23—压机柱塞；24—蒸汽通道

二、涂覆成型

1. 涂覆成型简介

传统的涂覆成型包括两种：一类是将塑料糊（溶胶）均匀地涂在基材（布、纸）表面，然后对其进行热处理使其成为涂层制品。此类制品主要有人造革、墙壁纸和地板革等；另一类是在金属设备或零部件上涂覆一层塑料，使其既保持金属的特点，又具有塑料的某些特性，如耐腐蚀、自润滑、电绝缘、耐磨损等。涂覆成型所制得的制品有着性能优异、成本低廉的特点。

2. 涂覆制品

涂覆制品一般由基层、塑料层和发泡层组成。在制备过程中，先将树脂与增塑剂等配成塑性溶胶，然后把它均匀地涂覆在基材上，再经热处理，即可成为涂层制品。涂层制品可采用压延法，亦可采用涂覆法。涂覆方法可归纳为刮刀法和辊涂法两类，涂覆方式可采用直接涂覆或间接涂覆。涂层制品所用原料最多的是 PVC 和 PU 两种。

刮刀法是在底布放平后，铺上具有一定张力的底层胶和面层胶，用刮刀涂刮。涂刮的厚度可通过控制刀与底布，或刀与托辊间的距离来调节，但须左右一致；用辊筒将塑性溶胶涂覆在基材上的方法称为辊涂法，使用的设备是逆辊涂布机。

直接涂覆是将塑性糊料（溶胶）直接涂覆在经过预处理的基材上，再通过熔融、塑化、轧花、冷却和表面处理等工序而成为涂层制品；间接涂覆又称为转移涂覆，是将塑性糊料（溶胶）用刮刀或辊涂在一个循环运转的载体（载体可为离型纸或钢带）上，通过预热使其在半凝胶状态下与基材贴合，再进入烘箱塑化，随后冷却并从载体上剥下，再经表面涂饰处理即得制品。

3. 塑料涂覆

塑料涂覆，又称塑料喷涂或塑料涂装。当金属零部件的表面涂覆一层塑料后，在一定的程度上既可保持金属原有特点，又可使其具有塑料的某些特性。几乎所有塑料都可作为制取涂层的原料，如 PE、PVC、PA、PTFE、PPS、EP、PF 等，但最常用的是 PVC、HDPE、PA 和 EP 等。涂覆用的塑料必须是粉状的，细度在 80～120 目之间。在金属表面涂覆塑料的办法有很多，常用的有：火焰喷涂、流化喷涂、热熔喷涂、悬浮液喷涂、静电喷涂等。

（1）火焰喷涂

是将塑料粉末借助于压缩空气被快速连续地送入特制的喷枪，经喷枪前头的乙炔-氧高温火焰，使塑料粉末被熔融或成半熔融，并随火焰的气流射到已预热好的待涂工件上去，于是工件表面被黏附一层塑料涂层，喷涂完毕后冷却即得制品，其工艺流程如图 7-71 所示。

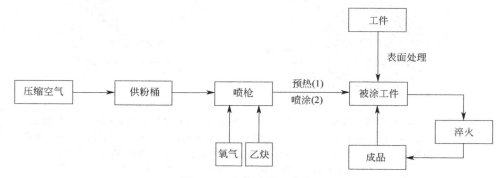

图 7-71　火焰喷涂工艺流程

（2）流化喷涂

又称为沸腾喷涂。其工作流程是将粉末树脂装入流化床中，从下部通入压缩空气或惰性气体，使树脂处于流化状态。随后将已预热的工件浸入流化层中，与工件接触的树脂粒子即被熔融附在工件表面。取出制品，除去料粉继续加热塑化，冷却固化后即得制品，其工艺流程如图 7-72 所示。

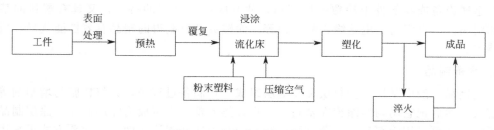

图 7-72　流化床浸涂工艺流程

（3）热熔喷涂

与火焰喷涂十分相似，其原理是在已经预热好的工件上用喷枪喷上未加热的塑料粉末，借助工件的热量使塑料熔融，冷却后在工件上涂覆上塑料涂层即可得到制品。

（4）悬浮液喷涂

首先要将极细（100～200 目）的塑料粉末利用机械方法或直接合成悬浮液的方法，分散在有机溶剂或水溶液中使其成为悬浮状态。随后借助喷枪，以表压不大于 0.0981 MPa 的压缩空气使其喷射到工件表面上（亦可采用浸涂、刷涂、浇涂等多种方法），然后经干燥、加热塑化，使其成为黏结较牢固的塑料涂层，其工艺流程如图7-73所示。

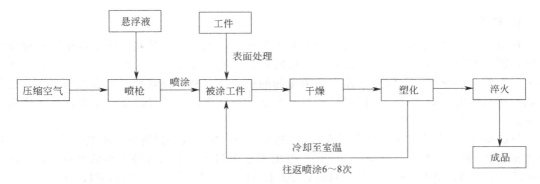

图 7-73　悬浮液喷涂工艺流程

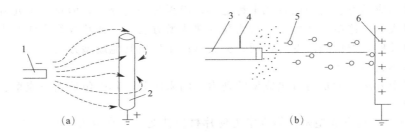

图 7-74　静电喷涂原理（a）和粉末充电（b）
1，3—枪头；2，6—工件；4—90kV 直流电；5—带电粒子

（5）静电喷涂

是塑料粉末涂覆工艺中一种"年轻"的喷涂工艺。它利用静电引力涂覆工件，效率高、节约粉料、涂层均匀。粒子一般需在150～400目之间，接近球形最为理想。该工艺是在喷枪前端喷嘴上，施加 90 kV 的直流电压，使喷枪周围产生强烈的电晕放电，引起周围数厘米范围内的空气离子化，工件接地作为正极以构成回路，其原理如图7-74（a）所示。当粉末由喷枪喷出后，通过离子化的离子群，接触了被离子化的气体分子而被充电，形成带电粒子，如图7-74（b）所示。带电粒子受静电引力的作用，被吸附到与其电性相反的工件上去，形成均匀涂层，再经熔融塑化得到制品，其工艺流程如图7-75所示。

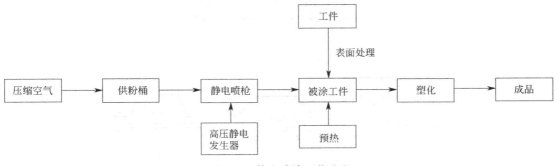

图 7-75　静电喷涂工艺流程

三、热成型

1. 热成型简介

热成型是 20 世纪 60 年代后发展起来的一种成型加工方法，是利用热塑性塑料片材作为原料，制造塑料制品的二次成型技术。成型时，先将片材裁成一定的尺寸和形状，固定于框架上，并将其加热到一定温度，而后凭借施加的压力使其贴近模具型面，取得与型面相仿的形状。成型后的片材冷却后，即可从模具上取下，经适当修整即得制品。主要用于生产形状简单、壁厚较为均匀的制品。

热成型的主要优点在于制件应用范围广、适应性强、生产设备投资少以及生产效率高。适用于热成型的塑料品种很多，以浇铸、压延、挤出等方法制造出来的各种类型的片材（1~2mm）都可以作为原料，例如 PS、PVC、PMMA、ABS、HDPE、PP、PA、PC 和 PETP 等。

2. 热成型方法

塑料片材热成型方法目前已有几十种之多，尚无统一的分类，但总是由几种基本方法或略加改进而组成的。这些方法大致可分为简单热成型方法和拉伸热成型方法两大类，并且通过热成型动力及模具类型的改变，这两大类又可以派生出其他成型方法。

（1）简单热成型方法

简单热成型方法一般是通过热成型的动力不同来区分，其中包括真空成型、气压成型和机械加压成型。

① 真空成型。真空成型是依靠真空力使片材拉伸变形。真空力容易实现、掌握与控制，因此简单真空成型是出现最早、应用最广的一种热成型方法。其中根据模具不同可将真空成型分为真空阴模成型和真空阳模成型两种。

真空成型生产的制品与模腔壁贴合的一面质量较高，结构上比较鲜明细致，不同的是真空阴模成型壁厚的最大部位在模腔底部，最薄部位在模腔侧面与底面的交界处，如图 7-76所示；而真空阳模成型壁厚的最大部位在阳模的顶部，最薄部位在阳模侧面与底面的交界区，如图 7-77 所示。

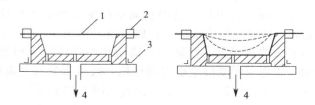

图 7-76　真空阴模成型工艺过程

1—片材；2—夹具；3—密封口；4—抽真空

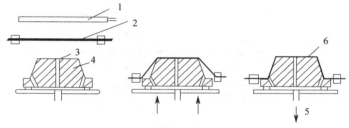

图 7-77　真空阳模成型工艺过程

1—加热器；2—片材；3—气孔；4—阳模；5—抽真空；6—制件

② 气压成型。真空成型过程中依靠真空在片材两侧所能形成的压力仅为 $0.01\sim 0.03MPa$，若片材较厚或结构较复杂，成型时压力就显不足。此时可采用压缩空气作为成型动力进行气压成型。气压成型中的空气压缩泵提供的压力可达到 $0.7\ MPa$ 以上，产生的成型压差约 $0.6\ MPa$。因此气压成型可以实现较厚片材或复杂制件的成型。

气压成型的优点是成型精度高，制件表面质量近似于注塑制品，且成型速度快；其缺点则是由于压力较高容易导致制件发泡或产生夹层结构，并且冷的压缩空气会造成制件表面提前硬化。气压成型可以采用模具成型（阳模或阴模）或者不用模具成型，如图 7-78 所示。

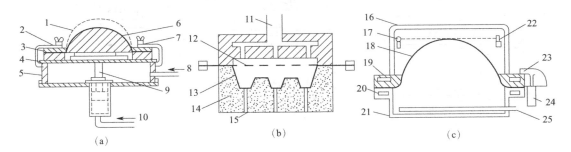

图 7-78　气压阳模成型（a）、气压阴模成型（b）和无模具气压成型（c）

1—坯料；2—夹具；3，19—拉伸环；4，20—支承环；5—气室；6—阳模；7—升降台；

8，10，11—压缩空气入口；9—柱塞；12—成型前片材；13，18—制件；14—阴模；

15—排气口；16—绝热罩；17—光源；21—支座；22—光电管；23—压紧件；24—气缸；25—进气接嘴

③ 机械加压成型。机械加压成型是利用机械压力使预热片材弯曲与延伸。实际生产中，通常会同时用阴模和阳模组成对模进而成型，该类成型方法基本适用于全部热塑性塑料。

上述的对模成型又称作模压成型，成型中所依托的成型压力不像前面的真空力或气压，而是彼此扣合的阴阳模合拢时所产生的机械压力。一般的工艺过程是：将片材夹持于两模之间并用可移动的加热器加热，当片材温度达到工艺设定要求后，移开加热器并将阴阳模合拢、加压，同时通过模具上的气孔将片材与模具间的空气排出，再经冷却、脱模和后处理即可得到制品，如图 7-79 所示。

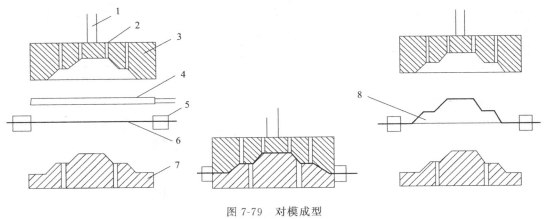

图 7-79　对模成型

1—压机柱塞；2—气孔；3—阴模；4—加热器；5—夹具；6—片材；7—阳模；8—制件

（2）拉伸热成型方法

简单热成型方法有着两个明显的缺点：一是片材的拉伸强度不能过大，所以此方法不适用于深腔制品的生产；二是所得制品的壁厚均一性差，制品中常存在强度上的薄弱区。为了克服简单热成型方法中的缺点，因此取先用预热片材进行预拉伸再进行真空或气压成型的方法，就能够制备出均匀性较好的深腔热成型制品。根据预拉伸的作用方式，此类方法分为柱塞预拉伸成型和气胀预拉伸成型。

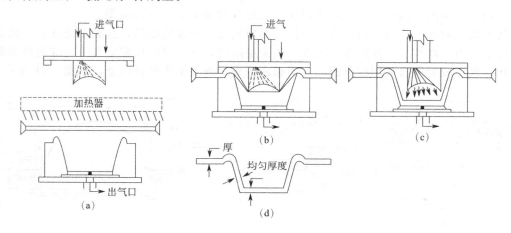

图 7-80　柱塞辅助气压成型
(a) 加热；(b) 压柱塞；(c) 吹气；(d) 制件

　　① 柱塞预拉伸成型。柱塞预拉伸成型开始时需要将预热后的片材紧压在阴模顶面上，用机械力推动柱塞下移，拉伸预热片材直至柱塞底板与阴模顶面上的片材紧密接触。若通过柱塞内的通气孔往片材上面的气室内充入压缩空气使得片材再次受到拉伸而完成成型过程，这种方法就称作为柱塞辅助气压成型，如图 7-80 所示；若改为对片材下面的模腔抽真空而完成成型过程，就被称为柱塞辅助真空成型，如图 7-81 所示。

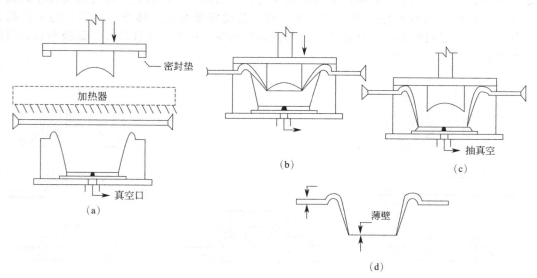

图 7-81　柱塞辅助真空成型
(a) 加热；(b) 压柱塞；(c) 抽真空；(d) 制品

　　② 气胀预拉伸成型。气胀预拉伸成型是利用高压空气的"吹胀"作用，使预热片材受到预拉伸。根据预拉伸后片材的成型方式一般可分为气胀预拉伸真空成型、气胀阳模成型和反向柱塞拉伸辅助成型。

气胀预拉伸真空成型又称为气滑成型，它是从阳模顶部向预热片材吹气，随着片材被吹胀，同时阳模上升嵌入预热片材中，当阳模完全插入片材后，关闭压缩空气，从下部抽真空成型，如图 7-82 所示。

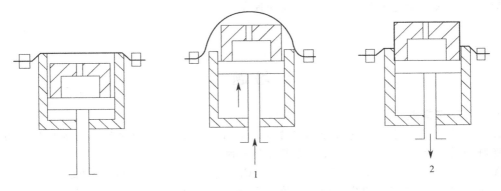

图 7-82　气胀预拉伸真空成型
1—推气；2—回吸

3. 热成型的工艺影响因素

从各类热成型方法可以看到热成型的主要工序是加热、成型和冷却，对于热成型的制品来说，工艺条件中影响较大的有加热时间、成型温度、成型压力、成型速率和冷却过程等。

（1）加热时间

加热时间是热成型工艺的主要参数之一，在热成型工艺中，片材是在热塑性塑料的高弹态温度范围内拉伸的，因此在加工前应该将片材预加热到一定的温度。将片材加热到成型所需要的时间称为加热时间，一般占整个工艺周期的 $50\% \sim 60\%$。缩短加热时间对提升热成型生产的效率十分重要。一般来说，加热和冷却的时间随着片材厚度的增加而延长。此外，加热时间还受到材料本身属性的影响。

（2）成型温度

成型温度可以说是热成型过程中影响制品的最重要因素，其直接影响到制件的最小厚度、厚度分布和尺寸误差等。最佳的成型温度一般是塑料伸长率最大时的温度，较高的成型温度会导致材料的流动性过好，进而引起片材的过度变形；较低的成型温度可以缩短冷却时间，节约生产成本，但是制品的形状以及尺寸稳定性会变差。

（3）成型压力

成型压力主要影响片材的形变，但是塑料有抵抗变形的能力，其弹性模量随着温度的升高而降低。在成型温度下，只有当成型压力在材料中引起的形变大于材料本身的弹性模量时，材料才会发生形变。由于各种塑料的弹性模量不同，所以成型压力随塑料的品种、片材的厚度和成型温度而变化。一般来说，塑料的分子链刚性越大、分子链越长、塑料本身存在的极性基团越多，其需要的成型压力越高。

（4）成型速率

成型速度是指片材在被拉伸时的牵引速率，提高成型速率可以缩短制品的成型周期，但是成型速率过快则会影响制品的质量。成型速率的设定与成型温度有很大关联，当成型温度不高时，可以适当采用慢速成型；当成型温度较高或片材的厚度较厚时，就应当采用较快的成型速率。

（5）冷却过程

为了缩短成型周期，冷却过程一般采用人工冷却的方法。常见的冷却方法有外冷和内冷两种，当片材的厚度较厚或塑料本身的导热性差时，一般采用外冷的方式，其中主要包括采用压缩冷空气或喷水雾等。在冷却过程中，关键因素在于需要将制品冷却至变形温度下才能继续脱模。冷却不足时，制品脱模后会发生变形；但冷却过度时，不仅会影响到生产效率，还会导致制品收缩而包紧在模具上，致使脱模困难。

习 题

一、单项选择题

1. 单螺杆挤出机中螺杆通常分为三个部分：①压缩段；②均化段；③加料段。当物料沿着螺杆向前移动时，它经历的顺序是下列哪一种（　　　）？

A. ①②③　　　　　B. ③②①　　　　　C. ②③①　　　　　D. ③①②

2. 熔体在挤出机螺杆均化段的流动有四种形式，分别是（　　　）。

A. 正流、逆流、横流、竖流　　　　　B. 正流、逆流、横流、漏流

C. 正流、负流、横流、漏流　　　　　D. 正流、逆流、横流、竖流

3. 为提高螺杆存在的熔融效率低、塑化混合不均匀等缺点，常采用的措施不包括（　　　）。

A. 减小均化段螺槽深度　　　　　　　B. 提高螺杆的转速

C. 采用高效螺杆　　　　　　　　　　D. 加大螺杆的长径比

4. 注射成型一个工作循环中，注射机需要完成（　　　）三个基本过程。

A. 塑化、注射、保压　　　　　　　　B. 加料、注射、冷却

C. 塑化、注射、成型　　　　　　　　D. 加料、成型、冷却

5. 注射成型时，影响制品结晶度的主要因素是（　　　）。

A. 喷嘴温度　　　　B. 料筒温度　　　　C. 模具温度　　　　D. 注射时间

6. 模塑周期是指完成一次注射所需的时间，其周期表述正确的是：（　　　）。

A. 合模时间—注座前进时间—注射时间（充模）—保压时间—开模时间—冷却时间—制件顶出时间—下一成型周期的准备时间

B. 合模时间—注座前进时间—注射时间（充模）—冷却时间—开模时间—制件顶出时间—下一成型周期的准备时间

C. 合模时间—注座前进时间—注射时间（充模）—保压时间—开模时间—制件顶出时间—下一成型周期的准备时间

D. 合模时间—注座前进时间—注射时间（充模）—保压时间—冷却时间—开模时间—制件顶出时间—下一成型周期的准备时间

7. 在成型对气体阻隔性要求高的中空制品时，最好采用（　　　）。

A. 多层吹塑　　　　B. 注射吹塑　　　　C. 拉伸吹塑　　　　D. 挤出吹塑

8. 一步法生产聚丙烯泡沫塑料的工艺流程为（　　　）。

A. 发泡—混炼—压制成型　　　　　　B. 压制成型—发泡—混炼

C. 混炼—压制成型—发泡　　　　　　D. 发泡—压制成型—混炼

二、填空题

1. 挤出成型亦称为_____或_____，即借助_____或_____的挤压作用，使得受热熔化的_____在压力推动下，强行通过_____而成为具有_____的连续型材的成型方法。其可分为_____和_____两个阶段。

2. 螺杆的压缩比是指螺杆_____第一个螺槽构成的容积和_____最后一个螺槽构成的容积之比。

3. 注射机按照结构特征划分可以分为_____和_____。它们都是由三个主要系统构成，具体包括：_____、_____和_____。

4. 注射机的螺杆的主要作用是：_____、_____、_____、_____。

5. 在压延成型中，物料同时受到两辊作用的区域称为_____；辊筒开始对物料加压的点称为_____；加压终止点为_____；两辊中心（两辊筒圆心连线中点）称为_____；钳住区内压力最大的点称为_____。

6. 塑料中空吹塑成型有三种常见的方法，分别是：_____、_____和_____。

7. 请列出三种一次成型方法：_____、_____和_____；请列出三种二次成型方法：_____、_____和_____。

8. 泡沫塑料有哪几种发泡方法：_____、_____和_____。

三、名词解释

螺杆长径比（L/D）；挤出胀大；注射量；分流道；压延效应；贴胶；吹胀比；气泡核；铸塑成型；流延铸塑；增强塑料；二次成型

四、简答题

1. 请分述单螺杆挤出机中螺杆的几个功能段的作用。

2. 简述聚合物物料在单螺杆挤出机中的熔化过程。

3. 注射成型制品内应力的产生来自哪几个方面？应该如何消除内应力？

4. 在注射保压过程中，实现保压补料的必要条件是什么？影响保压补料的主要因素是什么？怎么影响的？

5. 与挤出机的螺杆相比，注射机的螺杆在结构、运动方式、功能等方面各有什么不同？请分类论述其区别。

6. 为什么压延成型两辊间隙之间应有一定的存料？

7. 影响挤出吹塑成型的主要因素有哪些？

8. 在塑料的发泡成型中常见的发泡方法有哪几种？请分述。

9. 浇铸成型工艺具有哪些特点？其中包括哪些成型方法？

10. 简述热成型的工艺过程。与注射成型相比，热成型有何优缺点？

在线辅导资料， MOOC 在线学习

①单螺杆挤出机；②塑料挤出成型原理；③塑料注射成型工艺原理；④注射成型设备；⑤塑料压延成型工艺及原理；⑥塑料吹塑成型工艺原理；⑦塑料发泡及其他成型方法。涵盖课程短视频、在线讨论、习题以及课后练习。

参考文献

[1] 方少明，冯钠. 高分子材料成型工程 [M]. 北京：中国轻工业出版社，2014.

[2] 杨明山，赵明. 高分子材料加工工程 [M]. 北京：化学工业出版社，2013.

[3] 杨鸣波，黄锐. 塑料成型工艺学 [M]. (第三版). 北京：中国轻工业出版社，2014.

[4] 周达飞，唐颂超. 高分子材料成型加工 [M]. 北京：中国轻工业出版社，2005.

[5] 王贵恒. 高分子材料成型加工原理 [M]. 北京：化学工业出版社，2004.

[6] 沈新元. 高分子材料加工原理 [M]. 北京：中国纺织出版社，2009.

[7] 吕柏源，唐跃，赵永仙，高鉴明. 挤出成型与制品应用 [M]. 北京：化学工业出版社，2002.

[8] 耿孝正. 双螺杆挤出机及其应用 [M]. 北京：中国轻工业出版社，2003.

[9] 朱复华. 挤出理论及应用 [M]. 北京：中国轻工业出版社，2001.

[10] 王善勤. 塑料挤出成型工艺与设备 [M]. 北京：中国轻工业出版社，1998.

[11] 张增红，熊小平. 塑料注射成型 [M]. 北京：化学工业出版社，2005.

[12] 陈少克. 塑料注射模具设计及其 CAD 技术 [M]. 北京：中国电力出版社，2010.

[13] 穆沙 R. 卡迈勒，阿芙拉姆 J. 伊萨耶夫，刘士荣. 注射成型 [M]. 吴大鸣，等译. 北京：化学工业出版社，2014.

[14] 齐贵亮. 塑料压延成型实用技术 [M]. 北京：机械工业出版社，2013.

[15] 赵俊会. 塑料压延成型 [M]. 北京：化学工业出版社，2005.

[16] 黄汉雄. 塑料吹塑技术 [M]. 北京：化学工业出版社，1996.

[17] 张玉龙，齐贵亮. 塑料吹塑成型 350 问 [M]. 北京：中国纺织出版社，2008.

[18] 张京珍. 泡沫塑料成型加工 [M]. 北京：化学工业出版社，2006.

[19] 马东卫. 塑料浇铸成型与旋转成型 [M]. 北京：化学工业出版社，2005.

第三篇

橡胶加工成型

橡胶是在军工、国防、民用工业以及日常生活中使用量非常大的一类高分子材料，由于具有高弹性，因而也称作弹性体，其主要特征是分子量巨大且具有多分散性。橡胶一词来源于印第安语 cau-uchu，意思是"流泪的树"。ASTM D1566 给橡胶下的定义如下：橡胶是一种材料，它在较大的形变下能迅速而有力恢复其形变，能够被改性。1839 年美国人查尔斯·古德伊尔发现橡胶与硫黄共热可以大大增加橡胶的弹性，不再受热发黏，从而使橡胶具备良好的使用性能，催发了世界橡胶工业的萌生，至今已有 180 多年发展历史。橡胶产品应用广泛，品种规格繁多，据估计，目前世界橡胶制品的品种规格总数约有 10 万种之多。尤其是 20 世纪中叶之后，汽车工业和石化工业的高速发展极大提升了橡胶原料和制品的生产水平，橡胶已经成为支撑陆、海、空交通运输装备制造业的基石。当前人类正进入新一轮工业革命，科学技术的飞速迭代与产业发展也为橡胶工业，尤其是高性能、特种橡胶的腾飞带来新机遇。

第八章

橡胶加工概述

第一节　橡胶原料及其性能

　　橡胶的原料主要是生胶，还包含硫化剂、补强剂、防老剂等各种加工助剂。生胶是指未硫化的橡胶胶料，是制造橡胶制品的母体材料，又称原料橡胶。根据来源不同，橡胶可分为天然橡胶、合成橡胶和再生橡胶。

一、天然橡胶

　　在 20 世纪 30 年代以前，橡胶工业消耗的橡胶原料几乎都是源于橡胶树的天然橡胶（NR）。天然橡胶的主要成分是异戊二烯的聚合物，化学名为顺式-1,4-聚异戊二烯，其分子结构式见图 8-1。

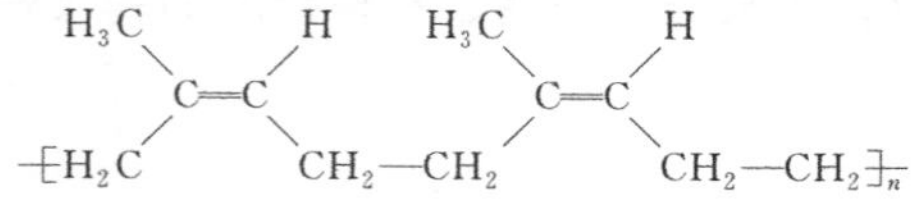

图 8-1　天然橡胶的分子结构式

　　从橡胶树割取的胶乳，采用不同的收集条件及加工方法，制成各种天然橡胶产品。根据其工艺和外形不同，可分为：烟片胶、风干胶片、绉片胶、颗粒胶及其他特制天然橡胶等。烟胶片生产历史悠久，是将新鲜胶乳烟熏干燥，制成胶片，其表面带有菱形的花纹，颜色呈棕黄色，形态呈片状。绉片胶是以胶乳凝块或杂胶作为制备的原材料，经过洗涤、压炼等多道工序之后，成品表面出现皱纹，经自然风干或热风干燥而制成的橡胶。颗粒胶于 60 年代发展起来，具有颗粒小、品质易控、分级合理、机械化程度高、生产周期短、工艺流程环保等特点，其产量已经远超烟片胶和绉片胶的产量总和。现在，我国所生产和使用的天然橡胶基本上都是颗粒胶，又称为标准胶，国产标准胶的代号为 SCR（standard chinese rubber）。特制天然橡胶是指对普通天然橡胶采用某些制作方法，使其具有特殊性质的生胶。如在乳胶中加入 α-羟基类化学剂制得门尼黏度为 60 ± 5 的恒黏橡胶。

　　天然橡胶综合性能良好，可以单独使用，制作成为各种橡胶制品，如轮胎、密封圈、电缆外壳等；也可与其他橡胶、塑料及纤维等高分子材料并用，制备具有更加优良的改性材料。

二、合成橡胶

合成橡胶是相对于天然橡胶而确立的一个定义，是指通过单体转化为聚合物而制得的橡胶或弹性体。我国合成橡胶工业始于 1958 年，经过几十年的发展，我国合成橡胶的品质已经有很大提升。对于合成橡胶的分类有多种多样，一般按照其用途及使用量分为通用合成橡胶（用途广泛、用量大）和特种合成橡胶（适用于特殊条件、用量较少），或分为功能性橡胶和热塑性橡胶等。下面将对一些典型合成橡胶进行介绍。

1. 丁苯橡胶

丁苯橡胶（SBR）是最早实现工业化且用量最大的通用合成橡胶品种之一。丁苯橡胶分子链中单体结构单元是无规排列，含有苯环，体积效应大，不能结晶，是非自补强橡胶。在乳液或溶液中，丁二烯和苯乙烯经过共聚反应制备丁苯橡胶。由于丁二烯和苯乙烯共聚合方法和所用引发剂或催化剂的不同，丁苯橡胶分为乳液聚合丁苯橡胶（E-SBR）和溶液聚合丁苯橡胶（S-SBR）两大类。其结构通式如下（图 8-2）。

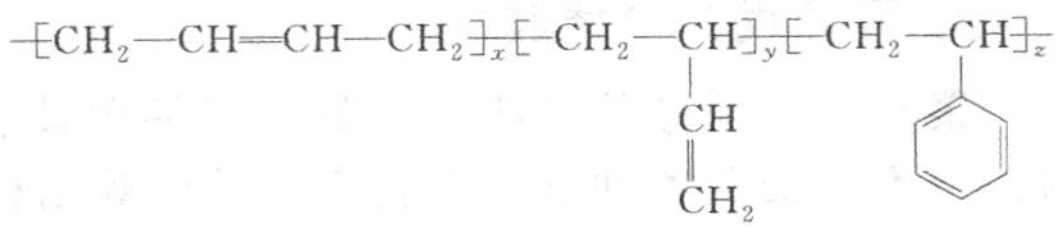

E-SBR 是通过自由基引发的共聚反应生产的。对乳聚丁苯胶来说，苯乙烯单体单元含量在 23.5% 左右时，E-SBR 具有最佳的综合性能。第一代乳聚丁苯橡胶是通过热引发乳液聚合制得，其分子链支化程度较高，凝胶含量大，性能较差，应用范围日趋缩小。第二代乳液聚合丁苯橡胶是通过冷法乳聚所制备的，具有较好的加工性能。S-SBR 使用离子共聚反应制备。与 E-SBR 相比较，S-SBR 具有支化结构少、分子量分布窄、顺式含量高、分子链设计可控、非橡胶成分低等特点（见表 8-1）。S-SBR 是一种抗湿滑性、滚动阻力很小和耐磨性好的胶种，适合制造子午线轮胎，更能够满足汽车节能降耗和行驶安全性的要求。

图 8-2 丁苯橡胶结构式

表 8-1 溶液聚合丁苯橡胶与乳液聚合丁苯橡胶的主要性能对比

项目	S-SBR	E-SBR
结合苯乙烯含量	可调	可调
乙烯基含量	可调	固定
胶体含量	99% 以上	94%～95%
分子量分布	较窄，可偶联	较宽，不可偶联
丁二烯链节	可调	不可调
链节结构	无规或部分嵌段，可调节	全无规不可调
产品通用性	除通用牌号外，可生产专用牌号，不同生产企业同一牌号替换性较差	牌号统一，不同生产企业同一牌号可替换
加工性	混炼能耗低，挤出口型膨胀小，尺寸稳定性好，花纹清晰	压出速度慢，尺寸形变大

2. 聚丁二烯橡胶

聚丁二烯橡胶（BR）是由丁二烯通过不同催化剂和聚合方法制备的。1954 年 Ziegler-Natta 配位聚合催化体系出现后，溶液聚合丁二烯制备聚丁二烯橡胶获得迅速发展。目前，聚丁二烯橡胶的产量和消耗量位列通用合成橡胶的第二。从分子结构上来看，有顺式-1,4-聚丁二烯、反式-1,4-聚丁二烯和 1,2-聚丁二烯三种异构体。实际应用的聚丁二烯橡胶大多是上述三种异构体的无规共聚物。三种异构体的含量对聚丁二烯橡胶的性能有着非常明显的影响。

顺式-1,4-丁二烯橡胶（简称顺丁橡胶）根据聚合过程中所用催化体系不同可分为高顺式（顺式-1,4-结构含量为 92%～98%）和低顺式（顺式含量为 35%～40%）两种类型。高顺式-1,4-丁二烯橡胶，由钴和镍等催化剂制得，是目前工业生产的主要品种。主要特点包括：分子结构比较规整、质量均匀，分子量易调节，分子量分布较宽，分子链柔性好弹性高，耐磨性好，低温性能优异，耐屈挠和生热小，橡胶的综合力学性能较好，加工性能好，冷流倾向较小。低顺式丁二烯橡胶是用锂系催化剂制得，又称锂系顺丁橡胶。其生胶纯度高、分子量分布较窄、加工性能不及高顺式丁二烯橡胶、弹性较低、生热较大、冷流性较严重。

反式-1,4-聚丁二烯橡胶采用钒催化体系经溶液聚合制得。反式结构含量高达 94%～99% 时，室温下即结晶形成树脂状。随着反式结构含量降低，橡胶结晶性变差。反式结构含量在 65%～75% 时，结晶性差，表现为热塑性、定伸应力大、耐磨性好、耐化学腐蚀。

1,2-聚丁二烯橡胶又称乙烯基丁二烯橡胶，分子链中含有较多的 1,2-结构而形成乙烯基侧基。根据侧链中所包含 1,2-结构的不同又分为高 1,2-聚丁二烯橡胶（HVBR，1,2-结构含量在 70% 以上）和中 1,2-聚丁二烯橡胶（MVBR，1,2-结构含量在 35%～60%）。1,2-聚丁二烯橡胶制造的轮胎的热老化性和抗湿滑性好，是制备绿色轮胎的理想材料。

3. 聚异戊二烯橡胶

聚异戊二烯橡胶（IR）是异戊二烯单体在催化剂作用下，通过本体聚合或者溶液聚合制得。不同聚合条件下，聚合产物的微观结构不同，如下图 8-3 所示。主要工业化的有：顺式-1,4-聚异戊二烯橡胶、反式-1,4-聚异戊二烯橡胶。

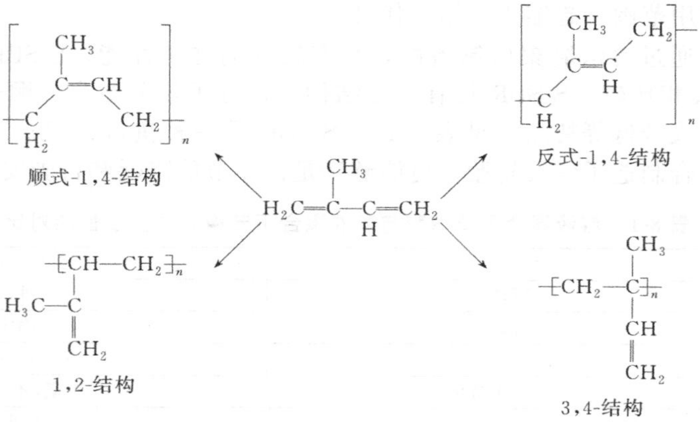

图 8-3　不同异构方式的聚异戊二烯橡胶

顺式-1,4-聚异戊二烯，简称异戊橡胶，又称合成天然橡胶，其性能受顺式-1,4-结构含量影响。然而，顺式含量主要决定于所选用的催化体系。合成异戊橡胶的催化剂体系主要是锂系催化剂、钛系催化剂和稀土系催化剂。其中钛系所制的顺式含量可高达 98%、支化较多、凝胶含量较高、冷流倾向较小、技术相对成熟。锂催化体系制得的顺式-1,4-结构的含量较低，只有 92% 左右，在储存时有冷流倾向。稀土催化剂所制得的顺式-1,4-结构的含量为 95% 左右。

反式-1,4-聚异戊二烯主要采用本体聚合。催化体系是负载型钛系催化剂，该体系活性高、黏度低、成本低且环保，玻璃化温度介于 NR 和 PE 之间，在室温下易结晶，属于结晶型聚合物，其硬度、拉伸强度高，呈塑料或硬质橡胶状态。反式-1,4-聚异戊二烯的硫化交联后成为弹性体，滚动阻力小，生热性低，多用于轮胎制造，也可以作医用材料、形状记忆功能材料等。

4. 丁基橡胶

丁基橡胶（IIR）是通过异丁烯为主体和少量异戊二烯通过离子聚合制备的线型共聚物，

是第四大合成橡胶，结构式如图8-4所示。IIR的不饱和度较低（0.5%～3.3%），结构规整，是一类结晶橡胶。在其分子主链上有甲基紧密排列，造成较大空间位阻，减小了链的柔性，这使得IIR的气密性为烃类橡胶中最佳，且具有耐热性能优良（可在100℃下长期使用）、化学稳定性较高、吸水率低、耐碱腐蚀性好、耐候性好、弹性好、气密性佳和良好地吸收机械能的能力等诸多优点。

丁基橡胶也存在硫化速度慢、互黏性差、与其他橡胶和补强剂之间的相容性差的缺点。这些缺点可以通过卤化来改善，卤化丁基橡胶（HIIR）主要分为溴化丁基橡胶与氯化丁基橡胶。

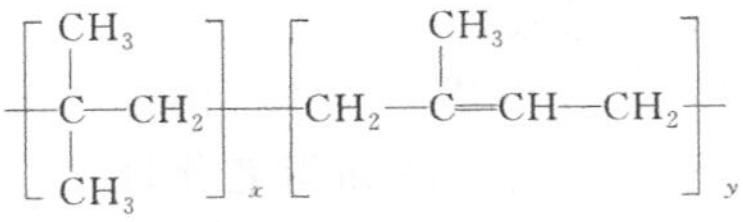

图 8-4　丁基橡胶结构式 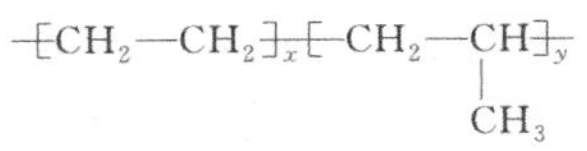　　　　　　　　图 8-5　二元乙丙橡胶结构式

5. 乙丙橡胶

乙丙橡胶是以乙烯和丙烯为主要单体聚合成的橡胶，是一种极为重要的工业原料。聚合物分子中因单体单元不同可将乙丙橡胶分为以下两类：以乙烯、丙烯为单体共聚得到的二元乙丙橡胶（EPM），如图8-5所示；在上述单体原料基础上，若在聚合过程中再添加少量非共轭双烯单体，所得到的就是三元乙丙橡胶（EPDM）。

乙烯和丙烯单元在EPM分子主链上呈无规则排列，不含双键，是一种完全饱和橡胶，分子内能低，有极高的化学稳定性。乙烯与丙烯单元在乙丙橡胶分子主链中的含量，对其性能有直接影响。三元乙丙橡胶中少量的二烯烃位于侧链上，其用量为总单体质量的3%～8%，可弥补二元乙丙橡胶无法使用硫黄硫化的缺点，同时还保持了EPM的各种特性，这使得EPDM成为乙丙橡胶中的主要品种。1,4-己二烯、双环戊二烯和亚乙基降冰片烯是工业化常用的非共轭二烯。

6. 特种橡胶

特种橡胶是区别于通用合成橡胶之外的一类合成橡胶，具有特殊性质，在国防、尖端科技、精密仪器等领域有着重要作用。主要有：氯丁橡胶（CR）、丁腈橡胶（NBR）、丙烯酸酯橡胶（ACM、AEM）、氯磺化聚乙烯（CSM）、氯化聚乙烯（CM、CPE）、乙烯-丙烯酸甲酯（AEM）、氟橡胶（FKM）、聚硫橡胶（TR）、硅橡胶、氯醇橡胶、氯醚橡胶等。

（1）氯丁橡胶（CR）

由 2-氯-1,3-丁二烯为单体经乳液聚合制得，又名聚氯丁二烯橡胶（图8-6）。氯丁橡胶以反式-1,4-结构为主，约占80%以上。

CR的分子链中含有大量的极性氯原子，使得链中双键的活性降低，并提升其稳定性。CR具有良好的力学性能，化学稳定性较高，且具有耐热、耐油、耐化学腐蚀、耐氧化等特性，在通用橡胶中，阻燃性能最好，耐候性和耐臭氧性能仅次于乙丙橡胶和丁基橡胶。

（2）丁腈橡胶（NBR）

是丁二烯和丙烯腈经乳液共聚合而得的无规非结晶态共聚物（图8-7），分子链上含有不饱和碳碳双键和极性基团氰基（—CN），其中的丁二烯主要以反式-1,4-结构为主。丁腈橡胶中丙烯腈单元的含量对胶体性能的影响非常大。

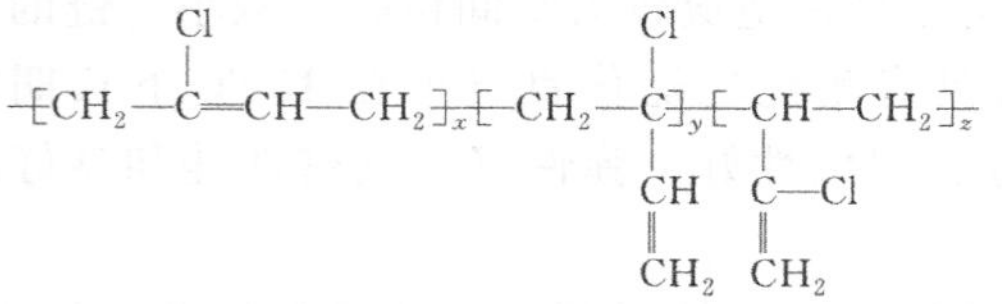

图 8-6 氯丁橡胶结构式 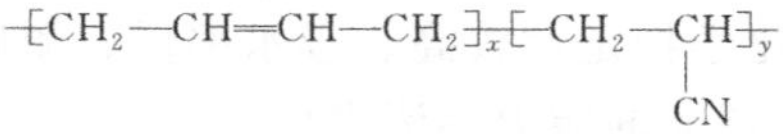　　　　　　　　　　图 8-7 丁腈橡胶结构式

NBR 中丙烯腈单元的含量一般在 15%～50% 的范围。NBR 中丙烯腈单元含量越高,耐油性越好,胜于氯丁橡胶,可用于耐油密封制品;耐老性及耐热性较好;对碱及弱酸的抵抗能力较好,对强氧化性酸的耐受性较差;气密性仅次于丁基橡胶。

羧基丁腈橡胶 (XNBR) 是在丁腈橡胶合成过程中加入了含羧基的单体 (丙烯酸或甲基丙烯酸)。羧基的引入,增加了胶体的极性、耐油性和强度,改善黏着性和耐老化性能,具有好的耐磨性和耐热性,赋予胶体较好的热强度,是一种特种丁腈橡胶。氢化丁腈橡胶 (HNBR) 亦称高饱和丁腈橡胶,是将分子链上的不饱和键氢化还原成饱和键而制成的。HNBR 的主链趋于饱和状态,少量 C=C 键用于硫化交联,因此具有良好的耐油性、耐热性和耐候性。

(3) 氯化/氯磺化聚乙烯橡胶

氯化聚乙烯是通过氯化高密度聚乙烯而得到的高分子,其中氯的含量为 24%～45%。通过调节分子链中氯和残余结晶度的占比可以得到橡胶型氯化聚乙烯 (CM) 和树脂型氯化聚乙烯 (CPE) 两大类。相比之下,CM 的氯原子分布更加均匀,残留结晶被完全破坏,这使得塑化后的胶体具有柔软性和高填充性,且胶体本身的拉伸率和拉伸强度也很高。CPE 具有较多的结晶残存,表现出较多树脂性质。氯化聚乙烯橡胶在 150℃ 下的耐老化性质十分优异,且可耐大多数腐蚀性介质。

氯磺化聚乙烯橡胶 (CSM) 是聚乙烯经过氯化和氯磺化而得到的一类特种橡胶。其中的氯原子和氯磺酰基的无规排布,使得分子链丧失规整性。CSM 极性赋予胶体强的抗紫外线、耐溶剂性和耐油性。分子链本身含有卤族元素——氯,使 CSM 具有阻燃性质,且此性质仅次于氯丁橡胶。

(4) 丙烯酸酯橡胶

根据主要单体的差异可分为丙烯酸酯系 (ACM) 和乙烯-丙烯酸系 (AEM) 两个系列。丙烯酸酯橡胶的分子链上呈现出饱和态,因此具有优异的耐高温和耐氧化等性质。除此之外,ACM 还具有优异的耐油、抗紫外线等优异的性能。因为性价比较好,故广泛应用于高温和油污重的环境中。但是 ACM 的分子链本身具有强极性,胶体的耐化学腐蚀性质较差。

(5) 杂链橡胶

在分子链上有 O、S、Si、N 等元素存在时,就形成杂链橡胶。正是因为这些杂原子的存在,赋予了杂链橡胶一些特殊的性质。常见的杂链橡胶主要有硅橡胶、氟橡胶和聚硫橡胶等。

硅橡胶 (SiR) 是以 Si-O 单元为主链,含碳基团为侧链的线型聚合物。用量最大的是侧链为乙烯基的硅橡胶。硅橡胶以其无味无毒、耐高温 (+250℃) 和耐严寒 (-60℃) 等特点成为众多合成橡胶中的佼佼者。硅橡胶还有良好的电绝缘性、耐臭氧、耐老化性、耐光、防霉性、化学稳定性等。硅橡胶在室温及普通条件下的性质并不佳,适用于条件严苛的环境下,主要用于航空工业、医疗卫生和食品工业方面等。

氟橡胶 (FKM) 是指主链或侧链的碳原子上含有氟原子的杂链橡胶。因为氟原子的存在,FKM 成为一种优异的耐高温 (280℃)、耐油、耐化学腐蚀的特种橡胶。氟橡胶已应用于航空航天、原子能、工业污染控制等高技术领域。

聚硫橡胶 (TR) 是含有主链上含硫原子的杂链橡胶。聚硫橡胶分为固体和液体两类。

液体的聚硫橡胶具有活泼的硫醇端基，可以用金属氧化物在常温或低温固化，使用方便，又具有特别耐油、耐溶剂、耐老化的特性，并且气密性、水密性、低温屈挠性优异，使其在建筑、中空玻璃、船舶、航空和电子工业密封中都得到广泛应用。

7. 其他橡胶种类

还有许多橡胶并不是以其化学命名来进行分类的，多数是以功能性或者物化特性来分类，彼此之间没有非常明确的结构界限，但是在工业生产和日常生活中应用十分广泛。比如热塑性弹性体（TPE）和液体橡胶。

TPE 在室温条件下显示出橡胶材料的特性，升高温度后，即可加工成型。TPE 采用物理交联的方式进行交联，结构是多相体系，具有可逆性。其加工过程简单、节能、环保，生产出的胶料品质容易调控。TPE 又被称作高分子合金。根据化学结构可分为多种品类，但根据结构特征主要存在接枝型、共混型和嵌段型三大类。

液体橡胶是一类在室温下呈现黏稠状的橡胶类总称，主要是低聚物类和乳胶类。液体橡胶的流动性极强，加工性好，硫化过程简单，也容易在链端或侧链上引入活性基团或功能性链段对其改性。液体橡胶的品种非常多，大部分的橡胶种类均可制备出相应的液体橡胶，液体橡胶是对应橡胶品种低分子量的形态。对比各种橡胶的性价比，二烯类液体橡胶使用比较广泛。

三、再生橡胶

随着社会经济的迅速发展，橡胶工业生产中的生产矛盾日益凸显，能耗高、污染重已经成为困扰橡胶工业的重大问题，生产橡胶的经济成本和环境成本日益上升。在长期的社会发展过程中，产生了大量的废旧橡胶。通常情况下，废旧橡胶会被作为燃料燃烧。在废旧橡胶中，废旧轮胎会占据很大一部分，翻新胎面会使这些资源被重新利用。将废旧橡胶裂解的投入产出比差，且对环境污染严重。上述的处理方式对废旧橡胶的处理都不尽如人意，于是，再生橡胶（RR）应运而生。

再生橡胶始于 1846 年的美国，是通过物理、化学或机械的方法将废旧橡胶中硫化的交联网络还原成为相互较为独立的线型状态，尽量不破坏橡胶大分子本身的化学结构，赋予胶料本身以新的加工性。

物理方法：微波脱硫法适用于含有极性基团的橡胶大分子，如 EPDM。电子束辐射脱硫法适用于对电子束敏感的丁基橡胶。

化学方法：是通过在废料中加入二硫化物或硫醇再生剂，将交联体系破坏，但是此法并不能很好地保持胶料的性能。常温条件下，再生剂可在机械力的作用下包裹到胶料表面，不断破坏交联，最终产品是一类混炼胶。也可以从植物中提取绿色再生剂，进行去交联化。

机械法：废旧橡胶可以在高温、强机械破坏和活性剂的综合作用下生成再生橡胶。磨盘提供强大的剪切速率，通过条件控制，可以对废旧胶料进行化学脱硫。此外，还可以提供高温、压力和高剪切力将废胶料转化为再生橡胶。

第二节　橡胶助剂

在天然橡胶、合成橡胶及其制品加工过程中，所有添加使用的化学物质均可以称为橡胶助剂。所添加的助剂可以改善橡胶整体的加工性能，提高产品品质，降低成本，延长使用寿命。与整体的橡胶相比，尽管用量很少，但是对橡胶的加工与改性起着重要的作用。根据助剂功能的不同，可将橡胶助剂分为以下几种主要的类型：硫化体系助剂、加工添加剂、补强填充体系助剂、防护体系助剂、特种配合体系和胶乳用助剂等。

一、硫化体系助剂

硫化体系是橡胶工业的基础。橡胶的硫化是从单一的硫黄硫化发展到硫黄/无机氧化物的硫化体系，再到硫黄/无机氧化物/有机化合物的复合硫化体系，形成了包括硫化剂、硫化促进剂、硫化活性剂、防焦剂四部分组成的完整硫化体系。

1. 硫化剂

硫化剂是使橡胶分子链之间相互交联的物质，又叫交联剂，可改善橡胶受热后发黏、流动等缺点。硫化剂可分为硫黄硫化剂和非硫黄硫化剂。硫黄硫化剂可分为元素硫以及硫给予体；非硫黄硫化剂可分为金属氧化物、有机过氧化物、胺类、醌类、树脂类等。

粉末硫黄是橡胶工业中主要使用的硫化剂。它可以用于各种不饱和橡胶的交联。用粉末硫黄硫化的橡胶会在表面析出微晶，可称为喷硫现象，这会造成胶体表面黏合性能下降，影响外观及耐老性能。使用不溶于二硫化碳的聚合硫，所生产出的产品可消除胶料表面喷硫，且不易焦烧。在胶体硫化过程中能够释放出硫的含硫化合物即为硫的给予体。非硫黄硫化剂是不含硫而在橡胶硫化过程中起交联作用的化合物。有机过氧化物类硫化剂是一类含过氧基的交联剂，适用于硅橡胶、二元乙丙橡胶和氟橡胶等的交联过程。在使用过程中安全、不分解、不引起焦烧、交联率高。但是，酸性物质的存在会影响自由基的形成，胺类、酚类防老剂会干扰硫化过程。通常可用作硫化剂的金属氧化物有：氧化锌、氧化镁、四氧化三铅和一氧化铅等。胺类、多元胺类化合物主要用于氟橡胶、丙烯酸酯橡胶和聚氨酯橡胶等的硫化。酚醛树脂可对丁基橡胶、丁苯橡胶、丁腈橡胶和天然橡胶等进行硫化。

2. 硫化促进剂

硫化促进剂（简称促进剂）是指橡胶硫化过程中能促进胶料与硫化剂之间的反应，降低硫化温度、提升硫化速度、提高硫化剂的利用率、改善硫化胶性能的化学物质。根据用量可分为：用量大的第一促进剂和用量少的副促进剂即第二促进剂。促进剂在胶料中选用时应注意橡胶体系与促进剂的匹配、焦烧安全性、硫化平坦性及其对橡胶体系性能的影响。

二硫代氨基甲酸盐类促进剂是一类活性很高的酸性超促进剂。此类促进剂焦烧倾向大，适用于乳胶胶料和低温硫化胶。黄原酸盐类促进剂是一类活性很高的超促进剂。此类促进剂焦烧时间短，适用于乳胶胶料和低温硫化胶浆。秋兰姆类促进剂是一类酸性超促进剂，但活性相对偏低，可作硫化剂，适用于干胶中。此类促进剂可作防焦剂，延长焦烧时间。噻唑类促进剂是酸性半超促进剂，能与橡胶快速硫化，硫化胶性能好。这类促进剂的抗焦烧性能较好，硫化速度较慢，使用时适当增加用量和交联剂的量，适当提高硫化温度，适用于天然橡胶和一般合成橡胶，与碱性促进剂、二硫代氨基甲酸盐或秋兰姆并用，可显著改善硫化特性。次磺酰胺类促进剂是一种中性迟效性促进剂，活性高，但是不焦烧，工艺安全性好。与秋兰姆并用可改善其安全性，防止喷霜。醛胺类促进剂是一类碱性弱促进剂，硫化性和工艺性差。此类促进剂常作为第二促进剂用于厚壁制品。胍类促进剂属碱性弱促进剂，常作噻唑类的第二促进剂。胺类促进剂是一类碱性弱促进剂，仅用作第二促进剂或硫化活性剂。

3. 硫化活性剂

硫化活性剂配入胶料后能增加促进剂的活性，减少促进剂用量或者缩短硫化时间。活性剂一般不参与交联反应，但是对交联过程中成键的速度和数量有很大影响。

硫化活性剂可分为无机活性剂和有机活性剂两大类。无机活性剂主要包含金属氧化物、氢氧化物和碱式碳酸盐等。有机活性剂主要有醇类、胺类、脂肪酸类等。

4. 防焦剂

防止胶料在加工期间发生焦烧现象（早期硫化），又不影响促进剂在硫化温度下正常作用的物质称防焦剂，也称硫化延缓剂。可提高胶料加工过程中的安全性以及胶料的储存寿命。

二、加工添加剂

加工添加剂是一类较低量加入橡胶胶料时，可改进加工性而对物理化学性质无损害作用的一类加工助剂。主要有增塑剂、软化剂、塑解剂、匀化剂、分散剂和增黏剂等多种类型。

1. 增塑剂

在橡胶加工过程中，增塑剂能提高胶料炼胶性能、压延挤出性能、注射成型等加工性能。按作用机理可将增塑剂分为物理增塑和化学增塑两类。物理增塑剂称软化剂，化学增塑剂称塑解剂。

软化剂在加工过程中可增大橡胶分子间距，从而减小分子间作用力，降低生胶的门尼黏度，产生润滑作用，从而达到增加胶料的塑性的目的。塑解剂是通过化学反应使胶体产生塑炼效果，缩短塑炼所需要的时间。与软化剂比较，塑解剂增塑效果好，用量少，对产品物性几乎不产生任何影响。

2. 匀化剂

将匀化剂加入胶料中，可促使混炼胶中的各组分均匀化，提高不同橡胶之间的相容性，同时不影响胶料的硫化性质及其他加工性质。匀化剂还有增塑、润滑、增黏的作用，可改善胶料的拉伸强度、耐受性，降低胶料的滑动阻力。

3. 增黏剂

增黏剂是用于提高胶料自黏性及成型黏性的加工助剂。在加工过程中，为胶料各组分之间提供自扩散和互扩散的条件，并为之提供一定的黏合力。增黏剂同时还可改善胶料的耐老化性，并具有补强，增塑功能。

三、填充剂

橡胶制品在生产过程中所使用的最大一类配合剂就是填料，又叫填充剂。按照使用功能可将填充剂分为补强填充剂和增容填充剂（增容填充剂又称惰性填充剂、增容剂）。填充剂在加工过程中，能改善加工性质、提高胶料的使用性能、节约生胶、降低成本，而对胶料性质影响不明显。

1. 补强填充剂

补强填充剂可简称为补强剂，能够提高胶料的拉伸强度、抗膨胀性、定伸应力、抗撕裂强度及耐磨性等，从而改善橡胶制品的使用性能，延长使用寿命。依据表面特性，补强剂可分为亲水性补强剂和疏水性补强剂。亲水性补强剂其表面性质与生胶不同，不易被生胶润湿，主要有陶土、碳酸钙和氧化锌等。疏水性补强剂表面性质与橡胶相近容易与橡胶进行混炼，主要有各种炭黑等。橡胶大分子可以在炭黑表面滑动。炭黑粒子的表面活性不同，与橡胶混炼的过程中，会以多数较弱的范德华力吸附和少数强的化学吸附的形式与橡胶大分子结合。吸附炭黑的橡胶链段在应力作用下会滑动伸长，发生形变，使外力对其所做的功分散消耗。在此过程中橡胶大分子长链不会发生断裂，相当于强度增加。补强剂还可依据来源和形状等特性来进行分类。分类可见图 8-8。

$$
\text{补强剂}
\begin{cases}
\text{按照表面性质分类}
\begin{cases}
\text{亲水性补强剂：陶土、碳酸钙和氧化锌等}\\
\text{疏水性补强剂：各种炭黑}
\end{cases}\\
\text{按照来源分类}
\begin{cases}
\text{有机补强剂：炭黑、木质素、软木粉、树脂等}\\
\text{无机补强剂：陶土、碳酸钙、氧化锌等}
\end{cases}\\
\text{按照形状分类}
\begin{cases}
\text{颗粒状补强剂：炭黑及大多数无机补强剂}\\
\text{纤维状补强剂：石棉、碳纤维、金属须等}
\end{cases}
\end{cases}
$$

图 8-8　补强剂的分类

2. 增容填充剂

增容填充剂是加入后不明显改变胶料的基本特性，且化学活性不高、可大量填充、相对密度较小并降低生产成本的一类物质。一般可分为无机（矿物）增容填充剂和有机增容填充剂，且橡胶工业中主要使用的是无机增容填充剂，主要可分为硅酸盐类、碳酸盐类、硫酸盐类及金属氧化物类。

四、特种配合体系添加剂

为了使橡胶适用于不同的使用环境，胶料需要附加一些特殊的性质，如：制品的颜色、气味、状态、阻燃性和导电性等。为满足这些特殊的需求，需要在胶料中添加具有特殊功能的添加剂，如：防老剂、着色剂、发泡剂和发泡助剂、阻燃剂、防霉剂、抗静电剂等。

1. 防老剂

橡胶在加工、储存和使用过程中，在内外环境共同作用下，胶体本身发生不可逆的变化，造成使用性能降低，甚至丧失价值，即为橡胶的老化。老化的外在因素多种多样，主要因素是热、氧、臭氧、光和机械力等。热氧老化是橡胶在高温或动态下使用，胶体温度升高以加速胶体老化。其老化过程是自由基链式反应过程。光氧老化是胶体在紫外线照射下，发生光引发的氧化链段反应。臭氧老化是发生在橡胶表面的亲电加成反应，先形成硬脆薄膜，之后龟裂，露出新的橡胶表面，不断深度破坏，主要作用于不饱和橡胶。疲劳老化是在多次变形条件下，橡胶分子发生断裂或氧化。机械老化是局部不均匀的橡胶网络在外力压迫下断裂。另外，有害金属离子也可加速橡胶的老化。

从防护方式上来看，可分为物理防护法和化学防护法。通常采用的物理防护法有：多种橡胶并用、橡塑共混、涂覆涂层和使用防护蜡等。化学防护方面，例如对胶料添加光稳定剂可以使其减缓光降解老化，性能持久性更好，使用时间更长。紫外线吸收剂有二苯甲酮类、三嗪类和苯并三唑等。受阻胺类光稳定剂（HALS）是一类哌啶衍生物，光稳定效果极佳，与紫外线吸收剂复配，可以达到更好的光稳定效果。防老剂分类可见图 8-9。

$$
\text{防老剂}
\begin{cases}
\text{物理防老剂：防护蜡、氯磺胶涂料等}\\
\text{化学防老剂}
\begin{cases}
\text{按照防护目的分：抗氧剂、屈挠龟裂抑制剂、抗臭氧剂、有害金属抑制剂、紫外线吸收剂和防霉剂}\\
\text{按照化学结构分：胺类、酚类、杂环及其他类}
\end{cases}
\end{cases}
$$

图 8-9　防老剂的分类

2. 着色剂

胶料在一定的使用条件下需要改变制品色泽，此时需要在加工过程中加入橡胶着色剂。在选择着色剂时，需要满足产品鲜艳性、耐晒性、热稳定性、无污染以及着色力和遮盖力等要求。

3. 发泡剂和发泡助剂

海绵橡胶制品是在橡胶中加入发泡剂和发泡助剂后，通过相转变或内外压作用后，形成气泡而产生的。在发泡过程中，还伴随着橡胶的硫化交联。橡胶发泡剂主要可分为物理发泡剂和化学发泡剂。

物理发泡法通常是将低沸点或易挥发的物质（惰性气体、低沸点液体）混合/溶解在橡胶胶料中，改变温度或压力生成气泡，机体的化学组分并没有改变。

化学发泡剂又可分为无机发泡剂和有机发泡剂。无机发泡剂（如：碳酸氢钠和碳酸铵等）价廉且产物无毒，但其使用温度低、分散性差、制品相貌差，所以已经很少使用。现在橡胶制品的发泡过程使用的大多是化学发泡助剂。

4. 阻燃剂

橡胶分子链在高温条件下分解产生大量易燃气体，引起火灾，或扩大火势。在橡胶材料中加入阻燃剂后，可以赋予橡胶阻燃性（难燃性、自熄性和消烟性）。阻燃剂有有机和无机阻燃剂之分。常用的橡胶无机阻燃剂有：水合氢氧化物、金属氧化物和无机盐等。无机阻燃剂使用时需大量添加，有损硫化胶的物化性质。有机阻燃剂主要有含卤、含磷类有机阻燃剂。含卤阻燃剂主要是含氯和含溴两类。含卤阻燃剂燃烧时生成大量的毒烟，危害健康，故近年来用量减少。多聚磷酰胺（APP）是非常具有代表性的含磷阻燃剂，非常适合在三元乙丙橡胶中使用。

5. 防霉剂

霉菌的滋生和蔓延会破坏产品橡胶及橡胶制品中的分子结构，影响物化性质。加入防霉剂可以抑制橡胶因霉菌生长而导致的变质。橡胶防霉剂主要有：五氯酚、水杨酰苯胺、对硝基苯酚、磷酸乙基汞、五氯酚苯汞等。

6. 抗静电剂

橡胶的表面发生摩擦时，会产生静电，电荷聚集后，可能会引起火灾、击伤人体、影响相关设备的使用。橡胶抗静电剂主要可分为导电炭黑和离子型表面活性剂。

第三节　橡胶加工特点

橡胶工业所涉及的材料和产品种类繁多、加工工艺复杂。加工过程由一系列完善的加工单元和操作组成，基本加工单元包括：塑炼、混炼、压延、压出、成型、硫化等六个工序。

塑炼过程是降低橡胶分子链的分子量的过程。生胶本身极富弹性，但缺乏可塑性，经过塑炼过程之后，能提高胶料可塑性，改善在之后加工过程中的流动性。混炼过程是在塑炼后的生胶中配入各种加工助剂，并制成均一的复合材料的过程。均匀地混入加工助剂，使胶料获得预期的性能，并适用于不同的加工和使用条件，降低生产成本。压延、压出和成型这三个过程是制备具有一定形状的橡胶半成品的过程。根据胶料自身特点，可以选择合适的成型方法。硫化过程是将生胶制备的半成品加入硫化助剂，进行硫化交联，制成具有高弹性的硫化胶的过程。

橡胶在各个加工单元都会在外加条件（如：温度、压力和变形速度等）下进行，表现弹性和黏性相结合的综合结果。所表现出的橡胶加工特点，是一个非常宽泛的概念，因为在不同加工单元中，所使用的加工条件和加工参数各不相同。不同种类的橡胶在加工过程中所表现出来的特点也各不相同，随着外界条件的变化，自身的加工特点还具有一定的波动性。只有在了解这些波动性以及波动性的诱导因素之后，才能更好地优化橡胶制品的生产工艺。

一、黏性

黏性是反映流体面对应力作用的阻力，由黏度表示。黏度是评估橡胶品质、调控橡胶加工条件时必须监测的一个加工参数。为保证加工过程的顺利进行和产品质量，各个加工单元中胶料的黏度都有具体的安全范围。

橡胶在加工过程中可被认为是橡胶"流体"，其黏度是胶体本身的流变性质。主要有如下影响因素。①化学结构：分子链柔性大，分子间作用力小的胶体，黏性小，甚至室温下会出现"冷流"，如顺丁橡胶。②分子量：分子链越长，黏度越高。③分子量分布：分子量分布窄的胶体，黏流温度 T_f 较高。④支链：生胶多为支链分子，若有支链存在，短支链使之易于流动，长支链使胶体黏度增加。⑤温度：黏度对温度的依赖性高，温度越高，胶料的黏度越低。⑥剪切速率：剪切速率升高，胶体黏度下降。⑦压力：高压之下，橡胶体积收缩，黏度增大。⑧停放时间：塑炼后，橡胶的黏度随停放时间变长而减小。⑨配合剂：炭黑和软化剂对橡胶黏度的改变尤为明显，如炭黑用量越大，粒径越小，结构性越高，胶料的黏度越高，增塑剂和软化剂可降低胶料黏度。

胶料的黏度可用四种方法来检测：旋转黏度计、毛细管流变仪、振荡圆盘流变仪、压缩塑性计。在橡胶的工业生产中门尼黏度计是旋转黏度计中最常用的测试工具，也是橡胶工业中适用范围最广的测试工具，主要测试生胶和混炼胶。在相对高的剪切速率下，可以用毛细管流变仪来测定混炼胶的黏度。振荡圆盘流变仪的适用范围广、易操作、重现性好。压缩塑性计通过反向测试橡胶胶体的"塑性"来表征胶体黏度。

二、包辊性

在生胶或胶料进行塑炼和混炼过程中通常会使用到包辊的作业方式。良好的包辊性是确保这些加工单元顺利进行的必要条件。在炼胶过程中，通常是前辊快、后辊慢，且胶料包前辊。良好的包辊性需胶体弹性适中，开辊后，辊隙上方存在堆积胶料，堆积胶约占据生胶总体积的1/4，剩余胶料在应力作用下流动，形成致密的包辊胶。

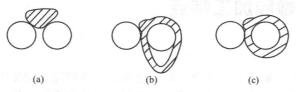

(a)　　　　　　(b)　　　　　　(c)

图8-10　炼胶过程中几种包辊不良情况

包辊性不良情况有三种：①胶料停滞在两辊之间，形成空转［见图8-10(a)］，此时橡胶偏于玻璃态并向橡胶态过渡，若将胶料逼入辊隙中，会呈现碎裂态，无法形成包辊胶，这是橡胶黏度过高、弹性过高引起的。②胶料在包辊后，一部分下垂形成囊袋状，甚至撕裂，此时橡胶处于橡胶态向黏流态过渡的状态，胶体仍有些许弹性，这是胶体的伸长率过小引起的，见图8-10(b)。以上两种情况均为脱辊现象。③虽然形成包辊胶，但是此时是塑性包辊胶，无法进行炼胶作业，此称为粘辊，见图8-10(c)。此时橡胶处于黏流态，这与胶料黏度过低有关。

在实际操作中，造成包辊不良的原因可分为以下几点：①不同胶种与钢制辊筒的亲和能力大不相同，天然橡胶和氯丁橡胶一般不会脱辊，但是容易造成粘辊，其他合成橡胶则容易造成脱辊现象。②与配合剂种类有关，增黏树脂容易造成胶料粘辊，硬脂酸、滑石粉和石蜡等配合剂容易造成脱辊，可通过调整胶料配方来调整胶料的包辊性，适当增减增黏剂的用量和不利于包辊配合剂的用量。③与胶料温度和辊温有关。若出现脱辊现象，可提高辊温，增加热炼的过辊次数，可升高胶料温度，可提高胶料流动性。若出现粘辊现象，可反其道而行。④与加工机械的实际运行参数有关。如辊距、辊筒速度和薄通次数等。

在实际的加工生产过程中，可以在橡胶中添加特定的加工助剂来适当增大橡胶的拉伸强度和伸长率，以改进胶料的包辊性。如：在氯丁橡胶中添加 MgO、在丁腈橡胶中添加炭黑等均可生成韧性包辊胶。

三、塑炼及混炼特性

1. 塑炼特性

橡胶胶体的分子结构、化学组分、分子量和分子量分布对其塑炼特性有直接影响。在低温塑炼过程中，合成橡胶黏度降低的倾向与天然橡胶相似。在高温塑炼时，当温度达到 150～160℃，合成橡胶容易生成凝胶。总的来说，天然橡胶塑炼较为容易，合成橡胶塑炼略显困难。

天然橡胶的初始门尼黏度在 95～120，塑性很低，为了便于后期加工，必须要对其进行塑炼，它是生胶塑炼的主要胶种。对于某些初始门尼黏度较低的特制天然橡胶和改性天然橡胶，无须塑炼。

可使用低温塑炼的胶料的理化性质具有以下共性：①分子链中存在较弱的化学键，机械力足以破坏这些化学键；②分子链断裂后形成的自由基在低温下比较稳定，不容易发生相互结合，不易与其他分子链发生活性传递；③分子链氧化生成的氢过氧化物分解时导致分子链断裂，分子量减小，不会引起分子链之间的再度交联。

天然橡胶会因产地不同，组成存在差异，这就造成塑炼效果不同。塑炼胶的可塑度可以根据实际生产中的用途分为若干段。段数越高，塑炼胶的塑性越高。需要注意的是，在每次塑炼完成后，需要完全冷却，方可进行下一段塑炼。若在天然橡胶塑炼环节使用塑解剂，可将塑炼时间缩短原有的 $1/4 \sim 1/2$。

合成橡胶的塑炼效果不及天然橡胶，原因如下：①橡胶分子链中双键少，不饱和度低，甚至有的橡胶是饱和橡胶，生胶强度低；②分子链相对较短，分子量低，初始黏度低，机械力作用主要表现为分子间相对滑移，而不是分子链本身受力；③分子链中存在吸电子基团；④低温下，自由基稳定性不足，易发生支化或产生凝胶；⑤高温下，不饱和支链易发生环化；⑥某些合成橡胶的胶体本身就存在一定程度的交联；⑦相比于天然橡胶，部分橡胶结构不稳定，储存时已经因结构化使门尼黏度增大。

目前，橡胶的合成工艺已经足以在合成过程中适当控制橡胶分子量大小及其分布，可以制得门尼黏度较低、工艺性能良好的品种，可以达到各种加工要求的可塑性。一般情况下，合成橡胶可以跳过塑炼环节，直接进行混炼。在生产合成橡胶时，可加入适量的防老剂，抑制自然硬化现象。若必须进行塑炼，在塑炼结束后，应立即进行混炼。进行塑炼前，应对合成橡胶品质严格检查防止过期使用。在机械塑炼时应尽量采用低温、小辊距操作，并减小炼胶容量。

2. 混炼特性

混炼是指将生胶与所需配合剂在炼胶机中混合均匀生成物性均一的混炼胶的过程。这是决定橡胶制品的质量的一个关键环节。通过混炼，改善胶料的使用性质，所用配方需要满足预期胶料的功能要求。混炼是一个增添调料性能和提升品质的过程。

开炼机混炼时，通常情况下，生胶沿压辊一端投入辊缝间，控制合适的辊距、辊速和辊温等加工参数。开机后，生胶应该生成光滑无隙胶片包在前辊上，形成包辊胶，辊隙之间保留一定量的堆积胶，接着向开炼机中投入一部分橡胶加工助剂（如防老剂、促进剂），并捣胶数次。在薄通次数足够时，防老剂和促进剂已经均匀分散在胶料中。提前加入防老剂可防止高温炼胶时发生热老化。在增加炭黑等配合剂时，需要控制用量，主要是由于部分生胶只要加入炭黑就会脱辊。如果存在脱辊的情况，就中止增加炭黑及具有类似具有脱辊效果的配合剂，直到胶料再次平滑地包裹在辊上，再增加炭黑。

一般通过以下几个方面判断橡胶的混炼效果：①是否出现包辊不良现象；②胶料外观是否达到预期，在加入配合剂后，混炼胶料表面应该是光滑且色泽符合预期要求；③配合剂是否有结块现象，若塑炼胶中有结块存在，应该从调整辊距、调整装胶规模、检查粉状配合剂是否变质或品质不佳等方面来调整；④胶料硬度是否容易控制，出现此种情况，应该是配合剂的比例出现错误；⑤硫化效率是否过低，若出现硫化效率过低，则可能是促进剂用量不足或炭黑类配合剂使用出错。

四、自黏性

自黏性，又叫成型黏性，是同种未经硫化的混炼胶料贴合并停放一定时间后产生的融为一体的现象。它是两个黏合表面的橡胶大分子通过分子热运动相互扩散渗透的结果。自黏性是未硫化胶独有的特性。在需要贴合成型时，橡胶需要自黏性，保证贴合部位牢固，不易被破坏。但是，橡胶的自黏性也并不总是优点，在某些加工单元中，为了避免胶料黏合，还需使用隔离剂（如石蜡、硬脂酸等）。

橡胶大分子通过分子热运动相互扩散渗透成就了自黏性。链段的扩散性则受诸多因素的影响。①橡胶种类：不同的橡胶其分子量、不饱和度、结晶性、极性基团的数量和支链的化学结构都对自黏造成一定的影响；天然橡胶的自黏性很好；异戊橡胶的自黏性差；卤化的异戊橡胶的自黏性会得到改善；顺丁橡胶可以通过调节 1,2-结构的含量来提升胶体的自黏性；丁腈橡胶可通过提升分子链中丙烯腈单元的含量来提高自黏性。②压力与加压时间：一般情况下随加压时间增长和压力增大，橡胶自黏性变好；但橡胶自黏性随压力的变化并不会一直呈现增长趋势。③增塑剂：石蜡、硬脂酸等增塑剂容易析出到胶料表面，起隔离剂的作用，有损橡胶自黏性，石油类增塑剂、松焦油等可降低胶料黏度，有利于自黏度的提高。④补强剂：活性炭黑可提高橡胶自黏性，但提高程度与炭黑的粒径大小密切相关；白色补强剂加入天然橡胶中，橡胶自黏性也会有不同程度的提高。⑤胶料表面性质：添加易喷霜的胶料，胶料表面的自黏性容易降低。若在胶料表面额外涂抹溶剂，则自黏性增加。⑥增黏剂：可以增强橡胶大分子的扩散能力并且增大橡胶界面之间的相互作用的强度；但是，增黏剂多为热塑性树脂，随着停放时间延长，自黏性会缓慢下降。⑦胶料焦烧：胶料的焦烧会导致分子链交联，从而降低自黏性；因此，未硫化的橡胶的自黏性相对较好。

五、喷霜

喷霜是指一些配合剂小分子从胶料内部迁移至表面，在胶料表面形成一层渗出物的现象。一般可分为喷粉（喷出粉状配合剂）、喷蜡（喷出蜡状配合剂）和喷油（喷出液态配合剂）三种情况。若配合剂与胶料的相容性差，则该混炼胶料处于亚稳态，而喷霜是胶体本身从亚稳态走向稳态的过程。

表 8-2 不同种类的橡胶中硫黄的饱和溶解度（153℃）

橡胶种类	NR	SBR	BR	EPDM	CR	IIR	CIIR
溶解度[①]/份	15.3	18.0	19.6	12.2	>25.0	9.7	9.8

① 每 100 份橡胶中溶解的最大硫黄用量。

在一定温度和压力下，橡胶加工助剂在特定胶体中的溶解度是一定的。在配合剂达到饱和时的用量叫作最大使用量。当使用量超过了最大使用量，加工助剂在体内就呈现过饱和态。例如，硫黄在不同种类的橡胶中饱和度各不相同（表8-2）。硫黄的使用量大于饱和溶解度时，会结晶迁移喷出。在加工过程中，可选用 TMTD 一类的超促进剂代替一部分硫黄进行交联，但是，要考虑给硫体中的有效硫含量。单一使用促进剂和防老剂时，要达到预期效果，使用量会非常大。在设计配方时，可以选用促进剂和防老剂并用。在选用软化剂和增塑剂时，应选用分子量大的配合剂时，需要考虑与橡胶相容性。选用分子量小的配合剂，优先考虑与橡胶分子结构相近的品种。在使用无机填料前，应先用偶联剂进行表面改性，方可进行添加。

在进行胶料混炼时，加工助剂混合不均匀，会造成局部过饱和，而引起喷霜。配合剂一定程度上会参与到硫化交联过程中。若制品出现欠硫（配合剂未充分反应）、过硫（减小配合剂在胶体内的溶解度）或高温硫化（因三维结构不均匀，而造成局部配合剂与胶体作用力过小），配合剂都会迁移至胶料表面。

在选择了相互匹配的生胶和配合剂后，还需要注意生胶和配合剂的品质之间的差异。生产工艺、存放时间、杂质含量及种类会影响最大溶解度。橡胶老化及存储环境的影响都可能引起胶料表面喷霜。

六、焦烧性

橡胶胶料在硫化前的加工过程中因温度过高或多次返工而使得胶料出现的早期硫化现象称作焦烧。此时，胶料已经进入硫化阶段，模具中的胶料逐渐丧失流动性。橡胶的焦烧时间可以用门尼黏度计、转矩流变仪及硫化仪等仪器来确定。

实际加工中的焦烧性能可以通过转矩-时间关系来评价。图 8-11 是炭黑填充胶料的混炼焦烧特性，包括焦烧时间 t_s 和动态硫化指数 Δt。各配比下的胶料以（22 ± 1）cm^3 进入流变仪混炼室，压砣加压的时间记作时间零点，流变仪转矩从起始值降到最低转矩后又升高至 2N·m 所用的时间为混炼焦烧时间 t_s，又称硫化诱导期，流变仪转矩从起始值降到最低转矩后又升高至 10N·m，所用的时间为硫化诱导期 t_{10}。二者的差值即为动态硫化指数 Δt。提高胶料的剪切速率会缩短实际焦烧时间。

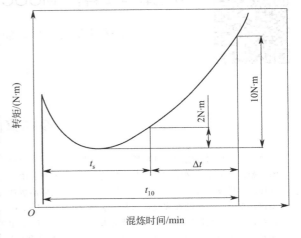

图 8-11　混炼焦烧时间 t_s 和动态硫化指数 Δt

混炼温度和转子转速与 t_s 呈现正相关关系（指数关系）。在低温低速下，t_s 下降迅速；在高温高速下，t_s 的变化明显趋于缓和。但是，转子转速的变化对焦烧时间的影响不及温度大。这里需要注意门尼焦烧时间 t_5 与混炼焦烧时间的区别。所谓门尼焦烧时间 t_5 是在 120℃低剪切速率（1.6s^{-1}）下，检测出的胶料特性。并未计入剪切速率和温度变化对其实际效果的影响。所以，并不能准确预判出混炼胶料的实际焦烧性。在胶料经过硫化诱导期之后，经历热交联期后到达正硫化阶段。一般来说，胶料状况、加工条件和制品所需的加工过程综合决定了合适的焦烧时间 t_s。想要调控胶料的焦烧行为，关键在于控制硫化体系。

习题

一、填空题

1. 橡胶按照来源分类可分为_____和_____两大类。
2. 橡胶硫化体系配合剂包括_____、_____、_____和_____四大类。
3. 橡胶发生老化的原因主要有：_____、_____、_____和_____。
4. 橡胶基本加工单元包括：____、____、____、____、____和____六个工序。

二、判断题

1. 配合剂从胶料内部迁移到表面的现象都是具有危害性的。 （   ）
2. 橡胶的有机阻燃剂主要有含卤、含磷类有机阻燃剂。 （   ）
3. 聚丁二烯橡胶的产量和消耗量位列合成通用橡胶的第三。 （   ）

三、问答题

1. 请简述不同催化体系对天然合成橡胶的影响。
2. 可作为橡胶填充剂的物质有哪些特点？
3. 简述防老剂选择时应注意哪些问题。
4. 谈谈你对橡胶加工特点的理解。
5. 请描述包辊性不良的三种情况，并画出示意图。
6. 简述焦烧的概念、危害、预防的方法。

在线辅导资料， MOOC 在线学习

橡胶原材料及其性质。涵盖课程短视频、在线讨论、习题以及课后练习。

参考文献

[1] 傅政. 橡胶材料性能与设计应用［M］. 北京：化学工业出版社，2003.
[2] 陈士朝，王仰东. 橡胶技术与制造概论［M］. 北京：中国石化出版社，2002.
[3] 缪桂韶. 橡胶配方设计［M］. 广州：华南理工大学出版社，2000.
[4] 关颖，李贺. 我国特种橡胶现状及需求预测（一）［J］. 中国橡胶，2008（15）：12-17.
[5] 关颖，李贺. 我国特种橡胶现状及需求预测（二）［J］. 中国橡胶，2008（16）：10-15.
[6] 陈春玉，黄超明，李毅，肖英. 橡胶加工助剂的生产和应用概况［J］. 橡胶科技，2015（09）：6-11.
[7] 赵光贤. 橡胶的燃烧、阻燃和阻燃剂［J］. 中国橡胶，2008（06）：31-36.
[8] 王卉卉，叶曦雯，于世涛，牛增元，李静，李晶莹，钱翌. 橡胶及橡胶制品中 4 种酚类防霉剂的高效液相色谱法测定［J］. 分析测试学报，2010，29（3）：226-231.
[9] 赵光贤. 抗静电和抗静电橡胶［J］. 特种橡胶制品，2006，27（004）：22-24.
[10] 君轩. 橡胶着色剂［J］. 世界橡胶工业，2010（09）：48-49.
[11] 张军. 浅论影响橡胶混炼质量的因素及其控制措施［J］. 当代化工研究，2019（03）：79-80.
[12] 刘洋. 橡胶喷霜成因、危害及防治研究［J］. 弹性体，2016（1）：77-81.
[13] 林雅铃，张安强，王炼石，蒋智杰，周奕雨. 橡胶在混炼条件下的焦烧特性［J］. 橡胶工业，2003，050（011）：645-650.

第九章

生胶前处理

第一节　生胶塑炼原理

一、生胶塑炼目的

生胶的高弹性给加工过程带来极大困难，各种配合剂难以均匀分散，流动性很差，难以成型，而且耗能大。因此必须对生胶进行机械加工，使其由强韧的弹性状态变为柔软的可塑状态，以满足各种加工过程对胶料可塑性的要求，这一工艺过程叫作塑炼。经过塑炼获得一定可塑性的胶料称为塑炼胶。对生胶进行塑炼的目的在于增加生胶可塑性、提高胶料的流动性、增大胶料黏着性、改善胶料的充模性等，使之适合于混炼、压延、挤出、成型等加工操作。

虽然塑炼让生胶具有了一定可塑性，但是随着塑炼程度的增加，其硫化胶的力学强度、耐磨耗和耐老化性能降低，永久变形增加，损害硫化胶的力学性能。塑炼程度越大，损害程度也越大。故生胶的塑炼程度必须根据胶料的加工性能要求和硫化胶性能要求来综合确定。在确保加工性能的前提下，尽量降低塑炼程度。如果生胶的初始门尼黏度较低，达到加工性能要求，则不必塑炼，可直接混炼。如果胶料可塑度较低，则混炼时配合剂不易混入和分散均匀，压延、挤出速度慢，收缩变形率大，半成品断面尺寸和断面几何形状不准确，表面不光滑；压延后胶布容易脱胶或露白，硫化时不易流动充满模型，造成产品产生缺胶和气孔等缺陷。过度塑炼不仅会严重损害硫化胶力学性能，工艺性能也不好。不同的胶料用途不一样，加工过程和方法也不同，可塑度要求各异。

二、生胶的增塑方法

生胶塑炼的方法依照塑化机理的不同可以分为物理增塑法、化学增塑法和机械增塑法三种，见表 9-1。

另外，机械塑炼法有低温和高温塑炼之分，密炼机和螺杆塑炼机属于高温机械塑炼，塑炼温度通常大于100℃，开炼机则为低温机械塑炼，温度小于100℃。

表 9-1　三种生胶增塑方法的比较

增塑方法	基本特点	局限性
物理增塑法	通过分子量较低的增塑剂对生胶物理膨胀,使得大分子之间的相互作用力减小,进而降低生胶的黏度,改善可塑性和流动性	对生胶进行塑炼的辅助方法,不能单独使用
化学增塑法	利用某些低分子量的塑解剂来破坏生胶大分子链的化学作用,进而减小生胶的黏度和弹性,提高其流动性和可塑性	虽然化学增塑法较物理增塑法行之有效,但也不可单独使用
机械增塑法	通过机械剪切力、温度、空气中的氧的作用,使生胶大分子链断裂、变短,从而获得理想可塑性,又称机械塑炼法	可以单独使用,也可以和上面两种方法配合使用,是生胶塑炼中使用最多的方法

三、生胶塑炼的增塑机理

1. 塑炼过程的特征

聚合物熔体及其浓溶液的流动黏度除受加工温度和机械剪切等外部因素影响外，最主要决定于聚合物本身的分子量或聚合度。聚合物熔体的最大黏度与其重均分子量（$\overline{M}_w$）之间呈指数方程的关系：

$$\eta_0 = A\overline{M}_w^{3.4} \tag{9-1}$$

式中　η_0——聚合物熔体的最大黏度；

A——特性常数；

$\overline{M}_w$——聚合物的重均分子量。

可见，聚合物熔体的黏度对分子量的依赖性很大，分子量的微小变化都会使其熔体的黏度显著地改变。与其他聚合物相比，橡胶的熔体黏度对温度的依赖性较小，所以减小橡胶黏度最有效的途径就是减小其平均分子量。

生胶塑炼的实质是使橡胶的大分子链断裂破坏。能够破坏大分子链的因素主要有：机械力的作用、氧的氧化裂解作用、热的热活化作用和热裂解作用。在一定条件下还会有化学塑解剂的破坏作用，以及静电与臭氧的作用等。在生胶的机械塑炼过程中，机械力的作用和氧的热氧化裂解作用一般都同时存在，在不同的塑炼方法和工艺条件下，各自所起的作用程度不同。如果在机械塑炼过程中添加化学塑解剂，增塑因素就更多。下面分别对这些因素的增塑作用进行讨论。

（1）机械力的作用

橡胶属于高分子聚合物。大分子链之间的相互作用能远远超过大分子主链中的单个化学键键能。所以，当聚合物材料受到机械力的作用时，机械力作用能在还未达到完全克服大分子链整体之间相互作用能之前，就已超过了大分子主链上的单个化学键的键能，于是大分子主链的化学键就有可能发生断裂而使大分子链受到破坏。

橡胶大分子链的长径比很大且分子链本身存在内旋转热运动，使其具有良好的柔顺性，大分子链在自由状态下呈无规卷曲状态，分子链之间不可避免地会发生相互缠结，再加上分子链之间的相互作用，使大分子链在外力作用下很容易发生局部应力集中现象。若应力集中正好处在键能较低的弱键部位并且作用能超过其键能时，便会造成大分子链的断裂降解。机械力作用越大，大分子链被破坏的机会就越多，机械增塑效果就越明显。当然，机械力作用还受到加工温度的影响。如果机械力作用集中在一个很小的体积元之内，造成大于 5×10^{-9} N/键的集中应力作用，那么机械力作用就能够使大分子链断裂破坏。一般情况下，当大分子链受到剪切作用时，分子链会沿着流动方向伸展，其中央部位受力最大，伸展程度也最大，而分子链的两端仍保持一定的卷曲状态。当外力作用达到一定程度时，大分子链中央部位便先断裂。分子链愈长，其中央部位的受力也愈大，分子链也愈容易断裂。

在机械力作用下，生胶中的高分子量的分级程度逐渐减少，低分子量的级分保持不变，中等分子量的级分含量增加，故橡胶分子量分布在低温机械塑炼过程中不断变窄。此外，橡胶在机械力作用下，最初的机械断链作用表现最为剧烈，分子量下降最快，随后渐趋缓慢，到一定时间后不再变化，此时的分子量称为极限分子量。天然橡胶的极限分子量为 7 万～10 万，低于 7 万的分子链不再受机械力破坏，这时的黏度太低，称为过炼。顺丁橡胶的极限分子量为 40 万，丁苯橡胶和丁腈橡胶因分子的内聚力大于顺丁橡胶，故极限分子量介于天然橡胶与顺丁橡胶之间。合成橡胶的极限分子量普遍高于天然橡胶，故都不容易出现过炼现象。

（2）氧化裂解作用

橡胶分子链受机械作用断裂生成化学活性很高的大分子自由基。这种自由基的活性若不设法予以终止，就很容易重新相互结合或与其他大分子链产生活性传递，引发分子链之间的结构化反应，结果不仅达不到预期的塑炼效果，还有可能导致相反的作用，使橡胶的黏度进一步增大。在氮气中塑炼时，生胶的门尼黏度几乎不怎么降低，有时甚至还会增加。但在空气中或氧气中进行机械塑炼时，胶料的黏度随着塑炼的进行迅速减小。这就说明，在生胶的机械塑炼过程中，还必须有氧存在，氧是生胶机械塑炼过程中不可缺少的另一个重要因素。没有氧便难以达到预期的机械塑炼效果。

实际上，在一般的机械塑炼过程中，橡胶的周围都有空气存在，有氧和橡胶接触。氧既可以作为大分子自由基的活性终止剂，使机械力作用生成的大分子自由基活性终止而稳定，又可以直接引发大分子链发生氧化反应而裂解。所以，在机械塑炼过程中，氧起着大分子自由基活性终止剂和大分子氧化裂解反应引发剂的极为重要的双重作用。只是在不同的温度条件下，各自所起作用的程度不同。

在塑炼过程中，机械力和氧化裂解作用同时存在。前者除了直接切断大分子链之外，还能使大分子链处于应力紧张状态而被活化，进而提高大分子链氧化裂解反应的速度。两种作用的程度随塑炼的温度条件不同而异。

（3）温度对塑炼效果的影响

塑炼过程中，温度对塑炼效果影响很大。在低温塑炼的情况中，开始时橡胶较硬，流动性较差，分子链受机械作用易发生断裂。塑炼温度逐渐升高，橡胶变得越来越柔软，分子链间易发生滑移而较难被切断，降低塑炼效果。同时，由于温度较低，氧的化学活性较小，故氧直接引发氧化裂解作用不显著，氧主要起大分子自由基的终止剂作用。也就是说，低温塑炼过程主要是机械力作用为主。

在高温塑炼的情况中，随着温度的升高，热和氧的自动催化氧化裂解作用急剧增大，使得橡胶分子链的氧化裂解速度显著加快，塑炼效果也迅速增大。可见，高温塑炼过程主要是氧化。

（4）塑解剂的化学增塑作用

在塑炼过程中，可加入塑解剂增大塑炼效果。塑解剂是一种低分子化合物，其作用是强化氧化作用，促进分子链断裂。使用塑解剂的原则是改善塑炼效果的同时，还不影响硫化胶的力学性能和硫化速度。

① 链终止型塑解剂，用于低温塑炼。当机械力破坏分子链生成大分子自由基时，塑解剂起到自由基受体的作用，阻碍大分子自由基之间的再结合或链传递反应，使大分子自由基稳定生成较短的分子链。这类塑解剂如苯醌和偶氮苯等。

② 用于高温塑炼的链引发型塑解剂，在高温下塑解剂首先分解生成活性较大的自由基，从而引发并加速分子链在高温下发生氧化裂解反应，提高生胶的塑炼效果。这类塑解剂如过

氧化苯甲酰、偶氮二异丁腈等。

③ 混合型塑解剂，不仅可用于低温塑炼，而且还可用于高温塑炼，具有链终止和链引发两种功能。常用的有硫酚、五氯硫酚和芳香族二硫化物以及由它们与活性剂或饱和脂肪酸盐组成的混合物等，促进剂 M、DM 也是混合型塑解剂。

必须指出，化学塑解剂的种类虽多，但无论哪一种的增塑效果均不及氧的好。由于塑解剂的增塑作用是化学作用，所以高温机械塑炼时使用化学增塑法最为合理。低温机械塑炼时，若使用化学塑解剂增塑法，则应适当提高塑炼温度才能更充分发挥其增塑效果。

塑解剂添加量：天然橡胶一般为生胶质量的 $0.1\% \sim 0.3\%$，合成橡胶一般为 $2\% \sim 3\%$。塑解剂不仅能提高塑炼效果，减少能耗，还能降低塑炼胶停放过程中的收缩率和弹性复原。另外，机械塑炼过程中，化学塑解剂应制成母胶的形式来使用，以免损失，并有利于尽快混合均匀，从而更充分地发挥作用。

（5）静电与臭氧的作用

用开放式炼胶机进行塑炼时，在金属辊筒表面与胶料之间因剧烈摩擦会产生静电积累和静电放电，使周围空气中的氧气电离活化生成臭氧和原子氧，它们对橡胶的氧化作用比氧气更大，因而对橡胶的塑炼过程也有一定影响。

2. 低温塑炼机理

（1）无塑解剂时

橡胶分子链受机械作用断裂生成自由基。

$$R{-}R \xrightarrow{\text{力}} 2R\cdot$$

橡胶分子自由基被空气中的氧氧化成为在室温下很不稳定的橡胶过氧化自由基，它易夺取橡胶分子或其他物质中的氢原子而失去活性，生成分子量较小的稳定的橡胶氢过氧化物，起到塑炼作用。

$$R\cdot + O_2 \longrightarrow ROO\cdot$$
$$ROO\cdot + R'H \longrightarrow ROOH + R'\cdot$$

橡胶分子氢过氧化物在高温下极不稳定，会进一步裂解成分子量较小的稳定分子链，改善塑炼效果。

$$ROOH \xrightarrow{\text{裂解}} \text{稳定的较短分子链}$$

（2）有塑解剂时

当混合型塑解剂如硫酚等加入时，会使生成的大分子自由基产生如下反应。

$$R\cdot + \text{⟨苯环⟩}{-}SH \longrightarrow RH + \text{⟨苯环⟩}{-}S\cdot$$
$$R\cdot + \text{⟨苯环⟩}{-}S\cdot \longrightarrow R{-}S{-}\text{⟨苯环⟩}$$

可见，在低温塑炼过程中，氧和塑解剂主要起到自由基接受体的作用，及时终止自由基连锁反应，提高塑炼效果。

3. 高温塑炼机理

（1）无塑解剂时

在高温塑炼的过程中，由于温度较高，分子链和氧都比较活泼，二者可直接进行自动催化氧化连锁反应：

链引发

$$RH + O_2 \longrightarrow R\cdot + \cdot OOH$$

链增长

$$R \cdot + O_2 \longrightarrow ROO \cdot$$
$$ROO \cdot + R'H \longrightarrow ROOH + R' \cdot$$
$$HOO \cdot + R'H \longrightarrow R' \cdot + HOOH$$
$$R' \cdot + O_2 \longrightarrow R'OO \cdot$$

链终止

$$ROOH \longrightarrow 稳定的较短分子链$$
$$R'OOH \longrightarrow 稳定的较短分子链$$

（2）有塑解剂时

当硫酚等塑解剂加入时，塑解剂首先与氧反应生成自由基。

$$\bigcirc\!\!-SH + O_2 \longrightarrow \bigcirc\!\!-S \cdot + \cdot OOH$$

其中·OOH可以起自由基引发剂的作用，也可以起自由基终止剂的作用。

$$RH + \cdot OOH \longrightarrow R \cdot + HOOH$$
$$\bigcirc\!\!-S \cdot + R \cdot \longrightarrow R-S\!\!-\!\bigcirc$$

可见，在高温塑炼过程中，氧和塑解剂既是氧化裂解反应的引发剂，又是自由基自动催化氧化连锁反应的终止剂，反应速度主要取决于温度，加入塑解剂可以适当降低反应温度，提高塑炼效果。

第二节　生胶塑炼工艺

生胶塑炼主要有热塑炼和机械塑炼等多种方法。目前广泛采用的是机械塑炼方法，使用开放式炼胶机（开炼机）、密闭式炼胶机（密炼机）或螺杆塑炼机进行。开炼机塑炼，胶料质量好，收缩小，生产率低，适宜耗胶量小、胶料变化多的生产。密炼机塑炼，生产能力大，劳动强度低，耗电少，适宜耗胶量大、胶料变化少的生产。螺杆塑炼机塑炼，生产率更高，耗电少，设备成本低，适合于大规模生产。

一、准备工作

生胶在塑炼之前还要进行烘胶、切胶和破胶等准备工艺。

1. 烘胶

经长时间运输和储存之后的天然生胶，在常温下通常黏度很高，容易硬化和结晶，特别是温度较低时，使切割和加工困难。所以要先将生胶加热软化，也就是烘胶。烘胶不仅可使生胶的硬度减小、结晶熔化、方便后续的切割和塑炼加工，还可使水分挥发。

2. 切胶和选胶

通常烟片胶都是约为110kg的大胶包。为方便使用，要先将其切成小块。在切割之前，应先将烘完的生胶的大胶包外包除去或者洗刷掉胶料表面的砂粒和其他杂物。切胶可使用单刀立式切胶机、多刀立式和卧式切胶机。

3. 破胶

为了提高开炼机塑炼效率、保证塑炼质量和设备安全，在塑炼前有些胶料还要用破胶机将切好的胶块进行破胶。破胶时破胶机辊温应小于 45℃，辊距保持在 2～3mm，一般让胶料通过辊距 2～3 次即可。

二、开炼机塑炼工艺

最先使用的机械塑炼就是开炼机塑炼，直到现在还在使用，其中双辊筒开放式开炼机是最早的塑炼设备。相较于其他机械塑炼方法，开炼机塑炼法因自动化程度低、生产效率低、劳动强度大、操作危险性大，所以不适于现代化大规模生产。不过其操作温度低、塑炼胶的可塑度均匀、胶料耐老化性能和耐疲劳性能较好、操作时生热量较少、机台容易清洗、可灵活变换塑炼胶种、且较少的设备投资，所以适于高质量要求的塑炼胶、胶料品种多变和小批量的加工。

1. 开炼机炼胶机的基本构造

图 9-1 所示开炼机结构是目前国内广泛采用的结构形式。虽然不同类型的开炼机构造各有差别，但基本构造雷同。主要由两个空心辊筒 10、机架 2、底座 1、调距装置 4、紧急刹车装置 8、传动装置及加热冷却装置组成。

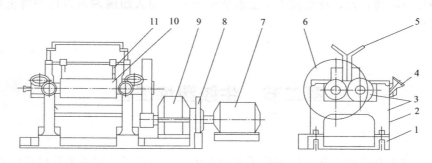

图 9-1　开放式炼胶机的基本构造

1—底座；2—机架；3—速比齿轮；4—调距装置；5—安全装置；
6—大齿轮；7—电动机；8—刹车装置；9—减速机；10—辊筒；11—挡胶板

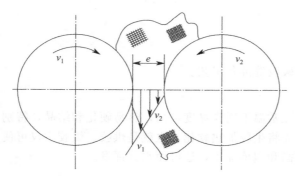

图 9-2　开炼机炼胶作用示意图

两个辊筒 10 穿过轴承安装在机架 2 上。用来调整辊距的调距装置 4 通过调距螺杆与前辊筒轴承体连接。电动机 7 通过减速机 9 和大小驱动齿轮及速比齿轮带动前后辊筒以不同速度旋转。用来调节辊温的冷却水（或蒸汽）经管道通入辊筒内腔，从辊筒头部的喇叭口溢出。紧急刹车可通过安装在炼胶机上部的安全拉杆和刹车装置 8。

2. 开炼机工作原理

开炼机的主要工作部分是两个水平平行排列，以不同的转速相对回转的圆柱形中空辊筒，胶料置于两辊筒间的上方，辊筒利用摩擦力将其带入辊距中。受到辊筒的挤压，胶料的断面逐渐减小。此时因辊筒速度不同而产生速度梯度，胶料在不同的速度梯度作用受到强烈的摩擦剪切和氧化裂解作用。胶料这样反复通过两辊间隙，就可达到炼胶目的，如图 9-2 所示。

由于胶料受辊筒表面的摩擦力作用被带入并通过辊距，靠近辊筒表面的胶料通过辊距时的速度就等于辊筒表面的旋转线速度。因前后两个辊筒的转速不同，后辊转速快，前辊转速慢，故胶料通过辊距时，沿辊筒断面中心的水平连线上各点处胶料的流动速度也不一样，其速度差即为胶料通过辊距时的剪切变形速度。它与辊距及辊筒转速和速比之间的关系为：

$$\dot{\gamma}=\frac{v_1-v_2}{e}=\frac{v_2}{e}(f-1) \tag{9-2}$$

$$f=\frac{v_1}{v_2} \tag{9-3}$$

式中　v_2——前辊筒表面旋转线速度，m/min；

　　　v_1——后辊筒表面旋转线速度，m/min；

　　　f——辊筒的速比；

　　　e——辊距，即沿两辊筒断面中心的水平线上两辊筒表面之间的距离，min；

　　　$\dot{\gamma}$——机械切变速率，即胶料在通过辊距时的剪切变形速度，s^{-1}。

可见，切变速率随辊筒速比的增大和辊距的减小面而增大，$\dot{\gamma}$值越大生胶的剪切变形也越大，有利于分子链的断裂，从而提高塑炼效果。

3. 开炼机塑炼的操作方法

用开炼机进行塑炼时，主要的操作方法有包辊塑炼法、薄通塑炼法和化学增塑塑炼法。

（1）包辊塑炼法

生胶在摩擦力作用下通过两辊间隙，变成胶片，并包裹在前辊筒表面，然后随着转动的辊筒再次被带入辊距，就这样胶料不断重复被带入辊隙并受到捏炼，直到满足所需的可塑度，然后下片、冷却。这就是一次完成的包辊塑炼法，亦称为一段塑炼法，其操作和胶料的停放管理比较简单方便，不过需要较长的塑炼时间，导致效率较低，得到的胶料可塑度也不高，故可塑度要求较高的胶料不能用这种塑炼方法。

胶料先经过包辊塑炼一定时间（一般为 10～15min），然后下片、冷却和停放 4～8h，再用炼胶机对停放后的胶料进行第二次包辊塑炼，然后下片、冷却和停放。这样重复几次，直到满足所需的可塑度。即为常用的两段塑炼法和三段塑炼法。

采用分段塑炼法时，胶料管理比较麻烦，停放所需面积大，不过塑炼时的温度较低，有较好的塑炼效果，能达到任意的可塑度，可塑度要求较高的胶料可选用这种方法。

（2）薄通塑炼法

此方法的辊距应小于1mm，胶料通过辊隙后直接落在接料盘上，不再进行包辊，待所有胶料都落在接料盘上后，再重新将胶片放到辊距上方让其通过辊隙，如此重复几次，直到满足所需的可塑度。通过辊隙的次数越多，胶料的可塑度也越高。薄通塑炼法之所以是开炼机塑炼中最普遍采用且有效的塑炼方法是因为其胶料很薄，散热速度快，易冷却，机械塑炼效果明显，具有均匀的可塑度，可以达到任意的塑炼程度，对各种生胶进行塑炼加工。

（3）化学增塑塑炼法

添加化学塑解剂可改善开炼机机械塑炼效果、提高效率和减少能耗。常用游离基接受体型和混合型化学塑解剂，如国产的 SJ-103 及进口的 Renacit V 等，应以母胶形式使用，并适当提高辊温。

4. 开炼机塑炼的影响因素

（1）容量

一次炼胶的胶料容积称为容量。其大小依设备规格与生胶种类而定。容量不可过大，否则过多的胶料堆积在辊距上方，散热困难，使胶料温度升高，导致塑炼效果变差，并且胶料在单位时间内通过辊距的次数减少，影响生产效率和加大劳动强度；容量也不可太小，否则生产效率不理想。

合成胶塑炼应减小容量塑炼，因为其塑炼时生热量多，升温快。如塑炼丁腈橡胶时，其容量一般比天然橡胶低 20%～25%。

（2）辊距

一定的辊速和速比条件下，机械塑炼效果随辊距的减小而增大，当胶片减薄时，不仅加快了胶料冷却，还改善了塑炼效果。如开炼机塑炼天然生胶，辊距由 4mm 减至 0.5mm，同样薄通次数时，胶料的门尼黏度快速下降，一般来说，采用薄通塑炼法较为合理。

（3）辊速和速比

开炼机辊距一定时，提高辊筒的转速或者速比，都使橡胶受到的机械剪切作用增大，改善塑炼效果，所以一般开炼机塑炼时的速比都比较大（约为 1.15～1.27）。但速比不能太大，否则塑炼温度快速上升，反而不利于塑炼，且能耗较高；速比也不能太小，否则不利于塑炼，且降低生产效率。

（4）辊温

常用开炼机塑辊筒表面的温度来表示塑炼温度。辊温较低时，塑炼效果也较好。实验证明，塑炼胶的可塑度与辊温的平方根成反比关系。为使辊温较低，必须在塑炼过程中不断向辊筒内腔通入冷却水冷却辊筒，来降低因摩擦生热而引起的辊温升高。不过如果辊温太低，则易造成设备超负荷。一般天然橡胶前辊温度为 45～55℃，后辊温度为 40～50℃，分段塑炼法和薄通塑炼法有利于降低辊温。

（5）塑炼时间

天然橡胶的门尼黏度在塑炼过程刚开始的 10～15min 迅速下降，然后缓慢降低。这是因为塑炼一段时间后，橡胶受热变软，橡胶分子链间易相对滑移，所以机械作用效果变差。因此分段进行塑炼是获得较大可塑度的最好方法，且控制每次塑炼时间不超过 20min，这样不但能获得较大的可塑度，还可提高塑炼效率。

（6）化学塑解剂

可塑度是指胶料的流动性，其范围是 0～1 威氏之间。对于化学塑解剂增塑开炼机塑炼，可塑度在 0.5 威氏以内时，塑炼时间越长塑性越好，因此不需要使用分段塑炼。通常天然橡胶中塑解剂的用量约为 0.1%～0.3%（质量分数），合成胶中的用量为 2%～3%（质量分数）。化学塑解剂不仅能提高塑炼效率、改善机械塑炼效果，减少能耗，还能减小塑炼胶停放过程中的弹性复原性和胶料的收缩率。化学塑解剂增塑开炼机塑炼时，应适当提高辊温，通常为 70～75℃。如果辊温过高（如 85℃），则橡胶受机械力作用降低，且此时热氧化作用还不够，反而不利于塑炼。

三、密炼机塑炼工艺

密炼机与开炼机相比较，工作密封性好、塑炼周期短、生产效率高、操作安全，属于高温机械塑炼。

1. 密炼机的基本构造

密炼机根据密炼室内转子的几何形状不同分为若干类，比较通用的是椭圆形转子密炼机。基本构造如图 9-3（a）所示。

密炼机的主要组成部分有密炼室 1、加料口 2、风筒 3、上顶栓 4、转子 5 和下顶栓 6。

其他为加热冷却装置、润滑装置、密封装置以及电机传动装置等。

密炼室由两半机体组成，室内装有两个椭圆形转子，密炼室侧壁从外部喷水冷却。生胶的塑炼在密炼室内完成。

密炼室的上部有加料口，生胶加入后，塑炼时由风筒带动上顶栓升降，将加料口关闭加压。密炼室的下部有卸料口，用下顶栓关闭控制。

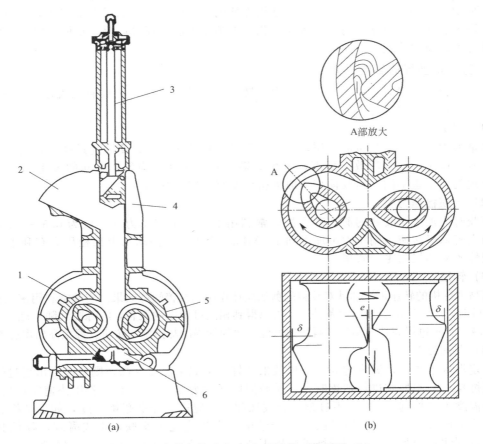

图 9-3　密炼机构造（a）和密炼机工作原理（b）
1—密炼室；2—加料口；3—风筒；4—上顶栓；5—转子；6—下顶栓

2. 密炼机塑炼工作原理

生胶在密炼机中所受的机械作用十分复杂，如图 9-3（b）所示。从加料口加入生胶后，其落在密炼室内相对回转的两个转子的上部；受上顶栓压力及转子表面摩擦力作用，生胶被带入辊距中不断受机械力剪切；生胶通过辊距后被下顶栓分为两部分，而后又分别随两转子回转，通过转子与室壁间隙及其与上、下顶栓之间的空隙，同时也不断受机械力剪切，并重新返到转子上方；然后再进入辊距中，如此反复循环。整个过程中生胶处处受到机械力剪切，尤其是通过转子突棱表面与密炼室之间的狭缝时，所受的剪切力最大。由于转子结构上的特点，使二转子相应点的速比不是定值，一般在 0.91～1.47 之间变化。转子表面的突棱使生胶绕转子运动的同时，还发生轴向移动，进一步增加了对生胶的搅拌和摩擦作用。

由于密炼室中两转子之间的间隙和速比以及转子突棱表面与密炼室内壁之间的间隙都不断在变化，所以生胶从间隙小的地方向间隙大的地方窜动时速度和方向不断变化，使生胶内部、生胶与表面之间以及生胶与密炼室壁之间产生剧烈的摩擦剪切作用，致使高温下产生剧烈的热氧化裂解反应，从而大大提高了生产效率和增大塑炼效果。密炼机自动化程度较高，适用于大规模生产，劳动强度较低，操作安全性好。不过密炼机塑炼温度较高，操作不慎容易发生过炼现象，也易引起可塑性不均匀，须配备专用设备进行补充加工。

3. 密炼机塑炼的操作方法

密炼机塑炼的操作方法有一次塑炼法、分段塑炼法和化学增塑塑炼法三种。

如果塑炼胶的可塑度要求不高，则选用方便的一次塑炼法。如果需要较高的可塑度，则选用分段塑炼法，以防塑炼时升温太快。化学增塑塑炼法不仅可以提高塑炼效率，还可以降低塑炼温度，减少能耗。

4. 密炼机塑炼的影响因素

主要的影响因素有容量、上顶栓压力、转子的转速、密闭室内胶料的温度、塑炼时间、烘胶质量和化学塑解剂等。

(1) 容量

容量太大，设备易超负荷工作，损害机器；并且散热困难，使温度过高，导致可塑度不均匀。容量过小，使生产效率低下，塑炼效果变差，塑炼不均匀。不同的设备和上顶栓压力，合理的容量也不同。填胶体积一般为密炼室有效容积的 $48\%\sim62\%$。

(2) 上顶栓压力

炼胶时为加大对胶料的剪切和摩擦，常利用上顶栓施加压力（一般为 $0.5\sim0.8MPa$）。如果加大密炼机转速，则压力可加大到 $1.0MPa$。合理范围内增加上顶栓压力有利于改善密炼机塑炼效果和提高生产效率。

(3) 转速

提高密炼机的转速可增加其对胶料的剪切搅拌作用和改善塑炼效果。实验室利用密炼机塑炼天然橡胶时，在一定的塑炼温度条件下，可以得到相同可塑度的胶料，混炼时间随密炼机的转速增大而减少。不过提高转速易使胶料快速升温，故须加强冷却措施，防止胶温太高出现过炼。

(4) 塑炼温度

一定温度范围内，温度越高，塑炼效果越好。但如果温度太高，则可能会出现过炼。因此用密炼机对天然橡胶进行塑炼时，其排胶温度通常为 $140\sim160℃$，若用快速密炼机塑炼，则排胶温度可增加到 $180℃$。不过塑炼合成橡胶时，应适当降低塑炼温度，如丁苯橡胶的排胶温度不能超过 $140℃$，不然橡胶的大分子链会发生支化和交联，生成凝胶，降低其可塑度。需特别注意的是，不能用密炼机塑炼丁腈橡胶，因为塑炼时很容易生成凝胶。

(5) 塑炼时间

当密炼机排胶温度一定时，刚开始塑炼效果随塑炼时间的增加而急剧改善，一段时间后改善较不明显。这是由于密炼室内的中低分子挥发物随塑炼时间的增加而增多，导致氧含量降低。因此可用分段塑炼法，不仅能提高生产效率，还能减少能耗。密炼机塑炼时为防止过炼，必须严格控制排胶温度和时间。

(6) 化学塑解剂

用化学塑解剂增塑密炼机塑炼是非常有效的方法，因为塑解剂在高温下的增塑效果更好，且可以降低排胶温度，得到较高质量的塑炼胶。例如，用促进剂 M 增塑时，天然生胶的塑炼排胶温度可由纯胶塑炼时的 $160\sim180℃$ 降低到 $140\sim160℃$，可以节省能耗，同时，采用化学增塑剂的塑炼胶其弹性复原性也比较小。

四、螺杆塑炼机塑炼工艺

螺杆塑炼机塑炼是通过机械强烈搅拌和螺杆沿机筒将生胶向前移动时的摩擦力来进行塑

炼，该过程产生大量的热，加速橡胶氧化裂解。具有占地面积小、生产效率比密炼机高、可连续化生产、能耗少等优点，宜在塑炼胶品种较少、需求量大的大规模生产上采用。其主要缺点是排胶温度高、胶料的质量较差、可塑度不均匀、胶料的耐老化性能较差、热可塑性较大。同时所能获得的最大可塑度较低，只能达到 0.40 左右，加之螺杆塑炼机排胶不规则，所以还要补充塑炼和压片。所以此方法只能塑炼可塑度要求较低的橡胶。

螺杆塑炼机的螺杆螺纹分为前后两段，靠近加料口段为螺距不断减小的三角形螺纹，保证了吃胶、送料及初步加热和捏炼。靠近排胶孔段为不等腰梯形螺纹，胶料可以在这里经进一步挤压剪切后被推向机头，并再次受到捏炼作用。为增加胶料的切割翻转，在前后两段螺纹中间的机筒内表面上装有切刀。机头套和芯轴共同组成了机头。因为机头套内表面有直沟槽，芯轴外表面有锥状体螺旋沟槽，所以胶料通过机头时进一步受到捏炼。机筒或螺杆的前后相对移动可以调整机头套与芯轴之间的出胶孔隙大小。出口处用一切刀将排胶孔出来的筒状塑炼胶片划开呈片状，再经运输带送往压片机补充塑炼和冷却下片。在机筒尾部加料口上设有气筒加压喂料装置。

为避免设备超负荷损坏，在开始塑炼前，先用蒸汽将机身、机头和螺杆预热至一定温度，然后再加入胶块进行塑炼。在正式塑炼过程开始后，因胶料剪切摩擦生热会使温度不断升高，要通入冷却水进行冷却，使胶料温度控制在规定限度之内。在螺杆塑炼工艺中，一般不采用化学塑解剂增塑法塑炼，因为胶料在螺杆塑炼机内的停留时间很短。温度、加料速度及排胶孔隙大小等都会影响螺杆塑炼机的塑炼效果。

（1）温度

用螺杆塑炼机塑炼时，为保证较高的生产效率和均匀的可塑度，胶块的温度要均匀。喂入的生胶块温度不能低于 60℃，通常为 70～80℃。如果喂料胶块温度较低，不仅增加设备负荷造成损坏，可塑度也会偏低且不均匀。

应在适当温度范围内进行塑炼，如果塑炼温度过高，易使大分子链过度氧化降解，降低胶料质量；如果塑炼温度过低，则设备负荷增大，胶料可塑度偏低且不均匀。

（2）加料速度

应选择合适且均匀的速度加料，如果加料太快，则橡胶塑炼时间会减少，导致塑炼效果差，出现"夹生"现象。如果加料太慢，不但影响生产效率，而且易造成过炼，使胶料力学性能下降。如果加料速度快慢不均，则会导致塑炼胶的可塑度和质量都不均匀。

（3）排胶孔隙大小

排胶孔隙的大小根据所需的塑炼程度来定。小孔隙时，排胶速度慢、排胶量少、塑炼胶在机内停留时间长，导致胶料可塑度偏大，同时生产效率较低。反之，增大孔隙，使得排胶量增大，生产能力提高，不过塑炼时间短，导致胶料的可塑度偏低且不均匀。国产 $\phi300mm$ 螺杆塑炼机的排胶孔隙最小时，塑炼胶的可塑度可达到 0.38～0.43。

五、塑炼后的补充加工

（1）压片或造粒

为便于堆放管理、输送、称量配合等操作，将塑炼胶压成 8～10mm 厚的规则胶片，或根据需要制成胶粒，以增加冷却时的散热面积。

（2）冷却与干燥

塑炼胶压片或造粒后，温度仍然比较高，为防止堆放过程发生黏结，需要立即浸涂或喷洒隔离剂（液）进行冷却隔离；为防止胶料中含有水分并使温度降到室温，再用冷风吹干。

（3）停放

胶料冷却干燥后还要经过停放，停放时间一般大于 4～8h，然后供给下道工序使用。

（4）质量检验

停放后的塑炼胶在使用前还要进行质量检查，只有符合可塑度要求的胶料才能使用。如果可塑度偏低，则需进行补充塑炼，使之符合规定再用；若可塑度偏高，可少量掺混使用，严重者必须降级使用。

第三节　生胶混炼原理及工艺

把配合剂和生胶混合得到质量均一的混合物的加工工艺叫作胶料混炼工艺，简称混炼，其目的是得到符合性能要求的混炼胶，是橡胶加工工艺中极其重要的一种，混炼后的胶料质量直接影响到后续半成品的质量和成品的性能。所以混炼后的胶料不仅要保证自身有良好的加工性能，还要确保成品优良的使用性能。因此，对混炼胶提出如下工艺要求：①混炼时应该让配合剂以一定的分散度均匀地混合到生胶中；②得到适当且均匀可塑度的胶料；③补强剂与生胶在相界面上应产生一定的结合作用，生成结合橡胶；④还应尽可能追求较快的混炼速度、较高的生产效率和较低的能量损耗。

这些因素往往相互矛盾和制约，无法同时满足。缩短混炼时间获得较快混炼速度，可能会导致配合剂的分散度和混合均匀度不足；延长混炼时间提高混炼分散均匀度，又可能在降低硫化胶的力学性能的同时，消耗更多的能量。因此，必须正确制定合理的混炼条件，并在混炼操作中严加控制。混炼操作只要求做到使胶料中的配合剂达到能保证硫化胶具有必要的力学性能的最低分散程度，和保证胶料能正常进行后序加工操作的最低可塑度即可。

一、混炼前的准备

混炼操作开始前，通常都必须完成原材料配合剂的质量检验、某些配合剂的补充加工、油膏与母炼胶的制造和称量配合操作等准备工作。

1. 检验原材料和配合剂的质量

生胶和配合剂使用前都必须按规定对其进行质量检验，合格者才能使用。通常要检验生胶的化学成分、门尼黏度和力学性能。配合剂则检验其纯度、粒度及其分布、机械杂质、灰分及挥发分含量、酸碱度等。配合剂类型不同，检验内容可能有所不同。

2. 配合剂的补充加工

通常普通固体配合剂要进行粉碎、干燥和筛选；低熔点固体配合剂则还要进行熔化和过滤；液体配合剂要进行加热和过滤；粉状配合剂要进行干燥和筛选。

3. 油膏和母炼胶的制造

有时需要将较大比例的某些配合剂（如氧化锌）、促进剂等和液体软化剂混合成膏状混合物，来减少配合剂损失，使其更好地分散在胶料中，保证混炼胶质量。所用的软化剂品种依胶料配方而定。油膏特别适合于混炼胶生产批量少、配方品种变换多、而胶料和产品质量要求又比较高的小型工厂中的开炼机混炼加工。

以较大的比例将通常混炼条件下生热量多、能耗量大且短时间难以混合均匀的某些配合剂和生胶单独混合成组分比较简单的混合胶料，叫作该配合剂的母炼胶，亦称为母胶。常见的有促进剂母胶、炭黑母胶和化学塑解剂母胶等。炭黑母胶受到了橡胶工业的普遍重视和应用。所有使用的化学塑解剂都必须制成母胶。必须注意，在使用母胶混炼时，必须按母胶中配合剂含量比例换算成配方规定配合剂含量的母胶用量进行称量配合，并同时从配方规定的生胶用量中扣除母胶中的生胶含量。

4. 称量配合

选用适当的衡器对配方规定的原材料品种和用量比例进行称量搭配的操作过程，称为称量配合。由于配合剂的错用或漏用，以及称量的不准确都会给胶料性能和产品质量造成损害甚至完全报废，故称量配合必须精密、准确、不漏。根据生产规模和技术水平的不同，称量配合的操作方式分为两种：一种是手工操作法，另一种是机械化自动称量配合法。手动法不适于机械化自动化的大规模生产。所以现代化大生产中的称量配合操作都采用机械化自动称量配合方法。

二、混炼工艺

混炼过程实际上是各类配合剂在生胶中分散的过程。这一过程依赖生胶与配合剂之间的润湿能力和外加的机械作用。前者由配合剂的表面张力、极性、粒子形状、大小等因素决定；后者则是混炼工艺过程提供的。

混炼分间歇式和连续式两种方法，开炼机和密炼机均属于间歇式混炼。混炼工艺的发展方向是高速和连续化。目前橡胶混炼加工的主要方式仍以开放式炼胶机和密闭式炼胶机的间歇式混炼加工为主。本章以介绍间歇式混炼工艺为重点，对连续混炼设备则只介绍设备的一般结构特点、工作原理和主要用途。

1. 开炼机混炼工艺

开炼机混炼是橡胶工业中最古老的混炼方法，生产效率低、劳动强度大、环境卫生及安全性较差；混炼时配合剂飞扬不仅造成较大损失，还会污染环境；混炼胶的质量也不如密炼机的好。但是，开炼机混炼后机台容易清洗、灵活性大，适用于规模小、批量小以及品种变换频繁的生产情况。另外一些浅色和彩色胶料、发泡胶料、硬质胶料、某些合成胶、硅橡胶、混炼型聚氨酯橡胶等不适于用密炼机混炼的胶料，可用开炼机进行混炼。所以开炼机混炼到现在还在使用。

（1）开炼机混炼原理

通常的方法是先让生胶包于前辊，并于辊距上方留有适量存胶（称堆积胶），再按照正确的加料顺序往堆积胶上面依次加入配合剂。当含有配合剂的生胶通过辊距时受到机械剪切混合作用而被混合和分散。当配合剂完全混入生胶后立即进行切割翻炼操作，以保证混合均匀，再经薄通后下片，所以开炼机混炼过程分为包辊、吃粉和翻炼三个阶段。

① 包辊 胶料的包辊性与生胶本身的性质、混炼温度和机械加工切变速率都有关系。胶料包辊性受混炼温度的影响可以分成（a）至（d）四个区域，如图9-4所示。混炼温度不同，胶料在辊筒上的包辊状态可能会出现下面4种不同的情况：混炼温度低，橡胶处于（a）区，呈弹性固体状态、硬度高、弹性大、胶料难以进入辊距中，若强制压入辊距，则胶料通过辊距后呈碎块掉下。因而胶料在这种状态下不能包辊，也无法进行混炼操作。温度升高，胶料进入（b）区的状态。这时橡胶呈高弹性状态，同时具有塑性流动和适当的高弹形变，所以胶料通过辊距后成为一弹性胶带紧紧地包在前辊表面上，不发生碎裂和脱落，

不仅有利于混炼，也有利于配合剂在胶料中的混合分散。继续升温进入（c）区的状态，这时胶料虽然仍为高弹性固体，但其流动性进一步增加，分子之间的作用力和胶片的拉伸强度已大大减小，呈袋囊状易发生脱辊或破碎掉下，导致无法进行混炼。在温度更高的（d）区，生胶变为黏流态，只有塑性流动和变形，弹性已几乎消失，通过辊距后呈黏流薄片包于前辊表面，且黏附在辊筒难以切割。所以应将生胶的混炼温度控制在（b）区的温度范围内进行混炼，必须防止进入（c）区和（a）区的温度范围或包辊状态。

生胶在辊筒上的状况	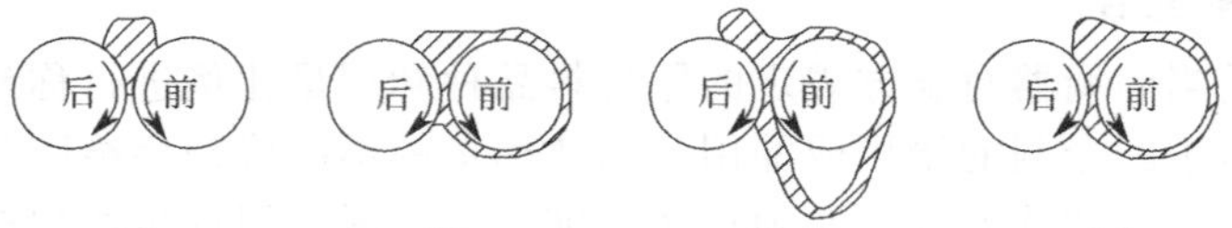 (a)	(b)	(c)	(d)
辊温	低——→高			
生胶热力学状态	弹性固体————————→高弹性固体————————→黏弹性流体			
包辊现象	生胶不能进入辊距或强制压入则成碎块	紧包前辊，成为弹性胶带，不破裂混炼分散好	脱辊，胶带成袋囊形或破碎不能混炼	呈黏流薄片，包辊

图 9-4　胶料在开炼机上的包辊状态

　　各种橡胶的结构特性和玻璃化温度不同，因而处于最佳包辊状态的（b）区的温度范围也不一样。在一般操作温度下，天然橡胶和乳聚丁苯橡胶不存在明显的（c）区，只出现（a）区和（b）区，故包辊和混炼性能好。低温混炼时，顺丁橡胶包辊在（b）区，当混炼温度超过 50℃时，立即转到（c）区而出现脱辊现象。

　　橡胶的黏弹性不仅受温度影响，还受外力作用速率的影响。辊筒的转速一定时，胶料的切变速率与辊筒的直径成正比，与辊距大小成反比。减小辊距会增大剪切速率，对胶料黏弹性的影响和降低温度的作用是一样的。所以当温度进入包辊性能不好的（c）区范围而冷却方法又不能有效地使其回到（b）区的包辊状态时，可以通过减小辊距的方法来实现。但顺丁橡胶混炼温度超过 50℃时，即使将辊距减至最小也不能再回到（b）区的包辊状态了。

　　橡胶的分子量大小和分布对其（b）区的温度范围也有重要影响。分子量分布宽会使包辊性能良好的（b）区的温度范围加宽，胶料的包辊性就好。一般认为，从（b）区向（c）区的转变温度高低与生胶的断裂拉伸比 λ_b 有关。实质上，在给定的转速和辊距下，当温度逐渐升高时，生胶在（b）区是处于剪切力作用下而尚未达到断裂点以前的状态。随温度升高，生胶的强度和 λ_b 减小，到达一定温度后生胶即发生断裂而进入（c）区的状态；再继续升温则转入黏流态而进入（d）区。橡胶的分子量增大，生胶的拉伸强度和断裂拉伸比 λ_b 增大，流动温度也提高，所以胶料从（b）区到（c）区和从（c）区到（d）区的转变温度也都随之提高，从而使包辊性能良好的（b）区的温度范围加宽。同时，分子量分布宽，则橡胶的流动温度降低，使（c）区向（d）区的转变温度降低，使得包辊性能不好的（c）区的温度范围缩小，故有利于混炼操作。

　　② 吃粉　为利于混炼，胶料包辊后，应将适量的堆积胶留在辊距上方，然后再将配合剂添加到堆积胶上。如果辊距上方没有存胶，则胶料通过辊距时只发生轴向的混合作用，使胶料呈轴向层流状态而变形，无径向剪切变形和混合作用。当有堆积胶存在时，在积胶处因胶料发生拥塞和皱褶将进入狭缝内部的配合剂夹带一起进入辊隙，在剪切力作用下产生径向混合，使配合剂混合分散到包辊胶片的厚度方向。但若堆积胶数量过多反而会减慢混炼速度，并使散热困难而升温，影响混炼。为此，通常是当胶料包辊后将堆积胶以外的多余胶料割下，再添加配合剂。待全部粉剂混入生胶后，即吃粉完毕再将割下的余胶加入并翻炼混合

均匀，这叫抽胶加药混炼法。若配方本身填充量较大，还应在混炼过程中逐步放大辊距，来控制堆积胶量始终保持在适宜的范围内。

③ 翻炼　堆积胶的存在虽然使胶料在辊距中产生了径向的混合作用，但仍不能使配合剂达到包辊胶片的整个厚度范围。实际上只能达到包胶层厚度的 2/3 处，在贴近辊筒表面的一边仍有占胶片总厚度 1/3 的一层胶料无配合剂进入，这层胶料就叫呆滞层或死层，在这种情况下，开炼机辊筒上胶料的混合状态分为三种情况：轴向混合的均匀程度最高；轴向混合的均匀程度较差，两端部胶料的均匀程度比中央部位更差；径向混合均匀程度最差。可见堆积胶的作用也是有限的。为弥补其不足，在混炼吃粉后应立即进行切割翻炼操作，以使死层胶料进入活层。切割翻炼方法有八把刀法、三折四扭法和打三角包法等。切割翻炼后，必须将胶料薄通 3～5 遍，然后放大辊距下片，结束混炼操作。

（2）开炼机混炼的影响因素

容量、辊距、辊速和速比、辊温、混炼时间、加料顺序以及药品的一次添加量等因素都会影响开炼机混炼，必须根据胶料配方特性及配合剂的性质合理确定和调节。

① 容量　容量过大，堆积胶量增多，难进入辊距，混炼分散效果差，且不易散热导致混炼温度升高，易产生焦烧损害胶料质量；并且容量过大还使设备超负荷，劳动强度加大等。但容量过小会影响生产效率。所以容量过大过小都不利。

② 辊距　炼胶机的辊距一般为 4～8mm。辊距越小，胶料通过辊距时的剪切作用越大，混合分散速度越快；但也会使生热量增多、升温速度加快、堆积胶量增多，散热困难，导致剪切分散变差。故混炼过程中不断添加配合剂，使胶料量不断增大的同时，也应逐步增大辊距，保证适量的堆积胶。

③ 辊速与速比　辊筒的转速和速比增大，胶料受到的机械作用增强，有利于混合分散；不过与此同时也加快了胶料的生热量和升温速度，影响对胶料的机械剪切；且过快的辊速也会增加操作的危险性。辊速和速比过小，受到的机械剪切作用变小，影响混合分散和混炼效率。一般开炼机混炼的辊筒转速为 16～18r/min；速比为 1：(1.1～1.2)。

④ 辊温　开炼机混炼时，将辊筒表面的温度称为开炼机混炼温度。辊温较低时，胶料的流动性差，不利于生胶对配合剂粒子表面的润湿作用，不但影响混合吃粉过程，还会增大设备负荷；不过此时胶料受到的机械作用增强，有利于混合分散。但辊温过低时，硬度太大的胶料易造成设备损坏。开炼机混炼时前后辊的温度差应保持 5～10℃。对于易包热辊的天然橡胶，前辊温度应比后辊温度高。多数易包冷辊的合成胶，前辊温度应比后辊温度低。与天然橡胶相比，合成橡胶混炼时生热量多，故混炼时的两辊温度均应比天然橡胶低 5～10℃。各种橡胶用开炼机混炼时的适用温度范围如表 9-2 所示。

表 9-2　各种橡胶开炼机混炼时的适用温度范围

生胶种类	辊温/℃		生胶种类	辊温/℃	
	前辊	后辊		前辊	后辊
天然橡胶	55～60	50～55	氯醚橡胶	70～75	85～90
丁苯橡胶	45～50	50～60	氯磺化聚乙烯	40～70	40～70
丁腈橡胶	35～45	40～50	氟橡胶 23-11	49～55	47～55
氯丁橡胶	≤40	≤45	丙烯酸酯橡胶	40～55	30～50
丁基橡胶	40～45	55～60	聚氨酯橡胶	50～60	50～60
顺丁橡胶	40～60	40～60	聚硫橡胶	45～60	40～50
三元乙丙橡胶	60～75	85 左右			

⑤ 混炼时间　一般情况下，混炼时间过短，配合剂分散不均，影响混炼胶质量和性能；混炼时间过长，易出现焦烧和过烧，导致混炼效率、混炼胶质量和性能都降低。合理的混炼时间由试验确定，并且为提高混炼效率和减少能耗，应在保证混炼质量的前提下尽可能缩短混炼时间。

⑥ 配合剂添加顺序 配合剂的添加顺序是影响开炼机混炼的最重要因素之一。错误的添加顺序可能使配合剂分散不均、混炼速度减慢、出现焦烧和过烧现象，甚至使胶料脱辊，难以操作。因此，应该根据混炼方法、混炼操作工艺和配方特性来制定合理的加料顺序。通常的添加顺序原则如下：

a. 尽可能早加或者先加配合剂、促进剂、活性剂、防老剂和防焦剂等在胶料中用量少但又作用很大的配合剂。在实际生产中，都是在填料和液体软化剂前面添加这一类少剂量配合剂，因为它们的用量虽少，但作用很大，对其分散的均匀度要求高。先加对生胶有增塑作用的胍类和噻唑类促进剂，有利于混炼；先加防老剂有利于防止高温混炼时胶料的老化现象。

b. 氧化锌和固体软化剂等难以在胶料中混合分散的配合剂，也应该适当早加，不过软化剂容易使胶料脱辊，最好在与粉料预混后再加入。

c. 硫黄和超速促进剂等临界温度低、化学活性大、对温度比较敏感的配合剂应该到混炼后期降温后再加入。

d. 应该分开添加硫黄与促进剂，混炼时如果先加促进剂，则最后阶段再添加硫黄；反之亦然。

一般配合剂量少、难分散的宜先加，固体配合剂先加，硫黄和促进剂分开加。用开炼机混炼常用的加料顺序为：生胶（塑炼胶、并用胶等）→固体软化剂→促进剂、活性剂、防老剂→补强、填充剂→液体软化剂→硫黄→超促进剂。

一般混炼天然胶时，只用少量的液体软化剂，故常在填料之前添加液体软化剂。而混炼合成胶则填料和液体软化剂用量比例较大，应先加补强填充剂后再加液体软化剂，或两者交替分批添加。对某些特殊情况则适当调整上述顺序。为保证混合均匀，硬质胶混炼时必须先加硫黄；丁腈橡胶混炼时也应先加硫黄；海绵胶混炼时则必须最后加入液体软化剂，否则其他配合剂难以混合分散均匀。

2. 密炼机混炼工艺

密炼机混炼工艺具有以下优点：①自动化程度较高，劳动强度较低，操作安全便利，生产效率较高；②密闭操作，药品飞扬损失少，有利于胶料质量的保证，并改善了操作环境条件；③胶料中的炭黑分散度高，混炼胶质量均匀；④同样产量所需机台数少，厂房面积减小。故密炼机混炼特别适合于胶料配方品种变换少、生产批量大的现代化大规模生产，是目前橡胶工厂的主要炼胶设备。

密炼机混炼法的缺点是：①混炼后机台不易清洗，不能灵活变换胶料种类及配方；②密闭混炼，散热较差，生热升温快，混炼温度高；易出现焦烧和过烧现象；③排胶不规则，需配备辅助设备进行补充加工处理，设备初投资较大，对厂房建筑要求高；④不适于特殊胶料的混炼。

尽管如此，密炼机混炼方法仍然是制造炭黑混炼胶的最理想的混炼方式。在现代橡胶工业生产中，凡是能用密炼机混炼者都已不再用开炼机混炼。

(1) 胶料在密炼室中的流动状态和变形

以椭圆形转子的 Banbury 型密炼机为例。密炼机特殊几何形状的转子结构，使得胶料在混炼过程中于密闭室内受到的剪切搅混作用非常剧烈，其流动状态和变形情况比开炼机复杂得多。胶料混炼时的形变很大，通常大于其极限应变，使胶料破裂。稳态的流动黏度不能用来描述橡胶的行为，还要考虑大形变状态下的黏弹性和极限性能。因此描述胶料在密炼室中的混合行为时，用形变比流动更为合适。胶料在 Banbury 型密炼机混炼中在转子棱边与室壁之间所受的变形程度是最大。胶料在它们之间不仅受到剪切变形，还受到拉伸变形。因为剪切变形可等效变换为拉伸变形，所以可用拉伸变形来描述橡胶在密炼机中混炼时的变形行为。

如图9-5(a)、(c)所示，转子突棱顶部的区间内的胶料形变很大。若取 $h=3mm$，$d=40mm$，拉伸应变 $\varepsilon=5$，转子半径 $r=110mm$，转子突棱顶端的表面旋转线速度 $v=1.8m/s$（高强度混炼），则平均形变速率为 $\dot{\gamma}=225s^{-1}$。如果转子突棱顶端施加于截面部位的突然变形比图(b)中所示的还要大，则变形速率会更大。通过间隙后，胶料的变形恢复，其中超过极限变形者发生断裂或破碎，如图9-5(b)、(d)所示。这样变形和恢复不断反复，便可达到混合均匀的目的。

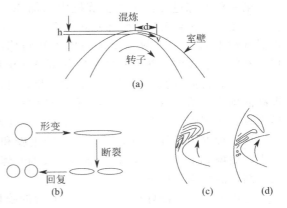

图9-5　密炼机混炼时胶料的变形
(a)、(c) 转子突棱前部胶料的拉伸；
(b)、(d) 橡胶断裂破碎过程模型

（2）密炼机混炼操作方法

首先提起上顶栓，按规定的加料顺序依次将生胶和配合剂从加料口投入密炼室，投完一批料就放下上顶栓，加压混炼一段时间；然后再次提起上顶栓，投入下一批原料，直到完成混炼。最后打开下顶栓，将混炼胶排放到压片机上添加硫黄后，压成规则的一定厚度的胶片，进行冷却和停放。

密炼机混炼包括一段混炼法、两段混炼法和逆炼法三种操作方法。

① 一段混炼法　配方组分从加料口投入密炼室后，在密炼机中一次完成整个密炼过程，中间没有压片、冷却和停放过程的方法称为一段混炼法。具有方便管理胶料、减少胶料的停放面积的优点；但混炼得到的胶料可塑度较低、填料不易分散均匀，混炼周期较长，较难控制排胶温度，且易出现焦烧和过炼现象，影响混炼胶质量。一段混炼法适用于胶料黏度较低，配方填充量较少的胶料混炼，如天然胶配方或以天然胶为主的含胶率高的并用胶配方，适合采用一段混炼法。

一段混炼法又分为传统一段混炼法和母胶一段混炼法两种。

a. 传统一段混炼法　该法的操作和工艺要点是：按照规定顺序采用分批逐步加料，补强填充剂等用量较多的配合剂有时还得分几次投加。每次加料之前先将上顶栓提起，加料后再放下上顶栓加压或浮动混炼一定时间。加压程度依材料性质而定。如投加生胶和再生胶后，就需施加较高的压力，投加粉状配合剂时则应先使上顶栓浮动后再加压，加压程度亦应适当减小，在加硬质炭黑时甚至可以不加压，以免胶料升温过高引起焦烧和防止受压过大而使粉剂结团。

一段混炼时为防止胶料升温过快，通常采用慢速密炼机。炼胶周期一般在 $10\sim12min$，个别情况如高填充配方可达 $14\sim16min$。最好用双速或变速密炼机，混炼初期为在短时间内完成硫黄以外的各种配合剂的加料混炼过程，选择快速混炼；混炼后期用慢速混炼，让胶料冷却降温，然后加硫黄。采用在密炼机内直接加硫黄的混炼方法的关键是加炭黑之后做到有效的冷却降温，使排胶温度降到110℃以下。实际生产中使用一段混炼时，一般是在压片机上加硫黄，因此排胶温度通常小于130℃，且需先将胶料排放到开炼机上，待冷却到100℃以下再加硫黄翻炼和压片。

b. 母胶法　一段混炼法中还可采用分批加生胶的方法，以提高炭黑等填料的相对浓度来强化其分散效果，故此法又称母胶法。具体操作方法又分以下两种。

第一种混炼过程：先往密炼机中添加 60%～80% 的生胶和除硫黄以外的全部配合剂，在 70～120℃ 下混炼至总混炼时间的 70%～80%，制得母胶，然后投入其余生胶和塑炼胶，再混炼约 1～2min 排料。投入的生胶和塑炼胶温度低，可使密炼室内胶料温度暂时降低 15～20℃，能在混入热胶料的同时使部分炭黑从母胶中迁至后加的橡胶中。

该法制备混炼胶可提高剪切分散效果，并能有利于减小生热升温和防止发生焦烧，还可提高混炼机装填系数 15%～30% 和生产效率，提高混炼胶质量和硫化胶性能。此法适用于异戊胶、氯丁胶、丁苯胶和丁腈胶混炼。该法缺点是密炼机磨损较大。

第二种混炼过程：将 60%～80% 的生胶和除硫化剂和促进剂之外的基本配合剂投入密炼机，混炼 3min，制备母胶，然后排胶到开炼机上加入其余的 20%～40% 的生胶及硫黄和促进剂，混炼均匀后下片。

与传统的一段混炼法相比，该法制得的胶料工艺性能良好，硫化胶性能也明显提高。但在开炼机上的操作时间较长，需增加机台数。

上述两种一段混炼方法的混炼胶性能和硫化胶性能比较见表 9-3。可以看出，用母胶法，即分段投胶的一段混炼法比传统一段混炼法混炼，其胶料质量和硫化胶性能均有所提高。

② 两段混炼法　两段混炼法就是胶料的整个混炼过程分成两个阶段完成。胶料须经过出片或造粒、冷却与停放。两段混炼法因胶料在中间经过冷却和停放后黏度增大，提高了第二次混炼时的剪切作用并改善分散混合效果，从而改善了配合剂在胶料中的分散性；还能使混炼速度加快，混炼时间减少，并降低了胶料在持续高温下的时间和由此引起的焦烧倾向，这对于像氯丁橡胶和丁腈橡胶等容易生热和焦烧的胶料来说尤为有利。两段混炼法还能提高硫化胶的力学性能（见表 9-4）。其混炼时间比一段混炼法短。采用分两段混炼时，通常将生胶塑炼与第一段混炼过程合并在密炼机中一起进行，并采用较高的混炼温度（160℃，甚至更高），以利于生胶塑化与炭黑的湿润混合。两段混炼法又有传统法和分段投胶法两种不同的操作方法。

表 9-3　输送带异戊胶混炼胶及其硫化性能比较

性能指标(25 个试样)	覆盖数		布层胶	
	传统法	母胶法	传统法	母胶法
可塑度				
平均值 $\bar{x}$	0.30	0.31	0.42	0.43
均方差 δ	0.031	0.037	0.026	0.025
炭黑分散度/%	78	83.3	77	82
拉伸强度/MPa				
$\bar{x}$	19.6	21.3	20.1	21
δ	1.1	1.4	1.56	1.38
断裂伸长率/%				
$\bar{x}$	646	655	580	540
δ	61	41	26.5	22.7
耐磨耗/(mm³/J)	19	20.6	—	—
耐多次拉伸(200%)/千次	16	22.5	—	—

表 9-4　密炼机一段与两段混炼法的胶料性能对比

混炼方法	300%定拉伸应力/MPa	拉伸强度/MPa	伸长率/%	永久形变/%
一段混炼	7.2	11.2	451	13
两段混炼	7.1	14.4	547	14

a. 传统两段混炼法　第一段混炼是粗混炼阶段，通常用快速密炼机（40r/min 以上）高

压混炼，制得含配合剂（除硫黄和促进剂）的胶料，即所谓炭黑母炼胶，故又称为母胶混炼阶段，混炼后的炭黑母胶排到压片机经补充混炼、压片或造粒、冷却干燥后进行停放。然后再投入第二台慢速密炼机进行第二段混炼，加入硫黄和促进剂，最终完成胶料的全部混合作业，最后将混炼胶排料到压片机补充混炼与压片，故第二段混炼过程又称为胶料的终炼阶段。终炼过程中的硫黄与促进剂可以在慢速密炼机中投加。

b. 分段投胶两段混炼法　此法分两步完成。第一步先在70%～80%的总混炼时间内将80%左右的生胶与配合剂混合，制成炭黑母胶，并经压片或造粒、冷却和停放。然后在第二步混炼时，于60～120℃下将其余的生胶全部加入，使母胶中的高浓度炭黑在1～2min内迅速稀释和分散后即排料。通常，分段投胶两段混炼法制备的硫化胶性能优于传统的两段混炼法。

③ 逆炼法（倒炼法，逆混法）　与一般混炼法加料顺序完全相反的混炼操作称为逆炼法。它是在混炼一开始就先向密炼室中投入所需的配合剂（除硫黄和促进剂），然后再投入生胶进行混炼。具体操作方法又有两种：

第一种为依次投入补强填充剂、油类和50%～70%的生胶，混炼1.5min，然后再投剩下的生胶，混炼数分钟后进行排胶。需添加大量粗粒子炭黑和油的胶料可选用这种方法。

第二种为依次投入所有配剂、1/2的油和生胶后进行混炼。然后在2min内分2～3次加入剩余的油类，混炼完毕排料。该法混炼时间比上面这种混炼法的时间长。此法适用于配用补强性炭黑和相应油类的胶料。

逆混法不仅可以提高填充胶料中炭黑的分散性，还可以缩短混炼时间，适用于生胶挺性差、炭黑和油类含量高的胶料。最初逆混法用于胶料挺性较差而配合剂又比较难混合分散的丁基橡胶胶料；后来丁基胶料采用热处理方法，则主要用于三元乙丙橡胶和挺性较差的顺丁橡胶等胶料的混炼。

普通加料顺序一般混炼与逆混法一段混炼的比较见表9-5。

表9-5　两种一段混炼方法的比较

类型	普通一段混炼法	逆混法一段混炼法
加料顺序	①塑炼胶、小药、油料 ②炭黑 ③促进剂 T.T. 母胶 ④排胶	①依次加入炭黑、塑炼胶、小药及油料 ②加压混炼 ③加硫黄母胶并加压 ④加促进剂 T.T. 母胶，不加压

（3）密炼机混炼的影响因素

主要的影响因素有装料容量、加料顺序、上顶栓压力、转子速度、混炼温度、混炼时间等工艺因素和设备本身的结构因素（主要是转子断面几何构型）。

① 装料容量　装料容量也叫混炼容量，即为每次混炼时的混炼胶容积。装料容量不足，胶料受到的剪切力和捏炼作用降低，甚至胶料发生打滑和转子出现空转，使得混炼效果不佳。反之，容量过大，胶料缺少必要的翻动回转空间，转子突棱后面胶料无法形成紊流，并使上顶栓位置不当，使得加料斗口颈处滞留部分胶料。这些都会导致胶料混合不均匀，并造成设备超负荷。所以装料容量必须适宜，一般为密闭室有效总容积的60%～70%。

② 加料顺序　一般是表面活性剂如硬脂酸等应在生胶塑炼后、炭黑加料之前投加，或者与炭黑一起投加；固体软化剂、防老剂和普通促进剂在炭黑之前与硬脂酸一起投加；而超速促进剂和硫黄等硫化剂则应在炭黑分散后加入，可以与液体软化剂一起投加，但一般都是在液体软化剂加入后再加。或者排料到压片机加，因为这时的胶料温度已经下降，不易发生焦烧现象。

密炼机混炼时，添加生胶、炭黑和液体软化剂的顺序与混炼时间极其重要。为有利于混炼，通常先加生胶，再加炭黑，而液体软化剂则是炭黑在橡胶中基本分散后加。否则，若软化剂过早加入，会使胶料的黏度和机械剪切效果降低，造成分散不均匀，并延长混炼时间。故有的人认为液体软化剂应尽可能晚加，才是提高分散质量的秘诀。当然如果液体软化剂加入时间太迟，比如在炭黑完全混合分散以后再加，那么液体软化剂加入后就会附着在金属的表面起到一种润滑剂的作用，同样会降低机械剪切效果，使宏观分散，即分布混合或称简单混合的速度减慢，不仅会降低混炼胶均匀程度，还会延长混炼时间，增加能量消耗。

液体软化剂的投加时间可以按照表 9-6 所示胶料混炼特性的指标——分配系数 K 来确定。胶料的 K 值是生胶和炭黑的最佳混炼时间 t_c 与该炭黑母胶和液体软化剂的最佳混炼时间 t_m 之比。它取决于生胶与炭黑的品种性质，而与混炼工艺及设备结构尺寸无关。因此，K 为混炼过程的特征值，对设计和改进混炼条件十分有用。由表 9-6 还可见，以异戊橡胶为主的胶料的分配系数最高，而顺丁橡胶为主的胶料分配系数最低。说明分配系数 K 值大小与橡胶的内聚强度有关。

表 9-6　几种生胶地混炼分配系数（K 值）

炭黑	SBR	IR	BR	SBR/IR	SBR/BR	IR/BR
ISAF	1.5	1.7	0.9	1.6	1.0	1.2
FEF	1.0	1.15	0.2	1.1	0.2	0.3

③ 上顶栓压力　密炼机混炼时，胶料都必须受到上顶栓一定压力的作用。但必须强调指出，从流体力学的意义来看，混炼过程中上顶栓不可能对密炼室内的胶料造成固定的压力。这是因为密炼室内的实际填充程度只有 $60\%\sim80\%$，内部空间并未完全充满。故上顶栓的作用主要是将胶料限制在密闭室内的工作区，并对胶料造成局部的压力作用，防止胶料在室壁和转子的表面上滑动，并限制和避免胶料进入加料斗颈部而发生滞留。混炼初期，增加上顶栓压力，使密炼室内胶料空隙减少，摩擦与剪切力作用增强，混炼速度加快，混合分散效果变好。混炼结束时上顶栓基本保持在底线处，只有当转子推移的大块胶料从上顶栓下面通过时才偶尔抬起一点，瞬时显示出压力的作用，这时只起到特殊的捣锤作用。在这种情况下，再进一步提高压力对混炼并无任何作用。一般认为，$0.3\sim0.6$MPa 的上顶栓压力较为合理。在一定转子转速下，不断增加上顶栓压力的效果也不大。因为当上顶栓处在下限位置时，其作用力并不能传到胶料上，而只能传递到密闭室的机件上，故对混炼作业毫无影响。

当混炼容量不足时，上顶栓压力也不能充分发挥作用。增加上顶栓压力可减少密炼室内的空隙，提高约 10% 的填充程度。随着容量和转速的提高，上顶栓压力必须适当加大。但加大上顶栓压力不仅会加快混炼过程中胶料生热，而且会增加混炼时的功率消耗。

④ 转子结构和类型　转子是混炼的主要工作部件。密炼机的混炼能力和质量很大程度上由转子工作表面的几何形状和尺寸决定。不同类型密炼机的转子构型不同，主要有剪切型转子和啮合型转子两种。

通常密炼机转子为剪切型时，具有较高的生产效率，能快速进行加料、混合和排胶，适于混炼周期短和分段混炼等工作情况。密炼机转子为啮合型时，混炼时有较高的分散效率、较低的生热率等，适用于制造硬橡胶和一段混炼。

剪切型转子表面的突棱数目由两个改为四棱结构后，加强了转子对胶料的混合搅拌作用，提高了机械剪切作用，使混炼周期缩短。实验证明，使用四突棱剪切型转子可缩短混炼周期 $25\%\sim30\%$，生产能力提高 25%，能耗降低 $15\%\sim20\%$。其原理如图 9-6 所示。

图 9-6 为剪切型转子表面的展开图。图中 A、C 为长突棱，B、D 为短突棱。当转子旋

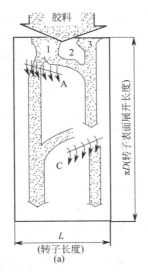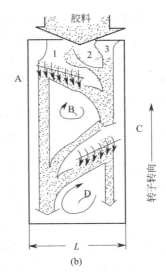

图 9-6　胶料在转子表面的流动

(a) 双突棱转子；(b) 四突棱转子

转时，胶料碰到转子表面的突棱 A，一部分胶料越过棱峰 A 与室壁之间的缝隙而受到剪切作用；另一部分胶料绕过棱峰 A 到达突棱 C 而没受到剪切作用，但碰到 C 突棱时也被分成两部分，一部分越过 C 棱受到剪切作用，另一部分绕过 C 棱与受到 A 棱剪切后的胶料汇合，并随转子的转动而再次流向 A 突棱，重复前一次的剪切和分流汇合作用。故双突棱转子每转一周，胶料只经受到一次剪切和搅拌混合作用。

剪切型转子表面的突棱数目由两个改为四棱结构后，加强了转子对胶料的混合搅拌作用，提高了机械剪切作用，使混炼周期缩短。实验证明，使用四突棱剪切型转子可缩短混炼周期 25%～30%，生产能力提高 25%，能耗降低 15%～20%。其原理如图 9-6 所示。

对四突棱转子来说，当第一次受到 A 突棱剪切后的胶料前进时，立即又碰到短突棱 B 的分流，使其中分出的一部分胶料与被 A 棱分流而没受到剪切的那一部分胶料汇合后到达 C 突棱，再次被 C 突棱剪切和分流。同样道理，经过 C 突棱剪切后的胶料又立即受到 D 突棱的分流汇合作用，胶料绕四突棱转子旋转一周，受到了两次剪切作用和两次分流汇合作用，比双突棱转子增加了一倍。所以机械混合剪切强度增加，混炼速度加快，混炼效率提高，功率消耗也增加。只是功率消耗增加的程度比混炼时间的减小程度要小，故混炼过程的总能耗还是节省了。

⑤ 转速　密炼机混炼时，提高转子速度是改善混炼最行之有效的方法之一。这是因为密闭室内胶料的主要剪切区就是转子突棱峰与室壁的最小间隙处，其剪切速率 $\dot{\gamma}$ 与突棱顶端转子的表面旋转线速度 V 成正比，即 $\dot{\gamma}=V/h$、而与转速近乎成 $\dot{\gamma}=0.29n$ 的关系，转速提高，切变速率增大，单位时间的总剪切变形量增大，混炼速度加快。混炼时间与转子转速大体上成反比关系。提高一倍转速，可缩短约 30%～50% 的混炼周期，对于制造软质胶料效果更为显著。目前，椭圆形转子密炼机的转速已由原来的 20r/min 提高至 100r/min 以上。通常密炼机混炼时的转速范围也为 40～60r/min。

随着转速的提高，胶料生热加快，使胶料黏度减小，受到的剪切作用降低，影响混炼时的分散效果。为适应混炼工艺，已有双速和变速密炼机混炼，可依胶料配方特点和混炼工艺上的不同而随时变换转速，从而求得混炼速度和分散效果之间的适当平衡，并满足一段混炼和生胶塑炼过程与胶料混炼过程合并在一起进行的直接混炼的要求。即在开始阶段先采用较快的转速对生胶进行塑炼，再加入炭黑及其他配合剂进行母胶混炼，这时允许混炼温度维持在较高水平上，以利于胶料的流动变形和对配合剂粒子表面的湿润，加快吃粉阶段的混炼过程。由于转速高，机械剪切效果也好，也能保证剪切分散效果。到混炼过程的后期再改为较低的转速，使混炼温度降低，便于加硫化剂和超促进剂，还能防止胶料产生焦烧和过炼，从而有利于提高混炼质量。

⑥ 混炼温度　密炼机混炼时胶料温度难以测定，但混炼后排出的胶料温度与密闭室内的混炼温度相关性好，一般情况下排胶温度高，混炼温度也高，反之亦然。故常用密炼机混炼后的排胶温度来表征混炼温度。

混炼温度高，有利于胶料的塑性流动与变形，加快胶料混合吃粉和润湿固体配合剂粒子表面；但也降低了胶料的黏度，使机械剪切混合作用减小，不利于配合剂粒子的破碎与分散混合。而且过高的混炼温度，使得胶料更快热氧化老化，甚至产生过炼和焦烧，损害硫化胶的力学性能，故密炼机混炼过程中应及时采取冷却措施，将多余的热量导出，保证胶料在混炼过程中的温度处在合理的范围内。不过混炼温度过低，易出现压散现象，即混炼胶发生破碎而难以成团，亦不利于混炼操作和胶料质量，还会造成密炼机超负荷现象。混炼时随着密炼机转速、容量和上顶栓压力不断变大，胶料的生热会进一步加剧，故也必须进一步强化冷却措施才能保持混炼过程的热平衡。一些新型快速密炼机普遍采用钻孔式冷却方法加大密炼机室壁、转子和上下顶栓的散热面积和热导率，有效地维持了混炼过程的热平衡。

⑦ 混炼时间　与开炼机相比，密炼机对胶料的机械剪切与搅拌混合更剧烈，故同样条件下胶料所需混炼时间短得多。提高密炼机的转速和上顶栓压力，也可以使混炼时间缩短；而配方含胶率降低时，所需混炼时间会加长。合成胶配方的混炼时间比天然胶配方的要长。错误的加料顺序和不合理的混炼操作都会延长混炼时间。混炼时间延长，虽然胶料中配合剂的分散较好，但不仅降低生产效率，还易产生过炼和焦烧，使硫化胶的力学性能降低和胶料的"热历史"增长，所以混炼时间应尽可能缩短。

3. 连续混炼工艺

整个混炼过程连续加料和排胶、不间歇停顿的操作方法，称为连续混炼。连续混炼方法从第二次世界大战后不久国外便已开始研究，但进展缓慢，直到 20 世纪 60 年代末才慢慢开始工业化应用。用于连续混炼的设备类型比较多，主要分为两类：一类是双螺杆式连续混炼机，另一类为单螺杆式连续混炼机。据报道，目前已得到工业化应用的，而且技术上也比较成熟的连续混炼设备主要有三种：FCM 转子式双螺杆型连续混炼机（美国 Farrel 公司），已经用于模制品胶料的混炼；传递式单螺杆式连续混炼机（英国 Frenkel 公司和美国 Uneroy 公司联合研制）；EVK 挡板式单螺杆式连续混炼机（德国 W&P 公司）。

4. 混炼后胶料的补充加工与处理

(1) 压片与冷却

为便于混炼胶的冷却和管理，混炼后需将其压成一定厚度的胶片。这样不仅能增大散热面积，而且便于堆放和使用。

出片或造粒后的胶料均应立即强制冷却，以防出现焦烧或冷后喷霜。常用的冷却方法有：将胶片侵入液体隔离剂（如陶土悬浮液）中；将液体阻隔剂用压力喷洒在胶片或胶粒上；将胶片或胶粒导至运输带上，以冷风进行鼓风冷却。

(2) 滤胶

内胎胶、气囊胶和其他气动薄膜制品等气密性要求严格的胶料，混炼后还必须进行过滤，去掉可能存在的机械杂质，尤其是沙粒，使胶料得到净化。滤胶方法是利用螺杆挤出机，其机头装有多层金属丝滤网，金属丝网规格依胶料性能要求而定。内胎胶料一般采用30目或40目的丝网各一层；特殊胶料可采用60目或80目的丝网。

（3）停放与管理

胶片冷却干燥后必须按照一定的堆放方式静置4～8h以上才能使用。停放可以达到以下目的：松弛内部的残余应力，消除疲劳；减少后序加工中的收缩率；使橡胶与配合剂之间继续进行相互扩散渗透，使橡胶与炭黑在界面间继续结合，提高结合橡胶生成量和补强效果。经验证明，停放后胶料的硫化胶力学性能得到了一定程度的改善，但停放时间最多不能超过36h。

三、各种橡胶的混炼特性

1. 天然橡胶

天然橡胶具有较好的混炼加工性能，各种配合剂在橡胶中一般都比较容易混合与分散；配合剂分散度受加料顺序的影响较小。开炼机混炼时胶料的包辊性也较好，且胶料对温度的变化也不太敏感。但混炼时胶料易包热辊，辊温通常为50～60℃，为利于操作，前辊温度还应比后辊温度高5～10℃。用密炼机混炼时常用一段混炼法，其混炼生热量比合成胶少。

2. 异戊橡胶

异戊橡胶具有与天然橡胶基本相似的混炼性能，只是混炼时的生热量少一些。因此，混炼容量可适当大一些，密炼机一段混炼法的装胶容量可比天然胶提高5%～15%，此外配合剂在橡胶中的分散性也比较差。

3. 丁苯橡胶

同天然橡胶相比，丁苯橡胶混炼时配合剂分散较困难，升温较快，故应适当延长混炼时间和降低混炼温度。开炼机混炼时，具有较好的包辊性，且易包冷辊，应使前辊温度低于后辊5～10℃。为保证配合剂的分散均匀性，丁苯橡胶混炼应增加薄通次数并经过进一步补充混炼加工。用密炼机混炼时，应适当减小容量，为改善填料分散状态，普遍采用分段混炼法。液体软化剂应在炭黑经过一定时间混炼后才能加入。

4. 顺丁橡胶

其胶料的内聚强度较低，自黏性和黏附性均较差，故混炼时呈碎散状态，经长时间混炼也难以聚结成整体，配合剂分散困难，混炼周期较长。开炼机混炼时胶料不易成片；当辊温超过50℃时易脱辊；为此，必须采用小辊距和低辊温混炼。密炼机混炼容量应提高10%～15%，排胶温度可提高到130～140℃以上，以利于配合剂的分散。

5. 丁基橡胶

丁基橡胶和其他橡胶混炼在工艺上不相容、胶料自身的内聚强度低、自黏性差，如果没有专用混炼设备，则混炼加工前后都必须仔细清洗设备，否则若有其他橡胶混入丁基橡胶中，会导致制品报废。丁基橡胶的生胶和胶料冷流性大，使半成品挺性差而容易发生变形。采用180～190℃高温混炼方法可增加结合胶生成量、增大胶料的挺性；在配方中配用活性槽法炭黑可提高结合橡胶的生成量和补强效果，增大胶料的挺性。

用开炼机混炼丁基橡胶，不易包辊，可采用引料法来克服，即生胶和配合剂等胶料包辊后再加入。亦可采用薄通法，即小辊距反复薄通一半生胶至包辊，然后再添加其余生胶。胶料易包冷辊，故后辊温度应比前辊高15～20℃，待包辊后再分批少量地添加配合剂，在填料完全混入之前不能割刀。

密炼机混炼时，为改善混炼效果，与天然橡胶相比，其容量应增加10%～20%，上顶栓压力应较高，混炼周期也比较长。凡排胶温度能低于105℃者方可采用一段混炼法，操作温度应尽可能低。促进剂在最后阶段投加。

为改善填料的分散性，应采取相应的加料顺序，并对胶料进行热处理，即添加热处理剂，如对二亚硝基苯等亚硝基类化合物1.0～1.5份，并在150℃左右的静态热空气或蒸汽中处理2～4h；或者在密炼机中，120～200℃下同第一段混炼一起进行。当生胶加入0.5～1.5min后立即投加热处理剂。因此，凡是采用热处理工艺或排胶温度较高者均采用分两段混炼法进行混炼。高填充胶料可采用大容量混炼或逆混法混炼，以克服压散现象。美国ESSO公司推荐的丁基橡胶典型混炼工艺的加料顺序如下：在50～80℃下投入丁基橡胶与氧化锌→加入2/3炭黑→加入液体软化剂和其余部分炭黑→混合3～5min→160～180℃下排胶。

6. 乙丙橡胶

乙丙橡胶自黏性差，不利于混炼操作，开炼机混炼时不易包辊，一般先用小辊距使其连续包辊后，再逐渐放大辊距并添加配合剂。混炼温度应高于一般合成橡胶，以60～75℃为宜；因高补强性填料生热性较大，所以应注意温度不要过高。第一阶段堆积胶多，不能加粉剂混炼；第二阶段形成半透明的弹性胶片，添加配合剂，分散性最好；第三阶段形成不透明胶片，容易脱辊；第四阶段，第二次出现透明且流动性好的胶片，这时包辊性良好。

配合剂应在第二阶段开始时添加。部分填料和氧化锌先加，再加其余填料和操作油，硬脂酸宜放在后期加入，否则易造成脱辊。通常的加料顺序为：生胶→部分填料、氧化锌→操作油、剩余填料→促进剂、硫化剂→硬脂酸。

乙丙胶最好采用密炼机高温混炼，这有利于改善填料的分散状态和补强效果、排胶温度一般取150～160℃。混炼容量比其他胶种应高10%～15%。采用逆混法更好。

7. 丁腈橡胶

通常丁腈橡胶中丙烯腈含量越多，混炼性能越好，混炼时的生热量多，升温快，且在高温和高机械应力作用下易产生结构化作用。随着温度升高和加工时间的延长，黏度会不断增大，尤其当含有高结构和高活性炭黑，如FEF、HAF和ISAF炭黑时，胶料的黏度增加更多，并生成凝胶，使加工更困难。遇到这种情况时应降低混炼温度和设备的转速。

用开炼机混炼丁腈橡胶时，应用低辊温（4～45℃）、小辊距、小容量（比一般橡胶低20%～30%）和慢加料的工艺，以利于配合剂的分散。通常先加硫黄，因为它在丁腈橡胶中的溶解度比较低，混合分散较难，最后添加促进剂，酯类软化剂用量较多时可与粉末填料交替添加。在加料顺序上一般是先加硫黄、氧化锌、固体软化剂和增塑剂，待胶料开始软化后再加入防老剂、活化剂等。炭黑及液体软化剂最好分批交替添加，以免粘辊，最后添加促进剂。为免焦烧，应在加完粉料后稍加翻炼均匀即取下冷却，然后再薄通翻炼。

通常不用密炼机混炼丁腈橡胶。若要用时则必须充分加强冷却措施，严格控制排胶温度不超过130℃，可减慢胶料中的结构化进程，使焦烧期延长一倍，但可能会降低配合剂在胶料中的分散度。对于高填充配方，填料可分几次投加。

8. 氯丁橡胶

通用型氯丁橡胶因分子主链上含有不稳定的多硫化物链段，所以易形成部分和全部网状结构，混炼时网状结构破坏。结晶结构影响混炼，应加温消除。

氯丁橡胶中的凝胶含量随生胶品种和混炼条件的不同其变化范围很大（0～98%），因而胶料的工艺性能差别极大。若混炼时间太长则凝胶含量很少，胶料可能会严重降解而粘辊；混炼时间短会使凝胶含量高，配合剂分散不良，硫化胶力学性能也差。因此，应视凝胶含量制定相应的混炼条件，凝胶含量越多，混炼时间应越长。在温度 100～110℃下时凝胶破坏较快，炭黑能在最短时间内达到良好分散，使混炼胶的工艺性能良好，因此温度不得高于上述范围。氯丁橡胶的流变行为或称辊筒行为与天然胶相似，随温度而变化，如表 9-7 所示。

通常处弹性状态时对氯丁橡胶进行混炼，因其弹性态剪切力可使填料分散良好。与天然橡胶相比，氯丁橡胶弹性态温度约低 20～30℃，90℃以上便有部分氯丁橡胶变为塑性状态，形成弹性态和塑性态并存状态，即颗粒态或粒状态。因此，混炼温度亦应低于天然胶。实际操作中，为在弹性状态下混入一定的填料，应将其趁早添加，避免高温影响；另外通过增加胶料硬度，来加强剪切作用，也可让其在塑性态混炼时达到较好的分散状态。

表 9-7　氯丁橡胶的辊筒行为

辊上状态	通用型氯丁橡胶/℃	W 型氯丁橡胶/℃	天然橡胶/℃
弹性状态	室温～71	室温～79	室温～100
粒状态	71～93	79～93	100～120
塑性状态	>93	>93	约 135

氯丁橡胶混炼生热量大，容易发生焦烧和粘辊，故混炼时间要短，温度要低、加料顺序要正确。为防止焦烧应注意氧化镁不能吸湿，并要最先加料；槽黑和高耐磨炉黑都容易引起焦烧，应分批少量投加；氧化锌和促进剂必须后期加料。

配合剂在非硫黄调节型 54-1 型氯丁橡胶中比在通用型中更易分散，混炼时间更短。

用开炼机混炼时，通用型氯丁橡胶对温度变化很敏感，辊温超过 70℃时便严重粘辊，并呈黏流态，配合剂不易分散。因此，配合剂混入前不得切割，以免脱辊；一旦吃粉完毕则应勤切割翻炼，以免过分延长混炼时间。混炼周期应比天然橡胶长 1/3～1/2。非硫黄调节型 54-1 型氯丁橡胶加工性能比较稳定，能在较宽温度范围内保持弹性态，易包辊，吃粉也快，混炼周期比通用型短 20%，焦烧和粘辊倾向较小。

氯丁胶混炼容量应比天然橡胶少，加入填料以前应注意冷却辊筒，以保证使生胶处于弹性态加料，不过氧化镁应以 50℃辊温为宜，否则遇到冷辊会成块而不利于分散。填料应少量分次加料，软化剂与软质填料可同时加入。若胶料粘辊性太大可加少量硬脂酸盐改善操作性能。混炼结束前需充分切割打卷翻炼，否则会造成分散不良。

氯丁橡胶用密炼机混炼无特殊困难，可合并塑炼一起进行，先塑炼后再混炼。

密炼机混炼时通常用两段混炼法，应保证混炼温度较低，排胶温度小于 100℃，也可采用一段混炼法混炼，其具体操作分别如表 9-8 及表 9-9。

表 9-8　氯丁橡胶密炼机两段混炼法操作程序

第一段混炼操作程序	累计时间/min	第二段混炼操作程序	累计时间/min
①加氯丁橡胶	0	①加一段混炼胶	0
②氧化镁硬脂酸、石蜡、古马隆防焦剂(DM)、防老剂、部分炭黑	2	②氧化锌	3
③二丁酯	5～6	③排胶	3
④剩余炭黑(胶温控制<110℃)	8～9	④压片	
⑤排胶(控制在<110℃)	9～10		
⑥压片(降温至<50℃)	9～10		

表 9-9　氯丁橡胶密炼机一段混炼法操作程序[①]

操作程序	需要时间/min	累计时间/min
①加生胶、氧化镁、防焦剂、防老剂	2	2
②加硬质填料(细粒子炭黑、二氧化硅等)	2	4
③加软质填料(软质炭黑、矿质填料等)	3	7

操作程序	需要时间/min	累计时间/min
④加软化剂、1/2 油料	2	9
⑤加 1/2 油料	2	11
⑥加氧化锌、促进剂	1	12
⑦排胶、冷却		

① 用 11 号密炼机 (20r/min)。

氯丁橡胶用密炼机混炼的其容量应比天然橡胶小，一般装填系数取 0.60 为宜。但若配方含胶率太低及密炼机内部因磨损而造成间隙过大时，则应将装填系数增大至 0.65～0.70，并将一半填料与氧化镁同时加料。如果胶料松散不易成团，还可同时添加一半油料，以保证加快完成吃粉过程。

密炼机的标准排胶温度应低于 125℃，若在密炼机中投加氧化锌和促进剂，则标准排胶温度为 105～110℃。氯丁橡胶密炼机混炼的发展趋势是用快速密炼机短时间混炼，快速排胶，再用压片机等补充加工，使其分散良好。

9. 氯磺化聚乙烯橡胶

氯磺化聚乙烯橡胶具有良好的热塑性，混炼时温度增加，黏度快速降低。且其混炼性能稳定，不会发生过炼。

开炼机混炼时，其胶料包辊性能良好，只要形成完整的胶片便可投料混炼，不过该类橡胶生热性大，应注意冷却，使辊温为 40～70℃。氧化镁和季戊四醇应与填料同时加入，单独加入易粘后辊；补强性填料不能与油类一起添加，否则会造成分散不良。非补强填料和操作助剂可与油类一起加入，硬脂酸加在氧化镁之后有助于分散。加入着色剂和油时要尽可能不割切，以防粘辊。促进剂应最后加入。硫化剂通常是一氧化铅制成母胶使用，以利于分散。

密炼机混炼时装填系数宜大于其他橡胶，取 0.70～0.75。排胶温度应控制在 100～110℃以下；补强填充剂应与油分开投加，否则会引起分散不良。一氧化铅和促进剂制成母胶有助于改善分散和缩短混炼时间。

氯磺化聚乙烯橡胶也可采用逆混法混炼，按填料、金属氧化物、操作助剂和增塑剂的顺序加料，最后投加生胶，混炼 1～2min 即可排胶。促进剂最好在压片机加料。水分会促进胶料发生焦烧，故胶片应充分干燥。

10. 氯醚橡胶

氯醚橡胶不需塑炼就可进行混炼操作。均聚型氯醚橡胶用开炼机混炼时，胶料具有较低门尼黏度，良好包辊性，不过容易粘辊使其难以操作，故应加入硬脂酸、硬脂酸锌或硬脂酸锡防粘剂。而共聚型氯醚橡胶用开炼机混炼时，具有较高的门尼黏度，不粘辊，但包辊困难，为此要先薄通 2～3 次生胶后才能包辊，辊温高于一般合成橡胶：前辊和后辊温度分别为 70～75℃和 85～90℃。

密炼机混炼比较简单，不加硬脂酸也能混炼。对均聚型橡胶可只投加一部分防粘剂，在压片机添加硫化剂时加剩下部分。对共聚型橡胶在压片机上加入硬脂酸盐效果较好，若一开始就投入全部操作助剂会使炭黑发生结团现象。

11. 硅橡胶

硅橡胶也不用塑炼就可进行混炼，通常用开炼机进行混炼，辊温小于 50℃，开始生胶包前辊（慢辊），加料吃粉时转包后辊，所以需要两面操作。一般两段加料：

第一段：生胶→补强剂（白炭黑）→结构控制剂→耐热添加剂（氧化铁）→薄通→下片。

第二段：一段胶回炼→硫化剂→薄通→停放。

待配合剂混合均匀，所有胶料包辊，表面变光滑即可停止混炼，时间不宜太长，否则会粘辊。对于本身较黏的氟硅和苯基硅橡胶，应缩短混炼时间，且加强冷却使辊温保持在较低温度。添加白炭黑时应在开炼机上加装防护罩。海绵胶的发孔剂易结团而难以分散，宜制成母胶使用。

硅橡胶质地柔软，混炼切割时不能使用普通的刀，而要使用腻子刀，薄通后下片也与普通橡胶不同，要用刮刀。为使配合剂更好地扩散，混炼后的胶料都要停放一段时间（>24h），并且使用前必须经过回炼。因为停放时间较长，会降低硫化胶性能，所以其混炼胶应随炼随用。

12. 氟橡胶

氟橡胶的混炼特性由生胶在不同温度下的流变行为决定而不由生胶与炭黑的作用决定。一般来说，氟橡胶较难于混炼。

开炼机混炼时，较长时间里生胶呈连续块状，主要是因为胶料有破碎倾向，这导致了较低的混炼效率。氟橡胶混炼时摩擦生热量大，因此，混炼时辊距要小一些，辊温约为$50\sim60$℃，先加生胶薄通10次左右形成均匀的包辊胶进行混炼，将辊距调整至留有少许堆积胶后加配合剂，顺序为生胶→增塑剂→吸酸剂→填料→硫化剂→薄通→下片。为避免吸酸剂氧化镁粘辊，应与部分填料一起投加。一般没有确切的混炼时间，不过为避免粘辊，应尽量加快混炼速度。

混炼后的胶料应停放24h后再使用。且为了让配合剂分散均匀，提高胶料的流动性和自黏性，混炼胶使用前需经过回炼。

13. 聚丙烯酸酯橡胶

用开炼机混炼聚丙烯酸酯橡胶时，因生热会发生严重粘辊现象，并会同时包前后两辊筒而难以操作。故应保持辊温在$30\sim50$℃范围，以防止粘辊，这样可以提高配合剂的分散性。混炼开始时，可在辊筒表面涂以硬脂酸锌防止胶料粘辊。胶料易包快速辊或高温辊。混炼时适当调整堆积胶量，并立即投加半量炭黑，再向后辊表面加硬脂酸，使胶料脱开后辊，然后加入另一半炭黑与其他配合剂，随着炭黑的加入，粘辊现象会逐渐减轻，胶片表面也渐趋平滑。

密炼机混炼可缩短周期，但宜用低速以免生热太大。混炼前先将密炼机预热到80℃后再加料混炼。顺序为：生胶捏炼1min→1/2炭黑、硬脂酸及二碱式磷酸铅→1/2炭黑及其他配合剂；炭黑也可一次投入。混炼周期$5\sim8$min，在压片机加硫化剂。

采用三亚乙基四胺作硫化剂时，因黏性太大，可采用两段混炼法。一段胶料冷却后再加入密炼机热炼$1\sim2$min后投加三亚乙基四胺，混炼10min后排胶，第二段排胶温度应小于80℃。这种混炼胶中的交联剂尚未完全分散，但开炼时不再粘辊，经停放后通过压片即可达到充分地分散，胶料生热可减少至最低限度。

14. 混炼型聚氨酯橡胶

一般用开炼机混炼聚氨酯橡胶，适宜的温度为$50\sim60$℃，因为温度太低，容易发生脱辊，温度太高则又会粘辊，可通过添加少量（$0.1\sim0.2$份）硬脂酸来解决。

生胶较硬，故混炼时先切成小条，再薄通$6\sim7$次，待包辊后再将辊距调宽到$2\sim3$mm并添加硬脂酸镉，混合均匀后再投入补强剂、硫化剂（如甲苯二异腈酸酯、DCP等），最后加硬脂酸。吃粉后翻炼$7\sim8$次，薄通$5\sim6$次，然后下片冷却，混炼辊温不高于60℃。含二异氰酸酯的胶料易焦烧，加工和停放时要严防进水。混炼后的胶料不能停放太长时间，冬季$3\sim4$天，夏季2h。

15. 聚硫橡胶

通常用开炼机混炼固态聚硫橡胶，基本不用密炼机混炼。开炼机辊温控制在 40～55℃，容量宜小。混炼时先进行薄通，然后投入填料，并通过不断加大辊距来保持适量的堆积胶。先加塑解剂 DM 可起塑化作用，胶料薄通后充分塑化再令其包辊，然后再按一般合成胶加料顺序加料混炼。

如果必须用密炼机混炼时，可先加生胶塑炼 1min 后，加入塑解剂 DM 和 DPG，捏炼 2min，塑解剂以母胶形式加入分散较快，加入炭黑及 1/2 填料（不包括氧化锌），混炼 4～5min 后再加入剩余填料及氧化锌，混炼 2～3min 后排胶。若混炼温度过高，可在压片机中加入氧化锌。

16. 特殊胶料的混炼

(1) 海绵胶料

海绵胶料具有较低的黏度，较大的塑性，导致配合剂的分散，混炼过程的操作和出片困难。所以为了减少胶料粘辊，得到均匀的气孔，辊温和速比应尽量小，混炼时间不宜过短，甚至有时中途停止混炼等胶料冷却后再混炼。

对停放熟了的混炼胶进行硫化，可使气孔较均匀。反复回炼后再硫化，可得到性能较好的制品。混炼后的胶料应充分冷却，以控制其自然发泡，否则会减弱胶料的发泡能力。

(2) 硬质胶胶料

硬质胶的硫黄用量多难分散，高温下硫黄会发黏而使胶料板结，即使再经薄通也难使硫黄分散。故混炼时应采用筛子将硫黄逐渐慢慢筛加到胶料中去，使其分散良好。由于混炼时间长，应控制辊温不宜太高。

硬质胶只能用开炼机进行混炼，而不能用密炼机。

(3) 加水混炼胶料

把含水分较多的配合剂或加入水分与橡胶相混，制成合格的混炼胶，即为加水混炼。该法用于某些产品如药瓶塞等胶料，脱膜容易。还有对某些难分散的促进剂如促进剂 H 可用水或乙醇作溶剂进行混炼，分散效果良好。

(4) 胶布胶料

胶布很薄，最忌气孔和气泡，因此胶料中填料的分散尤为重要。混炼前应先将配合剂过筛，以除掉杂质和粗粒子。冷却混炼胶使其挺性变大，而后再进行 2～3 次的冷辊薄通，也能提高配合剂的分散度。

四、混炼胶质量检查

混炼胶的质量直接影响后序加工的性能和半成品的质量，以及硫化胶和最终制品的力学性能。混炼胶的可塑度（或黏度）、配合剂的分散度、混合均匀程度等都决定着混炼胶的性能。通常进行以下质量检查。

1. 混炼胶的快检

传统快检混炼胶质量的项目有可塑度、相对密度、硬度，必须逐车胶料进行检查。

(1) 测定可塑度

为检测混炼胶可塑度和均匀度的达标情况，可测定每一滚三个不同部位试样的华莱氏可塑度或威氏可塑度，也可测其门尼黏度。如果胶料可塑度很大或者门尼黏度很小，可能出现过炼，降低硫化胶的力学性能；如果可塑度很小或者门尼黏度很大，那么混炼胶加工性能差；可塑度或者门尼黏度大小不一，则混炼胶质量不均一。几种常用混炼胶料的可塑度范围见表 9-10。

表 9-10　几种常用胶料的可塑度范围（威氏）

胶料	可塑度	胶料	可塑度	胶料	可塑度
胎面胶	0.30～0.40	内胎胶	0.40～0.45	胶囊胶	0.30～0.35
布层胶	0.40～0.50	涂布胶	0.50～0.60		
缓冲胶	0.40～0.50	钢丝隔离胶	0.30～0.45		

传统快检混炼胶质量的项目有可塑度、密度、硬度，必须逐车胶料进行检查。

（2）测定相对密度

少加、多加和漏加配合剂都会影响混炼胶的相对密度，使其偏离规定标准；分散不均的配合剂会导致胶料的密度不均一，所以混炼胶的均匀性和混炼操作的正确性可通过测定其相对密度和波动情况来判断。具体方法就是按标准方法测定对每一辊三个不同部位的混炼胶试样。若胶料的密度大小和均匀程度不符合规定，则胶料质量不符合要求，应采取相应措施补救或处理。

（3）测定硬度

取每批三个不同部位的混炼胶，按 GB/T 531.1—2008 测其硫化胶试样的硬度，对比于标准值或看各部位是否均一。

2. 测定力学性能

为对混炼胶的质量进行全面检查，还应抽查或定期检测硫化胶的力学性能，可通过检测拉伸强度、伸长率和硬度等来判断胶料的质量情况。另外对性能要求不同的胶料进行特定的测试，如内胎胶测定撕裂性能等，胎面胶测定磨损性能等，以鉴定混炼胶质量。

3. 配合剂的分散度检查

混炼胶中配合剂的分散度是表征混炼均匀度的重要参量，决定着混炼胶的质量。炭黑在炭黑胶料中的分散情况对胶料质量的影响最大，所以炭黑混炼胶质量常通过测定炭黑的分散度来判断。常通过观察硫化胶快速切割断面或试片的撕裂状态来检测炭黑分散情况。通常用放大镜或低倍率双目光学显微镜进行观察，再同符合标准的硫化胶断面照片相对比，便可判断胶料中炭黑的分散状态等级。除定性分析外，还可以对胶料中炭黑的分散度进行定量分析，如 ASTM D2663—69B 法、表面粗糙度测量仪分析。

习 题

一、选择题

1. 下面哪项不是生胶塑炼前需要做的加工准备？（　　　）

A. 烘胶　　　　　B. 切胶和选胶　　　C. 破胶　　　　　　D. 配合剂的补充加工

2. （多选）下面哪些是生胶增塑的方法？（　　　）

A. 物理增塑法　　B. 化学增塑法　　　C. 生物增塑法　　　D. 机械增塑法

二、判断题

1. 密炼机和开炼机属于高温机械塑炼，塑炼温度通常大于 100℃，螺杆塑炼机为低温机械塑炼，温度小于 100℃。　　　　　　　　　　　　　　　　　　　　　　　　（　　　）

2. 混炼分间歇式和连续式两种方法，开炼机和密炼机均属于间歇式混炼。　（　　　）

三、简答题

1. 什么是塑炼？生胶塑炼的目的是什么？
2. 温度对生胶塑炼有什么影响？
3. 请简述常用的三种生胶塑炼设备及其优缺点。
4. 密炼机塑炼的影响因素有哪些？
5. 请简述橡胶混炼的目的及原理。
6. 混炼后胶料的补充加工与处理有哪些？
7. 决定混炼胶质量的主要性能指标有哪些？

在线辅导资料， MOOC 在线学习

①橡胶制品的原材料及其性质；②生胶前处理——塑炼；③生胶前处理——混炼。涵盖课程短视频、在线讨论、习题以及课后练习。

参考文献

[1] 傅政. 橡胶材料性能与设计应用 [M]. 北京：化学工业出版社，2003.
[2] 杨清芝. 实用橡胶工艺学 [M]. 北京：化学工业出版社，2005.
[3] 杜军，袁仲雪. 材料配合与混炼加工：橡胶部分 [M]. 北京：化学工业出版社，2013.
[4] 沈新元. 高分子材料加工原理 [M]. 北京：中国纺织出版社，2014.
[5] 杨清芝. 现代橡胶工艺学 [M]. 北京：中国石化出版社，1997.
[6] 吴生绪. 图解橡胶成型技术 [M]. 北京：机械工业出版社，2012.
[7] 邬国铭. 高分子材料加工工艺学 [M]. 北京：中国纺织出版社，2000.
[8] 张海，赵素合. 橡胶及塑料加工工艺 [M]. 北京：化学工业出版社，1997.
[9] 赵素合. 聚合物加工工程 [M]. 北京：中国轻工业出版社，2001.

第十章
橡胶加工成型方法

第一节　橡胶压延成型

　　压延在橡胶制品加工中占有重要的地位，它是利用压延机辊筒的作用使混炼胶发生塑性流动并延展变形制成各种形状的胶片，或是与骨架材料通过贴胶、擦胶制成片状半成品的工艺过程。压延机能完成胶片压片、压型、贴合、帘布贴胶和帆布擦胶等各种形式的作业，并且具有速度快、生产效率高等特点，一定程度上保证了生产能力。

一、压延主要设备

　　压延机是橡胶压延工艺的主要设备，辊筒是压延机最主要的部件，一般设有两个或两个以上的辊筒，与其他辊筒机相类似，压延机每对相邻的两个辊筒在一定速比（或等速的情况下）下相向回转，物料在辊筒摩擦力的作用下被带入辊隙，物料受挤压面产生塑性延展变形，受剪切作用下而得以捏炼。经过多对辊筒的作用，物料的可塑性以及混合均匀性得以提高，直到经过最后的辊隙，被压延成符合工艺要求的连续片状的橡胶制品。在第9章提到的开炼机塑炼也是使用相似的辊筒式加工设备，但二者在设备上存在较为明显的差异。剪切程度不一样，开炼机的剪切作用很强，要做到能够把胶料、填料和配合剂混合在一起，而压延机是将混炼胶加工成胶片，用于制造半成品，压延设置固定的厚度，虽然两个都是辊，但是辊速、辊距必定不同，结合收缩率得到的是半成品胶片的厚度；而开炼机的辊距要不断调整，以符合最佳的剪切效果。

　　压延过程中附属联动辅助装置包括：干燥装置、储布调节器、扩布器、定中心装置、冷却器以及测厚装置。通过这些装置的配合可完成一系列工艺作业。

　　橡胶压延机种类较多，一般按辊筒数目、工艺用途、辊筒排列的形式及辊筒直径的差异进行分类。

　　按工艺用途可分为：纤维织物贴胶压延机、纤维织物擦胶压延机、钢丝贴胶压延机、压片压延机、贴合压延机、压型压延机和实验用压延机等。

按不同的辊筒数目可分为：二辊压延机、三辊压延机、四辊压延机、五辊压延机以及多辊压延机等。

按不同的辊筒排列形式可分为：I形压延机、L形压延机、F形压延机、S形压延机以及其他形式压延机等。

按辊筒直径的差异可分为：等径辊筒压延机和异径辊筒压延机。

二、压延预准备

在压延操作开始之前需要完成一些准备工作，包括胶料的热炼与供胶、纺织物的浸胶与干燥、化学纤维帘线的热处理等。一般是进行联动流水操作，也可以独立完成。

1. 胶料的热炼与供胶

胶料在长时间的停放后，会失去流动性，变得又冷又硬，导致胶料在压延过程中无法顺利通过辊筒间隙，不易形成光滑、无泡、无瑕疵的胶片或覆盖层。因此在压延操作开始之前，必须对胶料进行热炼软化，使其重新恢复必要的热流动性，同时也可以适当提高胶料的可塑性，还可以使胶料进一步均化。在这之后进行压延操作，才能确保压延产品的规格和质量。

胶料的热炼大多在开炼机上进行，也可以通过冷喂料挤出机进行；螺杆挤出机或连续混炼机也能进行此项操作，还能达到对胶料进一步混炼的效果。

胶料黏度或可塑度对压延作业有着重要影响，所以供压延用的胶料应当保证一定的可塑度，对各种压延胶料可塑度要求如表10-1所示，为了增加胶料对纺织物的渗透与结合作用，纺织物擦胶作业对胶料可塑的要求较高，压片和压型作业所要求的胶料可塑度较低，这是为了增加胶料的挺性，防止半成品变形，贴胶和带芯胶对胶料的可塑度介于两者之间。

表 10-1　各种压延胶料的可塑度范围

压延方法	胶料可塑度范围(威氏)	压延方法	胶料可塑度范围(威氏)
纺织物擦胶	0.45～0.65	压型	0.25～0.35
纺织物贴胶	0.35～0.55	带芯包胶	0.35～0.45
压片	0.25～0.35		

开炼机热炼法通常有三个步骤：第一步粗炼；第二步细炼；第三步供胶。

粗炼一般采用低温薄通方法，即以低辊温和小辊距对胶料进行加工，主要使胶料升温变软，获得热流动性。

粗炼前胶料的温度较低，可塑度小，因此担任粗炼任务的开炼机的后辊筒上最好带有花纹并与辊筒轴线成一定的角度，以便胶料迅速进入辊筒间隙，来完成胶料的快速升温和软化的任务。

粗炼好的胶料，再对其进行细炼，这时候的压延机辊筒要有较大的辊筒间距、不同辊筒之间有着较大的速比以及辊筒的温度需要进一步提高来完成补充混炼，获得必要的热可塑性。

粗炼和细炼的具体操作方法和工艺条件如表10-2所示。

表 10-2　热炼工艺条件

项目	辊距/mm	辊温/℃	操作
粗炼	2～5	40～45	薄通7～8次
细炼	7～10	60～80	通过6～7次

为了使胶料的可塑度和温度保持恒定，热炼时的辊距上方的存胶量和装胶容量应保持一定。且在热炼时应经常切割翻炼，防止胶料在机台上停留过久。

热炼完成后，胶料要通过专门设置的开炼机进行切割，经输送带连续向压延机供料。

需要注意的是，空气混入对胶料有着较大的影响，供料方法的选择可以防止空气混入胶料，通常采取连续供胶的方法，连续供胶时的供胶量应与压延耗胶量相等，添加次数宜多，每次添加量宜少，这样可防止空气夹入。如果是非连续供胶，则应增加添加次数，减少每次添加量。

随着压延技术水平不断完善，近来逐渐地使用了销钉式冷喂料挤出机代替开炼机热炼胶料，其特点是提供的胶条均匀致密，不像在开炼机上碾碎胶料时包入空气，减少了压延胶片中的气泡，还节省了人力、能源、场地，又便于操作。使用销钉式冷喂料挤出机各部件温度具体参数在表10-3列出。

表10-3　销钉式冷喂料挤出机各部件温度　　　　　　　　　　　单位：℃

部件	贴胶	天然胶片	丁苯胶片	氯丁胶片	擦胶	包胶
机头	70～80	50～60	60～70	45～55	85～95	60～70
机筒	65～75	45～55	55～65	40～50	80～90	55～65
螺杆	70～80	50～60	60～70	45～55	85～95	60～70

2. 纺织物的预加工

（1）纤维纺织物的浸胶

轮胎、胶管制品中通常要使用挂胶的纺织物，在挂胶之前，纺织物的浸胶预处理对提高产品性能有着重要的作用。浸胶是将织物（主要是帘布）通过胶液浸渍槽，在胶液浸渍槽浸没一段时间，使乳胶充满纤维织物表面与内部，这样能够提高橡胶与织物的黏结力，增强制品的耐剥离及压缩变形性能，提高制品的耐疲劳性以及减小摩擦生热。

用于浸胶的浸液多以胶乳为主体，并含有适量的配合剂和改性组分。羟基胶乳、天然胶乳、丁苯胶乳以及丁吡胶乳都是十分常用的胶乳，其极性较大，在人造丝和绵纶帘线的处理中能获得较好效果。浸胶工艺依照纤维的性质不同，具体分为以下两种类型。

一是棉帆布浸胶工艺，棉帆布的浸液大多采用间苯二酚-甲醛-胶乳浸液，也可用酪素-胶乳或胶乳-炭黑浸液，所用的胶乳主要是天然胶乳或丁苯胶乳。棉帆布浸胶不需要热伸张处理，但为了避免在浸胶过程中呈松弛状态的帆布产生的过分收缩，在浸胶中须对帆布施加一定的张力。帆布利用导开辊的导向牵引作用进入浸渍槽，浸渍槽需要有一定量的浸液，以保证帆布能够渗透均匀，一般浸胶时间在6～10s范围内。当帆布离开浸渍槽后，挤出多余的浸液及水分，然后进入干燥室（干燥室可设转鼓或排管加热装置），压辊压力一般为1.19MPa，温度的提高能够降低所需的干燥时间，对于干燥室的条件是设定一般情况下，4～5min的干燥时间配合上略小于150℃的干燥温度，也可以将干燥温度进一步地提升至将近200℃的高温，干燥时间将大幅缩短至仅仅10s左右，干燥完成后，对水分的含量有着一定程度的要求，一般需要保持在1%～3%的范围。干燥完成时，利用机械装置将帆布平整，最后对帆布进行冷却或是直接卷取帆布。

二是人造丝和尼龙帘布浸胶工艺。人造丝的浸胶液一般采用间苯二酚-甲醛-胶乳浸液，所用的胶乳通常为丁吡胶乳，也可用丁吡胶乳和天然胶乳或丁吡胶乳和丁苯胶乳并用。对于尼龙帘布的浸液，酚醛树脂的用量应相对高一些，并且浸液浓度也应提高。其具体的浸胶工艺过程是：首先使用具有导开平整能力的装置将帘布进行导开，之后将其导开后的帘布送入储布架，紧接着将其浸没于第一浸胶槽，浸胶开始，经过一定时间的浸没将帘布进行干燥，之后再送入第二浸胶槽，完成后利用装置将其帘布上多余的浸胶液吸走，最后再次进行干燥工序，一般使用热风来完成此项干燥工序，干燥工序结束后就是对帘布进行热伸张处理，完成热伸张之后，使用标准过热伸张装置对帘布进行热伸张的固定，接着在保持其张力的情况下对帘布进行冷却直到室温，最后一步是对帘布的卷取以及储存。

（2）纺织物的热伸张

通常都是对尼龙或是聚酯帘线进行热伸张处理，尼龙帘线受热会产生热收缩现象，为保证其尺寸稳定性，就必须进行热伸张处理。相对于尼龙帘线，聚酯帘线在尺寸稳定性的方面会有着一定的优势，但为了进一步改善其尺寸稳定性，同样也要对聚酯帘线进行热伸张处理。

尼龙帘线一般使用的温度较低，温度过高会导致变形，基本都在150℃以下，而浸胶后干燥温度达（200±10）℃，远远超过尼龙纤维所能承受不变形的温度，即临界变形温度。这种情况下，温度会破坏纤维的分子结晶，转变为没有固定形状的卷曲缠绕状态，会达到一定程度的收缩，因此完成浸胶工作之后，必须完成帘线的后处理工序，消耗内应力，使尼龙帘线形态稳定，强度增加。

尼龙帘线浸胶热伸张处理方法是使浸胶帘线在加热状态下施加张力，在维持拉伸一段时间的情况下，紧接着不改变条件继续进行冷却定型，冷却至60℃以下，在热伸张过程中帘线张力为19.61～58.84N/根。

在尼龙帘线的热伸张处理过程中，主要影响因素有时间、温度和张力，如果时间太短或温度过低，热伸张并不会有什么效果，但是无论是过高的温度以及过长的时间都会导致帘线强度降低的后果。

在工艺过程中，热伸张一般按三个步骤依次进行：

第一步为热伸张区。在这一阶段帘线处在其软化点以上的高温，并受到较大的张力作用，帘线的大分子链发生形态结构的变形和取向的变化，提高了其取向度和结晶度。

第二步为热定型区。保持跟前一步工序同样的温度或是稍微低5～10℃，张力作用造成的影响较小，作用时间与热伸张区相同。其主要作用是在高温状态下消除帘线的内应力，又保持了热伸张时大分子链的取向度，从而使外力作用消失后不会发生收缩。

第三步为冷定型区。在这步工序中所需要保证的是帘线张力不变的条件，之后对帘布进行冷却达到其玻璃化温度以下的常温范围。因大分子链的取向状态被固定，内应力也已消除，故帘线尺寸稳定性得到了改善。

（3）纺织物烘干

通常情况下，含水量在纺织物的占比都比较高，如棉纤维织物的含水率可达7%左右；人造丝织物含水率更高，在12%左右；虽然尼龙和聚酯纤维织物的含水率较低，但也有3%以上的含量。一般情况下，对于将要压延的纺织物的含水率控制是比较严格的，通常都是1%～2%，至多不能超过3%的临界值，若是达不到这个标准，纺织物与胶料无法紧密结合，会发生掉胶问题以及内部脱层的结果，并且会有气泡产生的质量问题。所以，压延操作开始之前，纺织物的干燥处理十分重要。

三、压延成型工艺

橡胶压延成型工艺包括压片、压型、贴合、贴胶和擦胶五种作业形式。对于不同橡胶制品，采用不同压延成型方式。

压片：通过压延机辊筒将准备好的胶料压制成厚度在3mm以内表面光滑的胶片，此工艺方法适用于生产轮胎的缓冲胶片，输送带上的上下覆盖胶。

压型：将胶料通过压延机制成一定断面形状的半成品或表面有花纹的工艺过程，主要适用于制备三角带压缩胶以及胶鞋大底。

贴合：通过压延机将两层或两层以上同种或异种未硫化胶片重合在一起成为一层胶片的作业。

贴胶：使纺织物与一定厚度的胶片通过压延机贴合成为一定厚度胶层的挂胶纺织物作业，主要适用于生产胶带中胶帘布，轮胎的胶帘布和钢丝帘布。

擦胶：利用压延机辊筒的作用，将胶料擦入织物缝隙中的作业，其目的是增加橡胶和基布的附着力，主要用于帆布挂胶。

1. 压片及其影响因素

橡胶经压片所制的胶片，从外部来说，要求厚薄均匀、尺度精确，不允许胶片的表面过于粗糙，且没有较大的收缩；从胶片的内部来说，要求紧实，没有孔洞以及不存在气泡。从压延设备来看，主要的压延设备有两辊、三辊或是四辊压延机以及开炼机。辊筒的数目越多，所能压制成的胶片的精度越高。目前使用扁嘴式挤出机可为压延机提供规格较大的胶片，然后由压延机进行压片，所得胶片外观光滑、平整，无小波纹和气泡和胶眼。其缺点是扁嘴式挤出机机头较大、扁长，机头内的胶料在压片结束后不易取出，很容易出现自硫。

适当的辊筒温度是保证胶片顺利压延的首要条件。对于含胶量大的胶料或是弹性大的胶料辊筒温度应当适当提高。对于含胶量小的胶料或是弹性小的胶料辊筒温度应适当降低。各个辊筒之间应当有一定的温度差，有助于胶料在辊筒之间顺利流动。适当的辊筒温度对于保证胶片的外观质量也起着重要作用。为使胶料有较好的流动性，就必须适当提高胶料温度和压延机辊筒的温度，使其保持适当的温度范围。但温度太高，又会使胶料中的挥发成分挥发出来导致胶片中有大量的气泡，并容易造成胶料自硫；如果温度过低，会降低胶料的流动性，会增加胶料的黏弹性，使浸胶料难以压延，并且胶片外观不光滑，有水波纹及胶眼。

不同胶料压片时需要设置的辊筒温度如表 10-4 所示。

表 10-4　各种橡胶压片时的辊筒温度　　　　　　　　　　　　　　单位：℃

胶种	上辊	中辊	下辊
天然橡胶	100～110	85～95	60～70
异戊橡胶	80～90	70～80	55～70
顺丁橡胶	55～75	50～70	55～65
丁苯橡胶	50～70	54～70	55～70
丁腈橡胶	80～90	70～80	70～90
氯丁橡胶	90～120	60～90	30～40
丁基橡胶	90～120	75～90	75～100
三元乙丙橡胶	90～120	65～85	90～100
二元乙丙橡胶	75～95	50～60	60～70

此外，提高压延机辊筒线速度可以增加生产能力，但胶料的可塑度限制了辊筒的线速度。对于可塑度较大的胶料，辊筒线速度可以快些，但速度过快，又会对胶片质量不利，会造成胶片表面粗糙、有气泡，而且胶片厚度不宜控制，同时又会因胶片冷却不透，卷取后发生胶料自硫。因此还应根据所压胶片厚度的不同选择不同的辊筒线速度。胶片厚度大的，辊筒线速度应慢些。在实际生产中，同一胶片应保持压延机辊筒线速度一致，这样有利于胶片厚度均匀。如果辊筒之间有一定速比，排除气泡会更加顺利，但也会带来弊端，不利于出片的光滑度。想要排除气泡，又不至于影响胶片的光滑度，在使用四辊压延机压片时，可采用中、上辊等速，上、侧辊有速比的办法。

胶料可塑度需要控制一个较为适当的范围，大的可塑度的胶料，因为其良好的流动性可以十分容易地制成表面光滑的胶片，但同样也会带来弊端，会有粘辊问题的出现，操作困难；若可塑度小，则胶片表面不光滑，收缩率大。

还需注意的是，进行热炼的开炼机或挤出机应均匀连续地向压延机供料，向压延机辊筒间隙中供料，应设有摆动装置，使胶料均匀地分散在辊筒间隙中。堆积胶不应太多，否则易使外面的胶料温度降低，导致胶片厚度发生变化。

2. 压型及其影响因素

压型是将胶料压制成一定断面形状的半成品或表面有花纹的胶片。压型可以采用不同辊筒数目的压延机压延。但不管哪种压延机，都必须设置一个表面刻有花纹的辊筒，花纹辊可以替换，便于更换胶片的品种。由于花纹辊筒频繁调换，故压型压延机的结构应小而简单。在工艺方面，压型和压片大致相同，对半成品要求几乎相同。为了达到胶片规格准确、花纹清晰、胶料致密，其胶料配方和工艺条件设置甚是重要。

控制含胶率对胶料配方的选择十分关键。由于橡胶具有弹性复原性，当所用的胶料具有较高的含胶率时，完成压型后，花纹无法保持，很容易消失。因此使用在压型工艺的胶料配方需要作出改变，添加一些助剂，如填充剂和软化剂。另外，再生胶和硫化油膏同样是好的选择，能够防止花纹塌扁。

胶料的流动性对压型的造型起到关键作用，因而需要使用可塑性的胶料。为使胶料保持恒定的可塑性，应严格控制胶料的各方面的因素，如可塑度、热炼程度以及预热温度等。

压型后的胶片因厚度较大，冷却速度难以均一，可以使用快速冷却的办法，维持花纹的稳定性，防止塌扁变形。

压型过程中常见的质量问题及原因如下：①有气孔、气泡，产生的原因可能是胶温、辊筒温度过高、配合剂含水过多、堆积胶过多、胶卷在供料中过松。②表面粗糙、有斑纹，产生的原因可能是热炼不均或不够、辊筒温度过低、胶料自硫等。③厚度、宽度规格不符，产生的原因可能是辊距不准、胶料可塑性和温度波动、辊筒温度变化、卷取松紧不一致等。

3. 帘布贴胶成型及其影响因素

贴胶是利用线速度相同的辊筒的压延机之间的相向旋转所产生的挤压力作用将胶层与织物压贴在一起，制成胶帘布或挂胶帆布。一般情况下是使用三辊压延机或是四辊压延机进行作业。三辊压延机一次压延过程只能完成单面的作业，用四辊压延机能够一次完成三辊压延机两次压延过程的工作量，生产效率比三辊压延机高，设备与工艺操作相对简化，所以应用较为广泛的是四辊压延机。图 10-1 是帘布贴胶工艺流程。导开后的帘布，由压力接头机完成接头之后，送入储布器，然后进入烘干装置进行烘干，烘干后的帘布经张力装置进入压延机进行贴胶。压延后的胶布经过刺眼将胶布刺眼后，进入冷却装置，冷却装置与压延机具有一定的速比，最后胶布垫上垫布由卷取装置卷取。

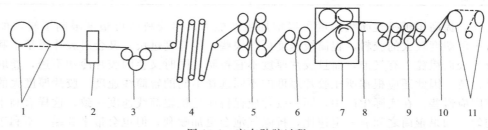

图 10-1 帘布贴胶过程

1—导开装置；2—压力接头机；3—送布；4—储布器；5—烘干装置；
6—张力装置；7—四辊压延机；8—刺眼；9—冷却装置；10—垫布；11—卷取装置

影响帘布贴胶质量的因素分析如下。

(1) 帘布烘干

要保证烘干后织物的含水率在较低的范围内浮动，含水率过大，会使橡胶与帘布之间粘接不牢靠，附着力下降；含水率过小，会降低帘布的强度。

（2）压延机的辊筒温度

适当提高辊温，可提高胶料的流动能力，对附着力的增加带来帮助，并且胶布更加光滑，胶料渗透程度更深，辊筒温度低则相反。但辊筒温度过高，胶料易产生焦烧。一般四辊压延机辊筒温度设置为：侧、下辊筒温度（90±5）℃，上、中辊筒温度（95±5）℃。压延机辊筒线速度设置时，尼龙聚酯帆布的压延机辊筒线速度一般为 30～35m/min，尼龙聚酯帘线的压延机辊筒线速度一般为 20～25m/min。

（3）张力

尼龙聚酯帘布具有热收缩的特点，故压延时必须对帘布施加张力，使施加的张力等于或大于帘布在热胶料中的收缩力值，并且在帘布贴胶直到冷却卷取都必须保持一定张力，以使其在压延过程中保持不收缩，保证其原有的性能不受影响，一般张力以高于 9.8N/根为宜。另外，帘布贴胶中施加张力便于操作，否则如果张力小，会引起帘布出兜、压破、平整性差、边部疏密不均、空白、扒皮及布面覆胶不均等质量问题，造成较大的损耗。

（4）压延机辊筒线速度

通常情况下，生产能力与辊筒线速度挂钩，线速度快生产能力大。但由于线速度快，胶料在辊筒间存在时间短，受到力的影响也较小，因此胶料会出现较大的弹性，使贴胶胶片的厚度较大，流动性不好，胶布表面不光滑，同时会使帘线跳线，而且由于胶料与帘布在辊筒缝隙间停留时间短，受作用力程度影响小，无法保证二者之间较好的结合。线速度慢则相反。对于较高可塑度的胶料，线速度可快些，可塑度低则相反。

（5）辊距

压延贴胶时，侧辊与上辊、中辊与下辊的主要作用是供给胶料，通过调节辊距大小可控制胶片的厚度；上辊与中辊的主要作用是完成贴合，其辊筒之间的距离大小会对压延胶布的质量带来影响。如果距离过小，帘布不能通过辊筒缝隙或被压破；辊距过大，胶片受到力的作用较小，导致胶层无法较好地贴合，造成空白、扒皮等质量缺陷。

（6）冷却与卷取

冷却程度不够，容易造成粘垫布严重，造成后工序操作困难，帘布贴胶后温度冷却至 40～50℃为宜，如果降温过大，易造成喷霜，使用时胶帘布间不粘，成型操作困难。卷取张力要求低于 500N 以下，并且张力平均、平稳，否则尾部造成胶帘布变形，裁断尺寸公差大。

4. 帆布擦胶及其影响因素

擦胶是利用压延机不同线速度的辊筒之间的各种力的作用将处理后的胶料挤入织物的缝隙之中。通常情况下进行这种作业是使用三辊压延机完成的，不同位置的辊筒提供不同的作用，供胶完成于上辊筒之间的缝隙，主要的作业擦胶是由下辊缝来进行的，各个位置辊筒有着不同的线速度，控制着不同的速比，通常情况下，上辊筒与下辊筒线速度是相同的。图 10-2 是三辊压延机擦胶工艺流程图。帆布先经过烘干处理，达到所需的温度，多余的水分也能在此时排除干净，随后帆布进入三辊压延机中、下辊筒缝隙中进行擦胶，只对帆布一面进行擦胶。单面擦胶完毕后不经过冷却辊筒而直接卷取，然后再经过导开，进入压延机中下辊筒缝隙进行另一面擦胶，擦胶后的胶布经过冷却装置后进行卷取。

一般采用两种工艺方法进行擦胶：包擦法，也称厚擦法，在压延时胶料全包覆中辊，包覆的胶层厚度对细布为 1.5～2.0mm，帆布为 2.0～3.0mm，胶料与纺织物通过中、下辊缝隙后只有一部分胶料附着于纺织物上，适用于薄而细的帆布。另一种是织物通过中、下辊缝隙后胶料全部附着到织物上，故压延过程中只有半圆周包胶，另一半圆周表面无胶料，称为光擦法，适用于厚而粗的帆布。

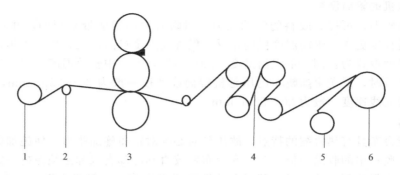

图 10-2　三辊压延机擦胶过程

1—帆布卷；2—导辊；3—三辊压延机；4—烘干加热；5—垫布卷；6—擦胶布卷

包擦法的优点是胶料对织物的渗透性大，附着力也强，压延过程中不会造成织物较大的损伤，但这种方法胶布所擦入的胶量少、耐疲劳性能较差。另外，具有良好包辊性的胶料也是包擦法的充分条件。为提升胶料的包辊性，能够更好地包覆辊筒，也可以在辊筒表面涂刷增黏剂。

光擦法胶布能够积累较厚的胶层，具有较强的抗疲劳能力。但这种方法也有着一定的弊端，没有较强的结合力来保证胶料与织物之间的作用，胶料附着力也容易波动，压延时无法避免对织物造成较大的损伤，其主要的应用对象是厚而粗的帆布。

影响帆布擦胶质量的因素分析如下：

(1) 胶料可塑度

为了保证胶料对织物缝隙的充分渗透，要求胶料具有较高的可塑度，因此擦胶胶料应先经过薄挤，以提高胶料的可塑度，但可塑度过高也会影响黏弹性。

(2) 胶温及辊筒温度

为使胶料能更好地擦入织物组织的缝隙中，应提高热炼机辊筒温度，温度较高的胶料才能保证其具有一定的热可塑性。同时适当提高辊温，可增大胶料的流动性，使胶料的渗透力增大，但辊筒温度过高易使胶料自硫。

(3) 辊筒速比

辊筒之间的剪切力的作用来自不同速比的辊筒，通常情况下速比越大，其能产生的作用也就越大，会带来较好的擦胶效果，但会损坏帆布，致使帆布强度下降，并且对设备也不利。如果速比太小胶与布的摩擦力就会减小，很容易使包胶脱落，给操作带来困难。

(4) 压延机辊筒线速度

压延机辊筒线速度如果太快，会导致胶料对帆布组织的渗透力减小。还要考虑帆布的强度，强度高的，线速度可适当快些；强度低的，线速度应慢些。

5. 压延应用实例

子午线轮胎，俗称钢丝轮胎，在进行这种轮胎的生产过程中，完成钢丝帘布的压延显得尤为重要。钢丝帘布的挂架可以将单根或多根钢丝帘线用螺杆挤出机挂胶后卷在圆形传鼓上，再根据需要裁成一定宽度的胶帘布使用。但这种方法只能用于胶布需求量少的生产。当胶布需求量较大时，必须使用压延方法制造。

钢丝帘布挂胶采用一次两面贴胶法来完成，具体有两种方式：冷贴压延法和热贴压延法。冷贴压延法是将预制好的冷胶片用压延机贴于钢丝帘布表面，然后再卷取使用。此法用于生产批量较小的加工，设备投资大约只是普通的热贴压延设备的三分之一，不过这种方法也有弊端，如胶布上覆胶层的厚度及胶布的总厚度不好控制，帘线排列不均匀，所以多数还是采用热贴压延法。

（1）钢丝帘布的压延过程

钢丝帘布的制造大多数采用热压延工艺，其工艺流程如图 10-3 所示。

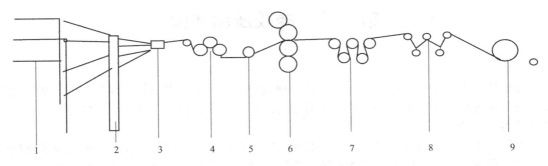

图 10-3　钢丝帘布压延工艺过程

1—锭子架；2—排线分布架；3—整径装置；4—夹持装置；
5—分线；6—四辊压延机；7—冷却牵引；8—储布器；9—卷取装置

钢丝导开锭子架上面设置有众多安放有序的锭子座，在锭子座上有锭子，锭子在套入锭子座之前需要把钢丝帘线绕至其上。之后每单根钢丝帘线都要进行导开，然后对钢丝帘线经分线架进行排列，再利用恒定的张力按所需规格整齐地经过整径辊，紧接着使用四辊压延机对钢丝帘线进行双面贴胶；下一步工序是对钢丝帘布进行冷却，逐步冷却使钢丝帘布降至所需的温度，最后卷取储存。

（2）钢丝帘布压延工艺条件的选择

① 锭子房温度、湿度：进入锭子房之后，其内部的环境因素（温度和湿度）极其容易影响钢丝帘线的质量，在一定的温度和湿度的影响下会导致钢丝表面产生锈迹。所以对锭子房的内部环境有着严格要求，基本要求除整洁没有灰尘之外，还必须设置温度调节装置（空调），保持 30℃的温度以及相对湿度 40%以下的环境条件，钢丝在锭子房存放一段时间后使用。

② 张力：保证压延好的帘布平整、钢丝排列整齐均匀，压延过程中必须施加恒定均匀的张力，每根钢丝帘线的张力波动幅度应在 5%以下，导开张力 4.9～14.7N/根、帘布储布架 2.5～4.0N/根、压延帘布张力 14.7～19.5N/根。

③ 整径辊：整径辊是非常重要的联动设备，它不但影响钢丝帘布的密度，还影响钢丝帘线进入压延机的张力，整径辊与压延机辊筒的距离应为 3～5m，为保证帘线排列的均匀性，一般要使用两个以上的整径辊，整径辊的槽纹间距和尺寸大小是根据轮胎规格设计的，整径辊直径不宜太小，为压延机辊筒直径的三分之一为宜，一般为 280mm。

④ 供胶温度：压延钢丝帘布时，供胶温度应为 80～90℃，温度不宜超过 90℃，不然会加剧氧化钢丝的表面层，从而引起粘接力不够的问题。

⑤ 压延机辊筒温度：在要对钢丝帘布进行压延的时候，不同的压延材料所需的压延机辊筒的温度不尽相同，通常情况下，纤维帘布的压延辊筒温度会比钢丝帘布压延辊筒温度来得稍微低一点，这是为了防止料温度过高，氧化作用过强，同时使胶料的热可塑性不要太高，使钢丝胶帘布有一定挺性，从而保证钢丝的排列均匀和胶帘布表面的平整。

⑥ 压延机辊筒线速度：压延机辊筒线速度为 10～20m/min。

⑦ 冷却：压延钢丝帘布的冷却辊的温度应采取由高到低，即温度高的辊筒先行进入，

接着再进入温度低的辊筒，能够防止急冷带来的胶料喷霜、黏合力降低的问题，第 1、2 个辊表面温度选用 60℃为宜，其余冷却辊筒的表面温度为 30～35℃。

第二节　橡胶压出成型

橡胶压出工艺又称橡胶挤出工艺，是一种造型工艺。它是指胶料在螺杆与机筒壁强力的作用下，通过螺杆或柱塞推动下连续不断地向前运动，然后借助于安装在出口处的口型压出各种所需断面的半成品。

橡胶的压出与塑料的挤出，在设备及加工原理方面都很相似。橡胶的压出机除了造型以外还能应用在滤胶、生胶的塑炼和连续混炼以及胶料的造粒等方面。此外，橡胶压出机与塑料挤出机的使用温度与螺杆比都不相同。

压出成型与压延成型的区别在于，压延法只适合于制造形状简单的胶片或完成帘布、帆布的挂胶。而压出法可制造断面形状复杂的半成品，同时具有操作简单、生产效率高、半成品质地紧密、规格尺寸准确等优点。

压出机（挤出机）是橡胶压出工艺的主要设备。压出过程是对胶料起到剪切、混炼和挤压的作用。通过调节挤出机其中某些部件的变化，可以加强某些方面的作用。若要加强混炼，就可应用于胶料的混炼，若要加强剪切力的作用，就在生胶的塑炼、精炼方面上应用。

橡胶挤出方面多半是以半成品为主，其制造的半成品质地均匀、致密、容易变换规格。另外，挤出机设备还具有占地面积小、重量轻、机器结构简单、生产效率高、造价低、生产能力大的优点。

一、橡胶压出设备

橡胶压出设备即螺杆挤出机，基本结构是由机筒（身）、螺杆、机头（包括口型）、加热套、冷却套、传动装置组成。

挤出机的机筒是一普通的带有夹套的机筒，通过改变夹套内通入的物质（冷水或蒸汽），可改变机筒的温度。机筒在其后部设置加料口，不同挤出机的结构对应不同形式的加料口。

螺杆是挤出机最重要的部件。从机筒加料口中加入胶料之后，旋转的螺杆把胶料带入到机头的位置。不同形式的螺杆，可起到滤胶、塑炼和混炼的作用。螺杆构造有多种：按螺纹头数可分为单头和双头两种。按螺纹形式划分为等距等深螺纹、等距不等深螺纹、等深不等距螺纹、复合螺纹等。螺杆外直径和螺杆螺纹部分的工作长度之比为长径比（L/D），这个参数对压出机的设置十分重要，大的长径比意味着在挤出机中胶料所要经历的路程较长，受到的剪切、挤压和混炼作用大，但也会带来较大的阻力、耗费的能量也较多。4～5 的长径比一般设置在热喂料挤出机的螺杆上，对于冷喂料挤出机的螺杆长径比一般比热喂料的挤出机的长径比大，通常都有 8～12，有的甚至能够达到 20 的长径比。

螺杆加料端一个螺槽容积和出料端一个螺槽容积的比叫压缩比，它表示胶料在压出机内可能受到的压缩程度。橡胶压出机的压缩比一般在 1.3～1.4 之间（冷喂料挤出机一般为 1.6～1.8）。滤胶机的压缩比一般为 1，即没有压缩。

机头位于机身前部，对于不同工艺下机头的作用与结构也不同，对于压出工艺下的主要作用是：它能够将压出机压出的胶料引导到口型部位，将胶料从螺旋运动转变为直线运动，引导过渡为稳定流动的胶料，这样能够保证压出的半成品较为密实，规格较好。

口型安装在机头的前端，是压出机重要的部件，它决定了半成品的形状以及规格。通常将口型分为两类：其中一类是压出中空半成品用的，由外口型、芯型及支架组成，芯型有喷射隔离剂的孔道；还有一类是压出实心半成品或片状半成品用的，是具有一定形状的孔板。胶料从口型中挤出来时，半成品的断面尺寸总是大于口型的断面尺寸，称为压出膨胀现象，口型设计时必须加以考虑。

以上简单介绍了螺杆压出机的结构特征，这种压出机一般要求胶料预先热炼，再供给压出机进行压出，所以又叫热喂料造型挤出机。近年来国内外已开展了冷喂料挤出机的应用研究，这种方法不需把胶料预先热炼，可直接进行冷喂料，这样就省掉了热炼工序，节省了人力物力（如热炼机台），而且压出温度容易调节控制，压出半成品质量均匀，提高了表面光洁度，断面尺寸规格稳定一致，不易焦烧。目前，冷喂料压出工艺应用范围正在逐渐扩大，正在替代一般压出机和热炼设备，应用范围日益扩大。此外，还有在机筒中段抽气的排气挤出机，它主要用于生产常压下硫化的非模型制品，在压出过程中机筒中部用真空泵抽气，排除胶料在 $80\sim100℃$ 左右气化的杂质，使在常压下硫化胶料的气孔较少，结构密实。

二、压出成型工艺

1. 热喂料压出工艺

热喂料压出工艺流程主要有以下四个方面的内容。

（1）胶料的热炼以及供胶

在进行压出工艺作业前需要对混炼后的胶料进行热炼。热炼的工艺要求基本与压延前所进行的热炼工艺相同。

混炼后胶料的热炼能够保证混炼胶的均匀程度以及恢复胶料的热流动性，使得胶料顺利压出，获得我们所需要的表面光滑、规格准确的半成品。开炼机能够很好地完成热炼工艺。通常在两个步骤下进行：第一步粗炼；第二步细炼。两道热炼工序结束后，使用传输带向压出机供胶，或使用人工喂料的方法供胶。

（2）压出流程

压出流程包括压出机选择、设备预热、调节口型、控制压出机温度和压出速度等。

① 压出机选择：在进行压出操作之前要考虑到不同压出机型号所能适用的条件，不同影响因素下压出机的选择是不同的。在已知胶料的情况下，选择设备时应该把口型的选择放在第一位。压出机其余的各项参数也要与口型相适配。对于确定孔径的口型，与其配用的压出机若是规格过小，会无法提供给机头足够的压力，影响压出过程以及压出的产品质量；若是配用的压出机规格过大，则会导致机头的压力过大，容易引起焦烧。

② 设备预热：在进行压出操作之前，需要对压出机的部分构件（机头、口型、芯型）进行预热，来达到压出过程所需的温度，这样能够保证胶料在压出机中压出时是热塑性的流动状态。预热一般用蒸汽加热，时间 $10\sim15min$，随气候条件而变，以温度达到规定值且保持恒定为准。

③ 调节口型：供胶开始后，需要调整口型的位置，并且对压出产品进行一系列的质量检测，直到调节到满足所需产品要求的公差范围为止。公差范围随产品而定，一般小部件为 $\pm0.75mm$，大件为 $0.75\sim1.5mm$。对口型位置调整的同时，机台的温度调节也不容忽视。

一般情况下，口型处温度最高，机头次之，机筒最低。这样压出的半成品表面光滑，压出膨胀率小，不易产生焦烧等质量问题。

④ 温度控制：温度的合理调节，能够使压出过程顺利进行，对压出物的质量带来一定的改善，使半成品外表光滑、尺寸稳定准确和膨胀率小，过低的压出温度会对压出的产品质量带来不良的影响；而过高的压出温度，则会造成胶料焦烧和气泡等。所以，要为压出过程选择最佳的温度分布。一般情况下，需要分别调节压出机的各个部件的温度参数，机筒处较低，机头处较高，口型处最高。

常见胶料的压出温度范围如表 10-5 中所展示。

表 10-5　几种橡胶的压出温度

胶种	机筒温度/℃	机头温度/℃	口型温度/℃
天然橡胶	40～60	75～85	90～95
丁苯橡胶	40～50	70～80	90～100
丁基橡胶	30～40	60～90	90～110
丁腈橡胶	30～40	65～90	90～110
氯丁橡胶	20～25	50～60	70
顺丁橡胶	20～35	50～60	90～100
聚硫橡胶	40～50	比机筒略高	比机筒略高
氟橡胶	尽可能低	尽可能低	70 左右

⑤ 速度控制：在压出工艺的操作中，速度的调控会带来一定程度的影响。通常情况下，较快的压出速度会带来较大的流量，但是压出的半成品会有着较大的膨胀率和收缩率，粗糙的表面和较高的胶料温度以及容易发生焦烧。较低的压出速度，压出的半成品表面光滑，收缩率和膨胀率也会较小，但低的压出速度会引起产量减少的问题。所以，需要考虑产量对应的压出物质量的要求，控制所需的压出速度。胶料的黏度会对压出速度带来一定程度的影响。适当地降低胶料黏度可以提升压出流量的大小，即压出速度随黏度增大而降低。另外，温度的变化也会影响到胶料的黏度，压出温度的提升会带来黏度的降低，也能带来较高的压出速度以及压出流量。胶料配方的部分助剂也会对压出速度带来影响，比如能够加快压出速度的软化剂有凡士林、硬脂酸和石蜡；能够降低压出速度的黏性软化剂有树脂和沥青等。补强填充剂的添加能提高压出速度，并减少压出膨胀和改善表面状态。在压出温度和胶料配方固定的情况下，对压出速度控制的关键是确定合适的螺杆转速。

（3）冷却、裁断、称量与接取等后处理措施

① 冷却：压出操作快结束时，离开口型的压出半成品会带着较高的温度，能够达到100℃、110℃或以上，所以需要冷却。其目的是降低胶温，防止存放时焦烧，防止变形，断面尺寸也足够稳定。

② 裁断和称量：经过冷却后的半成品，有些类型（如胎面）需经定长、裁断和称量等工序处理。一般在定长后，在输送线上或操作台上，用电刀来裁断，然后检查称量。长度、宽度和重量合格的胎面胶片可供使用，不合格者返回热炼。

③ 接取：胶管和胶条等半成品在上述工序结束后可使用绕盘进行卷取，便于放置，这便是接取。接取的方法有手工法和绕卷法两种。

（4）常用橡胶的压出特点

压出性能较好的天然橡胶，却在黏性以及弹性方面变化敏感，容易导致压出的半成品表面粗糙。可以在胶料配合的方面添加一些助剂，比如油膏、补强填充剂、再生胶等，进一步对压出性能进行优化。

丁苯橡胶压出比较困难，压出半成品表面较为粗糙并且此种胶料膨胀（或收缩）率大。为了改善丁苯橡胶的使用性能，通常将丁苯橡胶与天然橡胶或是再生胶并用。另外，在压出性能改善方面，可采取一些填充剂与丁苯橡胶配合完成，如炭黑、白炭黑和活性碳酸钙等。

顺丁橡胶在压出性能上接近于天然橡胶，但其膨胀率（收缩率）比天然橡胶差许多，并且压出速度也较为缓慢。在胶料配方上可以采取加入低结构炭黑的方法，来解决压出速度较为缓慢的问题。另外，加入高结构细粒子炭黑能够有效降低膨胀率。

氯丁橡胶压出性能类似于天然橡胶，但是存在容易焦烧的问题，在压出温度这一方面表现得较为敏感，所以要适当降低压出温度。氯丁橡胶的压出膨胀率大于天然橡胶，小于丁基橡胶。

具有较大分子间内聚能的丁腈橡胶，容易产生较多的热量，会有着较大的膨胀率，所以并不利于压出。充分塑炼的生胶，压出之前的胶料的充分热炼可以改善压出性能。压出温度的提高能显著增加丁腈橡胶的压出速度。丁腈橡胶的含胶率高、膨胀率大，补强填充剂的适当添加（如炭黑、碳酸钙、陶土等）与具有润滑性的增塑剂都帮助压出过程更为顺利地进行。

丁基橡胶的压出膨胀率大，压出速度缓慢，因而需要在胶料配合方面，使用高填充的添加剂如炉法炭黑或白炭黑和陶土或少量的聚乙烯，以及使用一些增塑剂比如石蜡、硬脂酸锌等来保证较高的压出速度。

（5）热喂料压出工艺常见质量问题及影响因素

热喂料压出工艺生产过程中经常发生半成品表面粗糙、焦烧、起泡或海绵、厚薄不均、半成品规格不准确等质量问题，具体因素分析如下。

① 胶料的配合：在胶料配方中含胶率大的胶料会为压出过程带来不便，膨胀（或收缩）率大、压出速度慢、半成品表面不够光滑。另外，前面提到的不同的胶料具有不同的压出性能。填充剂用量的增加可以逐渐改善胶料的压出性能，降低膨胀（或收缩）率，提升压出速度，但对于某些特定的补强填充剂，用量过大会导致胶料的硬度增加，压出时产生较多热量而引起焦烧。在胶料配方中加入一些润滑性增塑剂对提升胶料压出速度起到作用，而且使压出的制品表面光滑。再生胶和油膏可降低收缩率、加快压出速度、降低产生热量。炭黑、碳酸镁、油膏可减小压出物的停放变形。

② 胶料的可塑度：一定的可塑度对胶料的压出是十分必要的，但过高的可塑度，会导致压出的半成品一系列的质量问题，如失去一定的挺性，无法稳定地保持形状，尤其是对于形状稳定要求特别高的中空制品。可塑度大小的需求随着不同制品的条件而改变。通常情况下，增大可塑度，胶料压出生热小，不容易引起焦烧，压出速度快，表面状态光滑，但容易变形，支撑性差。

③ 压出温度：压出机的各段温度选取是否恰当，对整个压出过程影响十分巨大，从上面介绍得知，对于压出机不同的部件所用的温度也不同。通常情况是口型温度最高，机头次之，机筒温度最低。使用这种温度分布的方法便于机筒的顺利进料，其压出半成品表面光滑、尺寸稳定，膨胀（或收缩）率小。但温度不能过高，否则会造成胶料的自硫、起泡等。

④ 压出速度：螺杆的转速决定了压出的速度，转速快的螺杆，压出速度快，反之，螺杆转速慢，压出速度慢。但是在确定的螺杆的转速情况下，不同的胶料配方以及不同胶料的性质都会对压出速度带来一定程度的影响，如可塑度大的胶料，压出速度快。此外，压出温度高，压出速度亦快。确定好的压出速度，应当保持不变，不会产生较大的波动。若是压出速度发生改变，这意味着在机头部件所承受的压力也会变化，机头压力的变化会使压出的半成品产生尺寸的偏差。确定要调整压出速度时，与之相关的一切影响因素都要作出一定程度

的调整。

⑤ 压出物的冷却：压出半成品离开口型时，温度可以达100℃以上。为了防止温度过高引起的一系列问题，如热塑性变形或是胶料的自硫，对压出半成品必须进行冷却，水槽冷却和喷淋冷却是经常使用的方法。骤冷的冷却方法适用于断面形状厚度相差较大或较厚的半成品，可以避免受冷程度不均一所导致的收缩快慢不同、变形程度不一致的问题。半成品经此过程后，在实际停放和使用时间内，收缩基本停止，断面尺寸稳定。

2. 冷喂料压出工艺

通常情况下，使用的压出机都需要热炼这道工序，所以将这类挤出机统一划分为热喂料挤出机。近年来，橡胶成型器械发展迅速，冷喂料挤出机已成功研制并投入使用。

冷喂料挤出机相较于热喂料挤出机有着较为显著的优点，热炼工序的省去很大程度上降低了工序的复杂程度，无须配备相关的热炼设备，也不用分出劳动力管理操作热炼设备，大大地减少了所需的能量消耗。所以，冷喂料压出工艺是当今重点发展的一项工艺。

(1) 冷喂料挤出机

螺杆长径比的大小不同是热喂料挤出机和冷喂料挤出机比较显著的不同点，热喂料挤出机螺杆的长径比较小，L/D 为 3～8；冷喂料挤出机的长径比较大，L/D 达 8～17，且螺纹深度较浅。

在热喂料挤出机中，预热后的胶料无须在胶筒中再产生热量，保持胶料温度比较恒定，不会产生太明显升温，所以压实、传输胶料是其螺杆所需完成的主要任务。不同于热喂料挤出机，冷喂料挤出机的螺杆不仅要承担以上两项热喂料螺杆所需完成的任务，还要对胶料进行塑化，这就是两种挤出机螺杆结构的差异的原因。

一般情况下，分离型的螺杆结构是冷喂料挤出机所采用的，具有主、副螺纹型结构。它的特点是主螺纹的高度略大于副螺纹，而在导程这一块上，主螺纹又小于副螺纹。胶料通过螺杆时，由于其比较特殊的螺杆结构，会受到强剪切力的作用，这样下来，塑化程度高、效果好且有着较高的生产能力，但胶料摩擦生热较大。冷喂料挤出机机筒外露面积大，螺纹深度较浅，所以其表面温度易控制，有利于胶料温度的热交换。另外，热炼工序的省去，会缩短压出时间，并且在较高的压出温度的情况下也不易引起胶料焦烧的问题。

机身长度方面，冷喂料挤出机比较长，并且会在其尾部设置一加料辊，装料口之下就是它的位置所在。加料辊的尾部有一联动齿轮，与主轴的附属驱动齿轮啮合，直接由螺杆轴带动。当加料辊运转时，一方面因它与螺杆摩擦而生热，使冷胶料通过时变成热胶料，另一方面是与螺杆存在一定的速比，保证胶条供入螺杆顺利，使得压出物较为均匀。

(2) 冷喂料压出工艺及其优缺点

相对于热喂料压出，冷喂料呈现以下特点：

① 压力对冷喂料压出工艺影响小。

② 省去热炼工序，从源头减少了影响压出产物质量因素的一个重要因素。

③ 适用多种胶料，涉及范围广，应用灵活。

④ 胶料经历的热历程较短，高的压出温度不太容易能够发生焦烧。

⑤ 在经济效益方面上，相比于热喂料挤出机，冷喂料能够在一定程度上节省经费。即便本身器械的价格较高，但热炼工序的省去，就不需要对其他热炼设备以及其他辅助设备支出费用，因此在完成相同的生产任务下，使用冷喂料挤出机进行压出，劳动力消耗少，占地面积小，总的开销也较小，更加经济实惠。

总之，一些规格较小的压出制品，例如电线、电缆、胶管等产品，使用冷喂料挤出机进行生产已经十分普遍，并且它的应用范围还在逐渐扩大。

第三节　橡胶注射成型

橡胶注射成型是将加热塑化后的胶料在注射机的作用下由加料装置注入密闭模具硫化的成型方法，与塑料注射成型相类似。一般情况下，塑料注射成型产能较大。橡胶注射成型是一种新颖的成型方法，这种生产方法具有广阔的应用前景，特别是热塑性弹性体的出现，为橡胶注射成型打开了更广阔的发展前景。

橡胶注射成型有着许多显著的优点，虽然不是连续操作的成型方法，但是每次成型所花费的时间不长，有着较高的生产效率，取消了坯料准备工序，将硫化和成型过程融合在一起，使得复杂的生产工艺变得简单。此外，高度自动化所带来的劳动消耗小，产品质量优异，可生产对精度要求较严格的产品。但注射成型模具复杂，适用于产量大、品种变换少的产品。

一、注射成型设备

用于橡胶注射成型工艺的设备是橡胶注射成型硫化机，简称橡胶注射机。橡胶注射机的规格是以注射容积（cm^3）来命名的。例如 $60cm^3$ 注射机即指该注射机一次最大注射量为 $60cm^3$，写成 XZL-60，其中 X、Z、L 三个字母相应为"橡胶"、"注射成型"、"硫化机"三组汉字拼音词组的字头。

橡胶注射机种类众多。根据外形来划分，可分为立式、卧式和角式。按结构来分，可分为杆式、柱式、往复螺杆式和螺杆预塑柱塞式注射机等。

螺杆式注射机，实质上相当于带有模具的挤出机，仅用于注射形状简单、流动性较好的软胶料制品。螺杆式注射机注射压力较小，仅为 $20\sim30MPa$，物料在螺杆中的停留时间长，当物料流动阻力大时就有焦烧的危险，故目前应用不广。

柱塞式注射机，具有结构简单、制造方便、造价低廉、较大的注射压力（可高达200MPa）、较快的注射速度（$10^{-4}m/s$）等优点，并在较短的时间内就能完成充模（约 $5\sim30s$）。但也存在弊端，如不能够对胶料完成进一步塑化、没有较高的塑化程度、物料均匀程度低。

往复螺杆式注射机结合了螺杆式和柱塞式的优点，胶料在进入螺杆后会受到强的剪切力，进一步塑化，得到物料较均匀，但存在设备复杂、成本高、注射压力较柱塞式低的缺点。由于存在胶料沿螺槽的倒流问题，一般注射压力为 $150\sim170MPa$。

螺杆预塑柱塞式注射机，主要由注射装置、模型系统、液压系统和电气控制系统组成。注射装置包括加料装置、机筒、螺杆、柱塞、喷嘴、注射油缸等。模型系统可分合模部件和模具两大组成部分。胶料的塑化、混合由螺杆装置进行完成，柱塞装置可以精确调控所需的注射量，充分提高注射压力。对于注射压力的增高，能够使胶料的进入温度得到提高，缩短制品所需的硫化时间，从一定程度上避免了胶料在胶筒中焦烧的问题。

二、注射成型过程

喂料、塑化、注射、保压、硫化、出模这几个过程是橡胶注射成型的整个工艺过程的概括。通过加料装置将胶料送入胶筒，利用设置在胶筒外围的加热装置进行加热胶料，并随着螺杆的旋转，或在柱塞的推动下将胶料输送到料筒的前端。胶料在料筒中前移的同时，机筒外部的不断加热及机械作用使胶料的可塑性增加很快。经历塑化后，在螺杆或柱塞推动下的胶料由喷嘴射入封闭的模具中硫化成型，保持模具压力一定时间后，打开模具，得到所需的制品。

(1) 喂料、塑化

混炼后的胶料（通常加工成粒状或带状）通过料斗加入机筒中，借助旋转的螺杆，将胶料不断地推向机筒前端，此时在胶料反作用下螺杆本身沿机筒后退，而胶料不断前进的进程中，受到较强力的作用而变形，外部加热的机筒不断传输热量，温度可以很快达到所需的标准，增加了胶料的可塑性。由于螺杆在后退时受到注胶油缸的反压力，且螺杆本身具有一定的压缩比，在强大的挤压力的作用下残留的空气会被排除干净，胶料也将足够致密，不会有气泡的问题出现。

(2) 注射、保压

到达机筒前端的胶料，整个注射部位连同注射座、螺杆驱动程序一起往前推进，将位于机筒前端的喷嘴对应于模型的浇口，然后在推动的作用下，螺杆上的胶料经喷嘴注入模腔。当充模完毕时，注射工作结束。保持一段时间的压力不变，这样胶料会更加密实，所受压力也更加均匀。

(3) 硫化、出模

在保持压力恒定的过程中，胶料将逐步进入硫化历程，此时注射座后移，螺杆又开始旋转进料，而转盘转动一个工位，注满胶料的模型移出夹紧机构继续硫化，直至出模。与此同时，已经取出的制品需要注胶空模型，在转入夹紧机构中进行另一次注胶，如此周而复始，重复操作。

在橡胶注射生产的整个过程中，塑化注射和热压硫化是两个主要的阶段。胶料在进入硫化模型之后，便进入热压硫化阶段。狭小的喷嘴会对胶料产生较大的摩擦，摩擦所带来的热量作用，可使胶料温度迅速上升，再继续加热到 $180 \sim 200 ℃$ 的高温，就可以使制品在很短的时间内完成硫化。内层和外层胶料的温度相差的尽量缩小，是保证产品的质量、实现高温快速硫化的必要前提。

三、注射成型工艺控制

橡胶注射工艺所考虑的问题是在怎样的温度、压力条件下，胶料获得良好的流变性能，并在尽可能短的成型周期内获得质量合格的产品。影响注射工艺的因素主要有机械方面的和胶料两个方面的因素。机械方面的因素有：螺杆转速、注射压力、喷嘴直径、机身温度、喷嘴温度、模具温度等。胶料方面的因素有：黏度、焦烧性能等。此外，注射机的形式如螺杆式或柱塞式等也有一定的影响。因此，必须依据这些因素的影响作用来制定注射工艺条件。下面就从温度、压力和胶料条件这三方面来讨论注射工艺的控制问题。

1. 温度

橡胶注射温度的控制与塑料注射有原则上的不同。塑料的注射是在料筒中先将物料加热到熔点 T_{m} 或黏流温度 T_{f} 以上，使它具有流动性，然后在柱塞或螺杆压力的推动下将物料注入模型，冷却凝固而得产品。物料的流动性主要靠外界加热提高温度来达到。橡胶注射时，首先考虑的不是加热流动，而是防止胶料温度过高发生焦烧的问题。一旦温度太高，胶料在机筒中发生早期硫化，轻则喷嘴堵塞，重则会使整个机筒堵塞，造成生产事故。为了达到高温快速硫化，胶料从机筒经喷嘴射出后，尽可能接近模腔的硫化温度，以缩短生产周期，提高生产效率。温度虽然对胶料的流动性存在一定程度的影响，但能够最终决定的则是注射压力、分子量大小（塑化程度）及胶料配方。

（1）机筒中的胶料温度变化及控制

胶料在机筒中允许最高温度与胶料硫化特性有关，一般不应超过120℃。因为硫黄的熔点为119℃，高于120℃时就可能开始硫化，而机筒上测得的温度又往往比胶料内层温度低20～25℃，所以机筒温度多半控制在90～95℃，这样胶料温度就不至于超过120℃。为了保证机筒中胶料温度在允许范围以内，需要控制影响胶料温度的因素。影响机筒中胶料温度的因素很多，主要有螺杆转速、背压大小、胶料可塑度、螺杆结构及机筒温度。

（2）经喷嘴后的胶料温度

胶料通过喷嘴后的升温程度与喷嘴结构（包括入口斜度和孔径大小）及胶料组成有关。三种胶料的试验机台研究结果表明，当喷嘴锥形部位的斜度为30°～75°时胶料温度上升最慢，此时的压力损失最小。在一定条件下，当喷嘴孔径减小时，胶料温度上升，注射时间增加，硫化时间缩短。当孔径小于2mm时，喷嘴大小对温度影响也不大，曲线变化较为平坦，而太大时（大于6mm）影响也不大，所以一般取2～6mm为佳。喷嘴直径有时仅差零点几毫米就会得到不同的结果。实验表明，当用直径3.2mm的喷嘴注射某胶料时会引起焦烧，而改用4mm的喷嘴，直径仅差0.8mm，则不产生焦烧现象。

2. 压力

胶料能否很好地充模取决于注射压力。如果注射压力不足，注射时间增加，注射困难，生产效率显著下降。一般来说，橡胶注射要求在较高的注射压力下进行，具体多大需根据该胶料的流变曲线确定。在压力不足时，微小的压力波动就会引起注射时间、胶料温度等工艺参数的变化，造成产品质量的波动，而在较高的注射压力下产品质量比较稳定。但过高的注射压力并不能进一步缩短注射时间，也不能提高产品的生产效率，反而增加设备的负荷。

不同的胶料有不同性质，不同的注射机的规格也不尽相同，模具结构以及注射工艺条件都会对注射压力带来影响。注射压力的提高可使胶料温度得到一定程度的改善，缩短硫化所需要的时间。从避免胶料焦烧的角度来看，适当压力的提高有助于降低焦烧问题的出现，主要因为压力的提高带来胶料温度的提高，大大缩减缩胶料在注射机中停留的时间，这样就能有大概率避免焦烧的出现。因此在实际生产过程中，注射机规格可选用的压力范围内取较大的注射压力数值。

3. 胶料条件

一般情况下，可测定门尼黏度和焦烧时间来预估胶料是否适合于注射。门尼黏度不大于65，而焦烧时间在10～20min之间，通常认为这种胶料适合于注射。

门尼黏度高，注射温度高，但所需注射时间长，易于焦烧。门尼黏度低的胶料易于充模，注射时间短，但需要较长硫化时间，故以门尼黏度不低于40为宜。

胶料的焦烧性能，可在注射过程中，通过控制操作温度的停留时间来控制。对于柱塞式注射机，要求胶料在100℃的机筒中，停留6～10个周期（每周期2min），不产生焦烧。而往复式螺杆注射机，90～120℃为其机筒温度，则胶料的门尼焦烧时间比胶料在机筒的停留时间长两倍以上，若在配方中加延迟性促进剂，可使胶料不易焦烧。

由于测定门尼黏度时只有一种固定的切变速率，而实际值随注射条件不同而变化。有时甚至相差几倍，如当注射压力大于70MPa时，同样门尼黏度的胶料，其流动性可以完全不同，充模时间相差很大。也即由于胶料的流动，受到多种综合因素的影响，不能用现有的橡胶力学性能测试方法来确定。

目前，可采用测定胶料注射能力的办法来判断是否适用于注射，所谓橡胶注射能力是指胶料在一定条件下注入螺旋注射模中的充模长度。胶料从中心浇口注入，沿矩形断面的沟槽螺旋形地回转向外流动，胶料注射性能好的充模长度长，性能差的充模长度短，也有采用同心圆模型的，这时模腔由十个矩形断面的同心圆组成，圆与圆之间有沟槽相通，注胶后观察充胶胶圈的多少作为衡量胶料注射能力好坏的尺度。

第四节　橡胶复合制品成型

应用于工业、农业、交通运输、国防工业等各领域的橡胶复合制品越来越多，本节主要介绍轮胎、胶管和胶带的成型。

一、轮胎的成型

轮胎依据工作原理不同，分为充气轮胎（空心轮胎）和实心轮胎两大类。充气轮胎依靠压缩空气形成的空气垫弹性原理工作，因而具有较高的行驶速度和行驶舒适性，广泛应用于汽车、电车等高速交通工具上。实心轮胎依靠橡胶弹性原理工作，其弹性较低，不适宜高速行驶，仅用于低速高负荷车辆，如起重汽车、载货拖车和装卸车等。

1. 普通充气轮胎的结构

（1）外胎

外胎是一个环形的外壳，它使轮胎具有特定外形尺寸，以阻止内胎在充气时变形及维持一定内压，并保护内胎，使之在行驶时免受损伤。按结构不同分为帘线橡胶复合结构和无帘线结构两类，在此仅讨论前者。帘线-橡胶复合结构轮胎由帘布层、缓冲层、胎面胶、胎侧胶和胎圈构成，如图 10-4 所示。

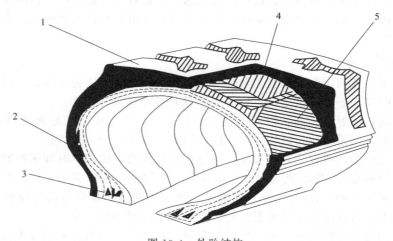

图 10-4　外胎结构
1—胎冠；2—胎侧；3—胎圈；4—缓冲层；5—胎体

帘布层是轮胎的骨架，承受内压负荷、载重负荷、牵引力、转向力和制动力，由数层挂胶帘布构成。

胎面胶是轮胎最外层直接与路面接触的一层胶料，其表面印有花纹，利用花纹提供各种力的作用，并且对轮胎起到保护作用，不被割破或是刺穿。

胎侧胶是胎侧上的胶层，防止胎体受到较多的机械损伤。

缓冲层是介于胎面胶和帘布层之间的胶片，可带帘线，也可不带帘线，主要的作用是吸收轮胎在工作过程所收到的冲击力。

胎圈又被称作子口，是由胎圈芯、胎体帘布层以及胎圈包布共同组成的。主要作用是克服轮胎在行驶过程中产生的内压而形成的伸张力，将外胎牢牢地安固在轮毂之上，不让其脱出。

（2）内胎

环形的橡胶筒是内胎的主体结构，筒体上装有气门嘴，用以充气。内胎本身不能承受较大压力，只有装在外胎里才能发挥其作用。

（3）垫带

垫带又被称为压条，是一种环形胶带，其上装有内胎气门嘴通过的圆孔，安装于内胎和平式轮毂之间，保护内胎不受磨损。

2. 外胎成型

（1）外胎成型工艺流程

将外胎各个部件的半成品在成型机上组合成一个完整的胎坯的工艺过程称为外胎成型，成型一般包括胎坯各个部件的半成品的制造、成型两部分。整个工艺过程如图 10-5 所示。

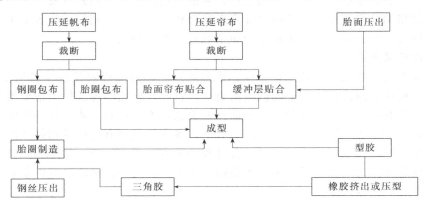

图 10-5　外胎成型工艺流程

（2）帘布、帆布的裁断

外胎中所用的帘布包括胎体帘布、缓冲层帘布；帆布包括钢丝圈包布、胎圈包布。在成型前根据所需的要求将整幅的帘、帆布裁剪成具有所需的宽度以及角度的半成品，这个过程称为裁断，裁断过程主要保证裁断角度和裁断宽度能满足施工的精度要求。

（3）轮胎部件的制造

轮胎部件的制造包括外层帘布隔离胶的贴合、帘布筒的贴合与供布、钢丝圈的制造等。

外层帘布隔离胶的贴合：有热贴法、半热贴法和冷贴法三种，热贴法是已裁断的外层帘布通过四辊或三辊压延机辊距，在帘布层上面贴上一层胶片，这种方法因帘布通过压延机辊距时受到挤压，易使帘线错开，故目前生产较少应用；半热贴法是将压延机压延的隔离胶片，趁热在运输带上与帘布进行贴合。这种方法避免了因帘布通过压延机辊距而造成帘线错位，而且因胶片温度较高，帘布贴合牢固，并易与裁断工序组成流水作业线，目前在生产中较为广泛采用；冷贴法是将压延机压延出来的胶片经卷取，再与帘布贴合。此法因胶片温度较低，与帘布黏着不牢，而且增加半成品的运输、储存，目前在生产中较少应用。

帘布筒的贴合与供布：在轮胎成型中采用套筒法生产时，为简化成型工艺，将已裁断好的帘布按不同的层数组合，先在贴合机上贴合成帘布筒。贴合有等宽错贴和均匀错贴两种方式，等宽错贴是裁断同样宽度的帘布，贴合时相邻两层帘布交叉错位贴合，使两边留有差级，这种方法可简化裁断工艺，但差级不易均匀而只适用于层数较少的乘用车胎。均匀错贴法是裁成不同宽度的帘布，按差级要求顺序进行贴合，两边留有均等的差级，同样相邻两层布要交叉贴。贴合的设备有万能贴合机和鼓式贴合机两种，目前多用万能贴合机。帘布筒贴合机配套使用的帘布供料架，一般按轮胎的帘布层数及组织生产的方式而定。目前，除使用四边形或六边形的供布架外，还有用移动式供布架的织带经压出挂胶绕卷而成。

钢丝圈的制造：钢圈的基础是由挂胶钢丝制成的钢丝圈。钢丝圈可用钢丝带或编织带经压出挂胶绕卷而成。其生产流程包括钢丝导出、校正、酸洗、压出、调整、卷取等步骤，制得方断面的钢丝圈。随着子午线轮胎的使用，需要高强度圆断面的钢丝圈，圆断面钢丝圈是用对焊成圆环的芯子放在钢丝导辊上，当牵引机构转动它的时候，钢丝从线轴入，成螺旋状在绕动的芯子上，当达到预定的缠绕层数时，则切断钢丝。

轮胎的成型方法有多种，按帘布的贴合方法可分为层贴法和布筒法；按成型机头的种类可分为鼓式、半鼓式、半芯轮式等。

层贴法即轮胎的各层帘布直接在成型机头上进行贴合成型。这种方法可节省成型工序和半成品的运输，适宜于层数较少的外胎生产，一般采用鼓式或半鼓式机头。

布筒法即将胎体帘布按层数的顺序在帘布贴合机上贴合成不同层数的若干个布筒，再套在成型鼓上进行成型。这种方法多用于帘布层数较多的外胎成型。

（4）外胎成型方法

轮胎各部件的制造及部件的配合精度、成型的好坏，直接影响轮胎（特别是高速轮胎）的均匀性和平衡性。因此在工艺上有较高的要求。首先，外胎的各部件制造要根据要求设定精细完成，保证其精度。成型过程中，各部件要上正，不得重斜，才能保证外胎的均匀性能和平衡性能，对于高速轮胎更要严格要求。其次，各部件间要有良好的粘接性能，为此，要保持各部件相互粘接的表面新鲜。成型压合过程中要保证合适温度、足够压力和压合时间。成型时要做到各部件无气泡、无折子、无露白、无杂物，若用汽油清洗部件杂质时，一定要待汽油蒸发干燥后再进行贴合。

外胎成型按照成型机头不同，可分为鼓式成型法、半鼓式成型法和半芯轮式成型法三种，如图10-6所示。

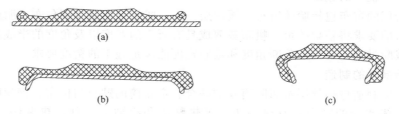

图 10-6 轮胎成型方法

(a) 鼓式成型；(b) 半鼓式成型；(c) 半芯轮式成型

鼓式成型法：其成型鼓是一个可折叠的圆筒状的直筒。成型鼓的直径小于胎圈直径，胎坯容易脱出，成型过程不需要正包，简化成型机的包边装置，但在成型过程中胎圈没有准确的定位，不能保证胎圈间的正确距离，在定型过程中，胎圈部位会转动变形。这种方法只适用于单钢圈和帘布层数较少的乘用车胎的成型。

半鼓式成型法：半鼓式成型机头中部是平面，两边凹下，呈现凹字型，有两个肩叫鼓肩。可以固定钢圈位置，以保证整个外胎圆周上胎圈之间的距离一致。用此法成型，胎坯在定型时胎冠伸张较大，胎圈部分容易产生位移，因此适用于成型八层以下，单钢圈的乘用胎。

半芯轮式成型法：其成型机头具有较高而凹陷的鼓肩。半芯轮式机头成型的胎坯，胎圈部位的轮廓接近轮胎成品的形状，在定型过程中，胎圈没有位移，因而适合于成型八层以上双钢圈或多钢圈的载重胎。半芯轮式成型机头按现在使用的结构型式分为自动折叠式和带有可装卸鼓肩的自动折叠式两种。根据成型机头冠部直径与胎圈直径的比值进行选择，比值等于或小于 1.4 时，选用自动折叠式机头；大于 1.4 时，应用带有可装卸鼓肩的折叠式机头；过大时，需使用非折叠式的全装卸的特制机头。

二、胶管的成型

胶管是由内胶层、外胶层、骨架层（纺织物或金属材料）和中间胶组成的中空管状制品（全胶管无骨架层），用于输送粉粒状固体、各种液体、黏流体或气体等物料。一端或两端安装有管接头的一根胶管称为胶管组合件或胶管组成。实际使用过程中有时还配其他配件，如管夹、过滤网、减压阀等。内层胶主要用来保护骨架层，以免受输送介质的侵蚀和磨损。内层胶料性能要按输送的介质特性而定，如耐酸、耐碱、耐油等。外层胶也主要起保护骨架层的作用，以防止外界物质（如水、空气及其他物质）对骨架层的侵蚀和磨损。所以外层胶除保证有一定强度和良好的耐候性能外，还要按其使用条件不同而具备某种特殊性能。骨架层主要承受输送介质的压力或在真空条件下的外来压力，使胶管不至于爆破或压扁，保证正常工作。按使用条件可选用不同的材料及结构。中间胶是位于两层骨架之间的胶层，主要起隔离作用，以防止在使用时相邻两层骨架材料的变形和相互摩擦。

胶管在各个领域都能得到广泛的应用，与国民经济息息相关。随着汽车工业和液压技术的发展，在液压回路系统中使用的胶管承受的条件越来越苛刻，现代的胶管通常都会同时承受过高的工作压力、过高的流速、较高较频繁的冲击负荷、较小的弯曲半径、较大的弯曲应力等。因此要求胶管在相应的性能上达到相关标准，以满足使用条件要求。目前，胶管主要向长度（增加跨距减少接头次数）、大口径（提高运输容量）、高压力（提高输送速度和安全性）和高性能（高温、低温、屈挠、腐蚀、燃烧、磨耗、冲击等性能的要求越来越高）等四个方向发展。这些发展趋势促进了胶管结构和胶料配合技术以及胶管生产工艺的研究与发展，也促进了原材料相关技术的进步。

我国目前为世界胶管制品的生产大国，胶管生产的品种及数量不仅能满足国内的需求，还有不少产品远销国外市场。但我国胶管产品的质量档次普遍不高、国际综合竞争能力不强、开发空间和潜力都很大。而且由于橡胶价格的动荡及塑料制品性能的改善，部分胶管（如民用水管）有被塑料管所取代的倾向。

1. 胶管成型前的准备

内、外胶层的制造：大口径胶管的内、外胶层和中间胶层一般采用压延的方法制造。小口径的胶管或采用软芯法、无芯法生产的胶管，其内、外胶层大多用压出法制造，设备采用压出机。内胶层半成品压出厚度要比结构设计厚度厚 0.1～0.4mm，以补偿成型过程中，因充气膨胀、缠绕、编织、扎水布等工序对内胶产生的拉伸、挤压而引起的内胶厚度减薄，若胶料的可塑性和编织锭子的张力大，则补偿厚度更大些。

编织的钢丝和纱线并股：在制造编织胶管时，为满足胶管结构和工艺的需要，将单根钢丝或纱线在专门的合并机上合股和绕锭，待编织时使用。钢丝或纱线的并股除按设计的规定根数进行外，对钢丝和纱线的细度要求均匀、表面清洁无油垢、生锈等问题，同时需要一定合并张力，张力要保持均一，以使各线的伸张一致。钢丝并股时的张力为30～50N。夹布胶管所用的胶帆布在成型前也要按要求的裁断角度和宽度进行裁断。

2. 胶管的成型方法

通常情况下，胶管的成型方法可划分为以下三种。

(1) 硬芯法

借助一根钢芯棒来完成胶管成型。用这种方法生产的胶管规格尺寸精度高，误差小，胶布附着紧密，然而生产胶管工序较繁、所耗费劳动力较多、消耗大量水布、存放芯棒不易、占地面积大，因此只有对于一些特殊需要的胶管或是口径尺寸较大的胶管使用硬芯法之外，没特殊情况下，通常胶管成型都使用软芯法和无芯法。

(2) 软芯法

用工程塑料或增强橡胶（或在胶芯中穿有一钢丝或钢丝编织层增强）改制成较软的芯棒，替换硬芯法中的硬芯棒来完成胶管的成型。用这种方法能保持硬芯法的优点即胶管内表面光滑、胶管规格尺寸准确、减轻劳动强度、以便于生产连续化、对生产效率有一定程度提高、也能够生产较长的胶管（管长约120～200mm）。

(3) 无芯法

成型时，在胶管的内胶层中以0.01～0.05MPa的压缩空气注入来替代上述芯棒方法中的芯棒完成胶管成型。用这种方法生产，胶管的内胶应具有一定的刚性。内胶可用半硫化或冷冻的方法使它保持一定刚性。对于25mm以下的胶管，通过配方即可调节内胶的刚性。这种成型方法同样摆脱了芯棒的限制，可生产长度达200～300m的胶管，但无法保证胶管口径尺寸的准确程度，对于口径尺寸较大的胶管不建议采取这种方法成型。为克服上述缺点发展了新的成型方法来成型胶管，如固定芯棒法和回转芯棒法。

(4) 固定芯棒法

使用内部中空且表面具有孔洞的硬芯棒，利用压出机将芯棒的一端固定在上面，压出内胶时，压缩空气通入芯棒内部，这样会在芯棒与内胶之间形成一层润滑层，以利于胶管能够在芯棒上滑动，并在内胶离开芯棒之前将骨架层编织或缠绕好，再进行包外胶作业。

(5) 回转芯棒法

将一段芯棒穿过压出机或固定在螺杆上使芯棒旋转，然后在连续通过芯棒内胶上进行编织或缠绕骨架层，再包外胶。这两种方法实际是无芯法的发展，能适应较大的编织和缠绕压力的需要，有利于提高产品的质量，又无须半硫化的内胶。

三、胶带的成型

胶带在工业领域方面扮演了重要的角色，作为一种节省人力的物件，可根据其具体用途划分为运输胶带（简称运输带）和传动胶带（简称传动带）两种。运输带主要由覆盖胶和带芯构成。作为运输带中最重要的一部分，带芯需要能够承担起运输过程中的全部载荷。因此带芯必须具备一定的刚度和强度。特种运输用钢丝绳运输带，其带芯则由纵向排列的钢丝绳构成。钢缆运输带芯由横向排列的钢条构成。覆盖胶分为上、下覆盖胶。覆盖胶的主要作用是对带芯起到一定程度的保护、避免物料所带来的磨损以及腐蚀接触到带芯，大大增加了运输带的使用寿命。因此覆盖胶的胶料除具备耐磨、耐撕裂、耐冲击等性能外，还应按被运送物料的性质而要求胶料具有特殊的性能，如耐酸或耐碱、耐燃、耐寒等性能。覆盖胶的表面一般为光滑表面，但有时为适应提高运输带倾斜角的需要，将上覆盖胶表面制成各种图案花纹，以增加胶带与物料的摩擦，防止物料下滑，这种运输带称为花纹运输带。花纹的形状可按要求设计，如有鱼骨形、波浪形、八字形等。另外，为防止被运送物料的散落，往往将胶带两侧边部制成不同形状的挡边，如有折边挡边、波形挡边运输带。若将运输带作成 U 形，则称为 U 形运输带。图 10-7 列举了几种运输带。可以看到，普通运输带的结构主要是叠层式结构，也有包层式结构。叠层式运输带的成型是将已裁成一定宽度或整幅的胶布，通过各种形式对带芯进行贴合成型，然后成型机或直接在压延机上贴上覆盖胶。若一次贴合的层数不够，可将带芯半成品再次导开，贴合至达到设计要求的层数为止。运输带的生产采用压延机和贴合机的联动装置。从压延机两面擦胶和帆布经贴合辊循环几次，贴合成一个环状的带芯，最后用裁刀将带芯裁开，再上覆盖胶。

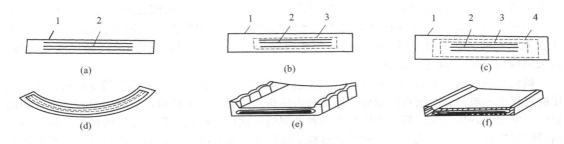

图 10-7　胶带结构

（a）普通式；（b）缓冲补强式；（c）边部补强式；（d）U 形运输带；

（e）波形挡边运输带；（f）折边挡边运输带

1—覆盖胶；2—胶布层；3—缓冲层；4—边布补强层

第五节　橡胶制品的硫化

　　硫化是橡胶制品成型的最为关键的一步工序。在硫化的过程中，橡胶的各种性能要发生一系列变化，最终形成所需的硫化橡胶。常规的硫化橡胶都属于硫黄硫化，其橡胶的交联网络结构多以各种含硫的化学键为主来形成的。近些年来硫黄硫化不再是硫化唯一所使用的体系，许多非硫黄的体系以及非硫体系的诞生，让硫化的选择变得更加多样。

　　虽然橡胶硫化体系众多，但其目的都是相同的，旨在对橡胶微观结构进行加工改变，将原本是线型的橡胶分子结构交联成具有网络状结构的硫化橡胶，进行这种反应的体系，都可以称为硫化。

一、橡胶的硫化历程

　　要进行硫化反应，需要搭建起一个比较完整的化学体系，不仅要有构建交联键所需的主体硫化剂，还要包括各种助剂的配合来构建完整的硫化体系，显然，要进行的硫化反应是一个多因素影响、多组分参与复杂烦琐的化学反应过程。在这个过程之中，多组分的反应通常

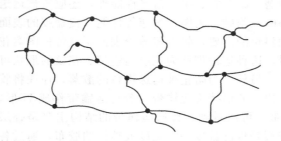

图 10-8　硫化交联网络结构

会伴随着副反应的发生，但是在这个反应中最重要的是，橡胶分子与主体硫化剂反应形成的交联键是空间网络结构的基础。这种空间网络结构如图 10-8 所示。

我们通常将硫化过程进一步地划分为四个阶段，在硫化历程的第一阶段为焦烧阶段。在这一阶段中，各种助剂与硫黄发生各种化学反应，互相作用，生成了硫化反应中较强活性的中间产物以有助于下一步反应；之后受到引发的橡胶分子链结构经化学反应生成自由基或是橡胶离子（用来形成交联网络的物质）。第一阶段结束后，紧接着的第二个阶段为热硫化阶段，也称预硫化，上一阶段中经过引发产生的自由基或橡胶离子与线型橡胶分子链进行反应，构成交联键。硫化平坦阶段为第三个阶段，正硫化就是在此过程中发生的。前期，有关的交联反应都基本完成，此时形成的各种交联键用于各种构象的变化直至形成较为稳定的交联网络，得到所需的各种性能较为稳定的硫化胶。第四阶段是过硫化阶段，对天然橡胶来说是硫化返原阶段。

硫化是一个复杂的过程，在这个过程中胶料的各项性能都处在一个动态的变化过程中，变化的过程中一般都有时间点的划分，通常称为转折点。对于这个转折点的时间受到各个方面的影响，生胶的各项性能、硫化的体系中各种助剂的配比以及硫化过程中使用的加工条件都将影响到胶料的各种性能变化。所以对硫化过程了解得越详细越能够得知如何进行硫化体系中各项助剂的正确配比。一般情况下，使用橡胶在硫化历程中某一具体的物性随时间变化的曲线，从这个曲线去发现性能变化的规律以及具体的硫化历程。图 10-9 展示的硫化历程是用硫化时间与转矩之间的关系变化曲线来描述的，这种图就是我们所称的硫化历程图。

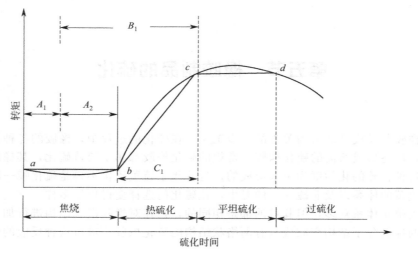

图 10-9　硫化历程图（加入另外一个图）

1. 焦烧阶段

从图 10-9 中可以清楚地看到 ab 段为焦烧阶段，这个阶段中的胶温没有达到一定程度，胶料能够很好地流动。胶料是否会发生焦烧问题以及能否进行安全地加工都与这个阶段有着很大程度的关系。当达到这个阶段的终点时，交联反应已经开始进行，交联胶料将会失去其流动性。此阶段曲线呈 U 形，交联反应还处在准备阶段，未开始反应，胶料还是热黏流的状态。焦烧时间是这个阶段的一个重要数据指标，焦烧时间的长度意味着交联的难易程度，决定这段时间的长短受众多因素的影响，如操作的工艺条件以及生胶最基本的性质，但最主要的原因还是硫化体系中所采用的各种助剂。防焦基团的延迟性助剂，能够有效地延长焦烧时间，为加工的安全提供保障。此外，还有一个比较关键的影响因素就是操作过程中的受热历程。

胶料在加入硫化剂和促进剂后，就具有了硫化的内在条件，是橡胶的硫化起点。实际的焦烧时间可以进行具体的划分，包含了操作焦烧时间 A_1 和剩余焦烧时间 A_2，这主要是因为在橡胶内部能够储存热量。

A_1 是指橡胶加工过程中因热积累效应所消耗的焦烧时间，这个时间根据不同的加工条件发生变化，例如胶耗、热炼以及各种成型工序的工艺条件。A_2 是指胶料在模型加热时保持流动性的时间。对于 A_1 和 A_2 具体的划分较为模糊，随着不同的胶料操作和胶料停放的具体条件而产生变化，完成次数越多的胶料的加工，加工温度越高，时间越长，停放时间越长，停放温度越高，A_1 将不断地延长。

同时，相应缩短了 A_2 意味着缩短了胶料处于模型中流动的时间，通常胶料在保证基本工艺要求前提下应尽量避免经受多次的机械作用。如果胶料在加入硫化剂和促进剂后，在硫化前的加工工艺过程中因出现温度过高和经过多次返工处理等时，则胶料或部分胶料可能会发生焦烧，当胶料出现焦烧时，胶料已进入硫化阶段，胶料在模型中已不能流动。

2. 热硫化阶段

bc 段对应着硫化历程的第二个阶段，在这个阶段中发生轻微程度的交联（轻微程度点不是很明确的），这个阶段的曲线呈现大幅度的上升趋势，内部的空间网络结构逐步构成，此时的胶料已经逐渐发硬变为固体状态，不再能够流动，而且胶料的拉伸性能以及弹性得到很大程度的提升。可以在此时将胶料整块取出，但是取出的胶料还未达到其性能的最佳点。硫化体系中各种助剂的配用决定了在这个阶段所耗费的时间的长短。硫化反应速度的快慢程度通常用这个阶段来进行衡量。

3. 平坦硫化阶段

cd 段对应于硫化历程中的平坦硫化阶段，在这个阶段中交联结构基本完成搭建，交联反应处于结束的阶段，并开始发生交联键的重排和裂解反应。在这个阶段内，不断破坏交联键的反应与交联反应会构成一种微妙的平衡，展现在硫化历程图上就是一段没有较大波动的平坦曲线。这个阶段所要经历的时间长短跟硫化体系中所使用的促进剂以及防老剂有关。此外，橡胶将在这个阶段中达到其最佳性能的一个点。

4. 过硫化阶段

d 点往后图中曲线将呈现下降的趋势，说明这个点之后橡胶的交联网络结构将会受到一定程度的影响，可以理解为交联反应的后期，交联键发生重排以及裂解，交联结构崩塌，胶料的各方面性能都将受到影响。根据硫化历程的各个阶段的划分，硫化时间是当胶料进行加热的时候直到完成通过第三阶段所用的时间，我们也称为正硫化时间，即两种时间的加和，包括焦烧时间以及热硫化时间。但是由于操作过程中焦烧时间会被消耗掉一部分，所以胶料在模型中加热的时间应为 B_1，即模型硫化时间，它等于剩余焦烧时间 A_2 加上热硫化时间。然而每批胶料的剩余焦烧时间都有差别，其变动范围在 A_1 和 A_2 之间。

5. 正硫化时间测定方法

最佳的硫化状态就是通常所说的正硫化，要达到橡胶的各项性能的最佳点就需要正硫化。而达到这种最佳状态所需要的最短时间也就是正硫化时间。当橡胶处于正硫化状态时，表现出各项最佳性能的橡胶才是我们生产应用中所需要的，而不论是欠硫还是过硫，性能都无法符合我们所需要的标准。而正硫化不是一个固定的点，它是一段过程，在这个过程中所经历的时间称为硫化平坦时间，这段硫化曲线称为硫化平坦线。

根据我们所描述的正硫化，想要确定正硫化时间要以胶料的各项性能作为指标来进行综合考量，但在现实情况中，各项性能不可能会在同样的时间点达到想要的最佳值，所以现实生产中，橡胶制品要确定一个最主要的性能作为选择正硫化时间的标准，这种情况下确定的正硫化时间在工艺上的应用着较为广泛，所以它还有另外一个名字，即工艺正硫化时间。

测定正硫化有着很重要的科学实践意义，通常可以使用的方法包括物理化学法、力学性能法和专用仪器法。对于前两种都是根据数学方法确定正硫化时间的，以确定的硫化温度以及硫化时间去制备硫化胶的样片，然后分别测定硫化胶片的各种性能，绘制成一系列的曲线，对这些曲线进行分析，找到想要的正硫化时间。专用仪器法是运用仪器去分析测定正硫化时间，在选定的温度下，用仪器测出转矩时间关系曲线，可以轻易地完成正硫化时间的测定，常用的是力学性能法和专用仪器法。

（1）物理化学法

① 游离硫测定法：硫的含量变化是硫化过程的一个重要指标，这种方法就是在这个基础上对经过不同时间硫化后的样品测定其内部游离硫的含量，之后便能绘制曲线，正硫化时间将会对应于曲线上的极小值点。

很明显，硫化剂与橡胶分子链的化学反应是硫化过程中最重要的反应。因此，在硫化反应进行时，交联键的形成越来越多，结合硫越来越多，因此，游离于橡胶分子中的硫的含量将不断降低，当达到一个最低值，交联也能达到最大的程度。这种方法测定出的正硫化时间相当于理论正硫化时间，在实际应用中受到限制。除此之外，还有一个缺点就是在反应过程中不能保证所有的硫元素用来构建交联键，这种测定方法较为粗糙。因此用该方法得到的实验结果误差较大，并且不适合非硫黄硫化体系。

② 溶胀法：这种方法是利用能够被橡胶所溶的溶剂作为测定的主体，溶剂包括苯、甲苯之类的溶剂，具体操作是，在一定的温度下，将橡胶样片浸没于溶剂中，一段时间后，橡胶会溶胀平衡，对比于吸附前后样片的重量变化得到溶胀率，之后绘制出所需的曲线。

如图 10-10 所示，对于天然橡胶，U 形的溶胀曲线，在其曲线的最底部所对应的点就是我们想要的正硫化时间；合成橡胶的溶胀曲线有所不同，通常情况下，以其曲线的转折点作为正硫化对应的时间。

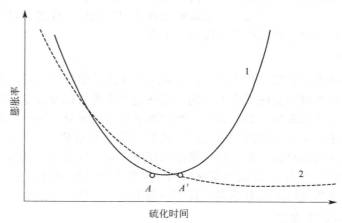

图 10-10　硫化胶的溶胀曲线
1—天然橡胶；2—合成橡胶

这种方法是一种标准方法，测得时间是理论正硫化时间，因为交联密度越大，橡胶的溶胀率越小。

（2）力学性能法

在前文中我们提到硫化可以带来一系列性能的变化，根据这一特点，选取某几种力学性能就可以作为正硫化时间的测定标准。在实际应用中，通常根据某项产品的性能要求具体制定，选取一种或是几种较为关键的性能作为测定的标准，常用的几种方法如下。

① 拉伸强度法：即测定橡胶的拉伸强度。当橡胶达到其拉伸强度的最大值时或略小于最大值的时候，正硫化时间便可以对应出来。实验证明，交联密度越大，拉升强度的值也将增加，抵达值的极限之后，交联密度的增加反而导致拉伸强度的降低。这是由于当交联密度进一步增加时，排列发生困难，这种正硫化时间是我们上文所述的工艺正硫化时间。

② 压缩永久变形法：压缩永久的变形值也是一个重要的物理性能指标，以硫化时间为横坐标，压缩永久变形值作纵坐标，绘制出分析曲线。在硫化过程中胶料的塑性逐步下降，弹性逐渐上升，胶料受压缩后的弹性复原倾向也就逐渐增加，压缩永久变形则越来越减小。因此可由压缩永久变形的变化曲线来确定硫化程度。压缩永久变形是一种动态变形，它与交联密度成反比关系，与拉伸强度不同的是，越高的交联密度所对应的变形值越小。这种方法测定的时间是理论正硫化时间。

（3）专用仪器法

这种方法是使用专门仪器来进行测试，常用的仪器有黏度计和各种硫化仪等。它们都可以连续地测出我们所需要硫化过程中的各项参数，包括最重要的硫化时间以及硫化速率和焦烧时间的一类参数。这类仪器的原理是测量胶料在破坏过程中剪切模量的变化，而剪切模量与交联密度呈正比例关系。因此，其硫化曲线实际反映了胶料在硫化过程中交联密度的变化。

门尼黏度计：作为在早期出现的测试胶料硫化特性的专用仪器，由于该法不但能测定生胶的门尼黏度或混炼胶的门尼黏度，表征胶料流变特性，而且能测定胶料的触变效应、弹性恢复、焦烧特性及硫化指数等性能，因此它是最早用于测定胶料硫化曲线的工具。虽然门尼黏度计不能直接读出正硫化时间，但可以用它推算出硫化时间。

硫化仪法：作为一种现代科技仪器，硫化仪能够测定许多仪器无法测出的数据，可以很好完成对胶料硫化特性的测定。通用型流变仪的作用原理是通过在胶料硫化中施放一定振幅变形，测定相应剪切应变力。

二、橡胶制品硫化条件的选取与确定

硫化的压力、温度和时间是构成硫化工艺条件的主要因素，通常被称为硫化三要素。对于硫化所需要的条件的选取与确定就是对这些工艺条件的选取与确定。

1. 硫化温度

有着适当的硫化温度对顺利进行硫化反应非常关键，对于硫化制品的质量控制也起到重要的影响。

温度能够为硫化反应带来活化效果，一般情况下，温度的升高可以提高硫化速率，高的速率便会带来高的生产效率，同时在硫化反应中会倾向形成含硫量低的交联键。当然，温度不是越高越好，现实中也无法满足温度的无限提高。过高的温度会为胶料的各项性能带来弊端，当温度超过一定值甚至会导致橡胶中的分子链因为无法承受的高温发生裂解，影响性能，不利于工艺的生产，此外还会引起反硫问题的出现。所以，要依据各项因素对硫化温度的选取进行综合考量评定。

如今，在硫化温度的选取出现两个极端，归结于能够在室温就能硫化的胶料以及越来越多的高温硫化方法的发明。

（1）不同类型制品的硫化温度

橡胶无法很好地传递热量，是一个较差的导热体，与金属的导热性相差巨大。因此，面对一些有着较厚壁的橡胶制品，很难保证胶料的受热均匀，导致橡胶制品的不同位置的硫化程度都各不相同，从而严重影响橡胶制品的质量。

为了能够达到对这些具有特殊结构的橡胶制品的质量要求，均匀地硫化是必不可少的。在胶料方面，应充分考量胶料配方中的硫化平坦性，以及在温度的控制方面，设定完善的温度分布计划来完成所需的要求，如逐步升温是一个较为不错的温度设定方法。对于结构较为简单的橡胶制品，可以使用较高的硫化温度，但温度不宜太高。

在进行硫化时，作为硫化工序中的主体反应，即橡胶分子与硫黄之间的反应，是一个放热反应。实验表明，在软质胶中，所需要的硫黄少、不会产生太多的热量，对硫化的影响可以忽略不计，但是若是使用硬度胶高的胶料时，在硫化过程中要使用较多的硫黄，反应过程中会产生大量热量。由于橡胶是较差的热导体，热量没有办法扩散或是传递，导致内部体系的温度过高，对橡胶制品的质量产生一系列的影响，如体系内部的助剂挥发、橡胶出现裂痕甚至还可能会引起爆炸的问题。所以硬质橡胶制品一般都采用134℃以下的硫化温度，从而保证硫化工艺安全、顺利地进行。

（2）不同种类生胶的硫化温度

过高的温度会导致内部分子结构的破坏，包括交联键的断裂、过硫等问题影响一系列的力学性能，在这方面，天然橡胶以及氯丁橡胶表现得较为显著。天然橡胶最宜在143℃以下，最高不能超过160℃，否则硫化返原现象会十分严重；顺丁橡胶、异戊橡胶和氯丁橡胶最好在151℃以下，最高不能超过170℃；丁基橡胶硫化温度则最高，大约170℃。

（3）不同硫化体系的硫化温度

要根据不同的硫化体系的硫化特性来确定所需的硫化温度，这是因为不同的硫化体系中所需要的活化能不尽相同，有低有高，所以将硫化温度与硫化体系进行搭配，一般情况下，普通硫黄硫化体系温度大体在130～158℃，在具体的设定方面，体系中的促进剂以及所要求的各项性能的标准来进行进一步的确定，低的硫化温度适用于硫化体系中活性温度低的促进剂以及要求有较高的强度、较低的定伸能力或是较低的硬度的制品，反之，高的硫化温度适用于那些硫化体系中有着较高活化温度的促进剂以及对制品的要求是硬度大、伸长率低的情况。

2. 硫化压力

压力对于硫化来说也是十分重要的，在这里所指的硫化压力是在进行硫化时橡胶制品上单位面积承受的压力大小，橡胶制品在硫化成型时需要施加一定程度的压力，根据压力程度的不同，硫化压力可以划分为常压与高压。一般情况下，薄壁的橡胶制品无法承受较大的压力，所以选择常压；在模压成型的过程中，需要高压来完成成型，这是由于在硫化过程中，无法避免胶料产生一些副产品，如一些挥发性成分，包括水分以及能够挥发的加工助剂，甚至多层的橡胶制品之间被挤压出来的空气，这将对橡胶制品的质量保证产生巨大的考验。海绵、孔洞以及气泡都是常见的一些质量问题，若是在硫化过程同时施加一定程度的压力，能够减少这一系列问题的出现。

几种硫化工艺与所采用的硫化压力见表10-6。

表 10-6　几种硫化工艺与所采用的硫化压力

硫化工艺	加压方式	压力/MPa
汽车轮胎外胎硫化	内压通过热水加压	2.2～2.8
力车轮外胎硫化	内压压缩空气加压	1.0～2.0
汽车轮胎内胎硫化	内压饱和蒸汽加压	0.5～0.6
力车胎内硫化	内压饱和蒸汽加压	0.5～0.6
模型制品硫化	平板加压	20～30

3. 硫化时间

要想达到所需的硫化程度，不仅仅要有硫化温度以及硫化压力，硫化时间也是必不可少的。任何一个反应要完成，都需要经历一些阶段，耗费一些时间。作为完成硫化反应的重要条件，硫化时间的确定主要取决于硫化体系以及硫化温度的高低，在确定胶料的情况下，上文所涉及的正硫化时间基本就是所需要的硫化时间，时间的选取应当恰当，不宜过长或是过短，过长的硫化时间发生过硫，过短的硫化时间发生欠硫。

三、硫化介质和硫化工艺方法

1. 硫化介质

在大多数情况下，橡胶硫化都是在加热条件下进行的。对胶料加热，就需要使用一种能传递热能的物质，这种物质称为加热介质，在硫化工艺上则称为硫化介质。常用的硫化介质有饱和蒸汽、过热蒸汽、过热水、热空气、热水及其他固体介质等。近年来研究采用电流和各种射线（红外线、紫外线、射线等）做硫化热源，也取得很大进展。硫化介质是一种载热体，因此，评价硫化介质的重要标准就是要具有良好的传热性和热分散性，同时还要有高的蓄热能力。

（1）饱和蒸汽

饱和蒸汽是应用最广泛的一种硫化介质。用饱和蒸汽加热时所使用的热量来自汽化潜热，因此给热系数大、导热效率高、放热量大。应用饱和蒸汽加热时，可以通过改变蒸汽压力而准确地调节加热温度，操作方便且成本低。

饱和蒸汽作为加热介质也有其不足，如加热温度要受到压力的牵制，温度越高，压力就越大。在硫化中，饱和蒸汽易产生冷凝水，造成局部低温；硫化时对硫化容器内壁有较大腐蚀作用。

（2）过热蒸汽

过热蒸汽是将饱和蒸汽通过加热器加热获得。在使用直接蒸汽加热的硫化罐中，若设有加热管道，通过它向罐内的饱和蒸汽提供热量，则蒸汽可在压力不提高的情况下进一步提高温度，此即过热蒸汽，过热蒸汽可不受压力的牵制，适于用作硫化温度要求较高的硫化介质，但过热蒸汽中过热部分的热量很小，而且对设备的腐蚀性较强，容易损坏设备，因此在应用上受到一定限制。

、（3）热空气

热空气也是常用的硫化介质，热空气硫化可在常压和加压情况下进行。常压只适用于薄制品硫化，加压是在硫化罐中进行。采用热空气加热的好处是加热温度不受压力的影响，可以高压低温，也可以高温低压，比采用蒸汽加热为优。另一个好处是比较干燥，不含水分。用热空气硫化所得到的产品表面光滑，外观漂亮，而且不受罐壁腐蚀的影响。但热空气的给热系数小，导热效率很低，硫化时间比蒸汽硫化长一倍，同时热空气中含有大量氧气，特别是在高温高压下，易使制品氧化。

为了克服热空气加热时橡胶氧化的缺点，工业上常采用热空气和蒸汽混合作硫化介质，即在硫化的第一阶段以热空气为介质，在第二阶段再通入蒸汽作介质，胶鞋硫化采用该方法。

（4）过热水

过热水也是一种常用的硫化介质，使用这种硫化介质的好处是既能保证硫化过程较高的温度，又能赋予其较大的压力，因此常用于高压硫化场合。但过热水的热含量小，给热系数也小（比饱和蒸汽压小），因此导热效率低，且温度不易掌握均匀。典型的用途是轮胎硫化时，将过热水充注于水胎中，以保持内温（目前轮胎用的内压水温为 160～170℃）。

（5）热水

热水作硫化介质的优点是传热比较均匀，而且密度较高，使制品变形倾向较小，但热水的热含量不高，与过热水相似，因此导热效率不高。

（6）固体介质

这类硫化介质常用于压出制品的连续硫化工艺，它们的导热效果良好，可提供 150～250℃的温度，能使硫化在极短的时间内完成。其方法是使压出制品通过装有低熔点物的长槽而获硫化，所用低熔点材料主要有共熔金属和共熔盐两种。共熔盐混合物是由 53% 的硝酸钾、40% 的亚硝酸钠及 7% 的硝酸钠混合而成，熔点为 142℃，能为成品提供良好的外观，能硫化各种压出胶条、海绵胶条和电线等，而且成本低、稳定性好。但缺点是相对密度低，易使制品在表面漂浮。另外，由于介质粘于成品表面，需要进行清洗。

2. 硫化工艺方法

橡胶制品是多种多样的，各种制品要求的性能各不相同，使用的硫化方法也各有所异，因此，硫化方法很多，可按其使用设备的类型、加热介质的种类、硫化工艺方法等来分类。

（1）室温硫化法

硫化是在常温常压下进行。例如，供航空、汽车及建筑工业等应用的胶黏剂往往要求在现场施工，且要求在室温下快速硫（固）化。室温硫化胶黏剂通常制成两种组分，即将硫化剂、溶剂及惰性配合剂配成一个组分；又将橡胶、树脂等配成另一组分。使用时根据需要量进行混合。

天然橡胶或其他通用合成橡胶亦有制成室温硫化胶浆（亦称自硫胶浆）的，这类自硫胶浆常用于运输带的冷接和橡胶制品的修补。自硫胶剂中加有二硫代氨基甲酸盐或黄原酸盐等超促进剂，硫化是在开放条件下进行，不需硫化设备。

（2）冷硫化法

此法多用于薄膜浸制品的碱化制品在含 2%～5% 一氯化硫单溶液中（溶剂为二硫化碳、苯、四氯化碳）浸渍，浸渍时间为几秒至几分钟不等（视制品的厚度而定），浸渍后要在水中除去残存的酸分（硫化时有盐酸形成），最后用水洗净并干燥，即完成硫化。

（3）热硫化法

热硫化法是橡胶工艺中使用最广泛的硫化方法，加热是增加反应活性、加速交联的一个重要手段。热硫化方法很多，有些先成型后硫化，有些成型与硫化同时进行（如注压硫化）。

① 热水槽硫化法：此法为直接常压硫化法，只需把要硫化的产品浸于热水或盐水中，使用于胶乳薄膜制品的硫化。例如，在热水中加入足量的超促进剂（二硫代氨基甲酸盐），而胶乳配方不需加入硫化促进剂。胶乳从温度 75～85℃的热水中吸收促进剂，约 1h 便可以实现硫化。

一些大型化工容器衬里，因体积过大，也常使用热水硫化。热源可以是电、蒸汽等。

② 烘房、烘箱热空气硫化法：此法也为直接常压硫化法，一般有两种形式，一种是把半成品放在加热室中加热硫化，如胶乳浸渍品常用此法；另一种是烘箱硫化，适用于某些特

种橡胶制品的二次硫化，为了使一次硫化的残余物质尽快挥发，热空气保持与外界不断地循环。热源可以是电、蒸汽等。

③ 硫化罐硫化：用蒸汽、空气或蒸汽-空气混合介质硫化胶制品，一般是在加压的硫化罐中进行。在一些场合下，硫化罐硫化也可在热（过热）水、氮气或其他气体介质中进行。最广泛应用的是在蒸汽介质中硫化，蒸汽价廉，使用安全，硫化过程也易于控制。

硫化罐硫化是间歇性硫化过程，加热是非稳态的。一般来说，硫化过程包括几个连续操作。装罐和关闭罐盖（一次性或分阶段）；升高罐内的温度和压力；在规定的温度、压力和时间下硫化制品；降低罐内压力；打开罐盖并卸罐取出制品等。在一些场合下，要在出罐前将制品在罐中冷却。

硫化罐是在压力下工作的容器，由国家硫化罐技术检验部门进行严格管理由它们对硫化罐进行登记，发给安装许可证，并对使用实行监督。根据硫化介质的不同，硫化罐硫化工艺又有如下几种主要硫化方法。

④ 用平板硫化机（模压）硫化：为了制造致密而精度高、构型复杂的橡胶制品，广泛采用平板硫化机模压硫化方法。采用这种方法可同时进行两个过程：胶料在专用模型内加压成型，然后在压力下进行硫化。在一些场合下两个过程也可单独进行。

由于胶料具有黏流性质，所以能在压力下充满模型。为了改进胶料的流动性，可将胶料预热，胶料一般是装入热模中。应该注意，胶料在成型过程中尚未完全流动（到充满模型）之前，不应该发生早期硫化。

在平板硫化机上加压硫化制品可用单槽模，对小规格制品可用多槽模。模型的大小可按最大利用加热板面积来确定。为了便于操作，也可按质量确定模型尺寸。选择制造模型的材料时，要考虑到对材料的强度、耐磨性、低成本、化学稳定性、容易高精度加工、良好的导热性等要求。很多种牌号钢都能满足这些要求。

为了制得尺寸精确的制品，设计模型时必须考虑硫化胶的收缩率。在硫化制品表面的分模面处有毛刺和流胶边等缺陷，这是因为半成品的体积与模腔的体积有差别，以及模型设计上的缺点造成的。要用专用机械或其他方法修整制品上的毛刺及流胶边。在设计模型时，要尽可能使制品的工作表面不与分模面重合，即在工作面上要没有毛刺和流胶边。

平板硫化机的生产率取决于硫化时间、放在热板上的模型数量、模型中的模腔数目，以及从模型中取出制品和装入胶料所必需的装卸模时间。在强化硫化条件及提高硫化温度时，装卸模时间就成为提高平板硫化机生产效率的主要因素。要尽可能使装卸模的过程机械化，以缩短辅助操作时间，减轻劳动强度。要将模型安放在活动板上，用专门的液压启模器或电磁启模器打开模型，用气动装置从模芯上取下成品并装上未硫化的半成品，用喷雾器将模型涂上脱模剂。这样装备的平板硫化机就有可能实现模压硫化过程的完全自动化。

脱模（润滑）剂、粉状隔离材料以及橡胶中迁移出来的硫黄会逐渐沉积在模型壁上，生成积垢。必须经常清除积垢，以保证硫化制品的质量。可以用热碱液、焙烧、喷砂等方法处理模型表面，再用硬刷、超声波处理等方法清洗模型。

平板硫化机模压硫化工艺的应用范围很广，常用于各种胶带、胶板、密封制品、模压胶鞋及各种模型制品的硫化。

⑤ 动态硫化法：是指橡胶与塑料两类高分子材料在高温及动态条件下通过相互作用，在性能上达到兼顾和互补。具体做法是将橡胶和塑料共置于高剪切力的高温炼胶机中进行机械共混，得到两相均匀的共混物。既保证塑料组分在高温下呈现良好的流动性，便于加工，又让橡胶组分在共混的动态条件下完成硫化，以获得橡胶的各项特性（包括可交联、高弹性、小变形等）。动态硫化的出现，有助于简化胶料在加热、硫化过程中的加工程序，又可以节省能耗。它的特点是把橡胶和塑料两类高分子材料通过加热共混，得到橡塑两相并存的

共混体。然后，通过常规硫化设备（例如平板硫化机、注压机）和模具完成硫化。整个操作过程包括以下几个方面：

制备橡胶母炼胶。把配方中所列的生胶、填充剂及除所有硫化体系以外的配合剂都投入密炼机混炼。待混合均匀、薄通 5～7 次后出片。

塑化聚丙烯。将聚丙烯加入密炼机中，转子的转速为 70r/min，使聚丙烯在高速、高剪切力的作用下熔融、塑化。然后与上述橡胶母炼胶进行共混。

待两相之间混合均匀，最后加入硫化体系的各组分（硫化机、促进剂），在密炼机内完成动态硫化。

将上述动态硫化胶料（已硫化但未制成成品）置于模具中加热（180℃）、加压（10MPa），制取成品。

第六节　橡胶及其制品性能检测方法

硫化橡胶胶料的物理性能是决定产品性能的主要因素，我们将在本节具体介绍橡胶胶料几种性质、橡胶轮胎制品性能等测定方法。

一、密度

简单来说，密度就是在某特定温度下质量与体积的比值，这个性质决定了填充一个给定模具的模腔时所需橡胶的质量。具有高密度的胶料填充一个给定尺寸的模具需要更多的橡胶。因为橡胶原料是按单位质量来购买的，而且橡胶的模压产品是由固定溶剂的模具生产出来的，所以知道胶料的密度对产品成本的计算是十分重要的。通常，在胶料中加入填充物，例如炭黑、白炭黑或陶土会提高胶料的密度。加大填料的用量可以降低价格。而且，测定胶料的密度是质量控制的重要步骤，它可以测出由于配合剂的质量和混合的改变以及其他原因而引起的橡胶胶料组成的变化。

硫化橡胶胶料样品的密度可以通过 GB/T 553—2008 标准中所规定的两种方法进行测量和计算。在测定密度之前，首先应制备符合标准规定尺寸的硫化橡胶胶料样品，要求试样表面应光滑，不应有裂纹及灰尘，若样品中包含织物，裁切试样前应去除织物。应尽量避免使用挥发性液体，如特殊需要，可使用合适的低沸点、非氧化性的液体润湿织物与胶接触表面。在织物与胶分离过程中不应损坏橡胶。若使用液体，裁切前橡胶表面的液体应全部去除干净。若试样表面外包织物，应将试样表面外包织物去除干净，将露出的胶表面打磨光滑。

第一种测验方法是用适当长度的细丝将试样悬挂于天平挂钩上，将试样底部在水平跨架上方约 25mm 处，细丝的材料不应溶于水、不吸水。先称量试样在空气中的质量，精确到 1mg。再称量试样在水中的质量，在标准实验室的温度下，将装有新制备的冷却蒸馏水或去离子水的烧杯放在水平跨架上，将试样浸入水中，除去附着于试样表面的气泡，称量精确到 1mg，直到确定指针不再变化后读取结果，之后利用公式即可计算出密度。

方法一公式：

$$\sigma = \rho \frac{m_1}{m_1 - m_2} \tag{10-1}$$

式中　ρ——水的密度；

　　m_1——试样在空气中的质量，g；

　　m_2——试样在水中的质量，g。

第二种测验方法是将洁净、干燥的密度瓶及塞子分别在试样放入前后各称量一次。将试样切成小片，具体的形状及尺寸取决于原始试样的厚度。所切小片的两个方向尺寸应不大于4mm，第三个方向的尺寸不大于6mm，在此限定范围内小片应尽可能大些。所有裁切边缘光滑，在标准实验室温度下，将装有试样的密度瓶中充满新制备的冷却蒸馏水或去离子水，除去试样表面及密度瓶内壁的气泡。用塞子塞好密度瓶，注意密度瓶或毛细管中不应有空气，干燥密度瓶外壁后称量密度瓶、试样和水的总质量。将密度瓶中试样及水全部倒出，再用新制备的冷却蒸馏水或去离子水充满，除去气泡，用塞子塞好密度瓶，干燥密度瓶外壁，称量密度瓶和水的总质量。上述称量均应精确至1mg。利用公式计算出密度。

方法二公式：

$$\sigma = \rho \frac{m_2 - m_1}{m_4 - m_3 + m_2 - m_1} \tag{10-2}$$

式中　ρ——水的密度；

　　m_1——密度瓶的质量，g；

　　m_2——密度瓶加试样的质量，g；

　　m_3——密度瓶加试样加水的质量，g；

　　m_4——充满水的密度瓶的质量，g。

二、硬度

在橡胶工业中，硬度的测试简单、便宜而且快速。硬度是测硫化橡胶抵抗施加外力的变形的能力，这产生了对橡胶胶料在非常有限的变形的模量的测量。

根据 GB/T 2411—2008 所规定硬度的测量方法是采用邵尔硬度计，这种硬度计是通过弹簧施加给硬度计的，其具体测试方法为：将试样放在一个硬的、坚固稳定的水平平面上，握住硬度计，使其处于垂直位置，同时使压针顶端离试样任一边缘至少 9mm。立即将压座无冲击地加到试样上，使压座平行于试样并施加足够的压力，压座与试样应紧密接触。通过硬度计的读数就可以获取胶料样品的硬度值。

该硬度测试方法有些粗糙，只是在很小的形变下测量的，这些形变可能与最终产品的应用无关。因此，该硬度测试是快速简单测定硫化胶料性能的粗略差别的方法，不应作为设计和工程性能的可靠测量。

三、拉伸应力-应变

在橡胶工业中，拉伸应力-应变是一个最普遍的测试，在拉伸设备上进行。一个硫化的哑铃形橡胶试样在预先设定拉伸速率下（通常是50mm/min）被拉断，同时测定其产生的拉力。图10-11是普通的哑铃形测试样品。GB/T 528—2009详述了测试硫化橡胶胶料的拉伸应力-应变性能的标准步骤。在测试中通常记录不同伸长率下

图 10-11　哑铃形测试样品

的数据，如拉伸强度、断裂伸长率和定伸应力。拉伸强度是哑铃形样品在断裂时的最大拉伸力；断裂伸长率是指断裂时的应变；定伸应力通常是在断裂之前在不同预定应变（例如

100％和 300％）下测量和记录的。

讨论拉伸应力-应变性能，比如拉伸强度，它容易受不良的混合及分散、杂质的存在、欠硫、过硫、气孔和其他因素的影响。分散不好的各种配合剂颗粒例如炭黑聚集体，在哑铃形橡胶试样伸长时会形成应力集中点，使其在较低的应力下就过早地断裂。杂质，例如尘土和纸屑，都能引起试样在较低应力下断裂。挥发性的配合剂在硫化过程中会造成气孔，也会降低拉伸强度。最后，实验室的混合料比工厂混合的批料具有更高的拉伸强度，因为实验室制备的胶料通常混合分散得更好。用拉伸应力-应变测试给定的胶料是工厂测定胶料缺陷的一个重要的确保质量的工具，在胶料的开发中是非常有用的。

四、压缩应力-应变

根据 GB/T 7757—2009 标准内容，测定压缩应力-应变性质有三种方法。

A 法：在抛光的金属板表面上轻轻地涂上一薄层润滑剂将试样组合件放入压缩试验机中心，以 10mm/min 速度压缩试样，直至应变达到 25％为止。以相同的速度放松试样。如此再重复压缩和放松试样三次，四次压缩周期形成一个连续的程序，记录力变形曲线。

B 法：将黏合的组合件放入压缩试验机中心，以 10mm/min 速度压缩试样，直至应变达到 25％为止。以相同的速度放松试样。如此再重复压缩和放松试样三次，四次压缩周期形成一个连续的程序，记录力变形曲线。

C 法：在抛光的金属板表面涂上一薄层润滑剂。将黏合的组合件放入压缩试验机中心。对环状产品进行试验时，压缩板上应有孔，以便在压缩期间将空气排出。以 10mm/min 速度压缩试样，直至应变达到 30％为止，记录应力-应变曲线。

上述三种方法所得结果不相同。对于经润滑的试样，若能使其达到充分润滑，则试验结果仅与橡胶的模量有关，而与试样的形状无关。然而，有效的润滑往往很难达到，应检验相同试样，对比试验结果的差异以表示不同的润滑状态。对于与金属板黏合在一起的试样，试验结果与橡胶的模量及试样的形状有关。试样形状对试验结果的影响较大，因此，这个试验结果与经润滑剂润滑的试样所获得的结果有显著的不同。对于产品，试验结果取决于试样形状，但是对于产品试验主要用于比较目的时，是可接受的。

与拉伸测试相比，压缩应力-应变特性测试与产品实际应用的关系更为密切。通常的测试方法包括测量两块板间的圆柱形橡胶样品压缩变形时所受的压力。压缩测试的结果与样品的形状、预处理、变形率以及样品在金属板间的黏合和滑移程度等因素有关。滑移得越多，说明样品所受的"滚磨"就越小，受"滚磨"的程度以及是否受"滚磨"对测试结果影响很大。

五、剪切应力-应变

剪切作用下的应力-应变特性与一些橡胶制品的实际应用密切相关。通常大多数橡胶制品的使用都不超过 75％的应变，可以采用 GB/T 12830—2008 标准进行测定。具体操作是：试样由四个长度为 25mm±5mm、宽度为 20mm±5mm、厚度为 4mm±1mm 的尺寸相同的橡胶片组成。每个橡胶片的两个相对最大面分别与四块宽度相同、长度适宜的刚性板对应面相互黏合，形成一个对称的双夹层结构。在刚性板两自由端中心位置采用适宜的方法可与试验机的夹具配合相连，刚性板应有相当的厚度，避免试验时弯曲。典型的排列结构如图 10-12 所示。

本方法适用于在标准试验室的条件下制备的试样，试验结果也可为橡胶胶料和粘接剪切件的制作方法的研究和控制提供试验数据，适用于橡胶剪切模量的测定方法。

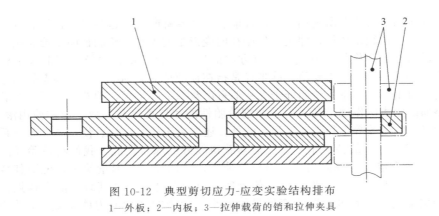

图 10-12　典型剪切应力-应变实验结构排布
1—外板；2—内板；3—拉伸载荷的销和拉伸夹具

六、抗撕裂性

在使用过程中，在橡胶制品的缺口和缺陷位置的高应力集中会导致撕裂或断裂的拓展。不同的橡胶硫化产品显示不同抗撕裂性。胶料的抗撕裂性与其交联密度、硫化状态以及填料的种类和用量有关。引发撕裂的力完全不同于撕裂拓展的力。许多撕裂测试在一个橡胶试样有意设置一个缺陷以便与撕裂拓展的力联系起来。根据 GB/T 529—2008 所规定，测定硫化橡胶或热塑性橡胶撕裂强度有如下三种试验方法。

1. 方法 A：使用裤形试样

使用裤形试样对割口长度不敏感，而另外两种试样的割口要求严格控制。另外，获得的结果更有可能与材料的基本撕裂性能有关，而受定伸应力的影响较小（该定伸应力是试样"裤腿"伸长所致，可忽略不计），并且撕裂扩展速度与夹持器拉伸速度有直接关系。有些橡胶的撕裂扩展是不平滑的（不连续撕裂），结果分析会有困难。

2. 方法 B：使用无割口直角形试样和使用有割口直角形试样

① 使用无割口直角形试样：该试验是撕裂开始和撕裂扩展的综合。在直角点处的应力上升至足以发生初始撕裂，然后应力进一步增大直至试样撕裂。但是，只能测定破坏试样所需的总应力。因此，所测得的力不能分解为产生撕裂开始和撕裂扩展的两个分力。

② 使用有割口直角形试样：该试验是将试样预先割口，测定其扩展撕裂所需的力，扩展速度与拉伸速度没有直接关系。

3. 方法 C：使用新月形试样

该试验也是将试样预先割口，测定其扩展撕裂所需的力，而且扩展速度与拉伸速度无关。按 GB/T 2941 中的规定，试样厚度的测量应在其撕裂区域内进行，厚度测量不少于三点，取中位数。任何一个试样的厚度值不应偏离该试样厚度中位数的 2%。如果多组试样进行比较，则每组试样厚度中位数应在所有组中试样厚度总的中位数的 7.5% 范围内。

七、轮胎的性能指标

评价轮胎的性能指标有很多，但普遍为大家所采用的主要有载荷能力、使用寿命、缓冲能力、附着能力、滚动阻力、安全性能和经济性能几个指标。

1. 载荷能力

轮胎的结构参数很大程度决定轮胎载荷能力的大小。轮胎的结构参数主要包括外部形状尺寸、内部充气压力、帘线及所配用帘布的性能、具体轮廓断面。这些参数被综合为一个与轮胎载荷能力密切相关的数据依据，即关于轮胎径向变形量的大小。轮胎径向变形是指工作过程中轮胎接触地面时在载荷作用下发生在竖直方向的尺寸变化。轮胎的径向变形量主要包括静半径、自由半径和动半径 3 个重要值。静半径是指在标准负荷和标准气压下静态轮胎车轴径向与路面的距离。自由半径则是指轮胎处于无变形自由状态下的半径，即新胎半径。车轮滚动过程中车轴与路面的距离叫作动半径。为了鉴别轮胎性能和计算汽车参数，通常使用滚动半径 R_r 参数。滚动半径除了受静半径和动半径影响外，还取决于轮胎结构、使用条件等一系列因素。

在具有一定变形量的情况下，轮胎能够获得较好的综合性能。我们将轮胎径向载荷量与径向变形量的关系定义为载荷能力。单位负荷下，轮胎径向变形量越小，说明其载荷性能越好。换一种说法，单位径向变形量下，轮胎所载负荷量越多，则其载荷能力越强。

内压的增加能一定程度上减少变形量的大小，轮胎的载荷能力能得到一定程度的提高，但需要注意的是内压的提升需要增加胎体层数或胎体帘线强度，否则会导致产生一系列的热量问题，并且影响了轮胎的缓冲能力。所以，能够提升载荷承受能力的途径，经常是加大规格尺寸和选用优质材料。

轮胎载荷能力还与其使用条件密切相关，外部环境改变时，轮胎就会受到一定程度的影响，如在不良道路上行驶，会受到外界各种无规则力的影响，这时应该对载荷标准进行降低。路况良好，行驶平稳，速度较低，轮胎所受剪切速率低，使用条件相对宽松，就可适当提高载荷标准。引起轮胎变形的能量几乎全部由压缩空气和胎体材料所承担。在正常径向变形下，60％左右消耗于压缩空气，40％左右作用于帘布层和胎面胶变形。径向变形量过大或过小时，消耗在压缩空气的能量一般都要降低。

2. 使用寿命

轮胎的使用寿命决定了其使用价值及价格。轮胎的报废 80％～90％是因花纹磨光而导致的。因此，轮胎的使用寿命主要取决于轮胎胎面胶的耐磨性能，也就是说可以用轮胎的耐磨性来表征其寿命。轮胎使用寿命可按下式计算：

$$L = \frac{1000 \times (h_1 - h_2)}{\Delta h}$$ (10-3)

式中　L——轮胎形式里程，km；

　　　h_1——轮胎花纹深度，mm；

　　　h_2——最低花纹允许深度，mm；

　　　Δh——胎面单耗，mm/1000km。

对于轮胎耐磨性的判定可采用：每行驶 1000km 所消耗磨损掉的花纹深度；或者单位花纹深所行驶的里程或单位里程所磨掉的胶量替代。轮胎耐磨性能取决于轮胎结构（决定印迹面压强和滑移率等因素）、胎面胶性能（耐磨指标）和使用条件（路面、气压和负荷、气温和车速等）等参数。

轮胎结构是影响其磨耗性的最主要因素。子午胎的磨耗性能比斜交胎高 30％以上，有时甚至能高一半以上。

因为胎面花纹直接与路面接触，合理设计胎面花纹可保证轮胎具有良好的耐磨性。增大胎面花纹块面积，减小花纹沟面积，采用横向花纹以及增大花纹块刚性等，均可提高胎面耐磨性。

从配方角度考虑，在 NR 中并用适当比例 SBR 和 BR 能显著提高胎面的耐磨性。补强体系用中超耐磨炉黑并适当增加用量，可获得较好的耐磨性，适当降低硫化程度也会获得较好的耐磨性，胎面胶中掺入一定量的细钢丝可提高大型轮胎在坏路面上的耐刺扎耐磨耗性能。轮胎内压降低和负荷增加以及行驶速度加快，也会增大胎面磨耗，但目前还不能进行定量分析。

3. 缓冲性能

车辆悬挂系统性能的好坏很大程度取决于轮胎的缓冲性能，因此设计轮胎的缓冲性能应考虑与车辆整体悬挂性能相匹配。轮胎缓冲性能通常以单位径向变形所需的负荷量表示，单位为 N/cm。与轮胎的载荷性能的定义对比可知，轮胎缓冲性能是其载荷中的一种特定性能。轮胎的缓冲性能还可用影响汽车悬挂系统性能的指标表示。例如，可以用在一定使用条件下车辆的振动频率和振动幅度表示，这样能直接了解轮胎缓冲性能对车辆性能的影响。由此可知，轮胎缓冲性能可以多种形式来表征，也可通过多种途径来测量。

车辆行驶过程中，轮胎缓冲性是动态变化的。随着速度增高，受离心力影响，轮胎刚性逐渐增大，特别是高速行驶时，由于胎体产生大量的热，轮胎内压增高，刚性迅速增大，使缓冲性能迅速降低。当车辆转向时，由于车辆重心发生转移和轮胎侧向变形，也会降低其缓冲性能。

帘布层结构中影响缓冲性能的，主要有帘线角度和帘布层数。帘线角度大和帘布层数多的轮胎，缓冲性能差。

4. 附着性能

轮胎只有与路面良好地附着，才能保证车辆安全行驶。据统计，有 5%～10% 的交通事故是因轮胎附着力不够造成的，在冰雪及湿滑路面上更高，可达安全事故的 25%～40%。因此，设计和使用轮胎都应该重视其附着性能。

对附着性能的表示通常分别用两个方向的附着系数来确定。纵向附着系数等于在车轮完全均匀空转时牵引力与法向载荷之比，或等于在制动车轮完全均匀滑移时制动力与法向载荷之比。侧向附着系数等于侧向力与法向载荷之比。附着系数不仅与轮胎的具体结构还与不同环境条件下的路面状况程度有关。在没有起伏干燥的路面上，轮胎结构参数的不同并不会对附着系数带来较大的影响，此时附着系数主要取决于路面粗糙程度和硬度以及胎面胶的硬度和滞后损失，而胎面花纹类型和轮胎尺寸则影响不大。若是路面不够平稳，在轮胎的外部尺寸和内压会造成极大的影响。

在当前公路十分发达、路况越来越好的条件下，改善轮胎的湿滑性能以避免在湿滑路上的交通事故非常重要。轮胎湿滑性能主要是对快速行驶而言，低速时轮胎湿滑性能甚至比在干路时好，这主要是在比较平坦的干路面常有沙砾、灰尘覆盖，破坏了轮胎与地面的附着，导致轮胎附着性能大大降低。

习 题

一、名词解释

喷霜；焦烧；喷硫

二、选择题

1. 橡胶胶料的加工，硬度在硫化开始后迅即（　　　），在正硫点时基本达到（　　　），（　　　）硫化时间，硬度基本保持恒定。

A. 减小　最小值　减小　　　　　　B. 增大　最大值　延长

C. 减小　最大值　延长　　　　　　D. 增大　最小值　延长

2. （　　　）在伸长时能取向结晶，使拉伸强度（　　　）。

A. 非结晶性橡胶　降低　　　　　　B. 结晶性橡胶　提高

C. 非结晶性橡胶　提高　　　　　　D. 结晶性橡胶　降低

3. （　　　）的硫化起点缓慢，焦烧时间长，但硫化温度下硫化活性大，硫化速度快。典型的是次磺酰胺类促进剂，它也是当前发展速度最快的促进剂。

A. 迟效性促进剂　　B. 活性剂　　　C. 超速级促进剂　　D. 慢速级促进剂

三、填空题

1. 针织胶管的一般成型方法是_____。
2. 夹布胶管成型通常有_____。
3. 输送带带芯成型方法有_____。

四、判断题

1. 缠绕胶管的成型，根据骨架结构分为纤维和钢丝两种。 （　　）
2. 输送带的带芯贴合方式若采用层叠式，则带芯部两侧在贴合覆盖胶胶片时需加贴边胶条。 （　　）
3. 硬芯法一般适用于内径小而要求严格、长度短的纤维线编织胶管。 （　　）

五、简答题

1. 压延过程中胶料进入辊筒的条件有哪些？
2. 橡胶注射成型的优点有哪些？
3. 请简述胶带硫化过程。
4. 试述橡胶硫化后的物理性能的变化，并解释之。
5. 橡胶的硫化历程分为几个阶段？各阶段的实质和意义是什么？
6. 何谓正硫化和正硫化时间？正硫化时间测定方法有哪几种？各有何特点？
7. 纺织物挂胶压延工艺分为贴胶和擦胶。什么是贴胶和擦胶？各自的优缺点和应用场合如何？
8. 橡胶硫化方法有哪些？
9. 常用的轮胎外胎硫化方法有哪两种？
10. 请简述橡胶硫化的基本原理。
11. 何谓硫化介质？
12. 何谓橡胶的挤出、压出膨胀？

在线辅导资料， MOOC 在线学习

①橡胶的压延原理；②橡胶的压出；③橡胶注射成型；④橡胶硫化原理；⑤橡胶硫化工艺与制品。涵盖课程短视频、在线讨论、习题以及课后练习。

参考文献

[1] （美）约翰 S. 迪克．橡胶技术：配合与性能测试 [M]．游长江，贾德民，等译．北京：化学工业出版社，2005.
[2] 游长江．橡胶硫化 [M]．北京：化学工业出版社，2013.
[3] 杨清芝．现代橡胶工艺学 [M]．北京：中国石化出版社，1997.
[4] 巫静安．压延成型与制品应用 [M]．北京：化学工业出版社，2001.
[5] 邬国铭．高分子材料加工工艺学 [M]．北京：中国纺织出版社，2000.
[6] 吴生绪．图解橡胶成型技术 [M]．北京：机械工业出版社，2012.
[7] 北京橡胶工业研究设计院．橡胶制品工业 [M]．北京：化学工业出版社，1980.
[8] 张海，赵素合．橡胶及塑料加工工艺 [M]．北京：化学工业出版社，1997.
[9] 李郁忠．橡胶材料及模塑工艺 [M]．西安：西北工业大学出版社，1989.
[10] 赵素合．聚合物加工工程 [M]．北京：中国轻工业出版社，2001.

第四篇
纤维加工成型

天然纤维的使用贯穿于人类文明的发展，中国是利用天然纤维最早的国家之一。闻名于世界的蚕丝，是我们祖先的一项重大发现。天然纤维的性能虽然不错，但是同天然橡胶一样，天然纤维的生产也受到自然环境的限制，使其无论在产量和质量上都不能满足人类日益增长的需要，以及工农业和其他领域对纤维逐渐提升的高要求。合成纤维出现在 20 世纪 30 年代，最早的合成纤维是由聚氯乙烯纺丝制成的氯纶。1938 年，第一个用合成高分子化合物为原料的尼龙 66 化学纤维厂投入生产。此后，一系列合成纤维，如腈纶、维尼龙、涤纶等先后研制成功并实现产业化。20 世纪 50 年代后，随着超细纤维、聚四氟乙烯纤维、芳香族聚酰胺纤维、碳纤和功能纤维的研制成功，化学纤维步入新的发展阶段，促进了工业、尖端科学和国防建设的发展。目前，合成纤维的产量已经大大超过天然纤维，在国民经济中具有重要地位。

第十一章

纤维概述

第一节　纤维简介

一、纤维定义与分类

纤维长径比一般要大于1000，用作纺织材料时还应当具有一定的强度、韧性和尺寸稳定性。天然纤维（麻、棉、丝、毛等）早在一万年前就已广泛使用，而化学纤维的开发历史较短。

（一）天然纤维

天然纤维指自然界存在、具有纺织加工价值的纤维，包括：

① 纤维素纤维：种子毛纤维、初皮纤维、叶脉纤维、竹原纤维等；

② 蛋白纤维：兽毛纤维、蚕丝纤维、羽毛纤维等；

③ 无机纤维：矿物纤维——石棉。

（二）化学纤维

化学纤维是用天然高分子材料或合成高分子为基本原料加工而制得的。

按所用原料以及处理方法的不同，化学纤维可分为再生纤维、合成纤维和人造无机纤维。

① 再生纤维是以天然高分子如纤维素、甲壳素、蛋白质及海藻等为基本原料，经过一系列加工而制得的纤维，包括再生纤维素纤维、半合成纤维、再生蛋白纤维、海藻纤维及甲壳素类纤维等。

② 合成纤维是以石油、天然气、煤炭、石灰石等为基础原料，经过一系列化学合成制备的聚合物，再加工而制得，如聚酰胺纤维、聚酯纤维、聚丙烯腈系纤维、聚烯烃纤维、聚乙烯醇缩甲醛纤维、聚氯乙烯系纤维、聚氨酯纤维、聚对亚苯基苯并双噻唑纤维、聚对亚苯基苯并双噁唑纤维和聚酰亚胺纤维等。

③ 人造无机纤维包括碳纤维（聚丙烯腈基、纤维素基、沥青基）、玻璃纤维、矿渣纤维

或矿渣棉纤维、铝纤维、不锈钢纤维、合金金属纤维等。

依据材料的性状不同，化学纤维可分为长丝、短纤维、复合纤维、异形截面纤维、超细纤维等。

依据材料的功能性不同，化学纤维可分为：阳离子染料（高温高压型及常压型）可染聚酯纤维，分散染料常压可染聚酯纤维，可染聚丙烯纤维，吸湿、排汗、速干性纤维，抗静电性纤维，导电性纤维，抗起球性纤维，阻燃性纤维，弹性纤维，抗紫外线纤维，抗菌抑菌性纤维，耐氯漂性纤维，疏水性纤维，形状记忆性纤维，有色纤维，不同光泽纤维等。

二、常用合成纤维名称与结构

常用合成纤维的名称与结构式见表 11-1。

表 11-1　常用纤维的名称与结构式

名称	定义	结构式
黏胶纤维（人造丝、人造棉）	将纤维素原材料经碱化-老成-磺酸化后溶解于碱溶液，再经熟成—过滤—脱泡制成纺丝液—黏胶，采用湿法纺丝，将纺丝液从微孔中吐入由硫酸、硫酸钠、硫酸锌等组成的凝固浴中凝固，继而经拉伸—水洗—上油干燥等工序得到黏胶纤维，即再生纤维素纤维	
聚乙烯醇缩甲醛纤维（维纶）	乙烯醇质量分数在 65% 以上的线型合成高分子聚合物—聚乙烯醇溶解于热水中，经过滤—脱泡制成纺丝原液，以硫酸钠水溶液为凝固浴，采用湿法纺丝得到初生纤维经拉伸—热处理—缩醛化—水洗—上油—干燥得到的纤维；也可用更高浓度（40%～55%）的聚乙烯醇水溶液，在湿热空气中成型的干法纺丝制得长丝	
聚氯乙烯纤维（氯纶）	以聚氯乙烯或其衍生物（聚偏氯乙烯、氯化聚氯乙烯）的丙酮溶液采用湿法或干法纺丝纺制的纤维	
聚丙烯腈纤维（腈纶）	丙烯腈质量分数大于 85% 的线型聚合物聚丙烯腈溶解于硫氰酸钠水溶液或 DMF、DMA、DMSO 等溶剂中，采用湿法或干法纺丝制得纤维	

名称	定义	结构式
聚己内酰胺纤维（锦纶 6）	将聚己内酰胺经熔体纺丝—拉伸—热定型制得纤维	$\begin{array}{c}\\ -CH_2CH_2CH_2CH_2CH_2-C-N- \\ \quad \overset{\displaystyle O}{} \quad \overset{\displaystyle}{H} \end{array}_n$
聚己二胺己二酸纤维（锦纶 66）	由聚己二胺己二酸经熔体纺丝—拉伸—热定型制得纤维	$\begin{array}{c} -N-CH_2CH_2CH_2CH_2CH_2CH_2-N-C- \\ H \qquad\qquad\qquad\qquad H \quad\; O \end{array}_n$
聚对苯二甲酸乙二醇酯纤维（涤纶、PET 纤维）	以聚对苯二甲酸乙二醇酯质量分数大于 85% 线型合成聚合物经熔体纺丝—拉伸—热定型纺制的纤维	$-[C-\overset{}{\bigcirc}-C-O-CH_2-CH_2-O-]_n$
聚对苯二甲酸丙二醇酯纤维（PTT 纤维）	以聚对苯二甲酸丙二醇酯质量分数大于 85% 的线型高分子聚合物经熔体纺丝—拉伸—热定型纺制的纤维	$-[C-\overset{}{\bigcirc}-C-O-CH_2-CH_2-CH_2-O-]_n$
聚对苯二甲酸丁二醇酯纤维（PBT 纤维）	以聚对苯二甲酸丁二醇酯质量分数大于 85% 的线型聚合物经熔体纺丝—拉伸—热定型纺制的纤维	$-[C-\overset{}{\bigcirc}-C-O-CH_2-CH_2-CH_2-CH_2-O-]_n$
聚-2,6-萘二甲酸乙二醇酯纤维（PEN 纤维）	以聚-2,6-萘二甲酸丁二醇酯质量分数大于 85% 的线型聚合物高分子经熔体纺丝—拉伸—热定型纺制的纤维	$-[C-\text{(naphthalene)}-C-O-CH_2-CH_2-O-]_n$
聚乙烯纤维（乙纶）	以不含取代基的聚乙烯线型聚合物高分子经熔体纺丝—拉伸—热定型纺制的纤维	$-[CH_2-CH_2]_n$
聚丙烯纤维（丙纶）	等规聚丙烯经熔体纺丝—拉伸—热定型纺制的纤维	$\begin{array}{c} \qquad CH_3 \\ -[CH_2-CH-]_n \end{array}$
聚四氟乙烯纤维（氟纶）	将聚四氟乙烯的微细粉末分散于可成纤的聚合物载体溶液（如聚乙烯醇）形成悬浮液，纺制的纤维再经高温烧结去除载体得到聚四氟乙烯纤维	$-[CF_2-CF_2]_n$
聚氨酯纤维（氨纶）	以聚氨酯嵌段质量含量大于 85% 的线型聚合物高分子的 DMF 溶液经干法纺丝纺制的纤维，将该纤维加外力伸长 3 倍，解除张力后可恢复至原长的 96% 以上；也可直接将聚氨酯进行熔体纺丝	$\begin{array}{c} \qquad\quad H \;\; H \;\; O \\ -[C-N-R-N-C-O-]_n \\ \; O \end{array}$

名称	定义	结构式
聚乳酸纤维（PLA 纤维）	以聚乳酸质量分数大于85％线型高分子聚合物经熔体纺丝—拉伸—热定型制得的纤维	
聚对苯二甲酰对苯二胺纤维（芳纶1414）	将聚对苯二甲酰对苯二胺溶解于浓硫酸，以稀硫酸为凝固浴，采用干喷湿纺法纺丝，再经洗涤、干燥和热处理得到的纤维，该纤维的特点是具有高强度、高模量及高耐热性	
聚间苯二甲酰间苯二胺纤维（芳纶1313）	将聚间苯二甲酰间苯二胺溶解于无机盐水溶液，采用湿法或干法纺丝纺制的纤维，该纤维的特点是优异的耐高温性	
聚酰亚胺纤维（PI 纤维）	以酰亚氨基为重复单元构成的线型高分子聚合物溶液采用湿法或干法纺丝—脱水环化—热拉伸制得的纤维，具有极高的耐热性能	
聚醚醚酮纤维（PEEK 纤维）	聚醚醚酮经熔体纺丝拉伸—定型纺制的纤维，耐热、化学物质及摩擦性能好	
聚苯硫醚纤维（PPS 纤维）	聚苯硫醚线型聚合物采用熔体纺丝制得的纤维，具有很好的化学稳定性和阻燃性，但是耐光性差	

三、相关专业名词

1. 线密度

线密度是表征纤维和纱线粗细程度的指标，通常有定长制与定重制两种表示方法。定长制是以在标准状态下（20℃、65％RH，下同）一定长度纤维所具有的质量来表示，线密度属于定长制，其定义为 1000m 长度纤维的质量克数，其单位为特克斯（tex），简称特；而 1000m 长度纤维的质量分克数（0.1g）则称为分特克斯（dtex），简称分特，这是我国的法定计量单位。

2. 断裂强度

断裂强度是表征纤维力学性能的主要质量指标之一，指纤维受负荷拉断时的强度。通常有如下四种表示方法。

① 绝对强力：指纤维断裂时所能承受的最大负荷，单位为 N。显然绝对强力的数值与纤维样品的粗细程度相关，因此不同粗细的纤维试样不具有可比性。

② 强度极限：指纤维断裂时，单位面积上所受的力，单位为 N/mm^2。

③ 相对强度：纤维的绝对强力与其线密度的比值，单位为 cN/dtex。

④ 断裂长度：用纤维本身的质量与断裂强力相等时的纤维长度来表示，单位为 km。

3. 初始模量

初始模量也称弹性模量，纤维在外力作用下伸长 1% 时所需要的应力，表征纤维对小形变的抵抗能力。

4. 断裂伸长率

纤维受外力作用至拉断时，拉伸前后的长度差值与拉伸前长度的比值称断裂伸长率，用百分率表示。它是表征纤维柔软性能和弹性性能的指标。断裂伸长率越大表示其柔软性能和弹性越好。

5. 干湿强力比

通常所指的强度为在标准状态下纤维的强度，称干强度，而纤维在湿润状态下测定的强度称湿强度。吸湿性能较好纤维的湿强度比干强度要低，故采用湿强力与干强力的比值，即干湿强力比的百分数来表征湿润状态下纤维的性能。

6. 环扣强度

环扣强度又称勾结强度。将两根纤维相互套成环状，在强力机上测定环扣处断裂时的强度，单位为 cN/dtex。它是渔网和绳索等应用时的重要指标，用以表征纤维的刚性和脆性。

7. 打结强度

打结强度又称结节强度。将纤维或纱线打结后在强力机上测定结节处断裂时的强度，单位为 cN/dtex。是针织和结网用纤维和纱线的重要指标，用以表征纤维的刚性和脆性。

8. 回潮率

回潮率是以干基表示的纤维材料含湿量的指标之一。即在标准状态下纤维试样所含水分的质量与绝干纤维试样的比值，用百分率表示。

9. 含湿率

含湿率是以湿基表示的纤维材料含湿量的指标之一。即在标准状态下纤维试样所含水分的质量与湿纤维试样质量的比值，用百分率表示。

10. 染色性能

染色性能是纺织纤维的重要性能指标之一。染色性能与纤维的化学结构及超分子结构有关。主要指某种纤维可用何种染料染色、染色速度及染色牢度等。

11. 极限氧指数

极限氧指数（limiting oxygen index，LOI）是材料燃烧性能的指标之一。即指材料维持平稳燃烧所需氧气与氮气中最低氧含量的体积分数。当 LOI 值大于 21% 时即表示在空气中不易燃烧，LOI 值越高表示材料越难燃烧。

12. 原液着色纤维

原液着色是纤维着色的一种方法。通常生产的是白色纤维，需将该纤维或用其织成的织物用染料或颜料染色或印花。如果生产批量较大的单一素色纤维时，可以在制备聚合物熔体或溶液时将染料或颜料直接添加其中，纺制出的纤维即为有色纤维，称原液着色纤维，此法更换颜色时较为烦琐。

第二节 化学纤维性能与应用

一、再生纤维

1. 黏胶纤维

黏胶纤维按性能可分为普通黏胶纤维和高湿模量黏胶纤维（又称富强纤维）。普通黏胶纤维的黏胶密度大，约 $1.5 \mathrm{g/cm^3}$。手感柔软光泽好，悬垂性好，吸湿性、透气性良好，回潮率 $13\%\sim15\%$。穿着凉爽舒适，不易产生静电。染色性能好，不易起毛球，缩水严重。纺丝工艺如图 11-1 所示。

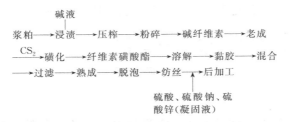

图 11-1　黏胶纤维纺丝工艺

2. 醋酯纤维

醋酯纤维密度小于纤维素纤维（棉、麻、黏胶），其织物手感柔软，有弹性，悬垂性优良，穿着轻便舒适。但强度较低，耐热性差，高温容易熔化，难以通过热定型形成永久保持的褶皱。纺丝工艺流程如图 11-2 所示。

图 11-2　醋酯纤维纺丝工艺

3. 铜氨纤维

铜氨纤维密度与棉及黏胶纤维接近或相同，为 $1.52 \mathrm{g/cm^3}$。性能比黏胶纤维优越。因非常细，所以手感柔软，光泽柔和。铜氨纤维溶于浓硫酸、热稀酸和强碱，不溶于有机溶剂。铜氨纤维一般为长丝，用于制作高档丝织或针织物，高级套装的里料，滑爽、悬垂性好。因受原料的限制（需耗费金属铜，故成本高），且工艺较复杂，产量较低。纺丝工艺如图 11-3 所示。

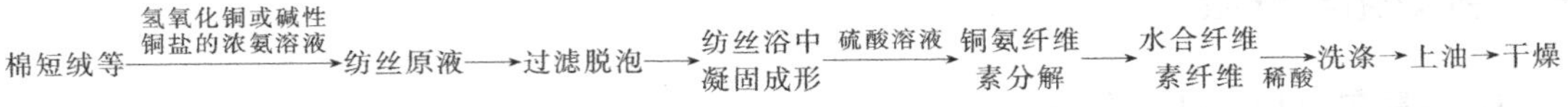

棉短绒等 —→（氢氧化铜或碱性铜盐的浓氨溶液）→ 纺丝原液 —→ 过滤脱泡 —→（纺丝浴中凝固成形）硫酸溶液 铜氨纤维素分解 —→（水合纤维素纤维）稀酸 —→ 洗涤 → 上油 → 干燥

图 11-3　铜氨纤维纺丝工艺

二、合成纤维

1. 涤纶（聚酯类纤维）

涤纶结晶度高（60%），强度高；亲水性基团极少，回潮率很小；涤纶大分子具有刚柔相济的结构；涤纶耐碱性较差，只能耐弱碱，在强碱中易水解。纺丝工艺如图11-4所示。

聚酯融体 ———————（聚对苯二甲酸乙二酯）———→ 纺丝→集束→拉伸→定型→卷曲→切断→打包→涤纶短纤维
聚酯切片——→干燥——→熔融—┘

图 11-4　涤纶短纤维纺丝工艺

2. 锦纶

在普通纤维中（除氨纶外）锦纶的回弹性最高，耐磨性最突出。强度、弹性很好，耐疲劳的能力强，有优良的耐用性。保形性差，外观不够挺括。回潮率较小（公定回潮率4.5%），吸湿性较差，易起静电和沾污。纺丝工艺如图11-5所示。

锦纶6切片 →投料→ 氮气保护 → 螺杆挤压 熔融 挤出 → 箱式保温输送 → 计量泵计量、挤出 →过滤→ 细化拉伸 →上油→纺丝→ 高速卷绕 →包装

图 11-5　锦纶纺丝工艺

3. 丙纶

丙纶纺丝方法有常规的熔体纺丝法，流程与锦纶、涤纶类似，还有膜裂纺丝法、纺黏法、熔喷法等。丙纶强度、弹性和耐磨性较好，结实耐用，强度和弹性近似锦纶和涤纶；耐热性差，不耐干热，耐湿热性能较好，100℃以上开始收缩；化学稳定性好，能耐大多数化学试剂；最大的缺点是耐光性能特别差，容易老化。

4. 维纶

维纶强度和耐磨性能较好（优于棉花）；弹性不好，与棉花相似；易起皱，缩水率大，服装的保形性差；耐化学品、耐日光和耐海水；耐干热性强，但湿热性差（主要缺点）；染色性较差，上染速度慢，上染率低，色泽不鲜艳。纺丝工艺如图11-6所示。

醋酸乙烯的合成→醋酸乙烯的聚合→醋酸乙烯的醇解→甲醇和醋酸的回收→纺丝→后加工→热处理→缩醛化

图 11-6　维纶纺丝工艺

5. 氯纶

氯纶吸湿性差，染色困难，电绝缘性强；阻燃性好，LOI为37.1；化学稳定性好；热导率低，为0.042，保暖性好；耐热性极低，60℃以上即开始热收缩；染色性差；易发生光老化。纺丝工艺如图11-7所示。

PVC——→捏合——→加入热稳定剂和着色剂——→过滤——→纺丝——→集束——→水洗——→拉伸——→上油——→热定型——→卷曲——→氯纶

图 11-7　氯纶纺丝工艺

三、新型化学纤维

1. 莱塞尔（Lyocell）纤维

莱塞尔纤维是目前使用有机溶剂法已实现工业化生产的再生纤维素纤维，它是以季铵类

氧化物 N-甲基氧化吗啉水合物（NMMO·H_2O）为溶剂，用干湿法纺制的再生纤维素纤维。其工艺流程简单（图11-8），生产周期短，生产中不污染环境，原材料丰富，可以是木材、棉短绒、甘蔗渣等。

莱塞尔纤维性能特点如下：机械强度较高；湿强≥80％干强；伸长率较低，织物水洗后变形小；初始模量和湿模量较高，织物尺寸稳定性较高，抗皱性较好；勾结强度较大；沸水收缩率较小；对碱溶液的稳定性较高；吸湿膨润的异向特点；较高的径向膨润率，织物湿加工困难；较低的纵向膨润率，在湿加工后尺寸稳定性好；舒适性好，回潮率和保水率高。

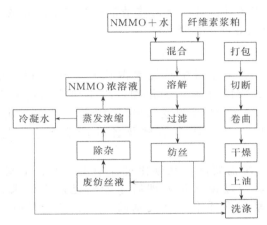

图 11-8　Lyocell 纤维生产工艺流程

2. Tencel 纤维

Tencel 纤维工艺流程与 Lyocell 纤维相似。湿强、干强高；吸湿透气好；染色好，具生物降解性；柔软，悬垂好，弹性好；缩水小。缺点是易原纤化。

3. 莫代尔（Modal）纤维

Modal 纤维使用后可以自然降解；柔软顺滑、光洁；具有合成纤维的强力和韧性；吸湿透气性好；具有良好的形态与尺寸稳定性；染色性能较好；频繁洗涤后依然柔顺亮丽；耐热性、耐日光性，在150℃左右强度开始下降，180～200℃分解。

4. 丽赛（Richcel）纤维

Richcel 纤维性能：①克服了黏胶纤维的缺点，秉承了该系列纤维的所有优点；②具有较强的耐碱性；③具有很高的湿强度；④良好的干伸与湿伸性能；纤维光泽好，极富弹性、悬垂性和滑爽感；⑤高吸湿度和干燥度；⑥可染性好；废弃物可自然降解，安全环保。

丽赛、天丝和莫代尔并称为高档纤维素纤维三剑客。

5. 大豆纤维

大豆蛋白纤维集蚕丝、羊绒、羊毛、纤维素纤维等天然纤维的优点，又具有合成纤维的力学性能，耐酸碱性优良，是易生物降解、具有保健功能的新型再生纤维，具有广泛的应用前景。但是大豆蛋白纤维自身色泽较深、耐热性差、纤维结构不均匀，影响了大豆蛋白纤维的推广应用。通过质子化处理、漂白、增白工艺及严格控制工艺条件来改善各项缺陷，可达到应用要求。

6. 聚乳酸（PLA）纤维

聚乳酸纤维是以玉米、小麦、甜菜等含淀粉的农产品为原料，提炼成葡萄糖，再经发酵生成乳酸单体后，再经缩聚和熔融纺丝制成。PLA 最初用于纤维，其他的应用还包括膜、纸、热成型及注射塑膜等方面。

聚乳酸纤维常用的纺丝方法有熔融纺丝、湿法纺丝和静电纺丝法。聚乳酸纤维相对密度为 1.27。机械性能：强度、伸长率与涤纶和锦纶差不多，但初始模量较低，具有很好的手感，回弹性很好。吸湿性：吸湿性优于涤纶；染色性能：染色以分散性染料为好；光学性质：具有较低的折射率，光泽柔和；热学性质：熔点为 175℃，玻璃化转变温度为 57℃，沸水收缩率为 8%～15%。阻燃性：极限氧指数是常用纤维中最高的（26%～27%），燃烧时发热量低，易自熄。具有良好的生物降解性。

7. 碳纤维

碳纤维（CF）指纤维化学组成中碳元素占总质量 90% 以上的纤维，是有机纤维在惰性气氛下经高温碳化而成的纤维状碳化物，现主要为腈纶基和沥青基碳纤维。在没有氧气存在的情况下，碳纤维能够耐受 3000℃ 的高温。主要用于制作增强复合材料，应用于航空、航天和国防军工、体育器材及各种产业用途，是无机类高性能纤维的代表。

生产碳纤维的有机纤维需要满足在碳化过程中不熔融、不剧烈分解才能作为碳纤维的原料，一些有机纤维要经过预氧化处理后才能满足这个要求。目前生产碳纤维的有机纤维主要有：聚丙烯腈基碳纤维、黏胶基碳纤维、沥青基碳纤维、木质素纤维基碳纤维等。

碳纤维根据主要的强度与模量的力学性能可分为通用级（普通型）CF 和高性能（高强型）CF（图 11-9）。

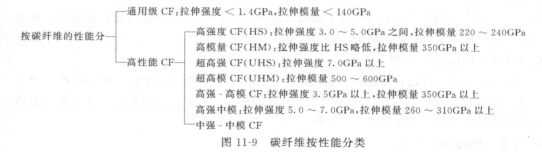

图 11-9　碳纤维按性能分类

按照生产工艺条件的不同，碳纤维又可分为普通碳纤维、石墨纤维、活性碳纤维、气相生长碳纤维，如图 11-10 所示。

图 11-10　碳纤维按生产工艺分类

碳纤维生产工艺流程长，技术关键点多，技术壁垒高，是多学科、多技术的集成。近年来，碳纤维工业成为高精尖产业之一。

按原子间结合力推算，碳纤维的理论拉伸强度可高达 180GPa，拉伸模量为 1020GPa。但目前全世界最高水平碳纤维的实际拉伸强度为 9.13GPa（理论强度的 5%），实际拉伸模量达到 640GPa 以上（理论值的 65% 左右）。实际强度与理论强度差距如此之大，表明碳纤维仍有巨大的发展空间。原丝的直径越小，预氧丝和碳纤维的质量越均匀，碳纤维产品的强度越高。纤维力学性能的改进和提升是碳纤维发展的重要方向之一。

8. 差别化纤维

差别化纤维指在原来基础上进行改性，使性状获得改善的纤维。

经改性后的差别化纤维包括变形丝、异形纤维、超细纤维、高收缩纤维、易染色纤维、吸水吸湿纤维以及其他满足某种特殊要求和用途的功能性纤维，如抗静电纤维、导电纤维、蓄热纤维和远红外纤维、防紫外线纤维、阻燃纤维、光导纤维、弹性纤维、抗菌防臭纤维等。

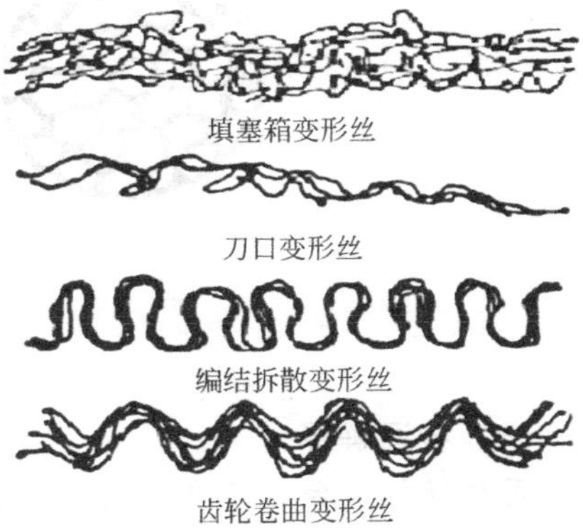

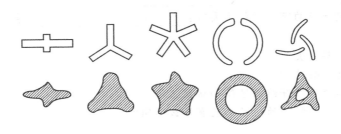

图 11-11　变形丝形态

变形丝指给予长丝卷曲变形，并用适当的方法（如加热定性）加以固定，使原有的长丝获得永久、牢固的卷曲形态，如图 11-11 所示。

异形纤维指纤维截面形状不是实心圆形的纤维。可以改善合成纤维的手感、光泽、抗起毛起球性、蓬松性等特性。异形纤维截面如图 11-12 所示。

图 11-12　异形纤维截面

复合纤维指将两种及以上的聚合物或性能不同的同种聚合物通过一个喷丝孔纺成的纤维，可解决纤维的永久卷曲和弹性，提供纤维易染色、难燃、抗静电、高吸湿等特性。典型复合纤维的结构如图 11-13 所示。

超细纤维指细度小于 0.9dtex 的纤维。抗弯刚度小，织物手感柔软、细腻、具有良好的悬垂性、保暖性和覆盖性，但回弹性低、蓬松性差。比表面积大，吸附性和除污能力强。超细纤维截面如图 11-14 所示。

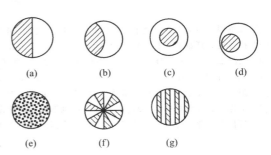

图 11-13　典型复合纤维的结构
（a）、（b）并列型；（c）、（d）皮芯型；
（e）海岛型；（f）、（g）离裂型

高收缩纤维是指在热或热湿作用下的长度有规律弯曲收缩或复合收缩的纤维。易染色纤维主要指涤纶的染色改性纤维。吸水吸湿纤维指具有吸收水分并将水分向邻近纤维输送能力的纤维。

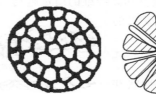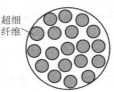

超细
纤维

图 11-14　超细纤维截面

习 题

一、名词解释

再生纤维，合成纤维，极限氧指数，染色性能，线密度，差别化纤维，异形纤维，初始模量，回潮率，含湿率。

二、计算题

大豆纤维试样的实测重量为220g，经烘箱烘干后测得重量为200g，试求该大豆纤维试样的回潮率和含湿率。

三、填空题

1. 化学纤维按基本制造方法分为＿＿＿＿＿＿＿、＿＿＿＿＿＿＿、＿＿＿＿＿＿＿三种。

2. 化学纤维分为＿＿＿＿＿＿、＿＿＿＿＿＿、＿＿＿＿＿＿。

3. 目前生产碳纤维的有机纤维主要有：＿＿、＿＿、＿＿、＿＿等。

四、问答题

1. 碳纤维有哪些分类？

2. 复合纤维有哪些结构？

3. 请简单介绍聚丙烯纤维的性能和纺丝工艺。

4. 维纶与其他各种纤维的纺丝工艺有什么不同？

参考文献

[1] 陈维稷. 中国大百科全书（纺织卷）[M]. 北京：中国大百科全书出版社，1984.

[2] 孙晋良. 纤维新材料 [M]. 上海：上海大学出版社，2007.

[3] 法凯 B. V. 合成纤维 [M]. 张书绅译. 北京：纺织工业出版社，1987.

[4] （英）J. W. S. Heade，高性能纤维 [M]. 马渝茳，译. 北京：中国纺织出版社，2004.

[5] 张大省. 超细纤维生产技术及应用 [M]. 北京：中国纺织出版社，2007.

[6] 李栋高. 纤维材料学 [M]. 北京：中国纺织出版社，2006.

[7] 肖长发. 化学纤维概论 [M]. 北京：中国纺织出版社，1997.

第十二章

熔融纺丝

熔融纺丝，也称熔法纺丝，是以聚合物熔体为原料，采用熔融纺丝机进行的一种成型方法。熔融纺丝可用于加热能够熔融或转变成黏流态而不发生显著降解的聚合物。熔融纺丝时，聚合物先在螺杆挤出机中熔化后被送入纺丝部位，再经纺丝泵定量送入到纺丝组件，过滤后，由喷丝板的毛细孔中挤出。液态丝条逐渐固化后由卷绕装置高速拉伸成丝，该丝为初生纤维，初生纤维经过后加工成为纤维。

熔融纺丝要求聚合物熔点较低，加热软化时不发生降解。由于熔融纺丝不需要溶剂，可以直接纺丝，因此工艺简单，成本较低，无溶剂回收问题。像涤纶、锦纶等常用纤维均可用熔融纺丝成型。熔融纺丝是一元体系，只涉及聚合物熔体丝条与冷却介质间的传热，纺丝体系没有组成的变化。熔融纺丝、湿法纺丝、干法纺丝各工艺的异同点见表 12-1。

表 12-1　各纺丝方法异同点

纺丝方法	熔融纺丝	湿法纺丝	干法纺丝
纺丝设备	螺杆挤出机、纺丝箱、冷却装置	计量泵、纺丝组件	
		原液制备装置、过滤器、混合器	
		凝固浴槽	介质传热、溶剂蒸发、挥发溶剂回收系统
纺丝速度	1000～8000m/min	15～150m/min	200～500m/min
适用范围	能够熔融或变成黏流态而不发生显著降解的聚合物	分解温度低于熔点或加热时易变色，且能溶解在适当溶剂中的聚合物	加工分解温度低于熔点或加热时易变色，但能溶解在适当溶剂中的成纤聚合物

第一节　熔融纺丝设备

熔融纺丝设备主要包括螺杆挤出机、纺丝箱体、计量泵、纺丝组件、冷却装置这五个部分。

一、单螺杆挤出机

详见第二篇中第七章塑料挤出成型中的单螺杆挤出机。

二、双螺杆挤出机

详见第二篇中第七章塑料挤出成型中的双螺杆挤出机。

三、计量泵

计量泵的作用是准确计算、连续输送成纤聚合物熔体，保证纺丝流体到达喷丝板，以精确的流量从喷丝孔喷出。

1. 计量泵的结构与工作原理

计量泵由一对相等齿数的齿轮、三块泵板、两根轴和一副联轴器以及若干螺栓组成（图12-1）。

计量泵工作时，传动轴带动主动轴转动，从而使一对齿轮在中泵板的8字形孔中啮合运转。

当齿轮啮合运转时，在吸入孔造成负压，流体被吸入泵内，最后送至出口，由于出口容积的不断变化，而将流体排出。

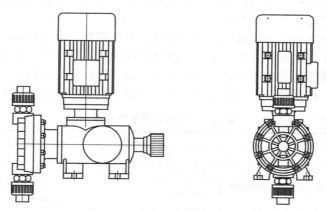

图 12-1　计量泵结构

流体出口压力随出口管路、纺丝组件（或喷丝帽组件）阻力而异，阻力越大，功率消耗也越大。若出口压力超过一定限度，会使齿轮与泵板之间的漏流量增加，限制了压力的提高。为了使齿谷充分填满泵入口，要求入口压力一般不低于0.3MPa。

熔纺计量泵要在230～350℃、5.88～17.0MPa压力下输送高度流体，更换清理时要在450℃的高温下焙烧或经化学药剂处理。

2. 叠泵和复合泵的结构

随着高速纺、多头纺技术的发展，熔纺计量泵由单泵发展成叠泵、多泵和高压泵。

叠泵（双泵）是把两单泵连接起来。它有一个进口，两个出口。

四叠泵由两个三齿轮泵叠合成，它有两个入口、四个出口（图12-2）。还有一种行星齿轮泵，把数个小泵设计在同一泵上使它的出口流程相等、出口压力与流量一致。这种泵可以根据要求设计行星齿轮的数量，增加纺丝的头数，构成多泵。

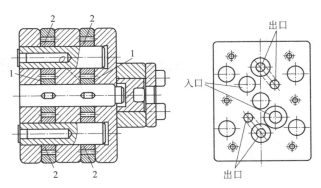

图 12-2　JR-1.2×4 型计量泵
1—主动齿轮；2—从动齿轮

这种泵可以根据要求设计行星齿轮的数量，增加纺丝的头数，构成多泵。

复合泵类似于叠泵，是为两种聚合物复合纺丝而设计的，结构为双层，有两个出口，两个入口，分别接通上下层，从而引出上下层不同的聚合物熔体供给复合纺丝组件。

四、纺丝箱

1. 纺丝箱的作用与结构

纺丝箱的作用是保持熔体到每个纺丝位都有相同的温度和压力降，使熔体均匀地分配到每个纺丝部位上。纺丝箱结构见图 12-3。

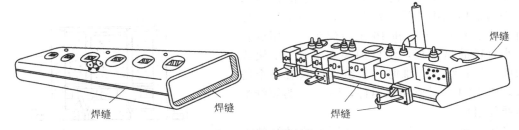

图 12-3　纺丝箱结构

一个纺丝箱一般有 2 个、4 个、6 个和 8 个纺丝位。衡量纺丝箱效率的主要参数是位距产量，即纺丝单元产量与相邻两个纺丝中心距离之比。

纺丝组件有上装和下装两种方式。上装式箱体中有一个与组件相当的腔体，组件从箱体的上部落入腔体中，再由侧向螺栓紧固，从另一端输入熔体。这种结构操作方便，但与组件的间隙有空气流动，影响组件的保温性能，这一现象称为烟囱效应。下装式可以避免这种现象，纺丝箱的腔体由下向上，上部是封闭的，熔体一般从上部的中心输入组件。

2. 纺丝箱的加热方式

纺丝箱的加热方式有两种。一种是在箱体内存放一定量的联苯混合物，由电热棒加热，在箱体内形成气液相共存体系。只要保持箱体内的压力，就可以保证箱体内的温度；另一种方式是使用联苯炉集中加热，形成循环加热回路。这种方式使箱体间的温差小，适用于长丝生产。

五、纺丝组件

1. 纺丝组件的作用与结构

纺丝组件的主要作用是将计量泵送来的熔体进行最终过滤，混合均匀后分配到每个喷丝孔中，形成均匀的细流。

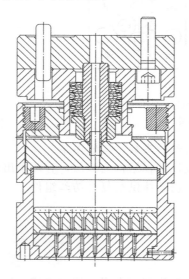

图 12-4　长丝纺丝组件

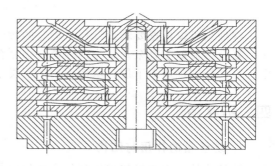

图 12-5　短纤维高压纺丝组件

根据所纺丝类别、纺丝压力及工艺条件不同，其组件的结构也不相同。纺长丝时，一个纺丝位可有 2 个、4 个、6 个和 16 个纺丝头，采用少孔数、小直径的喷丝板，组件内装有 2 块、4 块或多块喷丝板；纺短纤维时一个纺丝位只有一个纺丝头。图 12-4 为长丝纺丝组件，图 12-5 为短纤维高压纺丝组件。

高压纺丝的优点是熔体在高压下流过纺丝组件时，形成很大的压力降，产生较大的剪切作用，使机械能瞬时转化成热能，熔体温度均匀上升，黏度下降，从而改善熔体流动性能，提高产品的质量。因此适用于高黏度、热稳定性较差的熔纺聚合物纺丝。

过滤层的作用是清除熔体中微小的杂质和粉碎物，以及残留在熔体中的气泡等。

2. 复合纺丝组件

复合纺丝是将两种或两种以上具有不同物理性能的熔体在一个喷丝孔中挤出，形成一根截面上有明确分界的丝。

熔融复合纺丝（图 12-6）中熔体进入组件被

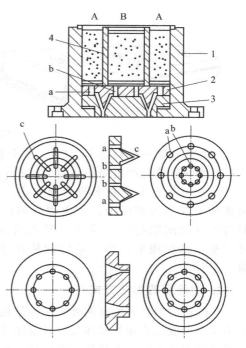

图 12-6　熔融复合纺丝组件

1—喷丝板座；2—分配板；3—喷丝板；4—套筒

套筒分隔成 A、B 两室，两种物理性能不同的熔体分别通过两室的过滤层，进入分配板中相应的 A、B 孔中。板的一面是平的，内外两圈的喷孔以 a、b 表示；另一面有凸出的环状隔板 c，在隔板上开有联通 A、B 的沟槽，将两种熔体导入喷丝孔。喷丝板中有凹形环状槽与分配板的环状隔板相对应，槽底开有若干个微孔。熔体在喷丝孔的微孔中合并成一股细流喷出，凝固后成双组分复合丝，其外观与普通丝完全一样，将这种丝热处理后，就会呈现永久性的螺旋状卷曲，即自动卷曲。

六、喷丝板

喷丝板的主要作用是将聚合物熔体变成具有特定截面的细流，冷却后形成丝条。

1. 喷丝板的形状和结构

熔纺喷丝板主要有圆形和矩形（图 12-7），广泛使用的是圆形喷丝板。圆形喷丝板又分为平板形和凸缘形。

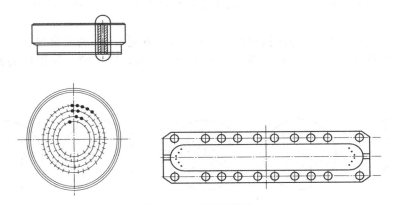

图 12-7　喷丝板形状

（1）喷丝板的外径与厚度

板的外径根据孔数排列方式和工作条件来确定，长丝的喷丝板外径有 50mm、52mm、64mm、70mm、80mm 和 85mm，纺短纤维和帘子线的喷丝板外径在 160mm 以上。

（2）喷丝孔的结构

喷丝孔由导孔和微孔组成，导孔形状有带锥底的圆柱形、圆锥形、双曲线形和平底圆柱形几种（图 12-8）。

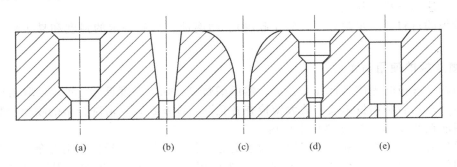

图 12-8　喷丝孔导孔形状
（a）圆柱形；（b）圆锥形；（c）双曲线形；（d）二级圆柱形；（e）平底圆柱形

导孔的作用是引导熔体连续平滑地进入微孔，在导孔和微孔的连接处要使熔体收敛比较缓和，避免在入口处产生死角和出现旋涡状的熔体，保证熔体流动的连续稳定。

喷丝板导孔的直径一般为1.6mm、2mm、2.5mm、2.8mm和3mm。导孔与微孔直径的过渡锥角较小时可以减缓熔体的收敛程度，常用的锥角为60°和90°。

（3）微孔长径比（L/d）

由于熔体的入口效应影响出口熔体的流量稳定性，增大长径比有助于熔体的弹性松弛，减小出口处的弹性胀大，对纺丝有利。但长径比越大，加工越困难，一般长径比取1～4，应用比较广泛的是1.5～2。

（4）孔数及排列

喷丝板的孔数与纺丝的品种有关，纺长丝一般采用1～80孔，广泛采用的有20孔、24孔、30孔、32孔、36孔、68孔、72孔、74孔、96孔，纺帘子线采用100～400孔，短纤维采用400孔以上，有的多达150000孔。

喷丝孔在板上的分布应尽量避免密集孔之间有足够的间距，使冷却风均匀吹到每一根丝条上。

喷丝板的排列形式可归纳为同心圆形、正方形（或菱形）、满天星形、一字线形、分区均布排列五种类型（图12-9）。矩形喷丝板用直线形排列，圆形喷丝板以同心圆或分区均布排列方式为最多。

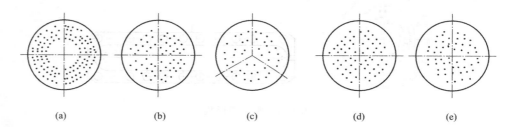

(a)   (b)   (c)   (d)   (e)

图12-9　喷丝孔排列形式
（a）同心圆形；（b）满天星形；（c）分区均布；（d）正方形；（e）一字线形

同心圆形排列的喷丝板一般将孔设置在比喷丝板外径小20～30mm处。中心的无孔区要尽量大些，这样在环吹风向内部吹冷风时容易透过丝束进入中心，提高冷却效率。

（5）熔法喷丝板的材质

喷丝板的材料要满足耐热（抗氧化起皮）、耐腐蚀、具有一定的强度和易于冷冲挤压等性能。

2. 喷丝板的使用与清理

使用新喷丝板时先按品种编号登记，然后煅烧2～3h，温度低于450℃，取出后用压缩空气吹净，冷却后利用投影仪、放大镜检查各孔圆整度及缺陷。清洗合格的喷丝板装入组件中，使用前在200～300℃顶热炉中预热。

喷丝板清洗与泵的清洗方法相同，为了更好地保护喷丝板，延长使用寿命，主要采用条件较缓和的三甘醇法或流化床法进行清洗，然后用超声波洗去微生物，用压缩空气吹扫干净，检验合格后备用。

七、热拉伸辊

热拉伸辊是纺牵一步法联合机上的主要部件，装在纺丝机和卷绕机之间，丝材经过热拉伸辊拉伸后卷绕，称为全拉伸丝。热拉伸辊是成对使用的，根据拉伸纤维品种的区别可使用 2 对、3 对或 4 对热拉伸辊。

根据拉伸辊加热的方法不同分成两种类型，一种为电感直接加热辊筒，另一种为电感先加热辊内液体介质，再由液体把热量传到辊的表面（图 12-10）。

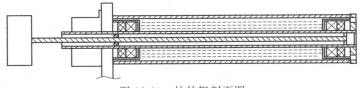

图 12-10　拉伸辊剖面图

辊套为双层结构，中间有空腔，其内充有液体。液体加热蒸发后，蒸气均匀分布在空腔内，并按冷凝原理对辊进行恒温。温度控制采用传感器在液体内与辊筒同步旋转，温度传送装置位于其后部。温度信号通过发射频率调制的红外线进行传送。传送装置的静止部分接收温度信号，并转给电器柜的温度控制器，控制电加热器的工作状态。

八、冷却吹风系统

熔体细流从喷丝板喷出到卷绕装置以前要进行冷却吹风使其凝固，冷却吹风系统的条件对纤维的线密度、染色性、伸长等都有较大影响。

在选择冷却方式时，要求冷却的均匀性，冷却长度对丝条的扰动要尽量小。对不同的纺丝种类，冷却装置的形式也有所区别，常用的有侧吹风和环吹风两种，环吹风可进一步分成外环吹风（外向内吹风）和内环吹风（内向外吹风）。

1. 侧吹风装置

侧吹风装置结构简单，操作方便，适于长丝的冷却。采用侧吹风时空气从丝的垂直方向直接吹在丝条上（图 12-11）。该装置传热系数较高，冷却效果好，适用于生产 30tex 以下较低纤度的丝条。

蝶阀用于调节冷却风；多孔板用来克服风窗垂直面风速分布不均匀；金属网用多层金属丝以不同角度交错而成，使冷却风混合稳定和过滤，一般采用 40～100 目的金属网 4～6 叠，也可以用烧结金属毡。

整流层制成蜂窝式结构，使冷却风呈层流状态水平吹出。整流板气流方向的厚度为 40～100mm。

缓冷室是为防止冷却风吹向喷丝板、提高初生纤维的性能和喷丝板的使用周期而设计的。纺工业丝时，为了提高丝的强度，在喷丝板下装有徐冷环，温度在 290℃ 左右，目的是改善初生纤维的可拉伸性能，提高强度和降低伸度。

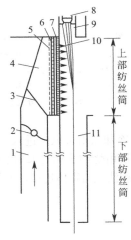

图 12-11　侧吹风装置

1—风道；2—蝶阀；3—多孔板；
4—稳压室；5—风窗；6—蜂窝板；
7—金属网；8—喷丝板；9—缓冷
室；10—冷却风；11—甬道

吹风窗下部为金属圆筒（或短形筒）的纺丝道，在多头纺丝时，要在面道内用隔板隔出几个小通道，以防车间内空气干扰。甬道下面装有通道门，防止卷绕室的气流倒灌，扰乱冷却气流。

侧吹风的风速分布与导流板形式有关（图 12-12）。按照丝条的温度变化规律，要求风速紧靠喷丝板下方处为零。随着喷丝板距离的增加，风速逐渐增大。

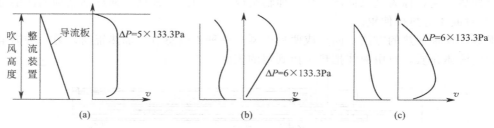

图 12-12　风速分布曲线

（a）上下风速不变；（b）上部风速大，下部风速小；（c）上部风速小，下部风速大

在离喷丝板 100～500mm 处，风速应最大，待丝条固化后，风速再逐渐减小。

2. 环吹风装置

环吹风装置用于短纤维生产，它由环吹头、吹风筒、阻尼层、上下风室、稳压室和移动装置等组成，在结构上有密闭式和开放式两种。

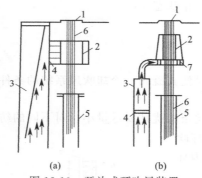

图 12-13　开放式环吹风装置

（a）侧进风式；（b）下进风式

1—喷丝板；2—多孔板；3—风道；
4—泡沫塑料；5—提拉套筒；
6—丝条；7—分配板

（1）开放式低阻尼的环吹风头结构

图 12-13（a）为侧进风式，（b）为下进风式，后者安装较方便。外壳用镀锌板或镀铬板卷制而成，有同心圆和渐开线两种形式。渐开线的风速比较合理。为了使风速均匀地从环吹头内吹出，可安装 2～4 块导流板。

为保持冷却条件的稳定，吹风头内应是正压，喷丝板周围有一定的气流外溢，形成保护性气幕，以防外界空气对熔体细流的干扰。环吹风装置主要控制冷风速度。风速高，冷风对丝的穿透能力强，溢流区增大，外溢气流增大。

开放式环吹风头离喷丝板的距离对熔体细流的及时冷却关系影响很大。实验表明，原丝直径不匀率、延伸不匀率等随吹风头离喷丝板的距离加大而增加。

（2）密闭式高阻尼环吹风头

冷却风由进风口进入、经多孔板、导流板均匀地进入上风室，通过阻尼筒的网板吹向丝条。阻尼层由烧结金属粉末和不锈钢丝网组成。为了保证环吹风头上部风速，阻尼筒轴向分成三节。吹风头用法兰与箱体连接，下部排风在通道的出口，整个系统与外界隔绝，不受外部环境的影响。

第二节　熔融纺丝工艺

一般的纺丝方法是将高分子制成纺丝流体，用齿轮泵定量供料，使之通过喷丝板的小孔形成黏性细流，然后进入定型通道凝固或冷凝成固态纤维。纺丝液有熔体和溶液之分，用熔体进行的纺丝方法称为熔融纺丝。熔融纺丝分为三个步骤：纺丝液的准备、熔融纺丝和纤维的后拉伸及热定型。下面分别展开论述，并以聚芳酯纤维为例来进行说明。

一、纺丝液的准备

纺丝前，成纤高分子必须制成纺丝液，而且制备过程中不希望高分子发生化学反应以及分子链结构的变化。纺丝液是选择熔体还是溶液是由高分子在熔融时的热稳定性来决定的。

工业生产上，熔体纺丝的实施方法有直接纺丝和切片纺丝两种。直接纺丝是把聚合得到的高分子熔体直接进行纺丝，降低了生产成本。但是对于某些聚合反应过程，直接纺丝会恶化纺丝条件，而且纤维产品质量不高。因此，对于产品质量要求较高的纤维以及聚合后有特殊处理（如尼龙6需萃取单体）的品种，一般常采用切片纺丝法。

用于纤维生产的粒料树脂统称为"切片"。切片纺丝就是将切片经过干燥、加热熔融制成纺丝熔体后所进行的纺丝工艺。与直接纺丝相比，切片纺丝的工序多，但灵活性较强，产品质量较高。

切片纺丝熔体的制备过程包括切片干燥和熔融两个工序。切片干燥的目的是去除水分（或小分子），提高聚合物的结晶度与软化点，防止高分子在熔融时发生热裂解、热氧化裂解和水解等反应；降低水分（或小分子）气化所造成的纺丝断头率。因此，必须对切片，尤其是带有吸湿性基团的切片，在纺丝前进行干燥处理。一般切片干燥采用真空干燥法，以降低干燥温度，防止水解、裂解反应的发生。切片干燥后，由于高分子的结晶度和软化点的提高，使切片在输送过程中不易因碎裂而产生粉末，同时也避免产生"环结阻料"现象。

切片熔融同塑料在挤出机中的熔融过程是一样的。塑化熔融的熔体以一定的压力输送至纺丝箱体中进行纺丝。

接下来以聚芳酯纤维为例介绍一下其纺丝准备过程。液晶聚芳酯的熔融纺丝过程与非晶聚合物的纺丝过程有很大的不同，其纺丝温度介于熔点与清亮点之间，由于液晶具有可流动的、光学各向异性结构，因此在此温度范围内，缺乏足够的能量使每个分子像在液体中那样自由转动，从而形成由平行排列的分子组成的微区，通常会形成向列型液晶，取向方向与分子的长轴平行。就可加工性而言，热致液晶聚合物在剪切应力的作用下取向，并呈现很长的取向松弛时间，这些是液晶聚合物区别于普通聚合物的主要特征。当热致液晶聚合物在高剪切应力下挤压通过喷丝孔时，其分子高度取向，由于松弛时间长，冷却固化过程中取向结构几乎完全被保持。因此，通过熔融纺丝可得到高性能热致液晶聚芳酯纤维。

二、熔融纺丝工艺

1. 螺杆挤出机参数

熔融纺丝的主要设备为螺杆挤出机。挤出机的规格以螺杆的外径表示，用于化纤行业的挤出机为 $\phi 65 \sim 200 \text{mm}$。

（1）螺杆的主要参数

a. 螺杆直径（D） 挤出机的产量是由螺杆直径决定的。

b. 螺杆长径比（L/D）和分段 目前采用的 L/D 值一般在 $20 \sim 28$，大多在 24 以上，在国外也有 $28 \sim 33$ 的。

c. 压缩比（ε）　一般取压缩比为 3～4，如对聚酯取 3.5～3.7、尼龙 6 取 3.5、尼龙 66 取 3.7、聚丙烯取 3.7～4。

其计算公式为：

$$\varepsilon=\frac{(D-h_1)h_1}{(D-h_3)h_3} \tag{12-1}$$

式中，D 为螺杆外径，cm；h_1 为加料段槽深，cm；h_3 为计量段槽深，cm。

d. 螺距（S）与螺旋角（α）　螺距与螺旋角的几何关系为：

$$S=\pi D\tan\alpha \tag{12-2}$$

经验证明，$\alpha=30°$ 时适用于粉末物料，$\alpha=15°$ 时适用于块状物料，$\alpha=17°$ 时适用于圆粒物料。为了便于制造螺杆，螺距取与螺杆的直径相等，螺旋升角为 $17°40'$。

e. 螺纹断面的形状　螺纹的断面形状有矩形和锯齿形两种，矩形的物料容积较大，加工方便。锯齿形断面可改善物料的流动状况，物料混合均匀，没有死角滞料现象，加工较难。目前，熔纺挤出机的螺杆一般采用锯齿形断面。

f. 螺杆头部结构　为了避免产生死角，螺杆头部通常加工成半圆形或圆锥形结构。

g. 套筒的壁厚　套筒壁厚不仅要满足强度要求，而且要考虑结构的工艺性和足够的热容量，以减少套筒的温度波动。国产挤出机的套筒壁厚见表 12-2。

表 12-2　套筒壁厚

螺杆直径/mm	套筒壁厚/mm	螺杆直径/mm	套筒壁厚/mm
45	20～25	120	40～45
65	25～30	150	45～50
90	30～40	200	50～60

（2）螺杆对纺丝产量的影响因素

a. 螺杆转速 n　当其他条件一定时，挤出量与螺杆的转速成正比，通过增加转速可以提高产量。但转速过高时，则物料在螺杆中停留时间过短，固体物料来不及全部熔化挤出，会导致输出熔体的质量下降。

b. 机头压力 P　由理论产量公式可知，顺流量与压力无关，而逆流量和漏流量与压力成正比，因此产量随机头压力增高而下降。

c. 螺杆特性曲线　如图 12-14 所示，螺杆在一定的转速下，挤出量和压力的关系可由直线 AB 表示，斜率为 $-B/\eta$，截距为 A，该直线为螺杆特性曲线。

不同的转速下可得到一组平行线 A_1B_1 和 A_2B_2（称螺杆特性曲线族）。在不同的机头压力下，螺杆有不同的挤出量。当压力等于零时，挤出量达到最大值；而压力最大时，挤出量为零。

当螺杆结构确定后，在一定转速下机头压力与黏度成正比。在保证挤出量不变的情况下，若改变工艺条件，则黏度高的工作压力要大，反之要小。

d. 机头特性曲线　螺杆在一定的转速下，通过机头的流量总和 Q' 与机头压力降的关系如下式：

$$Q'=K\frac{\Delta P}{\eta} \tag{12-3}$$

式中，Q' 为机头流量（和挤出量相等）；ΔP 为压力降，可看作挤压机的机头压力；η 为熔体黏度；K 为机头总阻力系数（与机头形状和尺寸有关）。

由式（12-3）可知，Q' 与 ΔP 的关系可用斜率 K

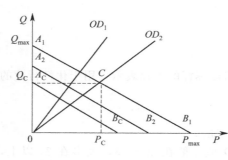

图 12-14　螺杆与机头特性曲线

（即通过原点的直线 OD）表示，该直线称为机头特性曲线，不同条件下可得到通过原点的一组直线。

在实际生产中，机头是由不同的断面形状和尺寸的流道串联而成的，所以有不同的阻力系数。若各流道的阻力系数为 K_1、K_2、K_3，则总阻力系数可按下式求得：

$$K = \frac{1}{1/K_1 + 1/K_2 + 1/K_3} \tag{12-4}$$

e. 螺槽深度 h 顺流量和逆流量都随螺槽深度的增加而增大，在压力不变的条件下，加深螺槽，挤出量增大。但螺槽过深时，流量波动增加，输出质量下降。

2. 熔融纺丝的工艺条件及控制

影响熔体纺丝成型的因素很多，主要有以下几个方面。

（1）熔体温度

熔体温度即纺丝温度，熔体温度应在其熔点和分解温度之间选择。温度过高，熔体黏度低，流动性好，喷丝压力低，但计量泵的计量不均匀，出丝不均匀，甚至造成细流挠曲黏结。温度过低，则因黏度大而造成喷丝时压力高，挤出胀大现象严重，往往不能经受喷丝头的拉伸而断裂，形成硬丝头。

（2）冷却速度

实践证明，冷却室温度以 35～37℃ 为宜。冷却室温度太高，冷却速度慢，丝束冷凝时间长而经不起拉伸，在卷绕时易发生断头；冷却室温度太低，冷却速度快，丝束会出现"夹生"现象，纤维拉伸性能不好。

（3）喷丝速度和卷绕速度

喷丝速度即熔体出喷丝孔的速度，喷丝速度高，熔体通过喷丝孔时因强烈剪切，黏度降低，出喷丝孔后的膨胀现象得到改善，在经喷丝头拉伸的过程中也不易断裂。但喷丝速度过高，会发生熔体破裂，长纤纺丝不能正常进行。

常规熔体纺丝一般卷绕速度为 600～700m/min，熔体细流在冷却成型过程中受到 2～4 倍的拉伸，而在高速纺丝时则受到 100～250 倍的拉伸，甚至更高，使纤维受到强烈拉伸取向。

（4）给湿给油处理

熔体纺丝时，丝束通过冷却室到达卷绕装置的时间很短，纤维的含湿量不可能与空气中的湿度达到平衡，如果纤维在卷绕之前不吸收水分，则卷绕后会在筒管上逐渐从空气中吸收水分，而产生卷绕松弛现象，于是当筒管很快移动时，丝卷可能会从筒管上滑脱下来。此外，完全干燥的纤维易产生静电，妨碍卷绕工作的正常进行。所以要进行给湿给油处理，在纤维从冷却室出来后，通过给油装置让丝束吸收水分和黏附一定的抗静电油剂。

3. 聚芳酯纺丝的取向与调控

热致液晶高分子的显著特点是在外力场作用下容易形成分子链取向，进入喷丝孔内保持一定的取向性，经卷绕装置拉伸，得到初生纤维，不需经过后拉伸也能达到很高的取向度。液晶高分子在熔点以上清亮点以下都保持各向异性的液晶态，这种形态结构非常易于纺丝制备高取向纤维。液晶聚芳酯熔体在一定温度下是一类剪切变稀熔体，而且表现出黏度的温度依赖性，随着温度的升高，表观黏度呈下降趋势，因此在高分子量液晶聚芳酯熔融纺丝过程中，须选择合适的纺丝温度与压力。

热致液晶聚芳酯纺丝和热处理中大分子链排列及结晶的分子机理包括：各向异性的液晶高分子的熔体在通过喷丝孔的剪切流动中的流变性能，在毛细管出口处液体的弹性松弛，沿

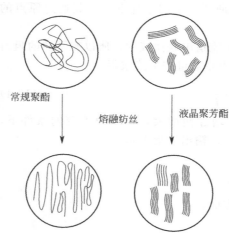

图 12-15 液晶聚芳酯与常规聚酯
熔融纺丝过程中的结构变化

常规聚酯

熔融纺丝

液晶聚芳酯

纺丝轴凝固前的拉伸流动和纤维冷却固化时的结晶。熔融纺丝过程中，利用纺丝过程中高剪切对形成结晶区域的取向，从而改善热致液晶聚芳酯的物理性能。见图 12-15。

液晶高分子在剪切或拉伸力作用下，它的刚性链段就可以产生局部取向，由于很少缠结，在较高温度与较大剪切力作用下将沿着剪切力作用方向迅速发生大范围的高度取向，而传统聚酯由于大分子的柔性和解取向，纺丝后大多形成低取向折叠链的结构。

由于液晶聚芳酯大分子的刚性结构，特别是低分子量液晶聚芳酯在熔融状态下黏度较小，且随着温度升高黏度下降，熔体内聚能强度很低，为了使得黏度适合纺丝，纺丝温度不能设定得太高，一般可以控制在熔点以上 10℃ 左右。表 12-3、表 12-4 分别为低、高分子量液晶聚芳酯纺丝工艺参数。

表 12-3 低分子量液晶聚芳酯纺丝工艺参数

温度/℃						计量泵转速 /(r/min)	泵供量 /(g/min)	卷绕速度 /(m/min)
一区	二区	三区	四区	五区	箱体			
260	282	285	287	290	290	2.76	3.11	300

表 12-4 高分子量液晶聚芳酯纺丝工艺参数

温度/℃						计量泵转速 /(r/min)	泵供量 /(g/min)	卷绕速度 /(m/min)
一区	二区	三区	四区	五区	箱体			
260	295	305	315	325	325	2.92	3.56	300

4. 聚芳酯纤维纺丝部分工艺控制

聚芳酯纤维纺丝所需喷丝孔孔径为 0.26mm 和 0.15mm 两种，长径比为 3:1。大孔适于高黏度、高取向热致液晶聚芳酯，包括一个喷丝板组件和一个加热外套筒，外套筒安装于喷丝板组件下方。

低分子量液晶聚芳酯切片纺丝相对较为容易，对设备与喷丝板也没有特殊要求，但是由于分子量较低，所得初生纤维的力学性能较低，需要在较高温度下长时间热处理，通过液晶聚芳酯发生固相聚合作用使分子量提高，提高力学性能。但是长时间的热处理只能采取间歇热处理法，对于液晶聚芳酯纤维的生产较为不利，另外，温度控制不当或长时间高温下热处理还有可能导致纤维束内部发生粘连现象，限制了纤维的后加工，引起性能恶化。

低分子量液晶聚芳酯，在熔融之后熔体黏度较小，工艺容易控制，采用一般的喷丝板即可。由于液晶聚芳纤维没有后拉伸工序，熔体黏度又小，因此采用较细喷丝板制备细化液晶聚芳酯纤维比较合适。由于机械加工工艺的限制，特别是细喷丝孔较难加工，综上，采用喷丝孔孔径为 0.15mm，长径比为 (6~7):1 的喷丝板。

聚芳酯熔体在熔点以上清亮点以下处于液晶态，而熔体在喷丝孔出口处基本没有挤出胀大效应，且在喷丝板下 10cm 左右迅速固化，而用高分子量液晶聚芳酯纺制纤维时由于黏度太大，在进入喷丝孔前其剪切或拉伸作用力不够，黏度很大，只能使用孔径较大的喷丝板，保证高黏度熔体能顺利挤出。为解决这个矛盾以制备较细的液晶聚芳酯纤维，必须对喷丝板重新设计。在喷丝板下方，设计一个缓冷熔腔，直径为8mm、高为8mm。其目的是延长挤出丝条的冷却区，即拉伸流动区，以制得细纤维。

考虑到生产实际可操作性，既要保证更长的固化距离，还要生产方便，可以在喷丝板下方加一个缓冷套。缓冷套最高控制温度为350℃。纺丝过程中缓冷套内空气温度为20~250℃。

通过以上两种设计，液晶聚芳酯纤维可以在喷丝板下方更长的距离保持黏流态和拉伸形变，以获得更细的纤维、更高的取向度。

三、纤维的后拉伸及热定型

1. 纤维的后拉伸

（1）拉伸的目的和作用

在化学纤维生产中，拉伸可以紧接着纺丝工序而连续地进行，控制卷绕装置的运动速度大于喷丝孔流出的细流速度，即拉伸速度大于喷丝的速度，使初生纤维的直径小于喷丝孔的直径；也可以与纺丝工序分开，以预先卷装在筒子上或盛丝桶中的卷绕丝或初生纤维来进行拉伸，此种称为纤维的后拉伸。

用不同的纺丝法制成的初生纤维，虽然具有纤维的基本结构和性能，特别是经过纺丝过程中的初步拉伸和定向后，纤维已具有一定的结晶度和取向度，但是其取向度和结晶度还比较低，结晶不稳定，结构也不稳定，强度和模数都不够高，而且伸长率大、易变形，故纤维的力学性能还不适宜作纤维成品。因此需要进一步加工处理，使纤维具有一定的力学性能和稳定的结构以符合纺织加工的要求，并具有优良的使用性能。

拉伸过程是丝线受力后的延伸过程，纤维发生舒展，并沿纤维轴向排列取向。同时，伴随着相态的变化，以及其他结构特征的变化。

各种初生纤维在拉伸过程中所发生的结构和性能的变化并不相同，但有一个共同点，即纤维的非晶区的大分子沿纤维轴向的取向度显著提高，密度、结晶度等也发生变化。从而纤维的断裂强度显著提高，延伸度下降，耐磨性和对各种不同类型形变的疲劳强度亦明显提高。

（2）拉伸过程进行的方式

初生纤维的拉伸可一次完成，也可进行分段拉伸。按拉伸时纤维所处环境介质不同，拉伸方式一般有干拉伸、蒸汽浴拉伸和湿拉伸三种。

① 干拉伸。拉伸时初生纤维处于空气包围之中，纤维与空气介质及加热器之间有热量传递。干拉伸又可分为室温拉伸和热拉伸。室温拉伸一般适用于玻璃化温度在室温附近的初生纤维。热拉伸是用热盘、热板或热箱加热，适用于玻璃化温度较高、拉伸应力较大或纤维较粗的纤维，通过加热使纤维的温度升高到玻璃化温度以上，促进分子链段运动，降低拉伸应力，有利于拉伸顺利进行。

② 蒸汽浴拉伸。拉伸时纤维被包围在饱和蒸汽或过热蒸汽之中，由于加热和水分子的增塑作用，使纤维的拉伸应力有较大的下降。

③ 湿拉伸。拉伸时纤维被液体介质包围，在拉伸成型过程中还可能有传质过程甚至有化学反应。由于拉伸时纤维完全浸在溶液中，纤维与介质之间的传热、传质过程进行得较快且较均匀。此外，还有将热水或热油剂喷淋到纤维上，边加热边拉伸的喷淋法，亦是湿拉伸的一种。

近年来，有采用熔融高速丝，卷绕速度在3500m/min以上，有的高达6000m/min以上，所得的卷绕丝部分或充分拉伸，接近于完全取向，可省去后拉伸工序，直接用于变形纱加工。还有高速纺丝与拉伸联合制得的全拉伸丝，即纺丝与拉伸同步进行。

2. 纤维的热定型

纤维在冷却、固化和拉伸过程中，分子链受到的作用力是不平衡的，于是产生内应力。纤维中内应力的存在使纤维的结构处于不稳定状态，易变形，性能也不稳定，故初生纤维一般要进行热定型处理，将拉伸定型的纤维在较高温度的热介质（空气、水溶液等）中处理一段时间。通过热定型能消除纤维的内应力，提高纤维的尺寸稳定性，并且进一步改善其物理-力学性能，如勾结强度、耐磨性以及固定卷曲度（对短纤）或固定捻度（对长丝）；热定型还可使拉伸、卷曲效果固定。

热定型分为张紧热定型（包括定张力热定型和定长热定型）和松弛热定型。热定型方式不同，所采用的工艺条件也不一样，纤维在热定型后的结构和性能也就不同。张紧热定型后的纤维取向度大，热收缩性大；而松弛热定型后的纤维取向度很小，热收缩性小。

热处理中取向和解取向是相互矛盾的，所以要适当控制热定型温度，定型温度常高于使用温度 30～40℃。同时也要控制热处理时间（一般为 20～30s），防止处理过度。

液晶聚芳酯纤维的热处理方式有两种：一种是动态热处理方法；另一种是静态热处理方法。液晶聚芳酯纤维的热处理机理比较复杂，目前认为由于热处理提供了分子末端运动的机会，发生进一步的固相缩聚，同时热处理使得纤维的结晶更加完善，因此提高了纤维的强度和模量。动态热处理过程要尽量慢，以保证纤维在加热筒中滞留时间较长，使得纤维内部充分结晶，纤维内部分子链末端能充分运动，发生固相聚合反应。

（1）热处理原料和设备

高低分子量液晶聚芳酯初生纤维，纤维直径为 35～40μm。

自制动态热处理设备（图 12-16），最高加热温度为 900℃，加热区长度为 1m，前辊与后辊 10 个辊筒直径都为 4cm。

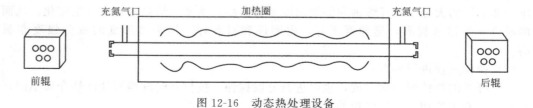

图 12-16　动态热处理设备

静态热处理在干燥机中进行，型号 JM-600ZGXⅡ，最高温度 310℃。空心铝筒，直径 20cm，长度 40cm。

（2）热处理工艺

静态：取一段长约 5m 纤维束，紧紧卷绕到空心铝筒上，前后用铁夹固定住，然后放到干燥机中，按表 12-5 所列工艺进行热处理。

表 12-5　静态热处理工艺

步骤	温度/℃	时间/h	真空度/Pa
1	270	6	≤150
2	270	12	≤150
3	270	18	≤150

动态：将初生纤维绕在前辊上，使用张力夹施加张力，把纤维粘在细铁丝上穿过加热筒，然后绕到后辊上，按表 12-6 所列工艺进行热处理。

表 12-6　动态热处理工艺

步骤	温度/℃	前辊速度/(m/min)	后辊速度/(m/min)	拉伸倍数
1	230	0.1	0.01	1
2	250	0.1	0.01	1
3	270	0.1	0.01	1
4	270	0.1	0.011	1.1

习 题

一、选择题

1. 下列聚合物中不能熔融纺丝的是（　　　）。

A. 聚丙烯　　　　B. 聚氯乙烯　　　　C. 聚丙烯腈　　　　D. 涤纶　　E. 尼龙

2. PE 单丝成型其直径主要通过（　　　）确定。

A. 喷孔　　　　B. 拉伸比　　　　C. 喷孔和拉伸比　　　　D. 卷绕速度

二、简答题

1. 纺丝溶液制备时，为什么要混合、过滤和脱泡？

2. 影响熔体纺丝成型的主要因素有哪些？对纺丝过程及纤维有何影响？

3. 初生纤维为什么还要进行后拉伸和热定型？

4. 初生纤维后拉伸方式及工艺有哪些？

5. 热定型有几种方式？对纤维性能有什么影响？

6. 熔融纺丝冷却长度受哪些因素影响？

7. 纺丝后加工拉伸中纤维结构产生什么变化？对纤维性能产生什么影响？

8. 熔体纺丝线上速度是如何分布的？

9. 影响纺丝过程稳定性有关的因素有哪些？

10. 纺丝箱的加热形式有哪些？

11. 影响熔融纺丝成品纤维取向度和结晶度的工序和因素有哪些？并论述影响机理？

12. 试比较直接纺丝法和切片纺丝法的优缺点。

参考文献

[1] 沈新元. 高分子材料加工原理 [M]. 北京：中国纺织出版社，2009.

[2] 徐德增. 高分子材料生产加工设备 [M]. 北京：中国纺织出版社，2009.

[3] 左继成，谷亚新. 高分子材料成型加工基本原理及工艺 [M]. 北京：北京理工大学出版社，2017.

[4] 何勇. 聚芳酯纤维 [M]. 北京：国防工业出版社，2017.

第十三章

湿法纺丝

湿法纺丝是化学纤维三大基本成型方法之一，它适用于不熔融仅能溶解于非挥发性或对热不稳定的溶剂中的聚合物。根据物理化学原理的不同，湿法纺丝可进一步分为相分离法、冻胶法（也称凝胶法）和液晶法。在液晶法中，溶致性聚合物的液晶溶液通过在溶液中固体结晶区的形成而固化。在冻胶法中，聚合物溶液通过分子间作用力的形成而固化，这种现象称为冻胶作用，也称冻胶化（gelatination），它是由溶液温度或浓度的变化所引起的。在实际生产中，湿法纺丝通常通过相分离法实施。聚合物溶液经喷丝板至凝固浴（纺丝浴），聚合物溶液中的溶剂向外扩散，而沉淀剂向聚合物溶液内扩散，于是引起相变。此时溶液中出现两个相：一是聚合物浓相，二是聚合物稀相。当使用一种非渗透性浴液（如聚乙二醇）时，则仅发生聚合物溶液中溶剂的向外扩散和冻胶化。湿法纺丝中的扩散和凝固不仅是一般的物理过程，对某些化学纤维如黏胶纤维来说同时还发生化学变化。

与熔融纺丝不同，湿法成型过程中不仅有热量传递，还伴有质量传递，有时还会发生化学反应。因此，湿法纺丝的成型过程比较复杂，纺丝速度受溶剂和凝固剂的双扩散、凝固浴的流体阻力等因素限制，所以纺丝速度比熔融纺丝低得多。纺丝速度为 $5 \sim 100 \text{m/min}$，而熔融纺丝的卷绕速度为每分钟几百米至几千米。

第一节 湿法纺丝中纤维结构

湿法纺丝是将聚合物在溶剂（无机、有机）中配成溶液后经纺丝泵计量再经喷丝孔挤出细流，在凝固浴中凝固成型的方法，如图 13-1 所示。腈纶、维纶、黏胶、氯纶、氨纶、纤维素纤维以及某些由刚性大分子构成的成纤聚合物都可以采用湿法纺丝制得。此法喷丝板孔数较多，一般为 $4000 \sim 20000$ 孔，高的可达 50000 孔以上。但纺丝速度低，由于液体凝固剂的固化作用，虽然仍是常规圆形喷丝孔，但纤维截面大多不成圆形，且有较明显的皮芯结构。该法适用于不耐热、不易熔化、但能溶于某一种溶剂的聚合物。

在湿法纺丝凝固浴中形成的纤维结构是溶剂和凝固剂双扩散和聚合物相分离的结果。由

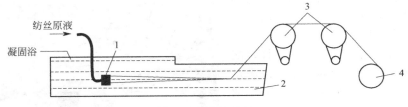

图 13-1 湿法纺丝
1—喷丝头；2—凝固浴；3—导丝盘；4—卷绕装置

于湿纺初生纤维含有大量的凝固浴液而溶胀，大分子具有很大的活动空间，因此其超分子结构接近于热力学平衡状态。另外，其形态结构对纺丝工艺极为敏感。

湿纺初生纤维的形态结构，包括宏观结构（如横截面形状、大空洞、毛细孔以及皮芯结构等）和微观结构（微纤和微孔等）。

一、形态结构

1. 横截面形状

横截面形状是湿纺初生纤维的重要结构特征之一，它影响纤维及其织物的手感、弹性、光泽、色泽、覆盖性、保暖性、耐脏性以及起球性等多种性能。因此，控制及改变纤维的横截面形状已成为纤维及织物物理改性的一个重要方面。

图 13-2 简明地解释了传质通量比和固化表面层硬度对湿纺初生纤维横截面形状的影响。当溶剂向外的通量小于凝固剂向里的通量 $J_S/J_N < 1$，即图 13-2(a)；丝条溶胀，可以预测到纤维的横截面是圆形的。当溶剂离开丝条的速率比凝固剂进入丝条的速率高 $J_S/J_N > 1$ 时，横截面的形状取决于固化层的力学行为。柔软而可变形的表层 [图 13-2(b)] 收缩的结果导致形成圆形的横截面；当具有坚硬的皮层时，横截面的崩溃将导致形成肾形 [图 13-2(c)]。因此，采用圆形喷丝孔纺丝时，薄而较硬的皮层和内部芯层变形性的差异是导致溶液纺初生纤维形成非圆形截面的根本原因。

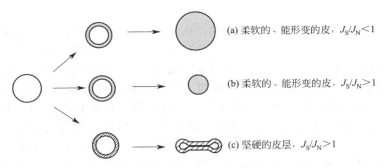

图 13-2 固化过程中形成的横截面结构的图解

传质通量比和固化表层硬度取决于纺丝工艺条件。例如，对于腈纶湿法成型，无机溶剂的固化速率参数 S 一般小于有机溶剂。当采用无机溶剂纺丝时，传质通量比通常小于1，因此纤维的横截面为圆形。相反，当采用有机溶剂纺丝时，传质通量比通常大于1，而且皮层的凝固程度高于芯层，芯层收缩时，皮层相应的收缩较小，因此纤维的横截面呈肾形。

黏胶纤维的成型过程较为复杂。控制不同的凝固条件和黏胶的熟成度，可分别获得全皮层（高锌、低酸、加变性剂）、全芯层（低酸、低盐、低温、低纺速）和一般皮芯型纤维。

全皮层和全芯层纤维横截面为圆形，皮芯层纤维截面具有锯齿形周边。这是由于皮层和芯层收缩率不同所致。

总之，湿纺工艺具有较大的柔性，能制备许多不同横截面形状的纤维，以满足不同的用途。图 13-3 列举了部分腈纶的横截面形状。

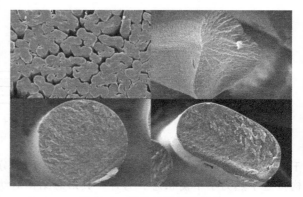

图 13-3　腈纶的横截面形状

2. 皮芯的结构

湿纺初生纤维形态结构的另一特点是沿径向有结构上的差异，这个差异继续保留到成品纤维中。纤维外表有一层极薄的、密实的、较难渗透的、难染的皮膜，该膜对传质过程有决定性作用。皮膜内部是纤维的皮层，再向里是芯层。皮层可占整个横截面积的 0～100％。皮层中一般含有较小的微晶，并具有较高的取向度；芯层结构较为松散，微晶较粗大。皮芯层的结构和性能有较大的差别。从超分子结构方面看，皮层的序态较低，结构比较均一，晶粒较小，取向度较高。

皮层具有如下主要特性：在水中膨润度较低；吸湿性较高；对某些物质的可及性较低，密度较低，对染料的吸收值较低，但染色牢度较高；因皮层有较高的取向和均匀的微晶结构，其断裂强度和断裂延伸度较高，抗疲劳强度和耐磨性能都较优越。

3. 空隙

由于成型过程中发生了溶剂和凝固剂双扩散，纺丝溶液发生了相分离，湿纺初生纤维的结构是由空隙分隔、相互连接的聚合物冻胶网络。该网络是通过把聚合物溶液分成聚合物浓相和溶剂浓相而形成的。聚合物浓相由相互连接的聚合物链网络组成。尺寸达几十微米的空隙，成为大孔洞或毛细孔，尺寸在 $10\mu m$ 左右的称为微孔。初生纤维经拉伸后，成为初级溶胀纤维，此时微孔被拉长，呈梭子形，聚合物冻胶网络取向而成为微纤结构。

影响空隙的因素涉及湿法成型的所有工艺参数，包括溶剂、聚合物、凝固剂、凝固浴浓度、温度和流量。

喷丝头拉伸对形态结构也有较大的影响。研究表明，湿纺初生纤维的空隙随喷丝头拉伸率降低而减小。值得注意的是，最大喷丝头拉伸是溶剂浓度的函数。以 DMF 或 DMAc 为溶剂，以水为非溶剂的混法纺丝体系，当凝固浓度增加时，最大喷丝头拉伸均达到最小值。这种现象不能光靠扩散解释，而是要通过溶剂、非溶剂的相互作用而更充分地理解。对于 DMF 和 DMAc，最大喷丝头拉伸的最小值在水与这些溶剂的摩尔比为 2∶1 处。当摩尔比大于 2∶1 时，体系中有多余的水，因此凝固迅速发生，并形成一种多孔结构。这种多孔结构具有可拉伸性，并能承受高的拉伸张力。当摩尔比接近 2∶1 时，凝固变慢，从凝固表层到丝条液流中心的结构差异不能承受较高的应力。在该浓度范围内，溶剂、非溶剂的黏度增加相当快，增加的黏度成为丝条阻力更大的原因之一。当溶剂量进一步增加，即溶剂量大于水量时，相分离的驱动力减小，纤维的径向结构差异由于皮层较薄而减小，从而最大喷头拉伸比就急剧提高。

喷头拉伸对纤维性能的影响主要体现在纤维光泽和干燥、致密化、松弛工艺方面。喷头拉伸低的条件使纤维产生小的空隙结构，这些空隙对光更透明，并有闪光的外观，同时对于干燥、致密化和松弛条件比较温和。但在初生纤维经拉伸、干燥致密化和松弛热定型后，喷丝头拉伸对成品纤维力学性能的影响不再明显。

二、超分子结构

通常认为，湿法成型时纤维结构的形成可分为两个主要过程：①初级结构的形成；②结构的重建和规整度的提高。对于分子链刚性不同的聚合物，其结晶的形成按以下几种方式进行。

①具有各向异性的纺丝溶液成型时，能很快地形成规整结构，随后形成结晶（次级）结构。②刚性和中等刚性链大分子的各向异性溶液成型时，过程中可能产生溶液的各向异性状态，随后形成规整的结构，并进一步缓慢地改进。③柔性链聚合物的各向同性溶液成型时，可能析出无定形相或具有一定规整性的结构，但它在较短时间内可形成晶体结构。

第二节　湿法纺丝设备

纺丝溶液经混合、过滤和脱泡等纺丝前准备后，送至纺丝机，通过纺丝泵计量，经烛形滤器、鹅颈管进入喷丝头（帽），从喷丝头毛细孔中挤出的溶液细流进入凝固浴，溶液细流中的溶剂向凝固浴扩散，浴中的凝固剂向细流内部扩散（双扩散），于是聚合物在凝固浴中析出而形成初生纤维。

湿法纺丝适用于加工热分解温度低于熔融温度的成纤聚合物，如腈纶、黏胶纤维、芳纶、高强度聚乙烯纤维、维纶等，主要设备除了与熔融纺丝相同的计量泵，包括原液制备装置、过滤器、混合器、喷丝板、凝固浴槽等装置。因为丝束的凝固过程与传质有关，所以湿法纺丝的速度比熔法纺丝慢得多，一般为 $50 \sim 200 \mathrm{m/min}$，提高产量的方法主要以增加喷丝帽上的孔数为主。

一、原液制备装置

用于溶液纺丝的溶液制备有两种方法：

一步法：将聚合后的聚合物溶液直接送去纺丝，必须采用均相聚合，只有腈纶可采用一步法。

二步法：先将聚合得到的溶液分离制成颗粒状或粉末状的成纤聚合物，然后再溶解制成纺丝溶液。

目前在采用溶液纺丝法生产的主要化学纤维品种中，只有腈纶既可采用一步法，又可采用二步法纺丝，其他品种的成纤聚合物，无法采用一步法生产工艺。虽然采用一步法省去了聚合物的分离、干燥、溶解等工序，可简化工艺流程，提高劳动生产率，但制得的纤维质量不稳定。

在纤维素纤维生产中，由于纤维素不溶于普通溶剂，所以通常是将其转变成衍生物（纤维素黄酸酯、纤维素醋酸酯、纤维素氨基甲酸酯等）之后，再溶解制成纺丝溶液，进行纺丝成型及后加工。采用新溶剂（N-甲基吗啉-N-氧化物）纺丝工艺时，纤维素可直接溶解在溶剂中制成纺丝溶液（Lyocell）。

纺丝溶液的浓度根据纤维品种和纺丝方法的不同而异。通常，用于湿法纺丝的纺丝溶液浓度为 12%~25%；用于干法纺丝的纺丝溶液浓度则高一些，一般在 25%~35% 之间。

二、纺丝计量泵

纺丝计量泵作用是定量地把纺丝溶液压入烛形过滤器，以保证纺成一定规格而且纤度均匀的纤维。常用的是齿轮泵，其结构原理同熔融纺丝泵相似，使用时转速不宜过高，一般为 20~25r/min，工作压力为 1.5~2.0MPa

三、喷丝板

湿法纺丝喷丝板介绍如下。

（1）孔径与孔数

湿法纺丝板孔数按纤维的品种可分为长丝 15~150 孔，帘子线 150~300 孔；短纤维为了增加产量，在满足传质要求的前提下尽量多开孔，一般在 3 万~5 万孔，多的达 10 万孔。

喷丝板微孔孔径与丝的品种密切相连，一般纺细旦丝采用小孔径，粗旦丝选用较大孔径（见表 13-1）。

表 13-1　孔径与单丝线密度关系

单丝线密度/dtex	1.1~1.67	1.67~2.78	2.78~5.56	5.56~16.7
喷丝孔径/mm	0.04~0.07	0.07~0.08	0.08~0.10	0.10~0.16

孔径过小，机械加工困难，纺丝时也容易堵塞影响喷丝板的使用周期。小孔的长径比取 1~2，长度与底面的厚度比取 1/3~1/100。

（2）微孔的加工

冷冲挤压法，优点是孔圆整度稳定，缺点是生产效率低。在电火花机床上用钨丝作电极加工小孔，该法用于加工长径比较大的喷丝孔和异形喷丝孔，导孔与微孔的同心度在加工时较难控制，孔的圆整度和孔壁的表面光洁度较差，需要进一步冲孔补修。电子束加工法可加工异形孔喷丝板，但加工后的小孔有锥度。激光打孔法在国内已经开始使用。

（3）导孔形状

喷丝板的导孔形状有圆锥形和圆弧形两种。圆锥形导孔可以减少纺丝液流动时的摩擦，减弱入口效应，具有稳定流动的作用。导角的大小与纤维的品种有关，一般在 25°~100° 范围内。

（4）孔的排布

喷丝板上的孔排列由喷出细流接触凝固介质的均匀程度和板的强度来确定。

（5）微孔间距

在出喷丝孔时，细流有胀大作用，为了防止并丝发生，取微孔的间距为微孔直径的 3 倍，相当于成品丝条的 10 倍左右。微孔间距的大小，还应从防止喷丝板制造过程的形变来考虑，间距不应小于喷丝板底面厚度的 80%，如用于聚丙烯腈纺丝的喷丝孔间距取 0.3~0.4mm。

（6）喷丝板底板厚度

喷丝板的工作压力较低，一般小于 1.0MPa，底板的厚度在 0.30~0.45mm 之间。由改变喷丝板的形状来增加喷丝板的刚性，如制成弧形、球形板等。

（7）喷丝板的材料

湿法纺丝的介质腐蚀性大，为了增加喷丝板的寿命，一般采用耐腐蚀的贵重金属制造。在纺腈纶时使用的喷丝板材料为 $CrI_8Ni_9M_2T$ 或金铂合金（70%Au、30%Pt）。

（8）异形喷丝板

由异形喷丝孔纺出的非圆形截面的纤维称为异形纤维，如三角形截面的纤维，有类似蚕丝的光泽，星形截面的纤维具有手感好、覆盖性好、抗起球等优点，空心纤维有质轻、保温等特点，不对称中空纤维可以天然卷曲。常见的异形纤维截面及其喷丝孔形状如图13-4。

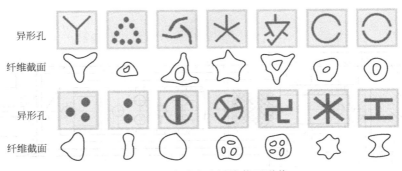

图13-4 异形孔及纤维截面形状

四、喷丝头

喷丝头的作用是将准确计量过的纺丝溶液的总流分成许多股细流，形成一定纤度的多根单纤维。这种分配是借助于分布在喷丝头上的许多孔眼来完成的，孔数和孔径大小对纺丝的条件以及对纤维的力学性能等有很大的影响。

喷丝头孔数的选用主要取决于纤维的总纤度和单纤维的纤度。腈纶短纤维生产用的喷丝头孔数较多，一般常用的是2万～4万孔。喷丝头孔径大小取决于纺丝的方法、纺丝溶液的组成和黏度以及单纤维所要求的纤度，通常湿法纺丝所用的喷丝头孔径是0.06～0.12mm，腈纶生产上常用0.08～0.1mm，随纤维的纤度增加孔径增大。

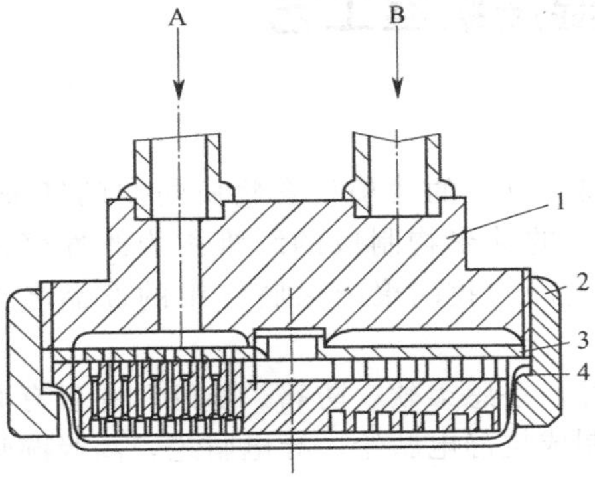

喷丝头一般为圆形，若喷丝头直径过大，受压时易于变形，可以采用组合型喷丝头，如由12个2000孔的小喷丝头组合而成24000孔的一个大喷丝头。喷丝头的材料要求既耐腐蚀，又有一定的强度，目前采用金和铂的合金等。图13-5为腈纶湿纺短纤维复合纺丝组件。组件中有两块分配板，溶液A、B穿越螺母套上的两个孔，分别流入分配板的上方。在分配板的上面开有放射状的沟槽，而与沟槽相通的同心圆通道中的很多分配孔，将纺丝液A均匀地引入喷丝板微孔中。纺丝液B是经过分配板上的同心圆沟槽，进入分配板相应的分配孔中。这些分配孔在分配板上也呈同心圆分布，但与放射状沟槽完全隔开。这样，两种纺丝溶液A和B就只能在喷丝板的小孔中汇合成细流喷出，经凝固、拉伸后形成复合纤维。分配板上以同心圆排列的孔通常取等孔距，且同心圆上孔距不大于10mm。

图13-5 腈纶复合纺丝组件
1—螺母；2—喷丝头座；3—分配板；4—喷丝板

五、烛形过滤器

在纺丝泵和喷丝头之间连接有烛形过滤器，其作用是在纺丝溶液流向喷丝头之前再进行一道纺前过滤。它的结构如图 13-6 所示。烛形过滤器的尾部固定在桥架上，可以调节移动，头部和鹅颈管相接。过滤器外壳与内芯系同心管，套在一起，可由含钼不锈钢或其他材料制成。内芯是空管，表面有螺纹及通液小孔，在其外面紧密裹以滤布并用线系紧。纺丝溶液有纺丝泵压入烛形过滤器的内芯，并能过滤材料，滤液集中于过滤器的外壳，然后沿着鹅径管进入喷丝头。

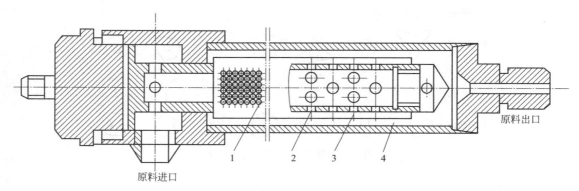

图 13-6　烛形过滤器（切面图）
1—滤布；2—通液小孔；3—滤芯；4—烛形过滤器外壳

第三节　聚丙烯腈纤维湿法纺丝工艺

聚丙烯腈纤维是指由聚丙烯腈或丙烯腈含量占 85％以上的线型聚合物所纺制的纤维。由丙烯腈含量 35％～85％、共聚单体含量 15％～65％的共聚物制成的纤维称为改性聚丙烯腈纤维。聚丙烯腈纤维于 1950 年正式投入工业化生产。我国聚丙烯腈纤维的商品名称为腈纶。

聚丙烯腈纤维具有羊毛的特性，蓬松性和保暖性好，手感柔软、防霉、防蛀，并且有非常优异的光性和辐射性。通过聚丙烯腈的改性，可以制成抗静电腈纶、导电腈纶，高吸湿吸水腈纶、阻燃腈纶、高收缩腈纶和腈氯纶等。

一、聚丙烯腈制备原料

制备聚丙烯腈共聚物的原料包括单体、共聚单体、引发剂、链转移剂和溶剂。

1. 单体

丙烯腈（AN），分子结构上含有一个较强的吸电子氰基，使得碳碳双键上的 π 电子云密度降低，它不仅易与含有独电子的自由基结合形成共轭体系使体系能量下降，反应可按自由基聚合机理进行。它也易与阴离子结合生成负碳离子，而 —C≡N 的存在使密集于负碳离子上的电子云相对分散，使负碳离子有一定的稳定性，再与单体反应进行阴离子聚合增长反应。腈纶是三单体聚合物。丙烯腈（第一单体）含量在 85％以上，第二、三单体共占 15％以下。第二单体改善弹性和手感，第三单体改善染色性（图 13-7）。

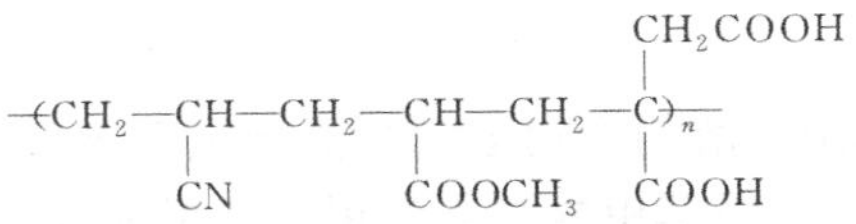

$$\begin{array}{ccc} & & \text{CH}_2\text{COOH} \\ & & | \\ -(\text{CH}_2-\text{CH}-\text{CH}_2-\text{CH}-\text{CH}_2-\text{C})_n \\ \quad\;\; | & \quad\;\; | & \;\; | \\ \quad\;\; \text{CN} & \text{COOCH}_3 & \text{COOH} \end{array}$$

第一单体：　　第二单体：　　第三单体：
式中，丙烯腈；　　丙烯酸甲酯；　衣康酸；
含 85% 以上　含 5%～10%　含 1%～3%

图 13-7　腈纶结构式

2. 聚合机理

通常，AN 的聚合采用自由基加聚机理，聚合方法可以分为悬浮、乳液和溶液法。溶液法又分为均相溶液聚合法和非均相溶液聚合法。均相溶液聚合法是指溶剂既是聚合单体的良溶剂，又是聚合产物 PAN 的良溶剂，这种聚合液不需要分离就可以直接纺丝，称为一步法。非均相溶液聚合法的特点是：溶剂仅是聚合单体的良溶剂，而不是 PAN 的良溶剂；在聚合过程中产生相分离，聚合物 PAN 沉淀出来，经分离、干燥后，再溶于良溶剂中得到纺丝原液进行纺丝，称为两步法。目前国内外生产高性能 PAN 原丝较多地采用一步法。

3. 共聚单体

共聚组分选择的要求是：与 AN 有相似的竞聚率，容易共聚，聚合后能形成稳定的纺丝原液，可纺性好。常用聚丙烯腈纤维的典型共聚单体见表 13-2。

表 13-2　常用的典型共聚单体

共聚单体名称	分子量	结构式	竞聚率	说明
丙烯酸(AA)	72.06	$\text{H}_2\text{C}=\text{CHCOOH}$	$r_{AN}=0.34$ $r_{AA}=3.25$	凝固点 13.5℃ 沸点 141.6℃
甲基丙烯酸(MAA)	86.09	$\text{H}_2\text{C}=\text{CCOOH}$ $\;\;\;\;\;	$ $\;\;\;\;\; \text{CH}_3$	$r_{AN}=0.13$ $r_{MAA}=5.58$	熔点 15～16℃ 沸点 161～162℃
衣康酸(LA)	130.10	$\text{H}_2\text{C}=\text{CCH}_2\text{COOH}$ $\;\;\;\;\;	$ $\;\;\;\;\; \text{COOH}$	$r_{AN}=0.39$ $r_{LA}=3.85$ $r_{AN}=0.84$ $r_{LA}=6.73$ $r_{AN}=0.490$ $r_{LA}=2.146$	热分解温度 161℃ 水中溶解度 7.7%(20℃)
丙烯酸甲酯(MA)	86.09	$\text{H}_2\text{C}=\text{CH}$ $\;\;\;\;\;	$ $\;\;\;\;\; \text{COOCH}_3$	$r_{AN}=1.29$ $r_{MA}=0.96$	沸点 80.3℃ 凝固点 −76.5℃
甲基丙烯酸甲酯(MMA)	100.12	$\text{H}_2\text{C}=\text{C}-\text{CH}_3$ $\;\;\;\;\;\;\;\;\;	$ $\;\;\;\;\;\;\;\;\; \text{COOCH}_3$	$r_{AN}=0.31$ $r_{MMA}=1.70$	沸点 100℃
甲基丙烯酸正丁酯(n-BMA)	142.22	$\text{H}_2\text{C}=\text{C}-\text{CH}_3$ $\;\;\;\;\;\;\;\;\;	$ $\;\;\;\;\;\;\;\;\; \text{COOC}_4\text{H}_9$	$r_{AN}=0.20$ $r_{n\text{-}BMA}=1.08$	沸点 160℃
甲基丙烯酰胺(MAAm)	85.1	$\text{H}_2\text{C}=\text{C}-\text{CH}_3$ $\;\;\;\;\;\;\;\;\;	$ $\;\;\;\;\;\;\;\;\; \text{CONH}_2$	$r_{AN}=0.43$ $r_{MAAm}=2.32$	熔点 110～111℃
丙烯酰胺(AAm)	71.08	$\text{H}_2\text{C}=\text{CH}$ $\;\;\;\;\;	$ $\;\;\;\;\; \text{CONH}_2$	$r_{AN}=0.53$ $r_{AAm}=1.89$	熔点 82～86℃ 沸点 125℃

4. 溶剂

PAN 均相溶液聚合可选用的溶剂有很多，分为无机和有机两类；无机溶剂有硫氰酸钠、氯化锌、硝酸等；有机溶剂有二甲基甲酰胺、二甲基乙酰胺及二甲基亚砜等。六种典型聚合纺丝溶剂的相关物理参数见表 13-3。

表 13-3　六种典型聚合纺丝溶剂的相关物理参数

性质	二甲基甲酰胺	二甲基乙酰胺	二甲基亚砜	硫氰酸钠	硝酸	氯化锌
沸点/℃	153	166	189		86	
纺丝液稳定性	较好	很好	好	好	较差	差
链转移常数(50℃)	2.83×10^{-4}	4.95×10^{-4}	7.95×10^{-4}	很小	很小	6×10^{-7}
毒性	大	较大	小	无蒸汽污染	蒸汽刺激皮肤黏膜	无蒸汽污染
腐蚀性	一般	一般	小	强	强	强

与其他几种溶剂相比，二甲基亚砜的腐蚀性相对较低，链转移常数较小，且毒性小，又无金属残留，成为 AN 溶液聚合最常选用的溶剂。

二、聚丙烯腈聚合实施方法

聚丙烯腈的实际生产大多采用溶液聚合。根据所用溶剂的不同，可分为均相溶液聚合和非均相溶液聚合。均相溶液聚合可以采用硝酸、二甲基亚砜、二甲基甲酰胺、硫氰酸钠水溶液等为溶剂。非均相聚合通常用水为介质，因此亦称为水相聚合法。

丙烯腈的聚合一般控制低转化率（50%～55%）、中转化率（70%～75%）和高转化率（95%以上）三种转化率。水相沉淀聚合时转化率较高，可达 70%～80%。以硫氰酸钠为溶剂的腈纶一步法中，通常只用低或中转化率。以硝酸及二甲基亚砜为溶剂的腈纶一步法中，可采用高转化率，此时不需要单独脱除未反应的单体，而可在脱泡过程中兼行回收少量残余单体，这样可使工艺流程缩短三分之一，只是所需反应时间约为中转化率的两倍或低转化率的三倍以上。

三、聚丙烯腈纤维的性质

腈纶很像羊毛，以人造羊毛著称。其主要特点是质轻保暖、染色鲜艳而牢固、防蛀、防霉。腈纶最突出的优点是具有热弹性和极好的日晒牢度。热弹性的本质是高弹形变。经拉伸水洗和热定型后的纤维，在玻璃化温度以上再次进行拉伸至 1.1～1.6 倍或更高，这一拉伸称为二次拉伸。其时纤维发生以高弹形变为主的伸长，非晶区原来卷曲的大分子进一步发生舒展，将此纤维进行骤冷，使大分子的链段活动暂时被冻结，纤维因二次拉伸而发生的伸长也暂时不能回复。但是，当提高温度至玻璃化温度以上时，由于链段热运动加强，在无张力的情况下，非晶区的大分子要恢复原有卷曲状态，纤维的长度又相应地发生大幅度回缩（17%～18%或更高），这就是腈纶热弹性的具体表现。腈纶结构中的准晶区并非真正的结晶，仅仅是侧向高度有序，这种准晶区并不能阻止链段大幅度热运动，而使纤维发生热弹性回缩。利用此特性，可以生产腈纶膨体纱。涤纶、锦纶等结晶性纤维都不具有这种热弹性，这是因为它们的微晶结构像网结一样阻碍了链段的大幅度热运动。

四、聚丙烯腈纺丝原液的制备

聚丙烯腈在加热下既不软化又不熔融，在 $280\sim300℃$ 下分解，因此不能采用熔融纺丝，而采用溶液纺丝法。聚丙烯腈的溶液纺丝有干法纺丝和湿法纺丝两种基本方法。

这里仅介绍以 NaSCN 水溶液一步法制备纺丝原液的准备工艺，如图 13-8 所示。完成聚合、脱单体后送来的原液浆液经管道混合器进入原液混合槽，使原液充分混合后，用齿轮泵送往真空脱泡塔，脱除原液中的气泡，脱泡后的浆液送入多级混合罐，并在此加入消光剂和荧光增白剂，然后经热交换器进行调温，再经过滤除杂质，并以稳定的压力送往纺丝机。

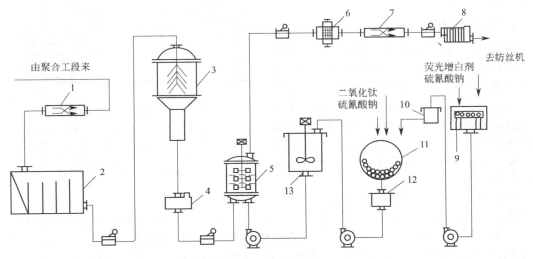

图 13-8　NaSCN 一步法纺丝原液的准备工艺流程

1，7—管道混合器；2—原液混合槽；3—脱泡器；4—密封槽；5—多级混合器；
6—冷却器；8—板框过滤机；9—振荡研磨机；10—荧光浆液计量罐；11—球磨机；
12—球磨机接收槽；13—消光浆液储槽

1. 聚合浆液中单体的脱除

高转化率的聚合产物不需脱除单体，而中、低转化率的工艺路线，则必须对聚合浆液进行脱单体处理，否则未反应的单体会继续缓慢地发生聚合。脱单体的效果主要取决于浆液温度及脱单体时的真空度。

2. 纺丝原液的混合及脱泡

聚合反应是连续进行的，在不同时间内所得原液的各种性能难免产生波动，为使原液性能稳定，必须进行混合。经脱单体后的原液与循环混合的浆液先在管道混合器内进行充分混合，然后送入浆液混合储槽。混合储槽的容积很大，一旦聚合或纺丝工序发生临时性故障，可有缓冲余地。浆液在输送过程中或在机械力作用下会混入气泡，影响纺丝过程和成品纤维质量，因此纺丝前必须把原液中的气泡脱除。

3. 调温和过滤

脱泡后的浆液需经热交换器调至一定温度，目的是稳定纺丝浆液的黏度，以利于过滤和纺丝。过滤主要是除去混合浆液中的各种杂质，保证纺丝的顺利进行，过滤设备一般采用板框式压滤机。

五、聚丙烯腈纤维湿法纺丝工艺流程

聚丙烯腈湿法纺丝时，聚丙烯腈溶液从浸于凝固浴中的喷丝板小孔喷出，通过双扩散作用最终成型得到聚丙烯腈初生纤维。凝固浴通常采用制备聚丙烯腈纺丝原液所用溶剂的水溶液，这里水即是沉淀剂。

纺丝原液所选用溶剂不同，则湿法成型工艺有所不同。下面仅以 DMF 和 NaSCN 水溶液两种溶剂路线为例，讨论聚丙烯腈湿法成型工艺（图 13-9）。

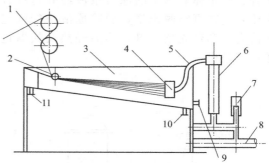

图 13-9　湿法纺丝工艺流程
1—第一导辊；2—导丝辊；3—凝固浴槽；
4—喷丝头；5—鹅径管；6—烛形过滤器；
7—计量泵；8—进浆泵；9—凝固浴进口；
10—液体放空管；11—凝固浴出口

1. DMF 溶剂路线

以 DMF 为溶剂的湿纺是制备聚丙烯腈短纤维最常用的路线。一般将粉末状的聚丙烯腈溶解于 DMF 中，制成含聚丙烯腈 20%～25%的纺丝原液，采用 DMF 为溶剂的主要优点是溶剂的溶解能力强，可制得浓度较高的纺丝原液，溶剂回收也较简单。但在较高温度（>80℃）下溶解时，会使纺丝原液颜色发黄变深。

浓度为 20%～25%的纺丝原液，经计量泵计量，通过喷丝头压入凝固浴槽中，凝固浴温度为 10～15℃，DMF 溶液浓度为 50%～60%。喷丝头孔数可为 30000～60000 孔，孔径 0.07～0.2mm。纺丝速度为 5～10m/min。丝束出凝固浴后进入拉伸机进行蒸汽拉伸或热水拉伸，拉伸倍数为 5～8 倍，热水拉伸浴为 20%～25%二甲基甲酰胺水溶液，浴温为 80～90℃。拉伸后的丝束进入水洗机，用 60～80℃的热水进行水洗。水洗后的纤维经油浴槽上油后，在干燥机中进行干燥致密化，再进入拉伸机拉伸 1.5 倍左右。拉伸后的纤维经卷曲、汽蒸热定型及冷却后，进行切断和打包（图 13-10）。

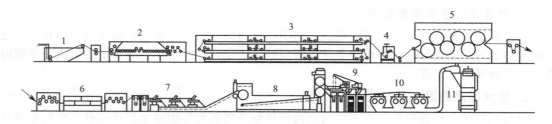

图 13-10　DMF 法腈纶纺丝、后加工流程
1—凝固浴槽；2—拉伸机；3—水洗机；4—上油浴；5—干燥致密化机；6—拉伸机；
7—卷曲机；8—汽蒸热定型机；9—冷却机；10—切断机；11—打包机

2. NaSCN 水溶液路线

以 NaSCN 为溶剂时一般都采用丙烯腈在 NaSCN 溶液聚合，并直接用聚合液进行纺丝。该法的主要优点是工艺过程简单，聚合速度较快，聚合时间较短，NaSCN 溶液不易挥发，溶剂的消耗定额较低。

纺丝原液（聚丙烯腈含量 12%～14%，NaSCN 含量 4%）经计量泵计量后，再经喷丝头（孔径 0.06mm、2000～60000 孔）进入凝固浴，凝固浴为 9%～14% 的 NaSCN 水溶液，浴温为 10℃ 左右，纺丝速度为 5～10m/min。出凝固浴的丝束引入预热浴进行预热处理，预热浴为 3%～4% 的 NaSCN 水溶液，浴温为 60～65℃，纤维在预热浴中被拉伸 1.5 倍。经预热浴处理后的丝束引入水洗槽进行水洗，水洗槽中的热水温度为 50～65℃。水洗后丝束在拉伸浴槽中进行拉伸，拉伸浴的水温为 95～98℃，两次拉伸的总拉伸倍数要求为 8～10 倍。随后，经上油浴上油，在干燥机中进行干燥致密化。接着，丝束经卷曲机进入汽蒸锅进行热定型，蒸汽压力为 2.5×10^2 kPa，定形时间为 10min 左右。随后，丝束进行上油，再经干燥机进行干燥致密化，最后经切断（或牵切加工）、打包后出厂（图 13-11）。

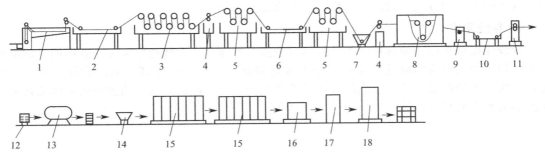

图 13-11　NaSCN 法腈纶纺丝、后加工流程
1—凝固浴；2—预热浴；3—水洗槽；4—压辊；5—拉伸机；6—拉伸浴槽；
7—第一上油浴；8—干燥机；9—张力架；10—卷曲加热槽；11—卷曲机；
12—装丝箱；13—汽蒸锅；14—第二上油浴；15—干燥机；16—切断机；
17—吹风机；18—打包机

六、湿法纺丝工艺条件

1. 原液中聚合物的浓度

原液中聚合物的浓度越高，大分子链间的接触概率越高。但原液的浓度不能太高。实验发现，当浓度达到某一定值后，继续增加浓度，纤维的力学性能没有明显变化，而溶液的黏度却大幅提高，流动性差。此外，在确定原液浓度工艺时，还应该考虑溶剂的溶解能力和原液流动性等因素。如果原液浓度过低，则在沉淀剂的作用下聚合物只能脱溶剂而呈松散絮状凝聚体析出，无法形成具有一定强度的冻胶体，不能形成纤维。

2. 凝固浴中溶剂的含量

凝固浴一般为聚丙烯腈溶剂的水溶液，水是凝固剂。

凝固浴中溶剂的含量过高时，将使双扩散过程太慢，造成凝固困难和不易生头，初生纤维过分溶胀致使在出浴处发生坠荡现象。

凝固浴中溶剂的含量过低时，双扩散速度相应增大，不仅使表层的凝固过于激烈，而且很快在原液细流外层形成一个缺乏弹性而又脆硬的表皮，导致纤维的可拉伸性下降和阻碍双扩散，使表观凝固变慢，同时皮芯层结构的差异大，纤维中空洞率大，结构疏松并失去光泽。这样的初生纤维拉伸时，易断裂而产生毛丝，干燥后手感发硬，色泽泛白，强度和拉伸度都很差。凝固浴还应使喷丝头各单根纤维周围的凝固浴浓度尽可能一致。

3. 凝固浴循环量

在纤维成型过程中，丝原液中的溶剂不断地进入凝固浴，使凝固浴浓度不断升高，并且由于原液温度和室温都比凝固浴温度高，凝固浴温度也会有所升高。因此，凝固浴必须按合适的流量循环补充新鲜纺丝原液，以保证凝固浴浓度和温度始终在合适的范围。同时，循环应保证纺丝线周围的流体力学状态稳定，避免出现湍流状况，因此循环量不能太大。

浴液流型不同，凝固浴内浴液流动从层流向湍流过渡的临界雷诺数不同，合适循环量也不同。湿法纺丝中喷丝头组件的存在对于凝固浴内浴液的流动状态有影响。当浴液绕流喷丝头组件时，绕流后汇合会出现流迹，流迹区域中的流动与主流存在差异。当浴液流动速度较大时，可能在喷丝头组件后方形成局部的湍流。显然，在成型过程中，不论是在喷丝头组件后方，还是整个凝固浴内，力求避免浴液出现湍流情况。因此，可考虑采用合适的浴槽结构和采用分区喷丝头排列等方法改善凝固浴流动状态，甚至必要时可考虑采用合适的喷管结构，改善凝固浴的分配，提高纺丝稳定性和降低纤维不均匀性。

4. 卷绕速度

卷绕速度是指第一导盘把丝条从凝固浴中搜出的速度。卷绕速度取决于丝束的凝固浴动力学。提高卷绕速度即降低丝束在浴中的停留时间，因此必须提高凝固浴的凝固能力。但是，凝固能力的提高必须兼顾成品纤维品质及其均匀性。因此，卷绕速度的确定要综合考虑生产能力和成品纤维质量。

习 题

一、填空题

1. 用于湿法纺丝的纺丝溶液浓度为 ＿＿＿＿＿＿＿＿＿，纺丝速度为 ＿＿＿＿＿＿＿＿＿。
2. 湿法纺丝组件由 ＿＿＿＿＿＿＿＿、＿＿＿＿＿＿＿＿、＿＿＿＿＿＿＿＿、＿＿＿＿＿＿＿＿组成。

二、问答题

1. 溶液纺丝选择溶剂时应考虑哪些因素？
2. 纺丝原液在纺丝前为什么要脱单体？
3. 写出 NaSCN 法腈纶湿纺工艺流程。
4. 湿法纺丝原液细流的固化机理？
5. 影响湿法纺丝成品纤维取向度和结晶度的工序和因素有哪些？并论述其影响机理。
6. 熔融纺丝和溶液纺丝在生产中的不同之处是什么？
7. 为什么熔体纺丝的纺丝速度要比溶液纺丝速度高？
8. 溶液纺丝选择溶剂时应考虑哪些因素？
9. 湿法纺丝凝固浴中溶剂的含量、温度对纺丝成型的影响是什么？纺丝原液中聚合物的浓度对纺丝成型的影响有哪些？初生纤维的卷绕速度对纺丝成型的影响是什么？

参考文献

[1] 邬国铭. 高分子材料加工工艺学 [M]. 北京：中国纺织出版社，2000.
[2] 周达飞，唐颂超. 高分子材料成型加工 [M]. 北京：中国轻工业出版社，2000.
[3] 沈新元. 高分子材料加工原理 [M]. (第 2 版) 北京：中国纺织出版社，1987.
[4] 徐德增. 高分子材料生产加工设备 [M]. (第 2 版) 北京：中国纺织出版社，2009.

第十四章

干法纺丝

干法纺丝是将纺丝溶液从喷丝孔流出细流，溶剂被加热介质（空气或氮气）挥发带走的同时，使得聚合物凝固成丝的方法（图14-1）。维纶、腈纶、醋酯纤维、氨纶、氯纶等可以采用干法纺丝。干法纺丝采用易挥发的溶剂溶解聚合物。此法纺丝速度较高，为 200～500m/min，有的可达 1000～1500m/min。但由于受溶剂挥发速度的限制，干法纺丝成本高。干法纺丝成品质量好，但喷丝孔数较少，一般为 300～600 孔。与熔体纺丝、湿法纺丝相比，三种纺丝工艺的区别见表14-1。

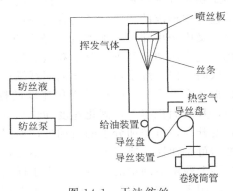

图 14-1 干法纺丝

表 14-1 三种纺丝工艺的区别

类　型	熔体纺丝	湿法纺丝	干法纺丝
纺丝液状态	熔体	溶液或乳液	溶液
纺丝液的质量分数/%	100	12～16	18～45
纺丝液黏度/(Pa·s)	100～1000	2～200	20～400
喷丝孔直径/mm	0.2～0.8	0.07～0.1	0.03～0.2
凝固介质	冷却空气,不回收	凝固浴,回收、再生	热空气或氮气,再生
凝固机理	冷却	脱溶剂	溶剂挥发
卷取速度/(m/min)	20～7000	18～380	100～1500

干法纺丝是历史上最早的化学纤维成型方法。一些成纤聚合物的分解温度低于熔点，不能形成一定黏度的热稳定的熔体，但在挥发性的溶剂中能溶解而成浓溶液，这类聚合物适于采用干法纺丝工艺生产。

在干法纺丝过程中，通常要受到溶剂从丝条中挥发速度的限制，聚合物固化速度较慢，这就决定了干纺工艺的特点：

① 纺丝溶液的浓度比湿法高，一般达 18%～45%，相应的黏度也高，能承受比湿纺更大的喷丝头拉伸（2～7 倍），易制得比湿纺更细的纤维。

② 纺丝线上丝条受到的力学阻力远比湿纺的阻力小，故纺速比湿纺高，一般达 300～600m/min，高者可达 1000m/min，或更高些，但由于受到溶剂挥发速度的限制，干纺速度

总比熔纺低。

③ 喷丝头孔数远比湿纺少，这是因为干法固化慢，固化前丝条易粘连，一般干纺短纤维的喷丝头孔数不超过 1200 孔（最高 4000 孔），而湿纺短纤维的喷丝头高达数万至十余万孔。因此干法单个纺丝位的生产能力远低于湿纺，干纺一般适于生产长丝。

干法纺丝涉及聚合物-溶剂二元体系，比三元体系的湿纺简单，但比单组分体系的熔纺复杂。然而，假设溶剂蒸发不引起变化，纺丝线可以作为连续体处理，则干纺过程可以像熔纺过程那样进行理论分析。但由于对干纺过程的理论研究还较落后，积累的资料较少。

第一节　干法纺丝中纤维结构

由于成型机理不同，干纺初生纤维的结构特征与熔纺初生纤维有较大区别。如前所述，熔纺初生纤维最重要的结构特征与超分子结构有关。干纺初生纤维却不是如此。由于干法纺丝过程中形成的冻胶体在适合高弹形变的黏度区域的停留时间很短，因此来不及充分进行取向；又由于离开干燥甬道的丝条会有相当数量的残留溶剂存在，使分子的活动性较大，因此，此干纺初生纤维中分子和微晶的取向度很低，它在纺程上通常是各向同性的，或稍有一点取向。但一般来说，纺丝期间纤维产生的取向度随溶液的黏度、纺丝速度和喷丝头拉伸倍数提高而上升，也随纤维固化速度的提高而上升（固化速度同纤维的表面积有关，纤维越细，其表面积越大，固化速度加快）。纺丝甬道温度的高低存在有利和不利两方面因素，其温度升高，可增加分子的活动性，但阻碍了分子的取向。在纺丝过程中较高的取向会降低纤维的可拉伸性；或者如果拉伸比不变，则提高纤维的强度。然而，纺丝甬道的温度远远没有纤维上残留溶剂量的影响大。由于样品的不均匀性，用于测定熔纺初生纤维结晶度的密度法不适用于干纺初生纤维。同时，干纺初生纤维超分子结构参数对纺丝条件远不如熔纺初生纤维敏感。

纺丝参数对纤维性质的影响也与熔纺不同，在熔纺中力学因素和传热因素，如纺丝线中的应力和速度场以及冷却强度起着重要作用。在干纺中，这些因素的作用是次要的，纤维的微观结构、形态结构以及机械性质强烈依赖于纺丝线和周围介质之间的传质强度以及各种浓度所控制的转变。例如，在干纺过程中，由于溶剂存在于整个丝条中，溶剂从丝条表面蒸发的速度（E）和溶剂从丝条中心扩散到表面的速度（v）的相对大小，即 E/v 值决定了初生纤维断面形态结构的特征。

当 $E/v \leqslant 1$ 时，成纤干燥固化过程十分缓和、均匀，纤维断面结构近乎同时形成，截面趋近于圆形，几乎没有皮层。当 E/v 略大于 1 时，纤维的截面如图 14-2（a）所示。随着 E/v 的增加，近于中等值时，纤维截面如图 14-2（b）所示。当 E/v 远大于 1 时，特别是纺丝液浓度较低时，所得的纤维截面呈扁平状，近似于大豆形或哑铃形，如图 14-2（c）所示。

干纺纤维的截面形状除与成型过程中丝条表面和内部溶剂的蒸发、扩散速度有关，在很大程度上还取决于纺丝液的初始浓度、固化时的浓度以及纤维在甬道中的停留时间等。纺丝液的浓度越低，纤维截面形状与圆形差别越大。图 14-3 为纺丝参数对干纺纤维横截面形状的影响。

另外，干纺初生纤维中的结构特征与湿纺初生纤维也有较大的差异。大量的研究表明，

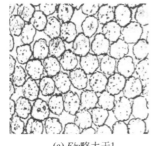 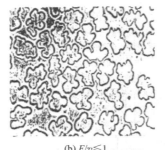 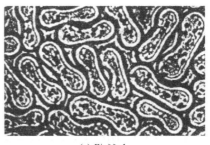

(a) E/v略大于1　　　　　(b) $E/v \leqslant 1$　　　　　(c) $E/v \gg 1$

图 14-2　纤维截面形状

采用相同的成纤聚合物进行湿纺和干纺制取纤维，干纺不但宏观结构较均匀，没有明显的皮层和芯层，纤维的超分子结构尺寸大，纤维的微纤结构也不明显。这与成型方法及成型条件密切相关。因为湿法纺丝液的浓度较低，丝条固化采用非溶剂，体系的相分离速率比较快，并且存在双扩散，因此初生纤维会形成多孔凝胶网络。而干纺纺丝液的纺丝参数对干纺纤维横截面形状的影响中，由于浓度较高，丝条的机理为单相胶化，不存在双扩散，因此成型条件比湿法缓和，从而导致纤维的结构均匀、致密，纤维表面光滑，截面收缩不大，在显微镜下没有明显可见的孔洞，而且染色后色泽艳丽，光泽优雅，且纤维更富于弹性，织物尺寸稳定性也较好。

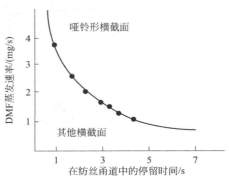

图 14-3　纺丝参数对干纺纤维
横截面形状的影响

第二节　干法纺丝设备

干法纺丝设备基本与湿法纺丝设备相同，只是湿法纺丝是经凝固浴降温纺丝，而干法纺丝是通过直接溶剂挥发得到初生纤维。干法纺丝用介质传热、溶剂蒸发、挥发溶剂回收系统代替湿法纺丝的凝固浴槽。

一、直管式干法纺丝机

如图 14-4 所示，纺丝原液从导管进入喷丝头（喷丝头的加热载体从进口至出口作循环流动），压经喷丝板后形成丝束，纺丝甬道有加热夹套，加热载体由进口至出口进行循环流动。干燥的加热气体进入纺丝甬道后，与丝条平行而下、带有溶剂蒸气的热气流由甬道引出，干燥的丝束由甬道的圆锥形底部拉出，并经导盘而绕在筒管上。

热风的方向对纺丝操作和成品纤维质量有直接影响。通常有图 14-5 的四种送风方式。

1. 顺流式

这是聚丙烯腈干法纺丝用得比较多的一种方式。干燥的加热气体从甬道上部进入，与丝

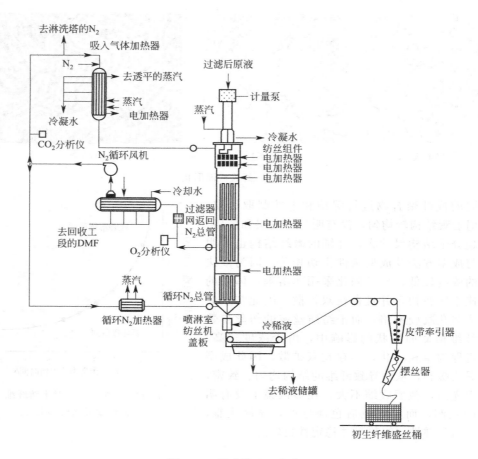

图 14-4　干法纺丝工艺流程

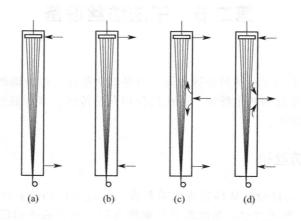

图 14-5　干法纺丝机的送风方式
（a）顺流式；（b）逆流式；（c）分流式；（d）双进式

条平行同向流动，自甬道的下部引出。丝束所受热风的阻力较小，溶剂的蒸发较慢，所得纤维的质量较为均一。

2. 逆流式

干燥的热风自纺丝甬道的下部进入，与丝束逆流而上，从甬道的上部引出。逆流式的溶剂蒸发速度较快，纤维的成型不太均匀，丝条所受阻力较大，工业用腈纶以高强力逆流式送风为主。

3. 分流式

加热的干燥气体从中部进入，然后分别自甬道的上部和下部引出。这样溶剂的蒸发速度更快（浓度差较小）。而且由于一部分气体与丝束成逆向流动，另一部分则为顺流，故丝条所受阻力较小。

4. 双进式

所需的加热气体分成两部分，分别自甬道的上部和下部进入，然后分别与丝条成逆向和同向方式流动，并自甬道的中部同时引出。

二、喷丝头组件

干法纺丝的喷丝头组件与湿法不同，它的结构比较复杂。喷丝头组件除用来固定喷丝头外，还必须具有加热载体的循环系统，以对原液进行加热，使其达到工艺要求的温度，通常用联苯作为加热载体。图 14-6 为一种干法喷丝头组件的截面示意图。

三、干法纺丝后加工设备

干法成型的腈纶因成型条件较缓和，纤维结构较致密，故丝束的后处理工艺较湿法简单。干法成型短纤维的后加工流程如下：

干纺腈纶—集束—拉伸—水洗—上油—干燥—拉伸—卷曲—热定型—切断—输送—开松—打包。

各干纺厂所用的后处理流程基本相似，只是拉伸次数、拉伸和水洗的顺序因品种不同而略有差异。

干纺腈纶的水洗、拉伸、上油和卷曲流程如图 14-7 所示。切断、干燥（或干燥、切断）、上油和打包示于图 14-8。

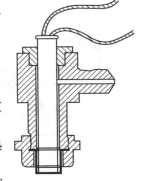

图 14-6 干法喷丝头组件截面示意图

由纺丝车间送来的丝束经集束，并经导丝系统把丝束分隔开，拉正，然后送入水洗-拉伸机，每台水洗-拉伸机可处理两条各 52000 dtex 用于湿卷曲的丝束。丝束在水洗-拉伸机中既洗去纤维中的溶剂，又进行拉伸，水洗-拉伸温度一般控制在（90～98）±0.5℃。根据纤维品种的不同，拉伸倍数为 2.2～6 倍，一般采用 4.5 倍。纤度细的纤维拉伸 6 倍，而一些特殊产品的拉伸比仅为 2.2 倍左右，甚至更低。

热的去离子水自第 10 槽通入，与丝束逆向流动。连续流过每一个槽，含有溶剂的洗涤水自第一槽温流而出，导入回收车间回收溶剂。丝束经洗涤后基本不含溶剂。

经水洗拉伸后的纤维必须上油，以减少在纤维卷曲和丝束输送过程时的摩擦损伤，并增加纤维在卷曲和整理时的抱合力。改变上油辊的转速和油剂的温度，可调节丝束的上油率。

上油后的丝束要进行卷曲，丝束经蒸汽箱而进入卷曲机。丝束经牵引辊进到卷曲箱的卷曲头，从一对辊中间通过而进入卷曲箱，在卷曲箱被挤压、折叠和横向弯曲，丝束的折叠波纹由辊的间隙和几何形状所确定。卷曲后的丝束进入丝束筒，再送往干燥机。

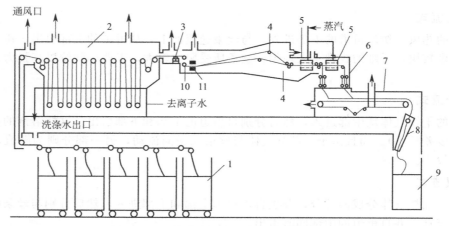

图 14-7　干纺腈纶的水洗、拉伸和卷曲流程

1—丝束桶；2—水洗-拉伸机；3—给油机；4—集束导辊；5—蒸汽箱；6—卷曲机；

7—冷却输送带；8—输送带；9—卷曲丝束桶；10—导辊；11—丝束检测器

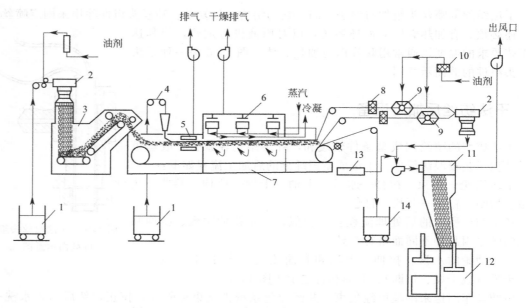

图 14-8　短纤状和丝束状干纺腈纶的干燥上油流程

1—丝束桶；2—切断机；3—短纤输送箱；4—丝束平铺辊；5—蒸汽室；6—风扇；

7—加热区；8—张力辊；9—喷油泵；10—计量泵；11—集捕器；

12—短纤打包机；13—输送带；14—成品丝束桶

第三节　聚氨酯弹性纤维及其干法纺丝工艺

聚氨酯弹性纤维（polyurethane elastic fibers）在我国简称氨纶，国际上称为斯潘得克斯（Spandex），指含有 85%（质量比）以上聚氨基甲酸酯组分的分子链，由线型聚合物制成的弹性纤维。其组成是由二元醇与二异氯酸加成并经扩链反应而得的软硬段相嵌的聚合物。目前，市售氨纶主导类型主要有聚醚型和聚酯型两种。

一、聚氨酯弹性纤维的结构

聚氨酯弹性纤维的分子链一般是由软段与硬段两部分组成的嵌段共聚物，其结构式如下所示：

软段一般由不具有结晶性的低分子量聚酯或聚醚组成，玻璃化转变温度很低（$T_g = -50 \sim -70℃$），链段长度 $15 \sim 30$nm，为硬链段的 10 倍左右。常温下处于高弹态，纤维被拉长时，软链段能伸展变直，从而赋予纤维容易被拉长变形的特征。由于其质量占总质量的 $65\% \sim 90\%$，故在纤维的形态结构中构成连续相。硬段一般为含有多种极性基团、有结晶性或能产生大分子链间横向化学交联的芳香二异氰酸酯，它的分子量较小（$500 \sim 700$），链段短。苯环的刚性和强的氢键及结晶性的相互作用使若干硬链段紧紧地聚集成簇状或形成"缚结点"，这样就形成非连续相的"岛"，使聚合物形成三维的网状结构，起着大分子链间的交联作用。一方面可为软链段的大幅度伸长和回弹提供必要的结点条件（阻止分子间的相对滑移），另一方面可赋予纤维一定的强度，从而使聚氨酯纤维具有很好的回弹性和强度。

通过硬链段的结晶形成分子间横向连接，称物理交联型氨纶。通过硬链段产生横向化学键的，称化学交联型氨纶，这两种类型的氨纶分子间结构如图 14-9 所示。化学交联型氨纶虽然只有一种软链段，但交错的软链段之间有由化学交联形成的结合点，它与软链段配合，共同赋予纤维高伸长、高回弹的特点。

图 14-9　氨纶的分子间结构

（a）物理交联型弹性纤维的分子结构；（b）化学交联型弹性纤维的分子结构

×××—硬链段；ᴍᴍᴍ—软链段

根据软段的不同把聚氨酯弹性纤维分为聚醚型和聚酯型。聚醚型由于主链上具有醚键，其柔性和耐水性都优于聚酯型氨纶，但其水解稳定性不够理想，不宜在潮湿的环境中长期使用。聚醚型氨纶中硬段—NH 不仅可以与硬段中—COOH 形成氢键，也可与软段中—C—O—C—形成氢键。聚酯型软段中含有极性强—COOR，软硬段之间的氢键作用力远大于聚醚型氨纶，因而其微相分离程度较低。聚酯型氨纶分子的—COOR 只有在中性条件下能稳定存在，在酸碱环境下都容易水解，其水解稳定性远远低于聚醚型氨纶。

二、聚氨酯弹性纤维的性能

由于聚氨酯弹性纤维具有特殊的软硬镶嵌的链段结构，其特点如下：①线密度范围为22～4778dtex，最细的可达11dtex；②断裂强度，湿态为0.35～0.88cN/dtex，干态为0.5～0.9cN/dtex；③伸长率达500%～800%，瞬时弹性回复率为90%以上；④软化温度约200℃，熔点或分解温度约270℃；⑤几乎不吸湿，而在20℃、65%的相对湿度下，聚氨酯弹性纤维的回潮率为1.1%；⑥密度为1.1～1.2g/cm²；⑦具有类似海绵的性质，适用所有类型的染料染色。

在使用裸丝的场合，其优越性更加明显。聚氨酯弹性纤维还具有良好的耐气候性、耐挠曲、耐磨、耐一般化学药品性等；聚醚型的纤维耐水解性好，而聚酯型的纤维的耐碱、耐水解性稍差。聚氨酯弹性纤维的耐光性一般，采用紫外线吸收剂可以提高其光稳定性。常用的紫外线吸收剂有：Tinuvin 761（癸二酸1，2，2，6，6-五甲基-4-哌啶基双酯），添加量一般在0.2%～2%（质量分数）。

聚氨酯弹性纤维耐微生物性较差，为了防止聚氨酯纤维的微生物降解，可以加入防霉剂。防霉剂用量为0.5%～1%（质量分数）。

三、聚氨酯的合成

1. 原料的准备

（1）芳香族二异氰酸酯

芳香族二异氰酸酯与低分子二羟基或二氨基化合物反应制得高熔点易结晶的硬段。常用的芳香族二异氰酸酯有二苯基甲烷-4，4′-二异氰酸（MDI）或2，4-甲苯二异氰酸酯（TDI）；还有2,6-甲苯二异氰酸酯、1,5-萘二异氰酸酯等。

（2）多元醇

一般选用分子量为800～5000，分子两个末端基均为羟基的脂肪族聚酯或聚醚。聚二醇是组成聚氨酯的软段之一，用环氧化合物水解开环聚合制得，其分子量越大则聚合物分子链越柔软，一般分子量控制在1500～3500。用于合成聚氨酯的聚醚二醇有聚氧乙烯醚二醇、聚氧丙烯醚二醇（PPG）和聚四亚甲基乙二醇（PTMEG）（也称聚四氢呋喃二醇，PTHF）等。

（3）扩链剂

扩链剂是含有活泼氢原子的双官能团、低分子量的化合物，决定聚氨酯化学结构的关键。

扩链剂在化学反应中起到分子链增长作用，几乎不起交联作用。用于纤维级聚氨酯生产的扩链剂主要为低分子化合物，有二胺类（芳香族二胺制备的纤维耐热性好，脂肪族二胺制备的纤维强力和弹性好）、二肼类（耐光性较好，但耐热性下降）或者二元醇。

（4）添加剂

一般添加催化剂（叔胺类化合物或有机锡化合物）、抗氧化剂（抗氧化剂3114）、抗静电剂（烷基三甲基氯化铵）、光稳定剂、消光剂（二氧化钛）、润滑剂、颜料等添加剂。

2. 聚氨酯嵌段共聚物的制备

用于干法纺丝、湿法纺丝和熔体纺丝的聚氨嵌段共聚物均为线型结构，其合成过程一般分两步完成。

（1）预聚体的制备

$$HO-R_1-OH + 2NCO-R_2-NCO \longrightarrow \left[OCN-R_2-\overset{H}{N}-\overset{O}{\overset{\|}{C}}-O-R_1-O-\overset{O}{\overset{\|}{C}}-\overset{H}{N}-R_2-NCO \right]_n$$

脂肪族聚醚或聚酯　二异氰酸酯　　　　　　预聚体（OCN—R₃—NCO）

（2）扩链反应

① 用二元醇作扩链剂：

$$n\ NCO—R_3—NCO + n\ HO—R_1—OH \longrightarrow \left[O—\overset{O}{\overset{\|}{C}}—\overset{H}{\overset{|}{N}}—R_3—\overset{H}{\overset{|}{N}}—\overset{O}{\overset{\|}{C}}—O—R_4 \right]_n$$

  预聚体   小分子二元醇   聚酯型聚氨酯

② 用二元胺作扩链剂：

$$n\ NCO—R_3—NCO + n\ H_2N—R_1—NH_2 \longrightarrow \left[\overset{H}{\overset{|}{N}}—\overset{O}{\overset{\|}{C}}—\overset{H}{\overset{|}{N}}—R_3—\overset{H}{\overset{|}{N}}—\overset{O}{\overset{\|}{C}}—\overset{H}{\overset{|}{N}}—R_4 \right]_n$$

  预聚体   小分子二元胺   聚脲型聚氨酯

四、聚氨酯弹性纤维干法纺丝

聚氨酯弹性纤维的工业化纺丝方法有：干法纺丝、湿法纺丝、熔融纺丝和反应纺丝等四种，其纺丝流程见图 14-10。

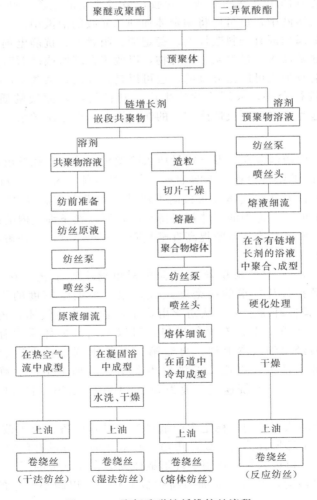

图 14-10　聚氨酯弹性纤维纺丝流程

干法纺丝是氨纶生产的主要方法，其工艺流程复杂，装置设备投资费用大，对环境也有一定污染，但工艺技术成熟，纺速高，制成的纤维质量和性能优良。我国氨纶企业多采用干法纺丝。

干法纺丝的优点为：产品质量优良、强度高、弹性恢复率好、丝卷均一、适用面广；产品规格齐全，以生产细旦及中旦丝为主，线密度为 2.2～29.2 dtex；纺速较湿法快，一般为 300～600m/min，有的甚至高达 1000m/min。由于受到溶剂挥发速度的限制，干法纺丝的速度总比熔法纺丝低。由于干法纺丝的丝条固化慢，丝条之间容易粘连，故喷丝板孔数比湿法纺丝少，单位纺丝产量低于湿法纺丝。

1. 纺丝原液的制备

成纤聚合物的制备是将分子量为 1000～3000 的含二个羟基的脂肪族聚醚与二异酸酯按 1∶2 的摩尔比进行反应生成预聚物。为了避免影响聚合物的溶解性能，必须特别注意，不能使用三官能团（或更多官能团）的单体，并严格控制反应条件，以最大限度地减少副反应的发生。聚合物中的硬链段多采用 MDI，软链段选用 PTMG 为多。如能用符合弹性纤维性能要求的聚酯二元醇为原料，则可降低成本。但通常聚酯二元醇不能用于干法纺丝，因为纺丝时的脱溶剂困难。常用的溶剂有 DMF、DMAc 等。

扩链剂一般为含有两个氨基的肼或二元胺，最多使用的是乙二胺和 1,2-丙二胺。二元胺可以加到预聚体的溶液中，也可以将预聚体加到二元胺的溶液中。

干法纺丝加入的添加剂有染料改性剂、稳定剂、阻燃剂、抗静电剂等。将添加剂在所选用的溶剂中研磨，通常加入少量聚氨酯聚合物，以改善在球磨或砂磨时的分散稳定性。聚合过程和添加剂的研磨及加入可以是分批的，也可以是连续的。某些工厂把聚合、扩链、添加剂的加入以及混合进行合并，采用连续法生产。制备的纺丝原液的质量分数应为 25%～35%，经过滤、脱泡等工序，制成性能均一的纺丝原液，送至纺丝泵。

2. 纺丝成型

聚氨酯纺丝原液由纺丝泵在恒温下定量压入喷丝头，从喷丝孔挤出的原液细流进入直径 30～50cm、长 3～6m 的纺丝甬道，由溶剂蒸气和惰性气体（N₂）组成的热气体从甬道顶部引入并通过位于喷丝板上方的气体分布板向下流动。甬道上部温度 280～320℃，下部温度 200～240℃，由于甬道和甬道中的气体都保持高温，所以丝条细流内的溶剂迅速挥发，并移向甬道底部，丝条中聚氨酯浓度不断提高直至凝固。与此同时，丝条被拉伸变细，单丝线密度一般为 6～17dtex。

干法纺制氨纶一般采用多根单丝或组合多根单丝生产工艺。在纺丝甬道的出口处，单丝经组合导丝装置按设计要求的线密度组成丝束。根据线密度的不同，每个纺丝甬道可同时生产 1～8 束弹性纤维丝束。从纺丝甬道下部抽出的热气体，进入溶剂回收系统中回收以备重新使用。在甬道上设有氮气进口，可以不断地向体系内补充氮气。集束后的丝束经第一导丝辊后经上油装置上油，再经第二导丝辊调整张力后卷绕成卷装。卷绕前还要进行后处理，如上油等，以避免纤维发生黏结和后加工中产生静电，通常采用经过硅油改性的矿物油为油剂。卷绕速度一般为 300～1000m/mim。图 14-11 为氨纶干法纺丝工艺流程。

为改进热气体流动状态控制，稳定生产细旦丝，对其设备进行了改进，具体如图 14-12 所示。热气体通过一个环形缸体进入纺丝甬道，在缸体的下方设有环形出口，热气体经过设在环形缸体下的环形出口进入纺丝甬道。环形缸体安装在喷丝板的下方，可以根据工艺需要向远离喷丝板的方向移动，调节吹风面与喷丝板的距离，以减小丝条的振动，从而生产细旦丝。

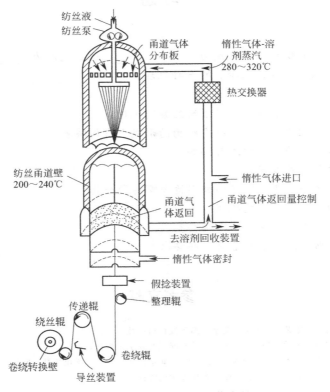

图 14-11 氨纶干法纺丝工艺流程

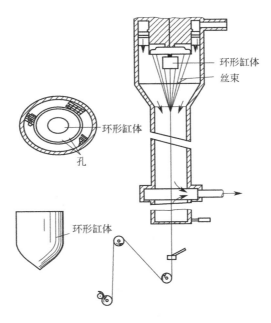

图 14-12 热气体流动状态控制方法

一、填空题

1. 用于干法纺丝的纺丝溶液浓度为 _____ ，纺丝速度为 _____ 。
2. 干法纺丝溶剂从纺丝线上除去的三种机理：_____ 、_____ 、_____ 。

二、问答题

1. 比较熔体纺丝、干法纺丝、湿法纺丝凝固机理。
2. 与熔纺和湿纺相比，干纺纤维在结构的形成上有何特点？
3. 干法纺丝时热风的送风方式有哪些？
4. 简述纺丝过程的基本规律。
5. 常用的纺丝方法有哪些？它们分别适合哪些聚合物？
6. 简述聚氨酯干法纺丝成型机理。
7. 生产聚氨酯所用的主要单体有哪些？
8. 聚氨酯纤维纺丝原液的制备有哪些要求？

参考文献

[1] 应宗荣. 高分子材料成型工艺学［M］. 北京：高等教育出版社，2010.
[2] 祖立武. 化学纤维成型工艺学［M］. 哈尔滨：哈尔滨工业大学出版社，2014.
[3] 左继成. 高分子材料成型加工基本原理及工艺［M］. 北京：北京理工大学出版社，2017.
[4] 闫承华. 化学纤维生产工艺学［M］. 上海：东华大学出版社，2018.

第十五章
化学纤维特殊纺丝法

化学纤维生产绝大多数采用熔体纺丝、溶液湿法纺丝和溶液干法纺丝三种普通纺丝方法成型。但是，为了提高纤维品质和生产效率以及针对一些成纤聚合物的特殊要求，人们一直都在不断探索各种特殊成型方法。已经出现的特殊成型方法有干湿法纺丝、凝胶纺丝、液晶纺丝、纺黏法、熔喷法、闪蒸法、静电纺丝、反应纺丝、膜裂纺丝、分散液纺丝、相分离纺丝、熔池纺丝、离心纺丝和表面结晶生长法等。这些纺丝方法与普通纺丝法有所不同，因此称为特殊纺丝。其中，干湿法纺丝、凝胶纺丝、液晶纺丝、熔喷法、纺黏法、闪蒸法、膜裂纺丝和反应纺丝等已实现产业化应用。

第一节 干湿法纺丝

干湿法纺丝是纺丝溶液从喷丝头压出后，先经过一段气体（通常为空气）层（或称气隙），然后再进入凝固浴继续凝固的溶液纺丝方法，因此也称干喷湿法纺丝或者气隙纺丝。

一、干湿法纺丝原理

图 15-1 为干湿法纺丝的原理。从凝固浴中导出的初生纤维的后处理过程，与普通湿法纺丝相同。A. T. Cepkob 等对干湿法纺丝的机理进行了探讨，认为干湿法纺丝可以划分为五个区域。

如图 15-2 所示，Ⅰ 区为液流胀大（膨化）区。自喷丝孔中流出的液流因在

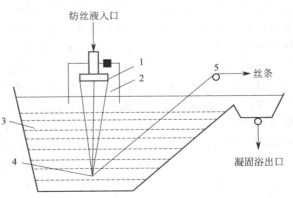

图 15-1　干湿法纺丝原理

1—喷丝头；2—气体层；3—凝固浴；4,5—导丝辊

喷丝孔中流动时产生的法向应力差而胀大至 2~4 倍（点 B）。

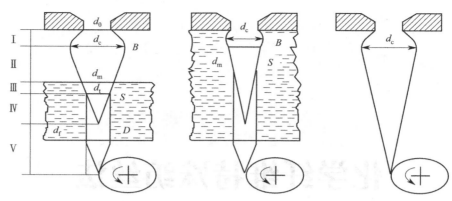

图 15-2　溶液纺丝图解

Ⅱ区为液流在气体层中的轴向形变区。在该区内，胀大的液流受到拉伸。

Ⅲ区为液流在凝固浴中的轴向形变区。进入凝固浴中的丝条需要经过一定的时间才能发生凝固，在纤维表面形成固体皮层（点 S）以前，纤维能发生显著的纵向形变，特别是在凝固作用缓和的凝固浴中。

Ⅳ区为纤维固化区。该区长度取决于丝条的运动速度和凝固剂的扩散速度。到达 D 点时该区结束，扩散的前沿达到纤维中心，其凝固剂浓度等于临界过饱和浓度。在该区内主要发生纤维结构的形成过程或各向异性溶液结构的固定过程。

Ⅴ区为已成型纤维导出区。丝条在该区中运动时继续发生扩散过程，并部分发生结构形成过程。

二、干湿法纺丝的特点与应用

干湿法纺丝本质是干法纺丝与湿法纺丝的前后串联，兼有干法纺丝和湿法纺丝两者的特点。干湿法纺丝与干法纺丝和湿法纺丝有本质的不同。

1. 与湿法纺丝的区别

干湿法纺丝与湿法纺丝具有显著区别。其一，纺丝速度可以比湿法纺丝高 5~10 倍。湿法纺丝时，发生喷丝头拉伸比的区域很短，因此较小的喷丝头拉伸比即可出现很大的拉伸速度梯度，特别不利的是导致液流胀大区发生强烈的形变，此时液流变细不是如流动动力学条件所预期的那样胀大 2~4 倍，而只胀大 1.1~1.2 倍，这些都将使液流受到很大的张力，在较小的喷丝头拉伸比下即可能发生断裂，因而在湿法纺丝时，要借助增大喷丝头拉伸比来提高纺丝速度是很局限的。而干湿法纺丝时，从喷丝板至丝条凝固点之间的拉伸区长度可达 5~100mm，远远超过液流胀大区的长度。在这样长的距离内发生的液流轴向形变，其速度梯度不大，因此能在干法段进行高倍喷丝头拉伸比（Ⅱ区），纺丝速度与湿法纺丝相比大幅度提高。当然，干湿法纺丝时，在Ⅲ区的部分区域也对液态丝条的拉伸有所贡献。

其次，干湿法纺丝可以采用直径较大的喷丝孔（$d=0.15~0.3mm$）和黏度较高的纺丝浓度。湿法纺丝溶液的黏度一般为 20~50Pa·s，而干湿法纺丝溶液的黏度通常为 50~100Pa·s，甚至可以高达 100Pa·s 或更高，因此，干湿法纺丝的生产率高于湿法纺丝。

此外，干湿法纺丝时，喷丝板没有浸入凝固浴中，因此纺丝喷丝头和凝固浴可以存在较大的温差设计，比如可以采用高温纺丝喷丝头和低温凝固浴，同时，不会出现因凝固浴的凝固作用而发生纺丝溶液在喷丝孔中凝固的问题，因此可以采用较高的凝固强度，如采用较高的凝固浴温度，加快凝固进程，缩短凝固时间。

2. 与干法纺丝的区别

与干法纺丝相比，干湿法纺丝除了能增大喷丝头拉伸比而提高纺丝速度外，更重要的是能比较有效地调节纤维的结构形成过程。干法纺丝时，液流的凝固受限于溶剂的挥发速度，往往很慢，通常溶液并不分离成两相，因此调节纤维结构几乎是不可能的。而干湿法纺丝时，正在拉伸中的液流（纤维）进入凝固浴，凝固动力学和纤维的结构可借助凝固浴组成和温度的调节而在一宽广的范围内加以改变。在凝固浴中，液流分离为两相，表面皮层为固相，中心部分为液相，明显地存在两相界面，随凝固过程的进行，界面从纤维表面不断移向纤维中心，最终全部成为固相，这和湿法纺丝过程十分相似。

干湿法纺丝与湿法或干法纺丝相比具有明显的优点。目前，干湿法纺丝已在聚丙烯腈长丝和 Lyocell 纤维的生产上获得实际应用。下面提到的凝胶纺丝和溶液液晶纺丝也通常采用干湿法纺丝方法。

3. 聚丙烯腈长丝干湿法纺丝实例

腈纶干湿法纺丝工艺流程如图 15-3 所示，经计量泵计量的纺丝原液经烛形过滤器进入喷丝头，由喷丝孔挤出后，先经过一段气体层后，再进入凝固浴槽继续凝固，丝条经过位于槽底部的导丝钩导丝，然后由凝固浴上方的导丝盘引出凝固浴。随后，丝条经洗涤后进入热拉伸浴进行第一道拉伸，拉伸后的丝条通过干燥滚筒干燥后，进入蒸汽拉伸槽进行第二道拉伸。最后，丝条进入松弛干燥辊筒进行松弛热定型后得到成品纤维。干湿法纺丝纺制的聚丙烯腈长丝成品的结构较均匀，强度和弹性较高，截面结构近似圆形，染色性和光泽较佳。

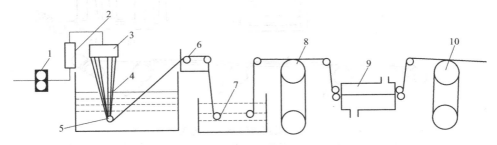

图 15-3　腈纶干湿法纺丝工艺流程

1—计量泵；2—烛形滤器；3—喷丝头；4—凝固浴；5—导丝钩；6—导丝盘；
7—拉伸浴；8—干燥辊筒；9—蒸汽拉伸槽；10—松弛干燥辊筒

第二节　凝胶纺丝

凝胶纺丝是采用超高分子量聚合物半稀溶液为纺丝溶液，从喷丝孔中挤出形成的高温原液细流，经过约几厘米的空气层后进入低温凝固浴，骤冷凝固成凝胶丝条，然后再进行超倍拉伸，得到高取向、高结晶度、结构特殊的超高强高模纤维的纺丝方法。因此，凝胶纺丝亦称冻胶纺丝或者凝胶纺丝超拉伸法。

一、凝胶纺丝工艺流程

凝胶纺丝典型工艺流程包括原液制备、纺丝、凝胶化、溶剂萃取、多级热拉伸和干燥等，如图 15-4 所示。凝胶纺丝属于溶液纺丝范畴，但不同于纺制常规化学纤维的湿法纺丝和干法纺丝。纺丝溶液采用高温先溶胀后溶解的方法制备，在热力学上溶解过程需满足 $\Delta H_m < T \Delta S_m$。凝胶纺丝的纺丝原液细流在凝固浴中只发生热交换，基本上不发生传质过程，即在凝固成型过程中溶剂基本上不扩散，几乎全部滞留在初生丝条中。凝胶纺丝的关键技术是纺丝溶液细流在低温凝固浴中骤冷，以保持冻胶丝条中大分子呈近解缠状态。当纺丝所用溶剂沸点较低时可直接采用干燥方式使冻胶丝条中的溶剂挥发除去，而当纺丝所用溶剂沸点较高时，则选用沸点较低且易挥发的试剂作为萃取剂，将包含在冻胶丝条中的溶剂萃取去除后再干燥，去除溶剂将提高冻胶丝条超倍热拉伸的稳定性和有效拉伸比。然后，凝胶丝条采用超倍拉伸和进一步干燥等处理之后，得到超高强高模的纤维。

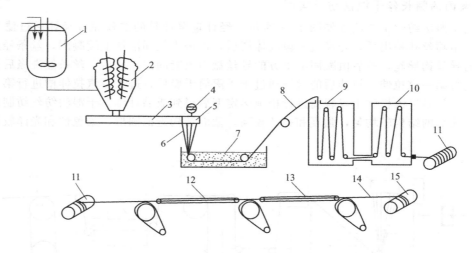

图 15-4　凝胶纺丝基本工艺流程

1—溶解釜；2—混合釜；3—机头带喷丝头的螺杆挤出机；4—计量泵；5—喷丝头；
6—丝束；7—冷却槽；8—冻胶纤维；9—溶剂萃取；10—干燥；11—导丝辊；
12—第一热拉伸管；13—第二热拉伸管；14—拉伸纤维；15—卷绕筒

二、凝胶纺丝的应用现状

超高强高模纤维的理想结构是大分子链无限长且大分子链完全伸展、纤维中仅含伸直链结晶。按照分子链断裂机理，这样纤维拉伸强度可以达到大分子链的极限强度。成纤聚合物，特别是柔性链聚合物，理论上的极限强度与目前常规纺丝法得到的纤维实际强度之间存在着很大的差距。

柔性成纤聚合物纤维的超高强化必须从四个方面去努力：①尽可能提高成纤聚合物分子量，减少纤维中的分子末端缺陷；②尽可能减少非晶区大分子之间的缠结；③尽可能减少晶区折叠链的含量，增加伸直链的含量；④尽可能将非晶区均匀分散到连续的结晶基质中去。

实现柔性成纤聚合物纤维超高强化的方法主要有凝胶纺丝法、增塑熔融纺丝法、超拉伸或局部拉伸法、固体挤出法和表面结晶生长法等。

凝胶纺丝是纺制超高强高模纤维最为成熟、早已工业化的纺丝方法。20 世纪 80 年代，凝胶纺丝最早在超高强高模聚乙烯纤维生产上获得应用，2008 年超高强高模聚乙烯纤维世界产量近 1 万吨。继超高强高模聚乙烯纤维之后，采用凝胶纺丝纺制超高强高模聚丙烯腈纤维和超高强高模聚乙烯醇纤维相继获得生产应用。目前，聚酯、聚酰胺、聚丙烯等其他柔性链成纤聚合物的凝胶纺丝已成为高强化研究和开发的热点。

采用凝胶纺丝纺制的超高强高模聚乙烯纤维商品强度最高达 33cN/dtex（3.2GPa），模量约为 1010cN/dtex（99GPa），远远超过碳纤维和芳香族聚酰胺纤维。

第三节　液晶纺丝

一、液晶纺丝类型与过程

液晶纺丝是指采用液晶状态的溶液或熔体纺制得到高强度纤维的纺丝方法。按照纺丝原液来源，液晶纺丝有一步法和两步法两种实施方式。按照纺丝流体性质，液晶纺丝可分为两类，一类是采用液晶聚合物的液晶溶液进行纺丝的溶液液晶纺丝，另一类是采用热致性液晶聚合物的液晶熔体进行纺丝的熔体液晶纺丝。

溶液液晶纺丝通常采用干湿法纺丝，也可以采用普通湿法纺丝，但是很少采用干法纺丝。图 15-5 是液晶溶液干湿法纺丝装置。纺丝时，挤出液流经气隙后进入垂直于凝固浴槽里的中空纺丝管，纺丝管的上端低于凝固浴液面，下端从凝固浴槽底部穿出，凝固浴液经纺丝管随同丝束从凝固浴槽底部流出，丝束与凝固浴液的运动方向相同，因此相互间摩擦阻力较小，以至丝束受到的张力较小，有利于纺速的提高。各向异性的液晶溶液从喷丝孔中挤出时，在喷丝孔中液晶微区由于剪切作用而沿流动方向取向，在喷丝孔出口处因液流挤出胀大，液晶微区的取向略有散乱。但是，这种散乱在气隙区随纺丝张力引起的丝条变细而迅速恢复高取向，变细的丝条保持高取向结构被凝固，从而形成高结晶、高取向性的纤维结构。采用干湿法纺丝得到的液晶聚合物纤维一般不再进行拉伸，但是在高温、高张力下进行热定型可以进一步提高结晶度和晶区取向度。

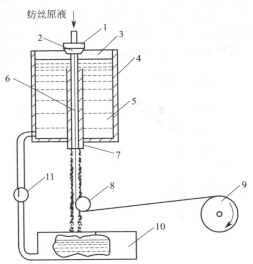

图 15-5　液晶溶液干湿法纺丝

1—纺丝组件；2—喷丝板；3—空气间隔层；
4—凝固浴槽；5—凝固浴；6—丝束；
7—纺丝管；8—导丝盘；9—旋转筒管；
10—凝固浴接收槽；11—泵

热致性液晶聚合物可以采用熔体纺丝工艺进行熔体液晶纺丝。热致性液晶聚合物的熔体液晶纺丝可以采用 90～180m/min 的纺速，熔融温度为 275～375℃、热分解温度为 350～450℃的热致性液晶聚合物能够进行稳定的熔体纺丝。熔纺得到的热致性液晶聚合物纤维，通常需要在高温下进行热定型。

下面主要以聚对苯二甲酰对苯二胺纤维（商品名：Kevlar 纤维）液晶纺丝为代表介绍液晶纺丝内容。

二、Kevlar 纤维的液晶纺丝

杜邦公司的 Kevlar 纤维采用两步法干湿纺工艺，依次包括原液制备、挤出、拉伸、凝固、水洗、中和、干燥、上油和卷绕等工序。首先将聚合制备的聚对苯二甲酰对苯二胺（PPTA，分子量大于 30000）溶解于浓度 99%～100% 的冷冻浓硫酸中配制得到固含量约为 19.4% 的纺丝溶液，然后将纺丝溶液加热到 85℃ 的纺丝温度形成液晶溶液，经过滤后从喷丝孔挤出，挤出液流经约 8mm 的空气层，在气隙中经受约 6 倍的喷丝头拉伸比，然后进入温度 5～6℃、5%～20% 浓度的稀硫酸凝固浴中凝固成型，从凝固浴出来后的丝条经水洗和中和后，在 160～210℃ 加热干燥，上油后的 Kevlar 纤维在卷筒上卷绕成筒，即为 Kevlar 纤维长丝产品。

Kevlar 纤维纺速可达 200～800m/mim，有些研究试验已达到 2000m/min 的高速。喷丝头拉伸比 R_S 是纺丝过程重要的参数。从图 15-6 可见，随着 R_S 增大，即细流的拉伸流动取向增强，纤维强度迅速增加，因为液晶大分子取向后，其松弛时间比较长，伸直取向的分子结构还来不及解取向，在冷的凝固浴中被冻结，使纤维获得高强度（20.5cN/dtex）和高模量（503.4cN/dtex）。凝固浴温度采用低温，不仅可抑制溶剂和沉淀之间的双扩散，而且更重要的是有利于液晶溶液取向结构的快速固定。Kevlar 纤维长丝产品如果再经过 500℃ 以上高温热处理，纤维模量几乎增加一倍左右，而强度变化很小，如图 15-7 所示。

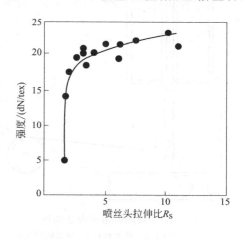

图 15-6　喷丝头拉伸比对初生
纤维力学强度的影响

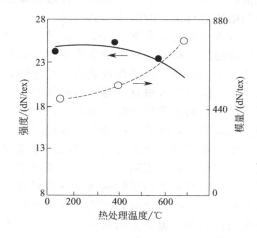

图 15-7　热处理对纤维
力学性能的影响

三、液晶纺丝应用现状及发展

芳香族聚酰胺的液晶纺丝早已工业化生产。20 世纪 60 年代，美国杜邦公司生产的 Nomex 纤维（芳纶 1313，一种重要的防火纤维）和 Kevlar 纤维是最早问世的液晶纺丝商品。液晶纺丝生产的芳香族共聚酯 Vectran 纤维在 1986 年也已开发成功。

近年来，人们一直在不断地探索采用液晶纺丝制备纤维素纤维、甲壳质及其衍生物纤维和丝素蛋白纤维等各种高强高模纤维，已经取得一些不错的研究成果。

第四节　纺丝成网

纺丝成网是指将化纤纺丝得到的纤维直接铺网而成非织造布的纺丝方法。纺丝成网包括纺黏法、熔喷法、闪蒸法和静电纺丝等方法，其中纺黏法和熔喷法目前已成为非织造布的主要生产方法，闪蒸法和静电纺丝制造纳米纤维非织造布正引起人们的关注。

一、纺黏法

纺黏法是指熔体纺丝细流挤出进入冷却空气通道，熔体细流在受到空气冷却的同时，受到拉伸气流的高速拉伸作用形成连续长丝，然后铺放在成网帘上成网，纤网经固结装置处理后形成非织造布的成型方法。纺黏法非织造布技术具有流程短、效率高、成本低、产品性能优良以及应用范围广等优点。

1. 纺黏法工艺流程

纺黏法典型工艺流程通常包括原料输送、螺杆熔融、熔体过滤、熔体计量、纺丝成型、冷却拉伸、分丝铺网、热轧定形和卷绕成型等过程。有些原料，比如涤纶原料，纺丝前还需进行干燥。图 15-8 是纺黏法典型工艺流程。

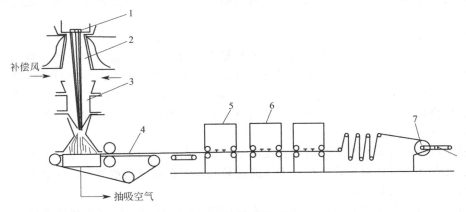

图 15-8　纺黏法典型工艺流程

1—喷丝；2—冷却通道；3—气流拉伸通道；4—铺网；5—针刺；6—加固；7—卷取

广泛应用且最具有代表性的纺黏法非织造布工艺是德国的 Reicofil 工艺和 Docan 工艺。Reicofil 工艺采用的是抽吸式负压拉伸（图 15-9）。即在拉伸道底部通过一台大功率抽风机吸气，使拉伸道呈负压，空气从拉伸道上部进入并在拉伸道的喉部（在可调的导板 I 处形成的最窄的狭缝）形成了自上而下流动的高速气流。因高速气流速度远高于丝条挤出速度，因此气流运动对丝条的摩擦力成为施加在丝条上使其加速运动的主要动力。丝条在气流的摩擦力作用补偿风入口下加速运动并受到拉伸。在风道底部导板 II 使风道逐渐扩大，气流在该区域内速度减缓并形成一个气流场，使拉伸后的丝条产生扰动并不断铺落至下方不断运行的输送网帘上形成杂乱分布的纤维网，该纤维网经热辊热轧及冷辊定形后进入卷装机成卷。

Docan 工艺采用高压压缩空气喷嘴拉伸。喷嘴内部呈锥形，外部是圆管形。具有较高压力的压缩空气在喷嘴处挟持丝条，并对丝条进行拉伸，拉伸后丝条由分纤器进行分纤，再由摆丝器进行往复摆动铺网，经加固（如针刺、热轧等）及冷却定形得成品。

2. 纺黏法现状与发展

目前，纺黏法是非织造布最主要的生产方法，但纺黏法非织造布的产品增长率在不断地下降，面对这样严峻的形势，纺黏法新技术、新产品的研发至关重要。

（1）纤维细旦化和微细旦化

纺黏法的一个重要发展趋势是纤维细旦化和微细旦化。纺黏法非织造布由连续长纤维组成，纤维经高速气流的拉伸后，具有较高的取向度和结晶度，纤维成网时纵横交错，纤网又经过热轧加固。因此，纺黏法非织造布的断裂强度较高，断裂伸长率较低，纵横强度比较小，但是纤度较粗。

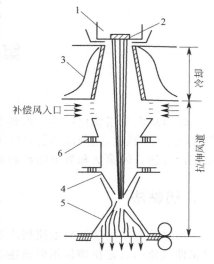

图 15-9 抽吸拉伸
1—纺丝箱；2—喷丝板；3—吹风方向调节；
4—导板Ⅰ；5—导板Ⅱ；6—密封体

（2）功能化

纺黏非织造布的功能化是近几年纺黏非织造技术的重要发展方向。一种方法是在切片投料斗内加入功能性母粒，所生产的纤维功能特性持久，难以消失，再利用功能性纤维制得纺黏非织造布。另一种方法是在纺黏生产线的热轧机和卷曲机之间增加一套浸水（喷雾）和烘干机组，使纺黏非织造布经热轧之后，在具有功能特性的整理剂溶液中浸渍（或喷雾）并烘干，赋予产品一定的功能。

（3）技术复合

技术复合包含原料复合与工艺复合。原料复合方面，纺黏法进入多功能、双（或多）组分、超细纺黏非织造布阶段，其中双组分复合纺黏法非织造布是由两种组分的切片由各自独立的螺杆挤出机挤出后经熔融复合纺丝成网、加固而形成的，其工艺流程为：切片 A/B→料仓→螺杆熔融挤压→熔体过滤→计量挤出→复合纺丝组件→气流拉伸→分丝铺网→固网→卷绕→分切→包装。

目前流行的双组分纤维有海岛型、皮芯型、橘瓣型、并列型和混纤型 5 大类。

工艺复合技术即将两种或两种以上性能各异的非织造布或其他材料经复合加工，制成高性能、高适用性多层非织造布的技术。

纺黏与水刺结合生产非织造布的工艺流程如图 15-10 所示，该方法利用水刺法加固纺黏非织造布，得到手感柔软、强度高、吸湿性和悬垂性好的非织造布，而且水刺法固结的非织造布不含化学黏合剂，在卫生上安全可靠。

二、熔喷法

熔喷法是指采用高温高速的气流喷吹或其他手段，使聚合物经螺杆挤出熔融后从喷丝孔喷出的熔体细流，受到极度拉伸而形成长度为 40～75mm 的极细无规则短纤维，然后聚集到成滚筒或成网帘上形成纤网，熔喷纤网最后以自黏合和热黏合等方法固结成布的成型方法。拉伸流挟持着被拉伸的短纤维未落在成网机时，已经冷却降温，但仍然能互相黏合缠结在成网装置形成连续纤网。为了防止拉伸气流将纤网吹散，在网下设置了吸风系统，可以将

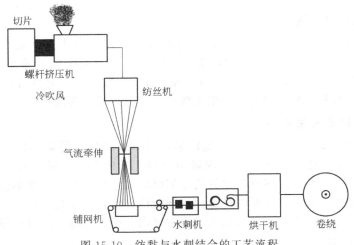

图 15-10　纺黏与水刺结合的工艺流程

拉伸气流及周围环境一定范围内的气流抽走，使纤网贴在成网装置上定形和传输。从成网机过来的纤网可用卷绕机卷绕、分切成为熔喷布产品。

1. 熔喷法工艺流程

熔喷法典型的生产工艺流程为原料输送、螺杆熔融、熔体过滤、熔体计量、喷丝、成网、卷取和后加工等。原料在经过计量、混合后，进入挤压机加热为熔体，经过过滤器去除杂质后，进入计量泵计量加压，形成压力、流量稳定、分布均匀的熔体，然后由内部熔体通道均匀分布至熔喷头，然后由分布在喷丝板侧的高温牵引气流对着从熔喷头喷出的熔体喷射，熔体在这种高温、高速气流的作用下被拉伸成细度只有 15mm 的细丝，同时，这些纤细的纤维丝被拉伸气流拉断为 40～70mm 的短纤维。然后在拉伸气流的引导下这些短纤维落在成网机上，由本身的余热在成网机上互相黏合，形成一张连续的纤网。在成网机上形成连续的纤网后经过卷绕机的卷绕成卷、分切机分切，最终形成熔喷非织造布。

典型生产工艺流程及原理如图 15-11 和图 15-12 所示。

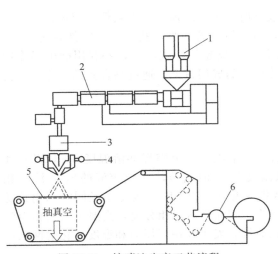

图 15-11　熔喷法生产工艺流程

1—喂料装置；2—螺杆挤出机；3—计量泵；
4—熔喷装置；5—抽真空接收网；6—切片卷绕装置

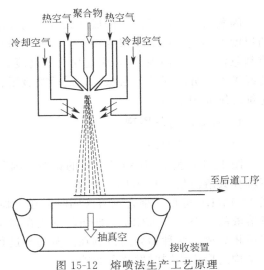

图 15-12　熔喷法生产工艺原理

2. 熔喷法现状与发展

熔喷法在 20 世纪 50 年代开始研究，80 年代初实现工业化生产，是纺丝成网非织造布的第二大生产方法，近年来发展速度很快。熔喷法产品目前主要有聚丙烯熔喷布和聚酯（PET）熔喷布两种，90% 以上的熔喷非织造布以 PP 为原料，但是国外已越来越多地使用聚乙烯、聚酰胺、聚苯硫醚、聚乳酸和聚酰胺酯等为原料研制熔喷产品。

3. 熔喷法制口罩应用实例

2020 年，新型冠状病毒肺炎疫情蔓延以来，口罩生产数量呈爆炸性上升。熔喷无纺布是口罩的核心过滤层。熔喷布主要以聚丙烯为原料，纤维直径可以达到 $1\sim5\mu m$。空隙多、结构蓬松、抗褶皱能力好，这些具有独特的毛细结构的超细纤维可增加单位面积纤维的数量和表面积，从而使熔喷布具有很好的过滤性、屏蔽性、绝热性和吸油性。

熔喷无纺布的工艺过程：聚合物喂入—熔融挤出—原料过滤—原料计量—纤维形成—纤维冷却—成网—加固成布。

熔喷布堪称医用外科口罩和 N95 口罩的心脏。医用外科口罩和 N95 口罩一般采用多层结构，口罩有三层。因为按照国家的生产规定，医用口罩至少包含 3 层无纺布。其中熔喷布是口罩中间的过滤层，能过滤细菌，阻止病菌传播，其纤维直径只有头发丝的三十分之一。

平面口罩一般是 PP 纺黏＋熔喷＋PP 纺黏，也可以里层改用短纤改善皮肤触感。立体的杯状口罩一般是 PET 涤纶针刺棉＋熔喷＋针刺棉或者 PP 纺黏。其中，外层是做了防水处理的无纺布，主要用于隔绝患者喷出的飞沫；中间的熔喷层是经过特殊处理的熔喷无纺布，具有很好的过滤性、屏蔽性、绝热性和吸油性，是生产口罩的重要原料；里层则是普通无纺布。

虽然口罩的纺黏层（S）和熔喷层（M）都属于无纺布，原材料均为聚丙烯，但制作工艺并不相同。其中，里外两侧的纺黏层纤维直径较粗，在 $20\mu m$ 左右；中间的熔喷层纤维直径只有 $2\mu m$，由一种叫作高熔酯纤维的聚丙烯材料制成。

三、闪蒸法

闪蒸法是将高温高压的成纤聚合物纺丝溶液（所采用的溶剂在等于或低于溶剂常压沸点的温度下不能溶解成纤聚合物）从喷丝孔挤出，由于纺丝液在喷丝孔处压力突然降为常压，溶剂急剧蒸发（即闪蒸），引起聚合物高度原纤化而形成超细纤维丛丝，并利用静电场作用使纤维彼此分隔保持单根状态，最后被吸附在传送带的成网帘上，通过黏合固结工序，制得超细纤维非织造布。

1. 闪蒸法纺丝原理

（1）相分离原理

图 15-13 是闪蒸法纺丝溶液的相图。闪蒸法纺丝溶液存在上临界共溶温度（UCST）和下临界共溶温度（LCST），见图 15-13(a)。从温度为 T 时闪蒸法纺丝溶液的压力-浓度相图 15-13(b) 可见，聚合物溶液同时存在上临界共溶压力（UCSP）。闪蒸纺丝同时利用其纺丝溶液的 LCST 和 UCSP，即纺丝细流在高压下为均相而降压后相分离，高温下为均相而降温后相分离。两种相分离机制在闪蒸纺丝过程同时综合发生作用，压力和温度变化对网状纤维结构的形成均同时发挥着影响。

（2）超音速流原理

闪蒸纺丝喷丝口处的结构如图 15-14 所示。纺丝溶液经纺丝液供给管到达减压室后，纺

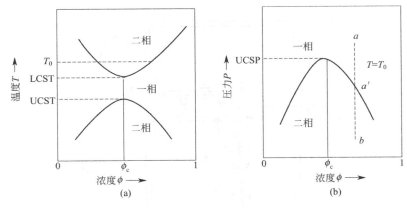

图 15-13　闪蒸纺丝溶液的相图
（a）温度-浓度相图；（b）压力-浓度相图

丝溶液迅速膨胀，经喷丝口处时 b 点液态溶剂到 c 点转化为蒸气，形成超音速流。由 b 点到 c 点的变化过程中，溶剂从液相转变为气相，聚合物与溶剂相分离。在相转变的同时，流体依靠速度梯度产生高速拉伸，形成纤维网络。整个过程瞬间完成，聚合物快速结晶，纤维质量达到预期指标。

（3）闪蒸法纺丝工艺

闪蒸法纺丝溶液由成纤聚合物、主溶剂、副溶剂和添加剂组成。选择的主溶剂在高于其常压沸点温度时能溶解成纤聚合物，而在其常压沸点及以下温度时溶解度低于 1%，其形成的纺丝溶液若压强稍微减小能快速发生相分离，压强进一步减小能瞬间蒸发。副溶剂的作用为助溶，副溶剂的选择依主溶剂而定。添加剂包括抗氧化剂、抗静电剂、稳定剂、阻燃剂、染料和颜料等。

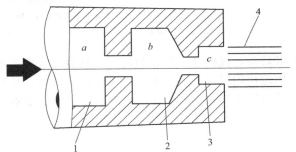

图 15-14　闪蒸纺丝喷丝口处结构
1—聚合物溶液供给管；2—减压室；
3—喷丝口；4—丝条细化

闪蒸法非织造布工艺流程如图 15-15 所示。闪蒸法纺丝液从高温高压室进入减压室，由于压力减小，使得单相溶液在减压室变为溶剂富相和聚合物富相共存的两相分散溶液，两相分散溶液在压力的推动下经过喷丝板喷出，压力突释导致溶剂闪蒸，形成聚合物纤维网。当纤维网从纺丝孔喷射出来，受旋转变流器的阻挡，将改变方向而喷向下方的传送带。在旋转变流器上装有护罩，护罩上面的四口内装有呈放射状分布的多个放电针头。放电针头外接高压电源，与接地的导电板之间形成静电场。纤维在静电作用下相互排斥，使得纤维网中纤维保持单丝状态。因为旋转变流器可以左右来回移动，再加上护罩的夹持作用，使得整张纤维网沉积在接地的传送带上。控制好旋转变流器的移动速度和传送带的传送速度，即可以在传送带上得到厚度不同的纤维网，再经过压辊的热压便成型为闪蒸非织造布成品。

2. 闪蒸法的现状与应用

闪蒸纺非织造布已大规模工业化生产，目前美国杜邦公司和日本旭化成公司的闪蒸纺丝产品占据垄断地位。

闪蒸纺非织造布为超细非织造布，纤维纤度可达纳米级，可透气（汽），不透水，并且

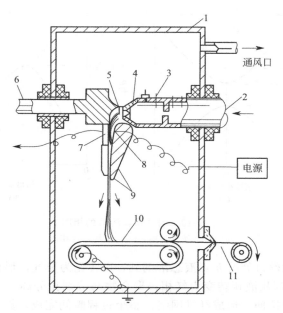

图 15-15　闪蒸法非织造布工艺流程

1—纺丝箱；2—纺丝液供给管道；3—减压室；4—纺丝孔；5,10—纤维网络；
6—旋转变速器；7—导电板；8—放电针头；9—护罩；11—非织造布

强度较高，抗撕裂，耐穿刺强度是其他方法聚丙烯非织造布的 2～3 倍和牛皮纸的 6 倍，产品质地均匀轻盈、表面光滑、尺寸稳定性好，具有极好的不透明性，非常适宜于印刷，因此广泛应用于印刷材料、包装材料、防护服、手术衣、遮盖布和农用薄膜等。

第五节　其他特殊纺丝

一、膜裂纺丝

利用某些成纤聚合物膜具有分裂成条（原纤化）的能力而纺制纤维的方法称为膜裂纺丝，纺制的纤维称为膜裂纤维。膜裂纤维包括割裂纤维和撕裂纤维。

1. 割裂纤维工艺

割裂纤维（丝）是将挤出或吹塑得到聚合物薄膜引入切割刀架，将其切割成 2.6～6mm 宽的扁带，再经单轴拉伸得到的线密度为 555～1670 dtex 的扁丝。割裂纤维现已广泛用来代替黄麻制作包装袋、地毯衬底织物、编织带及绳索等。现已工业化生产的割裂纤维有聚乙烯扁丝和聚丙烯扁丝，聚四氯乙烯纤维也可以采用割裂纤维工艺生产。

割裂纤维的成膜工艺有平膜挤出法和吹塑薄膜法两种。前者生产的割裂纤维线密度较均匀，但手感及耐冲击性稍差。后者生产的纤维手感好，但产品线密度不均匀，编织难度较大。割裂纤维的拉伸有窄条拉伸法和辊筒拉伸法。辊筒拉伸法是在薄膜未切割时进行拉伸，然后切割成纤，这种纤维的边缘不收缩，有利于生产厚包装带（袋），但其力学性能比拉伸扁丝稍低，热收缩率较大，因而其产品耐热性能差，不能做地毯底布，特别适用于生产包装织物。当要求产品具有较低的热收缩率时，需对其进行热定型，定形温度应比拉伸温度高5～10℃，定形收缩率一般控制在5%～8%。

2. 撕裂纤维工艺

撕裂纤维是指将挤出或吹塑得到的薄膜经单轴拉伸，使其大分子沿着拉伸方向取向提高断裂强度，降低断裂伸长，然后经破纤装置将薄膜开纤，再经物理化学或机械作用使开纤薄膜进一步离散而制成的纤维网状物或连续长丝。撕裂纤维亦称原纤化纤维。撕裂纤维广泛用于低级地毯、包装材料、股线、绳索等，针辊法撕裂纤维经梳理、加捻或与其他纤维混纺得到普通纺织纱线可用于编织和针织。

聚酰胺和聚酯等极性结晶聚合物虽然也能制成高度取向并结晶的薄膜，但由于极性分子间的次价键结合力很强，所制成薄膜的原纤化倾向很小，难于撕裂。现已工业化生产的膜裂纤维几乎都是聚丙烯纤维。

二、反应纺丝

反应纺丝是依赖于化学反应或者至少化学反应是成纤速度关键的纺丝过程，其固化成型速度受化学反应控制。反应纺丝又名化学纺丝，即由单体或低聚体变成聚合物过程和成纤过程合二为一。黏胶纤维或者铜氨纤维的纺丝，虽然在固成型过程中有化学反应发生，但不能称为反应纺丝。

1. 反应纺丝类型

（1）本体聚合纺丝法

本体聚合纺丝法是指在游离基型本体聚合过程中形成纤维的反应纺丝方法。具体过程是，将物质熔化或溶解在其单体中，经喷丝头挤出进入加热的纺丝甬道，在甬道里发生进一步聚合以形成高分子量的聚合物纤维，然后被卷绕在纺丝甬道出口处的卷绕装置上得到（初生）纤维。

（2）凝固浴扩链纺丝法

凝固浴扩链纺丝法是将两端含有活性基团的预聚物的溶液，经喷丝头挤出进入凝固溶，凝固浴中含有能与预聚物反应而生成线型或交联聚合物的扩链剂，因此预聚物液流在凝固浴中不断与扩链剂反应生成高分子量的聚合物而固化，固化首先在液流表面发生，最后逐渐扩展至液流中心而得到纤维。

（3）界面缩聚纺丝法

界面缩聚纺丝法是将界面缩聚过程与成纤过程结合起来，在界面缩聚过程中连续地纺制成纤维。比如，将第一单体二酰氯（如间苯二酰氯）在与水不相混溶的有机溶剂中的溶液经喷丝头挤出，进入由第二单体二胺（如己二胺）的水溶液所组成的凝固浴中，界面缩聚迅速进行，因此可从界面上连续拉成纤维或薄膜。

在工业生产条件下，自喷丝头至卷绕机，丝条运行的时间必须小于1s，要使得表观黏度为10^0～10^3 Pa·s数量级的黏性预聚物在小于1s的时间内转化成达到10^6～10^7Pa·s以上的固态。如果聚合反应太过快速，难以控制；如果反应过慢，则会得到软而发黏的纤维，需要特殊处理或加硬化工序。因此，本体聚合纺丝法目前还没有获得工业应用。

界面缩聚纺丝法中，界面缩聚速度难调节，并且与成纤过程常常不相配合，所得聚合物分子量高，分散性大，特别是界面缩聚反应区的发展不均匀（形成聚合物主要发生在有机相的面），制成的纤维呈管形的层状结构，强度极低且难以进行强化。界面缩聚纺丝法必须采用高活性的酰氯，酰氯价格高昂，同时纤维回收率低，原料和溶剂回收过程复杂。因此，该方法目前也尚未获得工业应用。上述三种反应纺丝法中，目前只有凝固浴扩链纺丝法在工业上得到了应用，已成为聚氨酯弹性纤维（氨纶）生产的一种重要方法。

2. 聚氨酯纤维反应纺丝

聚氨酯纤维反应纺丝是将聚氨酯预聚物通过喷丝孔挤入含二胺溶液（纺丝溶液）中，使预聚物细流在进行聚合反应的同时，凝固成聚氨酯初生纤维。初生纤维经卷绕后，再在加压的水中进行硬化处理，使初生纤维内部尚未反应的部分继续交联，转变为三维结构的聚氨嵌段共聚物。

三、相分离纺丝

相分离纺丝是通过降低温度而使挤出聚合物溶液细流发生相分离而实现纺丝线固化的纺丝方法，通过降低温度使聚合物溶液细流进入其相图中的不互溶区域。相分离纺丝与凝胶纺丝相似，都是不改变溶液组成而通过降低温度来实现纺丝线固化的，但是它们两者的固化机理不同，相分离纺丝的固化机理是由于温度下降而发生相分离，并且通常接着发生溶剂结晶析出所致。而凝胶纺丝的固化机理是因为温度下降使挤出液流的黏度升高，最后失去流动性成为凝胶体而固化。

相分离纺丝时，经喷丝头挤出的高温纺丝溶液细流在气体介质中冷却，纺丝溶液快速冷却到其温度大大低于聚合物溶解度曲线上的上临界点温度，从而发生聚合物-溶剂体系的相分离和结晶，含有全部溶剂的固化丝条被卷绕成筒或送去进行后处理。后处理工序主要包括拉伸和萃取，可以先拉伸后萃取，也可以先萃取后拉伸，萃取的目的是除去溶剂。临界相分离温度应高于室温而低于挤出温度。纺丝液浓度一般为 10%～30%。

相分离纺丝法的优点有：纺丝速度较高（100～1600m/min），生产能力大；能纺制其他纺丝方法不能纺制的特殊纤维，如能够从分子量极高很稀的聚合物溶液中纺出纤维，使纺制极细纤维和纺含填料达 80% 的纤维成为可能，并有可能纺含有大于纤维直径的颗粒的纤维。

相分离纺丝法的缺点有：必须要有合适的溶剂，必须要有溶剂萃取工艺，所有溶剂组分需要回收，所得纤维的（亚）微观结构对纺丝液体组成和萃取及拉伸等条件很敏感。

四、分散液纺丝

分散液纺丝是指将成纤聚合物分散在分散介质中形成乳液或悬浮液进行纺丝的方法。该方法适用于某些熔点高于分解温度、且没有合适的溶剂可溶解的成纤聚合物的纺丝。

分散液纺丝基本过程与湿法纺丝相类似。先将粉状聚合物分散于某种成纤载体中配制成乳液（或悬浮液），通常采用另一种聚合物的溶液为载体，载体溶液应易于纺制成纤维，并能在高温下被破坏掉。载体除去后，高熔点聚合物的粒子被烧结或熔融而连续化起来形成纤维，在烧结时通常要进行热拉伸以获得强度高的纤维。

聚四氟乙烯（PTFE 纤维，商品名：氟纶）的纺丝方法之一即是分散液纺丝。PTFE 分散液纺丝时，起始原料是由四氟乙烯单体经乳液聚合得到的 PTFE 水分散液，一般用聚乙烯醇水溶液或黏胶作为载体，与 PTFE 水分散液混合成均匀的乳液，经纺前准备（过滤、脱泡）后，按通常维纶或黏胶纤维相应的纺丝法纺制成纤维。得到的初生纤维经水洗和干燥后，在 430～450℃下短时间加热而使聚四氟乙烯烧结（粒子连续化），然后于 350℃左右进行热拉伸。在烧结温度下，载体聚乙烯醇或纤维素被分解除去，而聚四氯乙烯粒子则发生连续化而形成纤维。

五、无喷头纺丝

1. 熔池纺丝

熔池纺丝是指从聚合物熔体自然表面直接拉出纤维的纺丝方法。由于成纤聚合物熔体容易热降解和热氧降解，因此通常需要逐渐供给熔体并采用保温隔膜保护熔池，才能稳定连续地从熔池拉出纤维。

熔池纺丝装置如图 15-16 所示。从聚合物熔体表面向上拉出单丝，经一定长度的纺程冷却凝固后，就被卷绕在筒管上。采用保温隔膜不仅可防止熔体冷却，而且可使细流粗细稳定，受体系流变性质的影响较小。隔膜的孔眼直径为 3～6mm。采用该方法已有聚苯乙烯、聚烯烃、聚己内酰胺、聚对苯二甲酸乙二酯和聚甲醛制得了纤维。纺制聚丙烯、聚苯乙烯和聚对苯甲酸乙二酯纤维时，最高卷绕速度分别为 3270m/min、547m/min 和 133m/min，纺丝速度随熔体温度的提高而增大。

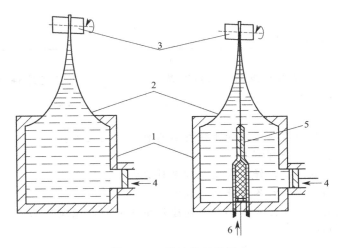

图 15-16　熔池纺丝装置

1—熔体池；2—保温隔膜；3—卷绕装置；4—熔体入口；5—芯层组分喷出装置；6—芯层组分入口

2. 离心纺丝

离心纺丝是将聚合物熔体或溶液自轴心引入一个快速转动着的喇叭筒或漏斗口中央，由于离心力作用使流体涌出，通过喇叭筒的内表面而成为逐渐变薄的薄膜，在离开喇叭筒边缘后，薄膜被分散成纤维，随后被冷却或干燥除去溶剂而固化得到纤维。离心纺丝可调节离心力以使纤维拉伸至很细的纤度。离心纺丝还可与静电纺丝组合应用。

3. 表面结晶生长法

表面结晶生长法是荷兰科学家首先发现并加以研究的特殊纺丝方法。该方法是将超高分子量聚乙烯的对二甲苯极稀溶液（溶液浓度在 1％以下，最好是 0.4％～0.6％）置于库埃特装置内（图 15-17），转动在纺丝液中的转子，使转子表面生成聚乙烯的冻胶皮膜，接着在均匀流动的纺丝液中放入晶种，使晶种与在转子表面形成的冻胶皮膜接触，在 100～125℃下可生长成纤维状晶体。从接触部分连续将纤维取出，取出速度与沿流动方向增长的纤维状

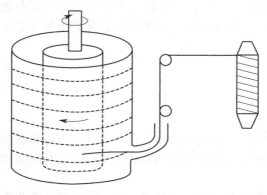

图 15-17　表面结晶生长法示意图

晶体的生长速度相同。由于纤维的引出与内圆柱的旋转方向相反，故纤维状结晶生长受到沿纤维轴向的力，所得纤维呈羊肉串结晶结构，由主干上为伸直链的大分子（脊纤维）串着一串折叠链的片晶形成，因此该纤维具有高强高模的特性。若进一步实施热拉伸，附着的折叠片晶向伸直链转化，纤维的强度和模量将达到很高的数值（强度为 50cN/dtex，模量为 100cN/dtex）。从纤维制造角度而言，表面结晶生长法是一种非常特殊的纺丝方法，但是，由于结晶纤维的生长速度很慢，因此其工业化前景渺茫。

习题

一、填空题

1. 化学纤维特殊纺丝法有＿＿＿＿＿＿、＿＿＿＿＿＿、＿＿＿＿＿＿、＿＿＿＿＿＿、＿＿＿＿＿＿、＿＿＿＿＿＿等。

2. 医用外科口罩和 N95 口罩的"心脏"是＿＿＿＿＿＿。医用外科口罩和 N95 口罩一般采用多层结构，分别为＿＿＿＿＿＿、＿＿＿＿＿＿、＿＿＿＿＿＿。

二、问答题

1. 干湿法纺丝分别与湿法纺丝和干法纺丝有什么不同之处？

2. 凝胶纺丝的基本特征有哪些？

3. 液晶纺丝类型有哪些？纤维成型机理是什么？

4. 纺丝成网有哪些方法？各有什么特点？

5. 熔喷法工艺主要影响因素有哪些？简述熔喷布的制备原理和工艺。

6. 反应纺丝有哪些类型？

7. 相分离纺丝法有哪些优缺点？

8. 无喷头纺丝有哪些方法？各有什么特点？

参考文献

[1] 沈新元. 高分子材料加工原理 [M]. 北京：中国纺织出版社，2009.

[2] （阿根廷）大卫 R. 萨利姆. 聚合物纤维结构的形成 [M]. 高绪珊，等译. 北京：纺织工业出版社，2004.

[3] 刘雄军，余万能，何晓东. 对位芳纶的合成及纺丝工艺进展 [J]. 合成纤维工业，2006，29（4）：7-10.

[4] 于俊荣. 高强高模聚乙烯纤维成型机理与工艺研究 [D]. 上海：东华大学，2002.

[5] 刘伟时. 熔喷非织造布技术发展概况及应用 [J]. 化纤与纺织技术，2007，4：33-37.

[6] 杜晨辉，夏磊，刘亚，等. 闪蒸纺超细纤维非织造布应用研究 [J]. 非织造布，2008，16（2）：27-30.

第五篇
增材制造

　　增材制造，常称为 3D 打印，但它并非新技术，其思想起源于 19 世纪末，并在 20 世纪 80 年代得以发展和推广。3D 打印在科研、教学或者制造领域多被称为快速成型技术。3D 打印这个描述因更为形象而快速被大众接受和普及。美国和欧洲在 3D 打印技术的研发及推广应用方面处于领先地位。目前的 3D 打印机行业中，3D Systems 和 Stratasys 两家公司的产品占有绝大多数市场份额。当前 3D 打印在我国还处于初级阶段，整体产业体量还较小，但无论是基础研究还是应用技术开发，均获得了广泛的关注，正迈入高速发展阶段。目前较为成熟的 3D 打印技术主要包括光固化立体印刷（SLA）、熔融沉积成型（FDM）、选择性激光烧结（SLS）、分层实体制造（LOM）和三维喷印（3DP）等。本篇将从 3D 打印技术优势特色、发展历程出发，引入到 3D 打印关键技术和原理的讨论和分析，最后介绍 3D 打印的应用前景和发展趋势。

第十六章
增材制造技术概述

第一节 增材制造技术特点及分类

一、增材制造技术概述

增材制造，即 3D 打印技术（3D printing）或快速成型技术，它是以计算机三维设计模型文件为蓝本，通过软件分层离散和数控成型系统，利用激光束、热熔喷嘴等方式将金属粉末、陶瓷粉末、高分子、细胞组织等材料进行逐层堆积、黏结，最终叠加成型，制造出实体产品。

增材制造最早可以追溯到 1892 年，法国人约瑟夫·布兰瑟（Joseph Blanther）首次在公开场合提出使用层叠成型方法制作地形图的构想。但是直到 1982 年，美国人查尔斯·胡尔（Charles W. Hull）发明出第一台增材制造设备，并在 1988 年推出了第一台商用 3D 打印机，即 3D Systems 公司推出的基于光固化立体印刷技术（stereolithography apparatus，SLA）的商用 3D 打印机 SLA-250。随后又出现了熔融沉积模型、选择性激光烧结工艺、分层实体制造等技术。增材制造涉及各种方法、材料和设备，经过多年的发展，已经具备了改变制造业和物流运作流程的能力。

二、增材制造技术特点

增材制造主要有两种实现形式。第一种是设计一种新型制品，首先是三维数学建模，再进行三维数字模拟，然后得到实体模型。第二种是复制已有制品，先进行三维扫描，再进行三维数学建模，三维数字模拟，然后得到实体模型。对于不同的增材制造技术，系统组成不尽相同，但基本原理都相同，其基本体系如图 16-1 所示。

增材制造的关键技术主要在于：①信息技术，要有先进的设计软件及数字化工具，为三维扫描和三维建模打下良好基础。②精密机械，打印设备必须高精度、高稳定性，只有精密控制逐层堆积，才能得到良好的实体模型。③材料科学，原材料必须能够液化、粉末化、丝化，以满足增材制造的条件，例如金属、高分子和其他生物材料。

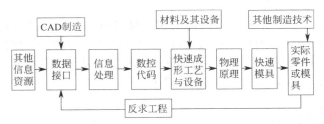

图 16-1　增材制造技术的基本体系

近年来，增材制造技术的发展不仅仅改变了传统的制造模式，还带来了科技创新，同时改变了人们的思维方式和观念，对制造业造成了巨大而深远的影响。增材制造技术的核心价值主要在于改变了传统制造方法，这主要体现在：采用增材制造技术可以直接生产出传统生产方式所不能制造的个性化、复杂度高的产品；增材制造技术避免了个性化定制与大规模批量生产的矛盾，与生产周期长、生产成本高的传统生产方式不同，增材制造技术可以快速、便利、短时间内、低成本地生产制造出产品。

目前，增材制造技术的主要特点和优势如下：

① 方便制造复杂几何形状的物品。能做到很高的精度和复杂程度，可以表现出外形曲线上的设计，例如可以在中空里面构筑复杂的内部结构，还可以制造一些具有复杂异形结构的制品，但是这种精度是牺牲制作效率来实现的。

② 可以生产多样化的产品同时不增加成本。不再需要传统的刀具、夹具和机床或任何模具，就能直接从计算机图形数据中生成任何形状的零件；传统的高分子注射成型需要使用大量的模具，模具的制造成本占据了生产成本的很大比例。它能打印出组装好的产品，降低了组装成本。

③ 生产周期短。这是增材制造技术区别于传统制造技术最大的优点。它可以自动、快速、直接和精确地将计算机中的设计转化为模型，甚至直接制造零件或模具，从而有效地缩短产品研发周期。增材制造能在数小时内成型，它让设计人员和开发人员实现了从平面图到实体的飞跃。

④ 零技能制造。对工人要求低，不需要特殊技能，甚至可以采用全自动生产。

⑤ 不占空间、便携制造。方便在战场上使用，可运用于军事领域。

⑥ 节省材料，降低生产成本。不用剔除边角料，提高材料利用率，通过摒弃生产线而降低了成本。对于热固性树脂的成型，其边角料是很难重复利用的，而通过增材制造技术可以产生较少的边角料。

目前，增材制造还没有取代传统高分子加工技术，没有真正地走入人们的生产和生活。由于受到材料等因素限制，通过增材制造出来的产品在实用性上要打一个问号。增材制造技术的主要缺点有：

① 强度问题。房子、车子固然能打印出来，但是否能抵挡得住风雨，是否能在路上顺利跑起来？

② 精度问题。由于分层制造存在"台阶效应"，每个层次虽然很薄，但在一定微观尺度下，仍会形成具有一定厚度的一级级"台阶"，如图16-2所示。除非达到原子级别，但是原子级别的制造非常难以实现，并且需要耗费大量的时间。

③ 材料的局限性。如果需要制造的对象表面是圆弧形，那么就会造成精度上的偏差：目前供3D打印机使用的材料较为有限，无外乎石膏、无机粉料、光敏树脂、塑料等，并且打印机对材料性质也非常挑剔。

④ 数字建模仍是少数人的专长。CAD和其他三维建模软件与传统的办公软件相比，在

技术方面难度较大，门槛较高。

⑤ 高成本和时间消耗。增材制造的高成本和时间消耗仍然是阻碍大规模生产的主要障碍。3D 打印机目前依旧被认为是昂贵的投资。入门级 3D 打印机平均约 5000 美元，更有高达 50000 美元甚至更高的高端机型，不包括配件及树脂或其他业务材料成本。然而，提高制造速度和降低成本必须通过改进机器设计来解决。

三、增材制造技术分类

增材制造技术发展到现在，已经出现了三十几种不同的工艺方法。其中比较典型、商业化比较好的有：光固化立体印刷技术（SLA）、选择性激光烧结法（selective laser sintering，SLS）、熔融沉积制造法（fused deposition modeling，FDM）、分层实体制造（laminated object manufacturing，LOM）、三维印刷法（three dimensional printing，TDP）等。

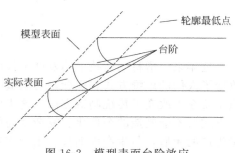

图 16-2　模型表面台阶效应

按照原材料的初始形态，增材制造技术主要分为液态材料、固态材料和粉末材料。

（1）液态材料

使用液态材料的增材制造技术是通过固化过程来成型的，如光固化立体印刷技术（SLA）、多点喷射打印（MJP）。

（2）固态材料

固态材料是指除粉末状材料以外所有原材料为固态的材料，包括丝材、带材、板材和粒料。使用固态材料为原材料的增材制造技术主要有熔融沉积成型（FDM）、分层实体制造（LOM）、选区层积分层（SDL）等。

（3）粉末材料

严格说来，粉末也属于固体形态，但为了强调粉末这种形式，特别分为一类。使用粉末材料为原材料的增材制造技术是通过粘接过程来成型的，采用激光或胶黏剂来实现，主要技术有选择性激光烧结（SLS）、彩色喷墨打印（CJP）、电子束融化（EBM）、激光净近成型（LENS）。

上述增材制造技术将在第十七章进行详细介绍。

第二节　增材制造技术的应用分析

自 20 世纪 80 年代第一台商用 3D 打印机推出以来，增材制造从实验室逐渐发展到工厂，同时，增材制造技术已经从快速原型向功能原型技术过渡。3D 打印机的未来将更多地转向设计和材料创新，以制造真正实用的产品。目前，增材制造技术更适合于高价值、低产量的产品，因为它不考虑单位劳动力成本或传统的规模经济。此外，在生产全自动化实现之前，还存在高技能劳动力成本。这为增材制造技术开拓了一条新的道路，即增材制造技术不是要取代传统的大规模制造，而是制造一些通过传统制造方法不可能实现或不具成本效益的商品。因此，增材制造技术受到许多制造商的热烈欢迎，如空客、波音、通用电气、福特和西门子等，试图向制造 4.0 飞跃。

一、 3D 打印机厂家概况

在目前的 3D 打印机行业中，3D Systems 和 Stratasys 两家公司的产品占有绝大多数市场份额。

美国 3D Systems 是全世界最大的快速成型机、三维打印机设备开发公司。于 1986 年推出世界上第一台快速成型设备，并在极短的时间内拥有最高的市场占有率，是美国纳斯达克上市公司。2012 年 1 月美国 3D 公司又成功收购 Z Corporation 三维快速成型机公司，将旗下快速成型机与 3D 公司快速成型机完全融合，实现功能多样化、产品丰富化、市场多元化的发展。

成立于 1990 年的美国 Stratasys 公司率先推出了基于 FDM 技术的快速成型机，并很快发布了基于 FDM 的 Dimension 系列 3D 打印机。由于 FDM 技术有其得天独厚的优势，适合汽车、家电、电动工具、机械加工、精密铸造及工艺品制作等领域使用，因此 Stratasys 的 FDM 快速成型机目前在全球 3D 打印市场已占有近半的比例。

3D Systems 公司的 ProJet 彩色 3D 打印机是利用喷墨式成型原理，将产品 3D 档案切割等厚层片。ProJet600 HD 如图 16-3 所示。

图 16-3　ProJet600 HD

二、增材制造技术应用领域

目前，增材制造技术主要应用于生物医学、航空航天、建筑设计、食品、时尚行业、玩具等领域。

1. 生物医学

生物医学应用目前占增材制造市场总份额的 11%，并将成为增材制造技术长期发展和增长的驱动力之一。

生物增材制造主要通过生物打印、生物组装和成熟来产生组织和器官。生物打印与传统增材制造技术的主要区别在于将细胞与用于生产生物墨水的制造材料结合在一起。用生物墨水进行生物打印与激光诱导前向传输、喷墨打印和机器人配药集成在一起。生物材料与生物分子和细胞结合，然后以所需的形状和组织进行成熟。软骨、骨、主动脉瓣、分支血管树和生物可吸收气管夹板的生物打印已在体外和体内实现。原位生成组织以直接修复体内的器官和组织是生物打印的另一个重要目标，这在皮肤、骨和软骨已经一定程度实现，如图 16-4～图 16-6 所示。

医药行业也从生物打印中受益匪浅，药品生产和配送系统将发生根本性的变化。美国食品和药物管理局已经在 2015 年批准了第一种生物打印药物。目前的研究已经利用生物打印技术制备了新剂型，如微胶囊、抗生素微模式、合成细胞外基质、介孔生物活性玻璃支架、纳米悬浮液和多层药物递送装置等。

生物打印技术也正在改变植入行业，有可能开发针对患者的植入物。目前，开发流程包括身体部位的图像采集、身体部位的细化、植入物的设计与制造。采用可靠、经济的生物打印方法，可以快速制造出复杂的解剖结构。

在组织工程中，支架对于为细胞浸润和增殖提供物理连接至关重要。传统技术缺乏整合内部架构的能力以控制支架的孔隙率。生物打印通过控制支架的孔径和孔径分布解决了这些问题。关节软骨等许多软组织可以用纤维增强水凝胶复合材料来制造。

2. 航空航天

航空航天产业占到了今天增材制造市场的 18.2%，被认为是未来最有希望的领域之一。

航空航天用金属和非金属零件如航空发动机部件、涡轮叶片和热交换器等都可以使用增材制造技术制造或修理。非金属增材制造技术，如 SLA 技术和 FDM 技术等，通常用于零件的快速成型，以及制造由塑料、陶瓷和复合材料制成的夹具和内部。

直接能量沉积（DED）已被用于制造高性能超级合金，这种方法也被称为激光固体成型（LSF）、定向光制造（DLF）、直接金属沉积（DMD）。DED 使用能量源（激光或电子束），直接聚焦在基板的一个小区域上，熔化的材料沉积到基板上，并在激光束移动后凝固。DED 技术通常用于制造大型结构部件，因为它比粉末床熔化（PBF）精度低（±1mm 精度对比±0.05 mm），但制造速度是 PBF 的 10 倍。GKN 航空公司为空中客车赛峰发射器生产的 Vulcan 2.1 发动机开发了世界上第一个 Ariane 6 喷嘴（SWAN）。采用大规模的 DED 技术能够生产 2.5 m 直径的喷嘴，将零件数量从 1000 个减少到 100 个，并节约了 40% 的生产成本和 30% 的生产时间［图 16-4(a)］。

PBF 技术的高精度允许优化组件设计并与其他功能集成，主要用于复杂度较高的较小零件。比空客 AW350 XWB 开发的支架重量轻 30%，制造时间缩短约 75%［图 16-4(b)］。通用航空正在使用金属 PBF 机器制造其下一代喷气发动机部件，其特点是形状复杂，以便更好地冷却通道和支架，使用寿命提高 5 倍，所需零件由 18 件减少到 1 件，重量减轻 25%。

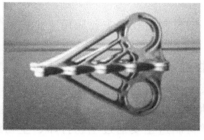

(a)   (b)

图 16-4　DED 技术制造的 50kg 喷嘴和 AW350 XWB 的钛支架
(a) DED 技术制造的 50kg 喷嘴；(b) AW350 XWB 的钛支架

非金属零件对航空航天工业也很重要。塑料、陶瓷和复合材料可以通过 SLA 和 FDM 技术制造。Stratasys 与 Piper Aircraft、Bell Helicopter 和 NASA 等多家航空航天公司合作，采用 FDM 技术进行快速成型、制造工具和零件生产。例如，NASA 使用 Stratasys FDM 技术打印了火星探测器的 70 个组件，以获得轻巧而坚固的结构。

3. 建筑设计

近年来，利用增材制造技术进行建筑自动化施工越来越受到人们的重视。它大大减少了施工时间和人力，可能会给建筑业带来革命性的变化。

增材制造在建筑工业中的使用可以在有约束的领域中使用，例如制造复杂几何结构和中空结构等，主要是由于其高精度制造的能力，并拓宽了各种设计的可能性。

目前，建筑业的增材制造技术还处于起步阶段，主要有轮廓工艺（CC）技术、D 型（D-shape）印刷技术、混凝土印刷技术等。Khoshnevis 开发了用于建筑物和基础设施自动化施工以及空间应用的 CC 技术。这种方法使用较大的喷嘴和高压来挤压混凝土浆体，并设计了一种附着在打印头上的抹刀状装置，可以获得平滑的表面，而不是逐层的外观。2014 年，DusArchitects 在阿姆斯特丹采用了 FDM 技术开发了第一个 3D 打印住宅（图 16-5）。也是在 2014 年，中国建筑公司 WinSun 在不到 24h 的时间里在上海大规模打印了住宅（图 16-6）。

图 16-5　DusArchitects 的第一个 3D 打印房屋

图 16-6　WinSun 的 3D 打印房屋

D 型印刷技术和混凝土印刷技术都是框架安装和龙门式的，制造过程通常在场外完成。其中，D 型印刷使用粉末沉积法，使用化学试剂（例如氯基液体）来结合粉末（例如沙子或石粉）。该工艺使结构件具有良好的力学性能，但是维护成本的增加仍然是该技术的主要障碍。

拉夫堡大学开发了一种网格造型技术，它利用六轴机器人控制来制造没有临时支撑的元件。网格造型技术还可以利用热塑性聚合物，其中印刷结构作为混凝土的钢筋。混凝土浇筑完毕后，人工抹平，使表面光滑。替换钢筋的优势在于结构中存在的网格有助于提高混凝土的抗拉强度。

4. 食品行业

采用增材制造技术，食品和包装都可以打印。例如，3D 打印食品可以为吞咽和咀嚼困难的老年人做食品设计。3D 打印食品在模仿传统膳食的基础上做一些设计可能是一个解决方案。增材制造技术的另一个潜在应用是向第三世界国家发送食品。然而，新鲜食品容易快速降解，但专门为增材制造而制备的食品可以有更长的保质期和选定的营养成分。很难预测市场将如何接受 3D 打印，因为发展速度和价格取决于消费者的兴趣和对新发明的接受程度。目前，只有简单组分的食品可以打印，多材料打印仍处于发展的早期阶段。

5. 时尚行业

增材制造所具备的优势可以平衡消费者需求与加工成本之间的矛盾，加工成本与造型复杂程度完全无关。增材制造可能重新定义时尚产业的供应链。许多时装设计师正在利用这一创新，聚焦的是纺织品、服装、珠宝、概念或鞋子。

6. 玩具行业

引入增材制造技术，通过为客户添加新的视角，如产品个性化，可以增加玩具产品的附加值。在这种新模式下，消费者成为设计师，云设计、定制和订购自己的产品，然后制造商将在实际客户需求的驱动下以小规模的系列生产方式生产家具和玩具，并根据最终客户的需求作出决策。

第三节　高分子材料在增材制造中的应用

高分子材料的主要特点是熔点或玻璃化转变温度低，可塑性强，稳定性高，组成和结构多变，功能性广泛，易于加工成型。高分子材料由于其多样性和易于采用不同的增材制造技术，被认为是增材制造行业中最常见的材料。用于增材制造的高分子材料以热塑性长丝、活性单体、树脂或粉末的形式存在。

一、工程塑料

（1）ABS Plus 材料

由 Stratasys 公司开发的专门用于 FDM 3D 打印的工程塑料。ABS Plus 的硬度比普通 ABS 材料大 40%，具有强度高、抗冲性能好等优点。

（2）ABS-M30i 材料（生物相容）

强度高，生物相容性好，以其为原料进行增材制造获得的制品可应用于生物医学领域。成型温度 90℃。

（3）ABS-ESD 材料（静电耗散）

具有良好的防静电能力，可消散表面电荷，可作为安全材料，表面具有良好的自清洁作用。成型温度 90℃。

（4）PC 材料

具有工程塑料的所有特性，高强度、耐高温、高抗冲和弯曲强度。其强度高出 ABS 材料 60%。以其为原料进行增材制造的产品可用于汽车、航空航天、医疗器械等领域，成型温度为 138 ℃。

（5）ULTEM9085-PEI 材料（聚醚酰亚胺）

强度高、柔韧性好、加工性能良好，成型温度为 153℃。

（6）ABSI 材料（耐撞击）

是一类半透明且高度耐撞击的 ABS，其增材制造产品可用于汽车尾灯、LED 等方面，成型温度 86 ℃。

二、生物相容性或生物降解性高分子

组织工程中生物打印技术的出现促进了生物打印支架的发展，这类支架装载了复杂组织结构的细胞。生物打印设计和实施的一个重要方面是选择用作生物墨水的材料，选择要求如下：①适应生物打印技术；②满足目标结构的物理化学和机械特性（如刚度、弹性、坚固性、透明度）；③保证细胞的生存能力，并最终诱导出预期的行为。

常用的生物相容性或生物降解性高分子主要有：聚乙二醇（PEG）、聚乳酸（PLA）、

聚己内酯（PCL）、普兰尼克（Pluronic，一种聚氧乙烯聚氧丙烯醚嵌段共聚物的商品名）、胶原（collagen）、明胶（gelatin）、海藻酸（alginate）、透明质酸（hyaluronic acid，HA）、琼脂糖（agarose）等。

三、光固化高分子

光固化 3D 打印高分子由支撑材料和实体材料（光敏树脂）组成。

1. 光固化 3D 打印中的支撑材料

光固化支撑材料也是光敏树脂，经光照射后发生固化，填补制件中的空洞与悬空的部分，从而起到支撑作用。光固化支撑材料的优势是可以在相对低的温度下进行打印，收缩率低且稳定性高，从而提高了制件的精度。缺点是支撑材料容易堵塞喷头且很难去除，容易损坏喷头。目前以色列 OBJET Geometries 公司开发的 Eden 系列 3D 打印机，使用液态的光敏树脂作为支撑材料，并利用紫外线固化，最后用水枪去除支撑材料。

2. 光固化 3D 打印中的实体材料

（1）低聚物

低聚物是光固化材料中最为基础的材料，决定了光敏树脂的基本物理化学性能。因而在一个光敏树脂配方中，低聚物的选用是至关重要的。另外，3D 打印的小型化、办公室化也要求低聚物必须无毒或低毒、难挥发并且气味小。低聚物的种类繁多，其中应用较多的主要包括如聚氨酯丙烯酸树脂、环氧丙烯酸树脂、聚丙烯酸树脂、氨基丙烯酸树脂等。

（2）反应性稀释剂

反应性稀释剂又称活性单体，在光敏树脂体系中有着十分重要的作用。一方面调节体系的黏度，避免喷头因黏度过高而堵塞。另一方面反应性稀释剂还参与到整个光固化反应之中，影响到聚合反应的动力学、聚合程度以及固化物的物理性质等。双官能团、三官能团以及更高官能度的反应性稀释剂还能交联固化形成交联网络，提高制品的物理性能。活性单体主要有单官能团丙烯酸酯、双官能团丙烯酸酯、多官能团丙烯酸酯、乙烯基类单体、乙烯基醚等。

（3）光引发剂

在光敏树脂体系中，光引发剂是最为关键的组分，它决定了光固化材料的质量与光固化反应的速度。因吸收辐射能的不同，分为紫外线引发剂和可见光引发剂。根据产生的活性中间体的不同，分为阳离子型和自由基型。阳离子光引发剂主要包括重氮盐、二芳基碘鎓盐、铁芳烃盐等。自由基型光引发剂主要包括安息香及其醚类衍生物和二苯酮等。

四、橡胶类材料

橡胶类材料具备多种级别弹性材料的特征，这些材料所具备的硬度、断裂伸长率、抗撕裂强度和拉伸强度，使其非常适合于要求防滑或柔软表面的应用领域。3D 打印的橡胶类产品主要有消费类电子产品、医疗设备以及汽车内饰、轮胎、垫片等。

五、金属材料

金属材料的打印技术发展尤其迅速。在国防领域，欧美发达国家非常重视 3D 打印技术的发展，不惜投入巨资加以研究，而打印金属零部件一直是研究和应用的重点，打印所使用的金属粉末一般要求纯净度高、球形度好、粒径分布窄、氧含量低。目前应用于打印的金属粉末材料主要有钛合金、钴铬合金、不锈钢和铝合金材料等，此外还有用于打印首饰用的金、银等贵金属粉末材料。

习 题

一、选择题

1. 最早的增材制造技术出现在什么时候（　　）。

A. 19 世纪初　　　　　B. 20 世纪初　　　　C. 20 世纪末　　　　D. 20 世纪 80 年代

2. 以下不是增材制造技术在生物医用领域未来发展趋势的是（　　）。

A. 按需和特定于患者的应用　　　　　B. 复杂结构的成型

C. 生物印刷和原位印刷　　　　　　　D. 自动化维修流程

二、判断题

英国著名经济学杂志《经济学人》曾发表封面文章，认为增材制造技术"将与其他数字化生产模式一起推动实现第三次工业革命"，意味着增材制造技术什么都能打印，将无所不能。　　（　　）

三、简答题

1. 增材制造技术与传统制造技术相比，某些方面优势明显，但也具有明显的局限性。增材制造技术的主要缺点有哪些？

2. 为什么高分子材料被广泛应用于增材制造技术？

在线辅导资料， MOOC 在线学习

①增材制造技术特点；②高分子在增材制造中的应用。涵盖课程短视频、在线讨论、习题以及课后练习。

参考文献

[1] 刘晓辉. 快速成型技术发展综述［J］. 农业装备与车辆工程，2008（2）：10-13.

[2] 邵中魁，姜耀林. 光固化 3D 打印关键技术研究［J］. 机电工程，2015，32（2）：180-184.

[3] Ngo T D，Kashani A，Imbalzano G Nguyen，et al. Additive manufacturing（3D printing）：A review of materials，methods，applications and challenges［J］. Composites Part B Engineering，2018，143：172-196.

[4] Jia W，Gungor-Ozkerim P S，Zhang Y S，et al. Direct 3D bioprinting of perfusable vascular constructs using a blend bioink［J］. Biomaterials，2016，106：58-68.

[5] Murphy S V，Atala A. 3D bioprinting of tissues and organs［J］. Nature Biotechnology，2014，32（8）：773-785.

[6] Norman J，Mudarawe R D，Moore C M V，et al. A new chapter in pharmaceutical manufacturing：3D-printed drug products［J］. Advanced Drug Delivery Reviews，2016：39-50.

[7] Ursan I D，Chiu L，Pierce A. Three-dimensional drug printing：A structured review［J］. Journal of the American Pharmacists Association，2013，53（2）：136-144.

[8] Amir A Z，Jos M. Additive manufacturing of biomaterials，tissues，and organs［J］. Annals of Biomedical Engineer-

ing，2016，45（1）：1-11.

［9］Khoshnevis B. Automated construction by contour crafting — related robotics and information technologies ［J］. Automation in Construction，2004，13（1）：5-19.

［10］Wu P，Wang J，Wang X，et al. A critical review of the use of 3-D printing in the construction industry ［J］. Automation in Construction，2016，68（68）：21-31.

［11］Tay Y W，Panda B，Paul S C，et al. 3D printing trends in building and construction industry：Areview ［J］. Virtual and Physical Prototyping，2017，12（3）：261-276.

［12］Tania R T. 3D Printing Technology：The surface of future fashion ［J］. International Journal of Computer Applications，2017，157（5）：48-51.

第十七章

增材制造技术工艺原理

自第一台增材制造设备出现至今已有近 40 年，在此期间内涌现了大量增材制造的新技术，制造耗材包括金属材料、高分子材料、陶瓷材料、复合材料；材料形貌也涉及液态流体、粉末、颗粒、丝材、板材等。技术更新换代速度虽快，但增材制造"化整为零，化繁为简，化三维为二维"的成型思路没有改变。以下主要讨论几种典型的、商业化效果较好的增材制造技术。

第一节　熔融沉积成型技术

熔融沉积成型（fused deposition modeling，FDM）技术，又称丝状材料选择性成型、熔丝成型技术。作为应用最广泛的增材制造技术之一，该方法最早由 Scott Crump 在 1988 年提出了基础工艺思路，于 1989 年取得专利，1992 年开发出了第一台商用 FDM 机型 3D Modeler。Scott Crump 创立的美国 Stratasys 公司开发的 FDM 制造系统是 FDM 制造领域应用最为广泛的系统之一，该公司近年来推出的设备有 F370、F380CF、SE PLUS、J55 和 F900 等系列（图 17-1）。国内清华大学也在早期将该技术转移到企业与北京太尔时代合作研究，同时也对部分熔融成型设备进行了开发。

FDM 技术制造的三维实体模型无须使用激光系统，价格低廉，设备运行费用低，操作简单且安全可靠性高，因此催生出了多种家用型或小型商用型 FDM 打印机。它们通过广泛多样的原材料赋予产品多变的性能，将数字化的概念模型通过简单的数控技术形成具体现实的产品实物，最后经过后处理和检验测试阶段制造可规模化生产的产品。在 FDM 生产过程中，产品研发风险低、制件精确度高、可重复度高、稳定性强。就其目前的应用开发方向看，FDM 技术在生物医学行业中有着巨大潜力和良好应用，其主要成型耗材是石蜡丝、ABS、PC、生物相容性聚碳酸酯（PC-ISO）、聚苯砜（PPSF）、热塑性聚氨酯（TPU）和 PLA 等材料，还有部分熔点较低的金属和陶瓷材料。

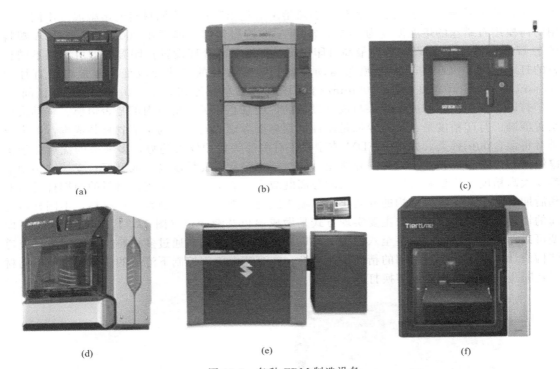

图 17-1　各种 FDM 制造设备

(a) F370；(b) F380；(c) F900；(d) J55；(e) 太尔时代 J850；(f) 太尔时代 UP300

一、　FDM 技术的基本原理

　　FDM 技术是将丝状的热塑性材料，如蜡丝、树脂丝等，在高温加热的喷头中融化，熔料受丝材送给力，经过喷头的细微喷孔发生挤出喷射。在液态丝材喷出的同时，喷头在成型工作台基板的 X、Y 轴上沿切片设计轨迹运动，工作台在 Z 轴上进行升降运动改变打印高度。丝材熔体在喷出后遇冷使熔体温度低于材料固化温度，挤出部分迅速固化，若基板上存在已沉积好的层面，挤出物会与前一层面粘接在一起形成新的层面，工作台则下移预设的层间距进行下一层面的形成，直至最终形成整个实体。在成型过程中上一层对当前层起到定位和部分支撑的作用。随着已沉积层高度的增加，层面轮廓的面积和形状发生较大变化，已沉积层面不足以给当前层面提供充分的定位和支撑作用时，需要添加一些辅助结构，这一部分称为支撑部分。支撑部分常常是柱状薄层形态用以提供支撑力。成型后通过简易加工去除支撑部分即可得到所需实体产品。FDM 技术的基本原理如图 17-2 所示。

　　供料辊中缠绕的耗材通过电机向喷

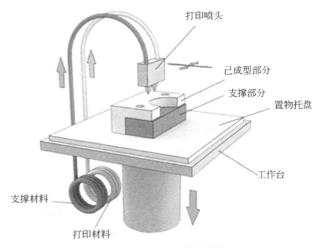

图 17-2　FDM 技术简要原理

头传递，喷头后端设有加热器，将丝材加热熔融后送出喷口。不同材料的熔融温度不同，常用的铸模用石蜡丝的熔融温度为74℃，常用ABS塑料丝熔融温度在200℃左右，PLA塑料丝在170℃左右，打印设备存在最高打印温度，根据需求合理设置打印温度即可实现不同材料的打印成型。沉积的层厚随喷头运动速度和喷嘴直径的变化而改变，通常喷嘴直径为0.8mm左右，打印速度在0～200mm/s内调整，形成的层厚在0.20～0.50mm范围区间。

　　打印过程中产品的成型效果与成型设备的性能息息相关，机身内部是否恒温、移动模组是否准确、打印精度是否足够等都是制件成型需要考虑的问题。为了节省材料成本，扩大异类材料混合沉积种类，如今的FDM成型设备有多喷头化的发展趋势，多喷头的优点在于支撑结构的可定制性和模型结构的异质化。模型结构常常需要精度高、成型好；支撑结构则不需要太高精度。模型和支撑结构喷头的分离既减少了成本又优化了支撑材料的前期种类选取和后期去除工序。模型结构的异质化在单喷头成型下常常需要不断地更换材料，不同材料之间的切换速度较慢。因此，主要实现方式是做成混色及渐变色（图17-3）。多喷头成型下模型可以在双喷头、四喷头甚至八喷头下实现材料的同步打印，通过多材料打印喷头内的流道结构设计以及不同材料之间的精准快速切换，在高速电磁阀控制下流道的压力变化使不同材料在喷头出口处实现连续切换打印。

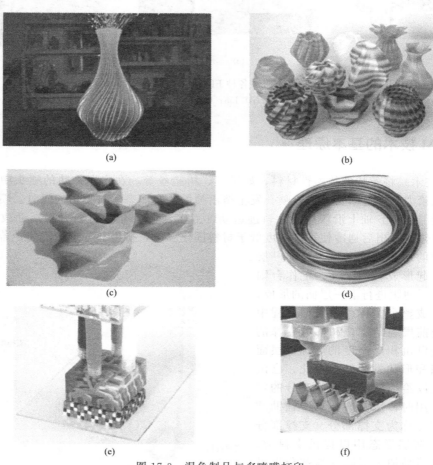

(a)　　　　　　　　　　　　　　　　(b)

(c)　　　　　　　　　　　　　　　　(d)

(e)　　　　　　　　　　　　　　　　(f)

图17-3　混色制品与多喷嘴打印

(a) 混色花瓶；(b) 混色花盆；(c) 混色壶；

(d) 混色丝材；(e) 四喷嘴打印头；(f) 双喷嘴打印头

二、 FDM 工艺特点

FDM 技术具有一些显著优点，工艺发展颇为迅速。

（1）打印的实体具有一定强度

FDM 广泛应用的 ABS 丝材成型的零件强度可以达到注塑零件的三分之一。近年来又发展出 PC、PC/ABS、PPSF 等材料，强度已经接近或超过普通注塑零件，可在某些特定场合如试用、维修、暂时替换等情况下直接使用。在塑料零件领域，FDM 工艺是一种非常优秀的快速制造方式。随着材料性能和工艺水平的提高，会有更多的 FDM 制件直接应用于不同场合。

（2）成型速度较快

一般来讲，FDM 工艺相对于 SLS、SLA 来说，成型速度要快很多。SLS 技术要有铺粉、挂平、刮板再加工等过程，FDM 技术为系统自动控制的成型流程。FDM 工艺可减小制件密实程度，提高成型速度。

（3）构造原理简单、维护成本低

概念设计对原型精度和物理化学特性要求不高，FDM 打印机便宜的价格是其推广普及家用和办公室环境用桌面制造仪器的决定性因素。液化技术代替激光技术降低了工艺的使用成本和使用风险。

（4）塑料丝材在使用过程中方便更换、容易储存

与其他粉末或液态耗材相比，丝材在清洁、更换、储存等方面存在很大优势，不会在设备周围形成粉末或液体污染。原料利用率高，可重复利用。

（5）后处理简单

仅需要几分钟到一刻钟的时间剥离支撑，即可获得原型产品。SLS、3DP 等技术清理残余耗材、后固化处理这些后续工序一是容易造成耗材散落污染，二是延长了实体生产周期。

（6）可以制备复杂结构的零件

该技术可用于成型具有复杂内部腔道结构、含孔道结构的复杂零件（图 17-4）。

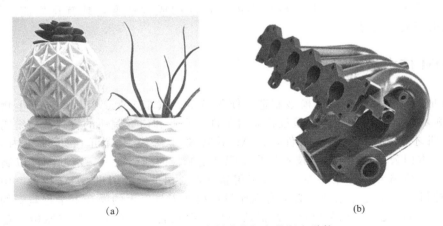

(a)　　　　　　　　　　　　　　　　(b)

图 17-4　FDM 技术制造的复杂花瓶和零件

FDM 成型技术相较于其他快速成型技术来说，也存在着一些缺点，例如：成型件表面存在着较为明显的条纹（图 17-5）；沿成型轴垂直方向的强度较弱；支撑结构的设计很大程度受操作经验影响；可适用材料的范围不够大，限于可热熔的材料，同时塑料用材的黏度较

大限制了成型时间；沉积过程中快速冷却容易产生收缩形成翘边等。

三、 FDM 成型材料

FDM 成型技术是熔融耗材经过喷挤形成具有一定粘接性能薄层这一过程的复合。该过程不仅对喷头的温度和精度有很高的要求，还与成型材料的性能有很大关系。一般来说，FDM 成型技术材料分为成型材料和支撑材料。

图 17-5　FDM 制件的台阶效果

（1）成型材料

FDM 工艺对成型材料的要求是熔融温度低、黏度低、黏结性好、收缩率小。

黏度越低，挤出过程中挤出阻力越小。若材料黏度过高，流动性差，送丝压力过大会导致喷嘴启停响应时间延长，影响成型速度。熔点越低，材料在较低流动温度越容易挤出，挤出前后的温差小，热应力问题小，原型精度高。低熔融温度还可以延长喷嘴和整个机械模组的使用寿命，加工系统更加安全稳定。黏结性越好，层间黏结强度越高，实体成型后的力学性能越好。若黏结性过低，在成型过程中容易出现层间开裂现象。在挤出材料时，喷嘴对液态耗材施加挤出压力，若材料收缩率对压力敏感，会造成挤出部分直径和喷嘴实际直径不匹配的现象，影响制件成型精度，导致零件翘曲变形甚至出现开裂。

（2）支撑材料

FDM 工艺支撑材料要有一定的耐高温性、与成型材料结合力弱、易溶解、熔融温度低、流动性好。

支撑材料与成型材料在成型基板上会相互接触，所以需要支撑材料在成型材料的高温下不发生熔化，避免底部坍塌。打印结束后需要去除支撑结构，要选取与成型材料结合力弱的材料作为支撑部分。为了便于去除支撑，可以选用酸溶性或水溶性材料作为支撑，但要注意成型部分不能和支撑部分有相同的溶解性。熔融温度低可以降低能耗、提高喷嘴的使用寿命。支撑材料不需要过高的成型精度，具有良好流动性的支撑材料可以提高打印速度。

四、 FDM 技术应用实例

FDM 成型技术广泛应用于模型制造、航天航空、汽车工业、家用电器、生物医学、消费制品等领域。其快速便捷的成型过程获得了许多企业和研究院所的青睐，传统需要几天甚至几个星期才能制备的复杂制件，FDM 不需要任何模具就可在短时间内生产实体（图 17-6）。本田公司利用 FDM 技术将汽车配件定制推向新层面——定制配件以满足不同地域买家喜好。2006 年本田集团在本田汽车用品有限公司试验性引进 FDM 技术，用来改善公司使用数控机床制作配件原型时必须有操作员在机床刀具巨大的噪音下全程监管的情况。引进 FDM 技术不仅能打印细节出众的高品质原型，而且能同步汽车整车与原始设备生产商配件的开发周期，提高客户满意度，充分发挥设计人员的创意灵感。Mizuno 作为世界上最大的综合性体育用品制造公司，他们利用 FDM 技术来设计高尔夫球头，迅速地得到反馈意见并进行修改，大大加快了造型阶段的设计验证。设计定型后，利用 FDM 制造出的 ABS 原制件可在机床上直接进行母模的加工。新的高尔夫球杆整个开发周期在 7 个月内就全部完成，相较于通常 13 个月的设计时间，缩短了 40 %。

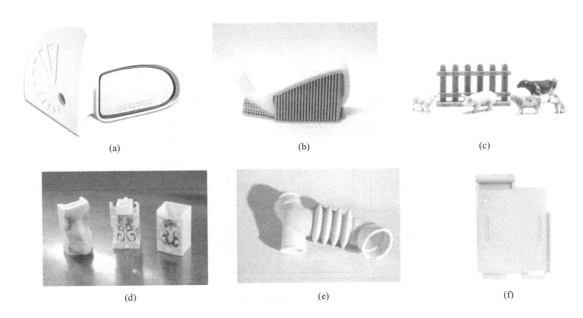

图 17-6 FDM 技术的应用实例

（a）汽车后视镜；（b）高尔夫球头；（c）动物玩具；（d）鼻部模拟件；
（e）空调管道接口；（f）驾驶舱电子飞行数据包

第二节 光固化立体印刷技术

光固化立体印刷技术（stereo lithography apparatus，SLA）也称激光造型技术、立体光刻技术等，是最早被提出并商业化应用的增材制造技术，同时也是目前研究最深入、技术最成熟、应用最广泛的增材制造技术之一。SLA 技术以液态光敏树脂为耗材，通过控制紫外线或特定波长和强度的激光束照射树脂，液态树脂发生光聚合反应凝固为固态，形成制件。这种技术能简洁方便地制造出常规加工方法难以制造的复杂立方状结构制件，是现代加工技术中跨时代的发明。

一、 SLA 成型原理

光固化立体印刷成型工艺流程包括模型设计、切片、数据处理、扫描成型和后固化等操作。在实际生产中，若发现技术问题，可以终止操作，返回上一步骤重新进行。

第一步是在三维 CAD 造型系统中完成原型的设计。所构造的三维 CAD 图形既可以是复杂实体模型，也可以是精细表面模型，模型需要标注明确的壁厚和内部描述。第二步是将CAD 文件转换成系统要求的标准文件（STL）格式，计算机对 STL 模型文件进行检查、修复和切片，优化制造路线。支撑部分既可以自行设计也可以由系统自动填充。第三步为实体打印，打印原理如图 17-7 所示。

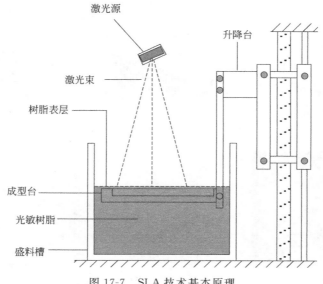

图 17-7　SLA 技术基本原理

　　液态光敏树脂充满盛料槽。通过计算机控制，具有一定波长和强度的激光或紫外线束在最顶层液面上沿路径逐点扫描，当前层扫描完成后，被扫描的树脂发生光固化形成一定厚度的薄层。固化完毕后控制工作台下移一个薄层的厚度，已固化的树脂层由于高度降低会附着上一层新的液态树脂，由于树脂黏度常常较大，需要使用刮板将由于黏聚导致凸起的树脂液面刮平，然后开始第二层的扫描，新固化的薄层会黏结在前一层上，形成一个整体，如此反复直至整个成型过程完成。

　　在制件形成完毕后还需对制件进行后处理步骤：升起工作台，停留 10min，晾干表面残留的树脂→将整个工作台连同制件浸泡于溶剂中洗涤，去除多余气泡→取下制件，去除支撑部分→再次清洗后进行整体二次固化→部分产品还需要打磨抛光和喷漆等步骤，最终得到可直接使用的产品。

　　与常见挤出成型技术相比，SLA 技术的尺寸精度较高，一是由于紫外线波长短，可以得到直径很小的聚焦光斑，扫描精确度高；二是在采用刮板刮擦后，一定量的树脂均匀涂覆在固化薄层上，避免了液体树脂过度残留，形成的新薄层光滑平整。光固化成型所能达到的最小公差取决于激光的聚焦程度，通常是 0.125 mm，在倾斜的表面也能有良好的打印表现。目前 SLA 技术主要的研发方向涉及控制制件变形、提高制件精度、改良树脂配方、缓解成型卷曲等。

二、 SLA 成型技术的特点

　　光固化立体印刷技术制造的产品表面在一定程度上可以媲美机模加工的表面，是一种广泛应用的高精度快速加工技术。

　　（1）SLA 技术具备一定的优点

　　① 尺寸精度高：SLA 技术制备的产品尺寸精度很高，可以用于精密塑料零件的制造。

　　② 表面粗糙度小：SLA 技术所得制件表面较为光滑，上表面常呈玻璃状。

　　③ 层与层的间距很小，制件连接痕迹淡且连接强度足够。

　　④ 操作简便，SLA 技术系统稳定，成型过程完全自动化。

　　⑤ 扫描速度和光斑大小相关，提速方法可通过整体二维图像投影曝光技术来实现整体层快速固化，这种技术使用遮罩片来满足整体曝光的要求。

⑥ 原料利用率可达百分之百，非常适用于小尺寸零件的快速成型，如图 17-8 所示。

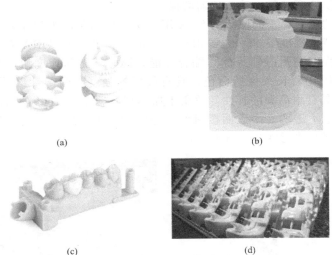

(a)　　　　　　　　　　　　　(b)

(c)　　　　　　　　　　　　　(d)

图 17-8　SLA 成型制件

(a) 齿轮；(b) 水壶；(c) 牙齿假体；(d) 玩具模型

（2）SLA 技术也存在一定的不足

成型耗材限定为光敏树脂，光敏树脂种类有限、售价较为昂贵且大多数光敏树脂在固化过程中产生的收缩无法避免，固化过程发生液固转变和聚合反应，产品卷边变形大，变形后产生弯曲或应力集中，减少产品使用寿命。

设备运行和维护成本较高，激光工作组需要维护保养和定期检修。

后续操作较复杂，单次紫外激光照射不足以完全固化液态树脂。在打印完成后，材料的固化仍在继续，且随着固化时间的增加，制件的硬度和耐热性提高，脆性增大。

液态光敏树脂具有一定的污染，易造成皮肤过敏，成型过程中需要避光处理。

三、 SLA 成型材料

光固化技术采用光敏树脂为耗材，具有固化快、自动化程度高等优点，光敏树脂大体上可分为自由基型光敏树脂、阳离子型光敏树脂和自由基-阳离子混杂型光敏树脂。自由基型光敏树脂发生自由基聚合，反应速度快，但是聚合收缩率大，主要有环氧丙烯酸酯、聚酯丙烯酸酯和聚氨酯丙烯酸酯；阳离子型光敏树脂聚合收缩小，光敏性较差，主要有环氧树脂和乙烯基醚；自由基-阳离子混杂型光敏树脂则是混合使用前两种材料、兼具两者优点。光敏树脂材料主要由光引发剂、反应性稀释剂、低聚物或预聚物树脂和其他助剂组成。

光引发剂在受到一定波长的光辐射后，引发预聚物与活性单体发生聚合反应产生固化。反应性稀释剂在室温下稀释整个体系，使光敏树脂具有一定的流动性，提高树脂的反应速率。常见的活性单体有丙烯酸酯、N-乙烯基吡咯烷酮、脂肪烃缩水甘油醚、乙烯基醚等。

光固化成型材料中含量最大的是低聚物，它是聚合反应的原料，决定了光敏树脂的基本物理化学性质，极大地影响光敏树脂配方的选择。应用较多的是聚氨酯丙烯酸树脂、环氧丙烯酸树脂、聚丙烯酸树脂和氨基丙烯酸树脂等。

SLA 支撑材料按固化方式分为蜡支撑材料和光固化支撑材料。蜡支撑材料价格便宜，发生喷嘴堵塞后易于处理，缺点是混合蜡的熔点较高，需要加热后去除；光固化支撑材料是与基体不同种类的光敏树脂，优点是稳定性高，低温下可喷射，打印出的产品精度较高。缺点是难去除，且容易堵塞喷嘴，造成仪器磨损。

随着光敏树脂的发展，不同性能的 SLA 用树脂可以满足收缩率小甚至无收缩、不用二次固化、强度高等特殊性能要求，例如 3D Systems 公司的 ACCURA 系列，其固化后的制件具有高精度、高强度和耐湿性等优秀综合性能，同时其打印速度快，得到的产品稳定性高；SI20 系列产品固化后长久保持白色，具有较好的强度和耐湿性以及较快的构造速度；SI40 系列光固化后具有耐高温的特性，适用于加热高温环境。DSM 公司的 SOMOS 系列环氧树脂开发出了灰色不透明、半透明樱桃红、透明琥珀色、透明光亮等各色外观的热敏树脂，其耐高温、耐潮湿性能良好（图 17-9）。

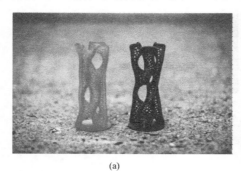
(a)

(b)

图 17-9　不同颜色 SLA 制品

四、　SLA 成型技术的后处理与变形控制

SLA 生产过程中制品发生收缩主要有三种原因。

（1）树脂固化过程收缩

光敏树脂固化时从短的小分子转变为大分子链，分子结构发生改变，自由体积缩小，大分子链相互纠缠，宏观表现为制件收缩翘曲变形；激光照射树脂表面形成温差，热胀冷缩导致变形。

（2）制件成型过程收缩

当扫描完成一层后，该层产生固化收缩，此时这一层与已固化层的黏结导致已固化层受到向上拉的一个力矩，从而产生翘曲变形现象。制件的几何形状不同，树脂固化后收缩的程度与应力分布也不同，特别是存在悬梁的结构，常常会产生翘曲现象，影响制件精确度。

（3）固化后收缩

打印完成后，制件中残留的液态树脂并未完全固化，零件的强度会随固化程度的变化而变化，不同的聚合程度会影响制件的精确度，所以对材料进行二次固化是不可缺少的。

减少形变的主要方法是改进成型工艺和树脂配方，成型工艺通过改变固化过程中残留的树脂量来减少固化收缩，改进树脂配方通过选取低收缩或无收缩树脂来减轻形变，达到零件不变形的效果。

五、　SLA 成型技术的应用

SLA 成型技术的便捷使得其在概念产品、模型展示、设计分析、检测试样等涉及汽车、航空、电子、娱乐和医疗的领域大放光彩。3D Systems 公司利用 SLA 技术生产极为复杂的

F1赛车车用零部件，既满足了赛车竞技中对空气流体动力学的要求，又能通过快速制造降低生产周期以适应高强度高磨损的F1赛事需求。Depuy公司将SLA技术应用于生物医学矫正手术中，帮助广大医生在发现问题后进行假体实验，提高医生对病人手术的熟悉程度，根据模型进行手术规划可以有效降低手术风险，提高手术效率。

第三节　选择激光烧结技术

选择激光烧结技术（selective laser sintering，SLS）又称选区激光烧结。该技术还衍生出了选择激光烧结、选择激光熔铸（SLM）、直接激光熔铸成型（DLMF）、离子束熔铸成型（EBMF）等技术。激光成型打印技术总体分两类：选择激光烧结和直接激光烧结，SLS技术采用低熔点的材料来成型，在包衣粉末或混合粉末中，黏结剂受激光光照熔化，冷却后将基体粉末黏结在一起，形成制件。烧结过程常需要通保护气体，对塑料、尼龙粉末的烧结可得到几乎完全致密的实体。DLMF技术直接烧结高熔点的材料，包括铝基、铁基、钛基等材料，不需要添加黏结剂，不仅避免了成分污染，而且后处理简单，所得制件的密度和强度也很高。

SLS技术的原理与SLA相似，重要区别在于所使用的耗材，SLA的耗材是液态光敏树脂，SLS技术则使用粉状材料，这是SLS技术最显著的优点之一，理论上所有可熔的粉末都可以通过SLS技术制成实体，且得到的实体具有一定的强度，可以直接使用。

一、 SLS成型技术的原理

SLS技术的工作原理见图17-10，粉状耗材堆积于供料缸和成型缸中，铺粉辊将粉末均匀平铺于工作台上，系统预热至略低于该粉末烧结点的温度，控制系统控制激光束按照切片层的截面轮廓在粉层扫描，粉末烧结成具有一定层厚的薄层并与已成型部分实现粘接。当该层面烧结完毕后，成型缸下降一个层厚高度，供料缸上升，铺粉辊滚动平铺一层均匀密实的粉末，开始新一层的烧结，直至完成整个烧结过程。相较于SLA和FDM技术来说，SLS技术没有烧结的粉末对模型自身的空腔和悬浮孤

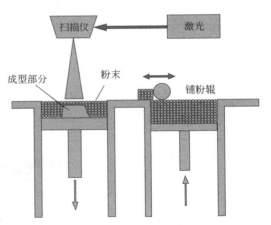

图 17-10　SLS 技术基本原理

体起到支撑作用，因此不用添加支撑结构。当整个制件成型完成并充分冷却后，成型缸载着制件上升到初始高度，拿出制件并刷去表面残留的粉末得到预产品，部分SLS产品需要置于加热炉中，烧去黏结剂，并在孔隙中渗入部分填充物。

SLS工艺视所用材料的变化而改变，有时需要较复杂的辅助过程。以聚酰胺粉末烧结为例，为避免烧结过程中粉体高温产生的燃烧现象，要求在成型空间充入阻燃气体。为了使粉状材料可靠地烧结，应该在使用前将所有机器构件和粉体预热到一定温度，制作完成后刷去多余粉末的操作要在封闭环境下进行，以免产生粉体污染。

二、SLS 成型技术的特点

SLS 技术和其他增材制造成型工艺相比，具有很多优点，更存在一些不可替代的优势。

（1）粉体材料选择的多样性

SLS 成型材料选择广泛，包括高分子、金属和陶瓷等。

（2）应用范围广

多种类的成型材料使设计者可以根据不同性质的材料基体设计出不同用途的制件。SLS 技术可生产复杂形状制件，且制件性能优良（图 17-11）。

（3）材料利用率高

在 SLS 成型技术中，未被激光扫描到的粉体还未烧结，处于松散状态，通过简易收集可重复利用，降低成本。

（4）无须支撑

减少了硬件和软件层面的加工任务。制件的精确度与粉体颗粒的种类、粒径及制件的几何形状等因素相关，通常烧结高分子制备的产品精确度较高。

SLS 技术的缺点在于：设备费用较贵，需要长期的检测和维修保养；整个产品生产流程时间较长；部分高分子粉体加工时需要预热仪器，金属粉体的加工由于熔点太高，要选择高功率激光或采用间接法制备金属零件；使用间接法时，需将低熔点黏结剂掺入金属粉体中，黏结剂分子熔融后与金属粉体黏结成坯核，成型后再通过适当工艺除去黏结剂分子；部分金属材料烧结还需要考虑到散热问题来添加支撑散热。

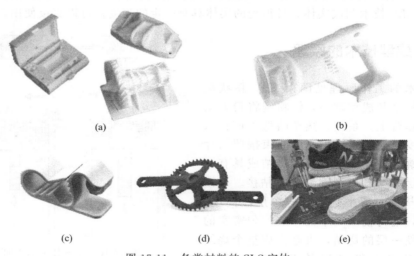

(a)　　　　　　　　　　　　　　　　　　　(b)

(c)　　　　　　　(d)　　　　　　　(e)

图 17-11　各类材料的 SLS 实体
（a）模型；（b）手柄；（c）卡扣；（d）牙盘；（e）鞋底

三、SLS 成型技术的材料

相比其他增材制造技术，SLS 技术的突出优点是可以处理多种材料，包括高分子、金属、陶瓷等。其中高分子材料相比金属和陶瓷材料来说，成型温度更低、所用激光强度更小、制件成型精度更高，是应用最为广泛的 SLS 成型材料。SLS 技术使用的高分子粒径通常在 $10\sim100\mu m$，高分子粉体在吸收特定激光后熔融而不分解，冷却后黏结成型。目前

SLS 用的高分子粉体有 PC、PS、ABS、PA 等。

金属材料是 SLS 技术中最吸引人的一类粉体材料，其金属直接成型能力是其他增材制造技术所不具备的优势。金属粉末的组成情况有很多，视加工工艺而定。有采用两种金属粉体混合后，熔点低的粉体发挥黏结剂作用的双金属粉体体系。还有掺入有机黏结剂的金属粉末体系，这类组成体系常分为两类：一是金属粉末和有机黏结剂的简单机械混合物，该类粉末制备工艺简单，烧结性能较差。二是利用有机黏结剂包覆金属粉体形成有机-金属小球，这类粉末制备方法复杂，烧结性能好，所用有机体的比例小，方便去除。

陶瓷制品和金属制品类似，通常也是利用覆膜技术，在陶瓷粉末中添加低熔点的黏结剂。烧结过后经过热静压等后处理，即可得到高密度的制件。

四、 SLS 成型技术的精度影响因素

激光烧结的工艺过程和耗材的选择对成型精度、成型强度的影响很大。以高分子材料在 SLS 技术中的应用为例。常用的热塑性材料为非晶态聚合物，在熔融物凝固成固态时无结晶过程，生产的原型致密度低，内部气孔多。晶态聚合物的模量和强度较高，具有固定熔点，生产的原型边界清晰，致密度高。但是在从熔融态向固态转变过程中存在着结晶现象，材料的收缩形变大，温度控制较难。

高分子材料的性能极大地影响 SLS 技术成型效果，主要有以下几个方面。

（1）表面张力

在烧结过程中高分子链段开始自由运动，为了减小材料的表面能，粉末颗粒受表面张力作用，彼此相互黏结烧结成坯。表面能是烧结成型的驱动力。金属材料在 SLS 成型中由于金属表面张力过大，烧结后液相烧结线断裂形成球形，用以减少其表面积，从而形成一系列球状凸起的表面形貌，称为球化效应。

（2）粒径

SLS 成型过程中，粉末的粒径影响层面的光洁程度和切片厚度，切片厚度不能小于粉末粒径，粒径通过限制切片厚度，达到限制阶梯效应程度和产品表面粗糙度的效果。因此粒径过大的粉体不适合使用 SLS 成型技术。

（3）粒径分布

粒径分布影响着粉体颗粒的堆积程度和粉体密度，最终改变制件致密度，采用不同粒径分布的复合粉末可以有效减小制件的孔隙率。

（4）黏度

大多数高分子熔体作为非牛顿流体，其黏度依赖于剪切速率，黏度越低，烧结速率越快，致密度越高。

（5）凝聚态结构

凝聚态结构影响 SLS 成型制件的众多性能，由于晶态和非晶态高分子不同的热力学行为，制备得到的实体性能也存在差异。

五、 SLS 成型技术的应用

SLS 技术打印精度较高，使用材料广泛，应用行业广，如图 17-12 所示。但是设备成本和维护成本较高，限制了制造业内的大范围推广。以下是 SLS 技术的几个主要应用方面。

（1）产品设计检验与功能测试

SLS 技术可以辅助设计产品，为直观判断产品的性能和要求提供了方便。

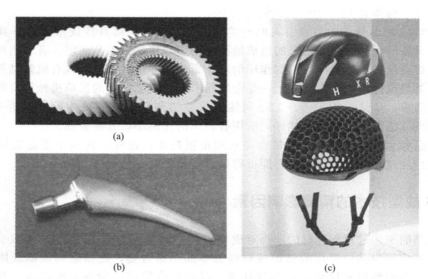

图 17-12　SLS 技术制造的产品
(a) 齿轮替换件；(b) Ti64 股骨柄；(c) PA 定制自行车头盔

（2）一次成型

SLS 技术成型过程是一个整体直接成型，常用于加工不能进行数控加工的材料，例如尼龙材料。应用 SLS 技术可以降低生产周期和费用，实现快速铸造。

（3）逆向成型

将复杂零部件转换为切片数据，方便携带，便于修改，是加快产品创新的有效方法。

第四节　分层实体制造技术

分层实体制造技术（laminated object manufacturing，LOM），又称叠层实体制造或薄形材料选择切割技术。该技术最早采用卷筒纸作为加工原料，逐渐扩大至别的纸材和片材。低廉的成本和较高的精度，使该技术在概念设计、造型评估、铸造木模和直接制模等领域迅速发展。

一、LOM 成型技术的原理

图 17-13 为 LOM 技术的原理图，纸材或片材固定于送料辊上，进料辊转动输送耗材，通常纸材会单面涂覆上胶黏剂（通常是热熔胶），计算机控制的激光沿切片轮廓切割纸材，控制激光强度刚好切割一层耗材厚度，在无轮廓区则切割成为小型方格，方便后续去除。切割完成后加热的滚轴按压新切好的一层耗材，层间通过黏结作用相互结合。平台下降一个层厚距离，开始下一层的切割，完成所有层即可得到整体。将整体取出，用刀去除多余的支撑结构，得到所需的实体。实体的后处理包括磨砂、抛光、喷漆等，部分纸材在使用过程中容易吸水，需要对其喷涂环氧树脂或其他防水涂料。LOM 技术制备的部件也可进行传统的车削加工改变造型。

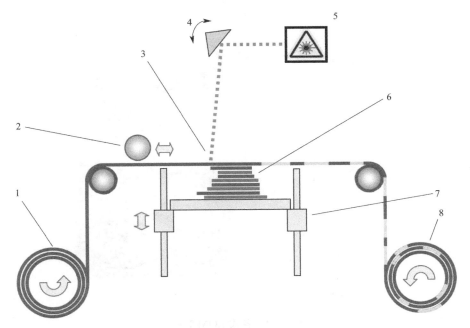

图 17-13　LOM 技术基本原理

1—送料辊；2—加热辊；3—激光斑；4—扫描棱镜；

5—激光发射器；6—堆积层；7—工作台；8—回收辊

二、 LOM 成型技术的特点

LOM 成型技术控制激光运动，按照切片轮廓逐层切割铺在工作台上的薄层，利用热压辊将新铺层与已成型的下层相互黏结，重复步骤最终得到三维层压制件，如图 17-14 所示，其主要优点如下：

① 制件精度高，涂满胶黏剂的纸材在选择性切割的过程中，只有轮廓区域的胶体由固态变为熔融态，其余区域未发生形态变化，得到的制件翘曲变形小。

② 制件硬度较高，使用温度可达 200℃，几何尺寸和稳定性好，力学性能较好，可继续加工。

③ 成型速度快，加工过程中激光束只需切割轮廓，无须扫描整个断面。

④ 无须设计制造支撑结构。

⑤ 耗材价格便宜，制造成本低廉。

但是 LOM 成型技术也有不足之处。该技术所用耗材主要为纸材、塑料薄膜或金属箔材，相比其他技术耗材种类较少；制件的弹性和抗拉强度较低，各方向上性能差异大；制件表面有明显的台阶纹，其高度与纸材的厚度相同，需要进行打磨抛光处理。

三、 LOM 成型材料

LOM 成型实体主要受薄层材料、胶黏剂和涂层工艺的影响。用纸材成型的实体性能没有塑料或金属的实体强。LOM 耗材需具备以下几点性能：

① 一定的防水性，保障纸材不会因长时间使用而吸水，同时保证热压过程中不会因为

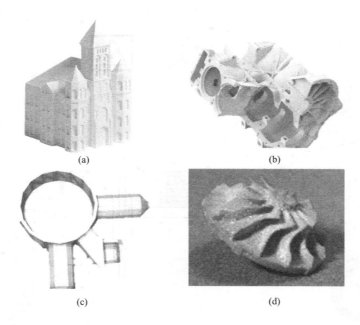

图 17-14　各式 LOM 制品

（a）房屋；（b）发动机模型；（c）连接件；（d）齿轮

水分蒸发产生形变。

② 良好的浸润性，使胶黏剂涂覆平整。

③ 收缩率小，减小热压冷却后的变形。

④ 可剥离性能好，便于从内部破坏支撑。

用胶版纸或牛皮纸制造的实体黏结度高，表面质量好，吸水率低，可以很好地替代卷筒纸。

热熔胶中最常用的是 EVA 类热熔胶，占所有热熔胶消费总量的 80% 左右，用于 LOM 纸材的热熔胶应具备的基本特性为：室温固化能力强，熔融-固化过程中稳定性好，熔融状态下良好的涂覆效果。黏结剂中掺入不同的添加剂可改善制件的不同性能。

涂布工艺分涂布方式和涂布厚度，涂布方式有均匀涂布和非均匀涂布，非均匀涂布应力集中小，但设备较贵，均匀涂布采用挂板进行涂抹。涂布厚度要在保证黏结效果的前提下尽可能的薄，减少变形溢胶现象。

四、 LOM 成型技术的精度控制

成型件的精度是制约快速成型技术应用的重要因素之一。影响 LOM 制件精度的误差主要有以下几类。

（1）CAD 模型处理产生的误差

CAD 模型的切片处理实质上是用有限平面的连接来逼近无限圆滑的球状表面，这种近似的处理离模拟真正的表面还有一定距离，这是当前软件无法避免的误差。

（2）设备精度误差

激光头的运动定位精度、三维轴向导轨的垂直度等都对成型件的精度存在影响。这些精度误差可以通过高精度的现代数控技术和传动技术来减小。

（3）成型过程的误差

主要分为热变形和冷变形，热压过程中由于存在温度梯度，纸张和黏结剂的热膨胀系数不同，膨胀量存在差异，容易导致热变形。剥离废料后内外部分散热速率不同，制件会发生变形，该形变称为残余形变。冷变形指耗材吸湿膨胀，预防湿胀的手段有上漆和掺入防水剂等。

五、LOM 成型技术的应用

LOM 技术可以制作各种零件用以新产品的验证，或制造模具。LOM 工艺得到的纸模在性能上接近于木模，表面处理后可直接用于砂型铸造。LOM 技术在零件的制造质量、表面精度等方面已经取得了很大的进展，应用于电子通信、航空航天、汽车工业等。

第五节 其他增材制造技术

一、喷墨打印成型技术

喷墨打印成型技术（ink-jet printing）是将选中的陶瓷粉末制成陶瓷墨水，通过数控原理将陶瓷墨水直接喷印到工作台上成型。打印墨水束通过充电管道后液滴带电，在电场作用下液滴随预设路径在水平或垂直方向上定向运动，最终到达平台凝固成型。常见的连续式陶瓷喷墨打印机需要连续不断地沉积出均匀薄厚的膜。因此，要求打印机的精度较好。陶瓷微粒要在喷墨墨水中均匀分散，打印过程中不发生阻塞。墨水添加剂包括结合剂和分散剂，结合剂保证在溶剂挥发后，陶瓷胚体的黏合强度得以保留，分散剂主要解决粉末团聚问题。同时墨水中还要加入少量的导电盐，使墨水产生导电性，这样才能准确地打印到预设地点。

二、电子束熔融成型技术

EBM（electron beam melting）技术与 SLS 技术类似，它选取了高能真空电子束替代激光作为成型热源，电子束对材料进行逐层的预热和熔化步骤，最终冷却凝固成型。电子束的能量密度高，成分单一，电磁场下可偏转，所得实体的成型精度高。EBM 材料种类广泛，涉及大量难熔融金属如钛、钴铬合金等。由于该技术在真空环境下运行，避免了成型材料的杂质污染和高温氧化，致密度高；但是真空不利于仪器散热，容易发生熔融金属的过热流淌和制件收缩变形等现象。因此该技术现在主要应用于制造高价值实体。

三、三维打印技术

三维打印技术（three dimensional printing）也称 3D 喷射印刷技术，3DP 或 TDP 技术，简要原理是在计算机控制下，喷头沿切片截面轮廓路径，在已经铺好的耗材粉末层上，有选择性地喷射黏结剂（常见的有树脂、石蜡等），黏结粉末形成一个整体层面。在一层完成后，工作台下降一个层厚，进行下一层的黏结，循环至形成三维产品。得到的制件进行二次烧结固化，去除树脂黏合剂，渗入低熔点金属等后处理后，最终得到复合材料制件。这种方法的加工速度可通过增设喷头来提高，但是成型制件的精度和表面光滑度不高，致密度低。

四、激光直接金属堆积成型技术

激光直接金属堆积成型技术（laser direct metal deposition）是成型材料粉末通过与激光束同轴的喷嘴喷出，在载气流的作用下，粉末飞到平台上被激光束加热熔融，激光束移开后液态金属粉末冷却形成薄层，喷粉、熔化、凝固过程循环直至完成制造过程。单道熔覆、多道搭接、多层堆积是该技术的主要特点。由于采用同轴送粉，制件形貌稳定，激光束熔融可加工高熔点、难加工的金属零件。缺点是工艺难度较大，控制过程较难。

习 题

一、选择题
下列哪种增材制造技术在打印过程中需要打印支撑（　　　　）？
A. EBM   B. 3DP   C. SLA   D. SLS

二、填空题
光固化后处理包括原型的清洗、去除支撑、_____以及必要的打磨等操作。

三、简答题
1. 简要叙述 FDM、SLA、SLS、LOM 这四种技术的原理和优缺点。
2. 简述你所了解的应用与增材制造技术的高分子材料和这些材料的特点。
3. 简要分析增材制造过程中产生误差的原因。

在线辅导资料，　MOOC 在线学习

增材制造工艺原理。涵盖课程短视频、在线讨论、习题以及课后练习。

参考文献

[1] Pulak M P, Reddy N V, Sanjay G D. Improvement of surface finish by staircase machining in fused deposition modeling [J]. Journal of Materials Processing Technology, 2003, 132: 323-331.

[2] Zein I, Hutmacher D W, Tan K C, et al. Fused deposition modeling of novel scaffold architectures for tissue engineering applications [J]. Biomaterials, 2002, 23: 1169-1185.

[3] Sood A K, Mahapatra S S. Bayesian regularization-based levenberg-marquardt neural model combined with BFOA for improving surface finish of FDM processed part [J]. International Journal of Advanced Manufacturing Technology, 2011, 60: 1223-1235.

[4] 魏士皓, 屠晓伟, 任彬, 等. PLA 材料在 FDM 过程中翘曲变形的优化 [J]. 制造技术与机床, 2019: 26-29.

［5］徐常有，谭晶，杨卫民，等. 基于 FDM 螺杆式 3D 打印陶瓷基复合材料成型工艺参数的研究［J］. 塑料科技，2018：15-18.

［6］Chou S Y，Chou C C，Chen Y K. A base function for generating contour traversal paths in stereolithography apparatus applications［J］. Expert Systems with Applications，2008，35：235-244.

［7］Leong K F，Chua C K，Tan C H. Microblasting characteristics of jewellery models built using stereolithography apparatus（SLA）［J］. International Journal of Advanced Manufacturing Technology，1998，14：450-458.

［8］Canellidis V，Dedoussis V，Mantzouratos N. Pre-processing methodology for optimizing stereolithography apparatus build performance［J］. Computers in Industry，2006，57：424-436.

［9］Kruth J-P，Mercelis P，Van Vaerenbergh J，et al. Binding mechanisms in selective laser sintering and selective laser melting［J］. Rapid Prototyping Journal，2005，11：26-36.

［10］Herzog D，Seyda V，Wycisk E，et al. Additive manufacturing of metals［J］. Acta Materialia，2016，117：371-392.

［11］Vayre B，Vignat F，Villeneuve F. Metallic additive manufacturing：State-of-the-art review and prospects［J］. Mechanics & Industry，2012，13：89-96.

［12］Guo N，Leu M C. Additive manufacturing：technology，applications and research needs［J］. Frontiers of Mechanical Engineering，2013，8：215-243.

［13］王峰，颜永年，闫旭日. 大型原型快速制造中的并行加工技术［J］. 中国机械工程，2000，11：456-457.

［14］史玉升，吴澄，黄乃瑜，等. 铸造模具的快速制造技术［J］. 铸造，2005：76-79.

［15］Ghani S A C，Zakaria M H，Harun W S W，et al. Dimensional accuracy of internal cooling channel made by selective laser melting（SLM）and direct metal laser sintering（DMLS）processes in fabrication of internally cooled cutting tools［J］. Matec Web of Conferences，2017，90：1-8.

［16］Mazzoli A. Selective laser sintering in biomedical engineering［J］. Medical & Biological Engineering & Computing，2013，51：245-256.

［17］Das S. Physical aspects of process control in selective laser sintering of metals［J］. Advanced Engineering Materials，2003，5：701-711.

［18］Beaman J J，Deckard C R. Selective laser sintering with assisted powder handling［J］. United States Patent，1990，4938816：1-7.

［19］Tari M J，Bals A，Park J，et al. Rapid prototyping of composite parts using resin transfer molding and laminated object manufacturing［J］. Composites Part A. Applied Science and Manufacturing，1998，29：651-661.

［20］Zhai Y，Lados D A，Lagoy J L. Additive manufacturing：Making imagination the major limitation［J］. Journal of Management，2014，66：808-816.

［21］Weisensel L，Travitzky N，Sieber H，et al. Laminated object manufacturing（LOM）of SiSiC composites［J］. Advanced Engineering Materials，2004，6：899-903.

［22］Sonmez F O，Hahn H T. Thermomechanical analysis of the laminated object manufacturing（LOM）process［J］. Rapid Prototyping Journal，1998，4：26-36.

［23］Park J T M J，Hahn H T. Characterization of the laminated object manufacturing（LOM）process［J］. Rapid Prototyping Journal，1999，6：36-50.

［24］Liso Y S，Li H C，Chiu Y Y. Study of laminated object manufacturing with separately applied heating and pressing［J］. International Journal of Advanced Manufacturing Technology，2006，27：703-707.

［25］Wang Y，Mangaser A. The 3DP：A processor architecture for three-dimensional applications［J］. Computer，1992，25：25-36.

［26］Perelaer J. Gans B J，Schubert U S. Ink-jet printing and microwave sintering of conductive silver tracks［J］. Advanced Materials，2006，18：2101-2104.

［27］Xiang L，Chengtao W，Wenguang Z. Fabrication and characterization of porous Ti_6Al_4V parts for biomedical applications using electron beam melting process［J］. Materials Letters，2009，63：403-405.

［28］Dinda G P，Dasgupta A K，Mazumder J. Laser aided direct metal deposition of Inconel 625 superalloy：Microstructural evolution and thermal stability［J］. Materials Science & Engineering：A（Structural Materials：Properties，Microstructure and Processing），2009，509：98-104.

［29］Xixue X，Ting W，Shuai S，et al. Research status analysis of electron beam 3D printing technology［J］. Welding & Joining，2016，7：22-26.

第十八章
增材制造技术的未来发展趋势

第一节　增材制造技术的优势

　　21世纪以来，生产力一直是全球工业界关注的主要问题之一，为了提高生产率，工业界已经尝试在制造业中应用更多的自动化与信息化技术。增材制造技术的出现是一次重大的技术革命，改变了传统制造业的生产模式，不仅能够解决传统制造所难以突破的技术瓶颈，还能推动传统制造业的创新发展。当前，增材制造技术的优势不断显现，主要归结为以下几个方面。

一、大规模定制产品

　　传统的大规模生产方式为了获取规模效益，通常通过流水线作业来生产大量标准化产品，来降低生产成本。但这样生产出来的产品并不是对客户量身定制的，很难使每个消费者都满意。而增材制造技术的一个显著优势是大规模定制，即生产一系列个性化产品，这样每种产品都可以不同，同时由于大规模生产而保持低价格。这是因为增材制造技术可以避免定制产品的模具制作和加工带来的额外成本。

二、大规模生产复杂产品

　　采用传统的制造方法（如模塑、铸造和机械加工）生产复杂几何结构的制品并不简单，不但需要多种制造工具和复杂的后处理流程，并且需要耗费大量时间。虽然这些方法对制品的制造过程和性能有很好的控制和理解，但对复杂内部结构的控制能力有限。而增材制造技术在这一方面具有很大优势，能够在不产生典型浪费的情况下制造出复杂的复合材料结构。

计算机辅助设计可以精确控制复合材料的尺寸和几何尺寸（如图18-1）。因此，使用复合材料可以实现工艺柔性和高性能产品的完美结合。其中可以通过改进机器设计来提高制造速度和降低生产成本。

三、提高资源利用效率

增材制造通过逐层打印产品，它本质上比传统的减材生产方式浪费更少，并有可能使社会和经济价值创造与商业活动的环境影响脱钩。用 3D CAD 模型直接生产，意味着不需要工具和模具，因此不需要转换成本。因为它是一种加法制造过程，所以在制造过程中产生较少的废弃料；也可重复使用制造过程中未使用的废料（如金属粉末、树脂等）；还能通过优

图 18-1 3D 打印吊灯

化几何结构来制造轻量化组件，从而减少制造过程中的材料消耗和使用中的能源消耗；数字文件形式的设计可以很容易地共享，便于修改和定制组件和产品，而且制造过程和产品可以重新设计，在生产和使用阶段都可以实现改进；通过维修、再制造和翻新等技术方法，可以延长产品寿命，以及带来更可持续的社会经济模式（如更紧密的个人产品亲和力和生产者与消费者之间更密切的关系）；按订单生产，能够按需创建备件，降低了库存风险，没有未售出的成品；同时也提高了收入流，因为商品在生产前就已付款。以建筑领域为例，使用增材制造技术来生产混凝土构件几乎可以减少所有的劳动力成本和模板需求。卡米尔等给出了用40MPa混凝土建造墙壁的传统方法和增材制造技术的成本比较，如表18-1所示。据粗略统计，模板成本可能占混凝土结构总成本的35%～60%。

表 18-1 采用传统方法和增材制造技术建造 40MPa 混凝土墙体的成本估算

项目	传统方法			增材制造技术		
	单价/(元/m³)	数量/m³	总价/元	单价/(元/m³)	数量/m³	总价/元
混凝土	200	150	30000	250	150	37500
机械设备	20	150	3000	20	150	3000
劳动力	20	150	3000	—	—	—
模板	100	1500	150000	—	—	—
总价	—	—	186000	—	—	40500

四、产品设计自由

首先对于产品设计师来说，可以设计一些复杂结构，如中空结构和薄壁等，而不用考虑制造难度。增材制造技术提供的设计自由还允许产品和组件重新设计。利用增材制造技术，一个完整的整体可以取代由各种材料制成的多个零件，这将减少甚至消除装配操作带来的成本、时间和质量问题。通过零件合并，将装配成本降到最低，甚至不需要装配。除了装配成本外，库存、人工、检查和维护等成本也同时降低了。组件的重新设计可以获得最佳的强度重量比，既能够满足功能要求，同时最小化材料体积。生命周期分析表明，采用增材制造技术可以大大节省商品生产成本。

五、价值链的重构

产品和组件的重新设计可以获得更简单的产品，需要更少的组件、材料、参与者、阶段和交互。因此，通过简化来提高产品的性能可以减少物流的规模，从而减少对整个供应链的环境影响。从集中的制造系统向更分散的制造系统转变，这意味着制造变得更加自由，交通对环境的影响将减少。生产变得民主化、服务化、个性化、消费化，这导致用户不再是完全被动的消费者，而是被赋予了自我生产的权利，成为全球制造业中的散户。然而这些潜在利益也存在障碍和挑战。首先，目前设计人员和工程师对增材制造技术的看法有偏差，因为其最初的应用仅限于快速成型和模具，因此不适合用于直接组件和产品制造。其次，目前的增材制造技术的性能存在局限性，例如微电子等新功能还不能嵌入组件和产品中。为了在设计阶段充分利用增材制造技术的优势，需要改变思维方式，提高增材制造技术的技术性能。

六、改善工人工作环境

与传统的制造工艺相比，增材制造技术更加智能化、自动化与机械化，不再依赖人工，这使工人避免长期暴露在恶劣和具有潜在危险的工作环境中，具有一定的健康效益。但是，原材料的加工和处理过程中可能存在的影响并不能消除。目前对增材制造工艺、材料的毒性和环境效能的研究还很少。

七、应用领域广泛

早期采用增材制造技术进行系列化生产的行业主要是航空航天、医疗、牙科和一些消费品。因为增材制造技术最适用于体积小、价值高和复杂的零件类型。随着制造速度的提高，总体成本下降，使得增材制造技术在更广泛的生产应用成为可能。目前，增材制造技术已经广泛应用于生物医学、航空航天、建筑设计、模具制造、产品设计、电子产品、地理信息等领域，另外在珠宝、食品、轻工、家电教育、考古、雕刻等领域也有很大潜力。

智研咨询发布的《2020—2026年中新冠肺炎疫情下金属增材（3D打印）行业影响分析及发展策略分析报告》显示：应用领域排名前三的是工业机械、航空航天和汽车，分别占市场份额的20.0%、16.6%和13.8%（图18-2）。

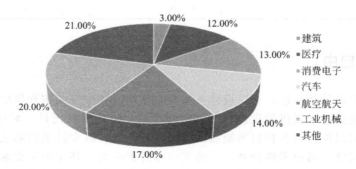

图18-2 2020年中国3D打印产业应用行业占比

第二节　增材制造技术面临的问题

　　尽管 3D 打印具有设计自由、定制和打印复杂结构的能力等优点，但仍面临许多问题，包括成本高、在大型结构和大规模生产中的应用有限、力学性能差和各向异性、材料和缺陷的限制，有待进一步研究和技术开发。

　　某些问题在特定的印刷方法或材料中更为明显，但在其他增材制造方法中很少见。例如，与传统方法（如铸造、挤压、制造或注射成型）相比，零件的增材制造通常需要更多的时间。特别是与 FDM 相比，PBF 和 SLA 更为耗时。增材制造技术的加工时间长、成本高是阻碍重复性零件批量生产的主要挑战，而重复性零件的批量生产很容易通过其他常规方法完成，所需时间和成本都很低。然而，当涉及具有复杂结构的定制产品时，例如用于骨组织工程的生物打印支架，增材制造技术可以更具成本效益。不考虑生产的时间和成本（在每一个具体应用中都需要进行分析），下文主要讨论增材制造技术面临的主要挑战。

一、空隙的形成

　　增材制造技术的主要缺点之一是在材料层之间形成空隙，产生的额外孔隙率可能非常高，由于印刷层之间的界面结合减少，导致力学性能降低。空隙的形成程度主要取决于增材制造方法和原材料。在使用 FDM 等时，孔洞的形成更常见，并且是导致较差力学性能和材料各向异性的主要缺陷之一。这种空隙的形成也会导致印刷后层与层之间的分层。在 FDM 使用的复合材料中，增加丝材的厚度可以降低复合材料的孔隙率，但也同时降低了内聚力，从而导致拉伸强度降低和吸水率增加。在混凝土打印过程中，随着混凝土层厚度的增加，后续层之间的时间间隔越长，层间结合越好，空隙形成越少。另外，在氧化铝/玻璃复合材料的粉末床熔接中，通过最小化每层的高度，可以显著降低孔隙率。降低的高度可以增加激光穿透顶层，促进陶瓷粉末在层间的扩散，从而减少层间空隙的形成。

　　但是，增材制造制品的高孔隙率并不总是一个缺陷，这一特点可以应用于组织工程领域，通过控制孔隙率设计多孔支架。

二、各向异性

　　各向异性行为也是增材制造技术面临的主要问题之一。由于逐层印刷的性质，每一层材料内部的微观结构都与层间边界处不同。各向异性导致部件在垂直拉伸或压缩下的力学行为与在水平方向上不同。在通过热熔合（SLS 或 SLM）打印的金属和合金中，后续层的添加会重新加热先前层的边界，这会导致不同的晶粒组织和各向异性行为，这是由于热梯度所致。激光束对每一层的热穿透不仅是控制烧结过程的一个重要因素，而且也是限制各向异性行为的一个重要因素。与采用 SLM 技术打印的钛合金的纵向方向相比，横向（构建）方向上的形貌和织构的变化导致了较高的拉伸强度和延展性。合金、陶瓷和聚合物都可以观察到这种各向异性行为。例如，陶瓷颗粒的形状对其沿印刷方向的取向起着重要的作用，而且当形状明显偏离球体时，各向异性行为更加突出。

但是这种各向异性特性在某些应用中是有帮助的。例如，可以通过控制制品表面上细丝的特性（例如速度和间距）来实现表面的特殊各向异性润湿性。

三、设计与执行的差异

CAD 软件是设计 3D 打印零件的主要工具。由于增材制造技术的局限性，打印部件可能会有一些设计元素中预料不到的缺陷。CAD 系统是实体几何和边界的结合体，它通常使用镶嵌概念来模拟模型，但是，将 CAD 转换成 3D 打印部件通常会导致不精确和缺陷，特别是在曲面上。非常精细的镶嵌可以在一定程度上解决这个问题，但计算处理和打印非常复杂且耗时。因此，通常考虑采用后处理（通过加热、激光、化学或打磨）来消除这些缺陷。为了限制从设计到执行的差异，必须规划并找到零件的最佳方向，将零件分为足够多层并生成支撑材料，支撑材料必须能够支撑不断添加的后续层，并且在打印后易于移除。此外，印刷工艺参数，如挤出压力和长丝取向（FDM、喷墨和反工艺）、激光功率（SLM 和 SLS）、层厚、印刷方向、印刷温度和速度，以及材料性能（如流变性、热塑性、粉末包装等）都会对打印部件的外观和力学性能产生重大影响。

四、逐层外观

由于增材制造技术本身的性质，逐层外观是另一个挑战。图 18-3 显示采用增材制造技术打印的混凝土结构中的逐层外观缺陷。若打印部分隐藏在最终应用中（如组织工程支架中），外观可能不是一个重要因素。但是，在其他应用中，如建筑物、玩具和航空航天，与逐层外观相比平滑外观是首选的。通过烧结等化学或物理后处理方法可以减少这种缺陷，但会增加处理时间和成本。与 PBF 或 SLA 相比，使用丝材（如 FDM、喷墨和轮廓工艺）的增材制造方法更容易产生逐层外观。

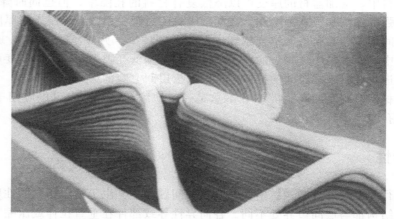

图 18-3　采用增材制造技术打印混凝土结构中的逐层外观缺陷

五、知识产权

万能的拷贝和万能的复制功能让靠智慧吃饭的人士再次担忧，从信息共享时代就吃尽苦头的创作人士找了好久才摸索到了盈利机制。如今 3D 打印来了，新形势下，人们再次将面临新的版权问题，也许可以利好电子钱包的发展，因为彩色复印机解决不了的防伪问题，采用增材制造技术就能轻而易举地实现了。

六、道德和安全隐患

关于生物打印技术的道德争论已经开始了。科学家们提议将人体干细胞和犬肌肉细胞混合从而创造出更强大的器官组织。软骨打印是目前最具有实践性的生物打印技术，想要打印出全部器官仍然是很多年后才能实现的事，但是生物打印在医药方面的发展应用十分快速。随着生物打印变得越来越普遍，关于生物打印在道德、种族和法律上的问题也开始出现。

第三节　增材制造技术的发展趋势

增材制造技术由于其制造复杂物品能力强、产品多样化且不增加成本、生产周期短、零技能制造、不占空间、便携制造、节省材料等优点，已经成为一项有良好发展前景的新兴产业。其生产流程分为 CAD 数据的建模、打印设备的打印工作、产品的后处理三部分。在这三个部分，增材制造技术还存在着很大的进步空间，其中涉及 CAD 数据的处理软件开发、旧成型工艺的改善和新工艺的发明、新材料的应用、打印设备的改良、产品应用范围的扩展等问题。

一、生产工艺和设备的发展趋势

增材制造技术从最初的 CAD 模型设计步骤开始就存在着一定技术原理上的不完美，这些误差来源可以分为数学误差和材料或加工工艺的环境误差。数学误差主要包括 CAD 文件对零件表面线条形状的复刻本质上是近似处理，切片层数量存在上限导致的尺寸精度误差和台阶效应；环境误差主要包括了材料在成型过程中产生的膨胀、收缩、卷曲等形变。数学误差的减小需要依靠更为精确地实体造型扫描技术或更智能的建模手段，来提高单一层面的形状精度和不同层间的对准效果。分层切片技术的发展方向也由平面转向曲面，由二维切片转向三维切片。环境误差的影响因素更为广泛和复杂。固化收缩是一些材料不可避免的本征属性，预计收缩尺寸对 CAD 模型添加补偿量用以修正环境误差是一种改善方法。部分工艺还需要改进控制制造系统和应力释放方式来减少收缩产生的内应力导致的翘曲变形。

我国增材制造产业仍处于快速发展阶段，相关产业规模逐年增长，至 2018 年我国增材制造产业产值已达 130 亿元，在如此庞大的市场下伴生的是对生产技术创新的急切需求。现阶段的增材制造技术除了 SLA 技术的耗材为液态的光敏树脂外，其他技术多采用丝材、板材或粉末材料。耗材形态有限是一部分问题，耗材的使用也存在一定问题，光敏树脂黏度高且有一定毒性不利于推广家用；粉末材料对颗粒形态和粒径分布有严格要求，含碳量和含氧量又极易影响制品性能，这些可以通过加工技术和配方设计层面加以改善。在成型控制过程中，控制温度梯度的分布也是一项十分重要的技术，温度梯度大产生的热应力导致裂孔、缝隙、断裂等问题是对最终产品性能的极大破坏。对成型尺寸来说，大尺寸和高精度常常不可两者兼得，这对成型速度也存在相同的问题，光束或能量在成型中只能精确控制在一定区域内形成均匀的光斑，提高光学部件的精度或开发多光束同步成型技术是未来发展的趋势之一。除了以上这些问题，还有一些技术问题有待改善，例如，支撑的成型设计、廉价耗材的普及等。

扩大材料选取范围是发展增材制造技术的重要方法之一。研究开发钛基、镍基、钴基、铁基合金、工程塑料、纤维增强复合材料、纳米粒子增强材料、彩色石膏、人造骨粉，甚至是细胞生物原料等，这些新的耗材将成为未来增材制造的主力军。同时，可以将不同材料打印在不同层，得到表面和内部性质完全不同的梯度实体。为了更好地打印这些新式耗材，生产工艺的变化需要依托对机理的深入研究，例如温度变化时复合界面发生什么变化，一定载荷下界面的作用力有多大等问题。这些是在生产初期的预设步骤上还存在的问题和未来的发展方向。

目前，增材制造设备在打印过程中，还存在着制造的实体模型强度不及常规制造方式的模型零件强度，导致实际应用困难，打印设备大小限制打印制品大小的问题。随着研究应用的不断推进，未来增材制造设备规模将呈现出两极化趋势，即小型化和巨型化，小型化打印设备在满足家庭和办公需要的条件下，也能很好地应用于打印店开发新式 3D 模型打印产业；巨型化打印设备则可以满足大型制造设备的需要，如航空航天、汽车制造、船舶制造等方面。未来增材制造材料的发展将更智能、更绿色、更功能化和更复杂化。不同的特殊梯度功能材料能通过增材制造具有一定特殊电、磁特性的实体模型，实现超导体和储磁器件的快速制造。未来将涌现出更多新的增材制造设备和工作原理，应对更多的实际推广条件。家用小型打印设备将更便携、更便宜；商业大型打印设备将更精确、更全面。

二、产品应用的发展趋势

就目前增材制造产品应用趋势来看，这项技术的发展前景是完全值得肯定的。其应用领域涉及建筑、医学、文化艺术、军事、设计、机械制造等军、工、农、商产业。

（1）增材制造将成为工业化力量

相较于发展初期的增材制造智能打印产品原型和玩具制品，现在发展的增材制造技术将成为工业化的重要助力和实现方式之一，打印飞机的零部件，打印汽车的车前盖，打印房屋的支撑结构等。增材制造在融入这些产业后大大节省了生产时间，提高了生产效率。

（2）增材制造将成为医疗行业的好帮手

生物细胞载体框架的纳米级复杂非均质多孔结构在传统制造方法的角度来看是不可人工制造合成的，而通过增材制造技术开发的特殊结构医疗植入物、人体器官等可以很好地符合生物医学工程的需求。同时由于增材制造的可定制化，这种技术可以广泛应用于各种体型身材的患者需求，制造成更好的钛质骨植入物、义肢、矫正设备或医学模拟器具等。该技术在生物医学工程的应用涉及纳米医学、制药乃至器官打印。最理想的情况是，在未来的某一天，增材制造技术可以使定制药物成为现实，缓解器官供体短缺的问题。

（3）增材制造实现真正的定制化

增材制造产品由于其成型工艺方便，产品定制化程度高，可以充分满足客户具体需求，将产品快速直接制造出来。通过该技术，产品公司将会把竞争转向创新层面，同样的价格，不同的标准化产品，更新的创新型产品将占据竞争的高地，从现在已经完成的定制智能手机外壳这一行业转变当中我们不难想象以后对标准化产品的创新改进将越来越频繁，更有个人特点的产品会很快扩展成为一个新的市场。同时大量需要定制化的产业如医疗器械将有更强大的生产能力，充分提供快速便捷的产品服务。

（4）增材制造加快产品创新速度

由于增材制造在原型制件方面存在的显著优势，它将对产品创新换代产生极大影响。从车型的改变，到家电外形设计的创新，一切产品的设计速度都会加快，从而将新概念、新想法更快地推向消费者。由于增材制造快速缩短了产品概念和产品原型两者转变的时间，设计人员可以挤出更多时间改善产品功能。大范围应用的增材制造设备将使设计人员更方便熟练地使用这类技术，从设计的早期就得到设计的原型产品，进行修改和重复打印检测，从根本上加速了创新，也得到了更好的产品和更高的效率。

（5）增材制造改变商业模式

增材制造将缩短设计者和制造者的距离，及时设计及时制造是增材制造在生产中的重要特点，将来设计者可以在一定程度上成为销售者，自产自销。只要有良好的产品设计就可以很快地转化成为实际产品。同时也会拉大设计水平带来的经济效应，由于生产技术差异不明显，设计的好坏将更为重要和致命。最后，普及程度足够高后，甚至每个人、每家每户都可以成为产品的设计者和制造者。

（6）增材制造将影响知识产权归属

增材制造技术可以很容易地复制拥有版权的产品设计，随着制造商和设计者角色的反复转变，设计出来的实物信息保存在电子文件当中，类比于文件共享网站的出现使得音乐的复制共享变得简单，从而撼动了整个音乐行业的现象，增材制造技术对于设计思想的知识产权的保护力度是不够的，以后如何对设计文件的加密将成为增材制造产业必须要解决的问题之一。

习 题

一、选择题

1. 以下不是增材制造技术优势的是（　　　）。

A. 技术要求低

B. 提高资源利用效率

C. 产品设计自由

D. 大规模定制产品

2. 以下不是增材制造技术需要解决的问题是（　　　）。

A. 设计和执行的差异

B. 知识产权的保护

C. 增加产品应用领域

D. 道德隐患

二、简答题

1. 哪些增材制造技术容易产生逐层外观？如何改善？

2. 增材制造在未来发展的方向主要有哪些？增材制造技术的优缺点优势如何影响发展趋势的？

3. 畅想未来哪些行业还会应用增材制造技术？

在线辅导资料， MOOC 在线学习

增材制造的发展趋势。增材制造工艺原理。涵盖课程短视频、在线讨论、习题以及课后练习。

参考文献

[1] Camile H L，Kalven L E，Lloyd R. Construction 3D printing [J]．Concrete in Australia，2016，42：30-35.

[2] Malte G，Anton J. M. S U，Cindy V. A global sustainability perspective on 3D printing technologies [J]．Energy Policy，2014，74：158-167.

[3] Wei Z，Reinhold M，Nahum T，et al. Three-dimensional printing of complex-shaped alumina/glass composites [J]．Advanced Engineering Materials，2009，11：1039-1043.

[4] Gosselin C，Duballet R，Roux P，et al. Large-scale 3D printing of ultra-high performance concrete-a new processing route for architects and builders [J]．Materials&Design，2016，100：102-109.

[5] Behrokh K. Automated construction by contour crafting-related robotics and information technologies [J]．Automation in Construction，2004，13：5-19.

[6] 卢秉恒. 我国增材制造技术的应用方向及未来发展趋势 [J]．表面工程与再制造，2019，19：16-18.

[7] Meisel N，Williams C. An investigation of key design for additive manufacturing constraints in multi-material 3D printing [J]．Journal of Mechanical Design，2015，137：111406-111415.

[8] Masaeli，Reza，Zandsalimi，et al. Challenges in there-dimensional printing of bone substitutes [J]．Tissue Engineering Part B：Reviews，2019，25：387-397.

[9] Tuan D. N，Alireza K，Gabriele I，et al. Additive manufacturing (3D printing)：A review of materials，methods，applications and challenges [J]．Composites Part B：Engineering，2018，143：172-196.

第六篇
高分子加工成型新技术

高分子材料成型加工包括两方面的核心内容，第一是赋予制品特定的尺寸和形状；第二是借助高分子和助剂的组分、配比设计和加工条件控制，对制品组成、结构、微观/介观/宏观形态进行控制，赋予制品使用性能。因此，高分子材料成型加工技术和工艺的发展也包含两条途径，第一是满足制品的尺寸、外形需要，例如，为适应超大制品要求而开发的大型加工设备，为满足制品精细加工的需要而开发的精密加工设备等；第二是通过改变物料在加工过程中的物理和化学过程，实现在不同尺度上对高分子材料结构、性能的调控。高分子材料成型加工技术更多的是通过成型装备实现的，所以，加工技术的进步更多地体现在加工设备上的创新。近年来，随着高分子工业的快速发展，成型加工技术不断创新，涌现出了一批极有价值的新型加工方法和加工设备，使高分子材料成型加工方法更多样化、更先进、更完善并易于应用。本篇将详细讨论传统高分子加工技术新进展，主要包括：反应挤出、固相挤出、薄膜挤出、气体/液体辅助成型等；高分子复合材料成型新技术，主要包括：多组分高分子复合材料成型、高分子-无机杂化复合材料成型、纤维增强复合材料成型等；高分子微纳成型技术，主要包括：纳米压印、喷墨技术、冷冻干燥、静电纺丝、激光直写等。

第十九章
传统高分子加工技术新发展

第一节　反应挤出成型技术

　　反应挤出（reactive extrusion，REX）是可聚合性单体或低聚物熔体在螺杆挤出机内同时发生物理变化和化学反应，脱离口模后直接获得聚合物或制品的聚合物改性的一种工艺方法。该工艺的最大特点是将聚合物的改性、合成与加工等传统工艺联合起来，实现聚合物性能多样化、功能化。

一、反应挤出的原理及特点

　　传统挤出过程一般是将外加热量和螺杆转动过程的能量转化为剪切摩擦热将聚合物熔融并混合均匀，经过模口挤出、模具造型、脱模冷却等物理过程后得到制品。与传统挤出过程不同的是，反应挤出是以螺杆挤出机的螺杆和筒体组成的塑化挤压系统作为连续反应器，按反应的需要将单体、引发剂、聚合物、助剂等预反应的原料组分加入螺杆中，通过螺杆转动实现各原料之间的混合、输送、塑化、反应和从模具口挤出的过程。在反应挤出中，一方面应对反应温度、停留时间及分布进行控制，以满足化学反应的要求；另一方面高度的混合使产物获得预定的物理形态，实现聚合反应过程和成型加工过程一体化，既可生产粒料，也可直接连上后续单元，生产型材、薄膜及纤维等不同形式的材料。

　　反应挤出用于聚合物的合成是指将单体或单体的混合物在很少量或无溶剂的条件下于挤出机中制备聚合物的过程。随着反应的进行，反应混合物的黏度会迅速增加，通常由小于$50Pa \cdot s$增加到$100Pa \cdot s$以上，这样的体系对热转移极为不利。因此用于聚合反应的反应挤出机必须能够在机筒的不同部位同时传递黏度相差很大的反应物和生成物，并且能够准确地控制反应混合物的温度梯度，及时除去未反应单体和反应副产物，从而有效地控制聚合度并得到稳定单一的产物。可用反应性挤出的聚合反应有缩聚反应和加聚反应两大类。

　　反应挤出是一种以挤出方式合成新型聚合物的技术，与传统的聚合物合成方式相比具有以下优点：投资小，成本低；节能，省去了粉料重复加热造粒过程；新型聚合物易于实现工业化制备；在反应挤出后期过程可以直接加入改性助剂从而一次制备出改性专用料，有助于进一步降低改性料成本并减少重复加热带来的热降解；能够对已有的聚合物进行化学改性。目前 REX 技术在工业化品种、研究水平与深度上正在不断扩展和深入。这一领域的研究和开发对于传统的聚合工艺的改造和简化、新的聚合物及其合金的创造具有特殊的意义。

二、反应挤出机

反应挤出机一般有较大的长径比、多个加料口和特殊的螺杆结构。反应物由各个不同的加料位置加入挤出机中，固体物料从料斗加入，黏性流体或气体反应物按反应顺序沿着机筒各点通过注入口加料。通过螺杆的旋转将物料向前输送，在一定的反应温度下，物料在混合过程中充分反应，在适当的位置除去反应过程产生的挥发物，反应完全的聚合物经过口模被挤出，冷却、固化、造粒或直接挤出成型为制品。反应挤出机的特点是：①熔融进料预处理容易；②混合分散性和分布性优异；③温度控制稳定；④可控制整个停留时间的分布；⑤可连续加工；⑥分段性；⑦未反应单体和副产品易除去；⑧具有对后反应的限制能力；⑨可进行黏流熔融输送。

目前，反应挤出机的设备主要有单螺杆挤出机和双螺杆挤出机。单螺杆挤出机设备价格低、投资小，因此应用极为广泛。通常，挤出机的主要功能是在规定的均匀温度和压力下输送充分混合均匀的聚合物熔体。为了实现该要求，挤出机通常配备有高效的驱动器和进料系统，设计用于熔融和输送聚合物的螺杆以及诸如温度和压力传感器之类的设备，这些设备需要监视系统以进行故障排除和控制。单螺杆反应挤出机的构造如图 19-1 所示。

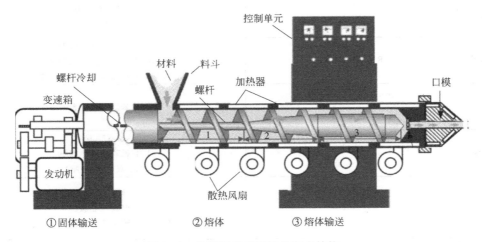

图 19-1　单螺杆反应挤出机基本结构

双螺杆挤出机具有混炼效果好、物料在料筒中停留时间分布窄、挤出量大、能量消耗少等优点。双螺杆反应挤出机由于物料相互串流而具有非常优异的混合特性。目前，双螺杆反应挤出机一般需要使用高度精确的进料器来确保组分的化学计量比，同时使多余的反应热通过机筒壁散发。例如，Imre 等通过反应挤出技术实现了熔融状态下的异质聚合物材料以及多糖基材料相容的目标，双螺杆反应挤出机如图 19-2 所示。

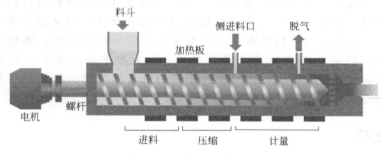

图 19-2　双螺杆反应挤出机

三、聚合物反应挤出的新进展

1. 功能化改性反应

反应挤出能用于多种聚合物的功能化改性。在聚合物骨架、末端、侧链上引进特定官能团，可满足某些特殊反应的要求。为了增加分子量或引入支化/交联结构，对化学修饰的聚乳酸（PLA）进行反应挤出，主要包括官能团反应和自由基反应。例如，环氧基（开环反应）、异氰酸酯基与 PLA 的羧基和羟基反应形成共价键、酯-氨基甲酸酯键；酸酐、噁唑啉分别与 PLA 链的羟基和羧基反应形成均苯四酸二酐、酯-酰胺键；另外，碳二亚胺、亚磷酸酯、PLA 的羟基和羧基反应能进行扩链反应，从而延长聚合物链。在表 19-1 中，列出了用于 PLA 的熔融改性的常用化学改性剂（扩链剂）。

表 19-1　PLA 熔体改性中常用的扩链剂

类型	功能基团	化学改性剂
环氧基		多功能环氧基 低聚物
异氰酸基	R—N=C=O	1,4-丁烷二异氰酸酯 1,6-六亚甲基二异氰酸酯 4,4-亚甲基二苯基二异氰酸酯
酐		均苯四甲酸二酐
噁唑啉		1,3-双噁唑啉 1,4-亚苯基双噁唑啉 2,2-双(2-噁唑啉)
碳二亚胺	R—N=C=N—R	碳二亚胺 聚碳二亚胺 双(2,6-二异丙基苯基)碳二亚胺
亚磷酸酯		亚磷酸三(壬基苯基)酯 亚磷酸三苯酯

2. 偶联或交联反应

偶联是指在异质聚合物材料的各相间建立化学键。偶联反应包括单个聚合物大分子与缩合剂、多官能团偶联剂或交联剂的反应，通过链的增长或支化来提高分子量，或者通过交联增加熔体黏度。植物多糖与生物基聚合物共混物的反应性相容策略，如图 19-3 所示，主要包括与双功能试剂偶联，与反应性聚合物偶联，与双官能团或环状单体的接枝共聚。

如图 19-3(a) 所示，实现偶联的方法是引入功能小分子，其中至少一个官能团能与另一个相发生反应，而另一个官能团则与另一相发生反应。如果两个官能团均与一种聚合物组分反应，则此类化合物的应用还可以在一个或两个聚合物相中发生交联。许多具有羟基的双功能化合物可与多糖形成共价键，这些官能团包括有机双官能酸和三官能酸，马来酸酐和琥珀酸酐以及硅烷化合物和二异氰酸酯。

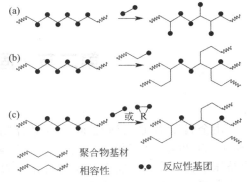

图 19-3　相容策略

(a) 与双功能试剂偶联；(b) 与反应性聚合物偶联；
(c) 与双官能或环状单体的接枝共聚

在高分子熔融加工过程中，与其他共混组分混合形成接枝共聚物，如酸酐部分与多糖羟基的反应；也可以接枝丙烯酸、噁唑啉和甲基丙烯酸缩水甘油酯，以促进与原本非反应性聚合物的反应，如图 19-3(b) 所示；还可以通过由植物多糖的羟基引发的各种双官能和环状单体的接枝共聚来合成起增容剂作用的两亲性共聚物结构，如图 19-3(c) 所示。

3. 聚烯烃的接枝反应

自由基引发的聚烯烃接枝反应可在挤出过程中发生。在反应挤出时，熔融的聚合物与能够在聚合物主链上生成接枝链的单体发生接枝反应，可用于聚烯烃接枝共聚物的化合物包括马来酸酐、富马酸酯、马来酸酯、（甲基）丙烯酸酯（例如丙烯酸）、甲基丙烯酸缩水甘油酯和甲基丙烯酸羟乙酯、（甲基）丙烯酸。通过反应挤出进行链间聚合物反应时，一般采用以下两种方式：

① 端基改性聚烯烃：单官能度单体与聚烯烃之间发生的链端聚合反应导致接枝共聚物的形成。具有此反应性端基的聚合物包括：尼龙（氨基/羧基）、聚酯/聚碳酸酯（羟基/羧基）、聚醚（羟基）、液晶共聚物（氨基/羧基/羟基）。

② 共混改性聚烯烃：多官能度聚合物与改性聚烯烃的反应已用于合成各种接枝共聚物，例如聚（乙烯共甲基丙烯酸）和丁二烯-丙烯腈橡胶在层压板中原位接枝形成，其中一些氰基已转化为噁唑啉基。

与其他技术相比，通过反应挤出合成聚烯烃接枝共聚物的优势包括：极少使用溶剂，反应时间短，反应过程可连续，基础设施成本相对较低。

但是，反应挤出依然存在一定困难，包括：需要使反应物和底物充分混合，形成聚合物熔体所需的反应温度高，加工过程中聚合物降解或交联的程度无法控制。

4. 可控降解反应

可生物降解的塑料转化为实用性产品，会显著地减少废物填埋处置的费用及危害。PLA、聚己二酸对苯二甲酸丁二醇酯和聚己内酯是最常用的可生物降解的聚合物，但在加工过程中易降解。例如，PLA 和 PLA/有机改性的黏土纳米复合材料在双螺杆挤出机内部混合时会经历严重的热降解。

通常采用化学改性的方法来扩大可生物降解的聚合物的应用范围。如：淀粉的特点是亲水特性和差的力学性能。若将其应用于潮湿环境，通常需要进行化学改性。一般采用以下四种方法对可生物降解聚合物进行反应挤出改性：各种单体"嫁接到"功能性可生物降解聚合物，功能性可生物降解聚合物进行酸/乙酰基衍生化，将带自由基的官能团接枝到可生物降解的聚合物上，可生物降解聚合物进行氧化反应。

第二节　固相挤出成型技术

由金属压力加工演化而来的聚合物固相挤出也称固态挤出（solid state extrusion，SSE）。20 世纪 40 年代，Bridgman 等系统而广泛地研究了室温下静水压对金属加工如拉丝、冷挤压过程的作用，发现金属材料在压力下加工塑性良好。到了 60 年代，Pugh 和 Low 等在研究塑性较差的金属静水压冷加工时，顺便试验了一些塑料的室温挤出，发现在相当低的压力下（PE，1780 kg/cm^2）即可挤出。这一发现引起了人们对聚合物固相挤出的兴趣。迄今为止，已有数十种包括通用塑料、工程塑料及其共混物甚至难以加工的塑料如 PSF、PI 等成功实现了固相挤出，已成为获取高模量、高强度产品的一类独特加工工艺。

一、固态挤出原理及特点

固态挤出（SSE）是实现聚合物高取向态的一种有效方法。固态挤出是聚合物在温度刚好低于熔点时发生变形，挤出口模。它可以生产具有高应变强度特性的纤维、薄膜、管道等形状。SSE 可用于不同性质的聚合物材料成型和改性，例如均聚物、聚合物共混物和填充的聚合物复合材料。另外，高取向聚合物生产过程的影响因素很多，例如挤出拉伸比（EDR，定义为模头入口与出口横截面积之比）、压力、挤出速率、温度和模头几何形状等。

固态挤出为间歇式操作，一般使用单柱塞挤出机。柱塞的移动产生正向位移和高的压力。挤出时口模内的聚合物会发生大的形变，使得分子严重取向，形变程度效果远大于熔融加工，从而使制品的力学性能大幅度提高。

固态挤出中，将料筒截面积与口模截面积之比定义为挤出比。高挤出比基本上不产生像熔融挤出中的离模膨胀，因而挤出物的尺寸与口模尺寸没有明显的差别。固态挤出 HDPE 的力学性能与碳素钢相同，并且优于熔融挤出的 HDPE。固态挤出的基本过程是不连续的，不能用普通的聚合物加工设备成型，需要很高的压力才能实现挤出。

二、固态挤出方法

SSE 从施压方式分为静液压固相挤出与柱塞固相挤出两大类。图 19-4（a）为最常使用的柱塞挤压过程。聚合物通过棒和圆锥模头挤出，利用不同变形通道截面的模具，可以生产高取向的纤维或薄膜，并且可以实现聚合物坯料的形状改变和拉伸，以制造具有改善的物理和力学性能的形状。柱塞法的坯料尺寸必须与料腔匹配，因此一般只在某些加工温度较高的场合使用。

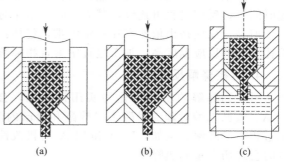

图 19-4　（a）柱塞挤压、（b）静液压挤压、（c）带背压的静液压挤压示意图

一般由于静液压法传压均匀，坯料在液体传压介质（煤油、海狸油、水、正戊烷等）包围下不会因为压缩变形而胀紧料腔使挤出力过大，且坯料可以预加工成不同的直径，从而在一个口模上实现不同挤出比，是广泛采用的一种工艺。如图 19-4（b）所示，静液压法的高压是由于杆移动或高压压缩机而产生的。由于在高压室的通道壁上没有坯料的摩擦，并且液体渗透到间隙中，聚合物和模具之间的摩擦大大降低，因此这种加工方法优于柱塞挤压。此外，在静液压挤压下，材料的塑化效果很大程度上取决于高压作用，因此脆性聚合物也可以变形。如有必要，可通过带背压的静液压挤压进行变形［图 19-4（c）］。

三、固态挤出设备

柱塞挤出机是固态挤出常用的挤出机。柱塞挤出机主要是由柱塞、钢制的加热套及口模组成。口模是设置在加热套中的，使口模温度能在整个加工过程中保持恒定均匀。温度被系统密切监视和严格控制，能获得很好的等温条件。

柱塞式挤出机主要分为单柱塞推压挤出机、双柱塞推压挤出机、螺杆/柱塞复合式挤出机、柱塞冲压式挤出机四类。如图 19-5 所示：立式柱塞推压机为代表的单柱塞推压挤出机由加料、烧结和冷却三部分组成，是用来加工制造小直径棒材、薄壁管、包覆电线等产品的设备。它是通过柱塞在高压的条件下将聚合物粉料压紧压实，输送到烧结部分使其熔融，再使其进入冷却系统定型。它占地面积小且操作简单，但是对安装高度有要求。

双柱塞推压机最早是由日本研发成功的，双柱塞推压机生产棒材不仅提高了生产效率，还解决了热降解的问题，并且制得的产品密度更高。图 19-6 所示为一种双柱塞推压机的结构。它的特点是左右分别都拥有加料系统和塑化系统，并且是对称的。物料是被左右塑化系统交替推进推压室中的，可以实现连续挤出成型。

螺杆/柱塞复合式挤出机原理是利用螺杆挤出机把聚合物原料初步加热塑化并送到一个临时储料仓，然后再由柱塞把物料挤入模具挤出成型。它的优点是物料加热快、塑化均匀，并且利用螺杆挤出效率高和柱塞挤出无剪切作用的优点，实现高效率的加工过程。柱塞冲压式挤出机是由一根曲轴连接两套曲柄连杆机构带动一个柱塞实现往复运动的装置，在提高了生产效率的同时降低了制造成本。

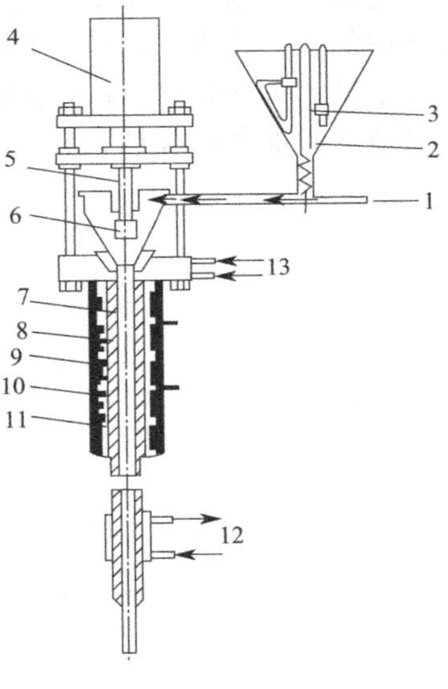

四、固态挤出技术的新发展

固态挤出能很好地调控高分子材料的结构（包括黏弹性结构）、分子量，使得高分子材料高度取向，从而具备某些特定的性质。该方法已成为获取高机械强度、高导热性、电磁屏蔽材料的一类独特加工工艺。以下是固态挤出成型技术在高分子加工方面一些典型的研究进展。

图 19-5 立式柱塞推压机结构
1—压缩空气；2—加料螺杆；
3—搅拌器；4—油缸；5—柱塞杆；
6—柱塞头；7—绝热层；8—加热器；
9—加热器支承管；10—模管；
11—口模；12—冷却水；13—热电偶

1. 制备高导热性和高力学性能聚合物材料

高分子材料因其重量轻、成本低，良好的绝缘性、柔韧性、可加工性和可回收性而常用于热管理领域。然而，它们的热导率较低，仅为 $0.1 \sim 0.4 \mathrm{W}/(\mathrm{m \cdot K})$，聚合物的这种低热

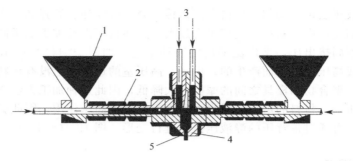

图 19-6　一种双柱塞推压机结构

1—加料斗；2—预塑料桶；3—挤压柱塞；4—往复阀；5—机头口模

导率与聚合物结构低取向性有关。而固态挤出是用于获得聚合物高取向态的方法之一。另外，在固态挤出过程中，材料在单一方向或多个方向受到强作用力，其制品在取向方向上有明显优于其他成型方法的力学性能。因此，固体挤出的方法能有效地解决高分子材料导热性和力学性能的问题。

利用固态挤出技术，以线型超高分子量聚乙烯（VHMWPE）为原料，可制备高取向和大结晶度的聚合物，从而提高其导热性和力学性能；在 SSE 加工过程中，制备的超高分子量聚乙烯的单斜晶结构形式也能实现高导热性和高力学性能。

还可以在聚乙烯中加入填料以提高复合材料的导热性。例如通过简单的 SSE 技术向聚合物中加入氮化硼（BN）。如图 19-7 所示，高压和强剪切的共同作用驱动 BN 小板和聚合物薄片沿挤出方向排列。BN 小板的各向异性组件充当"砖"，形成定向导热的传导框架，从而制备了高度各向异性、导热且机械强度高的 BN/聚合物复合材料。

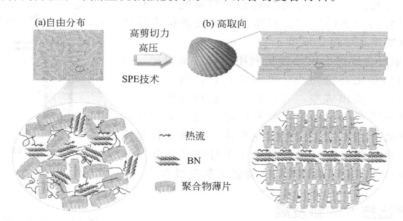

图 19-7　SSE 加工过程中珍珠母状 BN/聚合物复合材料的设计示意图

2. 制备生物支架聚合物材料

聚-L-乳酸（PLLA）具有很好的生物相容性以及可降解性，在生物支架方面具有良好的应用前景。但该聚合物较弱的力学性能使其与骨骼不相容，是 PLLA 纳米复合材料作为生物支架材料的重要瓶颈。固态挤出可以通过定向聚合物链来增强 PLLA 复合材料的性能，这种方法不会伴随分子量和力学性能的降低，是制备生物支架材料的理想选择。例如，通过将共连续共混物的固相挤出可制备具有定向孔的互联 3D 多孔聚 ε-己内酯（PCL）支架。如图 19-8 所示，在阶段Ⅰ，由于塑性变形，PCL 的球形晶体转变为椭圆形。在阶段Ⅱ，由于晶体碎裂和重排，沿挤出方向形成有组织的 PCL 薄片，这两个过程揭示了挤出温度能够有效地调节孔取向和多孔支架的尺寸。

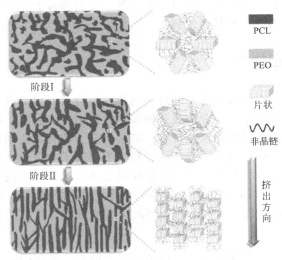

图 19-8　SSE 过程中共连续 PCL/PEO 共混物的结构演变示意图

3. 制备电磁屏蔽聚合物材料

随着现代电子技术的迅猛发展，电磁干扰（EMI）屏蔽材料成为迫切而持续的需求。在高挤出压力下，固体挤出技术能促进导电聚合物的结构取向和颗粒的黏附，有利于导电聚合物力学性能的提高。对于高强度碳纳米管/超高分子量聚乙烯复合材料的制备，如图 19-9 所示，其综合了压缩成型和固态挤出成型技术。该方法制备的复合材料具有高取向性和紧密的颗粒黏附，并且拉伸强度显著提高了约 100 MPa，比压缩成型的复合材料（约 36 MPa）高178％。这种特殊的隔离结构，使得复合材料具有选择性 EMI 屏蔽效应。

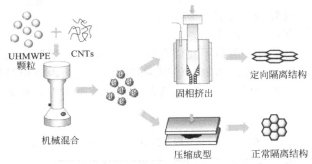

图 19-9　压缩成型和固态挤出成型样品制备的示意图

第三节　薄膜挤出成型新技术

薄膜挤出成型是薄膜制品成型加工运用最多、最广泛的工艺技术之一。在国民经济建设、国防建设和人们日常生活中发挥了越来越大的作用。近年来，随着高新技术在挤出成型工艺中的应用，挤出成型制品的种类不断更新，挤出成型的新工艺层出不穷。薄膜挤出可分为挤出吹塑、挤出拉伸和挤出流延。这里主要介绍了复合薄膜共挤出技术、挤出流延薄膜技术、挤出拉伸薄膜技术的特点及其新发展。

一、复合薄膜共挤出技术

复合薄膜是由两层或两层以上的不同材料的薄膜复合而获得具有各材料综合性质的高分子材料，主要应用于包装领域。复合薄膜一般采用共挤出方法制得。高性能多层复合薄膜的共挤出一般由基材、阻隔材料和黏合剂组成。基材大多为塑料，比如聚乙烯、聚丙烯、聚苯乙烯、聚氯乙烯和聚酯等，也可为纸或其他材料。采用离子型聚合物和黏结性聚烯烃作为黏合剂，如用酸酐类、丙烯酸酐类或其他改性单体对聚烯烃接枝改性的二元或三元共聚物。共挤出吹膜法主要用于生产高阻隔性包装膜、收缩膜、中空保鲜膜、土工膜等，在食品、药品、日化产品包装、农用大棚、水利工程、环境工程等领域有广泛的应用。

1. 复合薄膜共挤出特点

薄膜的共挤出技术是一次成型技术。由两台以上的挤出机向同一成型模具挤出具有不同流变行为或不同颜色的熔融物料，这些熔体在成型模具中各自的流道内流动，然后在口模处汇合挤出，并在定型套中抽真空，冷却定型。共挤出工艺如图 19-10 所示。

采用共挤吹膜法的生产工艺，控制膜功能化的关键是厚度的有效调整。膜的各层结构组合方便灵活、基材选用范围广泛。与其他挤出技术相比，共挤出复合膜阻隔性更好、强度更高、成本更低，附加值增加而市场适应性强。

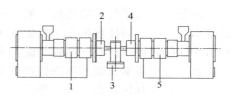

图 19-10　共挤出工艺
1，5—挤出机；2，4—挤出机机头；
3—共挤口模

多层复合薄膜共挤出的特点为：①薄膜的强度和耐穿刺性高；②对氧和水汽的阻隔性好；③黏结性强；④热封性好；⑤有良好的防雾性、防滑性、着色性，因此，在包装领域有着广泛的应用。

共挤吹膜法的不足之处有：层数不允许有较多的变化；各层膜的比率不允许有大幅的波动；随着层数的增加、机头外径的增加，外层膜的熔体在机头内停留时间增加，有分解的危险。当相邻层树脂熔点、黏度相差较大时，若各层温度控制不当，对某些热稳定性较差的树脂，有可能形成分解层。

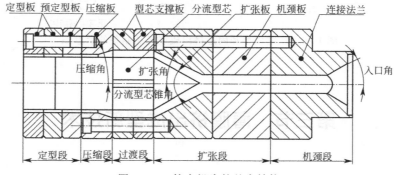

图 19-11　挤出机头的基本结构

2. 复合薄膜共挤出设备要求

多层共挤出复合技术的核心是多层共挤复合机械装备。它包括挤出机、多层共挤机头、冷却、牵引及卷绕机构、电脑集成控制系统等重要组成部分。

在挤出设备中最关键的技术是多层共挤机，多层共挤机机头通常必须满足以下要求：各层不同性质的聚合物"先进先出"，熔体物料的停留时间短，可应用的聚合物范围广，尤其是易降解的聚合物材料，同时还应尽量避免流道存在滞留区域。各层原料在机头内的加工温度范围有所差别，因此需要机头具有独立控制各层温度的能力。挤出机机头的基本结构如图19-11所示。

3. 复合薄膜共挤出的进展

随着社会经济的发展和消费模式的不断改变，包装行业需要各种不同类型的高功能、专用化的包装，例如提高易腐烂食品和乳制品的保鲜功能，延长各种物品的货架寿命的高阻隔性包装材料等。制品的高功能对薄膜设备提出更高的要求。多层共挤设备前景广阔，有以下几个发展方向：发展趋势呈大型化、生产质量要求更高、制备多层化薄膜、共挤设备趋向更高效率及节能化的设备。

（1）多层共挤医用包装薄膜

多层共挤医用薄膜可以具有 PE-连结层-尼龙-连结层-PE-连结层-尼龙-连结层-PE 的结构，或者是 PE-连结层-PP-连结层-PE-连结层-PP-连结层-PE。医用包装（大多数是形成膜和消毒的医疗设备及医院用品的包装袋）用的挤出膜必须能够阻隔细菌、抗刺破和用于消毒环境中。使薄膜具有抗菌性能的两种最常用的消毒方法是氧化乙烯气体灭菌法和放射线灭菌法。共挤出复合膜中，尼龙的唯一作用是增加抗刺破性。透气部通常是医用纸或 HDPE 合成纸（无纺布），让氧化乙烯气体通过。

（2）多层共挤阻隔膜

目前，由于环保和卫生的要求，多层共挤阻隔膜正在逐渐取代传统薄膜而应用在各个包装领域。随着装备技术、原料配方等的发展，国内多层共挤阻隔膜也将逐渐呈现向高端包装产品发展的趋势。例如，通过微层共挤出生产一系列的16层聚丙烯/阻燃薄膜/泡沫复合结构。两组分多层共挤出系统及通过层倍增将层加倍的示意如图19-12所示。在泡沫层中使用高度支化的聚丙烯以增加应变硬化和孔稳定性，而在膜层中使用的聚丙烯为高剪切黏度等级以限制气泡的生长。

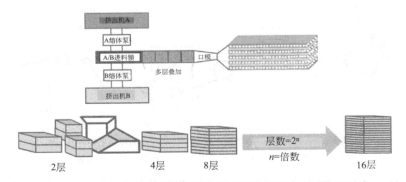

图 19-12 两组分多层共挤出系统及通过层倍增将层加倍的示意

（3）多层共挤出复合膜

多层共挤出复合膜多采用 ABCBA 五层对称结构，以 PA 或 EVOH（乙烯/乙烯醇共聚物）为阻隔层，聚乙烯为热封层，黏合树脂用来间隔不相连的阻隔层和热封层。多层复合膜满足了包装领域防氧、防湿的要求，并延长物品的贮藏期限，降低生产成本。目前，已出现七层、九层、十一层甚至更多层数的共挤出复合薄膜，增加薄膜层数的研究已成为一种趋势并且得到迅速的发展。

这里以七层和五层共挤出复合膜为例进行相关比较。在表层上用较便宜的聚合物来代替高价的聚合物，可降低生产成本，并且具有同样阻隔性和可热封性，七层共挤吹塑薄膜要比五层的薄膜更经济。

在阻隔层上用两种不同的聚合物来代替单一品种聚合物，可大大提高阻隔性。例如，将EVOH 层与 PA 结合在一起，既能保持 PA 的防穿透性，又由于 EVOH 层夹在两层 PA 中间，提高了 EVOH 的强度和防裂性，形成一种具有高阻隔性的薄膜，而五层共挤薄膜则无法实现阻隔性能的提升。

利用七层共挤薄膜可改良传统的五层 PA 共挤复合薄膜。附加的黏结层能增加水气阻隔作用，使得分割 PA 层可以提高薄膜的阻隔性质。另外，用聚烯烃黏结层分割 PA 层的另一优点是使包装产品柔软，具有良好的防裂性。

二、挤出流延薄膜技术

挤出流延薄膜与挤出吹塑薄膜相比，其特点是生产速度快，产量高，薄膜透明度、光泽性、厚度均匀性、平衡性优异。同时，由于是平挤薄膜，后续工序如印刷、复合等极为方便，因而广泛应用于纺织品、鲜花、食品、日用品的包装。

1. 挤出流延薄膜的原理与特点

流延薄膜挤出机的机头口模的开口是一条狭缝，称为狭缝机头，熔体通过狭缝形成一个截面为长方形的连续体，其截面宽度远大于厚度。通过机头挤出的熔融薄膜向下流延至冷却辊表面，冷却定型，经牵引、切边和卷取，制得单层流延薄膜。薄膜厚度为 0.05～0.1mm。

图 19-13 是骤冷辊法平挤流延薄膜生产工艺流程。熔体从狭缝口离开向下或呈一定角度流延到冷却辊上，沿切线方向接触辊子。辊子的表面非常光滑，使得制成的薄膜表面的光洁度也非常好。通常，薄膜要通过一组呈 S 形分布的辊子冷却，并至少要经过两个骤冷辊，第一个冷却辊的工作温度至少 40℃，用空气吹塑冷却。这种方法生产的薄膜有较好的透明性和较高的韧度，产量高，薄膜尺寸主要取决于挤出速率和牵引速度。

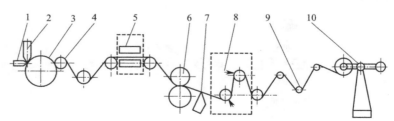

图 19-13　流延薄膜生产工艺流程

1—机头；2—气刀；3—冷却辊；4—剥离辊；5—测厚仪；6—牵引辊；
7—切边装置；8—电晕处理装置；9—弧形辊；10—收卷装置

采用这种加工方法，薄膜冷却收缩，所以制成的薄膜或片材的尺寸比口模的尺寸小，边缘部分厚，厚的这部分必须裁掉。薄膜卷取时，由于薄膜厚度的不均匀性，导致厚度变化进一步增大，产生暴筋，给后面的操作造成困难。有两种方法可以减少暴筋。一般传统的方法是在卷取过程中摆动薄膜使之产生随机厚度变化，其缺点是减少了薄膜的宽度，并且增加了废料的数量，但是这些废料可以作为回收的物料重新加以利用。

挤出流延法薄膜的特点是：

① 挤出流延法比吹胀法生产薄膜速度快。

② 挤出流延法比吹胀法生产的薄膜透明性高。

③ 挤出流延法比吹胀法生产的薄膜厚度均匀性好。

④ 挤出流延膜的纵横向性能是均衡的，而吹胀法薄膜的纵横向性能由于牵引辊速度和吹胀比的不同而不同。

⑤ 正因为挤出流延膜不受到任何方向上的拉伸，其热封性能比吹胀膜好，而双向拉伸膜则没有热封性。挤出流延膜受热时的收缩性最小，有利于热封制袋。

2. 挤出流延薄膜新进展

我国的流延薄膜生产线以最初的引进为主，经历了从单层到多层、从单品种到多品种的历史跨越，取得了长足的进步。当前，国产流延技术朝着高效、节能、环保、大型、精密的方向发展，高性能、多功能多层共挤流延膜生产线开拓流延膜新的应用领域，不断开拓着国内外市场。

（1）结晶的挤出流延薄膜

挤出流延是制备聚合物膜材料的重要方法。在熔体拉伸流动场中，聚合物熔体离开口模后受到拉伸力场和温度场的共同作用，可以形成垂直于挤出方向平行排列的片晶结构晶体。利用这一方法，可以制造高结晶度、高弹性回复率的硬弹性材料。

制备结晶聚合物薄膜的方法很多，常见的有支链化聚合物，使聚合物取向以及约束退火诱导结晶等。例如，通过影响支链化聚丙烯树脂前体膜中的层状晶体结构，使少量共混的支链化聚丙烯发生结晶相和非晶相的取向。挤出流延聚乳酸薄膜过程中受约束的退火应力能诱导结晶。另外，薄膜的结晶结构受到一些因素的影响，比如热处理、拉伸作用、熔体拉伸比、双轴取向等。

（2）高性能、多功能挤出流延薄膜

挤出流延膜由于具有很多良好的性质比如形态多变性、高强度、高取向、高黏度、高阻隔性等，使得该类膜在延长保质期，可生物降解、抗菌等方面有很大的研究进展。

挤出流延薄膜性能受聚合物膜的形态及结构影响。比如通过挤出流延膜法研究了聚丙烯/聚酰胺共混膜的形态和阻隔性能时，发现仅添加20%（质量分数）聚酰胺，共混膜中聚酰胺分散相呈椭圆形结构，这种结构的出现使共混膜的阻氧性能提高了5.4倍。与其他方法制备的微孔膜相比，长链支化的聚丙烯混合物制得微孔膜，结晶相和非晶相的取向发生了变化，孔隙率增多，并且对水蒸气和氮气的渗透性显著提高（超过两倍）。

挤出流延薄膜在抗菌方面也进行了一些研究。例如，低密度聚乙烯与掺有热塑性淀粉的葡萄柚籽提取物混合制备的共混膜，具有良好的抗菌活性。

三、挤出拉伸薄膜技术

1. 挤出拉伸薄膜原理及特点

如果平挤薄膜在沿挤出方向（纵向）没有被明显地拉伸，则相对无取向性，这时在纵向和横向上均有相对平衡的力学性能。如果牵引速度明显大于挤出速度，则此时薄膜被单向拉伸。拉伸发生在最初接触的骤冷辊上，经常是在第一个骤冷辊之后，薄膜在拉伸前需再加热。如果薄膜也在横向做拉伸，则这时薄膜的拉伸是双向取向的。双向取向既可以用一个步骤完成，也可用两个连续的步骤完成，如图19-14所示。如果在两个方向的取向是相等的，最终得到的薄膜在性能上是各向同性的；如果在一个方向的取向大于另一个方向的取向，则薄膜在性能上是各向异性的。拉伸之后，薄膜将被冷却以提高其热稳定性，如果在理想状态，在拉伸的分子松弛之前通过冷却而得到取向的特性。

塑料薄膜经双向拉伸后，拉伸强度和弹性模量可增大数倍，机械强度明显提高，成为强韧的薄膜，另外，耐热、耐寒、透明度、光泽度、气密性、防潮性、电性能均得到改善。

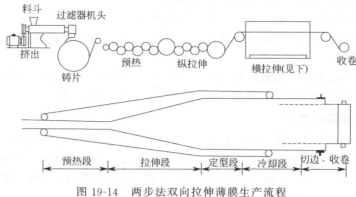

图 19-14　两步法双向拉伸薄膜生产流程

2. 挤出拉伸薄膜新发展

聚合物薄膜的拉伸行为由于挤出机的不同可以分为单轴拉伸和双轴拉伸。聚合物薄膜的单轴拉伸可以导致沿纵向的高度对准，而相反，双轴拉伸有效地促进了沿法线方向的取向。随着拉伸比的增加，单轴拉伸膜显示出沿纵向的拉伸强度增加，而沿横向的拉伸强度降低。相反，双轴拉伸则表现出平衡的力学性能。例如，通过挤出流延法制备聚酰胺 6-66 和聚酰胺 6-66/蒙脱土薄膜就是如此。

不同条件下，聚合物膜的结构在拉伸后会发生相转变。不同的流延辊温度和速度下制备聚偏二氟乙烯熔体挤出的流延薄膜，在 80℃下将膜的拉伸比提高到 4.2，随拉伸比增加而增加，并且薄膜在拉伸后显示出增加的结晶度，而在固定拉伸比的情况下，不同的流延辊速度制备的膜，结晶度随着拉伸比以及流延辊速度增加而增加。热退火和拉伸对孔隙率也有影响，对于聚甲醛微孔膜和全同立构聚（4-甲基-1-戊烯）的微孔膜，最佳退火条件分别是 145℃持续 20min 和 205℃持续 20min，最佳冷拉伸温度分别是 50℃和 70℃，以及最佳热拉伸温度参数分别为 100℃和 180℃。

第四节　气体辅助注射成型技术

气体辅助注射成型（gas assisted injection molding，GAIM）是一种新型的塑料注塑工艺，此项技术的应用始于 20 世纪 80 年代。目前，全世界有多家公司开发生产气体辅助注塑设备和工艺，具有代表性的有英国的 GasInjection 公司、Cinpres 公司，德国的 Battenfeld 公司、Bayer 公司，美国的 Nitrojection 公司、Hetilwoa 公司等。我国在 20 世纪 90 年代后期开始引进这项技术，在近几年的应用发展较快。

一、气体辅助注射成型原理及特点

气体辅助注射成型的工作原理就是先将经精确计量的塑料熔融体注入模腔中，再利用压力气体从制品内部膨胀使制品形成中空,并且保持完整的外形。

当熔融的塑料在注射压力的作用下进入模腔后先接触模腔壁的熔体冷却,温度下降、黏度升高,因而表面张力升高,而位于模腔中心部位的熔体温度高,热量损失少,这样使得压力气体易于在制品较厚的部位形成中空,而熔融塑料则被推向模腔的四周,形成所要成型的制品,图 19-15 为气体辅助注射系统的工作原理。

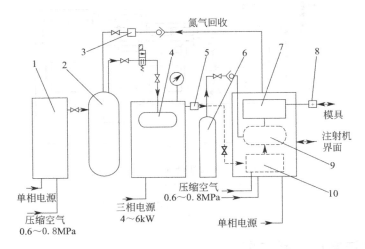

图 19-15　气体辅助注射系统的工作原理
1—氮气生产机;2—低压氮气储存器;3,5,8—过滤器;
4—E.D.C. 增压机;6,9—高压氮气储存器;7—气辅主系统;10—A.D.I. 系统

普通注塑工艺很少能将厚壁部分和薄壁部分结合在一起成型,发泡注塑的缺点是制品表面易形成气泡。气体辅助注射成型与液体辅助成型和固态辅助成型方法相比,具有以下优点:注射压力和锁模力降低,从而降低了设备费用;生产周期大大缩短;制品缺陷大幅度减少;可用于成型壁厚差异较大的制品,放宽了对制品设计的限制;降低了对模具材料的要求,减少或消除由于多浇口造成的熔接线;材料的适用性好。

二、气体辅助注塑设备

气体辅助注射成型是通过在普通的注射机上安装一套附加的气体注射装置来完成的,如图 19-16 所示。

① 精密注射机:由于气体辅助注射成型通过精确控制注入模腔中的塑料量来控制制品的中空容积及气道形状,因此应采用注射量和注射压力控制精度较高的精密注射机。

② 气体辅助装置:气辅装置由氮气发生器、控制系统和动力系统组成,附加氮气回收装置用于回收气体注射通路中的氮气,由于制品气道中的氮气会混合别的气体如空气或挥发的添加剂等,因此常作排空处理。

③ 进气喷嘴:气体进入模腔的方式主要有两种,一种是通过主流道进入,即塑料熔体和气体共用一个喷嘴,塑料熔体注射完毕后,喷嘴可切换到气体通路上即可进行气体注射。气体通过主流道进入模腔的进气方式,不用对注射机和模具进行较大的修改,成本相对低廉一些。但注气点单一,成型过程中可控因素少,不能用于热流道系统,而且气体控制系统受所用注射机限制。

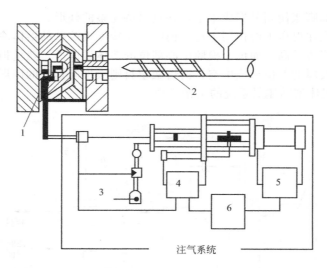

图 19-16　气体辅助注射成型机组成
1—进气嘴；2—注射机；3—汽缸；
4—电气系统；5—油压系统；6—控制面板

三、气体辅助注射成型新进展

气辅成型过程中由于涉及气体在聚合物中的流动使得工艺过程比传统注射成型复杂得多。传统注塑中的实际研究无法满足气体辅助注塑的需要，因此，一般可以借助理论研究的方法来描述 GAIM 中空洞形成的动力学。模型提供了对 GAIM 工艺的分析，解释了 GAIM 比传统的气体辅助注射成型具有优势的原因，为设计和加工条件提供了指导。目前，气辅成型技术还需要更加科学合理的理论研究。

气体辅助成型过程中受很多因素的影响，如聚合物温度、剪切力，气体渗透能力等，通过用理论的方法模拟这些因素对气体辅助成型的影响，对于实际的成型加工具有指导性意义。例如，使用理论建模、仿真以及原位温度测量方法对 GAIM 过程中聚丙烯伞柄产品的剪切速率和温度场进行研究，气体辅助注射成型流程如图19-17 所示。与实验数据相比，FPM 表现出完美的拟合效果，并合理地预测了冷却时间，更好地反映了熔融结晶过程中结晶聚合物的性质；在研究气体辅助注射成型

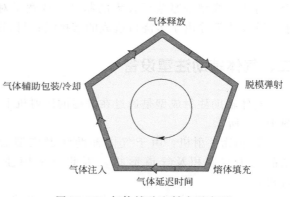

图 19-17　气体辅助注射成型流程

过程中，建立聚合物热传导模型发现聚合物温度受气体温度的影响，而气体温度又随气体厚度和延迟时间的增加而增加。

气体辅助注射成型设备部件的厚度、光泽度以及形状会影响气体渗透到零件内部的均匀性，导致成型结果的成败，因此，部件的设计在理论研究中尤为重要。封闭圆通道零件表面模型的气辅注射填充模拟中，通过求解得出气体渗透厚度，并提出一种基于任意多边形的最大内切圆半自动生成气体通道网格的技术，同时还通过实验验证了基于该实用模型的有效性。

第五节　液体辅助注射成型技术

液体辅助注射成型技术（Water-assisted injection technology，WAIM）是最近几年新型的技术，其中液体大多数情况下是指的水，因此也叫水辅助注射成型。但是，这种技术由于气体辅助注射成型的出现和广泛应用而被搁置一旁。气辅注射也有一些局限性，比如生产直径较大的介质导管，气辅注射成型工艺仍存在相对较大的残留壁厚，增加了冷却时间，并且气体的保压时间或者气体的压力释放时间被延长，同时增加了循环时间。当制件的直径超过 40mm 时，在气道形成后，存在熔体沿着模壁向下流动的危险。水辅助注射成型技术却可以在这些方面对其进行改善。最早进行水辅助注射研究的是德国的 IKV 公司，他们将水辅技术看成是气辅注射的有力补充。在那以后，甚至包括 Engel、Battenfeld、Factor、Cinpres 等公司都致力于这项技术的研究。研究水辅注射成型技术的主要目的是缩短成型周期，生产较大的制品。

一、液体辅助注射成型原理及特点

一般的液体辅助成型的原理是将一种预热的、特殊的、可气化的液体比如液氮、水、酒精从喷嘴注入塑料熔体中。与塑料熔体一起进入模腔中的液体受到塑料熔体的加热而气化；在模腔中被气化的气体膨胀使制件成为空心，并将熔体推向模腔表面。气体冷却后变为稳定状态存在于制件之中，并且不会再冷凝成液体。此成型方法能在制件中产生很低的气体压力（2 MPa，常规的气体辅助注射压力为 3 MPa），可应用于任何热塑性塑料包括那些分子量较低、容易被吹穿的塑料。

在水辅注射成型中，水的使用温度取决于零件和材料，一般介于 10～80℃ 之间。与气辅注射技术相比，用这种技术成型的塑料制品的壁厚和冷却所用时间可减少 75%。由于水辅助成型难以适应高温、需采用加压水以及可能产生气泡等原因，其应用也受到限制。目前，德国塑料加工研究所开发了采用水注射成型棒状或者管状空心制件的新技术。一台或多台液压泵将水注射进熔体中，以水不会蒸发的方式进行注射，水的前沿像一个移动的柱塞作用在制件的熔融芯上，从水的前沿到熔体的过渡段，固化了一层很薄的塑料膜，它像一个高黏度的型芯推动聚合物熔体。最后，利用压缩空气，将水从制件中压出。通过一个储罐实现水可循环再利用。与气体比较，水提供的冷却效果更好，这样冷却和循环时间可缩短很多。注射周期短，聚合物熔体（如 PA）不会出现水解或降解。

水辅助成型技术的特点：制件内外侧传热均较快，冷却时间可缩短 75% 甚至更多；水易控制，避免了进入熔融物的气体膨胀产生起泡现象；熔体一接触水流，在流动方向上形成一层易被移走的高黏膜，使推向模壁的料相应减少，可生成壁更薄的制品；水不可压缩，保证制品外形美观，尺寸稳定，并且成本较低。但是水的密封不当时，容易飞溅水花，水如果进入模具，在后续操作时易产生制品表面缺陷，模具材料还需要选择耐腐蚀的材料。

二、液体辅助注射成型技术的成型方法

根据具体工艺过程的不同，相应的 WAIM 技术也可以分为短射法、返流法、溢流法和

流动法。其过程类似于气体辅助注塑技术中过程的变化，WAIM 的加工顺序是聚合物填充，水注入，然后通过重力或压缩空气将水排出。

① 短射法：如图 19-18 所示，其工艺过程是先将塑料熔体部分注入型腔内，其次是水的注入，然后再注入剩余的熔体，推动塑料熔体到达型腔的末端并进行保压，通过各种阀门控制注射的熔体和水的流动。排水阀打开使水可以排出制品之外。这种方法被认为是制造较厚零件的最好方法，此法没有废料，水的入口和出口可以是同一个口。但是缺点是要求必须精确控制，如前期注入的熔体太少，可能会导致水冲破熔体进入磨具型腔；水的注射压力必须比熔体的注射压力大，这样才能把熔体推到型腔的末端；熔体注射和水注射的阀门会在制品上留下痕迹，难以得到优质的表面，而且熔体在最后容易形成一个可能延长成型周期的较厚截面。

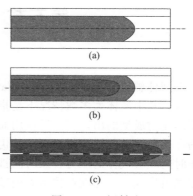

图 19-18　短射法
(a) 型腔部分填充；(b) 注入水；
(c) 保持压力

② 返流法：如图 19-19 所示，首先将熔体完全充满型腔，其次打开设在熔体流动末端的注水孔，水把那些过多的熔体排挤回注射机料筒的头部空间，这种方法的优点是没有废料，能得到优质的表面。缺点是需要一个特别的喷嘴和一个止水环，用来调节返回的材料进入注射单元且不允许水穿透到注射机料斗的前端。同时返流回来的熔体与注射料筒原有的熔体存在温度和压力的差异，这将会影响下一次注射的制品质量。该方法需要独立的空气和水传送系统。

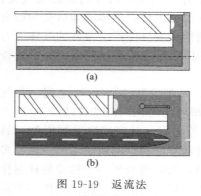

图 19-19　返流法
(a) 模腔充满熔体；
(b) 注入水与熔体回流

③ 溢流法：如图 19-20 所示，首先模具的型腔完全充满熔体并有一个阀门封闭。然后一个独立的注水孔开启，同时在型腔末端的阀门开启，从而开设一条由主型腔到辅助型腔或称为溢流腔的路径。注水取代推进到辅助型腔的熔体，溢流腔阀门关闭进行保压。水通过重力或蒸发被排出。这种方法同样可以获得优质表面的制品，但是脱模后制品及溢流腔需增加修整、清理与切除多余材料的工序。

④ 流动法：这是短射法与溢流法的结合。如图 19-21 所示，合成时先对模腔进行欠量的熔体注射，然后向模腔内的熔体芯部注入水，水推动熔体向前流动充满模腔，打开模腔端部的控制阀，水流穿透熔体前锋面的固化膜通过型腔末端的控制阀，流回到供水系统回路，这种方法节省原料，同时水从制品芯部流向循环回路，增加冷却速率。但是制品的出水口处会产生缺陷。

三、液体辅助成型技术新发展

目前，液体辅助成型技术的研究主要集中在水辅助成型上，但也有少量关于小分子溶液、液氮、高分子溶液和空气中的水蒸气作为液体的辅助成型研究。以下主要从一般的液体辅助成型技术和计算机模拟水辅助成型技术两个方面介绍。

1. 一般液体辅助成型技术

液体辅助成型中，有机小分子、空气中的水蒸气可以作为液体辅助聚合物成型，并且这

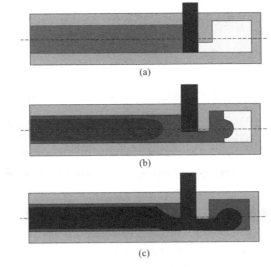

图 19-20　溢流法
（a）熔体充满型腔；（b）注入水；（c）保持压力

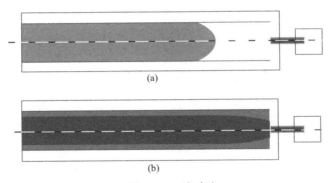

图 19-21　流动法
（a）型腔部分填充；（b）注入水和保压

些液体在聚合物加工过程中常常会使聚合物具备某些性质。在以小分子为液体辅助成型的研究中，使用高压注射泵将几丁质纳米晶体悬浮液供入主供料区，螺杆设计照片显示了熔融、分散和分布的混合区，挤压工艺的工艺流程如图 19-22 所示。使用不同浓度的增塑剂（柠檬酸三乙酯的聚乳酸/几丁质纳米晶体）作为复合材料的分散助剂时，较高增塑剂含量的纳米复合物显示出最高的光学透明度，热和力学性能显著提高；在大气水分驱动下将 α-甘氨酸和丙二酸通过"干式"机械化学方法合成共结晶的半丙二酸甘油酯，能揭示区域、季节和温度对机械合成影响的可能来源，以及聚合物添加剂的潜在作用。

　　液体辅助成型中，建立模型和计算机模拟方面也有相关研究。用紫外线固化聚合物涂覆微通道的液体辅助成型工艺的分析，成型过程如图 19-23 所示，使用方形通道内类似泊索尔流的方程式，建立了当恒定压力驱动取芯流体时用于计算牛顿涂层流体厚度的准分析模型。另外，通过理论模拟和实验相结合，发现在液体中进行激光加工会产生粗糙或多孔的表面。

　　液体辅助研磨是液体辅助成型技术的一种广泛应用的技术。聚合物辅助研磨具有可与传统液体辅助工艺媲美的优势，同时能消除形成溶剂化物的风险，并能够控制最终的粒径。例如，在液体辅助的研磨条件下使用聚合物负载的双（三苯基膦）二氯化钯（Ⅱ）催化剂时，

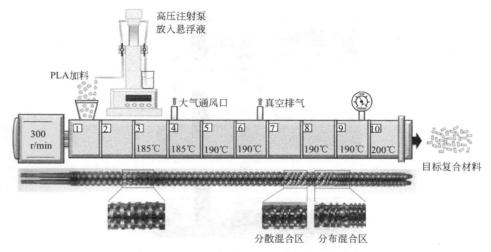

图 19-22　液体辅助挤压工艺的工艺流程

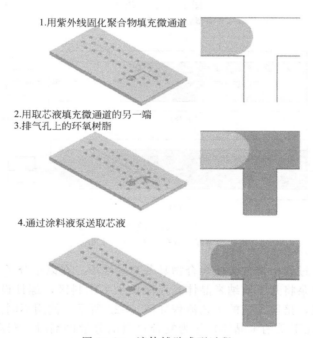

图 19-23　液体辅助成型过程

能根据不同的研磨条件来调节催化剂以生成二炔或反式炔。

2. 计算机模拟水辅助成型技术

计算机模拟是聚合物结晶和加工过程中数学建模的有用工具。由于 WAIM 过程的复杂性，计算机模拟有望成为帮助理解此过程的重要且必不可少的工具。从理论上讲，WAIM 过程是一个 3D 瞬态两阶段问题，具有移动的前熔融界面和水熔融界面，这在某种程度上类似于 GAIM 过程。基于 Hele-Shaw 流动模型，残余壁厚、熔体的流动行为、熔深、温度、剪切场等已经在水注射成型的理论研究进行了预测。例如，通过计算机模拟管的残余壁厚与实验结果一致发现残留壁厚对水压和熔体温度的依赖性；流体体积法模拟高压水渗透能成功追踪聚合物-水界面；瞬态传热有限元模型能有效模拟 WAIM 零件的温度曲线，在数值模拟和实验能进行注水压力控制。

3. 加工参数影响水辅助成型

尽管具有 WAIM 工艺相关的优点，但由于涉及其他加工参数（例如水压、水延迟时间和注水时间），因此成型窗口和工艺控制变得更加关键和困难。渗水长度和残余壁厚显著影响 WAIM 零件的质量，因此许多研究人员通过实验研究了加工参数以及水针形式和通道几何形状对渗入长度和残余壁厚分布的影响，并进行了大量研究调查。零件的几何形状，特别是对于具有弯曲截面和尺寸过渡的零件，对渗水长度和残余壁厚有重要影响。对于圆形管，残留壁厚相当均匀，但对于非圆形管，最大残留壁厚始终出现在壁上（距离横截面中心最远）。

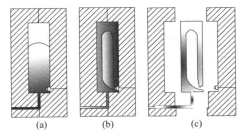

图 19-24　流体辅助注射成型过程
（a）熔融填充；（b）流体注射、
包装和冷却；（c）零件脱模

采用不同的模具温度能改善流体辅助注射成型管弯曲部分的残留壁厚分布的均匀性，水辅成型比气体辅助成型部件更均匀，注塑过程如图 19-24 所示。另外，水的渗透行为会严重影响 WAIM 零件的残留壁厚，这主要与模具型腔、模具温度、水压和延迟时间有关。

4. 水辅助成型聚合物的形态和取向

在 WAIM 工艺中，聚合物熔体不仅受到模具壁的限制，而且还受到注入水的限制。更重要的是，注入的水能快速冷却内部熔体。显然，WAIM 过程中的热机械领域比 GAIM 和陶瓷注射成型过程中的热机械领域更为复杂。WAIM 成型的 HDPE 能得到独特的皮-芯-水通道的分层结构。另外，成核剂的引入对纯等规聚丙烯的取向和形态也有影响。在进水口附近，中间的 WAIM 零件的结晶度高于外层和内层的结晶度，模具侧的材料比水侧的材料具有更高的结晶度。

习　题

1. 什么反应挤出成型技术？简述反应挤出成型技术的原理及特点。

2. 反应挤出机的基本构成是什么？用于反应挤出的设备除了单/双螺杆挤出机外，还有哪些挤出机？并给出相应的挤出机特点。

3. 反应挤出技术还有哪些新发展，请查阅相关书籍或文献罗列出来。

4. 什么是固相挤出成型技术？简述固相挤出成型技术的原理及特点。

5. 固体挤出技术除了书中在聚合物材料方面的新进展外，还有哪些与生活相关的新进展？请举例说明。

6. 除书中所介绍的薄膜挤出成型新技术外，还有哪些薄膜挤出技术？请给出这些挤出技术的原理及特点。

7. 薄膜挤出成型技术除了在医用包装、阻隔膜以及功能性包装膜的应用外，还能在哪些领域有新应用？请简要回答。

8. 什么是气体辅助注射成型技术？简述反应挤出成型技术的原理及特点。

9. 气体辅助注射成型与固态辅助成型方法相比，具有哪些优缺点？请罗列出来。

10. 什么是液体辅助注射成型技术？简述液体辅助注射成型技术的原理及特点。

11. 液体辅助注射成型技术与气体辅助注射成型技术相比，具有哪些优缺点？请罗列出来。

12. 液体辅助注射成型技术与固体辅助成型技术相比，具有哪些优缺点？请罗列出来。

13. 传统高分子加工技术还有哪些？请列举 2～3 个，并简述这些技术有哪些新发展。

参考文献

[1] 贾润礼，李宁. 塑料成型加工新技术 [M]. 北京：国防工业出版社，2006.

[2] 吴智华，杨其. 高分子材料成型工艺学 [M]. 成都：四川大学出版社，2010.

[3] Abeykoon C. Single screw extrusion control：A comprehensive review and directions for improvements [J]. Control Engineering Practice，2016，51：69-80.

[4] Imre B，Garcia L，Puglia D，et al. Reactive compatibilization of plant polysaccharides and biobased polymers：Review on current strategies，expectations and reality [J]. Carbohydrate Polymers，2019，209：20-37.

[5] Corre Y M，Duchet J，Reignier J，et al. Melt strengthening of poly (lactic acid) through reactive extrusion with epoxy-functionalized chains [J]. Rheologica Acta，2011，50 (7-8)：613-629.

[6] Meng Q，Heuzey M C，Carreau P J. Control of thermal degradation of polylactide/clay nanocomposites during melt processing by chain extension reaction [J]. Polymer Degradation & Stability，2012，97 (10)：2010-2020.

[7] 周达飞，唐颂超. 高分子材料成型加工：第二版 [M]. 北京：中国轻工业出版社，2005.

[8] 翟金平，胡汉杰. 聚合物成型原理及成型技术 [M]. 北京：化学工业出版社，2001.

[9] Li Y B. Study of metallocene-catalyzed linear low-density polyethylene solid-state extrusion：Processing and mechanical properties [J]. Journal of Macromolecular Science Part B：Physics，2009，48 (2)：344-350.

[10] Huang Y F，Wang Z G，Yu W C，et al. Achieving high thermal conductivity and mechanical reinforcement in ultra-high molecular weight polyethylene bulk material [J]. Polymer，2019：180.

[11] Huang H Y，Wang Z G，Yin H M，et al. Highly anisotropic，thermally conductive，and mechanically strong polymer composites with nacre-like structure for thermal management applications. ACS Applied Nano Materials，2018，1：3312.

[12] Yin H M，Huang Y F，Ren Y，et al. Toward biomimetic porous poly (e-caprolactone) scaffolds：Structural evolution and morphological control during solid phase extrusion [J]. Composites Science and Technology，2018，156：192-202.

[13] Yu W C，Xu J Z，Wang Z G. Constructing highly oriented segregated structure towards high-strength carbon nanotube/ultrahigh-molecular-weight polyethylene composites for electromagnetic interference shielding [J]. Composites Part A：Applied Science and Manufacturing，2018，110：237-245.

[14] Lee S，Morgan A B，Schiraldi D A，et al. Improving the flame retardancy of polypropylene foam with piperazine pyrophosphate via multilayering coextrusion of film/foam composites [J]. Journal of Applied Polymer Science，2019，137 (15).

[15] Kelly C，Yusufu D，Okkelman I，et al. Mills A，Papkovsky D. Extruded phosphorescence based oxygen sensors for large-scale packaging applications [J]. Sensors and Actuators B：Chemical，2020，304：127357.

[16] Bualek S，Samran J，Amornsakchai T，et al. Effect of compatibilizers on mechanical properties and morphology of in-situ composite film of thermotropic liquid crystalline polymer/polypropylene [J]. Polymer Engineering and Science，1999，39 (2)：312-320.

[17] Wang L F，Rhim J W. Grapefruit seed extract incorporated antimicrobial LDPE and PLA films：Effect of type of polymer matrix [J]. Lwt-Food Science and Technology，2016，74：338-345.

[18] Liu X C，Liu Y J，Yang J，et al. A comparative study of the structure and mechanical properties of uniaxially and biaxially stretched PA6-66/montmorillonite Films [J]. Nanoscience and Nanotechnology Letters，2018，10 (2)：167-176.

[19] Mhalgi M V，Khakhar D V，Misra A. Stretching induced phase transformations in melt extruded poly (vinylidene fluoride) cast films：Effect of cast roll temperature and speed [J]. Polymer Engineering and Science，2007，47 (12)：1992-2004.

［20］ Yang B，Ding M，Shi Y，et al. Temperature and shear rate distributions of gas-assisted injection molded（GAIM）polypropylene and the application in forecast of cooling time ［J］. Journal of Applied Polymer Science，2019，136（16）：47390.

［21］ Li T，Li J，Desplentere F，et al. Effect of gas on the polymer temperature in external gas-assisted injection molding ［J］. Journal of Polymer Engineering，2019，39（6）：587-595.

［22］ Chen L，Li J H，Zhou H M，et al. A study on gas-assisted injection molding filling simulation based on surface model of a contained circle channel part ［J］. Journal of Materials Processing Technology，2008，208（1-3）：90-98.

［23］ Herrera N，Singh A A，Salaberria A，et al. Triethyl citrate（TEC）as a dispersing aid in polylactic acid/chitin nanocomposites prepared via liquid-assisted extrusion ［J］. Polymers，2017，9（9）：406.

［24］ Tumanov I A，Michalchuk A A L，Politov A，Boldyreva E，Boldyrev V V，et al. Inadvertent liquid assisted grinding：A key to "dry" organic mechano-*co*-crystallisation ［J］. Crystengcomm，2017，19（21）：2830-2835.

［25］ Boehm M W，Koelling K W. Analysis of a liquid-assisted molding process for coating microchannels with an ultraviolet curable polymer ［J］. Polymer Engineering and Science，2012，52（7）：1590-1599.

［26］ Marla D，Zhang Y，Jabbari M，et al. Improvement in surface characterisitcs of polymers for subsequent electroless plating using liquid assisted laser processing. In Laser Assisted Net Shape Engineering 9 International Conference on Photonic Technologies Proceedings of the Lane，2016，83：211-217.

［27］ Chen L，Regan M，Mack J. The choice is yours：Using liquid-assisted grinding to choose between products in the palladium-catalyzed dimerization of terminal alkynes ［J］. Acs Catalysis，2016，6（2）：868-872.

［28］ Li Q，Cao W，Zhang S，et al. Model and numerical simulation for the evolution of residual wall thickness in water-assisted injection molding. In 9th World Congress on Computational Mechanics and 4th Asian Pacific Congress on Computational Mechanics，2010：10.

［29］ Silva L，Lanrivain R，Zerguine W. Two-phase model of liquid-liquid interactions with interface capturing：Application to water assisted injection molding. In Numiform '07：Materials Processing and Design：Modeling，Simulation and Applications，2007，908：361.

［30］ Liu S J，Su P C. An experimental setup to measure the transient temperature profiles in water assisted injection molding ［J］. International Polymer Processing，2009，24（3）：234-241.

［31］ Lin K Y，Chang F A，Liu S J. Using differential mold temperatures to improve the residual wall thickness uniformity around curved sections of fluid assisted injection molded tubes ［J］. International Communications in Heat and Mass Transfer，2009，36（5）：491-497.

［32］ Lin K Y，Liu S J. Morphology of fluid assisted injection molded polycarbonate/polyethylene blends ［J］. Macromolecular Materials and Engineering，2011，295（4）：342-350.

［33］ Wang B，Huang H X，Wang Z Y. In situ fibrillation of polymeric nucleating agents in polypropylene and subsequent transcrystallization propelled by high-pressure water penetration during water-assisted injection molding ［J］. Composites Part B：Engineering，2013，51：215-223.

第二十章
高分子基复合材料成型

第一节　多组分高分子复合材料成型

一、多组分高分子复合材料的概念及特点

随着科学的发展和社会的进步，对高分子材料的性能也提出了更高的需求，如较高的强度、韧性、耐高温性能，以及在严苛环境下的服役性能等，单一的聚合物材料往往很难满足。为满足这些实际需求，目前所采用的途径主要有：开发综合性能优异的新型高分子材料；制备两种或两种以上高分子共混的多组分高分子复合材料。由于新型高分子材料存在研发周期长、开发成本高等系列问题，高分子共混成为提升材料综合性能及满足苛刻的服役条件的一种重要途径。

聚合物共混物是指两种或两种以上聚合物通过物理的或化学的方法共同混合而形成的宏观上均匀、连续的固体高分子材料。聚合物共混物特征在于宏观上均相、微观上分相，又称多组分高分子复合材料。多组分高分子复合材料有许多类型，包括常见的以一种塑料改性另一种塑料以及在塑料中掺杂橡胶的共混物，在工业上常称为高分子合金。当在塑料中掺混少量橡胶时，即可实现在抗冲性能方面很大的提高，故亦称为橡胶增韧塑料。

多组分高分子复合材料具有诸多优点。其中包括能综合均衡和调控各组分的性能，克服各单一聚合物组分性能上的弱点，综合各高分子组分的性能优势，取长补短，从而获得综合性能优异的高分子材料。如图20-1所示，多组分高分子复合材料通常是通过物理共混法、共聚-共混法和互穿网络（IPN）法等，制备成为具有各种相结构的聚合物共混物，进而通过造粒，以粒的形式供应给塑料厂商。由于多组分高分子复合材料的成型与其相态结构、流变性能等有很大关联，因此，本节内容从多组分高分子复合材料的制备方法出发，介绍其相态结构、流变性能等，并对多组分高分子复合材料的造粒工序进行简要介绍。

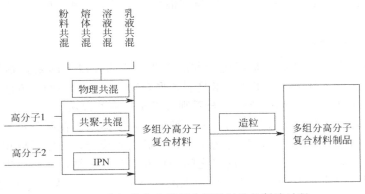

图 20-1　多组分高分子复合材料制品的制造过程

二、多组分高分子复合材料的制备方法

1. 物理共混法

物理共混法，即为机械共混法，是将不同种类高分子组分在混合（或混炼）设备上通过混合作用和分散作用来制备多组分高分子复合材料的一种方法。在共混操作中，混合机械提供的机械能、热能等的作用能够使被混物料粒子不断减小并相互分散，最终形成均匀分散的混合物。由于聚合物粒子很大，在机械共混过程中，混合物的均匀分散主要依赖对流和剪切作用，扩散作用较为次要。依据混合是物料的不同状态，物理共混法又分为粉料共混法、熔体共混法、溶液共混法、乳液共混法。

粉料（干粉）共混法是将两种或两种以上的细粉状高分子在各种混合机械中加以混合，以形成均匀的粉状聚合物共混物。其特点是设备简单、操作容易，原料必须是细粉。常用的共混设备有球磨机、混合机、捏合机等。粉料共混法主要适用于某些难溶难熔聚合物，如PTFE、PI、PPS 等。

熔体共混法是将两种聚合物经初混合、熔融共混后，冷却造粒或直接成型，其特点是对原料粒度要求不高，对流、扩散作用强，混合效果好，可导致部分分子链断裂、形成嵌段共聚物，改善相容性。

溶液共混法是将各聚合物组分加入共溶剂中，搅拌均匀，然后通过蒸出溶剂或者共沉淀而得到聚合物共混物。这种方法可以判别相容性，但工业上意义不大。

乳液共混法的基本操作是将不同种聚合物乳液一起搅拌混合均匀后，加入凝聚剂使异种聚合物共沉析以形成共混体系。当原料为聚合物乳液或共混物将以乳液形式应用时，这种方法最适用。

2. 共聚-共混法

共聚-共混法是一种化学方法，具体又分为接枝共聚-共混与嵌段共聚-共混，其中接枝共聚-共混法更实用。接枝共聚-共混法一般是先把聚合物 1 溶于另一聚合物 2 的单体中，引发聚合，形成接枝共聚物 3 和均聚物 2，然后再进行机械共混合，形成共混物。所得产物通常包含 3 种组分，聚合物 1、聚合物 2 以及聚合物 1 骨架上接枝有聚合物 2 的接枝共聚物 3。在这种共混方法中，影响共混效果的因素有很多，例如两种聚合物的比例、接枝链的长短、数量及分布均对共混物的性能有至关重要的影响。此种共混方法的优点在于接枝共聚物的存在改进了聚合物 1、聚合物 2 之间的混溶性，增强了相之间的作用力。由于上述原因，用这种方法得到的聚合物共混物，性能优于机械共混物，因此，共聚-共混法在近年来获得了快速发展。

3. 互穿网络聚合物法

互穿网络聚合物法（IPN），是用化学方法将两种或两种以上的聚合物相互贯穿成交织网络状的新型聚合物共混材料，IPN 技术是制备聚合物共混物的一种新方法，从制备方法上接近于接枝共聚-共混法，从相间化学结合看则接近于机械共混法。

IPN 法以化学方法制备物理共混物，是一种强迫互溶体系。在制备过程中，首先将含有引发剂的聚合物单体 2 溶胀于交联聚合物 1 中，然后引发聚合，使之形成相互贯穿的聚合物网络。这种制备方法中不同组分交联网络之间的相互贯穿、缠结，从而产生强迫互溶和协同效应，使 IPN 材料具有宏观的不分相和微观上的相分离的特点。结合具体的制备方法，IPN 又分为分步型、同步型、互穿网络弹性体及胶乳-IPN 等不同类型。

分步型 IPN 是先合成交联的聚合物 1，再加入引发剂和交联剂的单体 2 使聚合物 1 溶胀，进而使单体 2 聚合并交联而得。当构成 IPN 的两种聚合物成分中仅有一种聚合物交联时，就是半-IPN。

分步 IPN 都是指单体 2 对聚合物 1 的溶胀达到平衡状态制备得到的，因此制得的 IPN 具有宏观上均一的组成。与之相对的另一种情况是，若在溶胀达到平衡之前就使单体 2 迅速聚合，在结构方面，将会导致从聚合物 1 的表面至内部，单体 2 的浓度逐渐降低，产物在宏观组成方面呈现梯度变化，因此，利用这种方式所制得的产物则称为梯度 IPN。

若两种聚合物网络是以同步互不干扰的方式生成的，不存在先后次序，则称为同步 IPN，简写为 SIN。其制备方法是，将两种单体混合，使两者各自聚合并交联。SIN 往往是在一种单体可以进行加聚而另一种单体可以进行缩聚的体系中实现的。

互穿网络弹性体，简写为 IEN，是由两种线型弹性体胶乳混合在一起，再进行凝聚并同时进行交联制备得到的弹性体。

在上述的各类共混物中，当 IPN、SIN 及 IEN 为热固性高分子时，因难于成型加工，可采用乳液聚合法加以克服。胶乳-IPN 简写为 LIPN，就是用乳液聚合的方法制得的 IPN。将交联的聚合物 1 作为"种子"胶乳，加入单体 2、交联剂和引发剂，单体 2 在"种子"乳胶粒表面聚合、交流，如此制得的 IPN 具有核-壳状结构。对于这类 LIPN，它可以采用注射或挤出法成型，并能制成薄膜。

三、多组分高分子复合材料的制备设备

物理共混法是制备多组分高分子复合材料的主流方法，它包含分布混合和分散混合两个过程：分布混合指不同组分分散到对方所占据的空间中的混合状态；分散混合指参与混合的组分发生颗粒尺寸减小的变化，对于分散混合来说，理想状态下是达到分子程度的分散。

对于物理共混法来说，在各种不同的共混设备中，一般存在着对流和剪切两种主要作用：对流作用是各种物料在空间位置上的相互交换；剪切作用主要利用剪切力，以达到促使物料颗粒产生变形、破碎、分散的目的。扩散作用是分子之间的相互迁移，由于大分子移动的黏滞力，聚合物共混过程设备中的扩散作用可以完全忽略。在混合过程中，由于粒子的分散与凝聚处于动平衡，因此，只有当剪切作用充分，且组分间相容性较好时，才能得到较好的分散程度。

粉料共混通常是作为熔体共混的初混步骤，其所用设备几乎全为间歇式，目前在聚合物粉料共混过程中较为广泛应用的主要为高速捏合机和 Z 形捏合机两种；经初混后的粉料，

进而在开炼机、密炼机、双螺杆挤出机等熔体共混机械设备中进一步进行熔体共混加工，制备多组分高分子复合材料。

四、多组分高分子复合材料的流变学

1. 多组分高分子复合材料的分散状态

按照相的连续性来划分，多组分高分子复合材料的形态结构可分为单相连续结构、两相互锁或交错结构、相互贯穿的两相连续结构三种类型。

如图 20-2（a）所示，两种不相容的高分子在机械内部的剪切力作用下，形成两相交错的互锁结构，区分不开何者为连续相，何者为分散相。另一种情况如图 20-2（b）所示，是一种高分子以分散相的形式存在于另一种高分子中，其中，分散相可以带状、珠状或纤维状的形式存在，而究竟何者为分散相，何者为连续相，取决于组成中二者的体积比、黏度比、弹性比及界面张力等因素。由于多组分高分子复合材料与单组分体系在形态结构上存在差异，其流变行为与单组分体系相比，在保持其基本特征的基础上更为复杂。

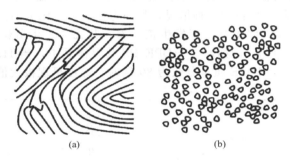

(a)　　　　　　　　(b)

图 20-2　多组分高分子复合材料的分散状态

（a）两相交错的互锁结构；（b）一种高分子以分散相的形式存在于另一种高分子中

以 HDPE/PS 为例来说明两相结构的影响因素。当 HDPE/PS=25/75 时，共混温度为 200℃和 220℃时，PE 均为连续相，PS 则为分散相，当温度升高到 240℃，PS 为连续相，PE 则为分散相。但当 HDPE/PS=50/50 时，在整个温度范围内，PE 为连续相。当 HDPE/PS=75/25 时，两相互相交错，为互锁结构。

实际的高分子共混形态常常非常复杂，多种多样，也可能形成介于海岛与两相互锁的结构。一个典型的例子是 PVC/CPE（氯化聚乙烯）=100/10（质量比）共混时，CPE 以一种网状形式分散于 PVC 基体中，如图 20-3 所示。这种共混形态兼具上述两种形态的特征。

多组分高分子复合材料的分散状态会直接影响制备加工过程中的黏度。具体而言，互穿网络结构的共混体使黏度增大，弹性减小，而海岛结构，一般使共混体的黏度减小，甚至黏度比任一相黏度低，弹性增大。此外，分散相呈珠状时，在流动过程中会发生径向迁移，分散相向中心轴处集中，形成壳-芯状形态结构，最终导致共混物熔体黏度下降。

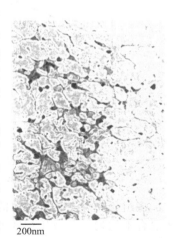

200nm

图 20-3　PVC/CPE =100/10（质量比）共混物的 TEM 照片

2. 多组分高分子复合材料的流变学特性

流变学主要涉及对材料在外界作用下流动和变形的机理和规律的研究。高分子材料和制品，它们既能流动，又能变形，既有黏性，又有弹性，具有非线性黏弹性行为。多组分高分子复合材料熔体的流变特性与聚合物熔体的情况相似，在一般剪切流动条件下，也属于假塑性流体。与此同时，这种非均相体系的流变行为不仅决定于两相材料本身的结构和性能，还受到两相组分的体积比、黏度比、弹性比的影响。分散相的形状、尺寸、尺寸分布、两相界面状况及加工工艺也将对体系的流变行为产生影响。多组分高分子复合材料的黏度和弹性还表现出一些独特的性能。

关于两相共混物的简单混合模型，Utracki 提出"理想"共混物剪切黏度的对数加和公式，该公式对于考察多组分高分子复合材料的黏度具有一定的实际意义。公式为：

$$\lg\eta_m = w_1\lg\eta_1 + w_2\lg\eta_2 \tag{20-1}$$

式中，w_1、w_2 为两组分的质量分数；η_1、η_2 为单一组分的黏度；η_m 为共混物黏度。

相容多组分聚合物的共混体系熔体黏度与组成呈线性关系，而在实际情况中，多组分高分子复合材料黏度呈现出复杂的变化，通过实际测量可以得到黏度和组成之间的关系，再将其与 Utracki 直线相比较，可得到三种情况，其一为在整个配比范围内，多组分高分子复合材料的黏度均比 Utracki 直线值高，即发生正偏差；其二为发生负偏差；其三为同时存在正、负偏差 [图 20-4 (a)]。例如，在 HDPE/PS 共混体系中，当 HDPE 质量分数为 45 %时，黏度呈现极小值，当 HDPE 质量分数为 80 %时，黏度呈现极大值 [图 20-4 (b)]。

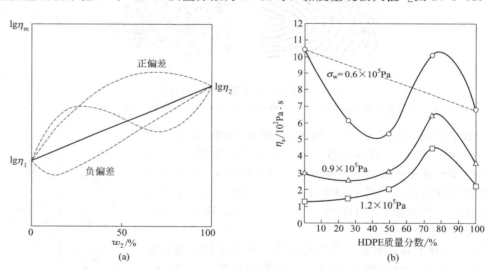

图 20-4　实际测量的黏度和组成之间的关系与 Utracki 直线的关系 (a)；
HDPE/PS 体系黏度和组成、剪切速率之间的关系 (b)

多组分高分子复合材料的黏度变化特征与相态结构存在密切关系，当呈现负偏差时，两相混合不均匀，分散相粒度大，甚至出现严重相分离；当呈现正偏差时，两相混合均匀，或者存在两相互锁结构。从微观层面来讲，大分子间存在一定的自由体积，若各组分间相容性好，则这些空隙会被另外一组分填入，两相之间存在较大的相互作用面积，界面结合能力增强，因而黏度增大。

以 BR/HDPE 共混型热塑性弹性体为例，其黏度随组分比例的变化曲线如图 20-5 所示。橡塑比 60/40～80/20 范围内，共混体黏度处于正偏差，表明两相相容良好。这一点从生产过程中的工艺性能及产品的外观情况中也可得到印证。在上述组分比范围内得到的热塑性弹性体外观整洁、力学性能好，但材料黏度较大，流动性较差，加工困难。这也充分说明材料的力学与加工性能往往很难兼顾。

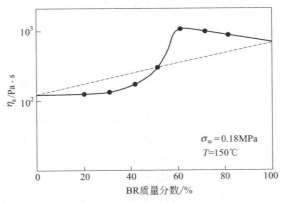

图 20-5　BR/HDPE 共混型热塑性弹性体黏度随组分比例的变化曲线

　　在多数情况下，高分子共混物黏度会呈现几个特殊情况，如小比例共混就会产生较大的黏度下降；当共混比例改变时，会引起两相结构形态的改变，进而黏度会产生极大值或极小值；共混物黏度与组成的关系受剪切应力影响很大等。

　　聚合物熔体弹性的测定一般有四种方法：①稳态剪切时的法向应力差 $N_1 = \delta_{11} - \delta_{22}$；②动态力学试验测量储能模量 G'；③挤出膨胀比 B 或可恢复性剪切形变 S_R；④出口压力降 P。对均相聚合物熔体，这四种方法可定性地吻合，但是对聚合物共混物情况要复杂得多。一般而言，采用 N_1 和 G' 作为弹性指标较好，P 和 B 所量度的主要是分散相所储存的形变能，只能定性地表征共混物熔体的弹性。

　　相容多组分高分子复合材料熔体流动中的弹性和不相容多组分高分子复合材料熔体流动中的弹性呈现出不同的特征。对于相容体系，以低密度聚乙烯/线型低密度聚乙烯（LDPE/LLDPE）为例［图 20-6（a）］，熔体的 B 值和流到壁面的剪切应力相关，具体表现为随着LLDPE 质量分数增加，共混体系熔体的 B 值对剪切应力的依赖性减弱；此外，在不同的剪切速率范围内，当 LLDPE 质量分数小于 50% 时，共混体系熔体的 B 值随质量分数增加而增大，在 50% 时，达到最大值，超过 50% 时，逐渐下降［图 20-6（b）］。

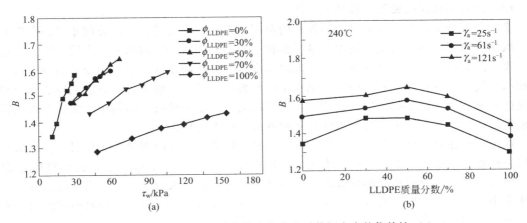

图 20-6　LDPE/LLDPE 熔体挤出胀大比对剪切应力的依赖性（a）；
LDPE/LLDPE 熔体挤出胀大比与 LLDPE 质量分数的关系（b）

不相容多组分高分子复合材料熔体流动中的弹性效应表现出如下特点：

（1）共混物熔体弹性与组成的关系

共混物熔体流动时的弹性效应随组成的不同而改变，在某些特定组成下会出现极大值或极小值。相关研究表明，PE/PS 共混物，在组成 75/25 时弹性效应出现明显的极小值；而组成为 50/50 及 25/75 时，弹性效应有不太明显的极大值，当用出口压力或出口膨胀比来表示弹性效应时情况也一样。

弹性效应的大小与共混物熔体的形态结构有密切关系。如前所述，两种不相容的高分子在机械内部的剪切力作用下，可能以两种形态存在，一种情况是形成两相交错的互锁结构，另一种情况是一种高分子以分散相的形式存在于另一种高分子中。其中，分散相可以带状、珠状或纤维状的形式存在。研究发现，弹性效应的极大值对应于共混物熔体的珠滴状分散状态，而弹性效应的极小值对应于共混物熔体的互锁状结构。且当黏度为极小值时，弹性效应为极大值；而当黏度为极大值时，弹性效应为极小值。这可能是由于共混物熔体在毛细管中流动时，分散相颗粒与管壁接触较少，而连续相与管壁接触较多，因此分散相较连续相的流动阻力小，消耗黏性能少，相应地可储存更多的回弹能，其结果是提高了共混物的弹性而减小了黏性。

关于互锁结构为何会出现弹性效应的极小值，可能与一部分弹性形变自由能转变为界面能有关。互锁状结构是具有较大界面积的分散状态，有较多的弹性形变自由能转变为界面能，所以在停止流动后，可恢复的形变自由能较小。

共混物熔体弹性效应与剪切应力的关系受到共混物的形态结构影响。例如，PE/PS 共混物，当 PE/PS 为 25/75 及 50/50 时为珠状分散，弹性效应与剪切应力的关系与聚苯乙烯的情况相似；但当 PE/PS＝75/25 时为互锁状结构，弹性效应与剪切应力的关系与聚乙烯的情况相似。

当多组分高分子复合材料中有一个组分为弹性体 ABS 时，如 PP/ABS 共混体系，其熔体的弹性行为如图 20-7 所示。随 ABS 含量增加，共混物的可恢复弹性变形减小，而纯 PP 的可恢复弹性变形是最大的。该结果表明，ABS 呈小液滴分散在 PP 中，其弹性变形很小，且能够吸附周围 PP 基体的一部分形变能，使得多组分高分子复合材料体系的弹性降低。因此，在生产过程中，由于 PP/ABS 多组分高分子复合材料中 ABS 的存在，共混物即使在高剪切速率下也能制得表面光滑的产品。

（2）分散相颗粒的变形、旋转和取向

多组分高分子常常是含有可变形颗粒的两相体系，在流动过程中，分散相颗粒会发生变形、取向及破裂。在剪切应力场中，悬浮颗粒主要受到切向和法向两种应力的作用，在这两种主要形式力的作用下，会发生旋转、取向和变形。旋转的角度、取向和变形的程度取决于两相的黏度比、弹性比、界面张力、颗粒半径及剪切速率。一般而言，分散颗粒的变形和取向随剪切速率及颗粒半径的增加而增加。橡胶增韧塑料是一种典型的例子。由于橡胶颗粒弹性模量低，在流动过程中极易发生变形并顺着流动的方向取向。

通过观察注射成型的橡胶增韧塑料材料制品可以看出，其内部呈现表皮层、剪切层和中心层三种形态（图 20-8）。产生上述现象的原因是，在注射成型过程中，在模壁附近温度低，剪切速率大，分散相的形变及取向来不及回复，形成了表面层；在离模壁较远区域，剪切速率小，分散相的形变及取向程度小，且稍高的温度有利于这种变形和取向的回复，故形成了剪切层和中心层。

（3）分散颗粒的迁移现象

悬浮体流动时，会受到黏性因素及惯性因素的影响，悬浮颗粒会产生径向迁移作用。流体究竟受哪种作用的影响取决于雷诺系数的大小，即当流动的雷诺数较大时主要是受惯性因素的影响，当雷诺数较小时则黏性因素占主导地位。相比于均相聚合物熔体，聚合物共混物熔体中分散相颗粒的这种迁移现象更为明显。例如橡胶增韧塑料熔体，在流动中会产生明显的径向迁移作用。

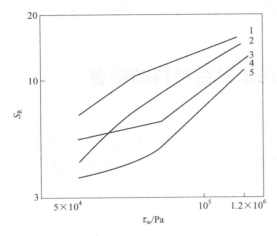

图 20-7　PP/ABS 熔体的 S_R
与剪切应力的关系（200℃）
ABS 质量分数：1—0%；2—5%；
3—10%；4—20%；5—30%

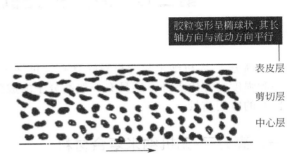

图 20-8　注射制品胶粒取向及分层情况

　　在一般成型加工的条件下，雷诺数不大，因此，如前所述，这种迁移作用主要是黏性因素造成的。在流动过程中，橡胶颗粒的变形和取向对其周围介质的流动产生扰动，与器壁发生作用，结果产生了橡胶颗粒从器壁向中心轴方向的径向迁移作用，造成橡胶颗粒浓度的径向梯度。迁移现象是否明显取决于颗粒大小和剪切速率。一般而言，颗粒越大、剪切速率越高，这种迁移现象就越明显。在多组分高分子材料的制备及加工成型过程中，这种迁移作用会导致形成制品内部的分层，从而影响强度。

五、多组分高分子复合材料的造粒

　　多组分高分子复合材料在制备好后，常以粒料的形式供应给塑料厂商，以便于储存和运输。粒料是用切粒机，将片状塑炼物分次作纵切和横切完成；也有用挤出机将初混物挤成条状物，然后，再由装在挤出机上的旋刀切成颗粒料。造粒方法又分为冷切和热切两种。热切法包括干热切、空中热切、水下热切等，冷切法包括空冷、水冷。

　　冷切造粒的流程为：料条从挤出机出来后，利用冷却水将其冷却，进而采用脱水辊脱水后，再进入切粒机，最后经振动筛分级。该方法具有适应性强、颗粒间不会出现粘连等优点，但缺点是操作稳定性差。

　　热切造粒的流程为：共混物经过挤出机机头出口处的旋转切刀后被在空气中热切成粒料，接下来通过具有一定压力的空气风传送至振动筛，该空气风同时具有冷却作用，即完成造粒过程；此外，粒料也可以落入水中，实现冷却。从热切造粒的流程中可以看出，该方法在热状态下切粒，导致冷却不及时，因而粒料间容易粘连。为解决这一问题，相应地诞生了水中热切法，即料条被挤入水中，同时被旋转切断。

　　双螺杆挤出机在多组分高分子材料制备和成型方面都起到重要作用。针对两种黏度差异较大的树脂，双螺杆挤出机的机筒还可以设置两个加料口，当低黏度树脂所占比例较低时，可以将两种树脂同时从一个加料口加入，而当两种树脂比例接近时，可在第一加料口先加入高黏度树脂，同时把第二个加料口设置在接近高黏度树脂熔融完全处，再从该加料口加入低黏度树脂。此外，若在螺杆挤出机机头处安装成型口模和定型装置，则可实现共混改性与制品成型一体化操作，这一技术方法原料适用性广泛，造粒工艺简单，尤其适用于大型工业化生产。

第二节　高分子-无机纳米复合材料的制备

高分子-无机纳米复合材料除具有无机纳米材料的小尺寸效应、表面效应及化学稳定性好和强度高等优点外，还具有一般高分子的成膜性、黏弹性和柔韧性，在许多领域展现出了良好的应用前景。

一、高分子-无机纳米复合材料

纳米杂化材料一般指的是将两种不同的材料在纳米尺度（< 100 nm）或分子尺度上进行混合，得到的材料往往兼具两种材料的性能。实际上，早在公元 9 世纪左右，玛雅人已经掌握了制备杂化材料的技能。他们将植物汁液与矿石进行研磨，得到了一种壁画颜料，经此颜料所做的壁画历经千年而不褪色，现代人称为玛雅蓝。经过进一步的分析测试得知，玛雅蓝是将靛青分子镶嵌进坡缕石晶格空隙内所得到的杂化材料。这是迄今为止最早的人造杂化材料。而自然界中，杂化材料的存在则要久远得多，常见的动物骨骼就是一种天然的杂化材料。动物的骨骼是由羟基磷灰石和胶原蛋白共同构筑的杂化材料。

与玛雅蓝和骨骼这些天然材料相比，合成高分子的材料也在快速发展。早在 1909 年，Leo Baekeland 在美国化学会的一场会议上首次报道了第一种合成高分子——酚醛树脂，并在同年的 I&EC 上进行了书面报道，在同一篇论文中，他提到通过向酚醛树脂中添加氧化铝等无机物粉末，可以改善其力学性能。随后于 1984 年 Schmidt 率先提出了有机-无机杂化材料的概念，在这之后研究方向转向了纳米杂化材料。纳米杂化材料由纳米粒子和有机聚合物制备而成，此种材料兼顾纳米粒子和有机聚合物的优点，同时具有母体所不具备的特殊性能，因而受到产业界与材料界广泛的关注和应用。而其成为目前研究和开发的热点领域之一的原因在于高分子相和无机纳米粒子相间的界面面积和界面相互作用都非常大，会使得原本不相容的界面从尖锐清晰变得模糊，微区尺寸通常在纳米量级，甚至在有些情况下可以达到"分子复合"的水平，因此相对于其他的复合材料体系来说其具有以下优点：

① 纳米复合材料是资源节约型的复合，可以就地采用主原料（有机聚合物或者无机物，如黏土等），不需要使用其他物资；

② 体系的各种物理性能可以得到明显的提高；

③ 工艺路线简单，纳米复合将会维持原有的工艺路线。也就是说，在不改变原有的工艺路线的基础上，通过调节体系中无机纳米粒子的分散状态从而赋予材料不同的性能，这种性能的可控调控若得到突破，将对于工业的生产产生积极的效应。

二、无机纳米粒子的制备方法

孙玉绣和李晓俊等对种类繁多的纳米材料进行了总结。表 20-1 为几种比较典型的纳米材料的制备方法。尽管纳米材料的合成方法数不胜数，但是操作简单、节约成本、适合实验室研究的方法基本集中在化学法。

表 20-1　纳米材料的制备方法

纳米材料的制备方法	化学法	液相反应法	沉淀法（共沉淀法、化合物沉淀法、水解沉淀法、均相沉淀法、直接沉淀法等）
			水热法（溶剂热法等）
			溶胶-凝胶法（传统胶体型、无机聚合物胶体型、络合型等）
			氧化还原法
			冻结干燥法
			模板法（硬模板法、软模板法、生物分子模板法等）
		气相反应法	气相合成法（化学气相沉积法等）
			气相分解法（高温气相裂解法等）
			气-固反应法（化学气相蒸发法等）
		溶液-液-固法	晶化法等
		气-液-固生长法	相转移法等
	物理法	粉碎法	干式粉碎法（机械球磨法等）
			湿式粉碎法（激光烧蚀法、蒸发法等）
		构筑法	气体蒸发法、等离子法
			活化氢-熔融金属反应法
			真空沉积法（物理气相沉积法）
			加热蒸发法
			激光溅射法
			溶剂挥发法
	综合法	超声化学法	超声分解法、超声还原法、超声沉淀法等
		激光沉淀法	激光诱导化学沉淀法、激光消融法、激光固体蒸凝法等
		辐射合成法	微波辐射合成法、γ射线辐射合成法、紫外线辐照法等

三、高分子-无机纳米复合材料的制备方法

材料的制备是研究性能的基础，纳米复合材料的制备方法一直是该研究领域密不可分的重要组成部分。高分子和聚合技术的引入，极大地丰富了纳米复合材料的制备方法并拓宽了其应用领域。常见的高分子-无机纳米复合材料的制备方法有以下几类。

1. 共混法

共混法类似于聚合物的共混改性，是将聚合物基体与官能化修饰后的无机纳米粒子进行共混，从而得到对应的高分子-无机纳米材料的方法。共混法包括机械共混、熔融共混、溶液共混、乳液共混等。

熔融共混是在聚合物基体的熔点以上将纳米粒子和聚合物基体进行熔融并混合均匀所得到的高分子-无机纳米杂化材料，但是由于有些聚合物的分解温度低于熔点，不能采用此法。熔融共混法较其他方法来说耗能少，且球状粒子在加热时碰撞机会增加，更易团聚，因而表面改性更为重要。

机械共混是将纳米粒子与聚合物基体通过搅拌、研磨等机械方法来制得形态和尺寸分布均匀的高分子-无机纳米材料。但是此法的难点在于粒子的分散。

溶液共混是将基体粉末溶解于适当的溶剂中，然后加入纳米粒子，充分搅拌溶液使纳米粒子分散均匀，最后成膜或浇筑到模具中后再去除去溶剂得到纳米材料。

乳液共混是将聚合物乳液与纳米粒子均匀混合，最后除去溶剂，成型而得到纳米杂化材料。

2. 溶胶-凝胶法

溶胶-凝胶法（sol-gel）最早的应用可以追溯到中国人制造的豆腐，直至 20 世纪 20 年代之后，该技术在无机材料的制备中获得初步成功，从而引起了人们的重视。到了 20 世纪 80 年代以 Schmidt 和 Wilkes 为代表的材料和化学科研者们开始尝试利用溶胶-凝胶技术制备高分子无机纳米杂化材料，并取得了引人注目的成果。由于纳米技术的出现，90 年代更是将溶胶-凝胶技术的应用推向高潮。

当无机纳米粒子与高分子或者高分子单体直接混合时，纳米杂化材料可能会因为纳米粒子本身所产生的相分离现象而降低高分子-无机纳米杂化材料的综合性能。而利用溶胶-凝胶法所制备得到的高分子-无机纳米杂化材料的结构具有纳米杂化的微观构造，可以使得高分子和无机纳米材料达到热力学稳定，从而改善了上述的问题。根据高分子及其与纳米材料的相互作用类型，可以将制备方法分为以下几类。

（1）直接将可溶性聚合物嵌入无机网络

这是用 sol-gel 法制备高分子-无机纳米杂化材料最直接的方法。即选用一个合适的有机溶剂作为高分子和无机纳米粒子前驱体的共溶剂，使聚合物和前驱物一起溶解于共溶剂中，再辅以酸、碱或某些盐，从而催化前驱体发生水解，形成半互穿网络。在此类复合材料中，线型聚合物贯穿在无机物网络中，因而要求如 PVA、PVAc、PMMA 等在共溶剂中有较好的溶解性且与无机纳米粒子存在一定相互作用的聚合物。

（2）嵌入的聚合物与无机网络有共价键作用

在聚合物侧基或主链末端引入能与无机纳米粒子表面发生反应形成共价键的基团，使无机纳米粒子与聚合物进行共价交联，从而可明显增加产品的弹性模量和极限强度。也可以利用极性聚合物可与无机纳米粒子形成如氢键、静电作用等较强的非共价相互作用的力来制备高分子-无机纳米材料。

（3）有机-无机互穿网络

在溶胶-凝胶体系中加入可交联单体，使交联聚合反应和无机纳米粒子前驱体的水解与缩合同步进行，从而同步形成有机-无机互穿网络。本方法的优点在于：克服了有机聚合物溶解性的限制，使得一些完全不溶的有机聚合物通过原位聚合的方式进入到无机纳米粒子的网络中；纳米杂化材料具有良好的均匀性和更小的微相尺寸，但需控制单体聚合和无机物水解缩合两个反应速率，使其在反应条件一致的情况下能几乎同时达到凝胶，否则将得不到均一的杂化网络。

水解溶胶-凝胶法反应条件温和，工艺简单，设备要求低，两相分散均匀，通过控制前驱物的水解缩合来调节溶胶-凝胶化过程，从而在反应早期就能控制材料的表面与界面并产生结构极其精细的第二相。但是其最大问题是在凝胶干燥过程中，由于溶剂、小分子的挥发可能导致材料内部产生收缩应力，影响材料的力学性能，且该法常用共溶剂，所用聚合物受到溶解性的限制。

3. 层间插入法

插层法是制备高分子-无机纳米杂化材料的一种重要的方法。是将聚合物单体或聚合物预聚体插入硅酸盐类黏土、磷酸盐、石墨、金属氧化物、二硫化物等层间具有某种活性的层状无机化合物的层状片层之间，进而破坏这些片层结构，使其剥离呈层状，层间存在间隙，每层厚度和层间间距尺寸都在纳米级，从而形成高分子无机纳米杂化材料。插层法可大致分为以下四种。

(1) 插层原位聚合

即利用插层在层状无机化合物片层中的聚合物单体在聚合时放出的大量热量，克服其片层间的库仑力从而将其剥离，使得无机化合物片层与聚合物基体在纳米尺度上复合。

(2) 溶液插层原位聚合

将聚合物单体和层状无机化合物分别溶解到某一溶剂中，充分溶解后，混合到一起，搅拌一定时间后，使单体进入无机物层间，然后根据需要将单体聚合成线型或者三维网状结构。由于此方法是将单体插入后再聚合，因此形成复合材料的性能范围很广。

(3) 聚合物溶液插层

将聚合物和层状无机化合物分散至某一溶剂中，使得聚合物分子直接嵌入到无机化合物片层间的方法。此方法的关键是寻找能与聚合物以及层状无机化合物相容的良溶剂，但其溶剂使用量大，难以回收且污染环境。

(4) 聚合物熔融插层

类似聚合物的熔融共混，即先将层状无机化合物与聚合物混合，再将混合物加热至熔融状态，在剪切力或静止等条件下实现聚合物成功地插入层状无机化合物的层间。该方法相对于溶液插层聚合法和聚合物溶液插层法来说不需要溶剂，可直接加工，易于工业化生产，且适用面较广。

插层法相较溶胶-凝胶法来说，其优点为：工艺简单，制得的材料热性能和尺寸稳定性好；原料来源丰富、价廉；可提高材料的性能，降低成本；聚合物熔融直接嵌入法工艺简单，不需要任何溶剂，易于工业化；有机物溶液直接嵌入法简化了复合过程，同时利用层状空间使分子有规律排列，所得的结构具有各向异性，适合合成功能材料。缺点为：用于溶解成分散插层的单体和层状无机化合物的溶剂难寻；溶剂消耗量大且不利于回收，污染环境。

4. 原位聚合法

原位聚合法是将无机纳米粒子均匀地分散在聚合物单体中，再通过引发单体聚合得到性能良好的高分子-无机纳米杂化材料的方法。该法可在水相或者油相中进行聚合制得具有良好分散效果的高分子-无机纳米杂化材料。常用于硫化物、金属和氧化物等高分子-无机纳米杂化材料的制备。由于聚合物单体分子量不大和黏度低，所以经表面处理后的无机纳米粒子便可以均匀地分散在单体中，聚合后不会破坏体系的各项物理性能。原位聚合法反应条件温和，可避免制备过程中纳米粒子的团聚现象，使得填充粒子纳米特性完好以及分散均匀，同时在聚合的过程中，只需一次聚合便可成型，无须额外的热加工，从而防止了由此产生的降解，保持了材料的基本性能。

5. 其他方法

以上是制备高分子-无机纳米杂化材料的主要方法。另外还可以通过辐射合成法、LB膜法、分子自组装法和分子沉积膜法、真空气相沉积、溅射等技术来制备高分子-无机纳米杂化材料。下面简单介绍辐射合成法、LB膜法、分子自组装法和分子沉积膜法。

（1）分子自组装

分子自组装是利用分子与分子或分子中某一基团与另一基团之间的"分子识别"，通过氢键、范德华力、静电力、疏水作用力、π-π堆积作用、阳离子π吸附作用等非共价的弱相互作用力形成具有特定排列顺序的分子聚合体。此法常用来制备单层和多层膜，其特殊的驱动力保证了交替膜以单分子层结构进行有序生长。自组装法制备高分子-无机纳米杂化材料的基本原理是：体系自发地向自由能减少的方向移动，从而得到多层交替高分子-无机纳米杂化材料膜。通过分子自组装技术可实现材料结构和形态的人工控制，使结构有序化，进而控制材料的功能。

（2）LB膜法

LB膜法是利用两亲性分子的疏水端和亲水端在气-液界面进行定向排列后，通过在侧向施加一定压力，从而形成分子紧密定向排列的分子膜，这种定向排列可通过一定的挂膜方式有序和均匀地转移到固定载片上。通过分子设计从而制得一系列具有特殊功能的膜从而控制晶体的有序生长。这种方法的优点是易于组装、膜厚可控，缺点是复合的基体多为分子量相对较低的聚合物，膜的稳定性差。

（3）分子沉积（MD）膜法

该技术采用与纳米微粒相反电荷的双离子或多聚离子聚合物，与纳米微粒通过层层自组装，从而得到分子级有序排列的高分子-无机纳米多层复合膜，这种膜是以阴阳离子间强烈的静电相互作用作为驱动力，人们称为MD膜。多层膜有可能应用于制备新的光学、电子、机械及光电器件。多层膜中强烈的静电相互作用保证了交替膜以单分子层结构有序生长。

（4）辐射合成法

辐射合成法适用于制备高分子-金属纳米杂化材料，它是将金属盐与聚合物单体混合至分子级别，即形成金属盐的单体溶液。再利用钴源或加速器辐射产生的初级产物去引导金属离子的还原以及引发单体聚合，即在聚合物形成的同时，辐射产生的还原性粒子也逐步地将金属离子还原为更低价的金属离子或金属原子，这些新生成的金属原子又聚集成核，最终生长成纳米颗粒。而聚合物的形成过程一般要较金属离子的还原、聚集过程快，其中所生成的聚合物大分子会使体系的黏度增加，从而进一步限制了纳米小颗粒的聚集，因而可得到分散粒径小、分散均匀的聚合物基高分子-无机纳米杂化材料。

总之，以上几种方法各具特色，各有其适用范围。分子自组装技术可制备有序的无机有机交替膜；对不易获得纳米粒子的材料，可采用溶胶-凝胶法；对于金属粒子，可采用辐射合成法；对具有层状结构的无机物，可用插层复合法；对易得到纳米粒子的无机物，可采用原位复合法或共混法。

四、高分子-无机纳米复合材料的成型方法及其应用

高分子-无机纳米复合材料的成型方法则与高分子材料的成型加工工艺相似，即可通过挤出成型、注射成型、压延成型、模压成型、吹塑成型等加工方式赋予材料各种形状从而满足各种需求。而在应用上，高分子-无机纳米杂化材料在光学、电学、力学、膜材料、催化剂、传感器、生物学等领域有着广泛应用。如在功能材料领域，Qian等通过溶胶-凝胶-法两步合成了一种含硅、磷和氮等阻燃元素的石墨烯基杂化阻燃剂（FRs-rGO）。再将FRs-rGO

通过共混法分散于环氧树脂中，经固化剂二甲基二苯甲烷（DDM）固化后得到高分子纳米复合材料 FRs-rGO/EP。其中 FRs-rGO 在环氧树脂中均匀分散，在 5%（质量分数）的添加量下，纳米复合材料的氧指数从 21% 提升至 29.5%，热释放速率下降了 35%。值得一提的是，这种纳米复合材料的 UL-94 垂直燃烧测试等级达到 V-0 级别，相较于纯环氧树脂，纳米复合材料的热稳定性、残炭率和玻璃化转变温度都得到了一定程度的提升。Xiong 等将二氧化钛和硅氧烷化的丙烯酸树脂作为原料通过溶胶-凝胶法制备得到均相的高性能丙烯酸树脂/TiO_2 纳米材料，结果表明，随着二氧化钛含量的提高，材料的硬度、弹性系数、热稳定性和折射率均显著提高。

在生物医药领域，Yang 等采用静电纺丝法制备了壳聚糖（CS）/聚乙烯醇（PVA）/氧化石墨烯（GO）复合纳米纤维膜，发现随着 GO 含量的增加，纤维膜的亲水性增强。同时，研究发现制备的纳米纤维膜对革兰氏阴性大肠杆菌和革兰氏阳性金黄色葡萄球菌均表现出良好的抗菌活性。

在污水处理方面，Wang 等采用热导非溶剂诱导相分离（TINIPS）工艺制备了具有微纳米二元结构的超疏水和超亲油性多孔还原氧化石墨烯/聚碳酸酯（rGO/PC）。多孔 rGO/PC 的比表面积和孔隙率分别为 137.19 m^2/g 和 91.3%，使多孔 rGO/PC 对水中多种油脂和有机溶剂具有良好的去除能力和选择性，此外，rGO/PC 对酸性和碱性介质具有稳定的排斥性。

第三节　纤维增强聚合物基复合材料成型

一、概述

纤维增强聚合物基复合材料是由玻璃纤维、碳纤维、芳纶等纤维材料与基体树脂经过手糊、袋压、模压或拉挤等成型工艺而制成的材料。其发展过程经历了图 20-9 所示的三个阶段。第一阶段是以玻璃纤维为增强纤维，环氧树脂为基体的轻量化制品。第二阶段是以碳纤维和凯夫拉纤维为增强纤维，以与增强纤维浸润性好、黏度低、成型后耐热性高的环氧树脂为基体的高强度和高刚性复合材料。由于环氧树脂是热固性树脂，固化过程长，延长了加工成型周期，且其在韧性和耐热性等方面需要进一步改善，故第三阶段的纤维增强高分子基复合材料，基体为成型周期短、可加工性良好、韧性和耐热性优异的热塑性树脂。

纤维是纤维增强复合材料中承受载荷的主要部分，其含量、取向和类型会影响增强材料的拉伸强度和模量、疲劳机理和强度、压缩强度和模量、电和热性能等性能。本节主要介绍增强纤维的种类及基本特性及其增强复合材料的制备与成型方法。

二、纤维增强的种类及基本特性

纤维增强高分子基复合材料常用纤维有：玻璃纤维、碳纤维、芳纶、晶须、超高分子量聚乙烯纤维、无机纤维等。

图 20-9 纤维增强高分子基复合材料发展过程

1. 玻璃纤维

玻璃纤维是纤维增强复合材料中应用最为广泛的增强体，是一种非结晶型的无机纤维，其主要成分为二氧化硅与金属氧化物。玻璃纤维的主要性能如下。

① 力学性能。玻璃纤维是一种脆性材料，其应力-应变关系为一条直线，无明显的屈服、塑性阶段，其最大的特点是拉伸强度很高，拥有与金属铝相当的拉伸模量，但是其断裂伸长率、耐磨性及耐扭折性相对较差，其强度还受湿度的影响，即吸水后，湿态强度下降。

② 热性能。玻璃纤维实际上是一种主要成分为二氧化硅等的无定形无机聚合物，其 T_g 较高，约 600℃，且不燃烧，相对于聚合物基体来说，耐热性好。但是玻璃纤维的拉伸强度却受温度的影响较大。举例来说，中碱玻璃纤维（E 玻纤）在 22℃时的拉伸强度为 3450 MPa，但是在 538℃时的拉伸强度却降低至原有的 1/2。随着热处理时间的增加和处理温度的提高，强度下降显著。

③ 介电性能。玻璃纤维同玻璃一样，是一种电绝缘的材料，其电阻率 ρ_v 为 $10^{11} \sim 10^{18}$ Ω·cm。同时因其介电系数较小，介电损耗很低，具有良好的高频介电性能，因此可用于雷达罩和天线罩的制造。但是其介电性能会受到环境的湿度和温度的影响。

④ 其他性能。具有良好的光学性能、化学稳定性好、耐介质性能及价格低廉等优点。

由于玻璃纤维具有以上优异性能，所以被广泛地应用于交通运输、建筑、环保、能源、航天航空、石油化工、机械设计和电子电器等领域。

2. 碳纤维

碳纤维是一种含碳量高达 95% 以上，且由石墨结晶沿纤维轴方向排列的多晶碳材料，因其高强度、高模量而被大量应用于国防军工和民用等方面。其主要性能如下。

① 力学性能。碳纤维具有较高的强度和模量，但是其断裂伸长率低。其中碳纤维的模量与碳化过程处理的温度有关，这是因为其结晶区会随温度的增加而长大，使得碳六元环规整排序区域扩大，结晶取向度提高。而强度却是随温度的增加先增加后减少。这是高温使得纤维内部的缺陷变多所引起的。

② 热性能。碳纤维的耐高低温性能良好，在惰性气体或者氮气氛围下，可耐受 2000℃以上的高温；碳纤维的线膨胀系数接近于零，在骤冷骤热的情况下，很少变形，尺寸稳定性好，耐疲劳性能好；碳纤维的导热性能好，而且随着温度升高，热导率由高逐渐降低。

③ 化学性能。碳纤维具有良好的耐腐蚀性，即在常见的酸、碱和有机溶剂的作用下不会发生溶解和溶胀。

④ 电性能。碳纤维导电性介于非金属和金属之间，且沿纤维方向的导电性优于其他方向，其比电阻与纤维的类型有关。

⑤ 其他性能。碳纤维的摩擦系数小，具有自润滑性；有很好的抗辐射能力和耐油、吸收有毒气体、减速中子的作用。

以上性能使碳纤维在科学技术研究、工业生产、国防工业等领域起着相当重要的作用，尤其是为航空工业的发展，提供了宝贵的材料。当前国内外碳纤维复合材料主要运用于航空与航天工业，其次是汽车工业、体育用品与一般民用工业。

3. 芳纶

芳纶是由对苯二甲酰氯与对苯二胺缩聚后经溶液纺丝所制得的一种新型高科技人造纤维。芳纶的性能特点如下：

① 力学性能。芳纶是一种柔性高分子纤维，具有弹性模量高、拉伸强度高、质轻、有韧性、抗蠕变和抗疲劳性能好等优点。其拉伸模量为玻璃纤维的 2 倍，但是低于碳纤维。手感柔软，可纺性好，可经纺织机械制成可满足不同领域的防护服装。

② 化学性能。除强酸强碱以外，芳纶可以耐绝大部分化学溶剂的腐蚀。

③ 阻燃、耐热性能。通常来说，芳纶遇火难燃，在高温条件下不会熔融和产生熔滴，当温度大于 427℃时才开始炭化。由于其优良的自身化学结构，使其阻燃性能不会随着使用周期和次数的增加而降低，是一种永久阻燃纤维。

④ 其他性能。抗摩擦，磨耗性能优异；易加工、耐腐蚀；具有良好的尺寸稳定性，与树脂黏附力强；耐辐射性，在长时间辐射下，其强度仍保持不变。

芳纶因其低密度、高强度、高模量等优点已成为重要的国防物资。目前，美英等西方国家的防弹衣和头盔的主要材质均为芳纶。除了军事上的应用外，芳纶复合材料已经在航空航天、机电、建筑、汽车、体育用品等国民经济领域都有所应用。

4. 其他纤维

① 晶须。晶须是一种具有完整晶体、单细胞结构的新型材料。可分为金属晶须和陶瓷晶须，是一种具有接近理论强度的高强单晶纤维。具有密度低、弹性模量高、耐热性能好等优点。晶须可用来制备高弹性模量、高强度的复合材料，也可以用于高温绝热材料、耐磨材料、音响材料、飞机、汽车用耐热轻量化结构材料、动摩擦材料等领域。

② 碳化硅纤维。碳化硅纤维是一种集各种优良性能于一身的高性能纤维。具有密度小、化学稳定性强、强度高和模量高等优点。即使在 1200℃的极端使用温度下，其强度也可保持在原有强度的 80% 以上。由于其各项优异的性能，故可作为增强纤维增强复合材料，可广泛应用于航空航天等领域。主要应用于发动机的热端部件，包括尾喷管部位、燃烧室、加力燃烧室、涡轮外环、导向叶片、转子叶片等。

③ 硼纤维。硼纤维是一种先进的复合材料增强材料。其弹性模量为普通玻璃纤维的 5~7 倍，比普通钢材的弹性模量还高。曾经硼纤维复合材料大规模地应用于美国军用飞机，特别是 F-14 和 F-15 上。但是随着碳纤维的出现和性能的不断改善，硼纤维逐渐被碳纤维所取代。

④ 混杂纤维。混杂纤维将两种或两种以上的连续纤维复合用于增强基体。混杂纤维与单一纤维的区别是多了一种附加增强纤维，因此除了具有用于混杂的几种纤维的性能外，还具有一些与参与混杂的纤维所不同的新性能。通过将两种或两种以上的纤维混纺，可以获得以改善复合材料的某些性能的混杂纤维外，同时还可以降低成本。例如，玻璃纤维和碳纤维

混杂复合材料可以在不降低纤维复合材料强度的前提下提高其韧性，降低材料成本，因此可根据部件和实用要求进行混杂纤维的复合设计。

⑤ 自增强纤维。利用聚合物纤维来增强同一组分的聚合物基体（例如超高分子量聚乙烯纤维增强高密度聚乙烯），使得该复合材料相比于传统复合材料具有质轻、可热变形和熔融即可回收的优点，可更好适应现代社会对材料回收再利用的环保要求，且纤维与基体间化学组成、物理结构的相同有利于直接形成有效黏结。

三、纤维增强聚合物基复合材料的制备与成型方法

纤维增强聚合物基复合材料由有机聚合物作为基体和连续纤维作为增强材料组成。虽然高分子基体材料的强度较低，但由于其良好的黏结性能，可以牢固地黏结纤维，同时也可以使负载均匀分布并转移到纤维上，使纤维能够承受压缩和剪切载荷。另外，纤维的高强度、高模量特性使其成为理想的承载体。纤维和基体之间的优良结合充分展示了各自的长处，并能完成最佳结构设计，具有很多优异特性。

1. 纤维增强复合材料的成型工艺特点和流程

纤维增强复合材料在性能方面有许多独到之处，其成型工艺与其他材料加工工艺相比也具有显著特点。

① 制品成型比较简便。生产复合材料制品为流动性较好的热固性树脂基体和柔软纤维或织物，其成型相对于其他材料来说工序及设备简单，对于某些制品仅需一套模具便能生产。

② 材料制造与制品成型同时完成。一般情况下，复合材料的生产过程，也就是制品的成型过程。

对于纤维增强复合材料的成型工艺流程来说，通常是将增强材料在预定方向上进行均匀铺设，使其能够符合制品的表面质量、外部形状以及尺寸。同时还应尽量降低孔隙率，将制品中的气体彻底排净，确保制品性能不会受到较大影响。与此同时，在进行相关操作时，还应选择与制品生产相符合的制造工艺和生产设备，降低单件生产制品的生产成本，提高相关人员的操作便捷性以及身体健康。图 20-10 所示是纤维增强复合材料的二步法成型的加工工艺流程，包括预浸料等半成品制备、增强材料预成型和复合材料固化成型等几方面的内容。其中，复合材料半成品的制备主要包括预浸料和预混料的制备，预成型的目的是得到接近制品形状的毛坯；成型固化工艺包括两方面内容：一是成型，是根据产品的要求，将预浸料铺制成产品的结构和形状；二是进行固化，是将铺制成一定形状的预浸料，在温度、时间和压力等因素下使形状固定下来，并能达到预计的使用性能要求。不同的工艺方法在这三个方面可能同时或分别进行，但都要完成好树脂与纤维的复合、浸渍、固化和成型。在纤维与树脂种类确定后，复合材料的性能主要取决于成型工艺。

近年来，复合材料成型工艺中的不同步骤均取得了较大进展，主要表现为先进原材料的开发和选择、预浸料制备技术的发展、固化过程的优化、模具的发展等方面。

在先进原材料的开发和选择方面，在原有玻璃纤维的基础上，开发了一批如碳纤维、碳化硅纤维、氧化铝纤维、硼纤维、芳纶、高密度聚乙烯纤维等高性能增强材料；同时，新型的高性能树脂也应运而生，如一般环氧树脂逐步被韧性更好、耐温更高的增韧环氧树脂、双马树脂和聚酰亚胺树脂等取代。

预浸料制备工艺不断改进和创新。缠绕成型工艺有预浸带缠绕/后固化工艺、在线（溶液）浸渍缠绕/原位固化工艺，浸渍工艺中分别出现了反应链增长浸渍工艺、熔融浸渍工艺、

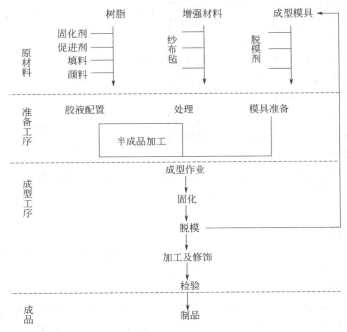

图 20-10　纤维增强复合材料成型的典型工艺流程

溶液浸渍法、纤维混合法、粉末混合工艺、薄膜叠层法等。另外，为适应规模化、自动化的生产线，预浸料的制备从最初的手工形式到半机械化形式，发展至现在自动控制程度高的机械化形式。

在固化过程的优化方面，传统的热压罐固化周期长，运行周期是在操作前确定的，对操作者的要求较高，无法统计人为偶然因素造成的误差等，得益于计算机技术、过程控制原理、人工智能技术的开发和利用，传统的热压罐技术也得到了相应的改进。另外，超声技术、介电技术、电阻应变技术等通过连续监测固化过程，调整固化周期以达到控制产品质量的目的。如实时测控并反馈固化压力、温度来控制制品的气孔率、厚度等。除了改进传统热压罐固化工艺，研究人员又开发了辐射固化、电子束固化、红外加热和微波加热等新的固化技术。

此外，模具材料和模具结构也出现了许多形式，为复合材料构件的制造提供了更多的手段和方法。先进复合材料构件对成型的压力、温度和真空条件有具体要求，从模具材料和模具结构方面可以采用适当方式与之匹配。这些新模具材料和新模具结构技术，有的已经进入可批量生产状态（如殷钢），有的尚处于研究阶段（如形状记忆高分子模具）。但它们都对复合材料成型工艺的发展起到了重要影响。我国也在开发复合材料模具、软模和芯模技术上取得了巨大的成就，使模具的膨胀系数与产品的膨胀系数基本一致，且热容量小、结构重量轻、装卸方便，并保证在固化过程中模具向产品各部位施压均匀、温度场均匀，能准确地控制制件的外部和内部几何尺寸，保证厚度均匀、减小变形和低空隙，提高制品的内部质量。

2. 几种纤维增强聚合物基复合材料的成型方法

（1）手糊成型

手糊成型可以制作汽车车体，各种渔船和游艇、储罐、槽体、卫生间、舞台道具、波纹瓦、大口径管件、机身蒙皮、整流罩、火箭外壳、隔音板等复合材料制品。手糊工艺是聚合物基复合材料中最早采用和最简单的方法。其工艺过程如图 20-11 所示，在模具上涂刷含有固化剂的树脂混合物，再在其上铺贴一层按要求剪裁好的纤维织物，用刷子、压辊或刮刀挤压织物，使其均匀浸胶并排除气泡后，再涂刷树脂混合物和铺贴第二层纤维织物，反复上述过程直至达到所需厚度为止。然后热压或冷压成型，最后得到复合材料制品。

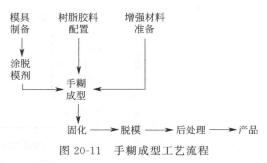

图 20-11　手糊成型工艺流程

　　手糊成型分为干法和湿法两种。湿法手糊成型是将增强材料用含或者不含溶剂的胶液直接糊制，即浸渍和预成型的过程同时完成；干法手糊成型则是以预浸布这种半成品为原料，先将预浸布按要求裁剪成具体的形状，铺层时加热软化，然后再一层一层地紧贴在模具上，最后辅以热压罐和袋压等方式进一步成型固化。

（2）喷射成型技术

　　喷射成型技术流程如图 20-12 所示，将混有引发剂和促进剂的聚酯树脂静态混合后分别从两个罐中经液压泵或者压缩空气按比例从喷枪两侧雾化喷出，使其与喷枪中心喷出的玻璃纤维无捻粗纱均匀混合，沉积到模具上并达到一定的厚度后，经辊压、固化等工艺后形成对应的复合材料。它是从聚合物基复合材料手糊成型发展出来的一种半机械化成型技术。喷射法使用的模具与手糊法类似，而生产效率却可以提高数倍，劳动强度降低，能够制作大尺寸制品。可用于浴盆、汽车壳体、船身、广告模型、舞台道具、储藏箱、建筑构件、机器外罩、容器、安全帽等常用材料的生产。

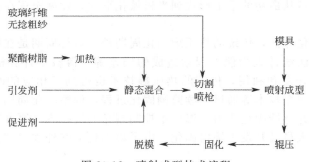

图 20-12　喷射成型技术流程

（3）模压成型工艺

　　模压成型工艺广泛用于生产家用制品、机壳、电子设备和办公室设备的外壳等部件，是一种传统的成型方法。其具体流程如图 20-13 所示，将模塑料或颗粒树脂与短纤维按照比例放入到涂好脱模剂的金属对模中，在封闭的模腔内使其接受热和压力的作用下充满模腔，形成与模腔形状相似的模制品，再经进一步的固化或者冷却等工艺最终得到相应的复合材料。

　　根据模压料中基体树脂与增强材料浸渍方式的不同，模压成型工艺可分为湿法成型工艺和干法或半干法成型工艺。湿法成型工艺即基体树脂在成型时和增强材料同时加入模腔，如手糊模压和预成型坯模压。干法或半干法成型工艺是指基体树脂在成型前就已与增强材料充分混合浸渍，制备成模压料，在成型时直接放入到模腔中，大部分模压方法都属于干法模压成型工艺。

（4）层压成型工艺

　　层压成型是复合材料成型工艺中发展较早、也较成熟的一种成型方法。该工艺主要用于

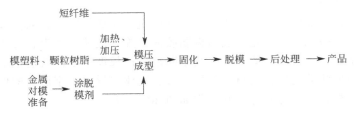

图 20-13　模压成型工艺流程

生产电绝缘板和印刷电路板材。现在,印刷电路板材已广泛应用于各类收音机、电视机、电话机和手机、电脑产品、各类控制电路等所有需要平面集成电路的产品中。

其制备流程如图 20-14 所示,是将玻璃纤维布等增强材料经浸胶机浸渍树脂后,烘干制成预浸料(常称为半固化片、预浸胶布或漆布),然后将预浸料经裁切、叠合在一起,经专用多层(真空)平板压机施加一定的压力、温度,保持适宜的时间层压制成层压制品的成型工艺。具有机械化、自动化程度高、产品质量稳定等特点,但一次性投资较大,适用于批量生产,并且只能生产板材,且规格受到设备的限制。

图 20-14　层压成型工艺流程

(5) 缠绕成型工艺

缠绕成型通常适用于制造圆柱体、球体等制品,在国防工业中,用于制造导弹壳体、火箭发动机壳体等;在腐蚀领域,主要用缠绕成型法生产管道、容器、储槽等,用于油田、炼油厂和化工厂。其制备流程如图 20-15 所示,将连续的纤维浸渍树脂胶液后,在一定张力作用下,按照一定的规律,制备成具有一定形状制品的工艺技术。在缠绕过程中,经过对芯模旋转速度与输送纤维的运动之间相互协调,可制得各种缠绕形式的制品。缠绕成型工艺具有生产率高,可生产大型制件,以及制件可设计性强、强度高、精度高等突出的优点,因而在航空航天、军工及民品方面得到广泛应用。如直升飞机复合材料传动轴采用缠绕工艺制成,比传统其他材料传动轴具有抗疲劳、共振频率高等优点。

根据纤维缠绕成型时树脂基体的物理化学状态不同,分为干法缠绕、湿法缠绕和半干法缠绕。而在这三种缠绕方法中,以湿法缠绕应用最为普遍;干法缠绕仅用于高性能、高精度的尖端技术领域。

干法缠绕是采用经过预浸胶处理的预浸纱或带,在缠绕机上经加热软化至黏流态后缠绕到芯模上。

湿法缠绕是将纤维集束(纱式带)浸胶后,在张力控制下直接缠绕到芯模上。半干法缠绕是纤维浸胶后,到缠绕至芯模的途中,增加一套烘干设备,将浸胶纱中的溶剂除去,与干法相比,省去了预浸胶工序和设备;与湿法相比,可使制品中的气泡含量降低。

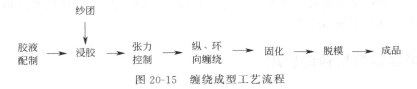

图 20-15　缠绕成型工艺流程

（6）拉挤成型工艺

拉挤制品具有轻质高强、耐腐蚀等优点，在建筑、交通、医疗、通信和电力输送等领域有着广泛的应用。拉挤成型工艺是将浸渍树脂胶液的连续玻璃纤维束、带或布等，在牵引力的作用下，通过挤压模具成型、固化，连续不断地生产长度不限的玻璃钢型材。这种工艺最适于生产各种断面形状的玻璃钢型材，如棒、管、实体型材（工字形、槽形、方形型材）和空腹型材（门窗型材、叶片等）等。其流程如图 20-16 所示。

纤维 ⟶ 预成型 ⟶ 热模 ⟶ 拉拢 ⟶ 切割 ⟶ 制品

图 20-16　拉挤成型工艺流程

（7）共挤出法

共挤出法是一种用于制备具有较大熔点差别"壳-芯"结构共挤出带的方法，被广泛用于制备单一聚合物复合材料。共挤出法制备单一聚合物复合材料首先通过共挤出的方式得到有两种不同熔点的聚合物带，此时高熔点的聚合物位于带层的中间层，而熔点较低的聚合物带则充当表面层。然后再将得到的聚合物共挤出带在一定的条件下通过拉伸取向，从而得到高强度、高模量的聚合物带，再经热压成型制得复合材料，热压的温度要低于作为增强体的中间层聚合物带的熔点，同时高于充当黏合作用的表面层聚合物带的熔点。由于充当黏结作用的表面层均匀地分布在各层之间，基体材料不需要通过大范围、长距离的流动来填充纤维之间的空隙，使得基体与纤维之间的黏结速度及黏结效率大大提高并且极大程度地减少了空隙含量，从而可以使得作为自增强材料的纤维的体积分数可达到 80％ 以上。

（8）薄膜叠层法、粉末浸渍法和溶液浸渍法

薄膜叠层法、粉末浸渍法和溶液浸渍法是使用三种不同初始分散状态的基体（分别为薄膜、粉末和溶液），浸渍纤维后制得的增强材料。薄膜叠层法是聚合物纤维均匀缠绕在一金属框上，再铺入基体薄膜，上下加以金属板施压，在纤维和基体二者熔融温度间的合适温度使得聚合物基体发生熔融并浸渍纤维，在随后的冷却过程中基体结晶并将分散的纤维黏结在一起而形成高性能的复合材料。溶液浸渍是将热塑性高分子树脂溶于适当的溶剂中，使其可以采用类似于热固性树脂的湿法浸渍技术进行浸渍，将溶剂除去后即得到浸渍良好的预浸料。粉末浸渍是将热塑性树脂制成粒度与纤维直径相当的微细粉末，通过流态化技术使树脂粉末直接分散到纤维束中，经热压熔融即可制成充分浸渍的预浸料的方法。粉末浸渍的预浸料有一定柔软性，铺层工艺性好，比膜层叠技术浸渍质量高，成型工艺性好，是一种被广泛采用的纤维增强热塑性树脂复合材料的制造技术。

总之，以上方法被广泛应用于纤维增强复合材料的成型，且各具特色，各有其适用范围。例如手糊成型是一种劳动密集型的工艺，通常适用于一些对于性能和质量要求一般的玻璃钢制品。模压成型的效率相对来说高很多，在模塑料模压工艺中一般使用碳纤维作为增强材料，同时长纤的增强效果要优于短纤。拉挤成型的最大特点是连续成型，制品长度不受限制，力学性能尤其是纵向力学性能突出，结构效率高，制造成本较低，自动化程度高，制品性能稳定。其增强材料主要是玻璃纤维无捻粗纱、连续纤维及聚酯纤维毡、碳纤维和芳纶及其混杂纤维。而共挤出法则可用于制备具有较大熔点差别"壳-芯"结构共挤出带，其增强纤维一般是由一些自增强的纤维构成。

四、纤维增强复合材料的应用

纤维增强复合材料产品多且应用范围广，在汽车、船舶、飞机、通信、建筑、电子电气、机械设备、体育用品等各个方面都有应用。

　　玻璃纤维增强塑料的应用：石油化工工业利用玻璃纤维增强塑料的特点，解决了许多工业生产过程中的关键问题，尤其是耐腐蚀性和降低设备维修费等方向。玻璃纤维增强塑料管道和罐车是原油陆上运输的主要设备，聚酯和环氧玻璃纤维增强塑料均可做输油管和储油设备，以及天然气和汽油罐车和储槽。海上油田不可缺少的海水淡化及污水处理装置可用玻璃钢制造管道。在化工生产过程中，经常产生各种强腐蚀性的物质。所以一般不能采用普通钢制造设备或管道，而需要耐腐蚀的环氧树脂和酚醛玻璃纤维增强塑料来制造。而用玻璃纤维增强塑料制成的风机叶片，不仅延长了使用寿命，而且还大大地降低了电耗量。如发电厂锅炉送风机、轴流式风机，装玻璃纤维增强塑料叶片的比装金属叶片的离心式风机平均每台每天节电 2500kW·h，一年可节电 91 万 kW·h。我国每年生产各类风机 10 万台。如果全部换上玻璃钢叶片，节约能量就相当可观。

　　高强度、高模量碳纤维增强塑料的应用：碳纤维增强塑料主要是火箭和人造卫星最好的结构材料。因为它不但强度高，而且具有良好的减震性，用它制造火箭和人造卫星的机架、壳体、无线构架是非常理想的一种材料。用它制造的人造卫星和火箭的飞行器，不仅机械强度高，而且重量比金属轻一半，这意味着可以节省大量的燃料，因为飞行器每增加一公斤就会消耗数目可观的燃料。用它制造火箭和导弹的发动机壳体，可比金属制的重量减轻 45%，射程由原来的 1600km 增加到 4000km，还可用它制飞行器上的仪器设备的台架、齿轮等。也可制造飞行器的外壳，因它有防宇宙射线的作用。飞行器穿过大气层时，由于与空气摩擦，产生了大量的热，位于飞行器外表面的温度高达 4000～6000℃，因此飞行器的外表面须加防热层。这种材料就是采用最好的合金或陶瓷也无法承担，而采用碳纤维增强的酚醛塑料就能够胜任。Kevlar-29 增强塑料在要求非常高的拉伸强度、低延伸率、电气绝缘性、耐反复疲劳性、耐蠕变性及高的韧性等领域发挥作用。此外安全手套、防护衣、耐热衣等劳动保护服也是 Kevlar-29 的重要用途之一。碳化硅纤维增强塑料可用来制造飞机的门、降落传动装置箱、机翼等。

　　其他纤维增强塑料的应用：由于低密度高性能 UHMWPE 纤维的出现，PE 类的单一聚合物复合材料才有了较大的发展，其性能可与碳纤维或者芳纶增强复合材料相比较，现已广泛地应用于防弹头盔、防弹衣和体育器材上。由于石棉纤维和聚丙烯的电绝缘性都很好，所以石棉纤维增强聚丙烯复合材料也拥有良好的电绝缘性能，因此可作为电器绝缘件的材料。而矿物纤维增强塑料主要用于制造耐磨材料。

习 题

一、判断题

1. 聚合物共混物是指两种以上聚合物通过物理方法共同混合而形成的高分子材料（　　）。

2. 聚合物共混物特征在于宏观上均相、微观上也均相（　　）。

二、填空题

1. 多组分高分子复合材料制品的制造方法主要包括：____ 、____ 、____ 。

2. 依据混合时物料的不同状态，物理共混法又分为____ 、____ 、____ 、____四种。

三、简答题

1. 什么是互穿网络聚合物（IPN）？有哪些不同种类？

2. 简述多组分高分子复合材料的制备所需设备。

3. 纤维增强高分子基复合材料常用的纤维及树脂基体种类有哪些？

4. 什么是一步法成型？什么是二步法？二者的主要区别是什么？

5. 什么是预浸料？它的性能和高分子基复合材料制品的性能有什么关系？

6. 列举几种高分子基复合材料成型方法。

7. 怎样选择高分子基复合材料成型工艺？

参考文献

[1] 吴其晔，巫静安. 高分子材料流变学 [M]. 北京：高等教育出版社，2002.

[2] 杨明山，赵明. 塑料成型加工工艺与设备 [M]. 北京：印刷工业出版社，2010.

[3] 何曼君，陈维孝，董西侠. 高分子物理 [M]. 上海：复旦大学出版社，2000.

[4] Vanoene H. Modes of dispersion of viscoelastic fluids in flow [J]. Journal of Colloid and Interface Science，1972，40 (3)：448-467.

[5] Baekeland L H. The synthesis, constitution, and uses of bakelite. Industrial & Engineering Chemistry Research，1909，1 (3)：149-161.

[6] 李晓俊，刘丰，刘小兰. 纳米材料的制备及其应用研究 [M]. 济南：山东大学出版社，2006.

[7] 孙玉绣，张大伟，金正伟. 纳米材料的制备方法及其应用 [M]. 北京：中国纺织出版社，2010.

[8] 顾淑英，任杰. 聚合物基复合材料 [M]. 北京：化学工业出版社，2007.

[9] Sanchez C，Soler-Illia G J de A A，Ribot F，Lalot T. Designed hybrid organic-inorganic nanocomposites from functional nanobuiding blocks [J]. Chemistry of Materials，2001，13 (10)：3061-3083.

[10] Hay J N，Raval He M. Synthesis of organic-inorganic hybrids via the non-hydrolytic sol-gel process [J]. Chemistry of Materials，2001，13 (10)：3396-3403.

[11] Qian X，Song L，Yu B，Wang B. Novel organic-inorganic flame retardants containing exfoliated graphene：Preparation and their performance on the flame retardancy of epoxy resins [J]. Journal of Materials Chemistry A，2013，1 (23)：6822-6830.

[12] Xiong M N，Zhou S X，Wu L M. Sol-Gel derived organic-inorganic hybrid from trialkoxysilane-capped acrylic resin and titania：Effects of preparation conditions on the structure and properties [J]. Polymer，2004，45 (24)：8127-8138.

[13] Yang S，Lei P，Shan Y. Preparation and characterization of antibacterial electrospun chitosan/poly (vinyl alcohol) / graphene oxide composite nanofibrous membrane [J]. Applied Surface Science，2018，435：832-840.

[14] Wang Y，Wang B，Wang J. Superhydrophobic and superoleophilic porous reduced graphene oxide/polycarbonate monoliths for high-efficiency oil/water separation [J]. Journal of Hazardous Materials，2018，344：849-856.

[15] 王汝敏，郑水蓉，郑亚萍. 聚合物基复合材料 [M]. 北京：科学出版社，2011.

第二十一章
高分子微纳米成型技术

　　微纳米技术依赖于微纳米尺寸的功能结构和固件。功能结构微纳米化不仅节省了原材料和降低生产成本，而且多功能化高度集成。微纳米技术推动了科技的进步，中国也迎来微纳米技术产业的蓬勃发展。功能结构微纳米化的基础是先进的微纳米加工成型技术。本章介绍的微纳米加工成型技术包括高分子纳米压印技术、高分子溶液和分散液雾化喷墨技术、高分子冷冻干燥技术、高分子静电纺丝技术以及高分子激光直写加工技术。

第一节　高分子纳米压印技术

　　压印技术的灵感或许应该追溯到中国古代的印刷术。早期纳米压印利用模板印刷的概念，将具有纳米尺度图形的模具以机械力直接压向涂布高分子光刻胶的基板上，然后在热、光等能量的作用下按 1∶1 的比例进行图形的成型复制。纳米压印制图（nanoimprint lithography，NIL）技术是 S. Chou 博士 1995 年在美国明尼苏达大学纳米结构实验室开发的。目前，对于复杂的图形，纳米压印可以实现小至 30nm 尺度的精确复制。而对于离散孔、岛等较简单的图形，则可实现近 10nm 尺度的成型复制。由于其突出的成型分辨率，纳米压印自 2003 年起列入了国际半导体技术路线中，开始受到工业界的广泛关注。作为纳米尺度的图形化技术之一，纳米压印不受光学式光刻衍射板的限制，具有加工分辨率高、速度快以及成本低廉的特点，可应用于集成电路、生物芯片、超高密度盘片、光学组件、有机电子学、分子电子学等领域，2004 年曾被 MIT Review 誉为"可能改变世界的十大未来技术"之一。

　　纳米压印的主要工艺要素包括纳米尺度图形模板、阻蚀胶（图形复制转移层）、基材（最终的纳米成型受体）、成型的外部诱导能量、压印控制方式（装备）等。图 21-1 所示是纳米压印光刻工艺，通过模板将图形转移到聚合物薄膜衬底上，通过热压或紫外线固化的方法保留下转移的图形，从而实现微纳米结构的制造。根据压印方法的不同，NIL 主要可分为热纳米压印、紫外固化纳米压印和微接触纳米压印三种。

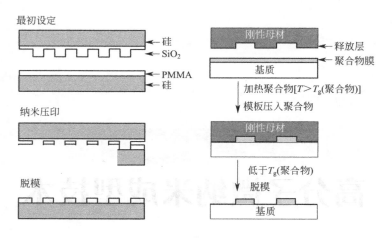

图 21-1　纳米压印光刻工艺

一、热纳米压印技术

热纳米压印技术（hot embossing lithograph，HEL）是指在压力作用下使硬模板上图形转移到已加热到玻璃态的热塑性聚合物中的压印技术，由于这一过程聚合物必须加热到玻璃化温度以上，所以称这一过程为热压纳米压印技术。

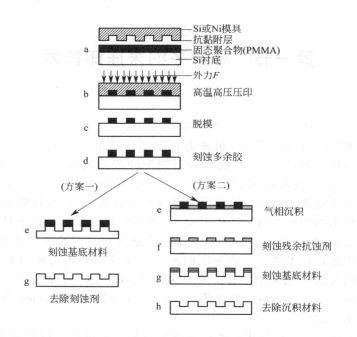

图 21-2　热纳米压印工艺流程
（包括四个主要步骤：加热、成型、冷却和脱模）

1. 热纳米压印技术工艺及特点

如图 21-2 所示，热纳米压印工艺如下：首先，利用电子束直写技术制作具有纳米尺寸图案的 Si 或 SiO₂ 模板，在衬底上均匀涂覆一层热塑性高分子光刻胶（通常以 PMMA 为主要材料），加热到玻璃化转变温度以上（110℃），利用机械力将模板压入高温软化的光刻胶层内，并且维持高温、高压一段时间，使光刻胶成型之后，释放压力使模板与衬底脱离。但是热压印技术需要高温高压，会使整个压印系统产生很大的变形。同时，该工艺采用的是硬质模具，无法消除模具与衬底之间的平面度误差。此外，模板在高温条件下，表面结构或其他热塑性材料会有热膨胀的趋势，这将导致转移图形尺寸的误差且增加了脱模的难度，这也是热固化压印的最大缺点之一。

热压印可以进行多种材料的结构制造，如生物分子、共聚物、导电聚合物、荧光聚合物等。另外，热压印技术的微结构制造能广泛地应用与于微电子器件、光器件和电子器件等，目前采用该复型技术制造能达到的最小图形特征尺寸为 5～30 nm。

2. 热纳米压印技术新进展

热纳米压印工艺主要包括板对板（P2P）、卷对板（R2P）和卷对卷（R2R），此种工艺满足了制备大面积图案化聚合物膜的需求。P2P 压印的过程如图 21-3（a）所示，是压印工艺中最传统的方法，其精度高和可控性好，但也是一种不连续的分批方式，具有效率低、变形力高和复制面积小的缺点。R2P 有基板上滚动圆柱模具［图 21-3（b）］和平模上滚动光滑卷［图 21-3（c）］两种模式。R2P 工艺压印区域可以从几十平方厘米增加到几平方米。与 R2P 工艺相比，R2R 压印的特征是两个卷之间夹有聚合物膜，如图 21-3（d）所示，用于制造连续和高产量图案化聚合物膜。

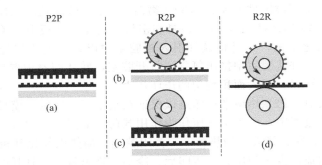

图 21-3　微型热压印的三种模式
(a) P2P；(b) R2P-卷模；(c) R2P-平模和光滑卷；(d) R2R

(1) P2P 热纳米压印

P2P 是一种相对成熟的技术，仍然存在一些尚未解决的问题，例如加热和冷却的循环时间长以及均匀性低，尤其是在成型区域较大时。为了解决这些问题，在 P2P 压印中引入橡胶垫、超声波振动和气压。

橡胶辅助压印：将热塑薄膜压在硬模具表面和橡胶垫之间。作为软的辅助工具，橡胶垫会在硬模具表面上适度变形，实现从硬表面转移。

超声波辅助压印：超声波振动在热压印中用作辅助加热源。图 21-4（b）为超声辅助压印的原理。超声能量通过主模具和塑料板界面间的分子间摩擦转化为热量，足以熔化热塑性聚合物并使材料流填充界面。与图 21-4（a）中的传导或对流传热相比，超声加热更为有效，通常仅需 1～2s。此外，在脱模步骤中，超声振动还有利于模具从压印材料上脱模。

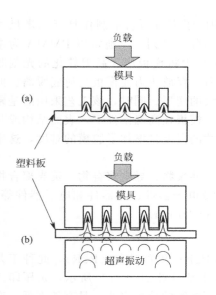

图 21-4 超声辅助 P2P 热纳米压
印的原理和实验装置
(a) 常规 P2P 热压印的示意图;
(b) 超声辅助 P2P 热压印的示意图

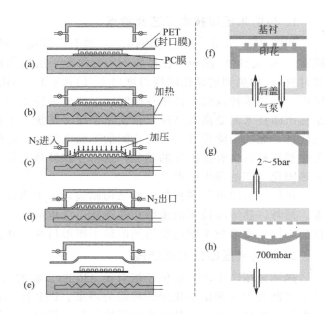

图 21-5 气体辅助热纳米压印工艺的示意图
(a) 材料准备;(b) 加热;(c) 气体加压;(d) 冷却和排出气体;
(e) 打开腔室;(f) 形成邮票内腔;(g) 抽气和压印;(h) 脱模

P2P 热纳米压印的负载力通常由液压驱动单元或主轴驱动器施加。特别是当模具区域较大时,难以保证在整个压纹区域上模具和聚合物箔之间的均匀接触。如图 21-5 (a) ~ (e) 所示,首先将 PC 膜放在加热板上,并将模具和密封膜放在加热板上。关闭腔室后,加热盘管将堆叠器加热以软化基板,并且将氮气引入到腔室中以在膜上均匀地产生压印压力。之后,冷却模具和基板,并从腔室中排出氮气。打开腔室,并从腔室中取出 PC 基板。通过使用气体作为增压剂,可以实现大面积均匀的压印压力。

当模具区域较大时,P2P 热纳米压印难以保证在整个压纹区域上模具和聚合物箔之间的均匀接触。压印成型过程中,引入了气压作为作用载荷。如图 21-5 (f) ~ (h) 所示,首先先后将 PC 膜、模具和密封膜放在加热板上,关闭腔室,加热以软化基板,再将氮气引入到腔室中以在膜上均匀地产生压印压力。压印后,冷却、排出氮气。打开腔室,并从腔室中取出 PC 基板。通过使用气体作为增压剂,实现大面积均匀的压印。

(2) R2P 热纳米压印

与 P2P 不同,在 R2P 热纳米压印过程中,聚合物基材的成型和脱模步骤是连续的,而且其物质流动行为和成型理论更加复杂。在 R2P 压印中,建立赫兹接触压力分布和 Navier-Stokes 方程的分析模型,能预测聚合物流的空腔填充的复制率与过程控制参数(压印压力和滚动速度)的关系,并且能推导填充时间的理论模型。例如,在给定的压力和卷温度的条件下,以 0.1 mm/s 的卷扫描速度完成了对 1 mm 厚的聚对苯二甲酸乙二醇酯样品的完全填充,而对于 100 μm 厚的环烯烃样品则以小于 2 mm/s 的速度完全填充,在整个表面积上具有更好的复制均匀性。

(3) R2R 热纳米压印

R2R 微型热纳米压印工艺是真正的连续处理模式,可以将微结构图案从卷模转移到基材上。工艺参数,例如卷的温度、施加的压力、进给速度等对微结构的可成型性有很大影响。如图 21-6 所示,不同的条件下制备的 R2R 压印微图案是不同的。另外,为了了解 R2R

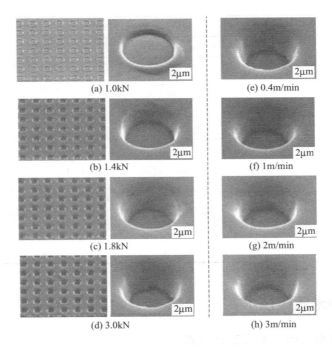

图 21-6　在不同条件下制作的 R2R 微型热压印微图案
(a) ~ (d) 不同的施加载荷；(e) ~ (h) 不同的卷速

压印的机理，已经开发了分析和数值模型来模拟压印过程。

　　针对热塑性聚合物热纳米压印过程中的一些最重要的成果，表 21-1 总结了通过 P2P、R2P 和 R2R 压印工艺制造的特征几何形状、特征尺寸，包括横向尺寸和高度、长宽比以及微特征的材料。

表 21-1　不同热压印制造方法之间的比较

压印模式	几何特征	尺寸特征			
		宽	长	长宽比	材料
P2P	长方形	0.5/20	1/25	2/1.25	PVC/PS
	通道	70/50/100/100	40/30/100/50	0.57/0.6/1/0.5	PMMA
	空洞	0.071~0.98	0.296	0.3~4.17	PMMA
	线性特征	100/1.6	71/1	0.71/0.63	PMMA/PS
	金字塔阵列	50	35.5	0.71	PMMA
	通道	100/50	37/100	0.37/2	COC
	金字塔	100~530	260	0.49~2.6	PMMA
	微透镜	150	35.88/25.15	0.24/0.17	PC
	纳米柱	0.1/0.48	0.26/4.7	2.6/9.79	PC/PMMA
	引脚排列	0.11	0.37	3.7	PMMA

压印模式	几何特征	尺寸特征			
		宽	长	长宽比	材料
R2P	线性特征	0.07/0.8~5	0.04/1	0.57/0.2~1.25	PMMA/PET
	方形图案	200	95	0.48	PC
	纳米柱	0.0283	0.0559	1.98	PC
	通道	50/100	25/30	0.5/0.3	PVC/COC
R2R	通道	95/50/100	30/30/18	0.32/0.6/0.18	COC/PMMA/PMMA
	线性特征	20~230/0.4/25	25/0.3/26	0.11~1.25/0.75/1.04	PEN/PMMA/PVC
	孔	0.5	1	2.00	COC
	微透镜	210.4/1	12.89/0.159~0.196	0.06/0.159~0.196	PC/CA
	锯齿	30	30	1.00	PMMA
	点图案	10	8	0.8	PET

二、紫外固化纳米压印技术

1. 紫外固化纳米压印技术工艺及特点

使用热压印技术进行三维结构压印时，光刻胶必须经过高温、高压、冷却过程，压印产品图案的变形现象往往会产生在脱模之后。为解决此问题，Bender Emily M. 和 Karl Otto Götz 提出一种在室温、低压环境下利用紫外线固化高分子的压印光刻技术，其工艺过程如图 21-7 所示，前处理与热压印类似，其图案模版材料必须采用能使紫外线穿透的石英。在硅基板涂布一层低黏度、对 UV 感光的液态高分子光刻胶。在模板和基板对准完成后，将模板压入光刻胶层并且照射紫外线使光刻胶发生聚合反应硬化成型，然后脱模、进行刻蚀基板上残留的光刻胶，即可完成整个紫外硬化压印光刻的工艺过程。

紫外固化纳米压印技术与热纳米压印技术相比不需要加热，可在常温下进行，避免了热膨胀，也缩短了压印的时间；掩模板透明，易于实现层与层之间对准，对准精度可达到 50nm，适合半导体产业的要求。但紫外线固化纳米压印技术设备昂贵，对工艺和环境的要求也非常高。

2. 紫外固化纳米压印技术设备

R2R 紫外固化纳米压印技术因其低成本、高产量和大面积图案化的优点而吸引了学术界和工业界对连续制造微/纳米结构的研究兴趣。典型的 R2R UV 压印系统具有五个主要组件：退卷单元、分配单元、成型单元、紫外照射单元和缠绕单元，如图 21-7 所示。退卷单元用于从卷上退绕基材并将其对齐，以便可以进行抗蚀剂涂层；分配单元是将紫外线固化树脂涂覆到柔性基板上，通过改变喷射压力、针头尺寸、树脂黏度或基材的进料速度来控制树脂厚度。一旦树脂涂覆的基材到达成型单元，张紧的基材就将树脂推入图案化的卷模板上的空腔中。同时，紫外灯照亮接触区域并固化卷模腔内的树脂。最后，卷绕卷将基板对齐并将其卷绕到另一个卷上。

3. 紫外固化纳米压印技术新进展

下面从创新的方法方面对 R2R 紫外固化纳米压印技术的最新进展进行了介绍。此方法涉及的典型过程包括电流感应成型压印、电磁场辅助的磁性软模光固化压印、气体辅助压印

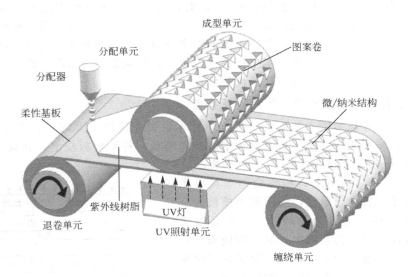

图 21-7　典型 R2R UV 压印系统的示意图

以及一些其他压印工艺。

（1）电流感应成型压印

由于紫外线固化树脂为液态，并且可以与导电材料混合，因此已使用电力来改善紫外线光刻中树脂的可成型性。利用介电电泳力从可紫外线固化的聚合物中制造凹面微透镜阵列，能得到光滑的聚合物表面。

（2）电磁场辅助的磁性软模光固化压印

与电力类似，磁力也可以很容易地控制。通过将 UV 固化成型技术与反向压印成型技术和电磁场辅助软模压印技术相结合，利用电磁压印机制能解决与压印压力和控制不均匀相关的问题；相同位置磁倾角与磁压印成型之间的关系可以利用电磁场辅助磁性软模具的光固化压印技术。

（3）气体辅助压印

使用气囊的压力将聚二甲基硅氧烷（PDMS）模具上的微结构构图到涂有光刻胶的基材上，能防止压力分布不均和模具变形，将安全气囊放入滚轴模具中，能够在压印过程中提高压力均匀性和压印精度。

（4）其他压印工艺

在传统的紫外固化纳米压印制造的聚合物膜总是在基底上留下残留层。为了解决这个问题，衍生出新的压印工业。采用逆向压印技术在紫外固化过程中将基材压在模具上以实现图案从模具到基材的转移，同时利用滚子反转压印（RRI）工艺不仅能测试该工艺的实验装置而且能制造大面积的微结构；利用反向压印工艺将旋涂在硬质模具上的聚合物层转移到基材上，能实现三种图案转移模式，即压印、上墨和整层转移。除了以上压印工艺，还有其他的一些创新的压印设计，例如使用超声波制造表面浮雕塑料扩散器以评估工艺参数对扩散器表面微观结构质量的影响。

三、微接触纳米压印技术

微接触纳米压印技术是由 Whitesides 等于 1993 年提出的。采用硅片制作基板，将液态的 PDMS 涂于其上，当 PDMS 凝结成弹性固体时，可以将其揭下作为模板，将表面涂有硫醇试剂的模板压在带有金属表面的硅片基板上，由于硫醇与金属表面起反应形成一层高度有序的薄膜称为自组装单层，即可复制模板上的图案并对其做后续处理。此方法可进行 50 nm 结构的复制工作，有效降低压印成本，提高工作效率，特别是一版多印，即用一个模板又可以完成多次印刷，这是微接触印刷法的优势所在。

1. 微接触纳米压印技术的工艺流程及特点

微接触纳米压印技术的工艺流程如图 21-8 所示，首先使用 PDMS 等高分子聚合物作为掩模制作材料，采用光学或电子束光刻技术制备掩模板；将掩模板浸泡在含硫醇的试剂中，在模板上形成一层硫醇膜；再将 PDMS 模板压在镀金的衬底上 10~20 s 后移开，硫醇会与金反应生成自组装的单分子层自组装单层，将图形由模板转移到衬底上。后续处理工艺可分为两种：一种是湿法蚀刻，将衬底浸没在氰化物溶液中，氰化物使未被自组装单层单分子层覆盖的金溶解，这样就实现了图案的转移；另一种是通过金膜上自组装的硫醇单分子层来链接某些有机分子实现自组装。此方法最小分辨率可以达到 35 nm，主要用于制造生物传感器和表面性质研究等方面。

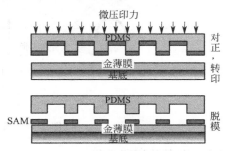

图 21-8　微接触压印光刻工艺过程

微接触纳米压印技术相比较于其他压印技术最大的优势在于模具尺寸大、生产效率高，其使用 PDMS 作为压印模具能够有效地解决压印模具和硅片之间的平行度误差以及两者表面的平面度误差的问题。但是正因为 PDMS 模具良好的弹性，在将涂于模具表面的硫醇转移到抗蚀剂表面时会发生模具和抗蚀剂之间的相对滑动，导致被转移图形变形和缺损。

2. 微接触纳米压印技术新发展

(1) 微接触印刷刺激响应聚合物图案

微接触印刷是一种用于对大面积表面（平面和曲面）进行构图的有效技术。该技术的原理很简单，可与使用橡皮图章在纸上打印墨水相媲美。在某些特定的研究中，处理低表面能成分后，将刚性硅用作印模支撑，以减轻打印过程中材料的变形。首先，将 PDMS 印模用油墨分子溶液浸渍，然后将其与基材接触。微接触印刷法方法需要能与金属直接分子接触的印模和能与金属充分牢固结合的油墨。该技术的主要优点之一是可以通过微接触印刷法方法沉积多种墨水分子。

要生成具有图案的表面，可使用微接触印刷法直接打印引发剂或打印非引发剂衍生物，然后用引发剂前体回填。这些方法主要是为了产生图案化的聚合物刷而执行的。例如，研究者创建自立式 Au-聚（甲基丙烯酰氧基乙基三甲基氯化铵）刷双层物体，量化了存在于刺激响应型聚电解质刷中的机械应力；利用连接引发剂分子的方法，将 ω-溴乙基三氯硅烷引发剂成功地连接到金表面分子的羧酸末端，有效地实现了将聚（N-异丙基丙烯酰胺）（PNIPAAm）扩增到图案化的聚合物刷中。

(2) 微接触印刷法对颗粒表面功能化

光刻方法通常无法以精确的方式对曲面进行功能化，而微接触印刷法是一种具有弹性 PDMS 压模的方法，可用于对粗糙或曲面进行构图。例如，利用 Janus 粒子的多面性，将具有不同单分散着墨的聚合物微粒放置在 Janus 颗粒的上部，以在环氧开环反应后获得双功能 Janus 颗粒，另外，将聚甲基丙烯酸缩水甘油酯-二乙烯基苯共聚物微粒通过三明治微接触印刷法与 ATRP 结合在一起成功制备了三官能的 Janus 微粒。

第二节 高分子溶液和分散液雾化喷墨技术

喷墨打印 (ink jet printing) 作为一种计算机数据输出以及将产品出厂日期等信息直接打印到产品表面的图形印刷技术早已被人们熟知。近年来，由于塑料电子学（主要研究以塑料等高分子材料为衬底和主要组成材料的电子器件及其应用）的飞速发展，喷墨打印法成为一种微纳米图形制作技术。随着高分子发光材料与有机发光二极管以及高分子材料场效应晶体管的研制成功，塑料取代硅制作电子器件一步步从梦想变为现实。由于构成晶体管的主体材料是高分子聚合物材料，高分子材料可以呈液态溶剂状态存在，因此可以通过喷射液滴的方法直接沉积到衬底表面，使喷墨打印法直接生成电路图形成为可能。

一、喷墨技术的原理及特点

喷墨打印基本有两种实现方式：一种是连续喷墨，另一种是随机喷墨。连续喷墨打印的基本原理是：墨液由压电驱动器推压从液槽中以连续液流形式喷出，在重力场作用下连续液流变成断续液滴，通过电荷加载系统使这些液滴带上电荷，然后通过偏转电极将其引导落在打印表面指定位置。这种喷墨打印方式又称为连续带电偏转方式。连续喷墨又分为单路连续喷墨和多路连续喷墨，其工艺流程图分别如图 21-9（a）和（b）所示。单路连续喷墨一般用于高速打印，且介质材料广泛。但是单路连续喷印存在着分辨率比非连续喷墨式的低、没有墨路回收装置会造成一定程度的墨水浪费、耗材成本较高等局限。多路连续喷墨（即循环墨路系统）主要是带电的墨滴从喷嘴里喷出后，根据图像信号决定是到达介质，还是进入回收系统内再使用。多路连续喷墨喷印速度高，适用性广泛，系统稳定，喷头寿命比非连续式喷墨喷头长，印刷质量、化学性质稳定。但也存在着系统维护费用较高、分辨率低、采用墨水黏度在 $3 \sim 6$ cP（厘泊）（1cP$=1$mPa·s）之间、范围较窄等缺点。

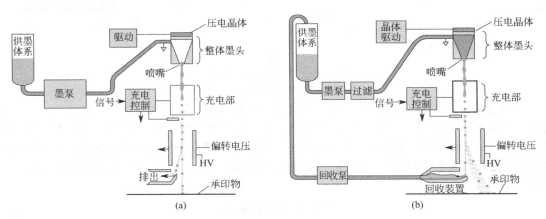

图 21-9 单路连续喷墨工艺（a）和多路连续喷墨工艺（b）

随机喷墨是直接产生液滴并将液滴喷射到打印表面，液滴可以根据需要产生，因此一般叫作按需喷墨。按需喷墨方法可以根据喷墨头的驱动方式不同再分为压电驱动喷墨和热驱动喷墨。图 21-10（a）和（b）分别是热驱动喷墨的两种形式——侧喷型和顶喷型的喷墨工艺。通过加热膨胀对液体产生挤压，形成液滴喷射。喷出液滴的数量与控制热信号频率一致，因此喷墨液滴是按需产生的。与热驱动类似，只不过是通过控制压电晶体的膨胀与收缩，墨槽中的墨液以单个液滴形式喷出。不论是压电驱动还是热驱动都能产生高速喷射的液滴，喷射速度可达 5～10 mg。压电驱动喷墨可分为三类，分别是弯曲型、剪力型和推挤型，其工艺如图 21-11 所示。弯曲型的工作原理是：当压电陶瓷承受控制电路所施加的电压，产生收缩变形，但受到振膜的牵制，因而形成侧向弯曲挤压压力舱的液体。在喷嘴处的液体因承受内外压力差而加速运动，形成速度渐增的突出液面，最终达到喷墨效果。剪力型：由陶瓷片、电极等组成，当压电陶瓷片承受控制电路所施加的电压，产生收缩变形，喷嘴处液体受压喷出。而推挤型则是与弯曲型类似，但是它的陶瓷片纵向平行排列，受控制电路所施加的电压推挤制动器，液体受压喷出。

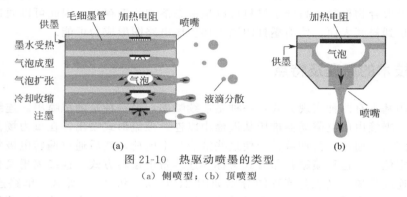

图 21-10　热驱动喷墨的类型
（a）侧喷型；（b）顶喷型

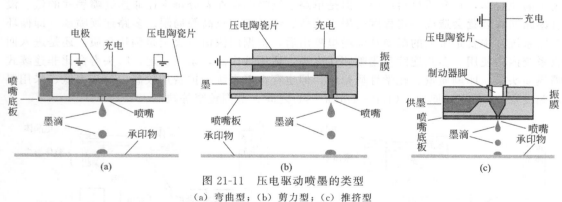

图 21-11　压电驱动喷墨的类型
（a）弯曲型；（b）剪力型；（c）推挤型

　　连续带电偏转喷墨打印的装置简单、成本低，但形成的液滴较大，直径一般在 50～500 μm 左右，所以连续带电偏转喷墨打印一般用在产品出厂日期打印等场合。按需喷墨打印的分辨率决定于喷墨头的喷嘴尺寸、墨液的黏度和表面张力等因素。喷嘴直径一般在 10 μm 左右，但形成的液滴直径总是要大于喷嘴的直径，一般为喷嘴直径的两倍。如表 21-2 是热驱动和压电喷墨技术的对比。

表 21-2　喷墨技术对比

热驱动喷墨技术	压电喷墨技术
墨水较浪费或需要回收	需要时喷墨，墨水不浪费
墨滴行程长	墨滴行程短
印刷质量较差	印刷质量高

热驱动喷墨技术	压电喷墨技术
可适印于粗糙不规则表面	适印于平整光滑表面
受限于热传导速度	压电陶瓷反应速度快
反应速度慢，打印较缓慢	反应速度快，打印迅速
无法控制墨滴大小	可控制墨滴大小提升质量
具高温，墨水品质较不稳定	无高温，墨水品质稳定
具高温，墨盒质量较不稳定	无高温，墨盒质量稳定
墨水色素较不容易寻求	墨水色素较容易寻求
电子驱动较为简单	电子驱动较为复杂
体积较小	体积较小
需更换喷头	不损伤喷头

二、喷墨技术中对高分子溶液和分散液的要求

除了喷墨打印头本身的设计之外，要成功地实现高分辨率喷墨打印，一方面取决于喷墨液体的性质，另一方面取决于被打印表面的性质。喷墨液体必须有足够低的黏度，以保证能够顺利从喷嘴喷出形成液滴；喷墨液滴必须能够迅速在打印表面干燥并形成牢固附着，但又不能在喷嘴口处干燥，形成对喷嘴的堵塞；喷墨液滴在打印表面应保持液滴的原来直径而不过分扩散增大。最终实现高分辨率喷墨打印的途径是缩小喷嘴尺寸，但喷嘴做得太小会导致液体的喷出阻力大大增加。解决的办法是不用挤压喷射的途径，而是用静电场将液滴拉出，这就是所谓的 E-jet 打印方法。

喷墨打印只是一种制图手段，所制作图形的结构功能则完全取决于所沉积的材料。为了能够进行喷墨打印，这些材料必须能够形成液态，并且具有较低的黏度。某些高分子材料可以直接溶于有机溶剂稀释成为喷墨材料。无机材料如陶瓷或金属可以研磨成粉末，然后与胶合液体混合形成流体状态作为喷墨材料。纳米粒子或碳纳米管都可以用这种方式制成喷墨打印的液体。喷墨打印法是对传统光刻微加工技术的补充，它虽然没有光学曝光方法的高分辨率，但它的低成本与无掩模直接沉积图形的优点使这种技术成为制作大面积、大批量高分子电子器件的首选加工技术。

三、高分子溶液和分散液雾化喷墨技术新发展

1. 喷墨打印制备有机半导体/绝缘聚合物共混物的有机晶体管

可喷墨打印的墨水材料应具有足够多的特性（即表面张力、溶剂蒸发速率和溶解度），以便在喷嘴孔口成功喷射，然后在蒸发过程中溶剂被扩散和干燥。由于有机半导体的溶解度相当有限，并且在喷嘴孔口处可能发生结晶，因此添加绝缘聚合物可以增强喷射性能，尤其是在有机场效应晶体管的活性层中使用有机半导体/绝缘聚合物共混膜时喷射性能更好。这种混合方法对于降低材料成本、增强力学性能、减少加工步骤和提高设备稳定性非常有用。

半导体/绝缘聚合物共混物薄膜的相分离较为复杂，并且可能受热力学和动力学参数的影响。

在喷墨印刷中，由于印刷液滴是流动的动态变化，难以实现聚合物/聚合物共混物的垂直相分离。然而，使用半导体/绝缘聚合物共混物制造有机晶体管中的活性层具有独特的优点。例如，聚（十二烷基四噻吩-alt-十二烷基苄基噻唑）（PQTBTz-C12）/PS 共混物溶液具有很好的长期稳定性。通过用环己烷蚀刻富含 PS 的区域形成岛状结构域的连续相，实现

了相分离，而后通过固化 PQTBTz-C12，将 PQTBTz-C12 底层挤出到 PS 区域中，从而导致形成双相分离的结构（垂直和横向）。

2. 喷墨打印制备导电聚合物薄膜机光电器件

喷墨打印作为一种新兴制膜技术，利用压电原理将电子墨水喷涂在基底上，然后退火沉积成膜，得到有机器件中的有机薄膜。除了成本低廉，喷墨打印方法有其他几个独特的优势。首先，由于液滴可以下落的距离相对较长，该模式质量不再受限于光学系统的焦深；其次，使非平面的表面图案化成为可能；再次，可以在柔性基底上低温微加工，如纸、塑料等；最后，喷墨打印可处理各种易溶或易分散的材料，如金属、有机半导体材料等。喷墨打印最有吸引力的优势是通过数字系统控制驱动的方式直接地控制生产，可以通过按需喷墨的沉积方式减少材料的浪费。

(1) 喷墨打印 PEDOT：PSS 薄膜

PEDOT：PSS（聚 3，4-乙烯二氧噻吩、苯乙烯磺酸盐）溶液作为良好的有机导电材料受到了广泛的关注与研究。纯的 PEDOT：PSS 溶液的黏度很大，远远超出了喷墨打印仪器对墨水的要求范围，见表 21-3。为了满足打印要求，需要稀释 PEDOT：PSS 溶液以降低其黏度，不同稀释剂中 PEDOT：PSS 溶液的成分和黏度变化如表 21-3 所示。另外，PEDOT：PSS 溶液的导电性对打印结果会有影响，常用的提高 PEDOT：PSS 薄膜导电性的方法是掺杂，如掺杂高沸点溶剂与表面活性剂等。

表 21-3　不同稀释剂中 PEDOT：PSS 溶液的黏度

稀释剂	成分	黏度(η)/(cP)
A	PEDOT：PSS	52
B	75% PEDOT：PSS＋25% H_2O	22.4
C	60% PEDOT：PSS＋40% H_2O	14
D	50% PEDOT：PSS＋50% H_2O	9.8
E	1：1 PEDOT：PSS/H_2O＋5% DMSO	11.3
F	1：1 PEDOT：PSS/H_2O＋5% DMSO＋1% 微/纳米结构	12
G	1：1 PEDOT：PSS/H_2O＋5% EG＋1% 聚乙二醇单辛基苯基醚	13.5

注：1cP＝1mPa·s。

(2) 喷墨打印的复合电极

PEDOT：PSS 可以通过旋涂、印刷等溶液法制备薄膜，有着良好的加工性能，易于实现低成本制膜。但是，在相同的条件下，PEDOT：PSS 薄膜的方阻要大于 ITO 薄膜，单独作为电极使用仍有一定局限性。采用新的途径以提升 PEDOT：PSS 的导电性，仍然是研究有机导电聚合物薄膜的发展方向。与高度导电的材料复合，以获得更多的导电通路，是提高 PEDOT：PSS 导电性的新方法。

基于喷墨打印制备的透明金属网格电极能够媲美 ITO 电极的导电性、透过率。因此，利用喷墨打印的金属网格同导电聚合物 PEDOT：PSS 复合是实现高透明导电薄膜的一个有效的方法。如图 21-12 所示，利用喷墨打印银纳米颗粒的网格并且优化了银网格间距和厚度，再结合不同电导率的 PEDOT：PSS 作为透明阳极能制备有机光伏器件。

除了高度导电的贵金属，新兴的碳基纳米材料，如碳纳米管（CNT）、石墨烯等，因具有优异的理论电导率、较高的透光性、良好的化学稳定性以及高度的柔性，其在透明电极领域应用前景广阔。将高导电性的富碳材料与导电聚合物复合，并结合喷墨打印工艺的优势，无疑是制备透明导电薄膜的良好选择。在这种结构中，导电高分子起着双重作用：作为黏合剂提高导电材料对基板的附着力，增强电极的耐用性，提供更多的导电通路，增强碳材料的导电性。

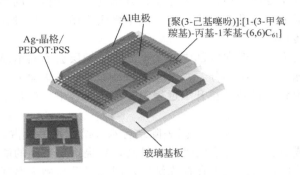

图 21-12　基于喷墨打印的银网格/PEDOT：PSS复合电极的有机光伏器件的结构

第三节　高分子真空冷冻干燥技术

真空冷冻干燥技术简称冻干，是真空与冷冻相结合的一门跨学科的新型干燥技术。冻干过程简单来讲，就是将物料中的水分在低温下冷冻成固态冰，然后在低压条件下使冰直接升华为水蒸气，从而达到物料脱水而干燥的目的。真空冷冻干燥因其独特的优势，在微纳米材料加工过程中具有重要的意义。

一、高分子真空冷冻干燥原理及特点

真空冷冻干燥（也称冷冻干燥）属物理发泡方法，是指将富含水的高分子物料预先在低温下将含水物料在冰点以下冷冻，使水分子凝固形成冰晶，在低温真空条件下，使凝结成冰的水分升华成水蒸气的形式除去，这种技术在很大程度上可保持物料原有的化学组成和物理性质。冰晶的形成与冷冻温度有较大关系，如果冻结的速度较慢或者冷冻温度较高时，自发成核的冰晶数目较少，而且形成的冰晶体积较大；较低的冻结温度和更快的冻结速度产生的冰晶核数目较多，但冰晶体积较小。因此，冷冻干燥固体物质主要剩留在冻结的冰晶之间的间隙区域，冻结形成的冰晶大小和分布的均匀性直接影响材料的结构，并且干燥过程中冰晶的升华将影响最终的孔隙形态。整个真空冷冻干燥过程可分为三个阶段：冷冻阶段、一次干燥阶段（升华阶段）和二次干燥阶段。一次干燥中，主要去除的是物料中的自由水或游离水，二次干燥中以升高物料温度去除结合水。

①　冷冻阶段：这个阶段的目的是将物料冻结，为升华干燥做准备。通常干燥物料中的水分并非纯水，所以冷冻阶段的最高温度需低于冻品的共晶温度或玻璃化转变温度。对于结晶型的溶液体系而言，在冷冻过程中，物料中的水开始结晶，溶液不断浓缩，当温度降低到一定值时，溶液中剩余的水和料液同时析出，形成共晶混合物，而这个温度就是共晶温度（也称共晶点）。不同的溶液有不同的共晶温度，一般多糖大分子的共晶温度在－20℃左右。共晶温度和玻璃化转变温度是冷冻干燥过程中非常重要的参数，它们将决定冷冻段物料所允许的最高温度。

②　一次干燥：一次干燥即升华干燥。冷冻物料一般在升华界面发生升华，冰晶升华后

留下泡孔，使下层的升华受阻。所以，干燥层是升华的水蒸气传递的最大阻力所在，并取决于冷冻阶段物料所形成的初始孔道大小。在一次干燥刚开始时干燥过程为传热控制，在之后很长一段时间里则为传质控制。

一次干燥过程是由周围逐渐向内部中心发生的。干燥层会不断增厚，升华热由加热体通过多孔的干燥层不断地传给冻结部分，在干燥与冻结交界的升华面上，水分子得到加热后脱离升华面，沿着细孔跑到物料外。在升华过程中，由于物料中的热量不断被升华耗损，还需要及时供给升华热来维持温度不变。

③ 二次干燥：即解吸干燥，通过脱附去除结合水，结合水一般占总水分的 $10\% \sim 35\%$，时间与一次干燥相同或更长。结合水的吸附能量高，要提供足够高的能量才能使它们从吸附中解吸出来，在这个阶段物料内也不存在冻结区，因此可升高搁板温度使产品温度升高，但必须低于其崩解温度，并在该温度下一直维持到干燥结束。为使水蒸气有足够的推动力逸出，应在物料内外形成较大的压差，因此这阶段压力一般在 $20 \sim 30$ Pa。

冷冻干燥使产品能在室温或较高的温度下长期保存，且质量轻、易运输，并且具有以下特点。

① 冷冻干燥的过程中样品的结构不会被破坏，因为固体成分被其位置上的坚冰支持着，在冰升华时会在干燥的剩余物质里留下孔隙。这样就保留了产品的生物和化学结构及其活性的完整性；

② 冷冻干燥工艺过程对蛋白质多肽组分的破坏程度小，热畸变极其微弱，对不耐热药物特别是蛋白质多肽类药品非常适合；

③ 冷冻干燥制品为多孔结构，质地疏松、较脆、复水性能好，重复再溶解迅速完全，便于临床使用；

④ 冻结物干燥前后形状及体积不变化；干燥后真空密封或充氮密封，消除了氧化组分的氧化作用。

当然，冷冻干燥也存在着缺点：设备造价高；工艺时间长（典型的干燥过程周期需要 20 h 左右）；生产成本高；能源消耗大；工艺控制的要求高。

二、冷冻干燥设备

冷冻干燥设备按系统分主要由制冷系统、真空系统、加热系统、控制系统、循环系统等组成，如图 21-13 所示。

冷冻干燥机按结构分，由冷冻干燥箱、真空水汽凝胶器、真空泵组、制冷压缩机、载热（冷）剂循环泵、制冷冷凝器、电磁阀、制冷系统膨胀阀、制冷蒸发器、电加热器、真空阀等组成，如图 21-14 所示。

冻干期间要控制的三个参数是搁板温度、腔室压力和时间。因此，需要合理地设计冻干剂以管理所有这些加工条件来获得良好的冻干物。冻干设备必须保持从真空到大气的压差，在低压大气中运行，然后促进水升华。典型的托盘式冻干机原理如图 21-15 所示。

三、冷冻干燥的分类

一般的冷冻干燥将聚合物溶液或者乳液冷冻成冰后，然后抽真空使溶剂升华，最后得到具有多孔结构的聚合物材料。因此，按体系形态不同可将冷冻干燥分为溶液冷冻干燥和乳液冷冻干燥两种方法。

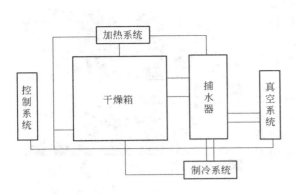

图 21-13　冷冻干燥机系统（一）

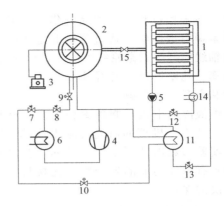

图 21-14　冷冻干燥机系统（二）

1—冷冻干燥箱；2—真空水汽凝胶器；3—真空泵组；
4—制冷压缩机；5—载热（冷）剂循环泵；6—制冷冷凝器；
7，8，12，13—电磁阀；9，10—制冷系统膨胀阀；
11—制冷蒸发器；14—电加热器；15—真空阀

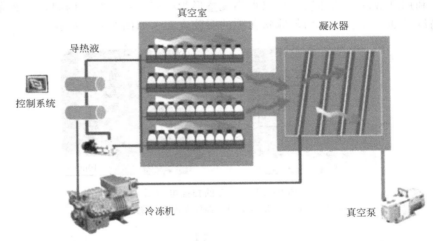

图 21-15　托盘式冻干机原理

1. 溶液冷冻干燥

溶液冷冻干燥是将聚合物溶液中的致孔剂水/有机溶剂除去，可以得到高孔隙率的多孔材料。由于其制备流程具有简单易操作、结构可控及材料选择空间大等特点，人们常采用这种方法制备聚合物多孔材料。例如通过调节纤维素溶液浓度，冷冻干燥能得到不同密度和不同力学性能的纳米复合多孔纤维材料（图 21-16）。除了利用天然高分子外，还可采用合成高分子进行冻干制备多孔材料。例如，冷冻干燥聚乙烯醇的水溶液，能得到有序规整"鱼骨"形貌的多孔结构，如图 21-17 所示，另外冷冻干燥聚苯乙烯（PS）的环己烷溶液及聚己酸内酯的二氯甲烷溶液分别能得到二维的基底和三维的多孔材料。

去除水的冷冻干燥是典型的溶液冷冻干燥技术。冻干过程包括两个主要步骤：冰晶的生长（冻结）和冰分子的升华（干燥）。当固态水在不通过液相的情况下转化为水蒸气时，就会发生升华。冻干过程中层状几何形状和超细纤维排列的可能形成机理模型如图 21-18 所示，一旦将纤维素悬浮液在稳态条件下冷冻，冰晶就会逐渐在与温度梯度相同的方向上生长，在平行于冻结的方向上形成定向的层状微结构。同时，纤维素颗粒被推入冰晶之间的空隙中。在干燥过程中，冰晶升华，形成冷冻状态的纤维素颗粒浓缩物。通过氢键和范德华力，保持沿纵向轴线向纤维素微原纤维压缩，形成纤维素重排。孔隙率、孔壁厚度和孔径主要受冻干压力、聚合物浓度和交联度的影响。

溶液冷冻干燥法制备聚合物多孔材料发展十分迅速，其冻干机理的研究已基本成熟，因此，精确控制实验参数以及不断探索新的聚合物材料来制备更多具有特殊功能的聚合物多孔材料是当前迫切需要解决的课题。

2. 乳液冷冻干燥

乳液冷冻干燥是利用聚合物的良溶剂和不良溶剂混合乳化聚合物，形成油/水或者水/油型乳状液，冻干可以得到孔形和孔径分布比较均一的多孔材料。同时，该方法能更好地调控聚合物材料的孔径大小

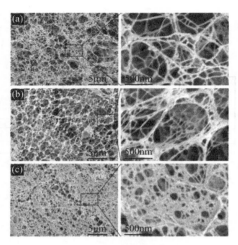

图 21-16　不同密度的纤维素泡沫扫描电镜图
(a) 7kg/m³；(b) 32kg/m³；(c) 79kg/m³

以及体积。利用乳液的特殊性质，可以得到规整形貌的聚合物材料。例如，乳液冻干法能制备孔结构高度贯通，并且具有均匀球状孔隙的明胶支架（如图 21-19 所示）。

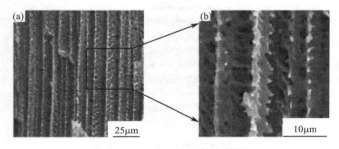

图 21-17　PVA 的扫描电镜图
（a）对齐排列的多孔结构；（b）高放大倍数下的类似鱼骨形貌

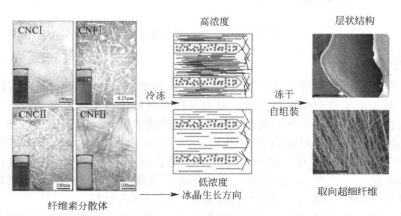

图 21-18　冻干过程中层状几何形状和超细纤维排列的可能形成机理

乳液冷冻干燥方法可用于生产极多孔的组织工程支架。该技术通过将聚合物溶液和水相的均质化而制备乳液，其中连续相是富含聚合物的溶剂，分散相为水，从而快速冷却乳液以捕获液体，并通过冷冻干燥消除溶剂和水（图 21-20）。通过这种方法获得的支架结构中有

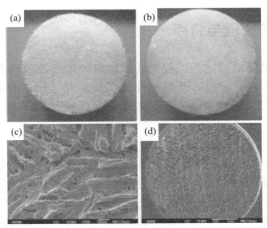

图 21-19　明胶支架的数码照片（a）、（b）和明胶支架顶部表面和内侧顶部（c）、（d）

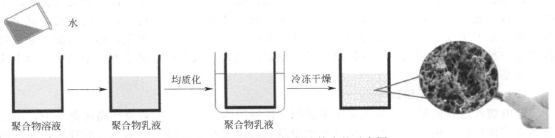

图 21-20　乳液冷冻干燥制造技术的示意图

两种类型的孔：大孔和微孔，可以通过除去水性溶剂来获得微孔，而由于在均质化步骤中微孔的聚结而产生大孔。溶液冷冻干燥技术的局限性涉及乳液的不稳定性，需要使用合适的表面活性剂。

　　聚合物溶液的特性（如浓度、黏度）和分散在系统中的水相数量，会影响孔隙率和孔径。通过增加连续相中的聚合物浓度，分散的水相会受到较高的剪切力，生产孔隙率较低、孔较小的材料。

　　乳液冷冻干燥法因制备步骤简单、操作可控性好而备受关注，但该方法制备聚合物多孔材料的影响因素却相当复杂。因此，在制备过程中还有很多问题有待更深入地研究。

第四节　高分子静电纺丝技术

　　静电纺丝（electrostatic spinning）是一种利用聚合物溶液或熔体在强电场作用下形成喷射流进行纺丝加工的工艺。近年来，电纺丝作为一种可制备超精细纤维的新型加工方法，引起了人们的广泛关注。理论上，任何可溶解或熔融的高分子材料均可进行电纺丝加工。目前世界上已成功进行电纺丝加工的聚合物超过 30 种，包括 DNA、胶原、丝蛋白等天然高分子，以及聚氧乙烯、聚丙烯腈、聚乳酸、聚酰亚胺、尼龙、聚乙烯醇、聚己内酯、聚氨酯等合成高分子。

一、静电纺丝技术的原理与特点

静电纺丝的过程可以简单描述为：首先在喷丝口处溶液被拉出表面，沿着直线运动，当运动到一定位置，进入非稳定阶段，开始呈螺旋摆动运动，同时喷射流被进一步拉伸细化。静电纺丝的过程可分为三个阶段：射流形成阶段和螺旋摆动不稳定阶段，纤维固化沉积阶段。

（1）射流形成阶段

在外加电场的作用下，聚集在喷丝口的聚合物溶液液滴的形状会变成锥形，称为泰勒锥（Taylor cone）。随着电场力的增加，泰勒锥逐渐变尖，当锥顶角到达一个临界值后，Taylor 计算出临界角的大小为 49.3°，液滴的相对稳定状态被破坏，锥顶表面分子受到足够大的电场力来克服表面张力，高分子溶液从锥顶喷射出来，形成一股喷射流。

（2）螺旋摆动不稳定阶段

纤维在运动过程中的受力主要有电场力、表面张力、重力和纤维内部黏弹力等。实际上喷丝过程中还有空气阻力、电荷排斥力等影响因素。随着喷丝的进行，溶剂的挥发，其中部分因素不断发生变化，喷丝表现出非稳定性。非稳定性是一种传递现象，即导致流动非稳定性的每一种模式可能起源于某一种或多种非稳定性模式，取决于射流速度、半径和表面电荷密度等基本参数。

（3）纤维固化沉积阶段

静电纺丝过程的最后一步是将纤维沉积在接地的收集器上。喷射流在高速振荡中，由于受到力的作用被迅速拉细，同时喷射流中的溶剂迅速挥发，最终形成纳米级的纤维，并以随机的方式散落在收集装置上。纤维的形态主要由沉积纤维的螺旋摆动不稳定性阶段决定。

总的来说，在电纺丝过程中，如图 21-21 所示，喷射装置中装满了充电的聚合物溶液或熔融液。在外加电场作用下，受表面张力作用而在喷嘴处保持的高分子液滴，在电场诱导下表面聚集电荷，受到一个与表面张力方向相反的电场力。当电场逐渐增强时，喷嘴处的液滴由球状被拉长为锥状，形成所谓的泰勒锥。而当电场强度增加至一个临界值时，电场力就会克服液体的表面张力，从泰勒锥中喷出。喷射流在高电场的作用下发生振荡而不稳，产生频率极高的不规则性螺旋运动。在高速振荡中，喷射流被迅速拉细，溶剂也迅速挥发，最终形成直径在纳米级的纤维，并以随机的方式散落在收集装置上，形成无纺布。

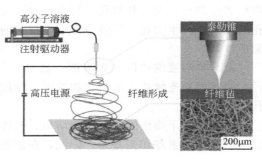

图 21-21　高分子静电纺丝过程

二、聚合物静电纺丝的影响因素

根据现有研究结果可以将影响纺丝的因素分类为装置因素、环境因素、溶液因素以及其他因素等四类因素。现将影响因素分述如下：

① 纺丝电压、接收距离等装置因素对纺丝过程的影响。一般来讲，随着电压的加强，电场强度也随之增强，纤维所受的电场力增加，纤维所受的拉伸强力增加，直接导致纤维的直径变小。但当电压超过某一临界值时，纤维直径变化开始没有规律，纤维直径粗细不均匀

程度会随之增加。当接收距离减小时，电场强力增加，拉伸效果明显，纤维直径变细。

②聚合物溶液浓度对纺丝效果的影响。溶液浓度是影响纤维直径最为直接的因素，对于同一种聚合物溶液，当纺丝溶液浓度较大时，纤维直径相应增大，但是浓度超过某一临界值时，溶液会堵塞针头，直接导致实验中断。

③溶液电导率和表面张力对纺丝效果的影响。溶液的电导率有助于溶液所受电场力增强，纤维被拉伸变细。溶液的表面张力与电场强力是一对斥力，因此在同样的纺丝条件下，溶液表面张力越小，越有助于泰勒锥射流的产生，得到的纳米纤维直径越细。环境因素对纺丝过程的影响较为复杂，纺丝湿度相比纺丝温度对纺丝效果有着更加直接的影响，环境湿度大时容易导致串珠形纳米纤维出现。

通过静电纺丝技术制备的纳米纤维，常规形态是表面光滑的纳米纤维结构，除此之外还有多种具备特定应用功能的微观形貌各异的纳米纤维被制备出来。如多孔结构纳米纤维、核壳结构纳米纤维、中空结构纳米纤维、卷曲结构纳米纤维、仿荷叶结构自清洁纳米纤维等。表21-4总结了静电纺丝过程中工艺参数对纤维直径和形貌影响的一般规律。

表 21-4　静电纺丝主要参数对纤维直径和形貌影响的一般规律

参数		纤维直径和形貌的变化
聚合物参数	分子量增加	纤维直径增加
	分子量分布增加	增加了串珠结构纤维形成的概率
	溶解性增加	高分子链更加舒展,相互缠结,利于纤维的形成
溶剂参数	挥发性增加	导致纤维产生多孔结构(溶剂挥发性过低,易得到扁平纤维,且粘连)
	导电性增加	纤维直径下降
溶液参数	浓度(黏度)增加	纤维直径上升(黏度过低,得到的是微球;黏度过高,则得不到连续纤维)
	表面张力增加	纤维直径上升,生成串珠结构增加
	导电性增加	纤维直径下降,但纤维直径分布变宽
过程控制参数	电压增加	纤维直径先下降,然后上升
	流速增加	纤维直径上升(但如果流速过大,生成串珠结构纤维)
	接收距离增加	纤维直径下降(接收距离过近,溶剂挥发不完全,纤维扁平或溶并)
环境参数	温度增加	纤维直径降低
	湿度增加	在纤维表面形成多孔结构
	空气流动增加	加快溶剂挥发,可能形成多孔纤维,同时使纤维直径上升

三、静电纺丝设备

静电纺丝的基本设备包括高压电源、喷丝头和接收装置，如图21-22所示。纺丝液通过注射泵从喷丝头中挤出形成小液滴，小液滴在高压电作用下变成锥形，在超过某一临界电压后进一步激发形成射流，射流在空气中急剧震荡和鞭动，从而拉伸细化，最终沉降在接收装置上。

高压电源提供产生纺丝液射流的高压电，电源的两极分别连接在喷丝头和接收装置。根据电源性质的不同，可分为直流和交流高压电源两种，都可用于静电纺丝。直流高压电在电纺过程中通常采用感应充电的方式，即将直流高压电直接接在喷丝头上，接收装置接地或反之。电压极性对纺丝过程影响不大，实验室多采用高压正电纺丝。交流电电纺可显著提高射流鞭动的稳定性，纤维变粗但有序性增加，同时也可在绝缘的接收装置上有较大的接收面积。但在纺丝过程中交流电频率不易调整（要考虑每次的实验条件：温湿度、溶液性质等）。

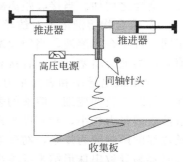

图 21-22　同轴静电纺丝装置

　　喷丝头的作用就是在纺丝过程中产生纺丝小液滴，提供射流激发位点。一般分为无针头和有针头两种不同的喷丝体系，其中针头体系根据针头数量和形式的不同，还可以进一步分为单头、同轴、并列、多头等不同的形式。无针头体系核心就是在自由基聚合物溶液表面形成大量射流激发位点。单针头最常见，根据需要可选择不同型号的针头。例如同轴针头，同轴电纺的一个优点在于可以突破单头体系的限制，将一些难以直接电纺的聚合物通过同轴电纺装置制备纳米纤维。另一个优势是通过将核层选择性移除，还可以制备中空纳米纤维结构。并列式针头体系是一种结构简单却易于实现功能化纳米纤维制备的喷丝头体系。它将不同的聚合物溶液通过紧密靠在一起的并列式针头同时进行射流激发，在电纺过程中平行射流融合，得到多根纤维互相连接的束状单根纤维，因此特别适合制备双组分聚合物纤维。

　　接收装置用于收集电纺纤维，常规接收装置主要包括平板、滚筒、间隔收集装置、转盘、金属丝鼓、凝固浴等；根据电纺丝过程中喷丝头及接收装置之间是否存在相对运动，又可分为静态接收和动态接收两种接收方式。

四、高分子静电纺丝方法

　　只要有机聚合物可以溶解在适当的溶剂中以获得纺丝原液，或者将其熔融而不降解，就可以应用于静电纺丝。为简单起见，我们分别将相应的方法称为溶液静电纺丝和熔体静电纺丝。

1. 溶液静电纺丝

　　与熔融静电纺丝相比，该方法更常用，并且纤维特性更好。当聚合物溶液的射流由于摆动不稳定性而被拉伸、拉长和变稀时，溶剂会迅速蒸发，导致射流凝固并在收集器上沉积固体纳米纤维。图 21-23（a）显示了从质量分数为 10% 的聚（乙烯基吡咯烷酮）（PVP）的乙醇溶液中静电纺丝的 PVP 纳米纤维的过程及扫描电子显微镜图图 21-23（b），分子量（M_w）约为 1.3×10^6，纳米纤维以非织造垫的形式沉积。

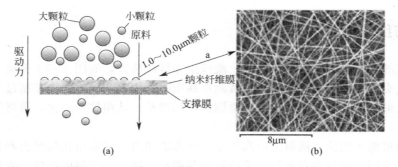

图 21-23　带有电纺纳米纤维膜的微滤系统示意图（a）及 SEM 图像（b）

　　已成功探索了 100 多种不同类型的有机聚合物用于溶液静电纺丝直接生产纳米纤维，包括天然和合成聚合物。其中，诸如聚苯乙烯和聚氯乙烯的合成聚合物已经被电纺成纳米纤维。大量的生物相容性和可生物降解的合成聚合物，例如聚己内酯、聚乳酸和聚乳酸-乙醇酸共聚物已直接电纺成纳米纤维，并进一步探索了其作为生物医学应用的支架。天然生物聚合物，例如 DNA、丝素蛋白、纤维蛋白原、葡聚糖、甲壳质、壳聚糖、藻酸盐、胶原蛋白和明胶，也已从其溶液中静电纺制成纳米纤维。导电聚合物，例如聚苯胺和聚吡咯已直接电纺成纳米纤维。其他类型的功能性聚合物（例如聚偏二氟乙烯）也已被静电纺制成纳米纤维，应用于压电/热电领域。

通常，静电纺丝聚合物溶液以及所得聚合物纳米纤维的结构和形态的成功制备取决于与聚合物、溶剂、聚合物溶液、加工参数和环境条件相关的一组参数。成功进行溶液电纺丝有两个要求：①足够高的聚合物分子量；②有合适的溶剂可溶解聚合物。聚合物的分子量对溶液的流变行为和电性能有重大影响。通常，由于有限的链缠结，降低分子量倾向于产生珠状而不是纤维结构。均相聚合物溶液的形成关键取决于溶剂的溶解度参数，但是具有高溶解度参数的溶剂并不一定会产生适用于静电纺丝的溶液。

常用的溶剂包括醇、二氯甲烷、氯仿、二甲基甲酰胺（DMF）、四氢呋喃（THF）、丙酮、二甲基亚砜（DMSO）、六氟异丙醇（HFIP）和三氟乙醇等。水介电常数高因此减弱了静电排斥，因此不利于静电纺丝。有时，可能有必要使用不同溶剂的混合物，以实现静电纺丝的最佳配方。

溶液静电纺丝过程中的加工参数（例如施加的电压、聚合物溶液的流速以及喷丝头与集电器之间的工作距离）可能会影响纤维的形态和尺寸。包括相对湿度和温度在内的环境条件也会影响溶液的静电纺丝。相对湿度影响溶剂的蒸发速率，从而影响射流的固化速率。较低的相对湿度有利于形成表面干燥的较细纤维。

将功能性聚合物与另一种可电纺聚合物混合是获得合适的电纺溶液的有效方法。为此，合成聚合物可以用作载体相，以极大地辅助电纺丝工艺来制造包含天然生物聚合物的纳米纤维。由聚合物共混物制成的纳米纤维由源自各个组分的功能的整合也可获得新功能。

2. 熔体静电纺丝

有些聚合物很难溶解在合适的溶剂中进行溶液静电纺丝，包括聚乙烯和聚丙烯。在这种情况下，可以直接将纤维从熔体中直接纺丝。图 21-24 显示了熔体静电纺丝典型装置的示意图。为了使聚合物在喷丝头中保持熔融状态，必须添加加热装置，例如电加热带、循环液和激光。

从喷丝板喷出后，由于射流与周围介质（通常是空气）之间的热传递，熔融射流冷却并固化以生成纤维。由于电液动力学效应，在电场存在下，传热速率可以大大提高。当喷丝头和集电器的尖端施加到由介电成分隔开的正电位上（熔融射流），保持施加的电压大于电晕起始电压但低于气隙击穿电压，产生的电晕电流能够扰乱射流和空气之间的热边界层，使传热速率增加 1 个数量级。与溶液电纺丝不同，在熔体电纺丝中，射流的搅动不稳定性得到了很大的抑制。这种差异在很大程度上使聚合物熔体比聚合物溶液电导率低并且比聚合物溶液的黏度高得多。结果，熔融射流上的表面电荷的密度较低，从而减轻了搅动的不稳定性。

仅一小部分可商购的聚合物已成功地用于熔融静电纺丝。作为前提，该聚合物必须具有玻璃化转变温度，并且必须在

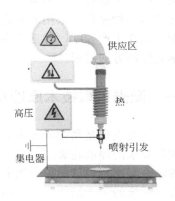

图 21-24 将聚合物熔体静电纺丝到静电收集器上的示意图

不涉及热降解的温度下熔融。因此，熔体静电纺丝不适用于热固性聚合物，蛋白质和热不稳定的聚合物。最常用的聚合物是热塑性塑料，例如 PP 和聚酯（例如 PU、PCL、PLA 和 PLGA）。特别指出，具有低熔点（T_m）的聚合物，例如 PCL，表现出良好的热稳定性和用于熔融静电纺丝的有利加工性。仅溶于特定溶剂的聚烯烃和聚酰胺也已通过熔融静电纺丝加工成纤维。已经熔纺的其他常见工业聚合物包括 PA6、PE、PMMA 和 PET 等。

聚合物熔体的静电纺丝性在很大程度上取决于其黏度和电导率。通过将降低黏度的添加剂添加到 PP 熔体中，所得纤维的直径从（35 ± 8）μm 显著减小至（0.84 ± 0.19）μm。增加电导率可以使射流更显著地拉伸，从而有助于形成更细的纤维。

加工参数也对熔体静电纺丝有影响。具体而言，聚合物熔体的流速一般较低（通常 $<0.1mL/h$），以生产超细纤维。喷丝板中熔体的温度也很重要。通过将温度升高到合适的范围，熔体的黏度和射流的冷却速率都可以降低以产生更细的纤维。施加电压和喷丝板到收集器的距离的最佳组合对于确保对射流的充分冷却也很重要。此外，当扁平收集器在固定喷丝头下方横向移动时，射流的形状会很大程度受到收集器移动速度的影响。

相比于溶液静电纺丝，熔体静电纺丝具有很多优点，比如，工艺的安全性和生产率比较高，具有精确控制纤维位置的能力；但也有一些局限性，比如难以生产直径低至纳米级的纤维。长时间加热还会导致聚合物降解，并且较高的加工温度可能不适用于药物或生物活性分子的加工，适用于溶液电纺丝的聚合物的数量远大于用于熔融电纺丝聚合物的数量。因此，在选择用于从有机聚合物生产纤维的静电纺丝方法（溶液与熔体）时，有必要全面分析聚合物的性能和目标应用。

第五节　高分子激光直写技术

激光直写（direct laser writing，LDW）加工技术就是让激光通过一定尺寸的光栅，直接通过成像系统聚焦到材料表面，通过自动控制载有材料工作台的运动，将设计好的计算机辅助图形通过烧蚀的方法复制到材料表面。该方法可以进行全三维空间加工，设计的微结构、微图案都有较大的柔性，可以实现打孔、线槽烧蚀、结构生成去除式、成型添加式、连接等多种微操作。采用激光直接写入加工法制造器件可以较大幅度地节约时间，简化制作步骤，提高生产效率，并逐渐向高速度、高精度、高适应性，可用于制作多功能化微结构微光学元件的方向发展。

一、激光直写技术原理及特点

激光直写是利用激光束对基体表面的抗蚀材料实施变剂量曝光，显影后在抗蚀层表面形成所要求的浮雕轮廓的过程。其基本原理是由计算机控制高精度激光束，在光刻胶上直接扫描曝光写出所设计的任意图形，从而把所设计图形直接转移到掩膜上。图 21-25 显示了激光直写系统的示意结构。它在功能上由四个部分组成：激光源和光束定向系统，计算机图形生成和控制系统（未显示）和现场监控系统。在计算机控制下，放置在运动平台上的材料被聚焦的激光照射，从而局部诱导材料特性变化，与未曝光的背景形成足够的对比，其中最重要的是改变某些溶剂的溶解度。图 21-26 显示了典型的通过激光直接写入技术在柔性 PI 膜上制造 Ag 微图案的方法。首先,通过旋涂在原始聚酰亚胺膜上制备分散有 Ag 纳米颗粒的膜。其次,通过物镜在该膜上扫描 Ar 离子激光束。接着,通过有机表面活性剂的局部热分解和 Ag 纳米粒子的融合,激光照射的区域转变为金属。最后,通过将其浸入甲苯中 60s 除去未辐照的区域,显影后在抗蚀层表面形成所要求的浮雕轮廓。

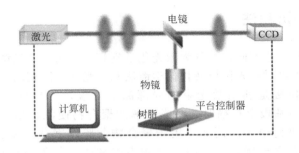

图 21-25　激光直写系统示意图

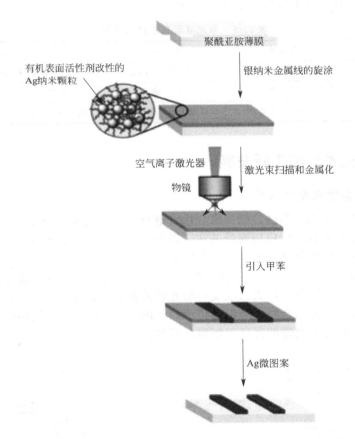

图 21-26　通过激光直接写入技术在柔性聚酰亚胺膜上制备 Ag 微图案

与传统制版技术相比,激光直写技术有如下特点:

① 布线精度高。利用计算机控制激光扫描轨迹能够得到所需布线图形;激光光束的直径可以细到微米级,易精确定位和控制。

② 成本较低,污染小。激光直写属无模布线技术,容易实现加成法制备线路板,节省

材料，减小了对环境的污染；技术设备的使用成本较低。

③ 适用范围广。已有在高分子绝缘基板（如环氧树脂）、陶瓷基板（如 Al_2O_3、ZrO_2、SiO_2 等）、金刚石、半导体材料等基板上，沉积 Cu、Pd、Ni、Gr、W 等金属和合金的实验技术。

二、激光化学气相沉积法

激光直写技术按照工艺不同，可分为激光化学气相沉积法、微光诱导液相化学镀法和激光诱导固相沉积法（不再对微光诱导液相化学镀法和激光诱导固相反应沉积法予以阐述）。

激光化学气相沉积法是利用激光束的局部高能效应，诱导反应气体发生化学反应，当激光束按一定路径在基板上扫描时，激光分解的聚合物便沉积出所需要的导电线图形。目前，该技术的相关研究很多。例如，用于聚合物薄膜图案化，制备具有分子取向的液晶聚合物薄膜，制备光学光栅，传声纳米结构不饱和碳，制备高度取向且结构周期性变化的纤维等。

各种激光直写布线技术与特点如表 21-5 所示。

表 21-5 激光直写布线技术与特点

激光直写方法	布线速度	布线厚度	特点
激光化学气相沉淀	每秒几十微米	小于等于 $1\mu m$	纯度高，工艺复杂，设备昂贵
激光液相化学镀	每秒几百微米	几个微米	纯度高，工艺较复杂，设备昂贵
激光诱导固相沉积	每秒几十毫米	取决于固体胶的厚度	纯度一般，工艺简单，设备便宜，成本低

三、高分子激光直写加工新发展

1. 加工的聚合物基光学器件

基于聚合物的无源光学器件，例如聚合物微谐振器、微透镜和波导耦合器，由于其在光通信、传感和成像领域的广泛应用而受关注。以下介绍使用激光直写技术设计和制造微谐振器及其作为微谐振传感器和微激光器的最新应用进展。

① 传感器微谐振器 微共振传感器，例如微环、微盘和微球具有波导结构，由于穿过的光会产生大量共振，因此可以大大改变传输光谱的波长。激光直写技术通常用于制备各种结构中具有高质量因子的聚合物微谐振器传感器。图 21-27 显示了利用熔融石英基板黏结到底部涂有光刻胶样品台上制造的微环谐振器传感器。

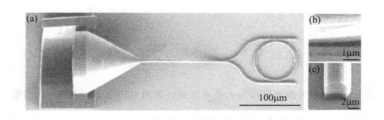

图 21-27 （DL）DLW 共振微环的 SEM 图

② 激光直写技术的另一个应用是在微激光器领域。如图 21-28（a）所示，在基于丙烯

酸的聚合物空心微柱中掺入罗丹明 B 染料的回音壁模式（WGM）微腔激光器，此激光器由 532 nm 的自由空间脉冲激发，能实现较低的阈值泵浦能量。另外，由弹性 PDMS 基板构成磁盘的可调谐的 WGM 激光器，如图 21-28（b）所示，实现了在室温下以 60 $\mu J/cm^2$ 的激光阈值单向和单模输出。

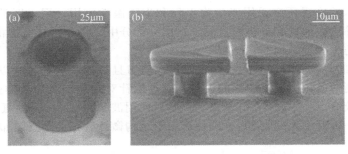

图 21-28　WGM 微腔激光器的 SEM 图像（a）和可调谐回音壁模式（WGM）激光器（b）

2. 聚合物基电磁设备

聚合物材料的独特性能不仅适用于制造光学器件，而且在电磁相关器件的制造中也起着重要作用。借助激光直写技术，聚合物材料已被研究并应用于制备各种电磁设备，例如具有高处理分辨率的电子电路、光子电路、微电容器设备、电光调制设备和磁光设备。

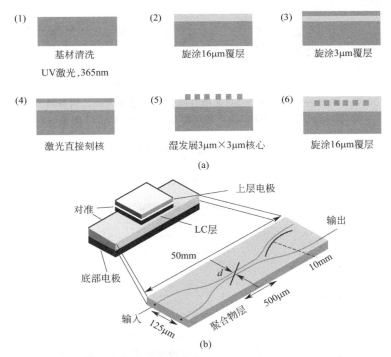

图 21-29　波导结构的制造过程（a）和光子集成电路的结构和尺寸参数（b）

激光直写技术还可用于制造全有机光子集成电路。为了制造具有电子活性的有机光子集成电路，将波导结构与电光材料集成在一起非常重要。液晶是具有光学各向异性的流体物质。如果施加外加电场，则可以更改液晶单元的方向，而除去施加的电场后，液晶分子序列将切换回其原始方向。把聚合物光波导与液晶材料结合在一起，能将环氧聚合物波导的特定位置写入定向沟槽，并在其中填充液晶材料，波导的制造过程如图 21-29（a）所示，图 21-29（b）显示了光子集成电路的结构和尺寸参数。另外，在聚合物层上沉积 SiO$_2$ 取向层，可以调节液晶取向。

3. 聚合物基生物设备

激光直写技术的应用还广泛用于生物工程和生物医学应用，用于医学手术、治疗、检测、诊断、药物筛选、递送和分析等目的。在这一部分中，将介绍与生物相关的设备，例如微网络、微针和仿生驱动结构。

微/纳米尺寸的多孔材料因其大的比表面积，均匀且可控的孔尺寸以及多样的结构而在微结构设计和制造领域引起了广泛的关注。通过微针对角质层无痛传输药物进行了研究。将一种商用光刻胶 SU-8 层沉积在硅基板上，然后使用波长为 325 nm 的氦-镉激光进行刻写制造经皮给药的一种商用光刻胶 SU-8 圆柱形中空结构微针，相关示意图如图 21-30 所示。

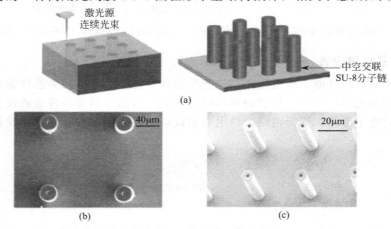

图 21-30　激光直写技术制作 SU-8 微针阵列的示意图（a）、制备的 SU-8 微针阵列的 SEM 俯视图（b）和倾斜 20°的微针的 SEM 图像（c）

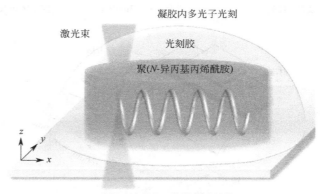

图 21-31　激光直写技术在水凝胶中的螺旋结构示意图

此外，受生物系统中主动运动启发的自成型和可驱动材料在生物传感器、软机器人和仿生致动方面具有广阔的应用前景。用激光直写多光子光刻技术在水凝胶材料中制备自由悬浮的光敏树脂微结构，图 21-31 显示了使用激光直写方法在水凝胶中制备空间确定的微/纳米结构，该结构可以通过在短时间内吸收和释放水来实现快速的液压驱动。另外，在热敏水凝胶中直接书写的树脂微观结构在很小的温度变化下产生了很大的运动效果。通过开发新材料可以实现更复杂的运动模式，这些新材料可以产生由环境变化引起的应力变化。

<h2 style="text-align:center">习 题</h2>

1. 什么是高分子纳米压印技术？列举目前高分子 NIL 的其他压印技术，并给出压印特点。

2. 请根据以上列举的压印技术，说明其中 2 个纳米压印技术的原理，以及设备的特点。

3. 请根据文中所述，总结高分子纳米压印技术、紫外压印技术和微/纳米接触压印技术的异同点。

4. 联系实际，纳米压印技术在生活中有哪些应用？并给出这些应用是属于哪种类型的压印技术？

5. 什么是高分子溶液和分散液雾化喷墨技术？简要说明高分子溶液和分散液雾化喷墨技术的特点及原理。

6. 高分子溶液和分散液雾化喷墨技术在实际生活中有哪些应用？请简要回答。

7. 什么是高分子冷冻干燥技术？简要说明高分子冷冻干燥技术的特点及原理。查阅相关资料，说明实验室常用的冷冻干燥机对样品有什么样的要求。

8. 冷冻干燥技术与我们生活密切相关，请列举这项技术在实际生活中有哪些具体应用？并以此说明冷冻干燥技术的优缺点。

9. 什么是高分子静电纺丝技术？请简要说明该技术的原理及特点。

10. 请查阅相关资料列举静电纺丝设备与制备样品之间的关系？

11. 请对比溶液静电纺丝与熔融静电纺丝的异同点（可以从对样品要求、对挤出设备要求以及实际应用方面）。

12. 什么是高分子激光直写技术？请简要说明该技术的原理及特点？

<h2 style="text-align:center">参考文献</h2>

[1] 崔铮. 微纳米加工技术及其应用 [M]. 北京：高等教育出版社，2009.

[2] 王国彪. 纳米制造前言综述 [M]. 北京：科学出版社，2009.

[3] Liedert R, Amundsen L K, Hokkanen A, et al. Disposable roll-to-roll hot embossed electrophoresis chip for detection of antibiotic resistance gene mecA in bacteria [J]. Lab on A Chip, 2012, 12 (2)：333-339.

[4] Liu S J, Dung Y S. Hot embossing precise structure onto plastic plates by ultrasonic vibration [J]. Polymer Engineering & Science, 2005, 45 (7)：915-925.

[5] Wu J T, Yang S Y, Deng W C, et al. A novel fabrication of polymer film with tapered sub-wavelength structures for anti-reflection [J]. Microelectronic Engineering, 2010, 87 (10)：1951-1954.

[6] Youn S W, Iwara M, Goto H, et al. Prototype development of a roller imprint system and its application to large area polymer replication for a microstructured optical device [J]. Journal of Materials Processing Technologies, 2008, 202 (1-3)：76-85.

[7] Ishizawa N, Idei K, Kimura T, et al. Resin micromachining by roller hot embossing [J]. Microsystem Technologies, 2008, 14 (9-11)：1381-1388.

[8] Li X M, Ding Y C, Shao J Y, et al. Fabrication of Microlens Arrays with Well-controlled Curvature by Liquid Trapping and Electrohydrodynamic Deformation in Microholes [J]. Advanced Materials, 2012, 24 (23)：165-169.

[9] Cheng F S, Yang S Y, Chen C C. Novel hydrostatic pressuring mechanism for soft UV-imprinting processes [J]. Journal of Vacuum Science & Technology B, 2008, 26 (1)：132-136.

［10］ Wu J T, Yang S Y. A gasbag-roller-assisted UV imprinting technique for fabrication of a microlens array on a PMMA substrate ［J］. Journal of Micromechanics & Microengineering, 2010, 20 (8): 085038.

［11］ Liu H Z, Jiang W T, Ding Y C, et al. Roller-reversal imprint process for preparation of large-area microstructures ［J］. Journal of Vacuum Science & Technology B, 2010, 28 (1): 104-109.

［12］ Huang X D, Bao L R, Cheng X, et al. Reversal imprinting by transferring polymer from mold to substrate ［J］. Journal of Vacuum Science & Technology B, 2002, 20 (6): 2872-2876.

［13］ Sagebiel S, Strickery L, Engel S, et al. Self-assembly of colloidal molecules that respond to light and a magnetic field ［J］. Chemical Communications, 2017, 53 (67): 9296-9299.

［14］ Kwak D, Choi H, Kang B, et al. Tailoring morphology and structure of inkjet-printed liquid-crystalline semiconductor/insulating polymer blends for high-stability organic transistors ［J］. Advanced Functional Materials, 2016, 26 (18): 3180-3180.

［15］ Kim D H, Lee B L, Moon H. Liquid-crystalline semiconducting copolymers with intramolecular donor-acceptor building blocks for high-stability polymer transistors ［J］. Journal of the American Chemical Society, 2009, 131 (17): 6124-6132.

［16］ Neophytou M, Hermerschmidt F, Sawa A, et al. Highly efficient indium tin oxide-free organic photovoltaics using inkjet-printed silver nanoparticle current collecting grids ［J］. Applied Physics Letters, 2012, 101 (19): 193302.

［17］ Murali B, Kim D G, Kang J W, et al. Inkjet-printing of hybrid transparent conducting electrodes for organic solar cells ［J］. Applications and Materials Science, 2014, 211 (8): 1801-1806.

［18］ Fonte P, Reis S, Sarmento B. Facts and evidences on the lyophilization of polymeric nanoparticles for drug delivery ［J］. Journal of Controlled Release, 2016, 225: 75-86.

［19］ Madihally S V, Matthew H W T. Porous chitosan scafolds for tissue engineering ［J］. Biomaterials, 1999, 20 (12): 1133-1142.

［20］ Liu Y, An M, Qiu H X, et al. The properties of chitosan-gelatin scaffolds by once or twice vacuum freeze-drying methods ［J］. Journal of Macromolecular Science: Part D, 2013, 52 (11): 1154-1159.

［21］ Han J Q, Zhou C J, Wu Y Q, et al. Self-assembling behavior of cellulose Nanoparticles during freeze-drying: effect of suspension concentration, particle size, crystal structure, and surface charge ［J］. Biomacromolecules, 2013, 14 (5): 1529-1540.

［22］ Wu X, Liu Y, Li X, et al. Preparation of aligned porous gelatin scaffolds by unidirectional freeze-drying method ［J］. Acta Biomaterialia, 2010, 6 (3): 1167-1177.

［23］ Azhar F F, Olad A, Salehi R. Fabrication and characterization of chitosan-gelatin/nanohydroxyapatite-polyaniline composite with potential application in tissue engineering scaffolds ［J］. Designed Monomers & Polymers, 2014, 17 (7): 654-667.

［24］ 王策. 有机纳米功能材料高压静电纺丝技术与纳米纤维 ［M］. 北京: 科学出版社, 2011.

［25］ Liao Y, Loh C H, Tian M, et al. Progress in electrospun polymeric nanofibrous membranes for water treatment: Fabrication, modification and applications ［J］. Progress in Polymer Science, 2018, 77: 69-94.

［26］ Luo C J, Nangrejo M. A novel method of selecting solvents for polymer electrospinning ［J］. Polymer, 2010, 51 (7): 1654-1662.

［27］ Luo C J, Stride E, Edirisinghe M. Mapping the influence of solubility and dielectric constant on electrospinning polycaprolactone solutions ［J］. Macromolecules, 2012, 45 (11): 4669-4680.

［28］ Wang X F, Ding B, Yu J Y, et al. Large-scale fabrication of two-dimensional spider-web-like gelatin nano-nets via electro-netting ［J］. Colloids & Surfaces B Biointerfaces, 2011, 86 (2): 345-352.

［29］ Brown T D, Daltona P D, Hutmacher D W. Melt electrospinning today: An opportune time for an emerging polymer process ［J］. Progress in Polymer Science, 2016, 56: 116-166.

［30］ Brown T D, Slotosch A, Thibaudeau L, et al. Design and fabrication of tubular scaffolds via direct writing in a melt electrospinning mode ［J］. Biointerphases, 2012, 7 (1-4): 13.

［31］ Hutmacher D W, Dalton P D. Melt electrospinning ［J］. Chemistry-An Asian Journal, 2011, 6 (1): 44-56.

［32］ Nayak R, Kyratzis I L, Truong Y B, et al. Melt-electrospinning of polypropylene with conductive additives ［J］. Journal of Materials Science, 2012, 47 (17): 6387-6396.

［33］ Brown T D, Dalton P D, Hutmacher D W. Direct writing by way of melt electrospinning ［J］. Advanced Materials, 2011, 23 (47): 5651-5657.

［34］ 陈岁元. 材料的激光制备与处理技术 ［M］. 北京: 冶金工业出版社, 2006.

［35］ Heming W, Sridhar K. Polymer micro-ring resonator integrated with a fiber ring laser for ultrasound detection ［J］.

Optics Letters，2017，42（13）：2655-2658.

［36］ Tomazio N B，Boni L D，Mendonca C R．Low threshold Rhodamine-doped whispering gallery mode microlasers fabricated by direct laser writing ［J］．Scientific Reports，2017，7（1）：8559.

［37］ Siegle T，Remmel M，KräMmer S，et al．Split-disk micro-lasers：Tunable whispering gallery mode cavities ［J］．Apl Photonics，2017，2（9）：096103.

［38］ Calster A V，Cuypers D．Reflective vertically aligned nematic liquid crystal microdisplays for projection applications ［J］．Proceedings of Spie the International Society for Optical Engineering，2000，3954：112-119.

［39］ Richa M，Kumar M T，Kanti B T．Design and scalable fabrication of hollow su-8 microneedles for transdermal drug delivery ［J］．IEEE Sensors Journal，2018，18（14）：5635-5644.

［40］ Nishiguchi A，Mourran A，Zhang H，et al．In-gel direct laser writing for 3D-designed hydrogel composites that undergo complex self-shaping ［J］．Advanced Science，2018，5（1）：1700038.